物 理 化 学

（第 2 版）

肖衍繁　李文斌　编著

天津大学出版社

内容提要

本书在《物理化学》初版基础上作了少量修改(见第二版序),可作为化工类专业(化工、材料、轻工、纺织、制药及环境等)的少学时大本教材,稍作删减也适于成人教育和大专教学用。本书内容有:气体、热力学第一定律、热力学第二定律、化学平衡、多组分系统热力学与相平衡、电化学、表面现象、化学动力学基础、胶体化学。各章编有本章基本要求、概念题和习题。

本书内容精练、简明易懂、逻辑性强,便于学生自学。严格执行国家标准关于物理量的表示方法及运算规定。

本书配有参考书《物理化学习题解析》(天津大学出版社出版)。

图书在版编目(CIP)数据

物理化学/肖衍繁等编著.—2 版.—天津:天津大学出版社,
2004.1(2023.8 重印)
ISBN 978-7-5618-1855-8

Ⅰ.物…　Ⅱ.肖…　Ⅲ.物理化学 – 高等学校 – 教材　Ⅳ.O64

中国版本图书馆 CIP 数据核字(2003)第 119584 号

出版发行	天津大学出版社
地　址	天津市卫津路 92 号天津大学内(邮编:300072)
网　址	publish. tju. edu. cn
电　话	发行部:022-27403647
印　刷	廊坊市海涛印刷有限公司
经　销	全国各地新华书店
开　本	148mm×210mm
印　张	15.5
字　数	491 千
版　次	2004 年 1 月第 2 版
印　次	2023 年 8 月第 43 次
定　价	32.00 元

第1版前言

国内目前出版的《物理化学》教材为数不少,但其中绝大部分是面向多学时教学的,这对教学时数不超过80学时的专业而言,就显得篇幅过大了。特别是随着我国社会主义经济建设的需要,不同层次的高等教育(如成人教育、大学专科教育)有了长足的发展,而适于这方面教学需要的教材比较欠缺。于是,我们萌发了编写一本既能满足不讲授统计热力学基础的化工类大本教学用书,同时只需稍作删减就能适于成人教育与大专教学用的教材。

本书是按照国家教委制定的《工科基础课程教学基本要求》(物理化学部分,1995年修订版)与我国量与单位国家标准GB3102.8—93编写的。编写过程中,主要参考了天津大学物理化学教研室编的《物理化学》第一、二、三版,同时还参阅了部分国内、外各种类型《物理化学》教材,以求博取众家之长。

由于本书编写的目的既要满足化工、轻工、食品、环境等类型本科各专业的不同需要,又要适合成人教育、大专等不同层次教学要求,所以,在取材上除统计热力学部分未编入外,各专业共同需要的基本内容均作为重点而列入。考虑到不同专业和学生投考研究生的需要,所以编入的内容稍多于80学时教学的量。本书对各章都提出了教学基本要求,以帮助学生明了必须掌握的内容。此外,书中列举了众多的、不同类型的例题,收集了部分概念性强的思考题和相当数量的习题(A类题为最基本题,B类题为有一定难度的题),目的是通过例题的阅读、思考题与习题的练习以帮助学生理解基本概念,明了公式的使用条件以及提高解题技巧。

本书由天津大学化学系物理化学教研室肖衍繁、李文斌合编。其中第一、二、三、四章由肖衍繁执笔,第五、六、七、八、九章由李文斌执笔。

因时间仓促,编者水平有限,本书存在缺点错误在所难免,敬请读者批评指正。

编者

1997 年 1 月

第2版序

本书自 1997 年出版以来，经过数届广泛试用，得到了许多兄弟院校热情的支持，提出了许多宝贵和有益的意见，为本书的修订奠定了良好的基础。借此修订机会，表示由衷的感谢。

这次修订仍以化工类专业(化工、材料、轻工、纺织、制药及环境等)不讲授量子力学及统计热力学的学生为对象。考虑到近年来教学改革的情况，在修订中力求做到内容精练、简明易懂、逻辑性强，便于学生自学。同时，针对物理化学课程的特点和便于教师教学的需要，原书所有各章内容均有不同程度的改动，其中重点修订的有以下几点。

1.重写了"热力学第二定律"一章，提出自发过程及其特征，明确热力学第二定律是判断过程自发性的最根本依据，从熵增原理导出亥姆霍兹函数判据和吉布斯函数判据。删去了用隔离系统作功能力作为自发性判据以及由之导出亥姆霍兹函数判据和吉布斯函数判据等内容。所以作出此变动，完全是从便于教学的角度考虑。

2.将原书的思考题改写为概念题，并分为填空题及选择填空题两种题型，覆盖基本概念较多，有一定深度，题量也大幅增加。另外，对每章所附的习题进行少量的更改并不同程度增加了题量，有助于学生对每章的重点能反复进行练习，以利于加深对基本概念的理解，提高学生分析问题和解决问题的能力。

3.进一步贯彻国家标准 GB3100—3102—93《量和单位》。

特别是将逸度系数改为逸度因子,活度系数改为活度因子以及反应速率常数改为反应速率系数。这一改动是根据GB3101—93 中附录 A 的规定:

在一定条件下,如果量 A 正比于量 B,即

$$A = kB$$

(1)如果量 A 与量 B 有不同量纲,则 k 的称呼用"系数"这一术语。物理化学中常见的有亨利系数、凝固点下降系数、沸点升高系数、反应速率系数等等。

(2)如果量 A 与量 B 有相同量纲,则 k 的称呼用"因子"这一术语。物理化学中常见的如压缩因子、活度因子、渗透因子等等。

本书的修订仍由肖衍繁和李文斌负责,其中第一、二、三、四章由肖衍繁执笔,第五、六、七、八、九章由李文斌执笔。

由于编者水平所限,虽对本书初版进行了修订,但书中错误和不当之处仍在所难免,诚请有关教师及广大读者批评指正。

编者
2003 年 5 月

目　　录

第一章 气 体

工业生产所处理的物质常常为气体,因此有关气体的性质及其变化规律的研究具有重要的实际意义。气体有各种各样的性质:对一定量的纯物质而言,压力、温度和体积是三个最基本的性质;而混合物的基本性质中则还应包括组成。以上基本性质常作为控制生产过程的主要指标或研究其它性质的基础。本章着重介绍气体在一定状态下的压力、温度与体积间相互联系的宏观规律——气体状态方程。

§1-1 理想气体的状态方程

1. 理想气体状态方程

气体的物质的量 n 与压力 p、体积 V 与温度 T 之间是有联系的。从 17 世纪中期开始,先后经波义尔(R Boyle,1662)、盖·吕萨克(J Gay-Lussac,1808)及阿伏加德罗(A Avogadro)等著名科学家长达一个多世纪的研究,测定了某些气体的物质的量 n 与它们的 p、V、T 性质间的相互关系。得出了对各种气体都普遍适用的三个经验定律。最后在此三个定律的基础上归纳出一个各种低压气体都遵从的状态方程,即

$$pV = nRT \qquad\qquad (1\text{-}1\text{-}1)$$

上式称为理想气体状态方程。式中 p、V、T、n 四个量分别代表压力、体积、温度与气体的物质的量,按国家法定单位,它们的单位依次为 Pa(帕斯卡)、m^3(米³)、K(开尔文)和 mol(摩尔)。式中还有一个常数 R,是理想气体状态方程中的一个普遍适用的比例常数,称为摩尔气体常数,其值通常采用8.314。p、V、T、n 采用国家法定单位时,R 的单位应为 $J \cdot mol^{-1} \cdot K^{-1}$(焦·摩$^{-1}$·开$^{-1}$)。

若将(1-1-1)中 n 移至左边,除以体积,则 V/n 用 V_m 表示,V_m 即物质的量 1 mol 之气体所占有的体积。故当气体的物质的量为 1 mol

时,理想气体状态方程可改写为

$$pV_m = RT \tag{1-1-2}$$

此外,因气体的物质的量 n 可写作气体质量 m 与该气体的摩尔质量 M 之比,即 $n = m/M$,故理想气体状态方程的另一形式为

$$pV = \frac{m}{M}RT \tag{1-1-3}$$

理想气体的状态方程的实际用途很多,当气体的压力不太高、温度不太低时,式(1-1-1)中的 p、V、T、n 四个可变物理量中,如果已知其中任意三个量的数值,就可从方程式求出余下的变量的值。下面举出几个实例来说明 $pV = nRT$ 的具体应用。

例1.1.1 某空气压缩机每分钟吸入压力为 101 325 Pa、温度为 30℃的空气 41.2 m^3。经压缩后所排出的空气压力为 192 517 Pa、温度 90℃,求每分钟排出的空气体积。

解:压缩机稳定操作时,每分钟吸入的空气的量与每分钟排出的空气的量是相等的,但 p、V、T 均已改变,即

$$吸入量 \, n_1 = 排出量 \, n_2$$

据

$$pV = nRT$$

得

$$\frac{p_1 V_1}{T_1} = \frac{p_2 V_2}{T_2}$$

所以

$$V_2 = p_1 V_1 T_2 / p_2 T_1$$

代入有关数值

$$V_2 = \frac{101\ 325\ \text{Pa} \times 41.2\ \text{m}^3 \times 363\ \text{K}}{192\ 517\ \text{Pa} \times 303\ \text{K}} = 26.0\ \text{m}^3$$

例1.1.2 由气柜经管道输送压力为 141 855 Pa、温度为 40℃的乙烯,求管道内乙烯的密度 ρ。

解:密度表示单位体积中物质的质量。即

$$\rho = \frac{m}{V}$$

根据理想气体状态方程 $pV = \frac{m}{M}RT$,则

$$p = \frac{m}{V}\frac{RT}{M} = \rho\frac{RT}{M}$$

所以

$$\rho = \frac{Mp}{RT}$$

$$\rho = \left(\frac{28 \times 10^{-3} \text{ kg·mol}^{-1} \times 141\,855 \text{ Pa}}{8.314 \text{ J·mol}^{-1}\text{·K}^{-1} \times 313 \text{ K}} \right) = 1.526 \text{ kg·m}^{-3}$$

例 1.1.3 装氧气的钢瓶体积为 20 dm³,温度在 15℃时压力为 10 132 500 Pa,经使用后,压力降低到 2 533 125 Pa,问已用去氧的质量为多少?

解:解题的要点是,无论在使用前或使用后,钢瓶内氧气体积始终为钢瓶的体积,是不变的。

使用前氧气的质量:$p_1 V = \dfrac{m_1}{M} RT \quad m_1 = \dfrac{p_1 VM}{RT}$

使用后钢瓶内氧气的质量:$p_2 V = \dfrac{m_2}{M} RT \quad m_2 = \dfrac{p_2 VM}{RT}$

用去氧气的质量:$\Delta m = m_1 - m_2$

$$= \frac{VM}{RT}(p_1 - p_2)$$

$$= \frac{0.02 \text{ m}^3 \times 32 \times 10^{-3} \text{ kg·mol}^{-1}}{8.314 \text{ J·mol}^{-1}\text{·K}^{-1} \times 288 \text{ K}} \times (10\,132\,500 \text{ Pa} - 2\,533\,125 \text{ Pa})$$

$$= 2.031 \text{ kg}$$

2. $pV = nRT$ 方程为什么称为理想气体状态方程

用 $pV = nRT$ 方程来处理温度较高而压力较低的气体的 p、V、T、n 关系时,能获得相当满意的结果,所以它是低压气体普遍遵循的规律。由 $pV = nRT$ 方程可知,无论何种气体,只要其 n、V、T 相同,所产生的压力就相同,就是说,服从 $pV = nRT$ 状态方程的气体与气体的化学性质无关。实际上这是一种理想化行为,于是人们就以此式来定义一种理想模型:凡是在任何温度、压力下均遵循 $pV = nRT$ 状态方程的气体称为理想气体。$pV = nRT$ 状态方程就称为理想气体状态方程。

什么样的气体才能视为理想气体?下面通过一组实验数据来说明。

表 1-1-1　40℃下、1 mol CO₂ 的 pV 测定值

p/Pa	101 325	25 × 101 325	50 × 101 325	80 × 101 325
pV_m/J·mol⁻¹	2 602	2 281	1 926	963

上述数据是实验维持 40℃时,测定不同压力下的 $CO_2(g)$ 的 pV 值。若将 $CO_2(g)$ 视为理想气体,则在 n、T 一定条件下根据理想气体状态

方程计算,其 pV 值是恒定不变的,而且此值应为 2 603.5 J·mol^{-1}。将此计算结果与上表比较,不难发现:在 101 325 Pa 压力下的实验值与用理想气体方程式所计算的值基本一致;可是随着压力的增大,实验值与计算值偏差则越来越大。原因何在? 从 $pV = nRT$ 方程可知:在 n、T 一定下,当 $p \to \infty$ 时,则 $V \to 0$,所以方程中的 V 代表的是气体分子自由运动的空间。在低压高温下,一定量的气体所占有的体积相对是很大的,这样,气体分子运动的空间与分子本身所具有的体积相比,分子本身的体积则微不足道。而且因为分子运动空间大,也就是分子间距离大,于是分子间的相互作用力就很弱,因而,在低压高温下,分子间相互作用力与分子本身所具有的体积都可忽略。正是这样的原因,不同气体在低压高温下表现出具有共同的行为,即遵循理想气体状态方程。就是说,在任何温度、压力下都能适用理想气体状态方程的气体,必定满足以下两个条件:①分子本身必定不具有体积;②分子间无相互作用力。这一理想气体的微观模型实际上是不存在的,但是,理想气体状态方程用于低压高温气体之 pVT 计算时取得相当吻合的结果,并能满足一般的工程计算需要,故而有其重要实际意义。

§1-2　道尔顿定律和阿马格定律

1.分压力的定义与道尔顿定律

在生产与科研中常遇到的气体系统往往不是单一物质的气体,而是由多种气体组成的混合物,如空气就是由 N_2、O_2、CO_2、H_2O 及惰性气体等组成的。

若在一体积为 V 的容器中,于温度为 T 下,放进物质的量为 n(O_2)的 $O_2(g)$,而后又向容器中放入物质的量为 $n(N_2)$ 的 $N_2(g)$,那么,容器的总压力(即 O_2 与 N_2 对系统压力所作贡献之和)是多少? 容器中氧气和氮气的各自压力又是多少? 能否用 $pV = nRT$ 状态方程来计算?

1)分压力的定义

为了热力学计算的方便,人们提出了一个既适用于理想气体混合物,又适用于真实气体混合物的分压力定义:在总压力为 p 的气体混

合物中,其中任一组分 B 的分压力 p_B 等于其在混合气体中的摩尔分数 y_B 与总压力 p 的乘积。即

$$p_B = y_B p \qquad (1-2-1)$$

因

$$y_B = \frac{n_B}{n_A + n_C + \cdots + n_B} = \frac{n_B}{\sum_B n_B}$$

而且

$$\sum_B y_B = 1$$

所以

$$p = \sum_B p_B \qquad (1-2-2)$$

即任意的混合气体中,各组分分压力之和等于系统的总压力。

2)道尔顿定律

最早研究低压气体混合物规律的是道尔顿,他总结出一条仅适用于低压混合气体的经验规律。

在温度 T 下,于体积为 V 的真空容器中放进物质的量为 n_1 的理想气体 1,据理想气体状态方程,知该气体所产生的压力 $p_1 = \frac{n_1 RT}{V}$;若在此容器放进的是物质的量为 n_2 的理想气体 2 时,则气体 2 产生的压力 $p_2 = \frac{n_2 RT}{V}$。当保持 T 不变时,将物质的量为 n_1 的纯理想气体 1 与物质的量为 n_2 的纯理想气体 2 同时放进上述容器中,此时容器的总压力为 p,那么 p 是否等于 p_1 与 p_2 之和? 根据 $pV = nRT$ 方程可以看出,如果 V、T 一定,则只要放进物质的量相同的理想气体,此时容器的压力是相同的,与气体是纯理想气体还是理想气体混合物无关,即

$$p = \frac{nRT}{V} = \frac{(n_1 + n_2) RT}{V} = \frac{n_1 RT}{V} + \frac{n_2 RT}{V}$$

而

$$p_1 = \frac{n_1 RT}{V} \qquad p_2 = \frac{n_2 RT}{V}$$

p_1、p_2 是每一种气体单独存在并与混合气体具有相同体积和相同温度时所产生的压力。由此可得

$$p = p_1 + p_2$$

若气体混合物是由 B 种纯理想气体组成,则

$$p = p_1 + p_2 + \cdots + p_B$$

或
$$p = \sum_B n_B(RT/V) \qquad (1\text{-}2\text{-}2')$$

上式称道尔顿定律,即混合气体的总压力等于与混合气体的温度、体积相同条件下各组分单独存在时所产生压力的总和。道尔顿定律严格地说只适用于理想气体混合物,不过,因低压气体混合物近似符合理想气体模型,所以工程上也常应用。

应当指出:对于理想气体混合物,按式(1-2-1)定义的某一组分 B 的分压力 p_B 与该组分单独存在并具有与混合气体相同 T、V 条件时所产生的压力($n_B RT/V$)相等。但对真实气体混合物来说,分压力 p_B 则与 $n_B RT/V$ 不等。这就说明 $p = \sum_B (n_B RT/V)$ 的加和关系不适用于真实气体混合物。

2.阿马格定律与分体积概念

在工业上常用气体各组分的体积百分数(或体积分数)来表示混合气体的组成。例如,温度 T 下,在一带活塞的气缸中,放进物质的量为 n_1 的纯理想气体 1 与物质的量为 n_2 的纯理想气体 2,组成一理想气体混合物。当混合气体的压力为 p 时,混合气体的体积为 V。现若保持与混合气体 T 相同条件下,于同一带活塞的气缸中,分别单独放进物质的量为 n_1 的纯理想气体 1 与物质的量为 n_2 的纯理想气体 2,并令它们的压力与混合气体压力 p 相同时,测得它们的体积分别为 V_1 与 V_2,那么 V 与 V_1、V_2 有何关系? 从 $pV = nRT$ 状态方程分析可知,只要 p、T 一定,则气体体积 V 仅与气体的 n 有关,而与是否为混合气体无关。即

$$V = \frac{nRT}{p} = (n_1 + n_2)\frac{RT}{p} = \frac{n_1 RT}{p} + \frac{n_2 RT}{p}$$

因
$$V_1 = \frac{n_1 RT}{p} \qquad V_2 = \frac{n_2 RT}{p}$$

故
$$V = V_1 + V_2$$

V_1 与 V_2 称分体积。所谓分体积是指:混合气体中某组分 B 单独存在,

并与混合气体的温度、压力相同时所具有的体积 V_B。

若气体混合物由 B 种组分组成时,则

$$V = \sum_B V_B \qquad (1\text{-}2\text{-}3)$$

$$V_B = n_B \left(\frac{RT}{p} \right) \qquad (1\text{-}2\text{-}4)$$

即混合气体的总体积等于各组分分体积之和。若将式(1-2-3)与式(1-2-4)相结合,可得

$$y_B = V_B / V \qquad (1\text{-}2\text{-}5)$$

结论:对理想气体混合物,以下的关系成立

$$y_B = p_B / p = V_B / V \qquad (1\text{-}2\text{-}6)$$

公式表明,理想气体混合物中任一组分 B 的体积分数(V_B/V)等于该组分的摩尔分数 y_B。

由此可知,阿马格定律仍是由理想气体 pVT 性质推导而来,故阿马格定律与分体积的概念,严格说只能用于理想气体混合物,不过对于近似符合理想气体模型的低压气体,仍可用式(1-2-3)至式(1-2-5)来近似处理。至于不能用理想气体状态方程来描述 pVT 性质的真实气体混合物,有时仍可用阿马格定律作为一种近似的假设对真实气体混合物某些性质进行估算。

3. 应用举例

例1.2.1 某气柜内贮有气体烃类混合物,其压力 p 为 104 364 Pa,气体中含有水蒸气,水蒸气的分压力 $p(H_2O)$ 为 3 399.72 Pa。现将湿混合气体用干燥器脱水后使用,脱水后的干气中水含量可忽略。问每千摩尔湿气体需脱去多少千克的水?

解:利用分压力定义,首先求出湿混合气体中水的摩尔分数 $y(H_2O)$。即

$$y(H_2O) = p(H_2O)/p$$
$$= 3\ 399.72\ \text{Pa}/104\ 364\ \text{Pa} = 0.032\ 6$$

再据

$$y(H_2O) = n(H_2O) / \sum_B n_B$$

$$n(H_2O) = y(H_2O) \sum_B n_B = 0.032\ 6 \times 1\ 000\ \text{mol} = 32.6\ \text{mol}$$

则所需脱去水的质量为

$$m(H_2O) = n(H_2O) \times M(H_2O)$$
$$= 32.6 \text{ mol} \times 18 \times 10^{-3} \text{ kg·mol}^{-1} = 0.587 \text{ kg}$$

例 1.2.2 组成某理想气体混合物的体积分数为 N_2 0.78，O_2 0.21 及 CO_2 0.1。试求在 20℃ 与 98 685 Pa 压力下该混合气体的密度。

解:已知密度定义为 $\rho = \dfrac{m}{V}$。因是理想气体混合物,故可应用理想气体状态方程

$$pV = nRT = \frac{m_{混}}{M}RT, \rho = \frac{p\bar{M}}{RT}$$

式中 $\bar{M}$ 称为平均摩尔质量,亦即将气体混合物作为一种纯气体来处理,这样计算可以简化。现设混合气中各气体的摩尔数分别分 y_A、y_C、$\cdots$、y_B,相应各气体的摩尔质量为 M_A、M_C、$\cdots$、M_B,则该混合气体的平均摩尔质量定义为

$$\bar{M} = y_A M_A + y_C M_C + \cdots + y_B M_B$$

代入数值,得

$$\bar{M} = 0.78 \times 28 \text{ g·mol}^{-1} + 0.21 \times 32 \text{ g·mol}^{-1} + 0.1 \times 44 \text{ g·mol}^{-1}$$
$$= 32.96 \text{ g·mol}^{-1}$$

这样

$$\rho = \left(\frac{98\ 658 \text{ Pa} \times 32.96 \text{ g·mol}^{-1}}{8.314 \text{ J·mol}^{-1}\text{·K}^{-1} \times 293 \text{ K}} \right) = 1\ 344.9 \text{ g·m}^{-3}$$

例 1.2.3 室温下一高压釜内有压力为大气压力的空气。为确保实验时的安全,用同样温度的纯氮进行置换,其操作步骤如下:向釜内通氮直到压力为 4 倍原压力,而后再排气至釜内压力为大气压力 p。若这样的置换操作重复三次,求最后釜内气体中氧的摩尔分数。设空气中氧与氮之比取 1:4。

解:设釜内原有空气中的氧分压为 p_{O_2},通入 N_2 后釜内的总压力为

$$p_{总} = 4p$$

第一次置换操作后釜内 O_2 的摩尔分数 $y_{O_2,1}$ 及分压为 $p_{O_2,1}$ 分别为

$$y_{O_2,1} = \frac{p_{O_2}}{p_{总}} = \frac{0.2p}{4p} = 0.05$$

$$p_{O_2,1} = 0.05p$$

第二次置换操作后 $y_{O_2,2}$ 及 $p_{O_2,2}$ 分别为

$$y_{O_2,2} = \frac{p_{O_2,1}}{4p} = \frac{0.05p}{4p} = 0.012\ 5$$

$$p_{O_2,2} = 0.012\ 5p$$

第三次置换操作后为 $y_{O_2,3}$

$$y_{O_2,3} = \frac{p_{O_2,2}}{4p} = \frac{0.012\,5p}{4p} = 0.003\,125$$

§1-3　真实气体状态方程

随着生产与科研的发展,高压、低温技术已日益广泛使用,用理想气体状态方程来描述气体 p、V、T 关系已远不能适应这种发展的需要。尤其计算机技术的发展使复杂的计算已不成问题。所以,研究温度、压力范围更广的真实气体 p、V、T 关系,以及提高这种关系的准确性就非常必要。

1.真实气体与理想气体的偏差

理想气体的概念及其状态方程只是在高温、低压的情况下可反映真实气体的行为。即理想气体状态方程只是反映了各种真实气体的共性,而忽略了它们的个性。随着气体温度、压力扩展到高压、低温,真实气体的个性作用则越来越显著,它们的 p、V、T 关系已不能用理想气体状态方程来描述,需要寻找能反映各种真实气体个性的状态方程。在介绍真实气体状态方程之前,需要先了解真实气体与理想气体在不同温度、压力下的偏差程度。

1)压缩因子 Z

现有物质的量为 n 的真实气体,在温度为 T、压力为 p 时体积为 V。由于真实气体分子本身占有体积以及分子间存在相互作用力,所以

$$pV(\text{实}) \neq nRT$$

为了便于描述真实气体 p、V、T 关系偏离理想行为的情况,引入式(1-3-1)定义的压缩因子 Z。

$$Z \xlongequal{\text{def}} pV/nRT = pV_m/RT \qquad (1\text{-}3\text{-}1)$$

由上述定义可知,压缩因子 Z 是量纲一的量,其值可由实测的 p、V、T、n 数值按式(1-3-1)求得。Z 反映了一定量的真实气体对同温同压下

的理想气体偏离的程度,而且将偏差大小归于体积项。物质的量为 1 mol 的真实气体在 T、p 下如作为理想气体处理,则其体积按气体状态方程计算,应为

$$V_{m}(理) = \frac{RT}{p}$$

将此式代入式(1-3-1)中,得

$$Z = V_{m}/V_{m}(理) \qquad (1\text{-}3\text{-}2)$$

由式(1-3-2)可知,任何温度压力下理想气体的压缩因子 Z 总为 1。当 $Z > 1$,$V_{m} > V_{m}(理)$,表示真实气体较理想气体难压缩;反之,若 $Z < 1$,则真实气体较理想气体易压缩。这也是 Z 为什么称为压缩因子的缘故。

$pV = ZnRT$ 是真实气体状态方程的一种,它表示真实气体的 p、V、T 关系。如能求出 Z 值,便可用式(1-3-1)计算真实气体 p、V、T、n 中任何一个量。Z 的求取见下节对应状态原理。

2)真实气体的非理想行为

图 1-3-1 为甲烷在不同温度下的 Z—p 等温线。图中的虚线代表的是甲烷如视为理想气体时的等温线。从图中看出,不管在任何温度下,当 p 趋于零时,甲烷气体的 Z 值均趋于 1,因为此时气体均符合理想气体模型。从图中还可看到,同一种气体在不同温度下,其 Z 值随压力变化也不相同。如图中 – 70℃等温线,随着甲烷压力由零开始增大,Z 值开始下降,经一极小值后则随压力增大而增大。此曲线说明:真实气体本身存在着令气体易压缩的因素和使气体不易压缩的因素。令气体易压缩的因素便是气体分子间相互吸引力,而使气体不易压缩因素则是气体分子本身具有的体积和分子间排斥力。当压力、温度较低时,气体的体积较大,分子所具有的体积与分子间排斥力均可忽略,此时,起主导作用的是分子间吸引力,使气体易于压缩,故 $Z < 1$;随着压力的增大,气体占有体积不断变小,分子间距离越近,于是分子本身具有体积的影响越来越显著,加上分子间引力不断减弱而排斥力不断增强,当压力足够高时,有碍气体压缩因素占主导作用时,真实气体便比理想气体难压缩,所以 $Z > 1$。在温度足够高时,气体分子处在热运

动很剧烈的状态,致使分子间相互吸引力因分子彼此作用时间过短而大为削弱,甚至可忽略不计,这样分子本身体积就成为主导因素,故在任何压力(除零外)下 $Z > 1$。当然,在同一温度下,各种真实气体 Z 值随压力的变化也就理应各不相同,这是因为不同的气体,它本身易压缩因素与难压缩因素也各不相同之故。

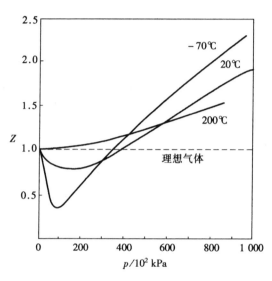

图 1-3-1　甲烷在不同温度下的 Z—p 等温线

2.范德华方程

由于高压、低温气体越来越多地用于工业上,迫切需要较准确地描述真实气体 p、V、T 关系的状态方程。经过 100 多年的努力,目前已经提出了数以百计的状态方程,其中一些状态方程目前正广泛地应用在生产、科研上。新的状态方程还在不断出现。下面介绍在历史上起了相当作用而且形式上比较简单的真实气体状态方程——范德华方程。这个状态方程是对理想气体进行两方面的修正而获得的。

1)分子本身体积所引起的修正

由于理想气体模型是将分子视为不具有体积的质点,故理想气体状态方程式中的体积项应是气体分子可以自由活动的空间。

设 1 mol 真实气体的体积为 V_m，由于分子本身具有体积，则分子可以自由活动的空间相应要减少，因此必须从 V_m 中减去一个反映气体分子本身所占有体积的修正量，用 b 表示。这样，1 mol 真实气体的分子可以自由活动的空间为($V_m - b$)，理想气体状态方程则修正为

$$p(V_m - b) = RT$$

式中修正项可通过实验方法测定，其数值约为 1 mol 气体分子自身体积的 4 倍。常用单位为 $m^3 \cdot mol^{-1}$。

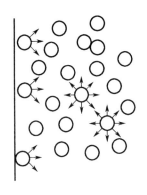

图 1-3-2　分子间吸引力对压力的影响

2)分子间作用力引起的修正

在温度一定下，由理想气体状态方程 $p = \dfrac{n}{V}RT$ 看出，理想气体压力 p 的大小，只与单位体积中分子数量有关，而与分子的种类无关。满足这一点必须是分子间无相互作用力。但是真实气体分子间存在相互作用力，且一般情况下为吸引力。在气体内部，一个分子受到其周围分子的吸引力作用，由于周围气体分子均匀分布，故该分子所受的吸引力的合力为零。但对于靠近器壁的分子，其所受到的吸引力就不均匀了。其后面的分子对它的吸引力(图 1-3-2)所产生的合力不为零，而且指向气体内部，这种力称之为内压力。内压力的产生势必减小气体分子碰撞器壁时对器壁施加的作用力。所以真实气体对器壁的压力要较理想气体的为小。内压力的大小取决于碰撞单位面积器壁的分子数的多少和每一个碰撞器壁的分子所受到向后拉力的大小。这两个因素均与单位体积中分子个数成正比，即正比于 $1/V_m$，所以内压力应与摩尔体积平方成反比。设比例系数为 a，则内压力为 a/V_m^2。比例系数 a 决定于气体的性质，它表示 1 mol 气体在占有单位体积时，由于分子间相互吸引而引起的压力减小量。若真实气体的压力为 p，则气体分子

间无吸引力时的真正压力应为$\left(p + \dfrac{a}{V_m}\right)$。

综合上述两项的修正,就可得到范德华状态方程:

$$\left(p + \frac{a}{V_m^2}\right)(V_m - b) = RT \tag{1-3-3}$$

对物质的量为 n 的气体,方程为

$$\left(p + \frac{an^2}{V^2}\right)(V - nb) = nRT \tag{1-3-4}$$

表 1-3-1　某些纯气体的范德华常数

气体	$10 \times a/Pa \cdot m^6 \cdot mol^{-2}$	$10^4 \times b/m^3 \cdot mol^{-1}$
H_2	0.247 6	0.266 1
N_2	1.408	0.391 3
O_2	1.378	0.318 3
CO_2	3.640	0.426 7
H_2O	5.536	0.304 9
CH_4	2.283	0.427 8

范德华方程从理论上分析了真实气体与理想气体的区别,常数 a 与 b 则可通过真实气体实测的 p、V、T 数据来确定,所以范德华方程是一个半理论半经验的状态方程。用范德华方程计算压力在 100 MPa 以下的真实气体行为,其结果远较理想气体状态方程精确。不过,因范德华方程所考虑的两修正项过于简单,所以该方程不能在任何情况下都能精确地描述真实气体的 p、V、T 关系。因此,工程上计算真实气体的行为常用精度更高的状态方程。

§1-4　临界状态和对应状态原理

1.饱和蒸气压与临界状态

上述真实气体偏离理想行为的情况是处于较窄的温度压力范围内,若在更宽的温度、压力范围内测定真实气体的 p、V、T 关系,则不难发现,除偏离理想行为外,还可观察到真实气体的液化和与液化过程密切相关的另一物理性质——临界状态。

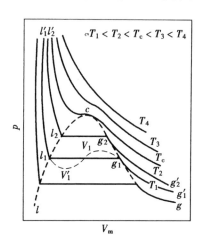

图 1-4-1 真实气体 p—V_m 等温线
的一般规律

图 1-4-1 是实验测得某真实气体在指定的不同温度下,该气体的压力与体积的关系,即压力对体积的等温线。从图可以看出,该等温线大体上可划分成 $T > T_c$、$T < T_c$ 及 $T = T_c$ 三种类型。

(1) $T > T_c$ 时,如图中的 T_4 曲线为一条光滑曲线,且近似为双曲线,与理想气体同温下的等温线相似。该曲线表明,此时气体无论加多大压力仍为气体状态。但当温度降低并靠近 T_c 时,如图中 T_3 等温线,此曲线形状已不再类似双曲线,说明该真实气体偏离理想行为更显著。

(2) $T < T_c$ 时,真实气体等温线与理想气体等温线显著不同,如图中 T_1 等温线。从低压开始压缩该气体,开始时气体体积随压力增大而减小,当压力增大到图中 g_1 点的压力后,曲线变成一水平线。表明气体虽被不断压缩,而气体压力却并未改变,这只有气体的体积迅速减小(即气体液化)才成,也就是从 g_1 点开始,气体在压缩过程中不断地变为液体,液体的状态便是图中的 l_1 点。所以,将 g_1 点状态的气体称饱和蒸气,该点的压力称饱和蒸气压,其摩尔体积为 $V_m(g_1)$。l_1 点状态的液体称为饱和液体,其摩尔体积为 $V_m(l_1)$。由此可见,在温度一定下当气体压力达到饱和蒸气压后,将该气体进行压缩就会变成液体而压力保持在饱和蒸气压值不变,在此过程中气体和液体同时存在系统中,若继续不断压缩气体,则气体不断液化,直到全部变为液体。以后压缩的便是液体,因液体压缩性小,虽压力不断增大,但液体的体积变化很小,所以曲线几乎呈直线上升。就是说,在 $T < T_c$ 时,等温线出

现水平线段是由于气体达到饱和而液化的结果。关于饱和蒸气压的概念还需略加说明。若在一密封的抽空容器中放入足够量的某种液体时,该液体表面上热运动着的分子中有部分动能较大的分子便能克服分子间的引力作用而蒸发到空间中,就开始产生蒸气。将单位时间、单位液面蒸发的分子数称为该液体的蒸发速率,蒸发速率的大小与液体的种类及温度有关。同时,在空间中蒸气分子因其不停地作热运动,以至有部分蒸气分子撞击到液面上而重新凝结为液体。将单位时间、单位液面凝结的分子数,称为该蒸气的凝结速率,凝结速率的大小与蒸气压力有关。开始时,蒸气是刚产生,其压力很小,此时凝结速率很小,所以,液体不断在蒸发,随着液体的蒸发,蒸气压力越来越大,相应的蒸气凝结速率也越来越大。相反,对于温度恒定的某种液体,其蒸发速率是恒定的,所以当蒸气压力增大到某数值时,蒸气的凝结速率与液体的蒸发速率相等,蒸气的压力便不再变化,于是蒸气与液体处在平衡状态(饱和状态),此状态下的蒸气称饱和蒸气,相应的蒸气压力称饱和蒸气压。当温度升高,则具有能克服分子间引力的动能的分子数增多,因而液体蒸发速率增大,气、液要达到饱和状态,蒸气的凝结速率必须相应提高。凝结速率是与蒸气的压力有关,蒸气压力越大则凝结速率越大,也就是说,温度升高,气、液要处于饱和状态所对应之饱和蒸气压力必须提高。这就是饱和蒸气压随温度升高而加大的原因。

(3) $T = T_c$ 时,气体的等温线与 $T < T_c$ 时的气体的等温线又不同。由图看出,在 $T < T_c$ 情况下,随着温度的升高等温线的水平线段逐渐缩短,如温度升至 T_2 时,水平线段 $g_2 l_2$ 较 $g_1 l_1$ 线段要短,表明温度升高后,不仅 g_2 点的压力较 g_1 点高,而且饱和蒸气的摩尔体积 $V_m(g_2)$ 小于 $V_m(g_1)$;相反,与蒸气成平衡之饱和液体却是 $V_m(l_2)$ 大于 $V_m(l_1)$。就是说,温度升高后,液体的摩尔体积与气体的摩尔体积的数值彼此接近。若温度不断升高,则互成平衡的蒸气摩尔体积与液体摩尔体积越来越接近,即水平线段越来越短,当温度升至 T_c 时,水平线段缩成一点 c,此时蒸气摩尔体积与液体摩尔体积相等,即蒸气与液体两者合二为一,不可区分,气液界面消失。c 点称为该气体的临界点,它代

表的状态称临界状态。该状态的温度称临界温度,用 T_c 表示,相应的压力称临界压力,用 p_c 表示。临界压力也是该气体在临界温度下液化所需的最低压力。在 T_c、p_c 下,物质的量为 1 mol 的物质所具有的体积称临界摩尔体积,习惯用 V_c 表示。p_c、V_c、T_c 总称为物质的临界参数。过 c 点的等温线称临界等温线。在 T_c 以上的温度,所有等温线均无水平线段,亦即在临界温度以上,单纯增大压力是不可能使气体液化的,故 T_c **是气体能够液化的最高温度。**

实验证明:每种气体均有临界点。不同气体的分子种类、分子热运动以及分子间的相互作用力不同,因而临界参数不同。但是在临界点处,每种气体均表现出相同的情况,即气、液之间的区别消失了。这表明,不同气体处在各自临界状态时具有共同的内部规律。

2.对应状态原理及压缩因子图

由上可知,临界参数的不同是物质性质差异的一种表现。不过,任何物质在临界点时都是气、液不分,所以临界点又反映了各物质的一种共同特性。以临界点作为基准点,用临界温度、临界压力和临界摩尔体积去度量温度、压力和体积的数值,可得到式(1-4-1)所示的一组状态参数,分别称为对比温度(T_r)、对比压力(p_r)和对比摩尔体积(V_r)。这组参数表示不同气体离开各自临界状态的倍数,即

$$p_r = p/p_c \quad T_r = T/T_c \quad V_r = V/V_c \tag{1-4-1}$$

对比状态参数为量纲一的量。必须注意,对比温度 T_r 要用开尔文温度求值。

用对比状态参数整理大量气体实验数据的结果,发现**各种真实气体若它们的 p_r、T_r 相等,则它们的对比摩尔体积 V_r 基本相同。换言之,若不同的气体有两个对比状态参数彼此相等,则第三个对比状态参数基本上具有相同的数值。**这一经验的规律称之对应状态原理。当两种真实气体对比状态参数彼此相同时,则称此两种气体处于对应状态之下。

对应状态原理提供了能从一种气体的 p、V、T 性质推算另一种气体的 p、V、T 性质之可能。在 §1-3 中,为了保留理想气体状态方程的

简单形式,而将真实气体与理想气体之间的所有偏差归结到一个修正因子 Z(压缩因子),并将理想气体状态方程修正为适用真实气体的状态方程,即

$$pV_m = ZRT$$

根据对应状态原理,可用对比参数来描述真实气体的行为,而且可以推想处于同一对比状态下的各种气体应具有相同的压缩因子。其证明如下。

根据式(1-4-1),某种气体的 p、V、T 与临界参数及对比参数之间有如下的关系:

$$p = p_r \cdot p_c \quad T = T_r \cdot T_c \quad V_m = V_c \cdot V_{m,r}$$

将此关系代入 $pV_m = ZRT$ 中,得

$$(p_r p_c)(V_{m,r} V_c) = ZR(T_r T_c)$$

移项整理后,得

$$Z = \frac{p_c V_c}{RT_c} \frac{p_r V_{m,r}}{T_r}$$

式中 $\frac{p_c V_c}{RT_c}$ 用 Z_c 代替,称临界压缩因子。用各真实气体的 p_c、V_c、T_c 计算结果,大部分真实气体的 Z_c 大体上相同,在 $0.27 \sim 0.29$ 之间,可近似作为常数,并有

$$Z = Z_c \frac{p_r V_{m,r}}{T_r} \tag{1-4-2}$$

根据对应状态原理,不同气体在相同的对比压力 p_r 与对比温度 T_r 下,对比摩尔体积 $V_{m,r}$ 基本相同,所以由式(1-4-2)可知,不同气体若处于对比状态时,则它们具有相同的压缩因子 Z。图 1-4-2 是对 10 种气体 (N_2、CO_2、H_2、CH_4、C_2H_6、C_2H_4、C_3H_8、$n\text{-}C_4H_{10}$、$i\text{-}C_6H_{10}$、$n\text{-}C_5H_{10}$) 在不同温度下进行实验测定,取其平均值描绘成的。

图 1-4-2 是用 p_r、T_r 两个参数表达的双参数普遍化压缩因子图。若要求某种气体在指定压力、温度下的 Z 值,则可将压力、温度转化成 p_r 与 T_r 值,然后由图直接查出 Z 值。

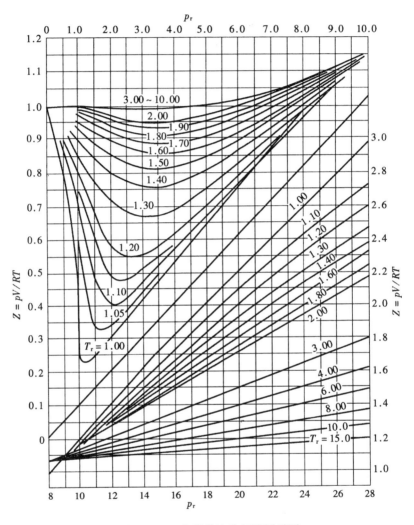

图 1-4-2 双参数普遍化压缩因子图

例 1.4.1 用双参数压缩因子图计算 $T = 522.1$ K、$p = 4.134$ MPa 下,丁烯-1 的摩尔体积 V_m。已知丁烯-1 的临界参数为 $T_c = 419.6$ K,$p_c = 4.023$ MPa。

解: 由临界参数及已知温度、压力数值,求 p_r、T_r。

$$T_r = T/T_c = 1.244, \quad p_r = p/p_c = 1.028$$

由 $T_r = 1.244$ 及 $p_r = 1.028$ 查图 1-4-2,得 $Z = 0.83$。将 T、p 及 Z 值代入 $pV = ZRT$ 中,得

$$V_m = \frac{ZRT}{p} = \frac{0.83 \times 8.314 \ \text{J·mol}^{-1} \cdot \text{K}^{-1} \times 522.1 \ \text{K}}{4 \ 134 \ 000 \ \text{Pa}}$$
$$= 8.72 \times 10^{-4} \ \text{m}^3 \cdot \text{mol}^{-1}$$

本章基本要求

1.熟练应用理想气体方程进行计算;明了理想气体及其微观模型;熟记 R 的数值与单位。

2.掌握分压力 p_B 及分体积 V_B 的概念及适用范围。掌握道尔顿定律与阿马格定律以及它们的应用。掌握任一组分 B 的压力分数 p_B/p、体积分数 V_B/V 与摩尔分数 y_B 间的关系。

3.了解实际气体 pVT 行为对理想气体行为的偏差。掌握压缩因子 Z 的定义及其值偏离 1 的含义。

4.理解范德华方程及修正项的物理意义。

5.掌握饱和蒸气压的概念。明了物质的临界状态以及临界温度作为气体能否液化的分界的意义。

6.理解对应状态原理以及对比状态参数的计算。能利用压缩因子图查找压缩因子 Z,并能根据 $pV = ZnRT$ 方程计算实际气体的 pVT 数值。

概 念 题

填空题

1.在恒压下,某理想气体的体积随温度的变化率 $\left(\dfrac{\partial V}{\partial T}\right)_p = $ _____。(写出式子)

2.由物质的量为 n_A 的 A 气体与物质的量为 n_B 的 B 气体组成的理想气体混合物,其总压力与总体积为 p 和 V,温度为 T。设该气体混合物中气体 B 的分压力与分体积为 p_B 与 V_B,根据道尔顿定律 $p_B = $ _____;根据阿马格定律 $V_B = $ _____。(均写出具体式子)

3.物质的量为 5 mol 的理想气体混合物,其中组分 B 的物质的量为 2 mol,已知

在 30℃ 下该混合气体的体积为 10 dm³，则组分 B 的分压力 $p_B =$ ＿＿＿＿ kPa，分体积 $V_B =$ ＿＿＿＿ dm³。（填入具体数值）

4. 已知在温度 T 下，理想气体 A 的密度 ρ_A 为理想气体 B 的密度 ρ_B 的两倍，而 A 的摩尔质量 M_A 却是 B 的摩尔质量 M_B 的一半。现在温度 T 下，将相同质量的气体 A 和 B 放入到体积为 V 的真空密闭容器中，此时两气体的分压力之比（p_A/p_B）= ＿＿＿＿。（填入具体数值）

5. 在任何温度、压力条件下，压缩因子恒为 1 的气体为 ＿＿＿＿。若某条件下的真实气体的 $Z > 1$，则说明该气体的 V_m ＿＿＿＿ 同样条件下的理想气体的 V_m，也就是该真实气体比同条件下的理想气体 ＿＿＿＿ 压缩。

6. 液体饱和蒸气压是指 ＿＿＿＿。液体的沸点则是指 ＿＿＿＿。

7. 一物质处在临界状态时，其表现为 ＿＿＿＿＿＿＿＿＿＿＿＿。

8. 已知 A、B 两种气体临界温度关系为 $T_c(A) < T_c(B)$，则两气体相对易液化的气体为 ＿＿＿＿。

9. 已知耐压容器中某物质的温度为 30℃，而且它的对比温度 $T_r = 9.12$，则该容器中的物质为 ＿＿＿＿ 体，而该物质的临界温度 $T_c =$ ＿＿＿＿ K。

10. 气体 A 和气体 B（两者均不为氢）的临界参数如下：

物质	p_c/kPa	$t_c/℃$
A	20.265	6.8
B	4 053.0	56.8

已知气体 A 处在 $p(A) = 2\,431.8$ kPa，$t(A) = 62.8℃$ 时，其压缩因子 $Z_A = 0.75$，则气体 B 在 $p(B) =$ ＿＿＿＿ kPa，$t(B) =$ ＿＿＿＿ ℃ 条件下，其压缩因子 Z_B 亦为 0.75。

选择填空题（请从每题所附答案中择一正确的填入横线上）

1. 如左图所示，被隔板分隔成体积相等的两容器中，在温度 T 下，分别放有物质的量各为 1 mol 的理想气体 A 和 B，它们的压力皆为 p。若将隔板抽掉后，两气体则进行混合，平衡后气体 B 的分压力 $p_B =$ ＿＿＿＿。

A	B
1 mol	1 mol
p	p

选择填入：(a) $2p$ 　(b) $4p$ 　(c) $p/2$ 　(d) p

2. 在温度为 T、体积恒定为 V 的容器中，内含 A、B 两组分的理想气体混合物，它们的分压力与分体积分别为 p_A、p_B、V_A、V_B。若又往容器中再加入物质的量为 n_C 的理想气体 C，则组分 A 的分压力 p_A ＿＿＿＿，组分 B 的分体积 V_B ＿＿＿＿。

选择填入：(a) 变大 　(b) 变小 　(c) 不变 　(d) 无法判断

3. 已知 CO_2 的临界参数 $t_c = 30.98℃$，$p_c = 7.375$ MPa。有一钢瓶中贮存着

29℃的CO_2,则该CO_2 _____ 状态。

选择填入:(a)一定为液体 (b)一定为气体 (c)一定为气液共存 (d)数据不足,无法确定

4.有一碳氢化合物气体(视作理想气体),在25℃、1.333×10^4 Pa时测得其密度为0.161 7 $kg \cdot m^{-3}$,已知C、H的相对原子质量为12.010 7及1.007 94,则该化合物的分子式为 _____ 。

选择填入:(a)CH_4 (b)C_2H_6 (c)C_2H_4 (d)C_2H_2

5.在恒温100℃的带活塞汽缸中,放有压力为101.325 kPa的饱和水蒸气。于恒温下压缩该水蒸气,直到其体积为原来体积的1/3,此时缸内水蒸气的压力 _____ 。

选择填入:(a)303.975 kPa (b)33.775 kPa (c)101.325 kPa (d)数据不足,无法计算

6.已知A、B两种气体的临界温度的关系$T_c(A) > T_c(B)$,如两种气体处于同一温度时,则气体A的$T_r(A)$ _____ 气体B的$T_r(B)$。

选择填入:(a)大于 (b)小于 (c)等于 (d)可能大于也可能小于

7.已知水在25℃的饱和蒸气压$p^*(25℃) = 3.67$ kPa。在25℃下的密封容器中存在有少量的水及被水蒸气所饱和的空气,容器的压力为100 kPa,则此时空气的摩尔分数$y(空)$ _____ 。若将容器升温至100℃并保持恒定,达平衡后容器中仍有水存在,则此时容器中空气的摩尔分数$y'(空)$ _____ 。

选择填入:(a)0.903,0.963 (b)0.936,0.970 (c)0.963,0.543 (d)0.983,0.770

习　题

1-1(A) 在室温下,某盛氧气钢筒内氧气压力为537.02 kPa,若提用160 dm^3(在101.325 kPa下占的体积)的氧气后,筒内压力降为131.72 kPa,设温度不变,试用理想气体状态方程估计钢筒的体积。

答:$V = 40$ dm^3

1-2(A) 带旋塞的容器中,装有一定量的0℃、压力为大气压力的空气。在恒压下将其加热并同时将旋塞拧开,现要求将容器内的空气量减少1/5,问需将容器加热到多少度?(设容器中气体温度均匀)

答:341.44 K

1-3(A) 有一 10 dm³ 的钢瓶,内储压力为 10 130 kPa 的氧气。该钢瓶专用于体积为 0.4 dm³ 的某一反应装置充氧,每次充氧直到该反应装置的压力为 2 026 kPa 为止,问该钢瓶内的氧可对该反应装置充氧多少次?

答:100 次

1-4(A) 一个 2.80 dm³ 的容器中,有 0.174 g H₂(g)与 1.344 g N₂(g),求容器中各气体的摩尔分数及 0℃时各气体的分压力。

答:$y(\text{H}_2) = 0.643, y(\text{N}_2) = 0.357$;

$p(\text{H}_2) = 70.00 \text{ kPa}, p(\text{N}_2) = 38.92 \text{ kPa}$

1-5(A) 试利用理想气体有关公式证明,由 A、B 两组分组成的理想气体混合物,其平均摩尔质量 $\bar{M}$ 与 A、B 两组分的摩尔质量 M_A 及 M_B 的关系为 $\bar{M} = y_A M_A + y_B M_B$。

1-6(A) 20℃时将乙烷与丁烷的混合气体充入一个 0.20 dm³ 的抽空容器中,当容器中气体压力升至 101.325 kPa,气体的质量为 0.389 7 g。求该混合气体的平均摩尔质量与各组分的摩尔分数。

答:$\bar{M} = 46.87 \text{ mol}^{-1}, y(\text{C}_2\text{H}_6) = 0.401, y(\text{C}_4\text{H}_{10}) = 0.599$

1-7(A) 已知混合气体中各组分的摩尔分数为:氯乙烯 0.88、氯化氢 0.10 及乙烯 0.02,在维持压力 101.325 kPa 不变条件下,用水洗去氯化氢,求剩余干气体(即不考虑其中水蒸气)中各组分的分压力。

答:$p(\text{氯乙烯}) = 99.073 \text{ kPa}, p(\text{乙烯}) = 2.25 \text{ kPa}$

1-8(A) 在 27℃下,测得总压为 100 kPa 的 Ne 与 Ar 混合气体之密度为 1.186 kg·m⁻³,求此混合气体中的 Ne 的摩尔分数及分压力。

答:$y(\text{Ne}) = 0.524, p(\text{Ne}) = 52.37 \text{ kPa}$

1-9(A) 300 K 时,某容器中含有 H₂ 与 N₂,总压力为 150 kPa。若温度不变,将 N₂ 分离后,容器的质量减少了 14.01 g,压力降为 50 kPa。试计算:(a)容器的体积;(b)容器中 H₂ 的质量;(c)容器中最初 H₂ 与 N₂ 的摩尔分数。

答:(a)$V = 0.012 47 \text{ m}^3$;(b)$m(\text{H}_2) = 0.504 \text{ g}$;(c)$y(\text{H}_2) = 1/3, y(\text{N}_2) = 2/3$

1-10(A) 有 2 dm³ 湿空气,压力为 101.325 kPa,其中水蒸气的分压力为 12.33 kPa。设空气中 O₂ 与 N₂ 的体积分数分别为 0.21 与 0.79,求水蒸气、N₂ 及 O₂ 的分体积以及 N₂、O₂ 在湿空气中的分压力。

答:$V(\text{H}_2\text{O}) = 0.243 4 \text{ dm}^3, V(\text{N}_2) = 1.387 8 \text{ dm}^3, V(\text{O}_2) = 0.368 8 \text{ dm}^3$;

$p(\text{N}_2) = 70.309 \text{ kPa}, p(\text{O}_2) = 18.684 \text{ kPa}$

1-11(A) 在一体积为 0.50 m³ 耐压容器中,放有 16 kg 温度为 500 K 的 CH₄

气,用理想气体状态方程式与范德华方程式分别求算容器中气体的压力值。

答:p(理) = 8.29 MPa,p(范) = 8.16 MPa

1-12(A) 求 C_2H_4 在 150℃、100 MPa 下的密度;(a)用理想气体状态方程;(b)用双参数压缩因子图。其实测值为 442.05 kg·m^{-3}。

答:(a)ρ(理) = 797.4 kg·m^{-3};(b)ρ(双) = 426.4 kg·m^{-3}

1-13(B) 一真空玻璃管净重 37.936 5 g,在 20℃ 下充入干燥空气,压力为 101.325 kPa,质量为 38.073 9 g。在同样条件下,若充入甲烷与乙烷的混合气体,质量为 38.034 7 g。计算混合气体中甲烷的摩尔分数。

答:$y(CH_4)$ = 0.674

1-14(B) 在 2.0 dm^3 的真空容器中,装入 4.64 g Cl_2 和 4.19 g SO_2,在 190℃时,Cl_2 与 SO_2 部分反应为 SO_2Cl_2,容器压力变为 202.65 kPa,求平衡时各气体的分压力。

答:$p(Cl_2)$ = 76.74 kPa,$p(SO_2)$ = 76.66 kPa,$p(SO_2Cl_2)$ = 49.25 kPa

1-15(B) 20℃时,在 0.20 dm^3 的真空容器中放入乙烷与丁烷的混合气体。当压力为 99.992 kPa 时容器中气体的质量为 0.384 6 g,计算混合气体丁烷的摩尔分数及其分压力。

答:y(丁烷) = 0.598 9,p(丁烷) = 59.885 kPa

1-16(B) 有 20℃、101.325 kPa 的干燥气体 20 dm^3,通过保持 30℃ 的溴苯时,实验测得有 0.950 g 的溴苯被带走,求溴苯在 30℃ 的饱和蒸气压是多少?设溴苯蒸气为理想气体。

答:p^*(溴苯) = 0.731 6 kPa

1-17(B) 用毛细管连接的体积相等的两个玻璃球中,放入 0℃、101.325 kPa 的空气后并加以密封。若将其中一个球加热至 100℃,另一个球仍保持 0℃,求容器内的气体压力。毛细管的体积可忽略不计。

答:p = 117 kPa

1-18(B) 一密闭刚性容器中充满了空气,并有少量的水。当容器于 300 K 条件下达平衡时,容器内压力为 101.325 kPa。若把该容器移至 373.15 K 的沸水中,试求容器中到达新的平衡时应有的压力。设容器中始终有水存在,且可忽略水的任何体积变化。300 K 时水的饱和蒸气压为 3 567 Pa。

答:p = 222.92 kPa

第二章 热力学第一定律

工业生产中含有各种各样的物理过程与化学过程,如物质加热或冷却、压缩或膨胀、蒸发或冷凝以及化学反应等等。当物质进行这些过程时常伴有能量的交换。例如,化学反应进行时,不是吸热就是放热,气体的压缩需要对其施加机械功。因此,研究各种过程中能量从一种形式转变为另一种形式是非常重要的。热力学就是研究各种过程中能量转换规律的科学,其主要依据是热力学第一定律和热力学第二定律。解决物质进行某一过程时,在不同条件下需要交换各种形式能量有多少,是热力学第一定律解决的范畴。热力学第二定律则是从能量转换角度解决在不同条件下,过程能否自动进行以及进行至何等程度的问题。

热力学第一定律和第二定律是人类从客观世界大量实践归纳而得到的,因此,两个定律虽可以用数学式表达,但却不能用数学加以证明。此外,热力学是通过物质进行物理过程或化学过程前后某些宏观性质的变化量来计算、分析这些过程的能量关系和过程进行的方向与限度,所以,它不能解决物质变化历程、速度及物质内部的微观个别粒子的行为。此外,因热力学两定律是实验结果,故应用两定律进行计算时,要用到大量有关的宏观性质的实测值,因而热力学计算的可靠性程度依赖于实验值测定的准确性。

本章讨论热力学第一定律和某些推论以及它们的应用,主要用来解决工业上物质的各种物理过程与化学过程的能量转换(即热与功)的数量计算。这也是本章学习的重点。

§2-1 热力学基本概念与术语

1.系统与环境

客观世界是由多种物质构成的,但我们可能只研究其中一种或若干种物质。所以,热力学将作为研究对象的那部分物质称之为系统;而将与系统密切相关(即有物质与能量交换)的部分称为环境。系统与环境之间可以用实际存在的界面来分离。例如一钢瓶氧气,当研究其中气体时就将氧气定为系统,将钢瓶以及钢瓶以外的物质(空气等)当做环境。但是系统与环境之间也可以用想像的分界面来分隔。如上述钢瓶中的氧气喷至空气中,我们需要研究某一瞬间瓶中残余氧气的性质时,则该残余氧气就是系统,离开钢瓶的氧气则为环境,它与残余氧气之间并没有实际界面隔开,但可以想像它们之间有一分界面。

为了研究方便,根据系统与环境之间联系情况的不同,将系统分成三类。

1)封闭系统

与环境之间只有能量交换而无物质交换的系统,称为封闭系统。上述阀门关闭的氧气钢瓶,当氧气作为系统时,氧气只可能与钢瓶有热交换(如用火加热钢瓶),但因阀门关闭而且不泄漏,氧气不能流出瓶外,故氧气是封闭系统。就是说,封闭系统只能通过界面以热与功等的形式与环境进行能量的交换。封闭系统较为简单,是热力学研究的基础,故本书除特殊注明之外,研究的对象均为封闭系统。

2)敞开系统

在加热氧气钢瓶的同时将阀门打开,瓶内的氧气受热膨胀且陆续流出至空气中。若仍以瓶内的氧气作为研究的对象,则系统不仅从环境获得热能,而且系统有氧跑至环境中去。这种与环境不仅有能量交换而且有物质交换的系统,称为敞开系统。敞开系统也称为开放系统。

3)隔离系统

倘若将氧气钢瓶阀门关闭,并且整个钢瓶用一层绝热材料覆盖好,而且钢瓶是刚性的,此时虽然钢瓶外仍然在加热,但作为研究对象的瓶内氧气,不仅没有逸至空气中,而且因绝热层存在而令热源的热不能传给瓶内氧气。这种与环境之间既无物质交换又无能量交换的系统,称为隔离系统。隔离系统也称为孤立系统。

2.状态与状态函数

从热力学看,若某一系统中物质的化学成分、数量与相态,同时,系统的温度、压力、体积等都有确定的数值时,则称该系统处于一定的状态。就是说,系统的状态是其所有宏观性质的综合表现。因此,当一个系统的状态确定后,各种宏观性质也具有确定的数值,所以热力学将各种宏观性质称为状态函数。系统的质量、组成、温度、压力、体积等均为状态函数,后面介绍的非常重要之热力学能、焓、熵、吉布斯函数等皆为状态函数。

系统的宏观性质简称性质。性质可以分成两类:一类为广度性质,另一类为强度性质。系统的广度性质是指将系统分割为若干部分时,系统的某一性质等于各部分该性质之和。如一盛有气体的容器用隔板分隔成两部分,则气体的总体积为两部分气体体积之和。属于广度性质的宏观性质还有热力学能(U)、熵(S)、吉布斯函数(G)……强度性质则是指系统中不具加和关系的性质。如上述分隔为两部分的容器,其气体的温度绝不是两部分温度之和。强度性质除温度外还有压力、密度等等。应当指出,在一定条件下,广度性质也可转成强度性质。例如,摩尔体积是物质的量为 1 mol 时物质所具有的体积,因强调的是 1 mol 物质的量,故不具有加和性,亦即广度性质的摩尔值应为强度性质。

描述一个系统的状态并不需要将该系统的全部性质列出,因为系统的宏观性质是互相关联的。理想气体的物质的量、温度、压力确定后,体积、密度等性质就由理想气体状态方程求得。一般来说,当系统的物质的量、组成、聚集状态(相态)以及两个强度性质确定后,系统其它的性质就都能确定。

如前指出,当系统的状态确定后,系统的宏观性质就有确定的数值,亦即系统的宏观性质是状态的单值函数。由此可以得到一个重要的结论:**系统的状态函数只取决于系统状态,当系统的状态确定后,系统的状态函数就有确定的值;而当系统由某一状态变化到另一状态时,系统的状态函数的变化量只取决始、终两状态,与系统变化的具体途径无关。**如 1 mol 空气由 25 ℃、101 325 Pa 变化到 100 ℃、202 650 Pa,则其温度的变化为 75 ℃,压力变化为 101 325 Pa,与该空气是采取温度、压力同时增大还是先升温后升压的措施无关。状态函数的这一性质在热力学解决实际问题时是非常重要的,这点是今后的讨论中将充分地

3.热力学平衡

在没有环境影响的条件下,如果系统的各种宏观性质不随时间而变化时,则称该系统处于热力学的平衡状态,简称该系统处于平衡状态。一个系统要处于热力学平衡状态一般应满足下面三个平衡。

1)热平衡

当系统内部无绝热壁存在时,系统的各部分温度相等,则称系统处于热平衡。

2)力学平衡

当系统内无刚性壁存在时,系统内各部分的压力相等,则称该系统处于力学平衡。

3)相平衡与化学平衡

当系统内无阻力因素存在时,系统内各部分组成均匀且不随时间而变化,则称该系统处于相平衡或化学平衡。

由此可见,如无特殊情况,系统处于平衡态必须是系统内部各种性质(如温度、压力)均匀,有相变化与化学反应进行时均应达到平衡,而且,系统的温度、压力应分别与环境温度、压力相等,这样,系统才真正处于平衡态。

4.过程与途径

系统状态发生任何变化的经历称为过程。具体地说,系统由一平衡态变化至另一平衡态,这种变化称为过程。实现这一变化的具体步骤称为途径。像气体的升温、压缩,液体蒸发为蒸气,晶体从液体中析出以及发生化学反应等等,均称进行了一个热力学过程。常见的特定过程有如下一些。

1)恒温过程

指系统状态发生变化时,系统在变化过程中的温度始终等于环境温度且为常数,即 $T(系) = T(环) = 常数$ 的过程。

2)恒压过程

是指在整个过程中系统的压力 $p(系)$ 自始至终等于环境的压力(即外压)$p(环)$ 并且为一定值的过程。

若过程中 p(环)始终保持不变,而系统只是始态的压力 p_1 与终态的压力 p_2 与 p(环)相等,则此过程称为等压过程。

倘若过程中 p(环)始终保持不变,系统始态压力 p_1 与 p(环)又不等,则此称恒外压过程。

以上三种过程的共同点就是整个过程中环境压力 p(环)是保持不变的,不同之处就在于整个过程中 p(系)是否始终与 p(环)相等以及系统始态压力 p_1 是否与 p(环)相等。

3)恒容过程

系统状态变化时,系统的体积始终保持不变,即 dV(系)$= 0$ 的过程,称为恒容过程。

4)绝热过程

绝热过程是系统状态变化时系统与环境之间无热交换,即 $\delta Q = 0$ 的过程。但应注意,虽然绝热过程中与环境无热交换,但可以有功的交换。

5)循环过程

循环过程是当系统由某一状态出发,经历了一系列具体途径后又回到原来状态的过程。循环过程的特点是,系统的状态函数变化量均为零,但变化过程中,系统与环境交换的功与热却往往不为零。

应该指出,系统在一定的始态与终态之间完成状态变化的具体途径可能有无数条,但其状态函数的变化量则总是相等的,与所经历途径无关。如下图所示:

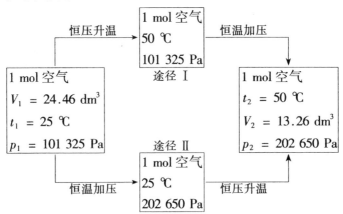

1 mol 空气(理想气体)从温度 25 ℃、压力 101 325 Pa 变化至温度 50 ℃、压力 202 650 Pa,经历了两条不同的途径。但是系统的体积变化值 $\Delta V = V_2 - V_1$,不论哪一条途径,ΔV 值均为 -11.20 dm³。

5.热与功

热与功是系统状态发生变化时与环境交换能量的两种不同形式。因热与功只是能量交换形式,而且只有系统进行某一过程时才能以热与功的形式与环境进行能量的交换,因此,热与功的数值不仅与系统始、末状态有关,而且还与状态变化时所经历的途径有关,故将热与功称做途径函数。热与功具有能量的单位,为焦耳(J)或千焦耳(kJ)。

1)热

系统状态变化时,因其与环境之间存在温度差而引起的能量交换之形式称为热,以符号 Q 表示。热力学规定,Q 的数值以系统实际得失来衡量,热的传递方向通过 Q 的数值之正或负来表明。若系统吸热(即环境放热),则 Q 值规定为正;反之系统对外放热,则 Q 值规定为负。从微观角度讲,物质的温度高低反映该物质内部粒子无序热运动的平均强度大小,故热实质上是系统与环境两者内部粒子无序热运动平均强度不同而交换之能量。

由于系统状态变化有不同的类型,工业上常据此而给热冠以不同名称。系统仅因本身温度变化而与环境交换的热常称为显热,如物质加热或冷却过程中与环境交换的热即属此类。系统在温度恒定下发生相变化时与环境交换的热称相变热,如液体水变成同温度水蒸气或液体变成同温度的固体而与环境交换的热则属相变热。由于相变过程温度不变,故将相变热也称为潜热。系统因发生化学反应而与环境交换的热称为化学反应热。

2)功

系统状态发生变化时,除热之外,其它与环境进行能量交换之形式均称为功,以符号 W 来表示。功的数值同样以系统的实际得失来衡量,并规定系统从环境获得功为正,对环境作功为负。上述正负号的规定是依照最新的国家标准而定的,与过去沿用的规定相反。

因为除热之外,系统与环境交换能量的其它形式均归于功,所以功有多种。热力学将功分成两种：一种是在一定环境压力下系统的体积发生变化时而与环境交换能量的形式，称为体积功；除体积功之外的其它的功称为非体积功，或称其它功。如在后面遇到的电功、表面功均属于非体积力。今后如无特别注明，一般说功则为体积功。因功的概念来源于力学，机械功是等于力乘以在力的方向上发生的位移，但物理化学中功是多种的，所以可理解为一种广义的力乘上在广义力的方向上发生的广义位移。从微观上看，功可理解为系统与环境间因粒子有序运动而变换的能量。

图 2-1-1 为体积功示意图。由图可知，体积功本质上是机械功，即体积功可用力与力作用方向上位移的乘积来计算。图 2-1-1 中气缸内的气体体积设为 V，受热后膨胀了 dV，如气缸活塞面为 $\mathscr{A}$，而活塞产生了 dL 的位移，则 $dL = dV/\mathscr{A}$。设活塞无摩擦、无质量，则气体膨胀

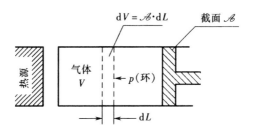

图 2-1-1　体积功示意图

dV 过程中，气体要反抗环境作用在活塞上压力 p(环)而推动活塞移动 dL 距离。按照机械功定义，气体体积 dV 对环境作的微小体积功为

$$\delta W = FdL = p(环)\mathscr{A}(dV/\mathscr{A}) = p(环)dV$$

因是气体膨胀，$dV > 0$，为系统对环境作功。据系统得功为正的规定，故

$$\delta W = -p(环)dV \qquad (2\text{-}1\text{-}1)$$

气体被压缩时，为环境对系统作功，按规定 δW 应为正值，因 $dV < 0$，故用式(2-1-1)算得的 δW 亦为正值，与规定相符。

若系统由始态(p_1, V_1, T_1)经某过程变至终态(p_2, V_2, T_2)，则该过程的体积功 W 应为过程中系统各微小体积变化与环境交换的功之和，

为

$$W = \sum_{V_1}^{V_2} \delta W = - \int_{V_1}^{V_2} p(环) \mathrm{d}V \qquad (2\text{-}1\text{-}2)$$

由上式可见,系统与环境变换的体积功数值的大小不仅与系统的体积变化大小有关,而且还取决于环境的压力 $p(环)$。如果系统经历的为 $p(环) = 0$ 过程,如气体向真空膨胀的过程,则与环境之间无体积功的交换。当系统从同一始态经历不同的途径变至同一终态,因途径不同, $p(环)$ 就不同,故体积功也就不同,这是功成为途径函数的根本原因。功不是状态函数,数学上不是全微分,微小的功不能写成 $\mathrm{d}W$,而应写作 δW。如果系统状态变化的整个过程中 $p(环) = 常数$时,则式(2-1-2)简化为

$$W = - p(环) \sum_{V_1}^{V_2} \mathrm{d}V$$

或

$$W = - p(环) \int_{V_1}^{V_2} \mathrm{d}V$$

或

$$W = - p(环)(V_2 - V_1) = - p(环)\Delta V \qquad (2\text{-}1\text{-}3)$$

例 2.1.1 1 mol H_2 由 $p_1 = 101.325$ kPa、$T_1 = 298$ K 分别经历以下三条不同途径恒温变化到 $p_2 = 50.663$ kPa,求上述三途径中系统与环境交换的 W。

(a)从始态向真空膨胀到终态;

(b)反抗恒定环境压力 $p(环) = 50.663$ kPa 膨胀至终态;

(c)从始态被 202.65 kPa 的恒定 $p(环)$ 压缩至一中间态,然后再反抗 50.663 kPa 的恒定 $p'(环)$ 膨胀至终态。

解:系统中 1 mol H_2 自始态经三条途径至同一终态,都是在恒温下进行,即保持在 298 K,故 $T_1 = T_2$。体积功数值取决于系统状态变化前后的体积差值与环境压力,故求体积功必须先算出始、终态的体积数值。据 $pV = nRT$ 方程,算出 V_1、V_1、V_2 的数值,见下图。

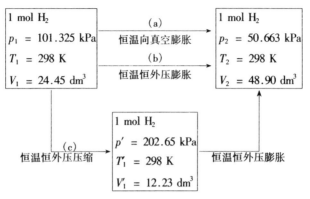

(a)气体向真空膨胀(也称自由膨胀),即 $p(环)=0$ 下的气体膨胀,根据

$$W = \int_{V_1}^{V_2} - p(环)\mathrm{d}V, 因 p(环)等于零, 故 W(a) = 0。$$

(b)恒温下反抗恒定环境压力 $p(环)$ 膨胀,因 $p(环)=$ 常数,故

$$W(b) = - p(环)(V_2 - V_1)$$
$$= - \{50\ 663\ \mathrm{Pa} \times (48.90 - 24.45) \times 10^{-3}\,\mathrm{m}^3\}$$
$$= - 1\ 238.7\ \mathrm{J}$$

(c)是由两步构成,即恒温恒外压压缩与恒温恒外压膨胀,故

$$W(c) = W(压缩) + W(膨胀)$$
$$W(c) = - p_1'(环)(V_1' - V_1) - p_2(环)(V_2 - V_1')$$
$$= - \{202\ 650\ \mathrm{Pa}(12.23 - 24.4) \times 10^{-3}\,\mathrm{m}^3 + 50\ 663\ \mathrm{Pa}$$
$$\times (48.90 - 12.23) \times 10^{-3}\,\mathrm{m}^3\}$$
$$= 618.6\ \mathrm{J}$$

计算表明,虽然系统的始、终状态相同,但因经历途径不同,结果不仅体积功的数值不同,而且正负号也不同,再次证明功的数值与途径有关。

6.热力学能

将盛有一定量空气的导热密闭容器进行加热,假设系统与环境因温度差而有 Q 的能量以热的形式传递给空气,那么,以热的形式传递的这部分能量变成了系统什么能量?要认识这个问题,需引入一个新的概念——热力学能。就是说,当环境以热的形式将能量 Q 传给空气时,使得空气的热力学能增加。

热力学能是指系统内所有粒子全部能量的总和,旧称内能,用符号

U 表示,具有能量的单位。但是热力学能不包括系统整体平动的动能与系统整体处于外力场中所具有的势能。所谓粒子的全部能量之总和是由粒子的以下几部分能量所构成。

1)分子的平动能和分子间相互作用的势能

分子的平动能指系统内分子由于热运动所具有的平动能,亦称内动能。分子热运动的剧烈程度可由系统温度高低来反映,所以热力学能应是温度的函数。

因分子间有相互作用力,所以分子间具有相互作用的势能。内势能大小取决于分子间相互作用力与分子间距离。对一定量的某种物质系统,系统体积大小反映了分子间距离的大小,所以内势能可认为是体积的函数。应指出,理想气体分子间无相互作用力,故理想气体系统的热力学能中不存在内势能。

2)分子内部的能量

分子内部的能量是指分子内部各种微观粒子运动的能量与粒子间相互作用能量之和。如分子的转动能、振动能以及原子核和电子的能量等等。

由上可知,当构成系统之物质的种类、数量、组成及温度、体积确定后,亦即系统状态确定后,热力学能就有确定的数值,因此,热力学能是系统的状态函数,而且为广度性质。当系统的物质种类、数量及组成一定时,系统的热力学能为 T 与 V 的函数,即

$$U = f(T, V) \tag{2-1-4}$$

或

$$dU = \left(\frac{\partial U}{\partial V}\right)_T dV + \left(\frac{\partial U}{\partial T}\right)_V dT \tag{2-1-5}$$

若系统为理想气体,因理想气体分子间无相互作用力,故系统热力学能中的内势能为零。这样,对种类、数量及组成确定的理想气体系统,其热力学能只是系统温度的函数,即

$$U = f(T) \tag{2-1-6}$$

就是说,一定量的某种理想气体,其状态发生变化时,只要始、终态的温度相同,则该理想气体热力学能不发生变化,ΔU 为零。

由于系统内部粒子运动以及粒子间相互作用的复杂性,所以迄今无法确定任一系统处在某一状态下热力学能的绝对值。但是,实际计算各种过程的能量转换关系时,即系统与环境交换的功与热之数值时,涉及的仅是热力学能之变化量,并不需要知道某状态下系统热力学能的绝对数值。

§2-2　热力学第一定律

1.热力学第一定律

人类经过长期实践,总结出极其重要的经验规律——能量守恒原理。该原理指出:能量有各种各样形式,并能从一种形式转变为另一种形式,但在转变过程中总能量的数量不变。将能量守恒原理应用在以热与功进行能量交换的热力学过程,就称为热力学第一定律。在热力学中,热力学第一定律的通常说法是"一个系统处于确定状态时,系统的热力学能具有单一确定数值,系统状态发生变化时,系统热力学能的变化完全取决于系统的始态与终态而与状态变化的途径无关。"这种说法实质上就是能量守恒原理。假设系统从状态 1 经途径 A 变至状态 2 时,系统的热力学能的变化为 $\Delta U(A)$;而系统从状态 1 经途径 B 变至状态 2 时,系统的热力学能的变化为 $\Delta U(B)$。若 $\Delta U(A)$ 大于 $\Delta U(B)$ 时,则系统从始态 1 经途径 A 变至终态 2,而后再由途径 B 返回到始态 1,经历一个循环过程后,系统却多余出热力学能传递给了环境。如果将这一循环过程不断反复进行,就能源源不断地使能量无中生有。这就是所谓的第一类永动机。这种能连续无中生有产生能量的机器完全违背了能量守恒原理,所以热力学第一定律的另一种说法是"第一类永动机不可能实现"。

2.封闭系统热力学第一定律的数学式

要将热力学第一定律用于计算实际过程中各种形式能量相互转化数量时,必须将第一定律用数学式表达出来。下面介绍将热力学第一定律用于封闭系统的数学表达式。

封闭系统是只与环境有能量交换而无物质交换的系统,所以,当封闭系统从始态 1 变至终态 2 时,环境以热、功的形式分别向系统给出了 Q 与 W 的能量。根据热力学第一定律,环境传递给系统的这两部分能量只能转变为系统的热力学能。即系统从始态 1 变至终态 2 的热力学能变化量是来源环境所供予的功和热,故

$$\Delta U = Q + W \qquad (2\text{-}2\text{-}1)$$

若系统状态变化为无限小量时,上式写成

$$dU = \delta Q + \delta W \qquad (2\text{-}2\text{-}2)$$

以上两式就是封闭系统热力学第一定律数学表达式。式(2-2-1)中的 Q、W 的正负号,如前所述规定,均以系统实际得失来确定。即系统从环境获得功与热,Q、W 的数值规定为正;反之则 Q、W 的数值规定为负。因而系统的热力学能增加为正,减少为负。

由式(2-2-1)还可得到如下的结论:

(1)隔离系统因与环境之间既无物质交换又无能量交换,所以,隔离系统内进行任何过程时,Q 与 W 均为零,故隔离系统的热力学能 U 不变,即**隔离系统内无论发生任何过程,其热力学能不变**。这是热力学第一定律的又一种说法。

(2)由热力学第一定律可知,系统从规定的始态变至规定的终态,ΔU 不因途径的不同而不同。由式(2-2-1)可知,$Q + W$ 也应与途径无关。但这不表示 W 与 Q 是状态函数,只是说,当始、末状态确定后,据 $\Delta U = Q + W$,不同途径的热与功之和($W + Q$)只取决于始、末状态,而与具体途径无关。

§2-3 恒容热、恒压热与焓

与化学反应等有关联之工业生产或科学研究的各种过程,一般不是在恒容条件就是在恒压条件下进行。所以将热力学第一定律数学式应用于恒容、非体积功 W' 为零或恒压、非体积功 W' 为零的过程以计算这两类过程的热,有很重要的实用价值,是必须掌握的计算。

1.恒容热 Q_V

当系统经历一个恒容过程时,因 $dV = 0$,故体积功为零。若过程中

系统与环境间无非体积功交换,则系统与环境之间无任何功的交换,即 $W=0$,据式(2-2-1),得

$$Q_V = \Delta U \quad (\mathrm{d}V = 0, W' = 0) \qquad (2\text{-}3\text{-}1)$$

式中 Q 的下标"V"表示过程为恒容且非体积功为零,故 Q_V 称为恒容热。对于一微小恒容不作非体积功的过程,上式可写为

$$\delta Q_V = \mathrm{d}U \quad (\mathrm{d}V = 0, \delta W' = 0) \qquad (2\text{-}3\text{-}2)$$

以上两式说明:在 $\mathrm{d}V = 0$ 的条件下,过程的恒容热 Q_V 等于系统的热力学能变化量 ΔU。就是说,若要计算在 $\mathrm{d}V = 0$、$W' = 0$ 条件下过程的热 Q_V,只需求出系统在此过程中的热力学能的变化值 ΔU 即可。因为热力学能 U 是状态函数,其变化值 ΔU 只与系统的始态 1 与终态 2 有关,这样 ΔU 值的求取可在同一始、终态下通过别的途径来求。这种方法是解决热力学问题的最基本方法。

2.恒压热 Q_p 与焓

如前所述,恒压过程是指 $p(系) = p(环) = $ 常数的过程。恒压过程时系统与环境交换的体积功为

$$W = -p(环)\Delta V$$

因 $p(系) = p(环) = $ 常数,故系统终态压力 p_2 必须等于系统的始态压力 p_1。设始态体积为 V_1、终态体积为 V_2,则

$$W = -p(系)(V_2 - V_1) = -(p_2 V_2 - p_1 V_1)$$

若恒压过程的非体积功为零,则过程与环境交换的功只有体积功,此时,将热力学第一定律数学式用于恒压过程

$$Q_p = \Delta U - W = \Delta U + (p_2 V_2 - p_1 V_1)$$

而 $$\Delta U = U_2 - U_1$$

两式合并,得
$$\begin{aligned}Q_p &= U_2 - U_1 + p_2 V_2 - p_1 V_1 \\ &= (U_2 + p_2 V_2) - (U_1 + p_1 V_1) \quad (\mathrm{d}p = 0, W' = 0)\end{aligned}$$

由于 U、p、V 均为系统的状态函数,故其组合 $(U + pV)$ 也应为系统状态函数。因此,将 $(U + pV)$ 定为新的状态函数,称为焓,其符号为 H,即

$$H \stackrel{\mathrm{def}}{=\!=\!=} U + pV \qquad (2\text{-}3\text{-}3)$$

这样,上面 Q_p 表达式可改写为

$$Q_p = H_2 - H_1 = \Delta H \quad (\mathrm{d}p, W' = 0) \quad (2\text{-}3\text{-}4)$$

若系统进行一恒压、无体积功交换的微小过程,则式(2-3-4)可表示如下:

$$\delta Q_p = \mathrm{d}H \quad (\mathrm{d}p = 0, W' = 0) \quad (2\text{-}3\text{-}5)$$

式中 Q_p 的下角标"p"表示过程是恒压、不作非体积功的过程。式(2-3-4)告诉我们一个重要结论:当系统经历了一个恒压、无非体积功交换的过程,则该过程的热 Q_p 等于此过程中状态函数 H 的变化值 ΔH。

应该指出,由于焓(H)是具有广度性质的状态函数,所以,当系统的状态发生变化时,作为状态函数的焓应该随之而改变,不管过程是否恒压以及作非体积功与否。但是,若某过程系统与环境交换的热 Q 等于该过程的 ΔH,则该过程必是非体积功为零的恒压过程或等压过程。

例2.3.1 有物质的量为 n 的 N_2(理想气体)由始态 p_1、V_1、T_1 变至终态 p_2、V_2、T_2。若始态温度 T_1 等于终态温度 T_2,求理想气体焓的变化。

解:系统的始态与终态表示如下:

$$\boxed{\begin{array}{c} n, N_2(g) \\ p_1, V_1, T_1, H_1 \end{array}} \xrightarrow{\Delta H = ?} \boxed{\begin{array}{c} n, N_2(g) \\ p_2, V_2, T_2, H_2 \end{array}}$$

由 H 的定义式 $H = U + pV$ 得

$$\Delta H = H_2 - H_1 = (U_2 + p_2 V_2) - (U_1 + p_1 V_1)$$
$$= (U_2 - U_1) + (p_2 V_2 - p_1 V_1)$$

因 $T_2 = T_1$ 而且 $N_2(g)$ 作为理想气体,故

$$\Delta U = U_2 - U_1 = 0$$

再据理想气体状态方程 $pV = nRT$,得

$$p_2 V_2 - p_1 V_1 = nRT_2 - nRT_1 = 0$$

故

$$\Delta H = 0$$

计算结果说明,一定量某种理想气体,当其 p、V、T 性质发生变化而且始态温度与终态温度相等时,则该理想气体的焓不变,即 $\Delta H = 0$。就是说,量与组成一定的理想气体,其焓仅是温度的函数而与系统的压力或体积无关,即

$$H = f(T) \quad (\text{理想气体单纯 } pVT \text{ 变化})$$

§2-4 热　　容

在恒压或恒容不作非体积功的条件下,若发生仅因系统温度改变而与环境交换的热,如在一定压力下,将水从 25 ℃升至 100 ℃所需的热,此种热也称为显热;有在一定温度、压力下系统发生相变时与环境交换的热,此种热称为相变热或潜热,如水在 100 ℃、101 325 Pa 压力下变成 100 ℃、101 325 Pa 的水蒸气时所吸收的热;还有在恒压或恒容下系统内发生化学反应时与环境交换的热,即化学反应热。计算以上显热、相变热或化学反应热等数值时,必须有相应的实验数据与计算方法。下面介绍显热的计算。

1.摩尔定容热容与摩尔定压热容

一个封闭系统在不发生化学变化与相变化以及不作非体积功之情况下,若系统的温度因系统与环境存在温差而改变时,则系统与环境间一定有热的交换。要计算这种热,需要知道热容这一实验数据。

1)定义

热容用符号 C 表示,其定义如下:

$$C \xlongequal{\text{def}} \delta Q / \mathrm{d}T$$

上式表明,系统由于吸收一微小的热量 δQ 而温度升高 $\mathrm{d}T$ 时,$\delta Q / \mathrm{d}T$ 这个量即是热容。在不作非体积功的条件下,一定量物质于恒压时升温 1 K 与恒容时升温 1 K 所需的热不同,故分别称为定压热容与定容热容。当物质的量为 1 mol 时称摩尔热容,以 C_m 表示,下标"m"表示物质的量为 1 mol。现有的数据手册列举的多为摩尔定压热容或摩尔定容热容。它们定义为:物质的量为 1 mol 的物质在恒压(或恒容)、非体积功为零、单纯 pVT 变化的条件下,温度升高 1 K 时所需的热量,以符号 $C_{p,m}$(或 $C_{V,m}$)表示。其数学表达式如下:

$$C_{p,m} = \delta Q_p / \mathrm{d}T \quad (\text{1 mol 物质}, W' = 0, \text{恒压,单纯 } pVT \text{ 变化})$$

$$(2\text{-}4\text{-}1)$$

$$C_{V,m} = \delta Q_V / \mathrm{d}T \quad (\text{1 mol 物质}, W' = 0, \text{恒容,单纯 } pVT \text{ 变化})$$

$$(2\text{-}4\text{-}2)$$

在 $W' = 0$、恒压下，1 mol 物质的 $\delta Q_p = \mathrm{d}H_\mathrm{m}$，式(2-4-1)可写成

$$C_{p,\mathrm{m}} = \left(\frac{\partial H_\mathrm{m}}{\partial T}\right)_p \tag{2-4-3}$$

同理，$W' = 0$、恒容下，1 mol 物质的 $\delta Q_V = \mathrm{d}U_\mathrm{m}$，式(2-4-2)可写成

$$C_{V,\mathrm{m}} = \left(\frac{\partial U_\mathrm{m}}{\partial T}\right)_V \tag{2-4-4}$$

2）$C_{p,\mathrm{m}}$ 与 $C_{V,\mathrm{m}}$ 的关系

$$
\begin{aligned}
C_{p,\mathrm{m}} - C_{V,\mathrm{m}} &= \left(\frac{\partial H_\mathrm{m}}{\partial T}\right)_p - \left(\frac{\partial U_\mathrm{m}}{\partial T}\right)_V \\
&= \left\{\frac{\partial(U_\mathrm{m} + pV_\mathrm{m})}{\partial T}\right\}_p - \left(\frac{\partial U_\mathrm{m}}{\partial T}\right)_V \\
&= \left(\frac{\partial U_\mathrm{m}}{\partial T}\right)_p + p\left(\frac{\partial V_\mathrm{m}}{\partial T}\right)_p - \left(\frac{\partial U_\mathrm{m}}{\partial T}\right)_V
\end{aligned}
$$

对于 1 mol 的纯物质，$U_\mathrm{m} = f(V, T)$

$$\mathrm{d}U_\mathrm{m} = \left(\frac{\partial U_\mathrm{m}}{\partial T}\right)_V \mathrm{d}T + \left(\frac{\partial U_\mathrm{m}}{\partial V_\mathrm{m}}\right)_T \mathrm{d}V_\mathrm{m}$$

恒压下，将上式除以 $\mathrm{d}T$，则

$$\left(\frac{\partial U_\mathrm{m}}{\partial T}\right)_p = \left(\frac{\partial U_\mathrm{m}}{\partial T}\right)_V + \left(\frac{\partial U_\mathrm{m}}{\partial V_\mathrm{m}}\right)_T \left(\frac{\partial V_\mathrm{m}}{\partial T}\right)_p$$

此结果代入 $C_{p,\mathrm{m}} - C_{V,\mathrm{m}}$ 的推导式中，得

$$C_{p,\mathrm{m}} - C_{V,\mathrm{m}} = \left\{\left(\frac{\partial U_\mathrm{m}}{\partial V_\mathrm{m}}\right)_T + p\right\}\left(\frac{\partial V_\mathrm{m}}{\partial T}\right)_p \tag{2-4-5}$$

上式是适用于物质的量为 1 mol 任何物质的普遍公式。此式表明，1 mol 物质 $C_{p,\mathrm{m}}$ 与 $C_{V,\mathrm{m}}$ 数值不同的原因是由于恒压下 1 mol 物质温度升高 1 K 时一般体积要膨胀 $(\partial V_\mathrm{m}/\partial T)_p$，这样，系统因体积膨胀而引起热力学能增加，同时还要对环境作体积功，这都需从环境吸收热量。恒容过程因 $\mathrm{d}V = 0$，无需多吸收此部分热。

若系统是理想气体，因其热力学能只是温度的函数，即 $(\partial U_\mathrm{m}/\partial V_\mathrm{m})_T = 0$，所以

$$C_{p,m} - C_{V,m} = p\left(\frac{\partial V_m}{\partial T}\right)_p$$

根据理想气体状态方程

$$pV_m = RT$$

$$\left(\frac{\partial V_m}{\partial T}\right)_p = \frac{R}{p}$$

则

$$C_{p,m} - C_{V,m} = R \quad （理想气体） \tag{2-4-6}$$

液体与固体因物质不同,$C_{p,m} - C_{V,m}$ 相差很大。有些物质的 $C_{p,m} - C_{V,m} \approx 0$;有些物质则由于 $(\partial U_m/\partial V_m)_T$ 及 $(\partial V_m/\partial T)_p$ 不能忽略而需由 p、V、T 数据按下式求算:

$$C_{p,m} - C_{V,m} = T\left(\frac{\partial p}{\partial T}\right)_V \left(\frac{\partial V_m}{\partial T}\right)_p \tag{2-4-7}$$

2. 单纯变温过程的热的计算

在 $W' = 0$、恒压或恒容条件下,系统仅因温度改变而与环境交换的热可按下列公式进行计算。

恒压过程

$$Q_p = \Delta H = \int_{T_1}^{T_2} nC_{p,m}\mathrm{d}T \tag{2-4-8}$$

如 n、$C_{p,m}$ 为常数时,则上式可简化为

$$Q_p = \Delta H = nC_{p,m}(T_2 - T_1) \tag{2-4-9}$$

恒容过程

$$Q_V = \Delta U = \int_{T_1}^{T_2} nC_{V,m}\mathrm{d}T \tag{2-4-10}$$

同理,n、$C_{V,m}$ 为常数时,则

$$Q_V = \Delta U = nC_{V,m}(T_2 - T_1) \tag{2-4-11}$$

例 2.4.1 在外包绝热材料的带活塞汽缸中,原放有 101 325 Pa、25 ℃的一定量某理想气体,将其压缩至 192 517.5 Pa 时,气体温度升至 79 ℃,试求每压缩 1 mol 该气体时所作的功 W 和系统的焓变 ΔH。已知该气体的 $C_{V,m}$ 近似为 25.3 J·K^{-1}·mol^{-1}。

解:因气缸外层被绝热材料所包围,故气体被压缩的过程是绝热过程,即 $Q = 0$。系统的状态变化可表示如下:

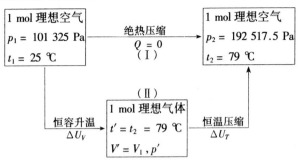

因 $Q = 0$,由热力学第一定律可得

$$\Delta U = W$$

亦即求压缩 1 mol 该气体所作的功只需求出上述状态变化时热力学能的变化值 ΔU。根据状态函数的特点,ΔU 值与所经途径无关,故可在相同始、终态间设计途径(Ⅱ)来求算 ΔU 值。根据途径(Ⅱ)可得

$$\Delta U = \Delta U_V + \Delta U_T$$

因理想气体的 $\Delta U_T = 0$,故 $\Delta U = \Delta U_V$,由式(2-4-10)得

$$\Delta U_V = \int_{T_1}^{T_2} nC_{V,m} dT = nC_{V,m}(T_2 - T_1)$$

$$= 1 \text{ mol} \times 25.3 \text{ J·K}^{-1} \cdot \text{mol}^{-1} \times (352.15 \text{ K} - 298.15 \text{ K})$$

$$= 1\,366 \text{ J}$$

所以

$$\Delta U = \Delta U_V = 1\,366 \text{ J}$$

$$W = \Delta U = 1\,366 \text{ J}$$

W 为正值,表示该绝热压缩过程中环境对系统作功。

因 ΔU 已求得,焓变的计算可据下式进行:

$$\Delta H = \Delta U + \Delta(pV)$$

而

$$\Delta(pV) = p_2 V_2 - p_1 V_1$$

再据

$$pV_m = RT$$

得

$$\Delta(pV_m) = RT_2 - RT_1 = R(T_2 - T_1)$$

所以 $\Delta H = \Delta U + R(T_2 - T_1)$

$$= 1\,366 \text{ J} + 8.314 \text{ J·K}^{-1} \cdot \text{mol}^{-1}(352.15 \text{ K} - 298.15 \text{ K}) \times 1 \text{ mol}$$

$$= 1\,815 \text{ J}$$

理想气体 ΔH 的计算还可以利用下式:

$$\Delta H = \int_{T_1}^{T_2} nC_{p,m} dT = nC_{p,m}(T_2 - T_1)$$

$$C_{p,m} = C_{V,m} + R$$

所以

$$\Delta H = n(C_{V,m} + R)(T_2 - T_1) = 1\ 815\ \text{J}$$

3.摩尔热容与温度的关系及平均摩尔热容

1)摩尔热容与温度的关系

摩尔热容是温度的函数,这已从实验中得到证实。摩尔定压热容 $C_{p,m}$ 与温度 T 的关系式常用的有:

$$C_{p,m} = a + bT + cT^2 + dT^3 \qquad (2\text{-}4\text{-}12)$$

$$C_{p,m} = a + bT + c'T^{-2} \qquad (2\text{-}4\text{-}13)$$

式中的 a、b、c、d、c' 均为物质的特性常数,随物质的种类、相态及使用的温度范围不同而不同。以上两式均是经验公式,在各种化学、化工手册中均能查到。本书附录中列出了从手册上摘引的某些物质的 a、b、c、d 特性常数。

至于 $C_{V,m}$ 与温度的关系,因 $C_{V,m}$ 与 $C_{p,m}$ 间存在着一定的关系,所以只要知道 $C_{p,m}$ 与 T 的关系,$C_{V,m}$ 与 T 的关系即可解决。$C_{p,m} = f(T)$ 的关系也可用曲线表示,有关手册上载有此类图,不过使用上不如函数式方便。

2)平均摩尔热容

将 $C_{p,m} = f(T)$ 的函数关系式代入式(2-4-8)中计算的 Q_p 是较准确的,但因要进行积分,计算较麻烦,故工程上在估算 Q_p 数值时很不方便,从而引进了平均摩尔热容的概念,以 $\bar{C}_{p,m}$ 或 $\bar{C}_{V,m}$ 表示。在此主要介绍 $\bar{C}_{p,m}$ 及其利用。

当物质的量为 n 的某物质在恒压下由 T_1 升温至 T_2 时需 Q_p 的热,则此温度范围内该物质的平均摩尔定压热容 $\bar{C}_{p,m}$ 定义为

$$\bar{C}_{p,m} = \frac{Q_p}{n(T_2 - T_1)} \qquad (2\text{-}4\text{-}14)$$

表示 1 mol 某物质在 $T_1 \sim T_2$ 范围内平均升高温度 1 K 所需的热。

有了在某温度范围的数值,由式(2-4-14)计算 Q_p 就很方便,即

$$Q_p = n\bar{C}_{p,\mathrm{m}}(T_2 - T_1) \qquad (2\text{-}4\text{-}15)$$

应该注意,$\bar{C}_{p,\mathrm{m}}$ 的数值与温度范围有关。原因如下式所示:

$$\bar{C}_{p,\mathrm{m}} = \frac{\displaystyle\int_{T_1}^{T_2} C_{p,\mathrm{m}}\,\mathrm{d}T}{(T_2 - T_1)} \qquad (2\text{-}4\text{-}16)$$

因 $C_{p,\mathrm{m}}$ 与 T 有关,故 $\bar{C}_{p,\mathrm{m}}$ 与 T 也就有关,使用时应予考虑。

§2-5 相 变 焓

化工生产中,系统的状态变化时常常有蒸发、冷凝、熔化、凝固等被称为相变化的过程。计算这类过程中系统与环境交换的热则需要另一类称为相变焓的基础热力学数据。

1. 相与相变化

相是指系统中物理性质、化学性质相同,而且均匀的部分。如用暖水瓶盛满 100 ℃ 的热水并盖上瓶盖,此时瓶内任何一部分水的物理性质及化学性质均相同,故为一个相。但是将瓶内少部分水快速倒出后重新盖上瓶塞,此时,瓶内的水会蒸发成水蒸气。当达到平衡时,瓶内有水和空气与水蒸气混合物,不仅两者的化学性质不相同,而且它们的物理性质也不同,故系统内存在的是两个相。又如石墨与金刚石均由碳原子构成,化学性质相同,但两者的结晶构造不同,物理性质差异极大,故金刚石与石墨是两个不同的相。

系统中物质从一个相转移至另一个相,称为相变化。暖瓶中水变为水蒸气,用石墨制金刚石,均为相变化过程。相变化有不同类型,其表示如下:如液体蒸发为蒸气,用符号 vap 表示;固体升华为蒸气,用符号 sub 表示;固体熔化为液体,用符号 fus 表示;石墨变为金刚石这类固体的晶型转变,用符号 trs 表示。

2. 相变焓——相变过程热的计算

计算各种相变过程的热以及系统在相变过程中热力学能、焓等状态函数的变化值 ΔU 与 ΔH 时,需从化学、化工手册上查找称为摩尔相

变焓的基础实验数据。

摩尔相变焓指 1 mol 纯物质于恒定温度及该温度的平衡压力下发生相变时相应之焓变,以符号 $\Delta_{相变} H_m(T)$ 表示,其单位为 $J \cdot mol^{-1}$。如 100 ℃、压力为 101 325 Pa 下的水蒸气在恒温恒压下变为 100 ℃、101 325 Pa 液体水所对应的同温下的饱和蒸气压力为 101 325 Pa。所以,在 100 ℃、压力为 101 325 Pa 下 1 mol 的液体水于恒温、恒压下变为水蒸气时所发生的焓变称为水在该条件下的摩尔蒸发焓,用符号 $\Delta_{vap} H_m(373\ K)$ 表示。反之,若在 100 ℃、101 325 Pa 下 1 mol 的水蒸气变为同温同压的液体水时之焓变,则表示为 $-\Delta_{vap} H_m(373\ K)$。

在恒温、恒压、非体积功为零的条件下,物质的量为 n 的某物质由一相变为另一相时的相变焓可用下式计算:

$$Q_p = \Delta_{相变} H = n\Delta_{相变} H_m \qquad (2\text{-}5\text{-}1)$$

由于相变化过程是在恒压、不作非体积功条件下进行,所以,此相变过程的焓差就等于此过程系统与环境交换的热 Q_p。

3.相变焓与温度的关系

由于一定量纯物质的焓是温度与压力的函数,故摩尔相变焓应为温度与压力的函数。但是摩尔相变焓是指某温度 T 及该温度相应平衡压力下 1 mol 纯物质发生相变时的焓差,而与温度对应的平衡压力又是温度的函数,所以摩尔相变焓可归结为温度的函数。一般手册上大多只列出某一物质 B 在某温度、压力下的摩尔相变焓数据,这样,就必须知道如何由 T_1、p_1 下的摩尔相变焓数值去求任意温度 T 及压力 p 下摩尔相变焓数值。下面举例说明如何计算。

若有 1 mol 物质 A 于 p_1、T_1 条件下由液相转变为气相,其摩尔气化焓为 $\Delta_{vap} H_m(T_1)$,求在 p_2、T_2 条件下的 $\Delta_{vap} H_m(T_2)$。

求解状态函数变化问题,必须利用状态函数变化值只与始、终态有关而与途径无关的特点,为此可设计如下的过程:

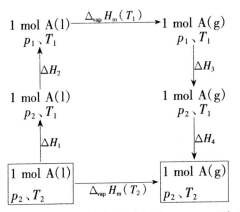

将 T_2、p_2 下 1 mol A(l) 的状态定为始态，T_2、p_2 下 1 mol A(g) 的状态定为终态，则

$$\Delta_{vap}H_m(T_2) = \Delta H_1 + \Delta H_2 + \Delta_{vap}H_m(T_1) + \Delta H_3 + \Delta H_4$$
$$= \Delta_{vap}H_m(T_1) + \Delta H_1 + \Delta H_2 + \Delta H_3 + \Delta H_4$$

图中:l 表示液态，g 表示气态；ΔH_2 表示在恒温下，压力从 p_2 变至 p_1 时液态的焓变，压差不大时可忽略，即 $\Delta H_2 \approx 0$；ΔH_3 为 A 蒸气在恒温变压时的焓差，若该蒸气视为理想气体，则 $\Delta H_3 = 0$。这样

$$\Delta_{vap}H_m(T_2) = \Delta_{vap}H_m(T_1) + \Delta H_1 + \Delta H_4$$

而

$$\Delta H_1 = \int_{T_2}^{T_1} C_{p,m}(l)dT$$

$$\Delta H_4 = \int_{T_1}^{T_2} C_{p,m}(g)dT$$

所以

$$\Delta_{vap}H_m(T_2) = \Delta_{vap}H_m(T_1) + \int_{T_2}^{T_1} C_{p,m}(l)dT + \int_{T_1}^{T_2} C_{p,m}(g)dT$$

$$= \Delta_{vap}H_m(T_1) + \int_{T_1}^{T_2} \{C_{p,m}(g) - C_{p,m}(l)\}dT \quad (2\text{-}5\text{-}2)$$

上式表明，若求任一温度 T_2 下 A 的摩尔蒸发焓 $\Delta_{vap}H_m(T_2)$，需要知道某一温度 T_1 下的 $\Delta_{vap}H_m(T_1)$ 以及液相摩尔定压热容 $C_{p,m}(l)$ 和气相摩尔定压热容 $C_{p,m}(g)$ 的数值。该式还表明，$\Delta_{vap}H_m$ 随温度而变的原因在于 $C_{p,m}(g)$ 与 $C_{p,m}(l)$ 不等。

例2.5.1 已知水在 100 ℃、101 325 Pa 下，其摩尔蒸发焓 $\triangle_{vap}H_m(100\ ℃)=40.63\ kJ\cdot mol^{-1}$，水与水蒸气的平均摩尔定压热容分别为 $\overline{C}_{p,m}(l)=76.56\ J\cdot K^{-1}\cdot mol^{-1}$，$\overline{C}_{p,m}(g)=34.56\ J\cdot K^{-1}\cdot mol^{-1}$。设水蒸气为理想气体。

（a）试求水在 142.9 ℃及其平衡压力下的摩尔蒸发焓 $\triangle_{vap}H_m(142.9\ ℃)$；

（b）若用 142.9 ℃的饱和水蒸气去加热 2 kg 温度为 25 ℃、压力为 101.325 kPa 的空气，在压力不变下加热至 120 ℃，问需要多少水蒸气。已知空气在 101 325 Pa 下的 $C_{p,m}=33.7\ J\cdot K^{-1}\cdot mol^{-1}$，并视作常数，平均摩尔质量 $\overline{M}$（空气）= 28.8 g/mol。设凝结的液体水温度为 142.9 ℃。

解：（a）根据式（2-5-2）进行计算：

$$\triangle_{vap}H_m(T_2)=\triangle_{vap}H_m(T_1)+\int_{T_1}^{T_2}\{\overline{C}_{p,m}(g)-\overline{C}_{p,m}(l)\}\mathrm{d}T$$

$$=\triangle_{vap}H_m(T_1)+\{\overline{C}_{p,m}(g)-\overline{C}_{p,m}(l)\}(T_2-T_1)$$

代入数据

$$\triangle_{vap}H_m(142.9\ ℃)=40.63\ kJ\cdot mol+(34.56-76.56)\times10^{-3}\ kJ\cdot mol^{-1}\cdot K^{-1}$$

$$\times(416.1-373.2)K=38.83\ kJ\cdot mol^{-1}$$

（b）2 kg 的空气在恒压下加热，状态变化如下：

2 000 g 空气		2 000 g 空气
$p_1=101\ 325\ Pa$	恒压升温	$p_2=p_1=101\ 325\ Pa$
$t_1=25\ ℃$	→	$t_2=120\ ℃$

过程是恒压、不作非体积功，而且仅因系统的温度改变而与环境交换热，故此计算须知空气摩尔定压热容数值，利用下式计算。

$$Q_p=\Delta H=\int_{T_1}^{T_2}n（空气）C_{p,m}\mathrm{d}T$$

$$n（空气）=\frac{m（空气）}{M（空气）}$$

因 $C_{p,m}$ 为常数，故

$$Q_p（空气）=\Delta H=\frac{m}{M}C_{p,m}(T_2-T_1)$$

$$=\frac{2\ 000\ g}{28.8\ g\cdot mol^{-1}}\times33.7\ J\cdot mol^{-1}\cdot K^{-1}\times(393-298)K$$

$$=222.33\ kJ$$

计算结果说明，2 kg 空气在恒压下由 25 ℃升温至 120 ℃需 222.33 kJ 的热，这部分热是由 142.9 ℃的水蒸气冷凝放热提供的。设水蒸气凝结放热为 Q_p（水蒸气），凝

结为水的蒸气质量为 m,则

$$Q_p(空气) + Q_p(水蒸气) = 0$$

而

$$Q_p(水蒸气) = n(水蒸气)(-\Delta_{vap}H_m)$$

$$n(水蒸气) = \frac{m(水蒸气)}{M(水蒸气)}$$

代入热平衡式中,得

$$\frac{m(水蒸气)}{M(水蒸气)}(-\Delta_{vap}H_m) = -Q_p(空气)$$

所以

$$m = \frac{Q_p(空气)M(水蒸气)}{\Delta_{vap}H_m}$$

$$= \frac{222.33\ kJ \times 18\ g \cdot mol^{-1}}{38.83\ kJ \cdot mol^{-1}} = 103\ g$$

例 2.5.2 若将 1 mol 温度为 273 K 的冰在 101 325 Pa 下加热为 373 K 的水蒸气,计算此过程的 ΔU 与 ΔH。已知 0 ℃、101 325 Pa 下冰的 $\Delta_{fus}H_m = 6.0\ kJ \cdot mol^{-1}$,100 ℃、101 325 Pa 下水的 $\Delta_{vap}H_m = 40.63\ kJ \cdot mol^{-1}$。在 0~100 ℃ 范围水的 $\bar{C}_{p,m} = 75.31\ J \cdot K^{-1} \cdot mol^{-1}$。

解:题给过程包括两个相变化过程,即冰的熔化与水的气化,故整个过程可以分成三步,即

```
1 mol 冰      恒 T、p 下熔化    1 mol 水
T₁ = 273 K   ——————————→    T₂ = 273 K
              I
P₁ = 101 325 Pa              p₂ = p₁

V₁(s)                        V₁(l)

 恒压升温  1 mol 水   恒 T、p 下气化  1 mol 水蒸气
——————→            ——————————→
  II     T₃ = 373 K    III        T₄ = T₃

         p₃ = p₁                   p₄ = 101 325 Pa

         V₃(l)                     V₄(g)
```

过程 I 是恒 T、p 下的 1 mol 冰的熔化过程,故

$$\Delta H(I) = n\Delta_{fus}H_m = 6.0\ kJ \cdot mol^{-1} \times 1\ mol = 6.0\ kJ$$

$$\Delta H(I) = \Delta U(I) + \{p_2 V_2(l) - p_1 V_1(s)\}$$

因 $p_1 = p_2$、$V_1(s) \approx V_2(l)$

$$\Delta H(I) = \Delta U(I) = 6.0\ kJ$$

过程 II 为水的恒压升温过程

$$\Delta H(II) = n\bar{C}_{p,m}(T_2 - T_1)$$

$$= 1 \text{ mol} \times 75.31 \text{ J} \cdot \text{mol}^{-1} \cdot \text{K}^{-1} \times (373 - 273) \text{K}$$
$$= 7\ 531 \text{ J}$$

水在加热过程引起的体积变化可忽略不计,则
$$\Delta U(\text{II}) = \Delta H(\text{II}) - p \{ V_3(1) - V_2(1) \}$$
$$\Delta U(\text{II}) \approx \Delta H(\text{II}) = 7\ 531 \text{ J}$$

过程 III 为水在 100 ℃、101 325 Pa 压力下变成水蒸气的过程,故
$$\Delta H(\text{III}) = n \Delta_{\text{vap}} H_{\text{m}} = 1 \text{ mol} \times 40.63 \text{ kJ} \cdot \text{mol}^{-1}$$
$$= 40.63 \text{ kJ}$$
$$\Delta U(\text{III}) = \Delta H(\text{III}) - p \{ V_4(\text{g}) - V_3(1) \}$$

因相对于气体而言,液体体积可忽略,上式可改写为
$$\Delta U(\text{III}) = \Delta H(\text{III}) - p_4 V_4(\text{g})$$
而
$$p_4 V_4 = nRT_4$$
所以
$$\Delta U(\text{III}) = \Delta H(\text{III}) - nRT_4$$
$$= 40\ 630 \text{ J} - (1 \text{ mol} \times 8.314 \text{ J} \cdot \text{K}^{-1} \cdot \text{mol}^{-1} \times 373 \text{ K})$$
$$= 37\ 528 \text{ J}$$

整个过程的 ΔH 与 ΔU 为
$$\Delta H = \Delta H(\text{I}) + \Delta H(\text{II}) + \Delta H(\text{III})$$
$$= 6.0 \text{ kJ} + 7.531 \text{ kJ} + 40.63 \text{ kJ} = 54.16 \text{ kJ}$$
$$\Delta U = \Delta U(\text{I}) + \Delta U(\text{II}) + \Delta U(\text{III})$$
$$= 6.0 \text{ kJ} + 7.531 \text{ kJ} + 37.53 \text{ kJ} = 51.06 \text{ kJ}$$

§2-6 标准摩尔反应焓

系统进行化学反应时,系统的物质种类和数量都发生了变化,即反应物分子的化学键被破坏,形成产物分子的新化学键,因而系统能量发生变化并与环境进行热与功的交换。所以,计算化学反应过程的 Q_p、Q_V、W 以及 ΔU、ΔH 的数值将较显热或相变焓计算复杂。不仅需要掌握计算化学反应热的基础数据——标准摩尔生成焓与标准摩尔燃烧焓,而且首先要掌握热力学中如何表达化学反应方程式、反应进度、物质的标准态及标准摩尔反应焓等基本概念。

1. 化学反应方程式

系统进行化学反应,必然有反应物的消耗与产物的生成,可用一方

程来表示参加反应的物质的种类、相态与数量的变化关系。此方程称为化学反应方程式，如

$$CO(g) + (1/2)O_2(g) = CO_2(g)$$

上式表明，参加反应的物质有 $CO(g)$、$O_2(g)$、$CO_2(g)$，而且生成 1 mol $CO_2(g)$ 需要消耗 1 mol $CO(g)$ 与 0.5 mol $O_2(g)$。对于任一化学反应

$$cC + dD = gG + hH$$

按照热力学的规定，状态函数的变化值必须是终态减去始态。将上述计量方程式始态物质 c mol C 与 d mol D 向右移项，得

$$0 = gG + hH - cC - dD$$

或写成以下的通式：

$$0 = \sum_B \nu_B B \tag{2-6-1}$$

式中：B 表示化学反应方程式中任一物质；ν_B 表示物质 B 的化学计量数，是量纲一的量。根据式(2-6-1)规定，产物化学计量数为正，反应物的化学计量数为负，即 $\nu_G = g$，$\nu_H = h$，而 $\nu_C = -c$，$\nu_D = -d$。化学反应方程式中的化学计量数仅表示反应过程中各物质的量之转化的比例关系，并不说明在反应进程中各物质所转化的量。如 U 与 H 等均为系统的广度性质，变化值的大小与反应进行程度有关。因此，系统中化学反应进行到何种程度，需用新的量——反应进度来表示。

2. 反应进度 ξ

为了描述化学反应进行的程度，引进了反应进度的概念，用符号 ξ 表示。设有如下化学反应：

$$N_2(g) + 3H_2(g) = 2NH_3(g)$$

反应前各物质的量 $n_{N_2}(\xi_0)$ $n_{H_2}(\xi_0)$ $n_{NH_3}(\xi_0)$

反应至某一时刻各物质的量 $n_{N_2}(\xi)$ $n_{H_2}(\xi)$ $n_{NH_3}(\xi)$

上述反应至该时刻的反应进度 ξ 可定义为

$$\Delta\xi = \xi - \xi_0 = -\frac{n_{N_2}(\xi) - n_{N_2}(\xi_0)}{1} = -\frac{n_{H_2}(\xi) - n_{H_2}(\xi_0)}{3}$$

$$= \frac{n_{NH_3}(\xi) - n_{NH_3}(\xi_0)}{2} \tag{2-6-2}$$

若规定反应开始时 $\xi_0 = 0$，则 $\Delta\xi = \xi$。下式为反应进度的定义式：

$$\mathrm{d}\xi \overset{\text{def}}{=\!=\!=} \nu_B^{-1}\mathrm{d}n_B \qquad (2\text{-}6\text{-}3)$$

式中 n_B 为 B 的物质的量，ν_B 为化学计量数。由式可知，ξ 的 SI 单位为 mol。

由式(2-6-2)可以看出，对同一反应，反应进度 ξ 的值与选用该反应中何种组分之物质的量的变化来进行计算无关，因同一反应中任一组分 B 的 $\Delta n_B / \nu_B$ 数值都相等。当化学反应的反应物与产物各组分按化学反应方程式的化学计量数而消耗反应物各组分的物质的量并生成产物各组分的物质的量时，则称该化学反应进行了 1 mol 的反应进度或称该化学反应的反应进度为 1 mol。例如，对上述合成氨反应，若 1 mol 的 N_2 和 3 mol 的 H_2 反应并生成 2 mol 的 NH_3，则称此反应进行了 1 mol 的反应进度。在应用反应进度 ξ 时必须注意，即使同一化学反应，因化学反应方程式写法不同而导致 ξ 数值不同。例如合成氨反应从开始反应至某一时刻 t 反应掉 1 mol $N_2(g)$ 和 3 mol $H_2(g)$ 以及生成了 2 mol $NH_3(g)$。若反应方程式写为

$$N_2(g) + 3H_2(g) =\!=\!= 2NH_3(g)$$

则在 t 时刻时，上述反应的反应进度(按 N_2 计算)为

$$\xi = \frac{\Delta n(N_2)}{\nu_{N_2}} = \frac{-1\ \text{mol}}{-1} = 1\ \text{mol}$$

倘若反应方式写成

$$1/2N_2(g) + 3/2H_2(g) =\!=\!= NH_3(g)$$

即使参加反应的各物质的 $\Delta n(N_2)$ $\Delta n(H_2)$ 与 $\Delta n(NH_3)$ 的数值不变，但该方程的反应进度(仍按 N_2 计算)则为

$$\xi = \frac{\Delta n(N_2)}{\nu'_{N_2}} = \frac{-1\ \text{mol}}{-1/2} = 2\ \text{mol}$$

由此可见，对于确定的化学反应，虽然参加反应的任一组分 B 的物质的量的变化值 Δn_B 一定，但反应的反应进度 ξ 的值则随化学反应方程的写法不同而不同。

3.物质的标准态及标准摩尔反应焓

1)物质的标准态

今有两个密封容器 A 和 B，在容器 A 中盛有 $CO(g)$、$O_2(g)$、$CO_2(g)$

等组成的混合气体,容器 B 中盛有 $CO(g)$、$H_2O(g)$、$H_2(g)$、$CO_2(g)$等组成的混合气体。两容器的温度、总压力均相同,而且其中 $CO(g)$的摩尔分数 y_{CO} 也相同。但是两容器中 1 mol $CO(g)$具有的焓值却不相等,且 $H_{CO}(A) \neq H_{CO}(B)$。原因是两容器中与 $CO(g)$同时存在的其它物质的种类、组成不同,$CO(g)$受到其它分子的作用力不同,因而表现出焓等的数值不同。而化学反应系统一般是混合物,为避免同一物质的某热力学状态函数在不同反应系统中数值不同,热力学规定了一个公共的参考状态——标准状态,以使同一物质在不同的化学反应中具有同一数值。

该规定是:在任一温度 T、标准压力 $p^\ominus$ 下纯理想气体的状态定为气体物质的标准态。液体、固体物质的标准态则为在任一温度 T、标准压力下 $p^\ominus$ 的纯液体或纯固体状态。由上述定义可知,物质的标准态强调物质的压力必为标准压力,对温度并无限定。根据最新国家标准的规定,标准压力 $p^\ominus$ = 100 kPa(精确值),不是过去所规定的 101.325 kPa。若某纯气体的温度为 T、压力为 100 kPa 且具有理想气体性质时,则称该气体处于标准状态。1 mol 该气体所具有的焓值称为标准摩尔焓,以 $H_m^\ominus(B, T)$表示。右上角的符号"$\ominus$"表示标准态。其它广度性质的摩尔值表示方法相同,如 $U_B^\ominus(T)$ 为标准摩尔热力学能。

2)标准摩尔反应焓

有化学反应如下:

$$\begin{array}{ccc} CO(g) & + \ 1/2O_2(g) == & CO_2(g) \\ T, p^\ominus & T, p^\ominus & T, p^\ominus \\ 纯,Pg & 纯,Pg & 纯,Pg \\ H_m^\ominus(CO, T) & H_m^\ominus(O_2, T) & H_m^\ominus(CO_2, T) \end{array}$$

反应方程式中的 $CO(g)$、$O_2(g)$、$CO_2(g)$皆各自处在温度为 T 的标准状态下。若反应进行了 1 mol 的反应进度时,反应系统焓的变化值称为标准摩尔反应焓,以 $\Delta_r H_m^\ominus(T)$表示。上述反应的 $\Delta_r H_m^\ominus(T)$与反应各物质的标准摩尔焓有如下关系:

$$\Delta_r H_m^\ominus(T) = H_m^\ominus(CO_2, T) - H_m^\ominus(CO, T) - \frac{1}{2} H_m^\ominus(O_2, T)$$

任一化学反应方程式的标准摩尔反应焓可用下式表示:

$$\Delta_r H_m^{\ominus}(T) = \Sigma \nu_B H_m^{\ominus}(B, T) \qquad (2\text{-}6\text{-}4)$$

上式说明,任一反应的 $\Delta_r H_m^{\ominus}(T)$ 仅为温度的函数。应该指出:不论 T 是什么温度,只要某化学反应中参与反应的各物质均处于标准态,则该反应进行 1 mol 反应进度的焓变均称标准摩尔反应焓,$\Delta_r H_m^{\ominus}(T)$ 之数值与反应方程式的写法有关。

§2-7 化学反应标准摩尔反应焓的计算

标准摩尔反应焓 $\Delta_r H_m^{\ominus}$ 的数值是计算化学反应系统 Q_p、Q_V 与 $\Delta_r H$、$\Delta_r U$ 等的基础。但是 $\Delta_r H_m^{\ominus}$ 的数值又如何求得? 人们考虑用最少的基础热力学数据,再利用状态函数的特点,即状态函数法来解决 $\Delta_r H_m^{\ominus}$ 的计算。本节讨论的标准摩尔生成焓与标准摩尔燃烧焓就是基础热力学数据。

1.标准摩尔生成焓

由一种元素构成的物质称单质,而由两种或两种以上元素构成的物质则称化合物。由稳定相的单质生成化合物的反应称为该化合物的生成反应,如 $H_2(g) + 1/2O_2(g) \rule[0.5ex]{1.5em}{0.4pt} H_2O(g)$ 的反应是水蒸气的生成反应。

在温度为 T、参与反应各物质均处于标准态下,由稳定相单质生成 1 mol β 相某化合物 B 的标准摩尔反应焓,称为该化合物 B(β) 在温度 T 下的标准摩尔生成焓,以符号 $\Delta_f H_m^{\ominus}(B, \beta, T)$ 表示。 符号中的下标 "f" 表示生成反应,括号中的 β 表示化合物 B 的相态。$\Delta_f H_m^{\ominus}$ 的单位为 $J \cdot mol^{-1}$ 或 $kJ \cdot mol^{-1}$。例如:

$$H_2(g) \quad + \quad \frac{1}{2}O_2(g) \longrightarrow \quad H_2O(g)$$

纯态	纯态	纯态
100 kPa, Pg	100 kPa, Pg	100 kPa, Pg
298.15 K	298.15 K	298.15 K

上述反应在 298.15 K、参加反应各物质均处在标准状态下,由稳定相的

$H_2(g)$ 与 $O_2(g)$ 生成了 1 mol $H_2O(g)$。此反应的 $\Delta_r H_m^{\ominus}$ 称为 298.15 K 下水蒸气的标准摩尔生成焓,表示为 $\Delta_f H_m^{\ominus}(H_2O, g, 298.15\ K)$。

应注意:当某单质在温度 T 下有不同相态时,应采用该温度下最稳定的相态。例如,碳在 298.15 K 下有石墨、金刚石与无定形三种相态,其中以石墨为最稳定。由此可知,稳定相单质的标准摩尔生成焓应为零,如 298.15 K 的石墨;不稳定相的单质,如 298.15 K 的金刚石,其标准摩尔生成焓就不为零。生成产物的物质的量必定为 1 mol,若不是 1 mol,则该反应的标准摩尔反应焓差就不是标准摩尔生成焓。例如,$2H_2(g) + O_2(g) = 2H_2O(g)$,若此反应进行了 1 mol 的反应进度,则其 $\Delta_r H_m^{\ominus}$ 就不是水蒸气的标准摩尔生成焓。有关 298.15 K 下各种化合物的 $\Delta_f H_m^{\ominus}(298.15\ K)$ 的数值,可从各种化学、化工手册或热力学数据手册中查到,本书附有从手册中摘抄的部分数据。

2. 由标准摩尔生成焓数据计算任一反应标准摩尔反应焓

现举例说明如何用标准摩尔生成焓的数据来求任一反应在同温度下的标准摩尔反应焓 $\Delta_r H_m^{\ominus}$。例如,乙烯与氧作用生成环氧乙烷的反应,求其在 25 ℃ 下的标准摩尔反应焓 $\Delta_r H_m^{\ominus}(298.15\ K)$。

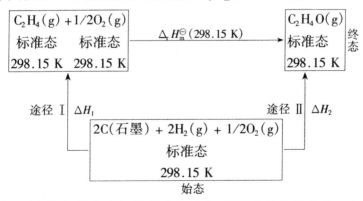

如上图所示,将稳定相单质定为始态,环氧乙烷定为终态。由稳定相单质 C(石墨)、H_2、O_2 反应生成 $C_2H_4O(g)$ 可以采用直接一步完成,如图中的途径Ⅱ;也可采取先生成 $C_2H_4(g)$,然后再将 $C_2H_4(g)$ 氧化生成 $C_2H_4O(g)$ 的途径Ⅰ。根据状态函数变化值只与始、终态有关而与所经

的途径无关之特点,上述从 C(石墨)、$H_2(g)$、$O_2(g)$ 生成 $C_2H_4O(g)$ 的反应,无论经途径 I 或途径 II,焓的变化值应相同,即

$$\Delta H_2 = \Delta H_1 + \Delta_r H_m^{\ominus}(298.15\ \text{K})$$

$$\Delta_r H_m^{\ominus}(298.15\ \text{K}) = \Delta H_2 - \Delta H_1$$

$$\Delta H_2 = \Delta_f H_m^{\ominus}(C_2H_4O, g, 298.15\ \text{K})$$

$$\Delta H_1 = \Delta_f H_m^{\ominus}(C_2H_4, g, 298.15\ \text{K})$$

$$\Delta_r H_m^{\ominus}(298.15\ \text{K}) = \Delta_f H_m^{\ominus}(C_2H_4O, g, 298.15\ \text{K})$$
$$- \Delta_f H_m^{\ominus}(C_2H_4, g, 298.15\ \text{K})$$

因式中环氧乙烷为所求反应的产物,乙烯为反应物,故上述反应的 $\Delta_r H_m^{\ominus}(298.15\ \text{K})$ 计算式可写成

$$\Delta_r H_m^{\ominus}(298.15\ \text{K}) = \{\Delta_f H_m^{\ominus}(298.15\ \text{K})\}_{产物} - \{\Delta_f H_m^{\ominus}(298.15\ \text{K})\}_{反应物}$$

将此例的方法推广至温度 T 下的任一化学反应,可总结出以下关系:

$$\Delta_r H_m^{\ominus}(T) = \left\{\sum_B \nu_B \Delta_f H_m^{\ominus}(B, \beta, T)\right\}_{产物} - \left\{\sum_B |\nu_B| \Delta_f H_m^{\ominus}(B, \beta, T)\right\}_{反应物}$$

$$(2\text{-}7\text{-}1)$$

或写成

$$\Delta_r H_m^{\ominus}(T) = \sum_B \nu_B \Delta_f H_m^{\ominus}(B, \beta, T) \qquad (2\text{-}7\text{-}2)$$

此式说明,在温度 T 下任一反应的标准摩尔反应焓等于该反应产物的标准摩尔生成焓之和减去反应物的标准摩尔生成焓之和。

3.标准摩尔燃烧焓

标准摩尔生成焓的数据只有一部分可由实验直接测定,相当数量的数据不能直接测定,特别是有机化合物的数据,需要通过其它实验数据间接计算得到,最常用的其它数据是标准摩尔燃烧焓。

在温度为 T、参加反应各物质均处在标准态下,**1 mol β 相的化合物 B 在纯氧中氧化反应至指定的稳定产物时的标准摩尔反应焓,称为该化合物 B(β)在温度 T 时的标准摩尔燃烧焓,用符号 $\Delta_c H_m^{\ominus}$ 表示。** 附录八中 25 ℃ 下的标准摩尔燃烧焓数据所指定的完全氧化的稳定产物为 C 变成 $CO_2(g)$,H 变为 $H_2O(l)$,N 变为 $N_2(g)$,S 变为 $SO_2(g)$ 等。需要注意,不同手册所指定的稳定产物可能会不相同,利用标准摩尔燃烧

焓数据时,应先查看氧化的产物是什么物质。

4. 由标准摩尔燃烧焓数据计算任一反应的标准摩尔反应焓

由标准摩尔燃烧焓求任何一反应在同温下的标准摩尔反应焓的依据,仍然是利用状态函数的特点。例如求下列反应在 25 ℃下的 $\Delta_r H_m^{\ominus}$ (298.15 K)。

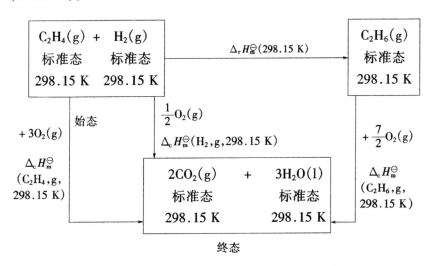

如上图所示,将 $C_2H_4(g)$ 与 $H_2(g)$ 定为始态,将完全氧化的产物 $CO_2(g)$ 与 $H_2O(l)$ 定为终态。由始态变化至终态有两条途径:一条是由始态的物质直接完全氧化为终态;另一条是 $C_2H_4(g)$ 与 $H_2(g)$ 反应变成 $C_2H_6(g)$,然后再完全氧化至终态。不管哪一条途径,两者焓的变化值相同,即

$$\Delta_c H_m^{\ominus}(C_2H_4,g,298.15\ K) + \Delta_c H_m^{\ominus}(H_2,g,298.15\ K)$$
$$= \Delta_r H_m^{\ominus}(298.15\ K) + \Delta_c H_m^{\ominus}(C_2H_6,g,298.15\ K)$$

所以 $\Delta_r H_m^{\ominus}(298.15\ K) = \Delta_c H_m^{\ominus}(C_2H_4,g,298.15\ K)$
$$+ \Delta_c H_m^{\ominus}(H_2,g,298.15\ K) - \Delta_c H_m^{\ominus}(C_2H_6,g,298.15\ K)$$

由所求反应可知,$C_2H_4(g)$ 与 $H_2(g)$ 为反应物,$C_2H_6(g)$ 为产物。根据以上结果可写出,在温度 T 下由标准摩尔燃烧焓求同温度下任一反

应的标准摩尔反应焓的通式,即

$$\Delta_r H_m^{\ominus}(T) = \left\{\sum_B |\nu_B| \Delta_c H_m^{\ominus}(T)\right\}_{反应物} - \left\{\sum_B \nu_B \Delta_c H_m^{\ominus}(T)\right\}_{产物}$$

(2-7-3)

或
$$\Delta_r H_m^{\ominus}(T) = -\sum_B \nu_B \Delta_c H_m^{\ominus}(B, \beta, T) \qquad (2-7-4)$$

例 2.7.1 试由 25 ℃下气态苯乙烯的标准摩尔燃烧焓求其在 25 ℃下的标准摩尔生成焓。

解:根据标准摩尔燃烧焓的定义,可写出以下反应计量式:

$$C_6H_5 \cdot C_2H_3(g) + 10 \ O_2(g) \longrightarrow 8CO_2(g) + 4H_2O(l)$$

此反应的 $\Delta_r H_m^{\ominus}(298.15 \ K) = \sum_B \nu_B \Delta_f H_m^{\ominus}(B, \beta, 298.15 \ K)$。若用标准摩尔生成焓求该反应的 $\Delta_r H_m^{\ominus}(298.15 \ K)$,则可据

$$\Delta_r H_m^{\ominus}(298.15 \ K) = \sum_B \nu_B \Delta_f H_m^{\ominus}(B, \beta, 298.15 \ K)$$

即 $\Delta_c H_m^{\ominus}(C_6H_5 \cdot C_2H_3, g, 298.15 \ K) = \Delta_r H_m^{\ominus}(298.15 \ K)$

$$= 8\Delta_f H_m^{\ominus}(CO_2, g, 298.15 \ K) + 4\Delta_f H_m^{\ominus}(H_2O, l, 298.15 \ K)$$
$$- \Delta_f H_m^{\ominus}(C_6H_5 \cdot C_2H_3, g, 298.15 \ K)$$

所以 $\Delta_f H_m^{\ominus}(C_6H_5 \cdot C_2H_3, g, 298.15)$

$$= 8\Delta_f H_m^{\ominus}(CO_2, g, 298.15 \ K) + 4\Delta_f H_m^{\ominus}(H_2O, l, 298.15 \ K)$$
$$- \Delta_c H_m^{\ominus}(C_6H_5 \cdot C_2H_3, g, 298.15 \ K)$$

从手册中查得:$\Delta_c H_m^{\ominus}(C_6H_5 \cdot C_2H_3, g, 298.15 \ K) = -4 \ 437 \ kJ \cdot mol^{-1}$

$$\Delta_f H_m^{\ominus}(CO_2, g, 298.15 \ K) = -393.51 \ kJ \cdot mol^{-1}$$

$$\Delta_f H_m^{\ominus}(H_2O, l, 298.15 \ K) = -285.83 \ kJ \cdot mol^{-1}$$

代入上面计算式中,得

$\Delta_f H_m^{\ominus}(C_6H_5 \cdot C_2H_3, g, 298.15 \ K) = 8 \times (-393.51 \ kJ \cdot mol^{-1})$
$+ 4 \times (-285.83 \ kJ \cdot mol^{-1}) - (-4 \ 437 \ kJ \cdot mol^{-1}) = 146 \ kJ \cdot mol^{-1}$

例 2.7.2 试计算异构化反应 $C_2H_5OH(l) = CH_3OCH_3(g)$ 在 25 ℃下的 $\Delta_r H_m^{\ominus}$ $(298.15 \ K)$。已知 $\Delta_f H_m^{\ominus}(C_2H_5OH, l, 298.5 \ K) = -277.7 \ kJ \cdot mol^{-1}$,$\Delta_f H_m^{\ominus}(H_2O, l, 298.15 \ K) = -285.83 \ kJ \cdot mol^{-1}$,$\Delta_c H_m^{\ominus}(CH_3OCH_3, g, 298.15 \ K) = -1 \ 456.0 \ kJ \cdot mol^{-1}$,$\Delta_c H_m^{\ominus}(石墨, s, 298.15 \ K) = -393.51 \ kJ \cdot mol^{-1}$。

解:本题求 298.15 K 下化学反应的 $\Delta_r H_m^{\ominus}$,既可用标准摩尔生成焓的数据,也可用标准摩尔燃烧焓的数据。根据题给数据,用标准摩尔生成焓数据计算时,缺

$\Delta_f H_m^{\ominus}(CH_3OCH_3, g, 298.15\ K)$ 的数据；而用标准摩尔燃烧焓数据计算时，又缺

$\Delta_c H_m^{\ominus}(C_2H_5OH, l, 298.15\ K)$ 的数据，所以此题可有两种解法。

解法一：

利用已知数据求 $\Delta_f H_m^{\ominus}(CH_3OCH_3, g, 298.15\ K)$。根据标准摩尔生成焓的定义，

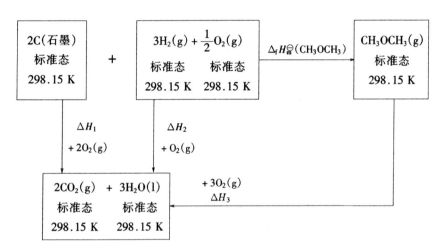

由图可知：

$$\Delta H_1 + \Delta H_2 = \Delta_f H_m^{\ominus}(CH_3OCH_3, g, 298.15\ K) + \Delta H_3$$

而

$$\Delta H_1 = 2\Delta_c H_m^{\ominus}(石墨, s, 298.15\ K)$$

$$\Delta H_2 = 3\Delta_f H_m^{\ominus}(H_2O, l, 298.15\ K)$$

$$\Delta H_3 = \Delta_c H_m^{\ominus}(CH_3OCH_3, g, 298.15\ K)$$

所以 $\Delta_f H_m^{\ominus}(CH_3OCH_3, g, 298.15\ K) = \Delta H_1 + \Delta H_2 - \Delta H_3$

$= 2\Delta_c H_m^{\ominus}(石墨, s, 298.15\ K) + 3\Delta_f H_m^{\ominus}(H_2O, l, 298.15\ K)$

$- \Delta_c H_m^{\ominus}(CH_3OCH_3, g, 298.15\ K)$

$= 2 \times (-393.51\ kJ \cdot mol^{-1}) + 3 \times (-285.83\ kJ \cdot mol^{-1}) - (-1\ 456.0\ kJ \cdot mol^{-1})$

$= -188.51\ kJ \cdot mol^{-1}$

再据 $\Delta_r H_m^{\ominus}(298.15\ K) = \sum_B \nu_B \Delta_f H_m^{\ominus}(B, \beta, 298.15\ K)$

得异构反应 $\Delta_r H_m^{\ominus}(298.15\ K) = \Delta_f H_m^{\ominus}(CH_3OCH_3, g, 298.15\ K)$

$- \Delta_f H_m^{\ominus}(C_2H_5OH, l, 298.15\ K)$

$\Delta_r H_m^{\ominus}(298.15\ K) = -188.51\ kJ \cdot mol^{-1} - (-277.7\ kJ \cdot mol^{-1})$

$$= 89.19 \ kJ \cdot mol^{-1}$$

解法二：

利用已知数据求 $\Delta_c H_m^{\ominus}(C_2H_5OH, l, 298.15 \ K)$。根据标准摩尔燃烧焓的定义，可写出

$$C_2H_5OH(l) + 3O_2(g) \xrightarrow[\Delta_r H_m^{\ominus}(298.15 \ K)]{} 2CO_2(g) + 3H_2O(l)$$

根据 $\quad \Delta_r H_m^{\ominus}(298.15 \ K) = \sum_B \nu_B \Delta_f H_m^{\ominus}(B, \beta, 298.15 \ K)$

而上面反应的 $\quad \Delta_r H_m^{\ominus}(298.15 \ K) = \Delta_c H_m^{\ominus}(C_2H_5OH, l, 298.15 \ K)$

$$\Delta_c H_m^{\ominus}(石墨, s, 298.15 \ K) = \Delta_f H_m^{\ominus}(CO_2, g, 298.15 \ K)$$

所以 $\quad \Delta_c H_m^{\ominus}(C_2H_5OH, l, 298.15 \ K) = 2 \times \Delta_f H_m^{\ominus}(CO_2, g, 298.15 \ K)$

$$+ 3\Delta_f H_m^{\ominus}(H_2O, l, 298.15 \ K) - \Delta_f H_m^{\ominus}(C_2H_5OH, l, 298.15 \ K)$$

则 $\quad \Delta_c H_m^{\ominus}(C_2H_5OH, l, 298.15 \ K)$

$$= 2(-393.51 \ kJ \cdot mol^{-1}) + 3(-285.83 \ kJ \cdot mol^{-1}) - (-277.7 \ kJ \cdot mol^{-1})$$

$$= -1 \ 366.81 \ kJ \cdot mol^{-1}$$

所以 $\quad \Delta_r H_m^{\ominus}(298.15 \ K) = \Delta_c H_m^{\ominus}(C_2H_5OH, l, 298.15 \ K)$

$$- \Delta_c H_m^{\ominus}(CH_3OCH_3, g, 298.15 \ K)$$

$$= -1 \ 366.81 \ kJ \cdot mol^{-1} - (-1 \ 456.0 \ kJ \cdot mol^{-1})$$

$$= 89.19 \ kJ \cdot mol^{-1}$$

5.不同温度下的 $\Delta_r H_m^{\ominus}(T)$ 的计算——基希霍夫公式

前面叙述了如何利用手册上 25 ℃ 的数据求 25 ℃ 下任一化学反应之 $\Delta_r H_m^{\ominus}(298.15 \ K)$，但实际应用上反应的温度范围是很广的，因此，需解决不同温度 T 下的 $\Delta_r H_m^{\ominus}(T)$ 的计算。例如求下列反应在温度 T 下的 $\Delta_r H_m^{\ominus}(T)$，其方法如下图所示。

$$
\begin{array}{ccc}
2C_2H_2(g) + 2H_2O(g) & \xrightarrow{\Delta_r H_m^{\ominus}(T)} & 2CH_3CHO(l) \\
\text{标准态} \quad \text{标准态} & & \text{标准态} \\
\downarrow \Delta H_1 \quad \downarrow \Delta H_2 & & \uparrow \Delta H_3 \\
2C_2H_2(g) + 2H_2O(g) & \xrightarrow{\Delta_r H_m^{\ominus}(298.15 \ K)} & 2CH_3CHO(l) \\
\text{标准态} \quad \text{标准态} & & \text{标准态} \\
298.15 \ K \quad 298.15 \ K & & 298.15 \ K
\end{array}
$$

根据状态函数的特点,则有

$$\Delta_r H_m^\ominus(T) = \Delta H_1 + \Delta H_2 + \Delta_r H_m^\ominus(298.15\ K) + \Delta H_3$$

式中 ΔH_1、ΔH_2 及 ΔH_3 是系统恒压、不作非体积功的单纯变温过程,可用

$$\Delta H = \int_{T_1}^{T_2} n C_{p,m}(B,\beta)\,dT$$

故 $\quad \Delta_r H_m^\ominus(T) = \int_T^{298.15} 2 C_{p,m}(C_2H_2,g)\,dT + \int_T^{298.15} 2 C_{p,m}(H_2O,g)\,dT$

$$+ \Delta_r H_m^\ominus(298.15\ K) + \int_{298.15}^T 2 C_{p,m}(CH_3CHO,l)\,dT$$

将积分上、下限均取从 298.15 K 至 T,然后进行整理,得到

$$\Delta_r H_m^\ominus(T) = \Delta_r H_m^\ominus(298.15\ K)$$

$$+ \int_{298.15}^T [2 C_{p,m}(CH_3CHO,l) - \{2 C_{p,m}(C_2H_2,g) + 2 C_{p,m}(H_2O,g)\}]\,dT$$

上式方括号中为产物摩尔定压热容总和减去反应物摩尔定压热容总和之差值,可表示成以下的通式:

$$\Delta_r C_{p,m} = \sum \{\nu_B C_{p,m}(B,\beta)\}_{产物} - \sum \{|\nu_B| C_{p,m}(B,\beta)\}_{反应物} \tag{2-7-5}$$

或

$$\Delta_r C_{p,m} = \sum_B \nu_B C_{p,m}(B,\beta) \tag{2-7-6}$$

因此

$$\Delta_r H_m^\ominus(T) = \Delta_r H_m^\ominus(298.15\ K) + \int_{298.15}^T \Delta_r C_{p,m}\,dT \tag{2-7-7}$$

式(2-7-7)为由 $\Delta_r H_m^\ominus(298.15\ K)$ 计算 $\Delta_r H_m^\ominus(T)$ 的一般关系式。对该式进行微分,则可得 $\Delta_r H_m^\ominus(T)$ 随温度变化的导数式,即

$$d\Delta_r H_m^\ominus(T)/dT = \Delta_r C_{p,m} \tag{2-7-8}$$

式(2-7-7)与式(2-7-8)均称基希霍夫(Kirchhoff)公式。

应该指出,基希霍夫公式对于下列例子不适用。因在 298.15 K 下水为液相,而在温度 T 下水为气相,即从 298.15 K 到 T 之间有相变发生,由于相变前后水的 $C_{p,m}$ 发生了变化,不能直接用式(2-7-6)进行计算。此种情况下的计算,需要根据具体的数据以及状态函数变化值不

随途径而变之性质,设计相应途径来计算。

$$H_2(g) + \frac{1}{2}O_2(g) \xrightarrow{\Delta_r H_m^{\ominus}(T)} H_2O(g)$$

标准态　　标准态　　　　　标准态
T　　　　T　　　　　　　T

$$H_2(g) + \frac{1}{2}O_2(g) \xrightarrow{\Delta_r H_m^{\ominus}(298.15\ K)} H_2O(l)$$

标准态　　标准态　　　　　标准态
298.15 K　298.15 K　　　　298.15 K

§2-8　化学反应恒压热与恒容热的计算

1. 化学反应的恒压热与恒容热的关系

实际中,同一化学反应根据要求可在恒温恒压下进行或恒温恒容下进行,而且反应进度 ξ 也不总为 1 mol。这就需要掌握由某一反应在恒温恒压下的反应热 Q_p 计算该反应在同一温度但恒容且为同一反应进度的反应热 Q_V,或者是从 Q_V 的实验值求 Q_p,为此,需找出这两者的关系。设上图所示的两条途径的反应热分别为恒温恒压热 $\Delta_r H_p$ 与恒温恒容热 $\Delta_r U_V$。根据状态函数的变化值与所经历途径无关的特点,$\Delta_r H_p$ 与 $\Delta_r U_p$ 之间的关系如下:

$$\Delta_r H_p = \Delta_r U_p + p\Delta V_p$$

而
$$\Delta_r U_p = \Delta_r U_V + \Delta U_T$$

联解两式,得

$$Q_p - Q_V = \Delta_r H_p - \Delta_r U_V = \Delta U_T + p\Delta V_p \qquad (2\text{-}8\text{-}1)$$

式中：$p\Delta V_p$ 项为恒温恒压下系统进行反应时与环境交换的体积功；ΔU_T 为恒温恒容下反应产物因压力改变而引起的热力学能的变化值。如果反应产物为理想气体或液、固相，则 $\Delta U_T = 0$，此时

$$Q_p - Q_V = p\Delta V_p$$

就是说，Q_p、Q_V 之差相当于恒压过程中系统与环境交换的体积功。若反应系统中不仅有气体，而且有液相或固相时，因液相或固相物质在反应中引起系统体积变化相对气相而言可以忽略，所以，可认为恒 T、p 下系统体积的改变（ΔV_p）是因为系统在反应前后气相部分的物质的量改变（$\Delta n(g)$）所带来，即

$$Q_p - Q_V = \Delta n(g)RT = \xi \sum \nu_B(g)RT \qquad (2\text{-}8\text{-}2)$$

若反应进行 1 mol 反应进度时，$\xi = 1$ mol，则上式改写为

$$Q_{p,m} - Q_{V,m} = \sum \nu_B(g)RT \qquad (2\text{-}8\text{-}3)$$

式中：$Q_{p,m}$ 与 $Q_{V,m}$ 均为摩尔反应热；$\sum \nu_B(g)$ 为所求反应方程式中气体物质化学计量数的代数和；Q_p 与 Q_V 表示反应进度为 ξ 时的反应热；$\Delta n(g)$ 为该反应前后气体物质的量之变化。

例 2.8.1 已知

$$C_6H_6(l) + 7\frac{1}{2}O_2(g) = 6CO_2(g) + 3H_2O(l)$$

$$\Delta_r U_m(298.15\ K) = -3\ 268\ kJ\cdot mol^{-1}$$

求 298.15 K 时上述反应在恒压下进行 1 mol 反应进度之反应热。

解 由式(2-8-3)

$$Q_{p,m} - Q_{V,m} = \sum \nu_B(g)RT$$

式中

$$\sum \nu_B(g) = \nu_{CO_2} - \nu_{O_2}$$

$$= 6 - 7.5 = -1.5$$

而

$$Q_{V,m} = \Delta_r U_m = -3\ 268\ kJ\cdot mol^{-1}$$

所以

$$Q_{p,m} = Q_{V,m} + \sum \nu_B(g)RT$$

$$= -3\ 268\ kJ\cdot mol^{-1} - (1.5 \times 8.314 \times 298.15 \times 10^{-3})\ kJ\cdot mol^{-1}$$

$$= -3\ 272\ kJ\cdot mol^{-1}$$

计算结果表明，恒压反应时放热大于恒容反应放出的热。这是因为反

应中气体物质的量减小,因此恒温恒压反应时系统体积减小,环境对系统作功,这部分功以热的形式回到环境。

例 2.8.2 1 kg $C_2H_5OH(l)$ 于恒定 298.15 K、101.325 kPa 下与理论量的 $O_2(g)$ 进行的反应为

$$C_2H_5OH(l) + 3O_2(g) \xrightarrow[\text{101 325 Pa}]{\text{298.15 K}} 2CO_2(g) + 3H_2O(g)$$

求该反应在恒温、恒容下的反应热 Q_V。已知 $CO_2(g)$、$H_2O(g)$ 及 $C_2H_5OH(l)$ 的 $\Delta_f H_m^{\ominus}(B,\beta,298.15\ \text{K})$ 分别为 $-393.51\ \text{kJ·mol}^{-1}$、$-241.82\ \text{kJ·mol}^{-1}$ 及 $-277.0\ \text{kJ·mol}^{-1}$。

解:根据本题所给的数据,应先求该反应在恒 T、p 下的反应热 Q_p,因

$$Q_p = \Delta_r H_p = \xi \Delta_r H_m^{\ominus}(298.15\ \text{K})$$

而

$$\begin{aligned}
\Delta_r H_m^{\ominus}(298.15\ \text{K}) &= \sum_B \nu_B \Delta_f H_m^{\ominus}(B,\beta,298.15\ \text{K}) \\
&= 2\Delta_f H_m^{\ominus}(CO_2,g,298.15\ \text{K}) + 3\Delta_f H_m^{\ominus}(H_2O,g,298.15\ \text{K}) \\
&\quad - \Delta_f H_m^{\ominus}(C_2H_5OH,l,298.15\ \text{K}) \\
&= 2 \times (-393.51\ \text{kJ·mol}^{-1}) + 3(-241.82\ \text{kJ·mol}^{-1}) \\
&\quad - (-277.0\ \text{kJ·mol}^{-1}) \\
&= -1\ 235\ \text{kJ·mol}^{-1}
\end{aligned}$$

$$\begin{aligned}
\xi &= \Delta n(C_2H_5OH)/\nu(C_2H_5OH) \\
&= \{(0-1)\text{kg}/M(C_2H_5OH)\}/(-1) = 21.72\ \text{mol}
\end{aligned}$$

$$Q_p = \Delta_r H_p = \xi \Delta_r H_m^{\ominus} = 21.72\ \text{mol} \times (-1\ 235\ \text{kJ·mol}^{-1}) = -2.682 \times 10^4\ \text{kJ}$$

再据式(2-8-2)

$$Q_p - Q_V = \xi \Sigma \nu_B RT \qquad Q_V = Q_p - \xi \Sigma \nu_B RT$$

其中 $\Sigma \nu_B = \nu(CO_2) + \nu(H_2O) + \nu(O_2) = 2 + 3 - 3 = 2$

所以 $Q_V = -26\ 820\ \text{kJ} - (21.72\ \text{mol} \times 2) \times 8.314\ \text{kJ·mol}^{-1}\cdot\text{K}^{-1} \times 298.15\ \text{K} \times 10^{-3}$

$$= -26\ 820\ \text{kJ} - 107.7\ \text{kJ} = -26\ 927.7\ \text{kJ}$$

2.非恒温过程化学反应热的计算实例

1)非恒温过程 Q_p 之计算

实际应用中常遇到的是系统进行反应之后其温度将升高或降低。还有,工业与国防上需要一些物质在某些特定条件下(如绝热、恒压)燃烧能达到的最高火焰温度,或者爆炸反应所能达到的最高温度和最高压力等数据,这些均属于非恒温过程化学反应热的计算。

解决非恒温过程的化学反应热计算之最根本的方法就是利用状态函数的特点,即始、终态决定后,状态函数变化值只取决于始、终态,而与所经历途径无关。

例2.8.3 已知下列反应的有关热力学数据:

$$C(石墨) + 2H_2O(g) \Longrightarrow CO_2(g) + 2H_2(g)$$

298.15 K　373.15 K　　　600.15 K　600.15 K

物质	$\Delta_f H_m^{\ominus}(298.15\ K)/kJ \cdot mol^{-1}$	$\overline{C}_{p,m}/J \cdot K^{-1} \cdot mol^{-1}$
$H_2O(g)$	-241.82	35.10
$C(石墨)$	0	8.572
$CO_2(g)$	-393.51	40.10
$H_2(g)$	0	19.50

计算该反应在 101 325 Pa 压力下反应进行 1 mol 反应进度时之恒压反应热 Q_p。

解:解这类题目一定要根据题目所给数据,然后利用状态函数的特点设计途径进行计算。

$$C(石墨) + 2H_2O(g) \xrightarrow[\Delta_r H_m = Q_{p,m}]{101\ 325\ Pa} CO_2(g) + 2H_2(g)$$

298.15 K　373.15 K　　　　　600.15 K　600.15 K

$\downarrow \Delta H_1$　　$\downarrow \Delta H_2$　　　　　　$\uparrow \Delta H_3$　　$\uparrow \Delta H_4$

$$C(石墨) + 2H_2O(g) \xrightarrow{\Delta_r H_m^{\ominus}(298.15\ K)} CO_2(g) + 2H_2(g)$$

298.15 K　298.15 K　　　　　298.15 K　298.15 K

　　$p^{\ominus}$　　　$p^{\ominus}$　　　　　　　$p^{\ominus}$　　　$p^{\ominus}$

由上述途径可知,ΔH_1、ΔH_2、ΔH_3 及 ΔH_4 不仅有温度而且还应该有压力的影响。若气体为理想气体,则压力对焓的变化无影响。至于固体或液体,压力变化不大时,压力对它们状态的影响也可以忽略不计。所以计算时只考虑温度即可,故

$$Q_{p,m} = \Delta_r H_m = \Delta H_1 + \Delta H_2 + \Delta_r H_m^{\ominus}(298.15\ K) + \Delta H_3 + \Delta H_4$$

$$\Delta H_1 = 0$$

$$\begin{aligned}\Delta H_2 &= n(H_2O)\overline{C}_{p,m}(H_2O,g)(298.15\ K - 373.15\ K) \\ &= 2\ mol \times 35.10\ J \cdot K^{-1} \cdot mol^{-1} \times (298.15\ K - 373.15\ K) \\ &= -5.27\ kJ\end{aligned}$$

$$\begin{aligned}\Delta H_3 &= n(CO_2)\overline{C}_{p,m}(CO_2,g)(600.15\ K - 298.15\ K) \\ &= 1\ mol \times 40.10\ J \cdot K^{-1} \cdot mol^{-1} \times (600.15\ K - 298.15\ K)\end{aligned}$$

$$= 12.11 \text{ kJ}$$

$$\begin{aligned}
\Delta H_4 &= n(H_2)\bar{C}_{p,m}(H_2,g)(600.15 \text{ K} - 298.15 \text{ K})\\
&= 2 \text{ mol} \times 19.50 \text{ J}\cdot\text{K}^{-1}\cdot\text{mol}^{-1} \times (600.15 \text{ K} - 298.15 \text{ K})\\
&= 11.78 \text{ kJ}
\end{aligned}$$

$$\begin{aligned}
\Delta_r H_m^{\ominus}(298.15 \text{ K}) &= \Sigma\nu_B\Delta_f H_m^{\ominus}(B,\beta,298.15 \text{ K})\\
&= \Delta_f H_m^{\ominus}(CO_2,g,298.15 \text{ K}) - 2\Delta_f H_m^{\ominus}(H_2O,g,298.15 \text{ K})\\
&= -393.51 \text{ kJ}\cdot\text{mol}^{-1} - 2 \times (-241.82 \text{ kJ}\cdot\text{mol}^{-1})\\
&= 90.13 \text{ kJ}\cdot\text{mol}^{-1}
\end{aligned}$$

所以　　$Q_{p,m} = (-5.27 \text{ kJ}\cdot\text{mol}^{-1}) + 12.11 \text{ kJ}\cdot\text{mol}^{-1} + 11.78 \text{ kJ}\cdot\text{mol}^{-1} + 90.13 \text{ kJ}\cdot\text{mol}^{-1}$

$$= 108.75 \text{ kJ}\cdot\text{mol}^{-1}$$

2)反应系统的最高反应温度或最高压力的计算

反应系统的最高反应温度(物质的最高燃烧温度),通常是在绝热恒压条件下某物质完全氧化时产物所能达到的温度。因为只有反应系统为绝热时,反应在恒压下所释放出的能量才可能全部用来升高产物温度,即达到"最高"燃烧温度。由于反应在恒压、不作非体积功下进行,则

$$Q_p = \Delta H$$

而反应过程又是在绝热条件下,故

$$Q_p = \Delta H = 0 \quad (W' = 0, 恒压,绝热)$$

若反应是在一绝热密闭容器中进行,即反应在绝热、恒容下进行时,因系统的温度、压力升高而可能发生爆炸,在发生爆炸瞬间所产生的压力以及对应之温度称为爆炸反应达到的最高压力与最高温度。绝热、恒容下进行反应,则应有

$$Q_V = \Delta U = 0 \quad (W' = 0, 恒容,绝热)$$

解决上述两类问题所采用的原则与1)完全相同。

例 2.8.4　在一绝热的带活塞汽缸中放有 25 ℃的 1 mol CH_4(g)与理论量空气(O_2(g):N_2(g) = 1:4),在恒定 101 325 Pa 压力下进行反应并认为反应进行很完全,求反应产物达到的最高温度。

解:据题意,求最高温度即指反应除恒压外,同时是在绝热条件下进行。理论量空气则是指反应 1 mol CH_4(g)时,按反应方程式计算需多少摩尔的空气。CH_4(g)实质上是与空气中的氧起反应。设实际反应产物达到的最高温度为 T,参加反

应系统的各气体均视为理想气体。为求最高反应温度,在始、终态间设计了以下两条反应途径。

$$\Delta H = \Delta H_1 + \Delta_r H_m^{\ominus}(298.15\ \text{K}) + \Delta H_2 = 0$$

因恒温下理想气体混合及压力变化过程焓不变,故

$$\Delta H_1 = 0$$

$$\begin{aligned}
\Delta_r H_m^{\ominus}(298.15\ \text{K}) &= \Sigma \nu_B \Delta_f H_m^{\ominus}(B, \beta, 298.15\ \text{K}) \\
&= \Delta_f H_m^{\ominus}(CO_2, g, 298.15\ \text{K}) + 2\Delta_f H_m^{\ominus}(H_2O, g, 298.15\ \text{K}) \\
&\quad - \Delta_f H_m^{\ominus}(CH_4, g, 298.15\ \text{K}) \\
&= (-393.51\ \text{kJ} \cdot \text{mol}^{-1}) + 2(-241.82\ \text{kJ} \cdot \text{mol}^{-1}) \\
&\quad - (-74.81\ \text{kJ} \cdot \text{mol}^{-1}) \\
&= -802.34\ \text{kJ} \cdot \text{mol}^{-1}
\end{aligned}$$

而
$$\begin{aligned}
\Delta H_2 &= \{ \overline{C}_{p,m}(CO_2, g) + 2\overline{C}_{p,m}(H_2O, g) + 8\overline{C}_{p,m}(N_2, g) \}(T - 298.15\ \text{K}) \\
&= (49.96\ \text{J} \cdot \text{mol}^{-1} \cdot \text{K}^{-1} + 2 \times 41.84\ \text{J} \cdot \text{mol}^{-1} \cdot \text{K}^{-1} \\
&\quad + 8 \times 31.38\ \text{J} \cdot \text{mol}^{-1} \cdot \text{K}^{-1})(T - 298.15\ \text{K})
\end{aligned}$$

因
$$\Delta_r H_m^{\ominus}(298.15\ \text{K}) + \Delta H_2 = 0$$

$$\begin{aligned}
&\{ \overline{C}_{p,m}(CO_2, g) + 2\overline{C}_{p,m}(H_2O, g) + 8\overline{C}_{p,m}(N_2, g) \}(T - 298.15\ \text{K}) \\
&= -\Delta_r H_m^{\ominus}(298.15\ \text{K})
\end{aligned}$$

所以
$$\begin{aligned}
T &= \frac{-\Delta_r H_m^{\ominus}(298.15\ \text{K})}{C_{p,m}(CO_2, g) + 2C_{p,m}(H_2O, g) + 8C_{p,m}(N_2, g)} + 298.15\ \text{K} \\
&= \frac{-(-802\ 340)\text{J} \cdot \text{mol}^{-1}}{49.96\ \text{J} \cdot \text{mol}^{-1} \cdot \text{K}^{-1} + 2 \times 41.84\ \text{J} \cdot \text{mol}^{-1} \cdot \text{K}^{-1} + 8 \times 31.38\ \text{J} \cdot \text{mol}^{-1} \cdot \text{K}^{-1}} \\
&\quad + 298.15\ \text{K} \\
&= 2\ 383.88\ \text{K}
\end{aligned}$$

§2-9 可逆过程与可逆体积功的计算

1.可逆过程与不可逆过程

前曾指出,功是一个与过程途径有关的物理量,因此,若系统由始态 A 变化到终态 B 的过程中,可以经历多条不同的途径。那么,系统在某一特定的条件下,其中是否存在某一途径使环境从系统得到的功最大或者环境对系统作的功最小? 这个问题的研究在理论与实践中都具有重要意义。

本节以理想气体恒温膨胀、压缩为例,对系统在规定的始态与终态之间变化时功随途径变化的情形进行分析。

图 2-9-1 所示为带活塞的气缸,设活塞的截面积为 $\mathscr{A}$,活塞无质量而且运动时与缸壁的摩擦力为零。若气缸放有物质的量为 n 的理想气体,气体的压力为 $p(系)$,活塞上的环境压力为 $p(环)$。开始时,$p(系) = p(环) = p_1$。为使气体在恒温下膨胀而将气缸放进温度为 T 的恒温槽中。在恒温下,分别沿下述途径使该气体的体积均从始态 V_1 变到终态 V_2,那么,不同的途径系统与环境交换的功将如何?

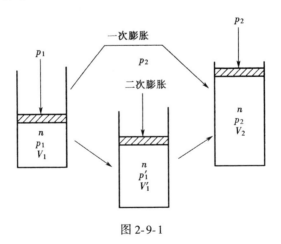

图 2-9-1

1)向真空膨胀

将 $p(环) = p_1$ 的压力突然降为零,并令气体体积膨胀到 V_2 就终止。因 $p(环) = 0$,据体积功的定义,此时系统对环境所作的功 $W_1 = -p(环)(V_2 - V_1) = 0$,即理想气体向真空膨胀时与环境无体积功交换。

2)一次膨胀

将 $p(环)$ 的压力从 p_1 突然降至 p_2 并保持不变,此时理想气体经历恒温、恒外压的途径从 V_1 膨胀到 V_2,与环境交换的体积功为

$$W_2 = -p(环)(V_2 - V_1) = -p_2(V_2 - V_1)$$

W_2 的大小表示为图 2-9-2 上 abV_2V_1 的矩形面积。

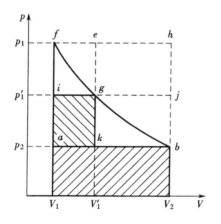

图 2-9-2　恒温膨胀的示功图

3)二次膨胀

首先将 $p(环)$ 从 p_1 降至中间压力 p'_1,此时气体的体积膨胀到 V'_1,然后将 $p(环)$ 从 p'_1 降至 p_2,气体体积再膨胀至 V_2,体积功为

$$W_3 = -p'_1(V'_1 - V_1) - p_2(V_2 - V'_1)$$

比较 W_2 与 W_3 两式,因 $p'_1 > p_2$,故 $|W_3| > |W_2|$。W_3 的大小相当于图 2-9-2 上 $aigk$ 与 abV_2V_1 两块面积之和。从图可见,系统进行二次膨胀较一次膨胀对环境作的功多。倘若系统进行三次或更多次的膨胀,则

系统对环境所作的功必然随着膨胀次数的增多而数值更大。

4)无限多次膨胀

在恒温下,当将膨胀次数增加到无限多次时,即系统的体积变化为 $\mathrm{d}V$,$p(系)$与 $p(环)$的差为 $\mathrm{d}p$。则每膨胀一次,系统的体积发生极微量 $\mathrm{d}V$ 的变化,而且系统的压力 $p(系)$ 与环境压力之差为无限小量 $\mathrm{d}p$,即 $p(系) = p(环) + \mathrm{d}p$。就是说,在该条件下,系统体积膨胀 $\mathrm{d}V$ 时克服了它所能克服的最大环境压力,对环境作了数值上最大体积功,按定义可得

$$\delta W_r = - p(环)\mathrm{d}V = - \{p(系) - \mathrm{d}p\}\mathrm{d}V$$
$$= - p(系)\mathrm{d}V + \mathrm{d}p\mathrm{d}V$$

二次微分项 $\mathrm{d}p\mathrm{d}V$ 可忽略不计,故

$$\delta W_r = - p(系)\mathrm{d}V \tag{2-9-1}$$

若系统的体积从 V_1 膨胀到 V_2 的过程中,每一次膨胀的体积变化量为 $\mathrm{d}V$,则整个膨胀过程的体积功用 W_r 表示,其计算如下:

$$W_r = \int_1^2 \delta W_r = \int_{V_1}^{V_2} - p(系)\mathrm{d}V \tag{2-9-2}$$

W_r 的数值相当于图 2-9-2 中由状态点 f 至状态点 b 间恒温曲线 fgb 与横坐标轴所包含的面积。

由图看出,在上述四种恒温膨胀过程中,途径 4)所作的功在数值上最大。

若在同一恒温条件下,系统从 V_2 被压缩到 V_1 时,依次采用一次压缩($p(环) = p_1$)、二次压缩($p(环)$从 p_2 增至 p_1' 然后增大到 p_1)以及无限多次压缩(每一次压缩时,系统体积变化无限小量 $\mathrm{d}V$,$p(环) = p(系) + \mathrm{d}p$),环境相应消耗的体积功为

一次压缩 $\qquad W_2' = - p(环)(V_1 - V_2) = - p_1(V_1 - V_2)$

二次压缩 $\qquad W_3' = - p'(V_1' - V_2) - p_1(V_1 - V_1')$

无限多次压缩 $\quad W_r' = \int_1^2 \delta W_r' = \int_{V_2}^{V_1} - \{p(系) + \mathrm{d}p\}\mathrm{d}V$

$$= \int_{V_2}^{V_1} - p(系)\mathrm{d}V - \int_{V_2}^{V_1} \mathrm{d}p\mathrm{d}V$$

忽略二次微分项,可得

$$W'_r = \int_{V_2}^{V_1} - p(\text{系}) \mathrm{d}V \qquad (2\text{-}9\text{-}3)$$

W'_2、W'_3、W'_r 的大小分别相当于图 2-9-2 中 hfV_1V_2 矩形面积,jgV'_1V_2 与 $efV_1V'_1$ 两矩形面积之和以及 fgb 恒温曲线下的面积。显然,随着压缩次数的增加,环境所消耗的功随次数增加而减少。当压缩次数为无限多次时,环境所消耗的功 W'_r 最小,而且与无限多次膨胀时环境所得功 W_r 数值相等,即 $W'_r = -W_r$。也就是说,在同一恒温条件下,系统经历无限多次膨胀从 V_1 膨胀到 V_2 后,在通过无限多次压缩从 V_2 回到 V_1 时,环境没有发生任何永久性变化,即没有功与热的得失,系统与环境都完全恢复原来的状态。**热力学将能够通过同一方法、手段令过程反方向变化而使系统回复到原来状态之同时,环境也完全回到原来状态(即环境不发生任何变化)的过程,称为可逆过程。**可逆过程具有以下几个特点。

(1)在可逆过程中,不仅系统内部在任何瞬间均处于无限接近平衡的状态,而且系统与环境之间也无限接近平衡。如系统与环境有热交换时则二者的温差为无限小,即 $T(\text{环}) = T(\text{系}) \pm \mathrm{d}T$($\mathrm{d}T$ 具有正值的无限小量);又如系统与环境间有体积功交换时,它们的压力差也应为无限小 $\mathrm{d}p$,即 $p(\text{环}) = p(\text{系}) \pm \mathrm{d}p$,所以,对可逆过程的计算便可用 p(系)代替 p(环),T(系)代替 T(环)。

(2)在同一特定条件下,系统由始态可逆变化至终态,再由终态可逆回复到始态,此时系统与环境均可回复到原来状态,在环境中没有留下任何变化(如功的损失)。

(3)可逆过程中,系统状态变化的推动力与抵抗力仅相差无限小,所以在恒温下,系统对环境可逆膨胀时所作的功数值最大,而环境对系统可逆压缩时所消耗的功最小。

可逆过程是一个理想过程,它在自然界中并不存在。但是某些实际过程,如在无限接近相平衡条件下进行的相变化,像液体在其沸点下的蒸发、固体在其熔点下的熔化等等,均可近似视为可逆过程。虽然可逆过程实际并不存在,但在同一特定条件下,可逆过程的效率最高,因此可以将其作为改善、提高实际过程效率的目标。此外,热力学许多重要状态函数变化值的求取,只有通过设计可逆过程才能具体计算。所以热力学中的可逆过程有着重要的理论与现实意义。

上面着重介绍了可逆过程的概念及其在热力学中的地位,但自然界中发生的过程严格说均不是可逆过程,而是不可逆过程。不可逆过程与可逆过程之区别在何处?以上面介绍恒温下的一次膨胀与一次压缩为例。当系统从 V_1 一次膨胀至 V_2 时,环境得到的功为图 2-9-2 上的 abV_2V_1 面积;采用一次压缩将系统从 V_2 压缩回复到 V_1 时,环境消耗的功相当于图中的 hfV_1V_2 的矩形面积。显然,系统回到起始状态后,环境损失了图中 $abhf$ 面积的功。这种系统经历某一过程后再令其回复到起始状态时,在环境中一定会留下永久性变化(即环境有功的损失)的过程,称为不可逆过程。过程的不可逆程度可由采用同一手段使系统回到原来状态时环境的功损失多少来衡量。环境损失的功越多,说明系统进行的某一过程不可逆程度越大,这就是不可逆过程的特点。不可逆过程概念同样是热力学的重要概念,对下一章问题的解决有重要作用。

2.可逆体积功的计算

可逆过程中系统与环境交换的体积功即为可逆体积功 W_r,下标"r"表示可逆。W_r 计算可按式(2-9-3)进行,即

$$W_r = - \int_{V_1}^{V_2} p \, dV \qquad (2\text{-}9\text{-}4)$$

上式说明,系统经历一个可逆过程时,计算系统与环境所交换的体积功可用系统的压力 p 代替环境压力 p(环)。但应注意,不可逆过程的体积功计算只能采用 p(环)的压力。对于可逆体积功的计算,原则上是首先根据过程的特定条件,找出过程中系统的 p 与 V 的函数关系,再结合式(2-9-4)进行积分,就能得出相应的可逆过程的体积功 W_r。

1)恒温可逆过程

某理想气体由始态 p_1、V_1、T 经恒温可逆过程到达终态 p_2、V_2、T,

由于是恒温可逆过程,过程中 T 为常数,故在过程中

$$p = nRT/V = 常数/V$$

此式表达了在恒温可逆过程中 p、V、T 间的函数关系,称之为恒温可逆过程方程,将其代入式(2-9-4)中,可得

$$W_r = -\int_{V_1}^{V_2} p\,\mathrm{d}V = -\int_{V_1}^{V_2} (nRT/V)\,\mathrm{d}V = -nRT\ln\frac{V_2}{V_1} = -nRT\ln\frac{p_1}{p_2}$$

$$(2-9-5)$$

2)绝热可逆过程

绝热过程是指系统状态发生变化时,系统与环境间无热交换的过程。绝热过程可能是可逆过程,也可以是不可逆过程。绝热过程由于系统与环境有功的交换而无热的交换,因此,系统与环境进行功的交换时,根据热力学第一定律,若系统对环境作功,则只能消耗系统的热力学能,因而系统的温度要降低;相反,如系统从环境得到功,则系统热力学能增加,系统的温度相应升高。现设一系统从 V_1 绝热可逆膨胀到 V_2,过程中任何一个无限小量的变化都有

$$\mathrm{d}U = \delta Q_r + \delta W_r$$

因过程绝热,$\delta Q_r = 0$,则 $\mathrm{d}U = \delta W_r$。对于理想气体,因在任意过程中热力学能的变化值 $\mathrm{d}U = nC_{V,m}\mathrm{d}T$,而 $\delta W_r = -p(系)\mathrm{d}V$,所以

$$nC_{V,m}\mathrm{d}T = -p\,\mathrm{d}V$$

又因 $p = nRT/V$,故有

$$nC_{V,m}\frac{\mathrm{d}T}{T} = -nR\frac{\mathrm{d}V}{V} \quad 或 \quad C_{V,m}\frac{\mathrm{d}T}{T} = -R\frac{\mathrm{d}V}{V}$$

若理想气体的 $C_{V,m}$ 不随温度而变,且 $R = C_{p,m} - C_{V,m}$,上式可积分如下:

$$C_{V,m}\int_{T_1}^{T_2}\mathrm{d}\ln T = -(C_{p,m} - C_{V,m})\int_{V_1}^{V_2}\mathrm{d}\ln V$$

$$\ln\frac{T_2}{T_1} = \left(1 - \frac{C_{p,m}}{C_{V,m}}\right)\ln\frac{V_2}{V_1}$$

式中 $C_{p,m}/C_{V,m}$ 为量纲一的量而且是常数,以 $\gamma^{id}(g)$ 表示,或简写成 γ。γ 称为理想气体的热容比(旧称绝热指数)。将 γ 代入上式整理得

$$T_2/T_1 = (V_2/V_1)^{1-\gamma}$$

或写成

$$TV^{\gamma-1} = 常数 \tag{2-9-6}$$

式(2-9-6)为理想气体绝热可逆过程方程,它描述了理想气体在绝热可逆过程中 T 与 V 的关系,只能用于理想气体的绝热可逆过程。式(2-9-6)与理想气体状态方程相结合还可得

$$pV^{\gamma} = 常数 \tag{2-9-7}$$

$$Tp^{\frac{1-\gamma}{\gamma}} = 常数 \tag{2-9-8}$$

有了上述三个绝热可逆过程方程,就可以求出过程中任一状态的 p、V、T 数值。就是说,求出了终态 V_2(或 p_2)所对应的温度 T_2,则绝热可逆过程体积功便可据下式求出,即

$$W_r = \sum \delta W_r = \int_{T_1}^{T_2} nC_{V,m} \mathrm{d}T$$

$$= nC_{V,m}(T_2 - T_1)$$

例 2.9.1 1 mol 某理想气体自 $p_1 = 101\ 325$ Pa、$T = 298.15$ K 的始态,分别经(a)绝热可逆压缩,(b)用 p(环) $= 303\ 975$ Pa 的恒定环境压力绝热不可逆压缩。两途径达到终态的压力均为 303 975 Pa,求两途径的气体终态温度与过程的体积功。已知该气体的热容比 $\gamma = 1.4$。

解:(a)计算过程的功,需首先算出终态温度,对于绝热可逆过程终态温度,据题给数据可用式(2-9-8)

$$T_2/T_1 = (p_2/p_1)^{\left(1-\frac{1}{\gamma}\right)}$$

将 $T_1 = 298.15$ K,$p_1 = 101\ 325$ Pa,$p_2 = 303\ 975$ Pa 及 $\gamma = 1.4$ 代入上式,得

$$T_2 = 298.15\left(\frac{3}{1}\right)^{\left(1-\frac{1}{1.4}\right)} = 408.1 \text{ K}$$

计算表明,气体经绝热压缩后温度升高。这是因为环境对系统作功,而且这部分功全部转化为系统的热力学能。

由 $W_r = nC_{V,m}(T_2 - T_1)$ 计算 W_r。因式中 $C_{V,m}$ 数值题中未给,需求 $C_{V,m}$ 值。对理想气体而言,$C_{p,m}$ 与 $C_{V,m}$ 存在如下关系:

$$C_{p,m} - C_{V,m} = R = 8.314 \text{ J} \cdot \text{K}^{-1} \cdot \text{mol}^{-1}$$

$$C_{p,m}/C_{V,m} = \gamma = 1.4$$

两式联立求解,得

$$C_{V,m} = 20.79 \text{ J·K}^{-1}·\text{mol}^{-1}$$

因此

$$W_r = nC_{V,m}(T_2 - T_1)$$

$$= 1 \text{ mol} \times 20.79 \text{ J·mol}^{-1}·\text{K}^{-1}(408.1 \text{ K} - 298.15 \text{ K})$$

$$= 2.29 \text{ kJ}$$

(b)本问的过程为不可逆过程,计算绝热不可逆过程的 W,与(a)相同的是亦需求终态温度 T_2,不同的是,终态温度 T_2 不能用方程 $T_2/T_1 = (p_2/p_1)^{(1-\frac{1}{\gamma})}$ 去求,此点应切记。

理想气体绝热不可逆过程 T_2 的求法例示如下:

与前相同

$$dU = \delta W$$

再据

$$dU = nC_{V,m}dT, \qquad \delta W = -p(环)dV$$

所以

$$nC_{V,m}dT = -p(环)dV$$

系统从 V_1 被压缩到 V_2 的过程是恒外压过程,故

$$nC_{V,m}(T_2 - T_1) = -p(环)(V_2 - V_1)$$

$$p(环) = p_2$$

$$nC_{V,m}(T_2 - T_1) = -p_2(V_2 - V_1)$$

再由 $pV = nRT$ 方程得

$$nC_{V,m}(T_2 - T_1) = -p_2\left(\frac{nRT_2}{p_2} - \frac{nRT_1}{p_1}\right)$$

$$nC_{V,m}(T_2 - T_1) = -nRT_2 + nRT_1 p_2/p_1$$

$$T_2 = \frac{(Rp_2/p_1 + C_{V,m})T_1}{C_{V,m} + R}$$

$$= \frac{(8.314 \text{ J·mol}^{-1}·\text{K}^{-1} \times 303\ 975 \text{ Pa}/101\ 325 \text{ Pa} + 20.79 \text{ J·mol}^{-1}·\text{K}^{-1})298.15 \text{ K}}{20.79 \text{ J·mol}^{-1}·\text{K}^{-1} + 8.314 \text{ J·mol}^{-1}·\text{K}^{-1}}$$

$$= 468.49 \text{ K}$$

将 T_2 数值代入

$$W = nC_{V,m}(T_2 - T_1)$$

$$= 1 \text{ mol} \times 20.79 \text{ J·mol}^{-1}·\text{K}^{-1}(468.49 \text{ K} - 298.15 \text{ K})$$

$$= 3.54 \text{ kJ}$$

上述两途径计算结果表明,虽然系统从同一始态出发,但经历不可逆绝热压缩与经历可逆绝热压缩至同一终态压力时,系统终温与最终体积是不同的,所以热力学能不同。

3)理想气体经历任意可逆过程的体积功 W_r 的计算

例 2.9.2 物质的量为 1 mol 的理想气体 B(g),沿 $V_m = CT^2$ 的可逆途径升温 1 K,求此过程的 Q、W、ΔU 及 ΔH。C 为常数,$C_{V,m} = (3/2)R$。

解:理想气体 pVT 变化的可逆途径有无数条,本例仅是其中之一。这些过程 W_r 计算所依据的基本公式仍是

$$W_r = \int_{V_1}^{V_2} -p\,dV \qquad \text{①}$$

1 mol B(g)		1 mol B(g)
p_1	$V_m = CT^2$	p_2
T_1	可逆过程	T_2
V_1		V_2

但解决这类题目时需考虑之处有:有时无法找出过程中 p 与 V 的关系式,如本题, 这就需要同时将 p 与 V 变为 T 的函数;再有,题给的公式 $V_m = CT^2$ 是过程方程, 表示过程中任一点 V 与 T 的关系,而且过程中任一状态 p、V、n、T 仍然服从 $pV = nRT$ 的关系。这样利用 $V = CT^2$ 将 V 对 T 微分,可得

$$dV/dT = 2CT \qquad \text{②}$$

再将 $V_m = CT^2$ 与 $pV_m = RT$ 结合,可得

$$p = RT/V_m = RT/CT^2 = R/CT \qquad \text{③}$$

将式③代入式①中,得

$$W_r = \int_{T_1}^{T_2} -\frac{R}{C}T^{-1}(2CT\,dT) = \int_{T_1}^{T_2} -2R\,dT$$

所以　　　　　　$W_r = -2R(T_2 - T_1)$

因　　　　　　　$T_2 - T_1 = 1 \text{ K}$

故　　　　　　　$W_r = -2R \text{ K} = -16.63 \text{ J}$

再据　　　$\Delta U = nC_{V,m}(T_2 - T_1)$

　　　　　　　$= 1 \text{ mol} \times (3/2)R \times 1 \text{ K} = 12.47 \text{ J}$

　　　　　$Q_r = \Delta U - W_r$

　　　　　　　$= 12.47 \text{ J} + 16.63 \text{ J} = 29.10 \text{ J}$

　　　$\Delta H = nC_{p,m}(T_2 - T_1)$

　　　　　　$= 1 \text{ mol} \times (5/2)R \times 1 \text{ K} = 20.785 \text{ J}$

4)可逆相变过程

前曾指出,当相变过程是在无限接近相平衡条件下进行时,该相变

过程为可逆相变过程。由于可逆相变过程是在无限接近两相平衡时的压力、温度下进行,而且压力、温度恒定,所以

$$W = -p(环)\Delta V = -p\Delta V$$

式中 p 为两相平衡时的压力,ΔV 为一定量物质相变前后的体积变化。对于有蒸气相参与的可逆相变,如液相与气相之间的相互可逆转变,上式的 p 应为液体的饱和蒸气压,ΔV 应为发生相变的液相体积与气相体积之差。若气、液之间相变时温度远离临界温度,则同一条件下蒸气相体积 $V(g)$ 远大于液相体积 $V(l)$,计算时可略去 $V(l)$。当蒸气可视为理想气体时,$V(g) = \dfrac{nRT}{p}$。

设有物质的量为 n 的液体在温度 T 及该温度的饱和蒸气压下蒸发为蒸气,此过程的体积功计算如下:

$$W = -p\Delta V = -p\{V(g) - V(l)\}$$
$$= -pV(g) = -p\frac{nRT}{p} = -nRT$$

例 2.9.3 将 $100~dm^3$ 的、$100~℃$、$50~662.5~Pa$ 的水蒸气,恒温可逆压缩至压力为 $101~325~Pa$、体积为 $10~dm^3$。求过程的 W、Q 及 ΔU。已知在 $100~℃$、$101~325~Pa$ 水的 $\Delta_{vap}H_m = 40.63~kJ\cdot mol^{-1}$,液体的体积可以忽略不计,气体为理想气体。

解:此题是有相变的过程,因为如果水蒸气不冷凝时,终态的体积按理想气体状态方程计算应为

$$p_1 V_1 = p_2 V_2$$

$$V_2 = \frac{p_1 V_1}{p_2} = 50~dm^3$$

计算说明,有 $40~dm^3$ 的 $100~℃$、$101~325~Pa$ 的水蒸气凝结为水,所以,实际整个过程由两步构成。中间状态 2 是水蒸气刚好被压缩到饱和但还未凝结成水的状态。

$$
\boxed{\begin{array}{l} n_1(g) = 1.634~mol \\ T_1 = 373~K \\ V_1 = 100~dm^3 \\ p_1 = 50~662.5~Pa \end{array}}
\xrightarrow[\substack{\text{恒温压缩} \\ \text{I}}]{\Delta U_1}
\boxed{\begin{array}{l} n_2(g) = n_1 \\ T_2 = T_1 \\ V_2 = 50~dm^3 \\ p_2 = 101~325~Pa \end{array}}
\xrightarrow[\substack{\text{恒 } T \text{、} p \text{ 下压缩} \\ \text{II}}]{\Delta U_2, \Delta H_2}
\boxed{\begin{array}{l} n_3(g) = 0.327~mol \\ n_3(l) = 1.307~mol \\ V_3 = 10~dm^3 \\ T_3 = T_1 \\ p_3 = 101~325~Pa \end{array}}
$$

过程 I:压力为 $50~662.5~Pa$ 的水蒸气恒温可逆压缩至压力 $101~325~Pa$ 的水

蒸气,由于视其为理想气体,故其热力学能的变化 $\Delta U_1 = 0$,体积功 $W(\text{I})$则用式(2-9-5)计算。

$$W_1 = - nRT\ln(V_2/V_1)$$

n_1 用理想气体状态方程计算

$$n_1 = p_1 V_1 / RT_1$$
$$= 50\,662.5 \text{ Pa} \times 0.1 \text{ m}^3 / (8.314 \text{ J} \cdot \text{K}^{-1} \cdot \text{mol}^{-1} \times 373 \text{ K})$$
$$= 1.634 \text{ mol}$$

所以 $\quad W_1 = - n_1 RT\ln(V_2/V_1)$

$$= -1.634 \text{ mol} \times 8.314 \text{ J} \cdot \text{mol}^{-1} \cdot \text{K}^{-1} \times 373 \text{ K} \times \ln\frac{0.05}{0.10}$$

$$= 3.512 \text{ kJ}$$

过程 II:恒 T、p 下有 40 dm³ 的水蒸气可逆冷凝为液体水,此过程焓的变化值计算如下:

$$\Delta H_2 = n(\Delta_{\text{vap}} H_{\text{m}})$$
$$= 1.307 \text{ mol} \times (-40.63 \text{ kJ} \cdot \text{mol}^{-1}) = -53.103 \text{ kJ}$$

再据 $\quad \Delta H_2 = \Delta U_2 + \Delta(pV) = \Delta U_2 + \{p_3 V_3(\text{g}) - p_2 V_2\}$

$$\Delta U_2 = \Delta H_2 + \{p_2 V_2 - p_3 V_3(\text{g})\}$$
$$= -53.103 \text{ kJ} + (101\,325 \text{ Pa} \times 0.050 \text{ m}^3 - 101\,325 \text{ Pa} \times 0.01 \text{ m}^3)$$
$$= -53.103 \text{ kJ} + 4.053 \text{ kJ} = -49.050 \text{ kJ}$$

$$W_2 = -p(\text{环})(V_3 - V_2) = -101\,325 \text{ Pa}(0.01 \text{ m}^3 - 0.05 \text{ m}^3)$$
$$= 4.053 \text{ kJ}$$

整个过程 $\quad \Delta U = \Delta U_2 + \Delta U_1 = -49.05 \text{ kJ}$

$$W = W_1 + W_2 = 3.512 \text{ kJ} + 4.053 \text{ kJ} = 7.565 \text{ kJ}$$

$$Q = \Delta U - W = -49.050 \text{ kJ} - 7.565 \text{ kJ} = -56.615 \text{ kJ}$$

§2-10 真实气体的节流膨胀

1852 年,焦耳与汤姆生为了更好地研究真实气体在膨胀时的温度变化情况,设计了如图 2-10-1 所示的装置。该装置为一绝热圆筒,中间用刚性多孔塞隔开。左侧气体的压力、温度为 p_1、T_1。保持气体的温度、压力恒定在 p_1、T_1 下,缓慢推动左侧活塞,使体积为 V_1 的气体通过多孔塞向右膨胀。左侧 p_1、T_1 条件下体积为 V_1 的气体通过多孔塞进入右侧后,压力降为 p_2、体积变为 V_2;同时将右侧活塞缓慢向右移动,此时测得右侧气体温度为 T_2。这种**在绝热条件下气体的始、终态分别保持压力恒定的膨胀过程称节流膨胀**。实际气体经节流膨胀后一般温度均会发生变化,大多数气体温度会降低,但 H_2、He 等少数气体温度则升高。

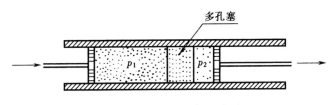

图 2-10-1 焦耳-汤姆生实验

由于实验是在绝热条件下进行,故 $Q = 0$。整个过程系统与环境交换的功是右侧活塞推送 V_1 体积的气体通过多孔塞时所作的功以及进入右侧 V_2 体积的气体推动活塞所作功之和,即

$$W = -p_1(0 - V_1) + \{-p_2(V_2 - 0)\}$$
$$= p_1 V_1 - p_2 V_2$$

据热力学第一定律,$\Delta U = W$

$$U_2 - U_1 = p_1 V_1 - p_2 V_2$$
$$U_2 + p_2 V_2 = U_1 + p_1 V_1$$

可得
$$H_2 = H_1$$

上式说明,真实气体经节流膨胀后,始、终态的焓值相等,所以,真实气体的节流膨胀过程也称**等焓过程**。由于真实气体的焓是温度与压力的函数,故真实气体经节流膨胀而压力从 p_1 降低至 p_2 时,气体的温度也将从 T_1 改变到 T_2。过程中温度随压力的变化率表示为 $(\Delta T / \Delta p)_H$,下标"H"表示过程是等焓的。用偏微分形式表示,则为

$$\mu_{J-T} = \left(\frac{\partial T}{\partial p}\right)_H \tag{2-10-1}$$

式中 μ_{J-T} 称焦耳-汤姆生系数,或称节流膨胀系数。由于节流膨胀过程 $\mathrm{d}p$ 总为负值,所以当 μ_{J-T} 为负值,意味气体节流后温度升高。真实气

体经节流膨胀后,温度是降低还是升高,即 μ_{J-T} 为正值还是负值,不仅取决于气体的本性,还取决于气体的温度与压力。

节流膨胀在工业上(如空气液化等)得到广泛应用,人们在日常生活中也常利用这种简便的膨胀方法来制冷,如家庭中电冰箱的制冷系统等。

本章基本要求

1.掌握热力学的一些基本概念,着重理解平衡状态和热力学标准态以及状态函数及其特点——状态函数只与状态有关,系统始、终状态确定后,其变化值只与始、终态有关,与所经历途径无关。

2.懂得热与功是系统与环境能量交换的两种形式,是与具体途径有关的,掌握体积功的计算定义式。

3.掌握热力学第一定律的叙述与封闭系统之数学表达式。

4.明了热力学能(U)的概念与焓(H)的定义式。

5.掌握 $Q_p = \Delta H$ 及 $Q_V = \Delta U$ 两式的使用条件。掌握 $C_{p,m}$、$C_{V,m}$、$\Delta_{相变} H_m$ 以及 $\Delta_f H_m^{\ominus}$、$\Delta_c H_m^{\ominus}$ 的准确定义,并在以上基础上熟练掌握物质的 pVT 变化、相变化与化学反应过程中的热的计算。

6.确切理解可逆过程与不可逆过程的概念。掌握可逆功的计算方法,尤其是对理想气体的恒压、恒温及绝热等过程。

7.切记理想气体的热力学能与焓仅是温度的函数。了解真实气体的节流膨胀及其应用。

概　念　题

填空题

1.如下图所示,一绝热容器中放有绝热的、无质量和无摩擦的活塞,该活塞将容器分隔为体积相等的左、右两室,两室中均充有 n、p_1、T_1 的理想气体。若右室中装有一电热丝,并缓慢通电加热右室气体,于是活塞逐渐往左移动,此时,如以右室气体为系统时,则此过程的 $Q(右)$_____,$W(右)$_____;如以左室气体为系统时,则此过程的 $W(左)$_____,$Q(左)$_____;如以整个容器的气体作为系统时,则此过程的 Q _____,W _____。

2. 1 mol 理想气体 A,从始态 B 经途径 Ⅰ 到达终态 C 时,系统与环境交换了 $Q(Ⅰ) = -15$ kJ,$W(Ⅰ) = 10$ kJ。若该 1 mol 理想气体 A 从同一始态 B 出发经途径 Ⅱ 到达同一终态 C 时系统与环境交换了 $Q(Ⅱ) = -10$ kJ,则此过程系统与环境交换的 $W(Ⅱ) = $ _____ kJ,整个过程系统的热力学能变化 $\Delta U = $ _____ kJ。(填入具体数值)

题 1 附图

3. 绝热箱中用一绝热隔板将其分隔成两部分,其中分别装有压力、温度均不相同的两种真实气体。当将隔板抽走后,气体便进行混合,若以整个气体为系统,则此混合过程的 Q _____,W _____,ΔU _____。

4. 某系统经历了一过程之后,得知该系统在过程前后的 $\Delta H = \Delta U$,则该系统在过程前后的 _____ 条件下,才能使 $\Delta H = \Delta U$ 成立。

5. 对理想气体的单纯 pVT 变化过程,式 $dH = nC_{p,m}dT$ 适用于 _____ 过程;而对于真实气体的单纯 pVT 变化过程,式 $dH = nC_{p,m}dT$ 适用于 _____ 过程。

6. 已知水在 100 ℃时的 $\Delta_{vap} H_m = 40.63$ kJ·mol^{-1},若有 1 mol、$p = 101.325$ kPa、$t = 100$ ℃ 的水蒸气在恒 T、p 下凝结为同温、同压的液体水,则此过程的 $W = $ _____ kJ,$\Delta U = $ _____ kJ。(填入具体数值)。设蒸气为理想气体,液体水的体积可忽略不计。

7. 若将 1 mol、$p = 101.325$ kPa、$t = 100$ ℃ 的液体水放入到恒温 100 ℃的真空密封的容器中,最终变为 100 ℃、101.325 kPa 的水蒸气,$\Delta_{vap} H_m = 40.63$ kg·mol^{-1},则此系统在此过程中所作的 $W = $ _____ kJ,$\Delta U = $ _____ kJ。

8. 写出在温度为 T 下,下列反应的标准摩尔反应焓 $\Delta_r H_m^{\ominus}$ 是什么化合物的标准摩尔生成焓 $\Delta_f H_m^{\ominus}(B, \beta)$,是什么物质的标准摩尔燃烧焓 $\Delta_c H_m^{\ominus}(B, \beta)$? 或者两者皆不是。

C(金刚石) + O$_2$(g) === CO$_2$(g) $\Delta_r H_m^{\ominus}(1)$ 为 _____

CH$_4$(g) + 2O$_2$(g) === CO$_2$(g) + 2H$_2$O(g) $\Delta_r H_m^{\ominus}(2)$ 为 _____

H$_2$(g) + ½O$_2$(g) === H$_2$O(l) $\Delta_r H_m^{\ominus}(3)$ 为 _____

2C(石墨) + 4H$_2$(g) + O$_2$(g) === 2CH$_3$OH(g) $\Delta_r H_m^{\ominus}(4)$ 为 _____

9. 已知 25 ℃下的热力学数据如下:

C(石墨)的标准摩尔燃烧焓 $\Delta_c H_m^{\ominus} = -393.51$ kJ·mol^{-1}

H$_2$(g)的标准摩尔燃烧焓 $\Delta_c H_m^{\ominus} = -285.83$ kJ·mol^{-1}

CH$_3$OH(l)的标准摩尔燃烧焓 $\Delta_c H_m^{\ominus} = -726.51$ kJ·mol^{-1}

则可求得 $CH_3OH(l)$ 的标准摩尔生成焓 $\Delta_f H_m^\ominus = \underline{\hspace{2cm}} \ kJ \cdot mol^{-1}$。

10. 正丁醇 $n\text{-}C_4H_9OH(l)$（以 A 表示）与二乙醚 $(C_2H_5)_2O(l)$（以 B 表示）为同分异构体，若已知 25 ℃下 $\Delta_f H_m^\ominus(A,l) = -327.1 \ kJ \cdot mol^{-1}$，$\Delta_f H_m^\ominus(B,l) = -251.8 \ kJ \cdot mol^{-1}$，$\Delta_c H_m^\ominus(A,l) = -2\ 675.8 \ kJ \cdot mol^{-1}$，则 $\Delta_c H_m^\ominus(B,l) = \underline{\hspace{2cm}} \ kJ \cdot mol^{-1}$。

11. 在一容积为 5 L 的绝热、密封容器中发生一化学反应，反应达终态后，容积体积不变但压力增大了 2 026.5 kPa，则系统反应前后的 $\Delta H = \underline{\hspace{2cm}}$ J。（填入具体数值）

12. 1 mol 某理想气体的 $C_{V,m} = 1.5R$，当该气体由 p_1、V_1、T_1 的始态经一绝热过程后，系统终态的 $p_2 V_2$ 乘积与始态的 $p_1 V_1$ 之差为 1 kJ，则此过程的 $W = \underline{\hspace{2cm}}$，$\Delta H = \underline{\hspace{2cm}}$。（填入具体数值）

13. 物质的量为 1 mol 的某理想气体，从体积为 V_1 的始态分别经(a)绝热可逆膨胀过程；(b)恒压膨胀到同一终态 p_1、V_2、T_2。则 W(绝热)$\underline{\hspace{2cm}}$ W(恒压)，Q(绝热)$\underline{\hspace{2cm}}$ Q(恒压)。

14. 真实气体节流膨胀过程(pV 之积变大)，其 $Q \underline{\hspace{2cm}}$ 0，$\Delta H \underline{\hspace{2cm}}$ 0，$\Delta U \underline{\hspace{2cm}}$ 0。（填 $>$，$<$，$=$）

选择填空题（请从每题所附答案中择一正确的填入横线上）

1. 由物质的量为 n 的某纯理想气体组成的系统，若要确定该系统的状态，则系统的$\underline{\hspace{2cm}}$必须确定。

选择填入：(a)p　(b)V　(c)T，U　(d)T，p

2. 功和热$\underline{\hspace{2cm}}$。

选择填入：(a)都是途径函数，无确定的变化途径就无确定的数值

(b)都是途径函数，对应某一状态有一确定值

(c)都是状态函数，变化量与途径无关

(d)都是状态函数，始、终态确定，其值也确定

3. 在隔离系统中无论发生何种变化，其 $\Delta U \underline{\hspace{2cm}}$，$\Delta H \underline{\hspace{2cm}}$。

选择填入：(a)大于零　(b)小于零　(c)等于零　(d)无法确定

4. 被绝热材料包围的房间内放一电冰箱，将冰箱门打开的同时供以电能使冰箱运行，室内的温度将$\underline{\hspace{2cm}}$。

选择填入：(a)逐渐降低　(b)逐渐升高　(c)不变　(d)不能确定

5. 封闭系统经一恒压过程后，其与环境所交换的热$\underline{\hspace{2cm}}$。

选择填入：(a)应等于此过程的 ΔU　(b)应等于该系统的焓

(c)应等于该过程的 ΔH　(d)因条件不足，无法判断

6. 1 mol 某理想气体在恒压下温度升高 1 K 时,则此过程的体积功 W _____。

选择填入:(a)为 8.314 J　(b)为 -8.314 J　(c)为 0 J　(d)压力不知,无法计算

7. 某化学反应 $A(l) + 0.5B(g) \Longrightarrow C(g)$ 在 500 K、恒容条件下反应了 1 mol 反应进度时放热 10 kJ·mol^{-1}。若该反应气体为理想气体,在 500 K、恒压条件下同样反应了 1 mol 反应进度时,则放热_____。

选择填入:(a)7.92 kJ·mol^{-1}　(b)-7.92 kJ·mol^{-1}　(c)10 kJ·mol^{-1}　(d)因数据不足,无法计算

8. 已知反应 $2A(g) + B(g) \Longrightarrow 2C(g)$ 在 400 K 下的 $\Delta_r H_m^{\ominus}(400 \text{ K}) = 150$ kJ·mol^{-1},而且 $A(g)$、$B(g)$ 和 $C(g)$ 的摩尔定压热容分别为 20、30 和 35 J·K^{-1}·mol^{-1},若将上述反应改在 800 K 下进行,则上述反应的 $\Delta_r H_m^{\ominus}$ 为_____ kJ·mol^{-1}。

选择填入:(a)300　(b)150　(c)75　(d)0

9. 在一绝热的、体积为 10 dm^3 的刚性密封容器中,发生了某一反应,反应的结果压力增加了 1 013.25 kPa,则此系统在反应前后的 ΔH 为_____。

选择填入:(a)0 kJ　(b)10.13 kJ　(c)-10.13 kJ　(d)因数据不足,无法计算

10. 一定量的某理想气体从同一始态出发,经绝热可逆压缩与恒温可逆压缩到相同终态体积 V_2,则 p_2(恒温)_____ p_2(绝热),$|W_r$(恒温)$|$ _____ $|W_r$(绝热)$|$,ΔU(恒温)_____ ΔU(绝热)。

选择填入:(a)大于　(b)小于　(c)等于　(d)不能确定

11. 一定量的某理想气体从同一始态出发,经绝热可逆膨胀(p_2, V_2)和反抗恒定外压 p_2 绝热膨胀到相同终态体积 V_2,则 T_2(可)_____ T_2(不),在数值上 W(可)_____ W(不)。

选择填入:(a)大于　(b)小于　(c)等于　(d)可能大于也可能小于

12. 1 mol 某理想气体由 100 kPa、373 K 分别经恒容过程(A)和恒压过程(B)冷却至 273 K,则数值上 W_A _____ W_B,ΔH_A _____ ΔH_B,在数值上 Q_A _____ Q_B。

选择填入:(a)大于　(b)小于　(c)等于　(d)可能大于也可能小于

13. 一定量的某理想气体,自始态 p_1、V_1、T_1 开始,当其经_____的途径便能回到原来的始态。

选择填入:(a)绝热可逆膨胀至 V_2,再绝热不可逆压缩回 V_1

(b)绝热不可逆膨胀至 V_2,再绝热不可逆压缩回 V_1

(c)绝热可逆膨胀至 V_2,再绝热可逆压缩回 V_1

(d)绝热不可逆膨胀至 V_2,再绝热不可逆压缩回 V_1

14.物质的量为 1 mol 的单原子理想气体,从始态经绝热可逆过程到终态后,对环境作了 1.0 kJ 的功,则此过程的 ΔH 为_____。

选择填入:(a)1.67 kJ (b) – 1.67 kJ (c)1.47 kJ (d) – 1.87 kJ

15.同一始态(p_1、V_1、T_1)的物质的量为 1 mol 理想气体和范德华气体,分别经相同的恒外压绝热膨胀到同一终态体积 V_2 后,则 T_2(理)_____ T_2(范),ΔU(理)_____ ΔU(范)(数值上)。

选择填入:(a)大于 (b)小于 (c)等于 (d)可能大于也可能小于

习　　题

2-1(A)　5 mol 理想气体的始态为 $t_1 = 25$ ℃、$p_1 = 101.325$ kPa、V_1 在恒温下反抗恒定外压膨胀至 $V_2 = 2V_1$、$p($环$) = 0.5p_1$,求此过程系统所作的功。

答:$W = -6.20$ kJ

2-2(A)　1 mol 理想气体由 202.65 kPa、10 dm³ 恒容升温,压力增大到 2 026.5 kPa,再恒压压缩至体积为 1 dm³,求整个过程的 W、Q、ΔU 及 ΔH。

答:$W = -Q = 18.24$ kJ,$\Delta U = \Delta H = 0$

2-3(A)　1 mol、300 K、101.325 kPa 的理想气体,在恒定外压下恒温压缩至内外压力相等,然后再恒容升温至 1 000 K,此时系统压力为 1 628.247 kPa,求此过程的 Q、W、ΔU 及 ΔH。已知该气体 $C_{V,m} = 12.47$ J·K⁻¹·mol⁻¹。

答:$W = 9.53$ kJ,$Q = -801$ J,$\Delta U = 8\ 729$ J,$\Delta H = 14.55$ kJ

2-4(A)　1 mol 理想气体依次经下列过程:(a)恒容下从 25 ℃升温至 100 ℃;(b)绝热自由膨胀至二倍体积;(c)恒压下冷却至 25 ℃。试计算整个过程的 Q、W、ΔU 及 ΔH。

答:$Q = -623.6$ J,$W = 623.6$ J,$\Delta U = \Delta H = 0$

2-5(A)　0.1 mol 单原子理想气体,始态为 400 K、101.325 kPa,分别经下列两途径到达相同的终态:

(a)恒温可逆膨胀到 10 dm³,再恒容升温至 610 K;

(b)绝热自由膨胀到 6.56 dm³,再恒压加热至 610 K。分别求二途径的 Q、W、ΔU 及 ΔH。若只知始态及终态,能否求出两途径的 ΔU 及 ΔH?

答:(a)$Q = 632.4$ J,$W = -370.5$ J,$\Delta U = 261.9$ J,$\Delta H = 436.5$ J;

(b)$Q = 436.5$ J,$W = -174.6$ J,$\Delta U = 261.9$ J,$\Delta H = 436.5$ J

2-6(A) 在容积为 200 dm³ 的容器中放有 20 ℃、253.313 kPa 的某理想气体，已知其 $C_{p,m} = 1.4 C_{V,m}$，若该气体的 $C_{p,m}$ 近似为常数，求恒容下加热该气体至 80 ℃ 时所需的热。

答：$Q = 25.9$ kJ

2-7(A) 将 101.325 kPa、298 K 的 1 mol 水变成 303.975 kPa、406 K 的饱和蒸气（可视为理想气体），计算该过程的 ΔU 及 ΔH。已知 $\bar{C}_{p,m}(\text{H}_2\text{O},\text{l}) = 75.31$ J·K⁻¹·mol⁻¹，$\bar{C}_{p,m}(\text{H}_2\text{O},\text{g}) = 33.56$ J·K⁻¹·mol⁻¹。水在 100 ℃、101.325 kPa 下的 $\Delta_{\text{vap}} H_m = 40.63$ kJ·mol⁻¹。

答：$\Delta U = 44.02$ kJ，$\Delta H = 47.39$ kJ

2-8(A) 已知 100 ℃、101.325 kPa 下水的 $\Delta_{\text{vap}} H_m = 40.63$ kJ·mol⁻¹，水蒸气和液体水的摩尔体积分别为 $V_m(\text{g}) = 30.19$ dm³·mol⁻¹，$V_m(\text{l}) = 18.00 \times 10^{-3}$ dm³·mol⁻¹，试计算下列两过程的 Q、W、ΔU 及 ΔH。

(a) 1 mol 液体水于 100 ℃、101.325 kPa 下可逆蒸发为水蒸气；

(b) 1 mol 液体水在 100 ℃恒温下于真空容器中全部蒸发为蒸气，而且蒸气的压力恰为 101.325 kPa。

答：(a) $Q = \Delta H = 40.63$ kJ，$W = -3.06$ kJ，$\Delta U = 37.54$ kJ；

(b) $Q = 37.57$ kJ，$W = 0$，$\Delta H = 40.63$ kJ，$\Delta U = 37.54$ kJ

2-9(A) 水于 100 ℃、101.325 kPa 下的 $\Delta_{\text{vap}} H_m = 40.63$ kJ·mol⁻¹。在带活塞的气缸中放有 100 ℃、101.325 kPa 的水蒸气 100 dm³，保持该温度、压力不变的条件下，将水蒸气体积压缩至 50 dm³ 的终态，求此过程的 Q、W、ΔU 及 ΔH。设液体水体积可忽略，蒸气可视为理想气体。

答：$Q = \Delta H = -66.349$ kJ，$W = 5.066$ kJ，$\Delta U = -61.28$ kJ

2-10(A) 在放有 15 ℃、212 g 金属块的量热计中，于 101.325 kPa 下通过一定量 100 ℃ 的水蒸气，最后金属块的温度达 97.6 ℃，并有 3.91 g 水凝结在其表面上，求该金属的质量定压热容 C_p。已知水在 100 ℃、101.325 kPa 下的 $\Delta_{\text{vap}} H_m = 40.63$ kJ·mol⁻¹，$\bar{C}_{p,m} = 75.31$ J·K⁻¹·mol⁻¹。

答：$C_p = 505.7$ J·kg⁻¹·K⁻¹

2-11(A) 已知 100 ℃、101.325 kPa 下水的 $\Delta_{\text{vap}} H_m = 40.63$ kJ·mol⁻¹，0 ℃、101.325 kPa 下冰的 $\Delta_{\text{fus}} H_m = 6.02$ kJ·mol⁻¹。冰、水及水蒸气的平均摩尔定热容 $\bar{C}_{p,m}$ 依次为 37.6 J·K⁻¹·mol⁻¹、75.31 J·K⁻¹·mol⁻¹ 及 33.6 J·K⁻¹·mol⁻¹。求 -10 ℃、101.325 kPa 下冰的摩尔升华焓为若干？

答：$\Delta_{\text{sub}} H_m(\text{冰}) = 50.86$ kJ·mol⁻¹

2-12(B) 冰在 101.325 kPa 下的熔点为 273.15 K,现有 1 kJ、268.15 K 的过冷水,在 101.325 kPa 下因受环境的影响,过冷水凝结成冰。由于凝结很快,来不及与四周交换热,因此可看成绝热过程。若已知水在 273.15 K 时的摩尔熔化热 $\Delta_{fus}H_m$ = 6.02 kJ·mol^{-1},水的质量定压热容 C_p = 4 238.4 J·kg^{-1}·K^{-1},冰的密度为 916.8 kg·m^{-3},水的密度为 958.4 kg·m^{-3}。求:(a)析出了多少冰? (b)凝固过程的 Q、W、ΔU 及 ΔH。

答:(a)63.42 g;(b)$Q_p = \Delta H = 0$,$W = -0.304\ 2$ J,$\Delta U = -0.304\ 2$ J

2-13(B) 如附图所示,一带活塞(无摩擦、无质量)的气缸中装有 3 mol N$_2$(g),气缸底部有一玻璃瓶,瓶内充有 5 mol 液体水。活塞上维持 202.650 kPa 的恒定环境压力。在 100 ℃下将玻璃瓶击碎,水随即进行蒸发,求达平衡时过程的 Q、W、ΔU 及 ΔH。已知 100 ℃时水的 $\Delta_{vap}H_m$ = 40.63 kJ·mol^{-1},并设 N$_2$(g)与 H$_2$O(g)为理想气体,液体水体积可忽略不计。

答:$W = -9.307$ kJ,$Q = \Delta H = 121.89$ kJ,

$\Delta U = 112.58$ kJ

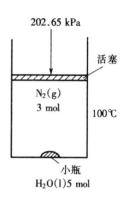

202.65 kPa

活塞

N$_2$(g)
3 mol

100℃

小瓶
H$_2$O(l)5 mol

2-14(A) 已知 298.15 K、标准状态下丙烷的 $\Delta_c H_m^{\ominus}$ = -2 219.9 kJ·mol^{-1},求 298.15 K 时丙烷的标准摩尔生成焓 $\Delta_f H_m^{\ominus}$。其它数据查书后附录七。

答:$\Delta_f H_m^{\ominus}$(C$_3$H$_8$,g) = -103.95 kJ·mol^{-1}

2-15(A) 已知 298.15 K 下萘的标准摩尔生成焓 $\Delta_f H_m^{\ominus}$ = 78.8 kJ·mol^{-1},求萘在 298.15 K 下的标准摩尔燃烧焓 $\Delta_c H_m^{\ominus}$。其它数据查书后附录。

答:$\Delta_c H_m^{\ominus}$(C$_{10}$H$_8$,s,298.15 K) = -5 157.2 kJ·mol^{-1}

2-16(A) 利用下面各反应 25 ℃下的标准摩尔反应焓,求 AgCl(s)25 ℃下的标准摩尔生成焓 $\Delta_f H_m^{\ominus}$。

Ag$_2$O(s) + 2HCl(g) $\longrightarrow$ 2AgCl(s) + H$_2$O(l) $\qquad \Delta_r H_m^{\ominus}$(1) = -323.35 kJ·mol^{-1}

2Ag(s) + ½ O$_2$(g) $\longrightarrow$ Ag$_2$O(s) $\qquad \Delta_r H_m^{\ominus}$(2) = -31.0 kJ·mol^{-1}

½ H$_2$(g) + ½ Cl$_2$(g) $\longrightarrow$ HCl(g) $\qquad \Delta_r H_m^{\ominus}$(3) = -92.31 kJ·mol^{-1}

H$_2$(g) + ½ O$_2$(g) $\longrightarrow$ H$_2$O(l) $\qquad \Delta_r H_m^{\ominus}$(4) = -285.83 kJ·mol^{-1}

答:$\Delta_f H_m^{\ominus}$(AgCl,s,298.15 K) = -126.57 kJ·mol^{-1}

2-17(A) 已知 25 ℃下的热力学数据如下:

物质	$\Delta_f H_m^\ominus / kJ \cdot mol^{-1}$	$\Delta_c H_m^\ominus / kJ \cdot mol^{-1}$
$C_2H_5OH(l)$	-277.7	
$H_2O(l)$	-285.83	
$CH_3OCH_3(g)$		$-1\,456.0$
C(石墨)		-393.51

求 25 ℃ 下 $C_2H_5OH(l) {=\!=\!=} CH_3OCH_3(g)$ 反应的 $\Delta_r H_m^\ominus$。

答：$-89.19 \ kJ \cdot mol^{-1}$

2-18(A) $B_2H_6(g)$ 的燃烧反应如下：$B_2H_6(g) + 3O_2(g) \rightarrow B_2O_3(s) + 3H_2O(g)$。在 298.15 K 标准状态下每燃烧 1 mol $B_2H_6(g)$ 放热 2 020 kJ，同样条件下 2 mol 元素硼燃烧生成 1 mol $B_2O_3(s)$ 时放热 1 264 kJ。求 298.15 K 下 $B_2H_6(g)$ 的标准摩尔生成焓。已知 25 ℃ 时 $\Delta_f H_m^\ominus(H_2O, l) = -285.83 \ kJ \cdot mol^{-1}$，水的 $\Delta_{vap} H_m = 44.01 \ kJ \cdot mol^{-1}$。

答：$\Delta_f H_m^\ominus(B_2H_6, g, 298.15 \ K) = 30.54 \ kJ \cdot mol^{-1}$

2-19(A) 298.15 K 下，测得 $CH_3COOH(l) + C_2H_5OH(l) \rightarrow CH_3COOC_2H_5(l) + H_2O(l)$ 反应的标准摩尔反应焓 $\Delta_r H_m^\ominus$ 为 $-9.20 \ kJ \cdot mol^{-1}$。查表得 $\Delta_c H_m^\ominus(C_2H_5OH, l, 298.15 \ K) = -1\,366.8 \ kJ \cdot mol^{-1}$，$\Delta_c H_m^\ominus(CH_3COOH, l, 298.15 \ K) = -874.54 \ kJ \cdot mol^{-1}$。求 $\Delta_f H_m^\ominus(CH_3COOC_2H_5, l, 298.15 \ K)$。

答：$\Delta_f H_m^\ominus(CH_3COOC_2H_5, l, 298.15 \ K) = -485.2 \ kJ \cdot mol^{-1}$

2-20(A) 试求反应 $CH_3COOH(g) \rightarrow CH_4(g) + CO_2(g)$ 的标准摩尔反应焓 $\Delta_r H_m^\ominus$(1 000 K)。$CH_3COOH(g)$、$CH_4(g)$、$CO_2(g)$ 的平均摩尔定压热容 $\overline{C}_{p,m}$ 分别为 52.3、37.7、31.4 $J \cdot K^{-1} \cdot mol^{-1}$。其它数据可查附录。

答：$\Delta_r H_m^\ominus$(1 000 K) $= -24.3 \ kJ \cdot mol^{-1}$

2-21(A) 已知在 298 K 时 $\Delta_f H_m^\ominus(C_6H_6, l) = 48.66 \ kJ \cdot mol^{-1}$，$\Delta_f H_m^\ominus(C_6H_6, g) = 82.93 \ kJ \cdot mol^{-1}$，$C_{p,m}(C_6H_6, l) = (59.5 + 255 \times 10^{-3} T K^{-1}) J \cdot K^{-1} \cdot mol^{-1}$，$C_{p,m}(C_6H_6, g) = (-33.9 + 471 \times 10^{-3} T K^{-1}) J \cdot K^{-1} \cdot mol^{-1}$。求在苯的正常沸点 353 K 时 1 mol$C_6H_6(l)$ 完全气化为 $C_6H_6(g)$ 时的 ΔU 及 ΔH。

答：$\Delta U = 30.07 \ kJ, \Delta H = 33.00 \ kJ$

2-22(B) 已知在 25 ℃ 下，液体水的标准摩尔生成焓 $\Delta_f H_m^\ominus$ 为 $-285.83 \ kJ \cdot mol^{-1}$，水在 100 ℃ 下的蒸发焓 $\Delta_{vap} H_m$(373.15 K) $= 40.63 \ kJ \cdot mol^{-1}$。$C_{p,m}(H_2) = \{27.70 + 3.39 \times 10^{-3}(T/K)\} J \cdot K^{-1} \cdot mol^{-1}$、$C_{p,m}(O_2) = \{28.28 + 2.54 \times 10^{-3}(T/K)\} J \cdot K^{-1} \cdot mol^{-1}$、$C_{p,m}(H_2O, l) = 75.31 \ J \cdot K^{-1} \cdot mol^{-1}$、$C_{p,m}(H_2O, g) = \{30.21 + 9.93 \times 10^{-3}$

$(T/\mathrm{K})]\,\mathrm{J\cdot K^{-1}\cdot mol^{-1}}$。求：

(a)在 373.15 K 时水蒸气的标准摩尔生成焓；

(b)$2\mathrm{H_2(g)}+\mathrm{O_2(g)}\longrightarrow2\mathrm{H_2O(g)}$反应在 120 ℃下的 $\Delta_r H_m^{\ominus}(393.15\text{ K})$。

答：(a)$\Delta_f H_m^{\ominus}(\mathrm{H_2O},g,373.15\text{ K})=-242.81\text{ kJ\cdot mol}^{-1}$；

(b)$\Delta_r H_m^{\ominus}(393.15\text{ K})=-486.00\text{ kJ\cdot mol}^{-1}$

2-23(B) 已知 25 ℃时的下列数据：

反应 $4\mathrm{C_2H_5Cl(g)}+13\mathrm{O_2(g)}\rightarrow2\mathrm{Cl_2(g)}+8\mathrm{CO_2(g)}+10\mathrm{H_2O(g)}$ 的 $\Delta_r H_m^{\ominus}=-5\ 144.60\text{ kJ\cdot mol}^{-1}$；

反应 $\mathrm{C_2H_6(g)}+\dfrac{7}{2}\mathrm{O_2(g)}\rightarrow2\mathrm{CO_2(g)}+3\mathrm{H_2O(g)}$的 $\Delta_r H_m^{\ominus}=-1\ 515.79\text{ kJ\cdot mol}^{-1}$；

$\Delta_f H_m^{\ominus}(\mathrm{H_2O},g)=-241.82\text{ kJ\cdot mol}^{-1}$；$\Delta_f H_m^{\ominus}(\mathrm{HCl},g)=-92.307\text{ kJ\cdot mol}^{-1}$

求反应 $\mathrm{C_2H_6(g)}+\mathrm{Cl_2(g)}\longrightarrow\mathrm{C_2H_5Cl(g)}+\mathrm{HCl(g)}$在 25 ℃下的 $\Delta_r H_m^{\ominus}$。

答：$\Delta_r H_m^{\ominus}=-201.04\text{ kJ\cdot mol}^{-1}$

2-24(A) 已知 25 ℃时 $\mathrm{H_2O(l)}$、$\mathrm{H_2O(g)}$、$\mathrm{CH_4(g)}$的标准摩尔生成焓 $\Delta_f H_m^{\ominus}/\mathrm{kJ\cdot mol}^{-1}$分别为：$-285.53$、$-241.82$ 和 -74.81。$\mathrm{CH_4(g)}$的标准摩尔燃烧焓 $\Delta_c H_m^{\ominus}$ 为 $-890.31\text{ kJ\cdot mol}^{-1}$。求在 25 ℃下，下列反应

$$\mathrm{C(石墨)}+2\mathrm{H_2O(g)}=\!=\!=\mathrm{CO_2(g)}+2\mathrm{H_2(g)}$$

的 $\Delta_r H_m^{\ominus}$ 和 $\Delta_r U_m^{\ominus}$。

答：$\Delta_r H_m^{\ominus}=90.13\text{ kJ\cdot mol}^{-1}$，$\Delta_r U_m^{\ominus}=87.65\text{ kJ\cdot mol}^{-1}$

2-25(A) 恒压下用 2 倍理论量的空气（含 20% $\mathrm{O_2}$、80% $\mathrm{N_2}$）在炉内燃烧甲烷，若甲烷与空气的温度是 25 ℃，燃烧产物的温度是 110 ℃，求燃烧 1 mol 甲烷时所放出的热。已知：$\Delta_c H_m^{\ominus}(\mathrm{CH_4},g,298.15\text{ K})=-890.31\text{ kJ\cdot mol}^{-1}$，水在 25 ℃下的摩尔蒸发焓 $\Delta_{vap} H_m=44.0\text{ kJ\cdot mod}^{-1}$，$\mathrm{O_2(g)}$、$\mathrm{N_2(g)}$、$\mathrm{H_2O(g)}$ 及 $\mathrm{CO_2(g)}$ 的 $C_{p,m}$ 分别为 30.23、29.33、33.86 与 39.50 J$\cdot$K$^{-1}\cdot$mol^{-1}。

答：$Q_p=-748.15\text{ kJ}$

2-26(A) (a)在一恒温 25 ℃密闭容器中，有 1 mol CO(g)与 0.5 mol $\mathrm{O_2(g)}$反应生成 1 mol $\mathrm{CO_2(g)}$时，求此反应过程的 Q、W、ΔU 及 ΔH。

(b)若上述反应在一绝热的密闭容器中进行时，则此反应过程的 Q、W、ΔU 及 ΔH 为多少？已知 CO(g)及 $\mathrm{O_2(g)}$ 的温度为 25 ℃。查表得：$\Delta_f H_m^{\ominus}(\mathrm{CO_2},g,298.15\text{ K})=-393.51\text{ kJ\cdot mol}^{-1}$，$\Delta_f H_m^{\ominus}(\mathrm{CO},g,298.15\text{ K})=-110.52\text{ kJ\cdot mol}^{-1}$，$C_{V,m}(\mathrm{CO_2},g)=46.5\text{ kJ\cdot mol}^{-1}$。

答:$(a) W = 0, Q = \Delta U = -281.8$ kJ, $\Delta H = -283.0$ kJ;

$(b) Q = 0, W = 0, \Delta U = 0, \Delta H = 49.14$ kJ

2-27(B) 用接触法制硫酸时,将 SO_2 和空气的混合气体于恒压下通过有催化剂的反应器。通入的气体温度为 380 ℃,反应器绝热良好,在反应器中有 90% SO_2 氧化为 SO_3。如要维持反应器的温度为 480 ℃,试计算 1 mol SO_2 需配多少摩尔空气。已知 380 ℃下反应 $SO_2(g) + 1/2 O_2(g) \longrightarrow SO_3(g)$ 的 $\Delta_r H_m^{\ominus} = -937.2$ kJ·mol^{-1}, $N_2(g)$、$SO_2(g)$、$SO_3(g)$ 及 $O_2(g)$ 的 $C_{p,m}$ 分别为 29.29、46.2、60.25、32.23 J·K^{-1}·mol^{-1}。(设空气中 $n(CO_2)/n(N_2) = 21/79$)

答:n(空气) = 280.5 mol

2-28(A) 1 mol、20 ℃、101.325 kPa 的空气,分别经恒温可逆与绝热可逆压缩到终态压力 506.625 kPa,分别求这两压缩过程的功。空气的 $C_{p,m} = 29.1$ J·K^{-1}·mol^{-1}。

答:W_r(恒 T) = 3.92 kJ, W_r(绝热) = 3.56 kJ

2-29(A) 在一带活塞(无质量、无摩擦)的绝热气缸中,放有 2 mol、298.15 K、1 519.00 kPa 的理想气体,分别经(a)绝热可逆膨胀到最终体积为 7.59 dm^3;(b)将环境压力突降至 506.625 kPa 时,气体作绝热快速膨胀到终态体积为 7.59 dm^3。求上述两过程的终态 T_2、p_2 及过程的 W、ΔH。已知该气体 $C_{p,m} = 35.90$ J·K^{-1}·mol^{-1}。

答:$(a) T_2 = 231.2$ K, $p_2 = 506.5$ kPa, $W = -3\,694$ J, $\Delta H = -4\,808$ J;

$(b) T_2 = 258.42$ K, $p_2 = 566.14$ kPa, $W = -2\,192$ J, $\Delta H = -2\,853$ J

2-30(A) 0.5 mol 单原子理想气体,最初温度为 25 ℃,容积为 2 dm^3,反抗恒定外压 p(环) = 101.326 kPa 作绝热膨胀,直至内外压力相等,然后保持在膨胀后的温度下可逆缩回 2 dm^3,求整个过程的 Q、W、ΔU 及 ΔH。

答:$Q = -1\,157.5$ J, $W = 535.4$ J, $\Delta U = -622.1$ J, $\Delta H = -1\,036.8$ J

2-31(A) 在一绝热的带活塞汽缸中,盛有一定量某未知气体。今使该气体从 25 ℃、5 dm^3 绝热可逆膨胀至 6 dm^3,测得该气体温度下降了 21 ℃,计算判断该气体是单原子气体还是双原子气体。该气体可视为理想气体。

答:$C_{V,m} = \dfrac{5}{2} R$,为双原子理想气体

2-32(B) 1 mol 单原子理想气体,从始态 $T_1 = 273.15$ K、$p_1 = 202.630$ kPa 沿 $p/V = $ 常数的途径被可逆压缩至终态压力 $p_2 = 405.260$ kPa,求此过程的 Q、W、ΔU 及 ΔH。

答:$Q = 13.625$ kJ, $W = -3.406\,5$ kJ, $\Delta U = 10.22$ kJ, $\Delta H = 17.03$ kJ

第三章 热力学第二定律

众所周知,室温下的一杯水,环境不供给它相应的能量就能升温以至沸腾,这是不可能的,因为违反了热力学第一定律。如果水能自动从周围空气吸收相应的能量而沸腾,根据经验,这也是不可能发生的,尽管这一过程并未违背热力学第一定律。像上述这类例子,人们可以根据长期的经验加以判断。但是对于化学反应过程就难以直观判断。例如 C(金刚石) + $O_2(g) \rightarrow CO_2(g)$ 的反应在 298.15 K 标准状态下,能自动反应并放出 393.51 kJ·mol^{-1} 的热,反之,在 298.15 K 标准状态下,由环境供给 393.51 kJ·mol^{-1} 的热,$CO_2(g)$ 是否能自动分解成金刚石与 O_2(g)呢? 虽然从能量角度是完全符合热力学第一定律,但实际上此反应在该条件下是不能进行的。由此可见,热力学第一定律只能指出什么过程是一定不能进行的,例如能量是不能无中生有创造出来的过程,但是热力学第一定律却不能指出什么过程一定可以进行以及进行到什么程度。然而这一问题对于化学、化工过程恰是极其重要的问题。因为,如能预测一定条件下一个化学反应的方向及反应到何种程度,对于开发新的化学反应、新的生产工艺至关重要,可以减少大量实验的试探工作。要解决这些不违背热力学第一定律的过程在一定条件下自动进行的方向与限度,则需借助新的定律。这一新的定律就是本章所要讨论的热力学第二定律。

§3-1 自发过程及热力学第二定律

自然界中,很多过程不需外来作用(即不需消耗环境的功)就能自动进行的。例如:重物自高处自动落下到低处;热自动从高温物体传至低温物体;在一定条件下,$H_2(g)$ 和 $O_2(g)$ 自动变成水等。所以,**将无需依靠消耗环境的作用就能自动进行的过程称为自发过程**。相反,像重物在外来作用下能从低处升至高处;利用制冷机消耗外功将热能由低温传至高温;水通过消耗电功进行电解便能分解成 $H_2(g)$ 与 $O_2(g)$。这类消耗外功才能进行的过程,称非自发过程。那么,自然界中哪些过程为自发过程?哪些过程为非自发过程?如何判断?对于像在一定条件下的化学反应这类物理化学过程,判断其是否能自发进行,将具有很大的实用价值。例如,C(石墨)、$H_2(g)$ 与 $O_2(g)$ 在 25 ℃、101.325 kPa 下,能否自动生成 $C_2H_5OH(1)$? 若能判断在 25 ℃、101.325 kPa 条件下,上述反应不能按我们所希望的方向进行,那就不要花费大量人力、物力去研发和生产。问题是如何去判断,有无什么判断标准。为了解决这一问题,首先要了解自发过程有何特征。

1.自发过程的特征

自然界中有各种各样的自发过程,但它们有着共同的特征。

自发过程总是单方向趋于平衡。例如,气体自动从高压状态流向低压状态,直到压力相等;热自动从高温物体传至低温物体,直到两物体的温度相等;$H_2(g)$ 能自动燃烧变成 $H_2O(1)$ 并释放出热量,直到反应达平衡为止。

自发过程均具有不可逆性。所谓自发过程的不可逆性包括两方面的含义:一是指系统经自发过程达到平衡后,如无环境作用(不消耗能量)系统是不可能自动反方向进行并回到原来状态;其次,自发过程的不可逆性是指自然界中所有自发过程都是热力学的不可逆过程。例如,理想气体恒温自由膨胀是一个自发过程,此过程的 $Q=0$、$W=0$ 及 $\Delta U=0$,如想令膨胀后的气体恢复原来状态,则需借助压缩过程来达到,而压缩过程环境必须消耗功,当系统回到原来状态后,$\Delta U=0$,因此,环境损失了 W 的功,而得到 Q 的热。也就是在环境中留下了不可消除的后果,即环境回不到原来的状态,说明理想气体恒温自由膨胀是自发过程又是不可逆过程。

自发过程具有对环境作功的能力,如配有合适的装置,则可从自发过程中获得可用的功。例如,热从高温传至低温的过程,可带动热机而作功;又如水从高处落到低处,可带动水轮机发电(即作电功)。就是说,系统经历一自发变化过程是可能获功的,亦即系统将失去一定的作功能力。相反,非自发过程的发生均需环境对系统作功,例如,要让热从低温物体传到高温物体,则需通过制冷装置(如冰箱、空调)消耗环境的电功才能实现。当系统经历非自发过程后从环境中获得一定的功,系统的作功能力相应有所增加。这是自发与非自发的根本区别。

2.热力学第二定律

热力学第二定律是人类长期从实践中总结出来的有关自发过程的方向和限度的规律。有各种各样自发过程,所以针对不同的自发过程而提出的热力学第二定律表述方式便有多种,但其实质是一样的,都是说明过程的方向和限度。此定律的发展与研究热功转换方向有极密切的关系。下面介绍两种代表性的说法。

克劳修斯(Clausirs)说法:"不可能把热从低温物体传到高温物体而不引起其它变化。"

开尔文(Kelvin)说法:"不可能从单一热源取出热并使之全部变为功而不引起其它变化。"

克氏说法和开氏说法相互间是有联系,完全等价的。可以证明传递到低温物体的热如自动传回到高温物体,则总的结果就是从单一热源吸热作功而不引起其它变化。这就是违反了开氏说法,也就是违反了热力学第二定律。

通过克氏和开氏的热力学第二定律的两种说法,可以得到两个重要的结果:①以上两种说法均指出过程方向性,即热能自发从高温物体传到低温物体和功可以全部自发变成热;反之,这两种自发过程的逆过程则不可能自发进行。②由于自发过程均具有共同特征,所以,所有自发过程都存在着内在联系,可从某一自发过程具有不可逆性,便可以推导出其它自发过程都具有不可逆性,这样就有可能借助已知的过程方向和限度,判断未知的过程方向和限度,从而在各种不同热力学过程之间,建立统一的普遍适用的判断方向和限度的判据。在热力学研究过程中,人们就是从功热转换的不可逆性入手,利用各种热力学过程不可逆性的相关性,建立起普遍适用的判断过程方向和限度的判据的。

在领会热力学第二定律时,有两点需要注意:首先对于开尔文的说法不要错误理解为"功可以完全变成热,而热不能完全变为功",实际上,只有在不引起其它变化的条件下,热才不能完全变成功。例如,理想气体进行恒温膨胀过程时,系统将从环境所吸取的热全部转变为系统对环境所作的体积功,但是系统的体积增大,即其状态发生了变化,所以,开尔文说法中的"在不引起其它变化"这一条件是绝不能忽略的。其次,要明确热力学第二定律是建立在无数事实基础上,是人类长期经验的总结,所以,热力学第二定律及其推论,是真实地反映客观规律的,不能违背。若想在不违反热力学第一定律条件下设计一种循环机器,该机器能自动地源源不断从大气或海洋中取出热转化为功是不可能的,因为它违背热力学第二定律的开尔文说法,称之为"第二类永动机永不可能造成"。

§3-2 卡诺循环

1.卡诺循环

热力学第二定律指出热不能无条件地全部转变为功,那么,热转变为功的最高限度是多少? 与什么因素有关? 这一热功转换的问题随着蒸汽机的出现而备受人们重视。蒸汽机是热机的一种,它从高温热源吸收热量并将其中部分热量转化为功,同时将其余的热排入低温热源中。随着蒸汽机的日益完善,热转化为功的比例部分在增大。蒸汽机能否将从高温热源所吸收的热量全部转化为功呢? 这一问题在 18 世纪被法国工程师卡诺(Carnot)所解决。他提出了一种工作在两个热源之间的理想热机。设理想气体在两热源间依次经过图 3-2-2 所示的四步可逆过程构成的循环过程,然后回到原来状态。该循环过程称为卡诺循环。

1)恒温可逆膨胀

将气缸与温度为 T_1 的高温热源接触,令气缸中物质的量为 n 的理想气体从始态 $A(p_1、V_1、T_1)$ 恒温可逆膨胀到 $B(p_2、V_2、T_1)$。在此过程中,系统从高温热源吸收了 Q_1 的热量,同时对环境作功为 $W_1(A \rightarrow B)$。

由于是理想气体恒温可逆过程,故

$$\Delta U_1 = 0, \qquad Q_1 = -W_1$$

而且
$$Q_1 = -W_1 = nRT_1 \ln \frac{V_1}{V_2}$$

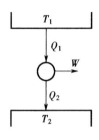

图 3-2-1　卡诺热机　　　　图 3-2-2　卡诺循环

2)绝热可逆过程

膨胀到状态 B 的理想气体,接着进行绝热可逆膨胀到状态 $C(p_3$、V_3、$T_2)$。由于过程绝热,故 $Q=0$,$\Delta U_2 = W_2$,即系统对环境作 W_2 的功是消耗系统热力学能的结果,因此温度由 T_1 降至 T_2,即

$$W_2 = \Delta U_2 = nC_{V,m}(T_2 - T_1)$$

3)恒温可逆压缩

当气缸中气体温度降至 T_2 时,将气缸与 T_2 的低温热源接触,并将理想气体从 C 状态恒温压缩至状态 $D(p_4$、V_4、$T_2)$,此时因 $\Delta U_3 = 0$,所以系统从环境得到 W_2 的功,同时向低温热源放出 Q_2 的热。

$$Q_2 = -W_3 = nRT_2 \ln \frac{V_3}{V_4}$$

4)绝热可逆压缩

再将处于状态 D 的理想气体经绝热可逆压缩回到起始状态 $A(p_1$、V_1、$T_1)$。此过程系统从环境得到 W_4 的功,并使系统的热力学能增加了 ΔU_4,温度升至 T_1。因而

$$\Delta U_4 = W_4 = nC_{V,m}(T_1 - T_2)$$

对整个循环而言,总功为 W,总热为 Q。因系统回到了原来状态,

所以 $\Delta U = Q + W = 0$,即

$$- W = Q$$

而整个循环过程,其中步骤 2 与步骤 4 为绝热过程。因此,$Q = Q_1 + Q_2$,即

$$- W = Q_1 + Q_2 = nRT_1 \ln \frac{V_2}{V_1} + nRT_2 \ln \frac{V_4}{V_3} \qquad (3\text{-}2\text{-}1)$$

由于过程 2 和 4 均为理想气体绝热可逆过程,根据理想气体绝热可逆过程方程,$TV^{\gamma-1} =$ 常数,可列出

过程 2 $\qquad T_1 V_2^{\gamma-1} = T_2 V_3^{\gamma-1}$ 或 $\left(\dfrac{V_3}{V_2}\right)^{\gamma-1} = \dfrac{T_1}{T_2}$

过程 4 $\qquad T_2 V_4^{\gamma-1} = T_1 V_1^{\gamma-1}$ 或 $\left(\dfrac{V_4}{V_1}\right)^{\gamma-1} = \dfrac{T_1}{T_2}$

因此 $\qquad V_3 / V_2 = V_4 / V_1$

移项得 $\qquad V_3 / V_4 = V_2 / V_1$

将此式代入式(3-2-1)中,得

$$- W = Q = Q_1 + Q_2 = nRT_1 \ln \frac{V_2}{V_1} - nRT_2 \ln \frac{V_2}{V_1}$$

一台热机进行一次循环过程所作的功 W 与从高温热源吸收的热量 Q_1 之比,定义为热机效率,用 η 表示,即 $\eta = - W / Q_1$。W 前面加负号是因为热机效率为正值。于是,卡诺热机效率为

$$\eta = \frac{- W}{Q_1} = \frac{Q_1 + Q_2}{Q_1} = \frac{nR(T_1 - T_2)\ln(V_2/V_1)}{nRT_1 \ln(V_2/V_1)} \qquad (3\text{-}2\text{-}2)$$

即

$$\eta = \frac{- W}{Q_1} = \frac{Q_1 + Q_2}{Q_1} = (T_1 - T_2) / T_1 \qquad (3\text{-}2\text{-}3)$$

由以上推证可知:即使像卡诺循环这样每一过程均为可逆过程的理想热机,在指定 T_1 与 T_2 两热源条件下,热机的效率 η 也不可能为 1,即从高温热源吸收的热不可能全部变成功,而且,热机效率只取决于高温热源与低温热源的温度,高温热源温度 T_1 越高,低温热源温度 T_2 越低,则热机的效率越大,这就指明了如何去提高热机的效率。

由式(3-2-3)移项可得

$$1 + (Q_2/Q_1) = 1 - (T_2/T_1)$$

整理得

$$(Q_1/T_1) + (Q_2/T_2) = 0 \tag{3-2-4}$$

式中：Q 为可逆过程的热；T 为热源温度，因过程可逆故亦为系统的温度。式(3-2-4)表明，在卡诺循环中，可逆循环热温商之和等于零。这是卡诺循环的一项重要性质。

2. 卡诺定理

上述结论是以理想气体为工作物质并且由两个恒温可逆过程与两个绝热可逆过程构成的可逆循环推证而得的。这一结论是否具有普遍意义？例如，卡诺热机所用工作物质不是理想气体而是真实气体或其它物质时，效率是否不同？在相同的高温热源与低温热源之间进行的是其它可逆循环的热机，其效率是否会大于卡诺热机效率？关于这两个问题，依据热力学第二定律，通过数学逻辑推理的反证法(证明从略)，证明了以下被称为"卡诺定理"的结论。

(1)工作在相同高温热源与低温热源之间的可逆卡诺热机，其效率相等，与所用工作物质无关；

(2)工作在相同高温热源与低温热源之间的任意热机，其效率不可能高于相同两热源间的可逆卡诺热机的效率。

根据卡诺定理两结论，由理想气体与卡诺循环推出的结果可适用于任何物质与任意变化的可逆循环过程。从卡诺定理还能得出重要推论：在温度确定的两热源间工作的所有可逆热机，其效率必相等；而在此两热源间工作的不可逆热机，其效率一定小于可逆热机效率。即

$$\eta \leqslant \eta_r$$

或

$$\frac{Q_1 + Q_2}{Q_1} \leqslant \frac{T_1 - T_2}{T_1}$$

上式改写为 $\qquad 1 + (Q_2/Q_1) \leqslant 1 - (T_2/T_1)$

两边都减去 1，则得

$$(Q_1/T_1) + (Q_2/T_2) = 0 \quad 可逆 \tag{3-2-5}$$

$$(Q_1/T_1) + (Q_2/T_2) < 0 \quad 不可逆 \tag{3-2-6}$$

对无限小的卡诺循环,则

$$(\delta Q_1/T_1)+(\delta Q_2/T_2)\leqslant 0 \qquad \begin{matrix} \text{不可逆} \\ \text{可逆} \end{matrix} \qquad (3\text{-}2\text{-}7)$$

式(3-2-5)、式(3-2-6)或式(3-2-7)的意义为:工作物质在 T_1、T_2 两热源间进行可逆卡诺循环时,两个热源的热温商之和等于零;若工作物质在 T_1、T_2 两热源间进行不可逆卡诺循环时,两个热源的热温商 $\left(\dfrac{Q_1}{T_1}+\dfrac{Q_2}{T_2}\right)$ 之和小于零。T_1、T_2 均是指两恒温热源的温度。上面三式可适用于任何物质、发生任何变化的循环过程。

§3-3　熵

1. 熵的导出

设有一任意的可逆循环,如图 3-3-1 中的 *ABCDA* 曲线所示。引许多可逆绝热线(虚线)和恒温线(实线)将这一可逆循环分割成许多由两条绝热线和两条恒温线构成的小卡诺循环。由图可知,图中的每一条虚线的绝热线既是前一个小卡诺循环的绝热压缩线又是紧靠着的后一个小卡诺循环的绝热膨胀线,由

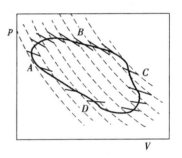

图 3-3-1　任意的可逆循环

于方向相反,所以可以互相抵消。因此,这些小卡诺循环的总和形成一个沿曲线圈 *ABCDA* 的封闭折线。当小卡诺循环无限多时,折线即为曲线,折线包围的面积与曲线包围的面积相等。就是说,折线所经的过程与曲线所经的过程完全相同,因此,任意一个可逆循环过程均可用无限多个微小卡诺循环之和来代替。对于每个微小卡诺循环都有下列关系式:

$$(\delta Q_1/T_1)+(\delta Q_2/T_2)=0, \qquad (\delta Q_1'/T_1')+(\delta Q_2'/T_2')=0,$$
$$(\delta Q_1''/T_1'')+(\delta Q_2''/T_2'')=0,\cdots,$$

式中 T_1、T_2、T_1'、T_2'……分别为每个微小卡诺循环中热源的温度。上面各式相加,可得

$$(\delta Q_1 / T_1 + \delta Q_2 / T_2) + (\delta Q_1' / T_1' + \delta Q_2' / T_2') + \cdots = 0$$

即

$$\sum (\delta Q_r / T) = 0 \qquad (3\text{-}3\text{-}1)$$

因为循环中每一步均为可逆过程,故 δQ_r 为微小卡诺循环中热源温度为 T 时的可逆热,T 也可以是系统的温度。比值 $\delta Q_r / T$ 称为可逆热温商。式(3-3-1)表示任意的可逆循环热温商之和为零。在极限的条件下,式(3-3-1)可写成

$$\oint (\delta Q_r / T) = 0 \qquad (3\text{-}3\text{-}2)$$

式中符号 $\oint$ 表示沿封闭曲线的环积分。

按积分定理,若沿封闭曲线的环积分为零,则被积分的变量 $\delta Q_r / T$ 应为某一函数的全微分。就是说,$\delta Q_r / T$ 即为某一函数的全微分,用 S 表示这一函数,可以定义 $\delta Q_r / T$ 为 S 的全微分,即

$$dS \xlongequal{\text{def}} \delta Q_r / T \qquad (3\text{-}3\text{-}3)$$

这个函数 S 称为熵。从物理概念说,任一个循环过程,若一个物理量的改变值的总和为零,则该物理量应为状态函数。式(3-3-3)是熵的普遍定义式,它适用于任何系统的任何可逆过程。因熵是状态函数,所以熵的变化只由始、末状态所决定,与变化的途径无关。对于从任意选择的状态 1 到状态 2 的熵的变化,积分式(3-3-3)可有

$$\Delta S = \int_1^2 dS = \int_1^2 \delta Q_r / T$$

式中 δQ_r 为可逆热,T 为可逆过程中系统的温度。

2.克劳修斯不等式与熵判据

1)判断过程之可逆性

在卡诺循环中,如果有一个不可逆步骤,则整个循环就是不可逆循环。由卡诺定理证明此不可逆卡诺循环的热温商之和小于零,即

$$(\delta Q_1/T_1) + (\delta Q_2/T_2) < 0$$

对于一个任意不可逆循环,同时能用无限多个小不可逆卡诺循环代替。由于每个小不可逆卡诺循环的热温商之和小于零,故所有小不可逆卡诺循环的热温商之总和同样小于零,也就是任一不可逆循环的热温商之和小于零,即

$$\left(\sum \frac{\delta Q}{T}\right)_{不可逆} < 0 \tag{3-3-4}$$

式中 T 为热源的温度。

设有系统由状态 1 经不可逆途径 a 到达状态 2,然后再由可逆途径 b 回到状态 1,如图 3-3-2 所示,所组成的循环过程为不可逆过程。由式 (3-3-4)得

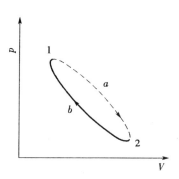

图 3-3-2　不可逆循环

$$\left(\sum \frac{\delta Q}{T}\right)_{1-2} + \int_2^1 \frac{\delta Q_r}{T} < 0$$

或

$$-\int_2^1 \delta Q_r/T > \left(\sum \frac{\delta Q}{T}\right)_{1-2}$$

因途径 b 为可逆过程,故 $\int_2^1 \delta Q_r/T = S_1 - S_2$,或 $-\int_2^1 \delta Q_r/T = S_2 - S_1$,由此得

$$S_2 - S_1 > \left(\sum \delta Q_r/T\right)_{1-2} \tag{3-3-5}$$

上式表明,系统由状态 1 经不可逆途径到状态 2 的热温商之和一定小于系统在此过程中的熵变 ΔS。

如果将可逆过程与不可逆过程一起来表示,则可得

$$\mathrm{d}S \geqslant \frac{\delta Q}{T} \quad \begin{array}{l} 不可逆过程 \\ 可逆过程 \end{array} \tag{3-3-6}$$

或

$$\Delta S \geqslant \sum_1^2 \left(\frac{\delta Q}{T}\right) \quad \begin{array}{l} 不可逆过程 \\ 可逆过程 \end{array} \tag{3-3-7}$$

以上两式称克劳修斯不等式,也可作为热力学第二定律数学表达

式。它表明系统状态变化时若过程的熵变大于该过程的热温商之和,则该过程为不可逆过程;若过程的熵变等于该过程的热温商之和,则该过程为可逆过程。

当过程为绝热过程时,因系统与环境间无热交换,即 $\delta Q = 0$,所以式(3-3-7)可写为

$$\Delta S_{绝热} \geqslant 0 \quad \begin{array}{l} 不可逆过程 \\ 可逆过程 \end{array}$$

式中">"表示不可逆,"="表示可逆。说明绝热系统只能发生熵大于零或等于零的过程,而不能发生熵小于零的过程。这称为熵增原理。同时亦说明,系统从同一始态出发,分别经绝热可逆过程与绝热不可逆过程是达不到相同终态的。因绝热可逆过程熵不变,故称之为恒熵过程。

应指出,利用克劳修斯不等式所判断的只是过程是否可逆,而不能判断过程是否为自发。

2)判断过程的方向性

对于一个隔离系统,系统与环境之间是无功和热交换的,亦即隔离系统必然为绝热的,故可将熵增原理推广到隔离系统而得到

$$\Delta S(隔) \geqslant 0 \quad \begin{array}{l} 不可逆(自发) \\ 可逆(平衡) \end{array} \qquad (3\text{-}3\text{-}8)$$

也就是说,"隔离系统的熵绝不会减少",这也是熵增原理的另一说法。由于隔离系统不受环境任何作用,所以隔离系统内不可能发生非自发过程,如**隔离系统内发生了不可逆过程,则必定为自发过程**。就是说,隔离系统中不可逆过程的方向也就是自发变化的方向,于是,如上式所示,便可利用判断过程可逆性的方法来判断过程变化的方向性。

式(3-3-8)表明,隔离系统中自发过程的方向总是向着熵增大的方向进行,直到该条件下系统的熵值达到最大为止,这也就是隔离系统中自发过程所能进行的限度。

在实际中所遇到的系统常常不是隔离系统,系统与环境之间总有能量交换,但因只有隔离系统的熵差才能作为判断过程的方向,所以要将所研究的系统与该系统有密切关系的环境包括在一起,当作一个隔离系统,于是

$$\Delta S(\text{隔}) = \Delta S(\text{系}) + \Delta S(\text{环}) \geqslant 0 \quad \begin{matrix} \text{不可逆(自发进行)} \\ \text{可逆(平衡)} \end{matrix}$$

就是说,当将系统经历某一过程的熵差 $\Delta S(\text{系})$ 与相关环境的熵差 $\Delta S(\text{环})$ 算出,而且 $\Delta S(\text{系}) + \Delta S(\text{环})$ 之和大于零,则此过程便为自发过程。

§3-4　熵变的计算

系统经历一过程后,状态发生了变化,作为状态函数的熵就会随之而变。当系统由状态 A 变化至状态 B 时,不论过程可逆与否,其熵变均按下式求取:

$$\Delta S(\text{系}) = \int_A^B \frac{\delta Q_r}{T}$$

如果过程为不可逆过程,则应在同一始、末态之间设计一可逆过程,再从所设计的可逆过程的热温商求 $\Delta S(\text{系})$。下面按系统经历过程(单纯 pVT 变化、相变化及化学变化)的不同,分别介绍 $\Delta S(\text{系})$ 的计算。

1. 单纯 pVT 变化的熵变计算

单纯 pVT 变化是指系统从始态变至终态的整个过程中无任何相变化与化学反应进行,只有压缩、膨胀、升温、降温等过程。

1)理想气体的单纯 pVT 变化之 ΔS 计算

对于物质的量为 n、组成不变的理想气体系统,在 $W' = 0$ 条件下,从始态 p_1、V_1、T_1 变至终态 p_2、V_2、T_2 时,系统的熵变 ΔS 可用以下三个公式中的任一个进行计算。这三个公式分别为:

$$\Delta S = nC_{V,m}\ln(T_2/T_1) + nR\ln(V_2/V_1) \tag{3-4-1}$$

$$\Delta S = nC_{p,m}\ln(T_2/T_1) + nR\ln(p_1/p_2) \tag{3-4-2}$$

$$\Delta S = nC_{p,m}\ln(p_2/p_1) + nC_{V,m}\ln(V_2/V_1) \tag{3-4-3}$$

式(3-4-1)、式(3-4-2)与式(3-4-3)是等效的,但是计算时选用何者为好,应据题目所给条件而定,一般前两式使用较多。上述三个式子只适用于 $C_{p,m}$ 和 $C_{V,m}$ 为常数的理想气体。

例 3.4.1　今有物质的量为 n 的理想气体,从状态 1(p_1、V_1、T_1)变至状态 2

$(p_2 \text{、} V_2 \text{、} T_2)$。已知该气体的 $C_{V,m}$ 为一定值,证明此过程系统的熵变

$$\Delta S = nC_{V,m}\ln(T_2/T_1) + nR\ln(V_2/V_1)$$

解: 因为熵是状态函数,而状态函数变化值与途径无关,这一过程设想由两步来构成:在保持体积不变下,从 $p_1 \text{、} V_1 \text{、} T_1$ 可逆地变温至 T_2,此时的中间态 $1'$ 为 $p_1' \text{、} V_1 \text{、} T_2$;然后再保持温度不变下,使系统的体积从 V_1 可逆变至 V_2,也就是达到了所求过程的终态 $p_2 \text{、} V_2 \text{、} T_2$。可用下图表示它们的关系。

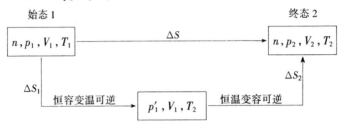

根据状态函数特点,$\Delta S = \Delta S_1 + \Delta S_2$。对于不作非体积功的封闭系统,当其经历一可逆过程时,根据第一定律,有 $dU = \delta Q_r + \delta W_r$,而 $\delta W_r = pdV$,因此

$$\delta Q_r = dU + pdV$$

而熵变的定义式为 $dS = \delta Q_r/T$,故

$$dS = (dU + pdV)/T \tag{3-4-4}$$

或

$$\Delta S = \int_1^2 (dU + pdV)/T \tag{3-4-5}$$

式(3-4-5)为计算熵变的基本式之一,其导出条件为:封闭系统,$W' = 0$,可逆的过程。此式是计算系统发生单纯 pVT 变化时熵变的最常用公式。对于组成与量皆恒定的均相系统,只要始态与终态确定后,不管过程可逆与否都可使用此式。将式(3-4-5)用于第一步的恒容变温可逆过程时,因 $dV = 0$,故改成下式:

$$\Delta S_1 = \int_1^{1'} dU/T$$

对于理想气体,$dU = nC_{V,m}dT$,代入上式积分,得

$$\Delta S_1 = nC_{V,m}\ln\frac{T_2}{T_1} \tag{3-4-6}$$

将式(3-4-5)用于第二步的恒温变容可逆过程时,由于中间态与终态温度相同,对于理想气体则因其热力学能仅为温度的函数,故此途径的热力学能不变,即 $dU = 0$,式(3-4-5)变为

$$\Delta S_2 = \int_{1'}^{2} p \, dV / T$$

代入理想气体恒温可逆过程方程式 $pV = nRT$，得

$$\Delta S_2 = \int_{V_1}^{V_2} nR \frac{dV}{V} = nR\ln(V_2/V_1) \quad （理想气体，恒温） \tag{3-4-7}$$

因此，系统从状态 $1(p_1、V_1、T_1)$ 变至状态 $2(p_2、V_2、T_2)$ 时的 ΔS 计算式为

$$\Delta S = \Delta S_1 + \Delta S_2 = nC_{V,m}\ln(T_2/T_1) + nR\ln(V_2/V_1)$$

这就是式(3-4-1)的推证过程。倘若第一步设从始态 $1(p_1、V_1、T_1)$ 恒压可逆变温至中间态 $1'(p_1、V_1'、T_2)$，然后再恒温可逆变压至终态 $2(p_2、V_2、T_2)$，则可推证出式(3-4-2)。用类似方法还可导出式(3-4-3)。

例 3.4.2 1 mol 的理想气体在 25 ℃ 下由 202.650 kPa、V_1 向真空膨胀至 101.325 kPa、$V_2 = 2V_1$，求过程系统的熵变 ΔS。

解: 理想气体在恒温下向真空膨胀，既未作功，热力学能也不改变，所以系统在自由膨胀过程中与环境无热的交换，$Q = 0$。但不等于说，此过程的 $\Delta S = 0$，因为向真空膨胀的过程是不可逆过程。此过程的 ΔS 计算可用式(3-4-1)或式(3-4-2)。现以式(3-4-1)进行计算。

$$\Delta S = nC_{V,m}\ln(T_2/T_1) + nR\ln(V_2/V_1)$$

因 $T_2 = T_1$，故

$$\Delta S = nR\ln(V_2/V_1)$$

代入数值

$$\Delta S = 1 \text{ mol} \times 8.314 \text{ J·K}^{-1}\cdot\text{mol}^{-1} \times \ln(2V_1/V_1)$$
$$= 1 \text{ mol} \times 8.314 \text{ J·K}^{-1}\cdot\text{mol}^{-1} \times \ln 2$$
$$= 5.76 \text{ J·K}^{-1}$$

例 3.4.3 在一用绝热隔板分隔为体积相等的两部分之绝热容器中，分别放 1 mol 理想气体 A 与 1 mol 理想气体 B。A 的温度为 20 ℃，B 的温度为 10 ℃。求将隔板抽去后系统的熵变。已知两种气体的 $C_{V,m} = (5/2)R$。

解: 由于理想气体分子间无相互作用力，所以抽去隔板后，A、B 两种气体发生混合时彼此均无影响，因此，计算时可对 A、B 分别进行计算，然后再相加。另外，在混合过程中，系统整体体积没有变化，故混合是在绝热恒容条件下进行。首先需要求取的是混合之后 A、B 两气体的温度。

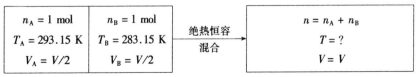

混合是绝热、恒容过程，所以对系统而言 $\delta Q = 0, \delta W = 0, dU = 0$。对每一种气

体,由于温度发生变化,则每种气体热力学能于混合前后发生变化,即

$$\Delta U_A = n_A C_{V,m}(A)(T - T_A)$$

$$\Delta U_B = n_B C_{V,m}(B)(T - T_B)$$

因为

$$\Delta U = \Delta U_A + \Delta U_B = 0$$

$$n_A C_{V,m}(A)(T - T_A) + n_B C_{V,m}(B)(T - T_B) = 0$$

所以

$$T = \frac{n_A C_{V,m}(A) T_A + n_B C_{V,m}(B) T_B}{n_A C_{V,m}(A) + n_B C_{V,m}(B)}$$

由于本题 $n_A = n_B$, $C_{V,m}(A) = C_{V,m}(B)$,故

$$T = \frac{T_A + T_B}{2} = \frac{293.15 \ K + 283.15 \ K}{2} = 288.15 \ K$$

每种气体的体积都是从 $V/2$ 变至 V,故可用式(3-4-1)进行计算,即

$$\Delta S(A) = n_A C_{V,m}(A)\ln(T/T_A) + n_A R\ln\left(V \Big/ \frac{V}{2} \right)$$

$$= 1 \ mol \times \frac{5}{2} \times 8.314 \ J \cdot K^{-1} \cdot mol^{-1} \times \ln\frac{288.15}{293.15}$$

$$+ 1 \ mol \times 8.314 \ J \cdot K^{-1} \cdot mol^{-1} \times \ln 2$$

$$= 5.405 \ J \cdot K^{-1}$$

$$\Delta S(B) = n_B C_{V,m}(B)\ln(T/T_B) + n_B R\ln\left(V \Big/ \frac{V}{2} \right)$$

$$= 1 \ mol \times \frac{5}{2} \times 8.314 \ J \cdot K^{-1} \cdot mol^{-1} \times \ln\frac{288.15}{283.15}$$

$$+ 1 \ mol \times 8.314 \ J \cdot K^{-1} \cdot mol^{-1} \times \ln 2$$

$$= 6.127 \ J \cdot K^{-1}$$

所以 $\Delta S(系) = \Delta S(A) + \Delta S(B)$

$$= 5.405 \ J \cdot K^{-1} + 6.127 \ J \cdot K^{-1}$$

$$= 11.532 \ J \cdot K^{-1}$$

例 3.4.4 0 ℃、101.325 kPa 的 10 dm³ H_2(理想气体)经绝热可逆压缩到 1 dm³,试求终态温度以及 ΔU、ΔH、ΔS。已知 $C_{p,m}(H_2) = 29.23 \ J \cdot K^{-1} \cdot mol^{-1}$。

解:绝热可逆过程就是恒熵过程,即 $\Delta S = 0$。所以可利用式(3-4-1)来求终态温度,即

$$\Delta S = nC_{V,m}\ln(T_2/T_1) + nR\ln(V_2/V_1) = 0$$

$$\ln(T_2/T_1) = (-R/C_{V,m})\ln(V_2/V_1)$$

因为

$$C_{V,m} = C_{p,m} - R$$

所以 $\ln(T_2 / T_1) = -\dfrac{R}{C_{p,m} - R} \ln(V_2 / V_1)$

$$= \dfrac{-8.314 \text{ J·K}^{-1}\text{·mol}^{-1}}{29.23 \text{ J·K}^{-1}\text{·mol}^{-1} - 8.314 \text{ J·K}^{-1}\text{·mol}^{-1}} \times \ln(1/10)$$

$$= 0.915$$

$T_2 = 2.497 T_1 = 2.497 \times 273.15 \text{ K} = 682.16 \text{ K}$

$$\Delta U = \int_{T_1}^{T_2} n C_{V,m} \mathrm{d}T = n C_{V,m} (T_2 - T_1)$$

$$= \dfrac{p_1 V_1}{R T_1} C_{V,m} (T_2 - T_1)$$

$$= \dfrac{101\ 325 \text{ Pa} \times 10 \times 10^{-3} \text{ m}^3}{8.314 \text{ J·K}^{-1}\text{·mol}^{-1} \times 273.15 \text{ K}} \times (29.23 \text{ J·K}^{-1}\text{·mol}^{-1}$$

$$- 8.314 \text{ J·K}^{-1}\text{·mol}^{-1}) \times (682.16 \text{ K} - 273.15 \text{ K})$$

$$= 3817 \text{ J}$$

$$\Delta H = n C_{p,m} (T_2 - T_1)$$

$$= 0.446 \text{ mol} \times 29.23 \text{ J·K}^{-1}\text{·mol}^{-1} \times (682.16 \text{ K} - 273.15 \text{ K})$$

$$= 5\ 332 \text{ J}$$

本题求终态温度是利用式(3-4-1),前提是 $\Delta S = 0$,即只有绝热可逆过程才能用,绝热不可逆过程求终态温度则不能用此法,因为绝热不可逆过程是 $\Delta S > 0$。

2)液体或固体恒压变温过程 ΔS 的计算

对液体或固体在恒压、$W' = 0$ 条件下温度改变时的 ΔS 的计算,可依据式(3-4-5),即

$$\Delta S = \int_1^2 (\mathrm{d}U + p\,\mathrm{d}V)/T$$

因为恒压 $\mathrm{d}H = \mathrm{d}U + p\,\mathrm{d}V$

而且 $\mathrm{d}H = n C_{p,m} \mathrm{d}T$

所以

$$\Delta S = \int_{T_1}^{T_2} n C_{p,m} \mathrm{d}T/T \quad (恒压, W' = 0) \tag{3-4-6}$$

若 $C_{p,m} = $ 常数,则

$$\Delta S = n C_{p,m} \ln(T_2 / T_1) \tag{3-4-7}$$

式(3-4-6)与式(3-4-7)是计算液体、固体以及气体在恒压下温度

改变时熵变的计算式。计算时需知道 n、$C_{p,m}$ 及温度 T 的数值。液体、固体因压力改变引起的熵变在压力变化不太大时,可以忽略不计。

例 3.4.5 在 101.325 kPa 压力下,有 10 g、27℃的水与 20 g、72℃的水在绝热容器中混合,求最终水温及过程总熵变。已知 $C_{p,m}(H_2O) = 75.31\ J\cdot K^{-1}\cdot mol^{-1}$。

解: 在绝热容器中将 27℃的水与 72℃的水混合,最终要达到一平衡温度,而且高温水放出的热等于低温水得到的热。此混合过程的前后状态变化如下图所示。

$$
\boxed{\begin{array}{l} m_1 = 10\ \text{g}, t_1 = 27℃, H_2O(l) \\ m_2 = 20\ \text{g}, t_1' = 72℃, H_2O(l) \end{array}} \xrightarrow[\text{混合}]{\text{绝热恒压}} \boxed{\begin{array}{l} m = m_1 + m_2 = 30\ \text{g} \\ t \\ H_2O(l) \end{array}}
$$

由于是绝热恒压混合,则

$$\Delta H_2(\text{高温水}) + \Delta H_1(\text{低温水}) = 0$$

而

$$\Delta H_2 = \frac{m_2}{M(H_2O)} C_{p,m}(H_2O)(T - T_1')$$

$$\Delta H_1 = \frac{m_1}{M(H_2O)} C_{p,m}(H_2O)(T - T_1)$$

整理得

$$T = (m_1 T_1 + m_2 T_1')/(m_1 + m_2)$$

$$= \frac{10\ \text{g} \times 300.15\ \text{K} + 20\ \text{g} \times 345.15\ \text{K}}{10\ \text{g} + 20\ \text{g}} = 330.15\ \text{K}$$

高温水与低温水在混合前后熵变均能按式(3-4-7)进行计算,故

$$\Delta S(\text{总}) = \Delta S(\text{高温水}) + \Delta S(\text{低温水})$$

$$= \frac{m_2}{M(H_2O)} C_{p,m}(H_2O)\ln\frac{T}{T_1'} + \frac{m_1}{M(H_2O)} C_{p,m}(H_2O)\ln\frac{T}{T_1}$$

$$= \frac{C_{p,m}(H_2O)}{M(H_2O)}\left(m_2\ln\frac{T}{T_1'} + m_1\ln\frac{T}{T_1}\right)$$

$$= \frac{75.31\ J\cdot K^{-1}\cdot mol^{-1}}{18\ g\cdot mol^{-1}}\left(20\ \text{g} \times \ln\frac{330.15}{345.15} + 10\ \text{g} \times \ln\frac{330.15}{300.15}\right)$$

$$= 0.2678\ J\cdot K^{-1}$$

2.相变化过程熵变 ΔS 的计算

1)可逆相变化过程

所谓可逆相变化是指在无限接近相平衡条件下进行的相变化。什么是无限接近相平衡的条件呢? 例如,373.15 K 水的饱和蒸气压为 101.325 kPa,所以,373.15 K、101.325 kPa 的液体水与 373.15 K、101.325 kPa 的水蒸气组成的系统就是处于相平衡状态。若将蒸气的压力减少

了 dp,则水与水蒸气的平衡被破坏,于是水就要蒸发,此时,水是在无限接近相平衡条件下进行相变的,故为可逆相变。又如,液体水在101.325 kPa 压力下冷至 0℃时开始凝固成冰,反之,冰在 101.325 kPa、加热至 0℃时会开始熔化,所以液体水与冰在 101.325 kPa、0℃下处于相平衡。若冰、水平衡系统的温度升高 dT 的温度,则系统中的冰就要熔化变成水,此时的相变化也是在无限接近平衡条件下进行,也属于可逆相变。

以上对可逆相变的分析可知,任何纯物质的可逆相变均具有恒温、恒压的特点,所以,恒温恒压和无限接近相平衡条件下的相变过程的热(即可逆热)就是第一定律介绍的相变焓。根据熵的定义式

$$dS \xlongequal{def} \delta Q_r/T \quad 或 \quad \Delta S = \int_1^2 \delta Q_r/T$$

对于恒温可逆过程,可写成

$$\Delta S = Q_r/T \tag{3-4-8}$$

对于恒温恒压、$W' = 0$ 的可逆相变,上式可改写为

$$\Delta S = \Delta_{相变} H/T \quad (恒 \ T、p,W' = 0 \ 的可逆相变) \tag{3-4-9}$$

例 3.4.6 计算 1 mol 甲苯在正常沸点 110℃下完全蒸发为蒸气的过程之熵变 ΔS。已知 $\Delta_{vap} H_m$(甲苯) = 33.5 kJ·mol^{-1}。

解:沸点是指液体的饱和蒸气压与环境压力相等时之沸腾温度。如果环境压力为 101.325 kPa,液体的沸腾温度称为正常沸点(或标准沸点)。题中给出的甲苯正常沸点为 110℃,就是说,101.325 kPa、110℃的液体甲苯在恒 T、p 下变为 110℃、101.325 kPa 的甲苯蒸气。所以其熵变 ΔS 的计算可用式(3-4-9),即

$$\Delta S = \Delta_{相变} H/T$$

$$= n\Delta_{vap} H_m/T$$

$$= 1 \ mol \times 33.5 \ kJ·mol^{-1}/383.15 \ K = 87.43 \ J·K^{-1}$$

2)不可逆相变过程

可逆相变一定是在恒温恒压下进行的,但并不是说,凡是恒温恒压下进行的相变均为可逆相变。例如 101.325 kPa、90℃的 1 mol 水蒸气在恒温恒压下变成同温同压的液体水,此过程就不是可逆相变,因可逆相变必须是在无限接近相平衡条件下进行。101.325 kPa 压力的水蒸

气要可逆变成 101.325 kPa 液体水,其温度应比 100℃ 低无限小的温差。所以 101.325 kPa、90℃ 的水变成同温同压的液体水的过程不是可逆相变过程。因此,凡不在无限接近相平衡条件下进行的相变过程,均为不可逆相变过程。在求取不可逆相变过程的 ΔS 时,不能用不可逆相变过程中系统与环境交换的热 Q 除以过程温度 T 来计算。因为,根据 $\mathrm{d}S = \delta Q_r / T$ 可知,计算 $\mathrm{d}S$ 必须用可逆过程的热 δQ_r 除以该过程的系统的 T。故不可逆相变过程的 ΔS 的计算是通过在相同的始、终态之间设计一可逆过程,然后计算此可逆过程熵变 ΔS。由于始、终态确定后,状态函数熵的变化值 ΔS 与过程无关,故由所设计的可逆过程求得的 ΔS 也就是不可逆相变过程的 ΔS。

例 3.4.7 计算 101.325 kPa、50℃ 的 1 mol $H_2O(l)$ 变成 101.325 kPa、50℃ 的水蒸气之 ΔS。已知 $C_{p,m}(H_2O, l) = 73.5\ \mathrm{J \cdot K^{-1} \cdot mol^{-1}}$,$C_{p,m}(H_2O, g) = 33.6\ \mathrm{J \cdot K^{-1} \cdot mol^{-1}}$,100℃、101.325 kPa 下的 $\Delta_{vap} H_m = 40.63\ \mathrm{kJ \cdot mol^{-1}}$。

解:不可逆相变过程的 ΔS 不能直接求取,需在同一始、终态之间设计一可逆过程。求出此可逆过程的 ΔS,就等于求出不可逆相变过程的 ΔS。可逆过程如何设计取决于题目给出的数据。如本题给了水在 100℃、101.325 kPa 的摩尔蒸发焓,就等于告诉了水的可逆相变过程(设计可逆过程时要善于利用题给条件)应如何设计。为此可设计出如下的可逆途径:

因此 $\Delta S = \Delta S_1 + \Delta S_2 + \Delta S_3$

$$\Delta S_1 = \int_{T_1}^{T_2} nC_{p,m}(H_2O, l)\mathrm{d}T / T = nC_{p,m}(H_2O, l)\ln(T_2 / T_1)$$

$$\Delta S_2 = n\Delta_{vap} H_m / T_2$$

$$\Delta S_3 = \int_{T_1}^{T_2} nC_{p,m}(H_2O,g)dT/T = nC_{p,m}(H_2O,g)\ln(T_1/T_2)$$

$$\Delta S = nC_{p,m}(H_2O,l)\ln(T_2/T_1) + \frac{n\Delta_{vap}H_m}{T_2} + nC_{p,m}(H_2O,g)\ln(T_1/T_2)$$

$$= 1\ mol \times 73.5\ J\cdot K^{-1}\cdot mol^{-1}\ln\frac{373.15}{323.15} + \frac{1\ mol \times 40.63 \times 10^3\ J\cdot mol^{-1}}{373.15\ K}$$

$$+ 1\ mol \times 33.6\ J\cdot K^{-1}\cdot mol^{-1} \times \ln(323.15/373.15)$$

$$= 114.6\ J\cdot K^{-1}$$

例 3.4.8 已知苯在 101.325 kPa 下的熔点为 5℃,在此条件下的摩尔熔化焓 $\Delta_{fus}H_m = 9\ 916\ J\cdot mol^{-1}$,$C_{p,m}(C_6H_6,l) = 126.78\ J\cdot K^{-1}\cdot mol^{-1}$,$C_{p,m}(C_6H_6,s) = 122.59$ $J\cdot K^{-1}\cdot mol^{-1}$。求在 101.325 kPa、−5℃ 下 1 mol 过冷苯凝固为固体苯的 ΔS。

解: 题中给出苯在 101.325 kPa 下的熔点为 5℃,则在此条件下液体苯凝固为固体苯是可逆相变过程。为此利用此可逆过程设计可逆途径如下:

因此
$$\Delta S = \Delta S_1 + \Delta S_2 + \Delta S_3$$

$$= nC_{p,m}(C_6H_6,l)\ln(T_2/T_1) + \frac{-n\Delta_{fus}H_m}{T_2} + nC_{p,m}(C_6H_6,g)\ln(T_1/T_2)$$

$$= 1\ mol \times 126.78\ J\cdot K^{-1}\cdot mol^{-1} \times \ln\frac{278.15}{268.15} - \frac{1\ mol \times 9\ 916\ J\cdot mol^{-1}}{278.15\ K}$$

$$+ 1\ mol \times 122.59\ J\cdot K^{-1}\cdot mol^{-1} \times \ln(268.15/278.15)$$

$$= -35.50\ J\cdot K^{-1}$$

例 3.4.9 已知 −5℃ 固态苯的饱和蒸气压为 2.28 kPa,−5℃ 过冷液体苯的饱和蒸气压为 2.67 kPa。求在 101.325 kPa、−5℃ 下 1 mol 过冷液体苯凝固为固态苯时的 ΔS。已知 101.325 kPa、−5℃ 下 1 mol 过冷液体苯凝固成固态苯时放热 9 871 J。苯蒸气可视为理想气体。

解: 本题求取的过程,温度、压力、始终态及物质与例 3.4.8 完全相同,而且求

取的 ΔS 也一样,但是,题目所给的可逆过程却与上例完全不同。本题给了两个可逆相变过程:一个为 -5℃固体苯与其饱和蒸气压成平衡;另一个为 -5℃液体苯与其饱和蒸气压成平衡,故本例求 ΔS 设计可逆途径就与上例大不相同。根据题给条件,其过程设计如下:

$$
\begin{array}{ccc}
\begin{array}{c} 1 \text{ mol } C_6H_6(\text{l}) \\ T = 268.15 \text{ K} \\ p = 101.325 \text{ kPa} \end{array} & \xrightarrow[\Delta H]{\Delta S} & \begin{array}{c} 1 \text{ mol } C_6H_6(\text{s}) \\ T = 268.15 \text{ K} \\ p = 101.325 \text{ kPa} \end{array} \\[2ex]
\Big\downarrow {\Delta S_1 \atop \Delta H_1} & & \Big\uparrow {\Delta S_5 \atop \Delta H_5} \\[2ex]
\begin{array}{c} 1 \text{ mol } C_6H_6(\text{l}) \\ T = 268.15 \text{ K} \\ p = p_1^*(C_6H_6) = 2.67 \text{ kPa} \end{array} & & \begin{array}{c} 1 \text{ mol } C_6H_6(\text{s}) \\ T = 268.15 \text{ K} \\ p_2^* = 2.28 \text{ kPa} \end{array} \\[2ex]
\Big\downarrow {\Delta S_2 \atop \Delta H_2} & & \Big\uparrow {\Delta S_4 \atop \Delta H_4} \\[2ex]
\begin{array}{c} 1 \text{ mol } C_6H_6(\text{g}) \\ p_1^* = 2.67 \text{ kPa} \\ T = 268.15 \text{ K} \end{array} & \xrightarrow{\Delta S_3, \Delta H_3} & \begin{array}{c} 1 \text{ mol } C_6H_6(\text{g}) \\ p_2^* = 2.28 \text{ kPa} \\ T = 268.15 \text{ K} \end{array}
\end{array}
$$

$$\Delta S = \Delta S_1 + \Delta S_2 + \Delta S_3 + \Delta S_4 + \Delta S_5$$

ΔS_1 与 ΔS_5 分别代表液体苯和固体苯在温度恒定而压力改变时的熵变。当压力变化不太大时(如本例的压力变化),ΔS_1 与 ΔS_5 的值可忽略不计。因此

$$\Delta S = \Delta S_2 + \Delta S_3 + \Delta S_4$$

ΔS_2 为 1 mol、-5℃过冷液态苯在其饱和蒸气压下完全气化为同温同压蒸气的熵变,此过程是一可逆过程。而 ΔS_4 则为 1 mol、-5℃的固体苯的饱和蒸气变为同温同压固体苯的熵变,此过程也是一个可逆过程。故 ΔS_2 与 ΔS_4 的计算可依据式(3-4-9),即

$$\Delta S_2 = \frac{n\Delta_{\text{vap}} H_m}{T}, \quad \Delta S_4 = \frac{-n\Delta_{\text{sub}} H_m}{T}$$

式中 $n\Delta_{\text{vap}} H_m = \Delta H_2$,$-n\Delta_{\text{sub}} H_m = \Delta H_4$。$\Delta S_3$ 为理想气体恒温变压过程,依据式(3-4-2),则为

$$\Delta S_3 = nR\ln(p_1^*/p_2^*)$$

所以

$$\Delta S = \frac{n\Delta_{\text{vap}} H_m}{T} + nR\ln(p_1^*/p_2^*) + \frac{-n\Delta_{\text{sub}} H_m}{T}$$

$$= \frac{\Delta H_4 + \Delta H_2}{T} + nR\ln(p_1^*/p_2^*)$$

ΔH_4 与 ΔH_2 的值题目中未给出,但给出了 101.325 kPa、$-5\,^\circ\!C$下 1 mol 过冷液体苯变为固态苯时放热 9 871 J。因过程 $W' = 0$、p 恒定,故过程的热 $Q = \Delta H$。$\Delta H = \Delta H_1 + \Delta H_2 + \Delta H_3 + \Delta H_4 + \Delta H_5$,其中 ΔH_1 与 ΔH_5 可忽略不计,$\Delta H_3 = 0$(理想气体恒温压过程),因此,$\Delta H = \Delta H_2 + \Delta H_4$。这样

$$\Delta S = \frac{\Delta H_4 + \Delta H_2}{T} + nR\ln(p_1^* / p_2^*)$$

$$= \Delta H / T + nR\ln(p_1^* / p_2^*)$$

$$= (-9\ 871\ \text{J}/268.15\ \text{K}) + 1\ \text{mol} \times 8.314\ \text{J}\cdot\text{K}^{-1}\cdot\text{mol}^{-1} \times \ln(2.67/2.28)$$

$$= (-36.811 + 1.313)\text{J}\cdot\text{K}^{-1} = -35.50\ \text{J}\cdot\text{K}^{-1}$$

由以上三例可知,计算不可逆相变过程的熵变,必须在相同始终态间设计一可逆过程,而且此可逆过程必然有一个或一个以上的可逆相变过程。因此,在解题时需要认真分析题给的是什么可逆相变过程,然后依据此可逆相变过程来设计整个可逆过程应含有哪些具体途径。这是求取不可逆相变过程 ΔS 之关键。

3. 环境熵变 ΔS(环)及隔离系统熵变 ΔS(隔)的计算

用熵函数判断过程在指定条件下能否自发进行,必须用隔离系统的熵变 ΔS(隔),而 ΔS(隔)$= \Delta S$(系)$+ \Delta S$(环),所以掌握 ΔS(环)的计算同样是必要的。环境产生熵变的原因是因环境与系统有能量交换而引起状态的变化,当其始、终态确定后,仍按熵变定义式进行计算,即

$$\Delta S(\text{环}) = \int_1^2 dS(\text{环}) = \int_1^2 (\delta Q_r / T)_{\text{环}}$$

很多实际过程是在常温、常压的大气环境中进行的。大气环境是一个极大的热源,当其与系统进行有限的热量交换时,其温度、压力的变化是无限小的,故大气的温度应为常数。即使环境不是大气,但不少实际过程的环境常为很大的热源,环境温度也可视为不变。由于环境熵的改变是由于系统发生变化而与环境交换热所致,因此,环境的温度 T(环)不变时,计算 ΔS(环)时所用的计算式如下:

$$\Delta S(\text{环}) = \frac{Q(\text{环})}{T} \tag{3-4-10}$$

式中 Q(环)是指环境与系统实际交换的热,故 Q(环)$= -Q$(系)。这里的 Q(系)是指系统进行实际过程时与环境交换的热,而不是为计算

系统的熵变 $\Delta S(系)$ 所设计之可逆过程的热。这样，式(3-4-10)可改写为

$$\Delta S(环) = \frac{-Q(系)}{T} \qquad (3\text{-}4\text{-}11)$$

故

$$\Delta S(隔) = \Delta S(系) + \Delta S(环)$$

例 3.4.10 在带有无摩擦活塞的绝热气缸中，放有 10 mol 的 $H_2(g)$，开始时 $H_2(g)$ 的压力与温度分别为 1 013.25 kPa 与 25℃，现将作用在活塞的 $p(环)$ 从 1 013.25 kPa 突然降至 101.325 kPa，于是 $H_2(g)$ 立即迅速膨胀，最终达平衡时系统的压力为 101.325 kPa，求此过程的 ΔS 及隔离系统的熵变 $\Delta S(隔)$。已知 $C_{p,m}(H_2, g) = 7R/2$，$H_2(g)$ 视为理想气体。

$$
\boxed{\begin{array}{c} 10 \text{ mol } H_2(g) \\ p_1 = 1\,013.25 \text{ kPa} \\ T_1 = 298.15 \text{ K} \end{array}}
\xrightarrow[\Delta S]{\text{绝热不可逆膨胀}}
\boxed{\begin{array}{c} 10 \text{ mol } H_2(g) \\ p_2 = 101.325 \text{ kPa} \\ T_2 \end{array}}
$$

此题为理想气体单纯 pVT 变化求 ΔS，据题给数据可用式(3-4-2)，即

$$\Delta S = nC_{p,m}\ln(T_2/T_1) + nR\ln(p_1/p_2)$$

因不知终态温度 T_2，故需求出 T_2；因过程为绝热不可逆膨胀，$Q = 0$。据热力学第一定律的数学式，则有

$$\Delta U = -p(环)(V_2 - V_1)$$

因为是理想气体，所以 $\Delta U = nC_{V,m}(T_2 - T_1)$，于是

$$nC_{V,m}(T_2 - T_1) = -p(环)V_2 + p(环)V_1$$
$$p(环) = p_2$$

故

$$nC_{V,m}(T_2 - T_1) = p_2 V_1 - p_2 V_2 = p_2 \frac{nRT_1}{p_1} - p_2 \frac{nRT_2}{p_2}$$

$$nC_{V,m}T_2 + nRT_2 = p_2 \frac{nRT_1}{p_1} + nC_{V,m}T_1$$

$$T_2 = \left(p_2 \frac{nRT_1}{p_1} + nC_{V,m}T_1\right) \Big/ n(C_{V,m} + R) = \left(\frac{p_2 RT_1}{p_1} + C_{V,m}T_1\right) \Big/ C_{p,m}$$

其中 $C_{V,m} + R = C_{p,m}$（理想气体）。

$$T_2 = \left(\frac{101.325 \text{ kPa} \times 8.314 \text{ J}\cdot K^{-1}\cdot mol^{-1} \times 298.15 \text{ K}}{1\,013.25 \text{ kPa}} + \frac{5}{2}\right.$$

$$\times 8.314 \text{ J·K}^{-1}\text{·mol}^{-1} \times 298.15 \text{ K}\Big)\Big/\Big(\frac{7}{2} \times 8.314 \text{ J·K}^{-1}\text{·mol}^{-1}\Big)$$

$$= 221.48 \text{ K}$$

因此 $\Delta S = nC_{p,m}\ln(T_2/T_1) + nR\ln(p_1/p_2)$

$$= 10 \text{ mol} \times \frac{7}{2} \times 8.314 \text{ J·K}^{-1}\text{·mol}^{-1} \times \ln\frac{221.48}{298.15} + 10 \text{ mol}$$

$$\times 8.314 \text{ J·K}^{-1}\text{·mol}^{-1} \times \ln(1\ 013.25/101.325)$$

$$= 104.9 \text{ J·K}^{-1}$$

因为 $\Delta S(隔) = \Delta S(系) + \Delta S(环)$，求隔离系统的熵变 $\Delta S(隔)$ 还得求环境的熵变，即

$$\Delta S(环) = Q(环)/T = -Q(系)/T$$

因为是绝热过程，故气体在实际膨胀过程中与环境无热交换，$Q(系) = 0$，故 $\Delta S(环) = 0$，则

$$\Delta S(隔) = \Delta S(系) = 104.9 \text{ J·K}^{-1}$$

例 3.4.11   1 mol 过冷水在 -10℃、101.325 kPa 下凝固为水，求此过程的熵变，并判断此过程是否为自发过程。已知冰在 0℃、101.325 kPa 的 $\Delta_{fus}H_m = 6\ 020$ J·mol^{-1}，冰的 $C_{p,m} = 37.6$ J·K^{-1}·mol^{-1}，水的 $C_{p,m} = 75.3$ J·K^{-1}·mol^{-1}。

解：水与冰在 0℃、101.325 kPa 下处于平衡状态，所以水在 0℃、101.325 kPa 下凝固为冰是可逆相变过程。水在 -10℃、101.325 kPa 下凝固为冰是不可逆过程，求此过程的 ΔS 必须利用可逆相变过程。故作如下设计：

$$\Delta S = \Delta S_1 + \Delta S_2 + \Delta S_3$$

$$\Delta S_1 = nC_{p,m}(H_2O, l) \times \ln(T_2/T_1)$$

$$= 1 \text{ mol} \times 75.3 \text{ J·K}^{-1}\text{·mol}^{-1} \times \ln\frac{273.15}{263.15} = 2.81 \text{ J·K}^{-1}$$

$$\Delta S_2 = \frac{\Delta H_2}{T} = \frac{n\{-\Delta_{fus}H_m(273.15 \text{ K})\}}{T}$$

$$= \frac{1 \text{ mol} \times (-6\,020 \text{ J·mol}^{-1})}{273.15 \text{ K}}$$

$$= -22.0 \text{ J·K}^{-1}$$

$$\Delta S_3 = nC_{p,m}(H_2O, s) \times \ln(T_1/T_2)$$

$$= 1 \text{ mol} \times 37.6 \text{ J·K}^{-1}\text{·mol}^{-1} \times \ln(263.15/273.15)$$

$$= -1.40 \text{ J·K}^{-1}$$

$$\Delta S = \Delta S_1 + \Delta S_2 + \Delta S_3$$

$$= 2.81 \text{ J·K}^{-1} - 22.0 \text{ J·K}^{-1} - 1.40 \text{ J·K}^{-1}$$

$$= -20.59 \text{ J·K}^{-1}$$

计算的结果为负值,并不说明此过程不是自动进行,因为用熵函数判断过程是否自发进行必须用 ΔS(隔),所以还需计算 ΔS(环)。据式(3-4-11):

$$\Delta S(环) = -Q(系)/T(环)$$

Q(系)是指在 $-10℃$、101.325 kPa 下 1 mol 水凝固成冰时系统与环境交换的热量。因是在恒 T、恒 p 下进行,故 Q(系) $= \Delta H$。而 ΔH 可据设计的可逆途径求出。即

因为

$$\Delta H = \Delta H_1 + \Delta H_2 + \Delta H_3$$

$$\Delta H_1 = nC_{p,m}(H_2O, l)(T_2 - T_1)$$

$$= 1 \text{ mol} \times 75.3 \text{ J·K}^{-1}\text{·mol}^{-1} \times (273.15 \text{ K} - 263.15 \text{ K})$$

$$= 753 \text{ J}$$

$$\Delta H_2 = n\{-\Delta_{fus}H_m(273.15 \text{ K})\}$$

$$= 1 \text{ mol} \times (-6\,020 \text{ J·mol}^{-1})$$

$$= -6\,020 \text{ J}$$

$$\Delta H_3 = nC_{p,m}(H_2O, s)(T_1 - T_2)$$

$$= 1 \text{ mol} \times 37.6 \text{ J·K}^{-1}\text{·mol}^{-1} \times (263.15 \text{ K} - 273.15 \text{ K})$$

$$= -376 \text{ J}$$

所以

$$\Delta H = \Delta H_1 + \Delta H_2 + \Delta H_3$$

$$= 753 \text{ J} - 6\,020 \text{ J} - 376 \text{ J}$$

$$= -5\,643 \text{ J}$$

因而
$$\Delta S(环) = -Q(系)/T_1$$
$$= -(5\ 643\ \text{J})/263.15$$
$$= 21.44\ \text{J·K}^{-1}$$

$$\Delta S(隔) = \Delta S(系) + \Delta S(环) = -20.59 + 21.44 = 0.85\ \text{J·K}^{-1}$$

由于 $\Delta S(隔) > 0$，故 $-10℃$、$101.325\ \text{kPa}$ 下过冷水变冰为自发过程。

§3-5   热力学第三定律与化学反应熵变的计算

1.热力学第三定律

化学反应熵变的计算从原则上说也应根据式 $\Delta S = \Sigma(\delta Q_r/T)$ 来计算。当然，δQ_r 必须是化学反应经历一可逆过程时与环境交换的热。但是化学反应是物质的种类、数量发生变化的过程，若使化学反应以可逆方式进行，则需将该反应设计为可逆原电池，而且原电池应在可逆工作过程中与环境交换的热，才能用之来计算反应系统的熵变。但不是任何一个化学反应都能设计为原电池的，所以，必须找出一个普遍性的计算方法。

1)熵变的物理意义

我们知道，热力学所研究的系统是由大量粒子(分子或原子)组成的系统。系统的宏观性质，如温度、压力、热力学能等无一不是大量分子微观性质的综合体现。例如，温度是分子平动能大小的反映；热力学能是系统内部所有微观粒子的能量总和。那么，状态函数熵又反映了系统内大量粒子的什么行为呢？从以上熵变 ΔS 的计算可知：系统体积增大、温度升高的过程，对系统而言是熵增大的过程，即 $\Delta S(系) > 0$；一定量的物质在一定温度、压力下由固体变成液体，或由液体变为蒸气的过程，同样是熵增大的过程。也就是说，一定量的物质，当其从气体变为液体，液体再被冷却直至凝固成固体，是一个熵减少的过程。众所周知，与气体相比，液体内部的粒子排列较气体内部粒子排列状况要有秩序得多。但是固体内部粒子的排列状况又较液体内部粒子排列状况更有秩序，或称之为有序性更高。不难发现，系统向有序性变化，其熵就减少。或者说，一个系统的熵增大，表明该系统的无序化程度增大，即系统的混乱程度增大。所以,**熵函数是系统内部大量粒子热运动的无序化程度的反映**,这就是熵函数的物理意义。

在隔离系统中进行一个可逆过程时,系统的无序度不变,即 ΔS(隔)$= 0$;若隔离系统内发生了一个自发变化,系统将由无序度小的状态向无序化程度大的方向变化,相应熵增大,当系统的无序度增大到给定条件下所能达到的最大值时,系统的熵相应变至该条件下最大,系统达到平衡态。就是说,一切自发过程都是自动朝着有序化程度降低的方向进行,这就是一切自发过程单方向趋于平衡的本质。

2)热力学第三定律

前已指出,系统的熵函数是与系统内部大量粒子的无序化程度有直接关系。同一物质处在气态时的熵值要大于处在液态时的熵值。原因是物质处在气态时其粒子间距离较大,粒子可作大幅度杂乱无章的运动;而物质处在液态时,系统内部的粒子间距离比气态时要缩短很多,粒子只能小幅度运动。这种有序性的增大反映为液态的熵值小于气态的熵值。至于物质处于固态时,固态中的粒子在空间呈周期性排列,粒子只能在一定平衡位置上作微小振动,说明固态的有序性更高,所以物质处于固态时熵值又较液态时为低。若将固态的温度再降低,则系统的熵值随之而降低。这种变化的规律对任何一种物质均相同。

人们充分考虑上述规律性,并根据一系列的实验结果及推测,总结出热力学第三定律。该定律的说法是:"**在绝对零度时,纯物质完美晶体的熵值为零。**"即

$$S^*(0\ \text{K},完美晶体) = 0 \qquad (3\text{-}5\text{-}1)$$

所谓完美晶体是指晶体内部无任何缺陷,质点形成完全有规律的点阵结构,而且质点均处于最低能级。就是说,完美晶体只有一种排列构型。但是,有些异核双原子分子晶体,如 NO、CO,即使在绝对零度时它们分子在晶体中的取向有可能出现不低于以下两种的方式:如 COCOCOCO… 与 COOCCOOC…,由这两种排列构型混合而成的晶体就不是完美晶体。就是说,这样两种排列构型的混合晶体存在时,其熵值不为零。

2.规定熵与标准熵

从热力学第三定律得到某一纯物质 B 的 S_B^*（0 K,完美晶体）= 0 的结论,这样就能以 0 K、压力为 p 下 1 mol 纯物质 B 完美晶体为始态,此状态的 $S_m^*(B,0\ K) = 0$,以温度为 T、压力为 p 时的指定状态为终态,算出 1 mol 物质 B 的熵变 $\Delta S(B)$。该 $\Delta S(B)$ 即是物质 B 在所指定状态下的熵值,以 $S_m(B,T)$ 表示,称为摩尔规定熵,即

$$\Delta S_m(B) = S_m(B,T) - S_m^*(B,0\ K) = S_m(B,T)$$

若 1 mol 纯物质 B 的固体(完美晶体)在标准压力 $p^\ominus = 100$ kPa 下,从 0 K 可逆升温至 T 时的指定状态,则其摩尔规定熵用 $S_m^\ominus(B,T)$ 表示,并称为温度 T 时的标准摩尔熵。标准摩尔熵值等于 1 mol 纯物质 B 完美晶体在压力为 $p^\ominus$ 下从 0 K 升温至 T 时过程的熵变,$\Delta S(B) = S_m^\ominus(B,T) - S_m^*(B,0\ K)$。因 $S_m^*(B,0\ K) = 0$,故若能算出 $\Delta S(B)$ 则可得到 $S_m^\ominus(B,T)$ 的值。$\Delta S(B)$ 的计算可用前述的熵变计算获得。必须考虑在标准压力 $p^\ominus$ 下从 0 K 变温至温度 T 的标准状态时,中间可能出现的相变化,如晶型转变、熔化甚至气化等过程。故计算 $\Delta S(B)$ 时,应按两状态间假设的可逆途径分段计算,然后求和。

3.5.1 计算 1 mol 240.30 K 时气态环丙烷 C_3H_6（以 A 表示）的标准熵 $S_A^\ominus$（240.30 K）。

解：在 100.00 kPa 下,环丙烷（A）从 0 K 完美晶体变温至 240.30 K 标准态下的气体时,要经历下列过程。所求的 $S_A^\ominus$（240.30 K）= ΔS_A,为下列各过程熵变之和。

①$A(s,0\ K) \xrightarrow{\text{恒压可逆升温}} A(s,15\ K)$

$$\Delta S_a = \int_{0\ K}^{15\ K} \{ C_{p,m}(低温)/T \}\, dT$$

由于极低温下的 $C_{p,m}$ 实测值极缺,另外在极低温度下,凝聚相的 $C_{p,m}$ 与 $C_{V,m}$ 非常接近,故 0 ~ 15 K 范围内的 $C_{p,m}$ 值常用德拜从理论上得出的 $C_{V,m}$ 与 T^3 之关系式来计算。德拜的理论式如下：

$$C_{V,m} = 1\ 944\ (T/\theta)^3\ \text{J·K}^{-1}·\text{mol}^{-1} \tag{3-5-2}$$

式中 θ 为各物质的特性常数。

所以 $$\Delta S_a = 1.018\ \text{J·K}^{-1}·\text{mol}^{-1}$$

②$A(s,15\ K) \xrightarrow{\text{条件与①相同}} A(s,145.54\ K)$

145.54 K 为固态环丙烷 A 的熔点,利用固体 A 的 $C_{p,m}$ 实测值,用 $C_{p,m}/T$ 对 T 作图,然后用图解积分可算得

$$\Delta S_b = 65.8 \text{ J} \cdot \text{K}^{-1} \cdot \text{mol}^{-1}$$

③$A(s, 145.54 \text{ K}) \xrightarrow{\text{恒 } T \text{、} p \text{ 可逆相变}} A(l, 145.54 \text{ K})$

$$\Delta S_c = \Delta_{fus} H_m / T = 37.35 \text{ J} \cdot \text{K}^{-1} \cdot \text{mol}^{-1}$$

④$A(l, 145.54 \text{ K}) \xrightarrow{\text{恒压可逆升温}} A(l, 240.30 \text{ K})$

$$\Delta S_d = \int_{145.54 \text{ K}}^{240.30 \text{ K}} \{ C_{p,m}(l)/T \} dT = 38.35 \text{ J} \cdot \text{K}^{-1} \cdot \text{mol}^{-1}$$

所得结果仍是通过 $C_{p,m}/T$ 对 T 作图,再用图解积分计算而得。

⑤$A(l, 240.30 \text{ K}) \xrightarrow{\text{恒 } T \text{、} p \text{ 可逆气化}} A(g, 240.30 \text{ K})$

$$\Delta S_e = \frac{\Delta_{vap} H_m}{T(\text{沸})} = 83.5 \text{ J} \cdot \text{K}^{-1} \cdot \text{mol}^{-1}$$

⑥$A(g, 240.30 \text{ K}, 101.325 \text{ kPa}) \xrightarrow[\Delta S_f]{\text{理想化过程}} A(Pg, 240.30 \text{ K}, p^{\ominus})$

$$\downarrow \Delta S_1 \qquad\qquad \uparrow \Delta S_4$$

$$A(Pg, 240.30 \text{ K}, 101.35 \text{ kPa})$$

$$\uparrow \Delta S_3$$

$$A(g. 240.30 \text{ K}, p \to 0) \xrightarrow{\Delta S_2} A(Pg, 240.30 \text{ K}, p \to 0)$$

本步骤为理想化过程,因气体的标准态是指该气体假想为标准压力 $p^{\ominus}$ 下的理想气体,所以求取环丙烷真实气体从压力 101.325 kPa、温度 240.30 K 变为 240.30 K、$p^{\ominus}$ 的理想气体的 ΔS,必须假设四个可逆过程。ΔS_1 与 ΔS_3 分别代表环丙烷真实气体与理想气体于恒温下因压力改变而引起的熵变。计算如下:

$$\Delta S_1 = \int_{101.325 \text{ Pa}}^{0 \text{ Pa}} (\partial S_m / \partial p)_T dp \qquad\qquad (\text{真实气体})$$

$$\Delta S_3 = \int_{0 \text{ Pa}}^{101.325 \text{ Pa}} (\partial S_m / \partial p)_T dp \qquad\qquad (\text{理想气体})$$

从式中可看出,无论真实气体还是理想气体均需求出 $(\partial S_m / \partial p)_T$。此问题的解决可参阅 §3-7,求得 $\Delta S_1 + \Delta S_3$ 之和为 0.544 J·K^{-1}·mol^{-1}。ΔS_4 为理想气体恒温变压过程,可利用式(3-4-2),即

$$\Delta S_4 = nC_{p,m} \ln(T_2/T_1) + nR \ln(p_1/p_2)$$

因恒温过程 $T_2 = T_1$,上式简化为

$$\Delta S_4 = nC_{p,m}\ln(p_1/p_2) = 0.11 \text{ J} \cdot \text{K}^{-1} \cdot \text{mol}^{-1}$$

因此　　　　　　$\Delta S_f = \Delta S_1 + \Delta S_2 + \Delta S_3 + \Delta S_4$

ΔS_2 因其对应的始态与终态实质相同,故 $\Delta S_2 = 0$。

所以　$\Delta S_f = \Delta S_1 + \Delta S_3 + \Delta S_4 = 0.654 \text{ J} \cdot \text{K}^{-1} \cdot \text{mol}^{-1}$

环丙烷 A 在 240.30 K 的标准摩尔熵应为

$$S_A^\ominus(240.30 \text{ K}) = \Delta S_A + \Delta S_a + \Delta S_b + S_c + \Delta S_d + \Delta S_e + \Delta S_f$$
$$= 226.7 \text{ J} \cdot \text{K}^{-1} \cdot \text{mol}^{-1}$$

一般化学化工手册上均收录了众多纯物质在 298.15 K 下标准摩尔熵 $S_m^\ominus(B, \beta, 298.15 \text{ K})$ 的值。所以,如需某纯物质 B 在 298.15 K 下的 $S_m^\ominus(B, \beta, 298.15 \text{ K})$ 值,只需查有关手册即可,无需再计算。本书附录七中选摘了部分纯物质的 $S_m^\ominus(B, \beta, 298.15 \text{ K})$ 值,计算中需要用该数据时可查阅。

3. 化学反应的标准摩尔反应熵 $\Delta_r S_m^\ominus$ 的计算

1) 298.15 K 下化学反应的 $\Delta_r S_m^\ominus$ 的计算

在 298.15 K 下各纯物质处在标准状态的摩尔标准熵 $S_m^\ominus(B, \beta, 298.15 \text{ K})$ 可由手册查到,故需熟悉如何利用查到的数据去求 298.15 K 反应系统中各组分均处于标准状态时进行任一化学反应的 $\Delta_r S_m^\ominus$。今设有一反应如下:

$$a\text{A}(g) + b\text{B}(g) \xrightarrow{\Delta_r S_m^\ominus(298.15 \text{ K})} l\text{L}(g) + m\text{M}(g)$$

查表得 $S_m^\ominus(A, g, 298.15 \text{ K})$, $S_m^\ominus(B, g, 298.15 \text{ K})$, $S_m^\ominus(L, g, 298.15 \text{ K})$ 及 $S_m^\ominus(M, g, 298.15 \text{ K})$。上述反应的 $\Delta_r S_m^\ominus$ 可据下式计算:

$$\Delta_r S_m^\ominus(298.15 \text{ K}) = l S_L^\ominus(298.15 \text{ K}) + m S_M^\ominus(298.15 \text{ K})$$
$$- a S_A^\ominus(298.15 \text{ K}) - b S_B^\ominus(298.15 \text{ K}) \qquad (3\text{-}5\text{-}3)$$

或

$$\Delta_r S_m^\ominus(298.15 \text{ K}) = \Sigma\nu_B S_m^\ominus(B, \beta, 298.15 \text{ K}) \qquad (3\text{-}5\text{-}4)$$

应指出,用式(3-5-3)或式(3-5-4)计算的 $\Delta_r S_m^\ominus(298.15 \text{ K})$ 是在 298.15 K 下反应物与产物均处于纯态和标准压力 $p^\ominus$ 时反应进行 1 mol 反应进度之熵变。某些手册上若摩尔标准熵的数据不是 $S_m^\ominus(B, \beta, 298.15 \text{ K})$,而是另一温度下的数据,如 $S_m^\ominus(B, \beta, 293.15 \text{ K})$,则利用式

(3-5-3)或式(3-5-4)进行计算时,只需将298.15 K换成293.15 K即可。

例3.5.2 利用手册的 $S_m^\ominus(B,\beta,298.15\ K)$ 数据求反应

$$2H_2(g) + O_2(g) \longrightarrow 2H_2O(g)\text{在}298.15\ K\text{下的}\Delta_r S_m^\ominus(298.15\ K)\text{。}$$

解:查表得25℃时, $S_m^\ominus(H_2,g) = 130.59\ J\cdot K^{-1}\cdot mol^{-1}$; $S_m^\ominus(O_2,g) = 205.1\ J\cdot K^{-1}$ $\cdot mol^{-1}$; $S_m^\ominus(H_2O,g) = 188.72\ J\cdot K^{-1}\cdot mol^{-1}$ 。据式(3-5-3)

$$\Delta_r S_m^\ominus(298.15\ K) = 2S_m^\ominus(H_2O,g) - 2S_m^\ominus(H_2,g) - S_m^\ominus(O_2,g)$$

$$= 2\times 188.72\ J\cdot K^{-1}\cdot mol^{-1} - 2\times 130.59\ J\cdot K^{-1}\cdot mol^{-1}$$

$$- 205.10\ J\cdot K^{-1}\cdot mol^{-1}$$

$$= -88.84\ J\cdot K^{-1}\cdot mol^{-1}$$

2)任一温度 T 下化学反应的 $\Delta_r S_m^\ominus(T)$ 的计算

手册一般只列出某一温度的摩尔标准熵值,一般为298.15 K,实际的反应温度大多不为298.15 K,因此需要掌握用298.15 K的标准摩尔熵 $S_m^\ominus(B,\beta,298.15\ K)$ 去求取任一温度 T 下化学反应的标准摩尔反应熵 $\Delta_r S_m^\ominus(T)$ 。计算方法可参考例3.5.3。

例3.5.3 计算反应 $2CO(g) + O_2(g) \longrightarrow 2CO_2(g)$ 在温度500.15 K时的标准摩尔反应熵 $\Delta_r S_m^\ominus(500.15\ K)$ 。已知 $C_{p,m}(CO,g)$ 、 $C_{p,m}(O_2,g)$ 及 $C_{p,m}(CO_2,g)$ 依次为29.29、32.22及49.96 $J\cdot K^{-1}\cdot mol^{-1}$ 。查表得298.15 K下的 $S_m^\ominus(CO,g)$ 、 $S_m^\ominus(O_2,g)$ 和 $S_m^\ominus(CO_2,g)$ 分别为197.56、205.03、213.6 $J\cdot K^{-1}\cdot mol^{-1}$ 。

解:求温度500.15 K时反应的 $\Delta_r S_m^\ominus(T)$,必须要用298.15 K下参与反应的物质之 $S_m^\ominus(B,\beta,298.15\ K)$ 。在同一始、终态间设计以下可逆过程去求。

ΔS_1 、 ΔS_2 与 ΔS_3 均是纯理想气体恒压可逆变温过程,故过程的熵变 ΔS 皆可依据下式计算,即

$$\Delta S_B = n_B \int_{T_1}^{T_2} \frac{C_{p,m}(B,\beta)}{T} dT$$

或

$$\Delta S_B = n_B C_{p,m}(B,\beta) \ln(T_2/T_1)$$

$$\Delta S_1 = \int_{500.15\ K}^{298.15\ K} n(CO) C_{p,m}(CO,g) dT/T$$

$$\Delta S_2 = \int_{500.15\ K}^{298.15\ K} n(O_2) C_{p,m}(O_2,g) dT/T$$

$$\Delta S_3 = \int_{298.15\ K}^{500.15\ K} n(CO_2) C_{p,m}(CO_2,g) dT/T$$

所以

$$\Delta S_m^\ominus(500.15\ K) = \Delta S_1 + \Delta S_2 + \Delta S_m^\ominus(298.15\ K) + \Delta S_3$$

将总式中的积分上限定为 500.15 K,下限定为 298.15 K,于是

$$\Delta_r S_m^\ominus(500.15\ K) = \Delta_r S_m^\ominus(298.15\ K) + \int_{500.15\ K}^{298.15\ K} n(CO) C_{p,m}(CO,g) dT/T$$

$$+ \int_{500.15\ K}^{298.15\ K} n(O_2) C_{p,m}(O_2,g) dT/T + \int_{298.15\ K}^{500.15\ K} n(CO_2) C_{p,m}(CO_2,g) dT/T$$

$$= \Delta_r S_m^\ominus(298.15\ K) + \int_{298.15\ K}^{500.15\ K} \{ n(CO_2) C_{p,m}(CO_2,g) - n(CO) C_{p,m}(CO,g)$$

$$- n(O_2) C_{p,m}(O_2,g) \} dT/T$$

$$\Delta_r S_m^\ominus(298.15\ K) = \Sigma\nu_B S_B^\ominus(298.15\ K) = 2 S_m^\ominus(CO_2,g) - 2 S_m^\ominus(CO,g) - 2 S_m^\ominus(O_2,g)$$

$$= 2 \times 213.6\ J \cdot K^{-1} \cdot mol^{-1} - 2 \times 197.56\ J \cdot K^{-1} \cdot mol^{-1} - 205.03\ J \cdot K^{-1} \cdot mol^{-1}$$

$$= -172.95\ J \cdot K^{-1} \cdot mol^{-1}$$

$$\Delta_r S_m^\ominus(500.15\ K) = -172.95\ J \cdot K^{-1} \cdot mol^{-1} + \int_{298.15\ K}^{500.15\ K} (2 \times 49.96\ J \cdot K^{-1} \cdot mol^{-1}$$

$$- 2 \times 29.29\ J \cdot K^{-1} \cdot mol^{-1} - 1 \times 32.22\ J \cdot K^{-1} \cdot mol^{-1}) dT/T$$

$$= -172.95\ J \cdot K^{-1} \cdot mol^{-1} + 9.12\ J \cdot K^{-1} \cdot mol^{-1} \times \ln(500.15/298.15)$$

$$= -168.2\ J \cdot K^{-1} \cdot mol^{-1}$$

若反应进行 1 mol 反应进度时,式中 $n(CO_2)$、$n(CO)$ 及 $n(O_2)$ 则为反应方程式中参加反应的各物质的计量系数,即 $\nu(CO_2)$、$\nu(CO)$ 及 $\nu(O_2)$,于是可写成以下的通式:

$$\Delta_r C_{p,m} = \Sigma\nu_B C_{p,m}(B,\beta)$$

这样便可归纳出任何反应在任一温度下的 $\Delta_r S_m^\ominus(T)$ 的计算式如下:

$$\Delta_r S_m^\ominus(T) = \Delta_r S_m^\ominus(298.15\ K) + \int_{298.15\ K}^{T} (\Delta_r C_{p,m}/T) dT$$

若手册上的数据不是 298.15 K,而是某温度 T_1 下的数据,则上式可改写为

$$\Delta_r S_m^{\ominus}(T) = \Delta_r S_m^{\ominus}(T_1) + \int_{T_1}^{T} (\Delta_r C_{p,m}/T)\mathrm{d}T$$

§3-6 亥姆霍兹函数及吉布斯函数

用熵函数判断过程能否自动进行以及进行到什么程度时,必须用隔离系统的熵变,即需要计算 ΔS(系)及 ΔS(环)两部分的数值。而 ΔS(环)的计算,除恒温极大热源外,变温热源之 ΔS(环)计算会很麻烦。此外,在化工生产中,大多数化学反应或相变化的过程是在 $W' = 0$(不作非体积功)、恒温恒容下进行或是在 $W' = 0$、恒温恒压下进行。当系统经历的是这两类特定过程之一时,若能够用系统某一状态函数的变化来判断过程的方向与限度,则要较用熵函数判断方便得多。

1.亥姆霍兹函数

根据用熵作为判据的条件

$$\mathrm{d}S(\text{隔}) = \mathrm{d}S(\text{系}) + \mathrm{d}S(\text{环}) \geqslant 0 \qquad \begin{matrix} \text{不可逆} \\ \text{可逆} \end{matrix}$$

而
$$\mathrm{d}S(\text{环}) = -\delta Q(\text{系})/T(\text{环})$$

于是
$$\mathrm{d}S(\text{系}) - \delta Q(\text{系})/T(\text{环}) \geqslant 0$$

根据热力学第一定律
$$\delta Q(\text{系}) = \mathrm{d}U - \delta W$$

两式联解,得
$$-(\mathrm{d}U - T(\text{环})\mathrm{d}S) \geqslant -\delta W \qquad (3\text{-}6\text{-}1)$$

在恒温条件下,整个过程
$$T(\text{系}) = T(\text{环}) = T$$

则式(3-6-1)改写为
$$-\mathrm{d}(U - TS) \geqslant -\delta W \qquad (3\text{-}6\text{-}2)$$

定义
$$A = U - TS \qquad (3\text{-}6\text{-}3)$$

可得
$$-(\mathrm{d}A)_T \geqslant -\delta W \ \text{或} \ -(\Delta A)_T \geqslant -W \qquad (3\text{-}6\text{-}4)$$

式(3-6-2)中的 U、T、S 均为状态函数,所以,由 U、T、S 组合而成的 A 亦是状态函数。A 称为亥姆霍兹函数,并具有与能量相同的量纲。式(3-6-4)中的" = "表示可逆," > "表示不可逆。该式的物理意义是:在恒温过程中,系统的亥姆霍兹函数的减少等于此过程系统对环境所作的功时,则过程为可逆过程;若系统对环境所作的功的绝对值小于系统在此过程的亥姆霍兹函数的减少,则说明该过程为不可逆。

若过程是在恒温、恒容的条件下进行,则式(3-6-4)变为

$$- (\mathrm{d}A) \geqslant - \delta W' \text{ 或 } - (\Delta A) = - W' \tag{3-6-5}$$

式(3-6-5)表示:在恒温、恒容并有非体积功 W' 交换的条件下,系统可逆地从始态变至终态时,系统的亥姆霍兹函数的减少等于该过程中系统对环境所作的非体积功。若系统经历的是自发不可逆过程时,则系统的亥姆霍兹函数的减少,将大于过程中系统对环境所作的非体积功。因此,A 可以理解为恒温、恒容下系统作非体积功的能力。

如果过程是在恒温、恒容、$\delta W' = 0$ 的条件下进行,则

$$- \mathrm{d}_{T,V}A \geqslant 0 \text{ 或 } \mathrm{d}_{T,V}A \leqslant 0 \qquad \begin{array}{l} \text{不可逆(自发)} \\ \text{可逆(平衡)} \end{array} \tag{3-6-6}$$

$$- \Delta_{T,V}A \geqslant 0 \text{ 或 } \Delta_{T,V}A \leqslant 0 \qquad \begin{array}{l} \text{不可逆(自发)} \\ \text{可逆(平衡)} \end{array} \tag{3-6-7}$$

式(3-6-6)表明:封闭系统在恒温、恒容、$W' = 0$ 条件下,只能自动向亥姆霍兹函数 A 减少的方向进行,直到系统在该条件下的 A 达到最小,即 $\mathrm{d}A = 0$,则系统达平衡。就是说,当系统与环境无非体积功交换时,系统不可能自动发生 $\Delta A > 0$ 的过程。因为在恒温、恒容且 $W' = 0$ 条件下,系统是在无环境作用下经历了一不可逆过程,则此过程只能是自发过程,所以要判断在恒温、恒容、$W' = 0$ 条件下,过程能否自动进行,可用系统的亥姆霍兹函数 A 的变化值作为判据。

2.吉布斯函数 G 判据

当系统在恒温、恒压且与环境有非体积功交换下经历一过程时,由式(3-6-1)并将 δW 写成 $\delta W' - p\mathrm{d}V$,得

$$- \mathrm{d}(U - TS) \geqslant - \delta W' + p\mathrm{d}V \qquad \begin{array}{l} \text{不可逆过程} \\ \text{可逆过程} \end{array}$$

移项整理得 $\quad - \mathrm{d}(U + pV - TS) \geqslant - \delta W'$

或 $\quad - \mathrm{d}(H - TS) \geqslant - \delta W'$

定义 $\quad G = H - TS$

于是 $\quad - \mathrm{d}G \geqslant - \delta W' \qquad \begin{array}{l} \text{不可逆过程} \\ \text{可逆过程} \end{array} \tag{3-6-8}$

G 称为吉布斯函数(亦称吉布斯自由能)。G 同样为状态函数,具有与能量相同的量纲。

式(3-6-8)表明:在恒温、恒压非体积功不为零条件下,封闭系统经历一过程后,若其吉布斯函数减少等于过程中系统对环境所作的非体积功时,则该过程为可逆过程;若系统吉布斯函数减少在数值上大于系统对环境所作的非体积功时,则该过程为不可逆过程。因此,G 可以理解为在恒温、恒压下系统作非体积功的能力。倘若过程是在恒温、恒压、不作非体积功条件下进行,则式(3-6-8)可写为

$$- \mathrm{d}_{T,p}G \geqslant 0 \text{ 或 } \mathrm{d}_{T,p}G \leqslant 0 \qquad \begin{matrix} \text{不可逆过程(自发)} \\ \text{可逆过程(平衡)} \end{matrix} \qquad (3\text{-}6\text{-}9)$$

$$- \Delta_{T,p}G \geqslant 0 \text{ 或 } \Delta_{T,p}G \leqslant 0 \qquad \begin{matrix} \text{不可逆过程(自发)} \\ \text{可逆过程(平衡)} \end{matrix} \qquad (3\text{-}6\text{-}10)$$

式(3-6-9)指出:在恒 T、p、$W'=0$ 的条件下,若系统经历某一过程后,该系统的吉布斯函数 G 的值减少,则该过程为自发过程;当系统的吉布斯函数 G 的数值降至该过程条件下的最低值时,即 $\Delta_{T,p}G = 0$,则系统达平衡状态。当系统与环境无非体积功交换时,系统内不可能自动进行 $\Delta_{T,p}G > 0$ 的过程,因为在无环境作用下,不可能自动发生系统作非体积功能力增加之过程。

3.ΔA 与 ΔG 的计算举例

1)单纯 pVT 变化

例 3.6.1 1 mol CO(g)(设为理想气体)在 298.15 K、101.325 kPa 下被 p(环) = 5 066.25 kPa 的压力压缩,直到温度 473.15 K 时才达平衡。求过程的 Q、W、ΔU、ΔH、ΔS、ΔA 及 ΔG。已知 CO(g) 在 298.15 K、$p^{\ominus}$ 时的 $S_m^{\ominus}$(CO,g) = 197.67 J·K^{-1}·mol^{-1},$C_{V,m}$(CO,g) = 20.785 J·K^{-1}·mol^{-1}。

解:根据体积功的定义且 p(环)为常数,故

$$W = -p(\text{环})(V_2 - V_1)$$

由 $pV = nRT$,得

$$W = -p(\text{环})\left(\frac{nRT_2}{p_2} - \frac{nRT_1}{p_1}\right)$$

$$= -5\,066.25 \text{ kPa} \left(\frac{1 \text{ mol} \times 8.314 \text{ J} \cdot \text{K}^{-1} \cdot \text{mol}^{-1} \times 473.15 \text{ K}}{5\,066.25 \text{ kPa}} \right.$$

$$\left. - \frac{1 \text{ mol} \times 8.314 \text{ J} \cdot \text{K}^{-1} \cdot \text{mol}^{-1} \times 298.15 \text{ K}}{101.325 \text{ kPa}} \right)$$

$$= 120.0 \text{ kJ}$$

因理想气体的热力学能 U 与焓 H 仅为温度的函数,所以

$$\Delta U = \int_{T_1}^{T_2} nC_{V,m} \mathrm{d}T = nC_{V,m}(T_2 - T_1)$$

$$= 1 \text{ mol} \times 20.785 \text{ J} \cdot \text{K}^{-1} \cdot \text{mol}^{-1} \times (473.15 \text{ K} - 298.15 \text{ K})$$

$$= 3.637 \text{ kJ}$$

$$\Delta H = \int_{T_1}^{T_2} nC_{p,m} \mathrm{d}T = nC_{p,m}(T_2 - T_1)$$

由于理想气体 $C_{p,m} = C_{V,m} + R$,故

$$\Delta H = n(C_{V,m} + R)(T_2 - T_1)$$

$$= 1 \text{ mol} \times (20.785 \text{ J} \cdot \text{K}^{-1} \cdot \text{mol}^{-1} + 8.314 \text{ J} \cdot \text{K}^{-1} \cdot \text{mol}^{-1}) \times (473.15 \text{ K} - 298.15 \text{ K})$$

$$= 5.092 \text{ kJ}$$

据热力学第一定律 $\quad \Delta U = Q + W$

所以 $\qquad\qquad Q = \Delta U - W$

$$= 3.637 \text{ kJ} - 120.0 \text{ kJ} = -116.36 \text{ kJ}$$

根据本题所给数据,理想气体的 ΔS 为

$$\Delta S = nC_{p,m}\ln(T_2/T_1) + nR\ln(p_1/p_2)$$

$$= 1 \text{ mol} \times 29.099 \text{ J} \cdot \text{K}^{-1} \cdot \text{mol}^{-1} \times \ln(473.15/298.15) + 1 \text{ mol}$$

$$\times 8.314 \text{ J} \cdot \text{K}^{-1} \cdot \text{mol}^{-1} \times \ln(101.325/5\,066.25)$$

$$= -19.086 \text{ J} \cdot \text{K}^{-1}$$

可根据定义式求 ΔA 与 ΔG,即

$$\Delta A = \Delta U - \Delta(TS) = \Delta U - (T_2 S_2 - T_1 S_1)$$

$$\Delta G = \Delta H - \Delta(TS) = \Delta H - (T_2 S_2 - T_1 S_1)$$

其中始态与终态的熵值需利用题给的 $S_m^{\ominus}(\text{CO}, \text{g})$ 数值求出,但此值为 298.15 K、100 kPa 下 CO 的熵值,不是 298.15 K、101.325 kPa 下 CO 之熵值,故需求出 CO(g) 从 298.15 K、100 kPa 变至 298.15 K、101.325 kPa 的熵变 $\Delta S'$ 数值。

$$\Delta S' = nR\ln(p_1/p_2)$$

$$= 1 \text{ mol} \times 8.314 \text{ J} \cdot \text{K}^{-1} \cdot \text{mol}^{-1} \times \ln(100/101.325) = -0.109 \text{ J} \cdot \text{K}^{-1}$$

因此　$S_1 = S_m^{\ominus}(\text{CO}, \text{g}) + \Delta S'$

$\qquad = 1\ \text{mol} \times 197.67\ \text{J} \cdot \text{K}^{-1} \cdot \text{mol}^{-1} - 0.109\ \text{J} \cdot \text{K}^{-1} = 197.56\ \text{J} \cdot \text{K}^{-1}$

$\quad S_2 = S_1 + \Delta S$

$\qquad = 197.56\ \text{J} \cdot \text{K}^{-1} - 19.086\ \text{J} \cdot \text{K}^{-1} = 178.47\ \text{J} \cdot \text{K}^{-1}$

所以　$\Delta A = \Delta U - (T_2 S_2 - T_1 S_1)$

$\qquad = 3\ 637\ \text{J} - (473.15\ \text{K} \times 178.47\ \text{J} \cdot \text{K}^{-1} - 298.15\ \text{K} \times 197.56\ \text{J} \cdot \text{K}^{-1})$

$\qquad = -21.90\ \text{kJ}$

$\quad \Delta G = \Delta H - (T_2 S_2 - T_1 S_1)$

$\qquad = 5\ 092\ \text{J} - (473.15\ \text{K} \times 178.47\ \text{J} \cdot \text{K}^{-1} - 298.15\ \text{K} \times 197.56\ \text{J} \cdot \text{K}^{-1})$

$\qquad = -20.45\ \text{kJ}$

应该注意,本题算出的 ΔA 或 ΔG 均为负值,但不能用来判断此过程是否为自动进行的过程。因为此过程既不是恒 T、V 也不是恒 T、p,所以本题的 ΔA 或 ΔG 不能作为过程是否自发的判据。

2)相变化过程

例 3.6.2　1 mol 水在下列过程中凝固成冰,求 1 mol 水在两过程中的 ΔG。已知冰在 0℃、101.325 kPa 下的 $\Delta_{fus} H_m = 6\ 020\ \text{J} \cdot \text{mol}^{-1}$, $C_{p,m}(\text{H}_2\text{O}, \text{s}) = 37.6\ \text{J} \cdot \text{K}^{-1} \cdot \text{mol}^{-1}$, $C_{p,m}(\text{H}_2\text{O}, \text{l}) = 75.3\ \text{J} \cdot \text{K}^{-1} \cdot \text{mol}^{-1}$。

(a)在 0℃、101.325 kPa 条件下凝固;

(b)在 -10℃、101.325 kPa 条件下凝固。

解:(a)

$$
\boxed{\begin{array}{l} 1\ \text{mol H}_2\text{O(l)} \\ T = 273.15\ \text{K} \\ P = 101.325\ \text{kPa} \end{array}} \xrightarrow[\Delta G = ?]{\text{恒 } T \text{、} p \text{ 下}} \boxed{\begin{array}{l} 1\ \text{mol H}_2\text{O(s)} \\ T = 273.15\ \text{K} \\ P = 101.325\ \text{kPa} \end{array}}
$$

因过程中 T、p 一定,故 $\Delta G = \Delta H - T \Delta S$。而在 0℃、101.325 kPa 下液态水凝固成冰的过程是可逆相变过程,因此过程中的相变热,即水凝固成冰的凝固热为可逆过程热。液变固的可逆相变化的熵变计算式为

$$
\Delta S = \frac{n(-\Delta_{fus} H_m)}{T}
$$

过程是在恒压、$W' = 0$ 条件下进行的,所以 $Q_p = \Delta H = n(-\Delta_{fus} H_m^{\ominus})$。

$\Delta G = \Delta H - T \Delta S$

$\qquad = n(-\Delta_{fus} H_m^{\ominus}) - n(-\Delta_{fus} H_m) = 0$

$\Delta_{T,p}G = 0$，表示恒温恒压下系统始、终态的 G 相等，系统达到平衡。由此得出，在恒温恒压且 $W' = 0$ 条件下，可逆相变化过程的 $\Delta_{T,p}G = 0$。

（b）

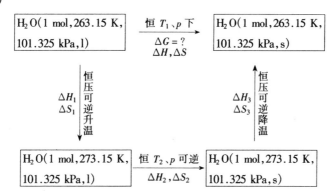

－10℃、101.325 kPa 的液体水凝固为同温同压的冰是不可逆过程，但因过程是在 T、p 一定下进行，故 ΔG 的计算式仍可用下式：

$$\Delta G = \Delta H - T\Delta S$$

只是此时的 ΔS 计算必须通过设计一可逆过程来进行，且此可逆过程中一定要包括可逆相变过程。根据题给数据，0℃、101.325 kPa 的液体水在 0℃、101.325 kPa 下凝固成冰是可逆相变过程，所以设计的可逆过程如上图所示。

$$\Delta S = \Delta S_1 + \Delta S_2 + \Delta S_3$$

ΔS_1 与 ΔS_3 分别表示液态水与冰在恒压变温过程中的熵变，其计算式为

$$\Delta S_1 = \int_{T_1}^{T_2} nC_{p,m}(\text{H}_2\text{O,l})\mathrm{d}T/T$$

$$\Delta S_3 = \int_{T_2}^{T_1} nC_{p,m}(\text{H}_2\text{O,s})\mathrm{d}T/T$$

ΔS_2 为水在 0℃、101.325 kPa 下变为冰的过程熵变。此过程为可逆过程，ΔS_2 可按下式计算，即

$$\Delta S_2 = \frac{n(-\Delta_{\text{fus}}H_m)}{T}$$

所以 $\quad \Delta S = \int_{T_1}^{T_2} nC_{p,m}(\text{H}_2\text{O,l})\mathrm{d}T/T + \frac{n(-\Delta_{\text{fus}}H_m)}{T} + \int_{T_2}^{T_1} nC_{p,m}(\text{H}_2\text{O,s})\mathrm{d}T/T$

$$= \frac{n(-\Delta_{\text{fus}}H_m)}{T} + \int_{T_1}^{T_2} \{nC_{p,m}(\text{H}_2\text{O,l}) - nC_{p,m}(\text{H}_2\text{O,s})\}\mathrm{d}T/T$$

$$= \frac{1 \text{ mol} \times (-6\ 020 \text{ J} \cdot \text{mol}^{-1})}{273.15 \text{ K}} + (1 \text{ mol} \times 75.3 \text{ J} \cdot \text{K}^{-1} \cdot \text{mol}^{-1}$$

$$- 1 \text{ mol} \times 37.6 \text{ J} \cdot \text{K}^{-1} \cdot \text{mol}^{-1}) \ln(273.15/263.15)$$

$$= -20.63 \text{ J} \cdot \text{K}^{-1}$$

而 $\quad \Delta H = \Delta H_1 + \Delta H_2 + \Delta H_3$

$$\Delta H_1 = \int_{T_1}^{T_2} n C_{p,m}(\text{H}_2\text{O}, \text{l}) \mathrm{d}T = n C_{p,m}(\text{H}_2\text{O}, \text{l})(T_2 - T_1)$$

$$\Delta H_2 = n(-\Delta_{\text{fus}} H_m)$$

$$\Delta H_3 = \int_{T_2}^{T_1} n C_{p,m}(\text{H}_2\text{O}, \text{s}) \mathrm{d}T = n C_{p,m}(\text{H}_2\text{O}, \text{s})(T_1 - T_2)$$

则 $\quad \Delta H = \{ n C_{p,m}(\text{H}_2\text{O}, \text{l}) - n C_{p,m}(\text{H}_2\text{O}, \text{s}) \}(T_2 - T_1) + n(-\Delta_{\text{fus}} H_m)$

$$= (1 \text{ mol} \times 75.3 \text{ J} \cdot \text{K}^{-1} \cdot \text{mol}^{-1} - 1 \text{ mol} \times 37.6 \text{ J} \cdot \text{K}^{-1} \cdot \text{mol}^{-1}) \times (273.15 \text{ K}$$

$$- 263.15 \text{ K}) - 1 \text{ mol} \times 6\ 020 \text{ J} \cdot \text{mol}^{-1}$$

$$= -5\ 643 \text{ J}$$

所以 $\quad \Delta_{T,p} G = \Delta H - T\Delta S$

$$= -5\ 643 \text{ J} - 263.15 \text{ K} \times (-20.63 \text{ J} \cdot \text{K}^{-1}) = -214.2 \text{ J}$$

$\Delta_{T,p} G$ 是过冷水在 -10°C、101.325 kPa 下凝固为冰的过程之吉布斯函数变化值。根据吉布斯函数作为判据的条件可知,在 T、p 一定且 $W' = 0$ 的条件下,$\Delta_{T,p} G < 0$ 表示过程为自动进行过程,故在 -10°C、101.325 kPa 下液态水能自动变为同温同压的冰。

例 3.6.3 将装有 0.1 mol 乙醚的微小玻璃泡放入 35°C、10 dm^3、101.325 kPa 的容器中,容器内原有物质的量为 n 的 $\text{N}_2(\text{g})$。现将小泡打碎,乙醚完全气化。求:

(a)混合气体中乙醚的分压力;

(b)$\text{N}_2(\text{g})$ 在混合过程中的 ΔH、ΔS 及 ΔH;

(c)乙醚气化过程的 ΔH、ΔS 及 ΔG。

已知乙醚在 101.325 kPa 下沸点为 35°C,相应的摩尔蒸发焓 $\Delta_{\text{vap}} H_m = 25.104$ kJ $\cdot \text{mol}^{-1}$。

解: 本题为恒温恒容下既有乙醚气化的相变过程,又有乙醚气与 $\text{N}_2(\text{g})$ 进行混合(理想气体)的过程。此过程可表示如下:

乙醚$(0.1 \text{ mol}, 35^\circ\text{C}, \text{l}) + \text{N}_2(n \text{ mol}, 35^\circ\text{C}, 10 \text{ dm}^3, \text{g})$

$\rightarrow$ 理想气体混合物$(n + 0.1 \text{ mol}, 35^\circ\text{C}, 10 \text{ dm}^3)$

(a)设混合气体中乙醚气的分压力为 $p(乙)$,因 0.1 mol 乙醚全部气化,而且总体积 $V = 10 \text{ dm}^3$,$T = 308.15$ kPa,根据道尔顿定律

$$p(乙) = n(乙)RT/V$$

$$= \frac{0.1 \text{ mol} \times 8.314 \text{ J}\cdot\text{K}^{-1}\cdot\text{mol}^{-1} \times 308.15 \text{ K}}{10 \times 10^{-3} \text{ m}^3}$$

$$= 25.62 \text{ kPa}$$

从所算的分压力数值可看出,乙醚气化的蒸气不是处于饱和蒸气状态。因为若是饱和蒸气,其分压力应为 101.325 kPa,而计算的 $p(乙)$ 的数值小,说明乙醚气是不饱和蒸气。

(b)混合过程中 $N_2(g)$ 的 n、T 不变,而且容器体积 V 不变,所以混合后,气体中 $N_2(g)$ 的分压力 $p'(N_2)$ 与以纯态存在的压力 $p(N_2)$ 相同。因此

$$\Delta S(N_2) = nR\ln\frac{p(N_2)}{p'(N_2)} = 0$$

理想气体的焓仅为温度的函数,故 $\Delta H(N_2) = 0$,而

$$\Delta G(N_2) = \Delta H(N_2) - T\Delta S(N_2) = 0$$

计算结果表明,任一理想气体在其 n、T 一定时,若该气体混合后的分压力与纯态时的压力相等,则该气体的所有状态函数变化值皆为零。

(c)计算乙醚由液体变为混合气体的过程之 ΔH、ΔS 及 ΔG,可设计如下途径:

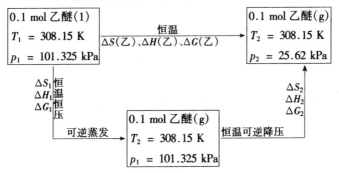

$$\Delta H = \Delta H_1 + \Delta H_2$$

$$\Delta H_1 = n(\Delta_{vap}H_m) = 0.1 \text{ mol} \times 25.104 \text{ kJ}\cdot\text{mol}^{-1} = 2.510 \text{ kJ}$$

$$\Delta H_2 = 0 \quad (理想气体恒温过程)$$

所以 $\quad \Delta H(乙) = \Delta H_1 = 2.510 \text{ kJ}$

$$\Delta S(乙) = \Delta S_1 + \Delta S_2$$

因为是可逆相变过程

$$\Delta S_1 = \frac{n\Delta_{vap}H_m}{T} = \frac{0.1 \text{ mol} \times 25 \ 104 \text{ J}\cdot\text{mol}^{-1}}{308.15 \text{ K}} = 8.147 \text{ J}\cdot\text{K}^{-1}$$

$$\Delta S_2 = nR\ln(p_1/p_2) = 0.1 \text{ mol} \times 8.314 \text{ J}\cdot\text{K}^{-1}\cdot\text{mol}^{-1}$$
$$\times \ln(101.325 \text{ kPa}/25.62 \text{ kPa})$$
$$= 1.143 \text{ J}\cdot\text{K}^{-1}$$
$$\Delta S(乙) = \Delta S_1 + \Delta S_2 = 8.147 \text{ J}\cdot\text{K}^{-1} + 1.143 \text{ J}\cdot\text{K}^{-1} = 9.290 \text{ J}\cdot\text{K}^{-1}$$

所以
$$\Delta G(乙) = \Delta H(乙) - T\Delta S(乙)$$
$$= 25\,104 \text{ J} - 308.15 \text{ K} \times 9.290 \text{ J}\cdot\text{K}^{-1} = -352.7 \text{ J}$$

3)化学反应过程

例 3.6.4 求在 298.15 K 标准状态下,1 mol α-右旋糖$[C_6H_{12}O_6(s)]$与氧反应的标准摩尔反应吉布斯函数。已知 298.15 K 下有关数据如下:

物质	$O_2(g)$	$C_6H_{12}O_6(s)$	$CO_2(g)$	$H_2O(l)$
$\Delta_f H_m^\ominus/\text{J}\cdot\text{K}^{-1}\cdot\text{mol}^{-1}$	0	$-1\,274.5$	-393.5	-285.8
$S_B^\ominus/\text{J}\cdot\text{K}^{-1}\cdot\text{mol}^{-1}$	205.1	212.1	213.6	69.6

解: 因为化学反应一般是在恒 T、V 下或者在恒 T、p 下进行,所以求化学反应 ΔG 的最基本公式应为

$$\Delta_r G_m(T) = \Delta_r H_m(T) - T\Delta_r S_m(T)$$

任意温度 T 下的 $\Delta_r H_m$ 及 $\Delta_r S_m$ 的求取已在前面介绍了。本题求 298.15 K、标准状态下 α-右旋糖的氧化反应如下:

$$C_6H_{12}O_6(s) + 6O_2(g) \xrightarrow[\Delta_r G_m^\ominus、\Delta_r H_m^\ominus、\Delta_r S_m^\ominus]{298.15 \text{ K}} 6CO_2(g) + 6H_2O(l)$$

故 $\Delta_r G_m^\ominus(298.15 \text{ K})$ 的计算式为

$$\Delta_r G_m^\ominus(298.15 \text{ K}) = \Delta_r H_m^\ominus(298.15 \text{ K}) - 298.15 \text{ K} \times \Delta_r S_m^\ominus(298.15 \text{ K})$$

据题给数据

$$\Delta_r H_m^\ominus(298.15 \text{ K}) = \Sigma\nu_B\Delta_f H_m^\ominus(298.15 \text{ K})$$
$$= 6\Delta_f H_m^\ominus(H_2O,l) + 6\Delta_f H_m^\ominus(CO_2,g) - \Delta_f H_m^\ominus(C_6H_{12}O_6,s)$$
$$= 6 \times (-285.8 \text{ kJ}\cdot\text{mol}^{-1}) + 6 \times (-393.6 \text{ kJ}\cdot\text{mol}^{-1})$$
$$- (-1\,274.5 \text{ kJ}\cdot\text{mol}^{-1})$$
$$= -2\,801.3 \text{ kJ}\cdot\text{mol}^{-1}$$

$$\Delta_r S_m^\ominus(298.15 \text{ K}) = \Sigma\nu_B S_B^\ominus(298.15 \text{ K})$$
$$= 6S_m^\ominus(H_2O,l) + 6S_m^\ominus(CO_2,g) - S_m^\ominus(C_6H_{12}O_6,s) - 6S_m^\ominus(O_2,g)$$
$$= 258.3 \text{ J}\cdot\text{K}^{-1}\cdot\text{mol}^{-1}$$

所以
$$\Delta_r G^\ominus(298.15 \text{ K}) = \Delta_r H_m^\ominus(298.15 \text{ K}) - 298.15 \text{ K} \times \Delta_r S_m^\ominus(298.15 \text{ K})$$
$$= -2\,801.3 \text{ kJ}\cdot\text{mol}^{-1} - 298.15 \text{ K} \times 258.3 \times 10^{-3} \text{ kJ}\cdot\text{mol}^{-1}$$
$$= -2\,878.3 \text{ kJ}\cdot\text{mol}^{-1}$$

§3-7 热力学基本方程及麦克斯韦关系式

从热力学第一定律与热力学第二定律得到了五个热力学状态函数 U、H、S、A 与 G,其中 U 与 S 是基本的,H、A 与 G 是 U 与 S 等的组合。U 与 H 用于能量衡算方面,S、A 与 G 用来解决过程方向与限度问题。所以,这五个状态函数都很重要,然而却不能直接测定。另一方面,p、V、T、$C_{V,m}$ 等这类状态函数能直接测定。若能找出可测函数与不可直接测定函数间的关系,就能通过实验测定 p、V、T 等,间接得到不可直接测定的函数的有关数值。本节主要介绍寻求这种关系必须掌握的基本公式与方法。

1.热力学基本方程

组成恒定的封闭系统在不作非体积功的条件下经历一微小的可逆过程,根据热力学第一定律,则

$$dU = \delta Q_r + \delta W_r$$

因为是可逆,故

$$\delta Q_r = TdS$$

若 $\delta W' = 0$,则

$$\delta W_r = -pdV$$

故

$$dU = TdS - pdV \tag{3-7-1}$$

若将焓的定义式 $H = U + pV$ 取微分,可得

$$dH = dU + pdV + Vdp$$

将式(3-7-1)代入,整理后得

$$dH = TdS + Vdp \tag{3-7-2}$$

同理,将 A 与 G 的定义式 $A = U - TS$ 与 $G = H - TS$ 取微分,再与式(3-7-1)相结合,分别得到

$$dA = -pdV - SdT \tag{3-7-3}$$

$$dG = Vdp - SdT \tag{3-7-4}$$

式(3-7-1)至式(3-7-4)这四个方程称为热力学基本方程。后面三个方程均由 $dU = TdS - pdV$ 方程与 H、A、G 定义式的全微分式结合而得到的,所以应用的条件与式(3-7-1)相同。在推导式(3-7-1)时,曾规定了组成恒定的封闭系统、$W' = 0$ 与可逆过程三个条件,可是 $dU =$

$TdS - pdV$ 是表示系统的热力学能随系统的熵与体积变化而变化的关系,也就是始终态确定后,dU、dS 与 dV 已与途径无关了,所以 $dU = TdS - pdV$ 不受途径及过程可逆的限制。因此,上述四个方程的应用条件为:组成恒定的封闭系统、$W' = 0$ 的从一平衡态到另一平衡态的过程。具体地说,若系统内有相变化及化学变化发生时,则这些变化必须是可逆,否则系统的组成发生不可逆的改变。对于单纯 pVT 变化过程,则过程可逆与否,上述热力学基本方程均可适用。

根据全微分的概念,若 z 为自变量 x、y 的连续函数,即 $z = f(x, y)$,并且 z 对任一自变量都可以微分。其全微分可表示如下:

$$dz = \left(\frac{\partial z}{\partial x}\right)_y dx + \left(\frac{\partial z}{\partial y}\right)_x dy = Mdx + Ndy \tag{3-7-5}$$

状态函数均具有全微分性质,如将 U 表示为 S、V 的函数,即 $U = f(S, V)$,则

$$dU = \left(\frac{\partial U}{\partial S}\right)_V dS + \left(\frac{\partial U}{\partial V}\right)_S dV$$

将此式与式(3-7-1)相对照,并且根据对应项相等原理,可得

$$(\partial U/\partial S)_V = T \tag{3-7-6}$$

$$(\partial U/\partial V)_S = -p \tag{3-7-7}$$

同理,将式(3-7-2)、式(3-7-3)及式(3-7-4)与式(3-7-5)相结合,可得

$$(\partial H/\partial S)_p = T \tag{3-7-8}$$

$$(\partial H/\partial p)_S = V \tag{3-7-9}$$

$$(\partial A/\partial V)_T = -p \tag{3-7-10}$$

$$(\partial A/\partial T)_V = -S \tag{3-7-11}$$

$$(\partial G/\partial p)_T = V \tag{3-7-12}$$

$$(\partial G/\partial T)_p = -S \tag{3-7-13}$$

式(3-7-6)到式(3-7-13)表明:在某一定条件下,U、H、A、G 等的偏导数与系统的某一可测状态函数是等值的。

2.麦克斯韦关系式

利用全微分性质还可得到另外一组重要关系式。因为全微分的二阶偏微商与其求导的次序无关。由

$$dz = (\partial z/\partial x)_y dx + (\partial z/\partial y)_x dy = Mdx + Ndy$$

可得

$$\left[\frac{\partial}{\partial y}\left(\frac{\partial z}{\partial x}\right)_y\right]_x = \left[\frac{\partial}{\partial x}\left(\frac{\partial z}{\partial y}\right)_x\right]_y$$

或
$$(\partial M/\partial y)_x = (\partial N/\partial x)_y$$

将此关系用于 $dU = TdS - pdV$，可得

$$(\partial T/\partial V)_S = -(\partial p/\partial S)_V \tag{3-7-14}$$

同理，由 $dH = TdS + Vdp, dA = -SdT - pdV$ 与 $dG = Vdp - SdT$，得

$$(\partial T/\partial p)_S = (\partial V/\partial S)_p \tag{3-7-15}$$

$$(\partial p/\partial T)_V = (\partial S/\partial V)_T \tag{3-7-16}$$

$$-(\partial V/\partial T)_p = (\partial S/\partial p)_T \tag{3-7-17}$$

以上四式称为麦克斯韦(Maxwell)关系式。上述关系式将系统不可直接测定的热力学状态函数与直接可测定的状态函数 p、V、T 联系起来了，是很有用的关系式。例如用 $-(\partial V/\partial T)_p$ 代替 $(\partial S/\partial p)_T$。

3. 应用举例

热力学基本方程与麦克斯韦关系式的重要性之一，就是可以用可测量的状态函数如 p、V、T 等来表示一些不可直接测量的热力学状态函数。下面通过例子加以说明并介绍一些证明的方法。

例 3.7.1 焓 H 在温度一定条件下随压力的变化率 $(\partial H/\partial p)_T$ 是不可直接测定的量，是否能转换成可测定的 pVT 函数，其关系如何？

解：因是求 $(\partial H/\partial p)_T$，所以首先利用与 H 有关的式子，例如

$$dH = TdS + Vdp$$

在 T 一定下，全式除以 dp，则

$$(\partial H/\partial p)_T = T(\partial S/\partial p)_T + V(\partial p/\partial p)_T = T(\partial S/\partial p)_T + V$$

再由麦克斯韦关系式 $(\partial S/\partial p)_T = -(\partial V/\partial T)_p$ 代入上式，得

$$(\partial H/\partial p)_T = -T(\partial V/\partial T)_p + V \tag{3-7-18}$$

此式等号右面只有可测量函数 p、V、T。就是说，在恒定压力下，测定所求系统的一系列 $V-T$ 关系，并绘成曲线或回归成 $V = f(T)$ 关系式，然后求取与指定温度相应的 $(\partial V/\partial T)_p$ 值，就可用式(3-7-18)算得 $(\partial H/\partial p)_T$ 值。

例 3.7.2 证明 $(\partial T/\partial p)_S = \dfrac{T}{C_{p,m}}(\partial V/\partial T)_p$。

证:等式左面是在恒熵(绝热可逆)条件下,系统温度随压力的变化率 $(\partial T/\partial p)_S$,但此变化率还无法由实验直接测得,必须寻找出它与可测的量(如 p、V、T 及 $C_{p,\mathrm{m}}$ 等)的关系。下面介绍如何证明这一关系。

(a)利用麦克斯韦关系式。已知

$$(\partial T/\partial p)_S = (\partial V/\partial S)_p$$
$$= (\partial V/\partial T)_p(\partial T/\partial S)_p$$
$$= (\partial V/\partial T)_p/(\partial S/\partial T)_p$$

式中 $(\partial S/\partial T)_p$ 如能与 $C_{p,\mathrm{m}}$ 联系起来,则题目可证。

对于恒压变温过程有 $\delta Q_p = \mathrm{d}H = C_{p,\mathrm{m}}\mathrm{d}T$ 即 $C_{p,\mathrm{m}} = (\partial H/\partial T)_p$,再在恒压下将热力学基本关系式 $\mathrm{d}H = T\mathrm{d}S + V\mathrm{d}p$ 全式除以 $\mathrm{d}T$,于是就可得

$$(\partial H/\partial T)_p = T(\partial S/\partial T)_p = C_{p,\mathrm{m}}$$

所以
$$(\partial S/\partial T)_p = C_{p,\mathrm{m}}/T \qquad\qquad (3\text{-}7\text{-}19)$$

将此结果代入上面公式中,得

$$(\partial T/\partial p)_S = \frac{T}{C_{p,\mathrm{m}}}(\partial V/\partial T)_p$$

(b)利用欧拉循环公式

组成恒定的单相系统只有两个独立变量,故系统的某个状态函数 z 均可为其它任意两状态函数 x 与 y 的函数,即 $z = f(x,y)$,而且

$$\mathrm{d}z = (\partial z/\partial x)_y\mathrm{d}x + (\partial z/\partial y)_x\mathrm{d}y$$

当 z 不变时,即 $\mathrm{d}z = 0$,上式可改写成

$$(\partial z/\partial x)_y(\partial x/\partial y)_z(\partial y/\partial z)_x = -1 \qquad\qquad (3\text{-}7\text{-}20)$$

此式称为欧拉循环公式,是证明题中常用的公式。题目是求证 $(\partial T/\partial p)_S$ 的转换问题,所以 x、y、z 就代以 T、p、S。这样

$$(\partial T/\partial p)_S(\partial p/\partial S)_T(\partial S/\partial T)_p = -1$$

$$(\partial T/\partial p)_S = \frac{-1}{(\partial p/\partial S)_T(\partial S/\partial T)_p} = -(\partial S/\partial p)_T/(\partial S/\partial T)_p$$

将麦克斯韦关系式 $(\partial S/\partial p)_T = -(\partial V/\partial T)_p$ 以及 $(\partial S/\partial T)_p = C_{p,\mathrm{m}}/T$ 两式代入上式,便可得

$$(\partial T/\partial p)_S = \frac{-(-\partial V/\partial T)_p}{C_{p,\mathrm{m}}/T} = \frac{T}{C_{p,\mathrm{m}}}(\partial V/\partial T)_p$$

§3-8 偏摩尔量及化学势

以上讨论的均为纯物质或组成不变的系统。系统的 V、U、H、S、

A、G 等广度性质只受温度与压力两个变量影响,即当温度、压力不变时,系统的广度性质不变。但是,多组分多相系统发生相变化时,尽管系统的物质总量不变,但随着相变化的进行,有的组分从一部分相中转移至另一部分相中,此时,系统的广度性质不仅受温度、压力的影响,还要受系统内各相中各组分物质的量变化的影响。研究这类问题,必须引进新的概念。

1.偏摩尔量的定义

在 20℃、101.325 kPa 下,将乙醇与水以不同比例进行混合,组成新的系统。混合的条件是各混合系统总质量为 100 g,而 1 g 乙醇的体积为 1.267 cm^3,1 g 水的体积为 1.004 cm^3。实验结果列于下表中。

乙醇浓度 w_B %	混合前乙醇的体积 V_1/cm^3	混合前水的体积 V_2/cm^3	混合前总体积 $(V_1 + V_2)/cm^3$	混合后实测总体积 V/cm^3	偏差 $\Delta V = (V_1 + V_2) - V/cm^3$
10	12.67	90.36	103.03	101.84	1.19
30	38.01	70.28	108.29	104.84	3.45
50	63.35	50.20	113.55	109.43	4.12
70	88.69	36.12	118.81	115.25	3.56
90	114.03	10.04	124.07	122.25	1.82

表中数据表明,在温度、压力一定且系统总质量不变条件下,混合前后系统的总体积不相等,而且混合前后的体积之差随浓度的变化而不同。这是因为水与乙醇这两种分子的相互作用,使每种组分 1 mol 量的液体对系统体积的贡献与纯态时的摩尔体积不同,而且浓度不同贡献也不同。所以,要确定一个组成可变的多组分均相系统的状态,除温度、压力两参数需指明外,还需指明系统中各组分的含量(即系统的组成)。

将在一定温度、压力和除组分 B 之外,保持其它组分(n_C)数量均不变下,将 1 mol 组分 B 加到系统中时所引起系统体积的变化量 V_B,称为组分 B 在该条件下的偏摩尔体积。其数学表达式如下：

$$V_B = (\partial V/\partial n_B)_{T,p,n_C}$$

式中下角标 n_C 表示除 n_B 外，系统所有物质的量 n 都保持不变。V_B 与同温同压下纯组分 B 的摩尔体积 V_B^* 数值不等且随该混合物的组成而变。

上面是以体积这一广度性质为例，说明偏摩尔量的物理意义。上述结论对系统其它广度性质（U、H、S、A、G 等）完全适用。若以 X 代表系统的任一广度性质，则该性质的偏摩尔量为

$$X_B = (\partial X/\partial n_B)_{T,p,n_C} \tag{3-8-1}$$

对于偏摩尔量，从概念上应有以下的认识：

(1)偏摩尔量为两个广度性质之比，故应是强度性质。

(2)偏摩尔量定义中明确是在恒温、恒压及系统组成不变的条件，所以，偏导数式的下标为 T，p 时才是偏摩尔量。

(3)同一物质在同温、同压但组成不同的多组分均相系统中，偏摩尔量不同。

(4)若系统为单组分系统，则该组分的偏摩尔量便是该组分的摩尔量，即 $X_{B,m}^* = X_B$。

2.偏摩尔量的有关公式

1)偏摩尔量的集合公式

若在恒温恒压下，把物质的量为 dn_A 的 A 和 dn_C 的 C 加到由 A、C 两组分组成的液态均相系统中，系统的体积变化量可用下式表示：

$$dV = V_A dn_A + V_C dn_C \tag{3-8-2}$$

在恒温恒压下，将物质的量为 n_A 的纯液体 A 与物质的量为 n_C 的纯液体 C 从零开始逐渐加到烧杯中，但加入的过程中 n_A 与 n_C 的比例保持不变，即过程中系统的各组分的组成保持不变，也就是 A 和 C 的偏摩尔体积 V_A 和 V_C 不变。当将 n_A、n_C 全部加进烧杯后，混合系统的体积 V 可如下计算，即

$$V = V_A \int_0^{n_A} dn_A + V_C \int_0^{n_C} dn_C$$

$$V = n_A V_A + n_C V_C \qquad (3-8-3)$$

式(3-8-3)称为集合公式。它表明,实际均相混合系统的体积等于形成混合系统的各组分的偏摩尔体积与各组分之物质的量的乘积之和。

对于一多组分均相系统的其它广度性质,集合公式同样成立,即

$$X = \sum_B n_B X_B \qquad (3-8-4)$$

偏摩尔量的集合公式是用之计算多组分系统的广度性质,计算时,只要知道各个组分的某一热力学量的偏摩尔量,便可由集合公式(3-8-4)计算出混合系统的该热力学量。

2)吉布斯-杜亥姆方程

集合公式是在恒温、恒压及组成不变条件下导出的,因此只适用于上述条件,当多组分均相系统的组成发生变化时,则各组分的偏摩尔量相应发生改变。那么,各组分的偏摩尔量的变化量之间存在着何种关系呢?

例如,在恒温、恒压下,将物质的量为 n_A 的 A 与物质的量为 n_C 的 C 从零开始逐渐加到烧杯中,但加入过程中 A 和 C 的加入是不按比例的,过程中系统体积的微小变化量 dV 不仅与加入的 dn_A 和 dn_C 有关,而且还要考虑 V_A 和 V_C 随组成变化而改变所产生的影响。将式(3-8-3)微分,就得到系统体积微小增量与 dn_A、dn_B、dV_A 及 dV_C 的关系。即

$$dV = V_A dn_A + V_C dn_C + n_A dV_A + n_C dV_C$$

将此式与式(3-8-2)比较,可得到

$$n_A dV_A + n_C dV_C = 0 \qquad (3-8-5)$$

将此式除以 $n_A + n_B$,则上式可写为

$$x_A dV_A + x_C dV_C = 0 \qquad (3-8-6)$$

上面两式称为吉布斯-杜亥姆(Gibbs-Duhem)方程。它表明,在恒温恒压下各组分的偏摩尔量随系统组成改变而发生的变化是互相关联互相制约的。上面所举的二组分系统的例子表明:系统若因组成改变而引起各组分偏摩尔体积发生变化时,A 组分的偏摩尔体积增大,即 dV_A 为正值;C 组分的偏摩尔体积一定减小,即 dV_C 为负值。

对于多组分均相系统的任一广度性质,其吉布斯-杜亥姆方程为

$$\sum_B n_B dX_B = 0 \text{ 或 } \sum_B x_B dX_B = 0 \qquad (3\text{-}8\text{-}7)$$

吉布斯-杜亥姆方程说明:在恒温、恒压条件下,当均相系统中组成发生改变时,各组分的偏摩尔量的改变不是随意的,而必须满足式(3-8-7)。

3.化学势

1)化学势的定义

若系统内发生化学反应或相变化过程,则系统的物质种类和物质的量都会发生变化,所以,除了温度、压力(或体积)外,还要考虑系统组成的变化。设构成混合系统的组分为 A、B、C、D…,对应物质的量为 n_A、n_B、n_C、n_D…,则多组分系统的吉布斯函数 G 应为温度、压力及各组分的物质的量之函数,即 $G = G(T, p, n_A, n_B, n_C, n_D \cdots)$,其全微分形式如下:

$$dG = \left(\frac{\partial G}{\partial T}\right)_{p, n_B} dT + \left(\frac{\partial G}{\partial p}\right)_{T, n_B} dp + \left(\frac{\partial G}{\partial n_A}\right)_{T, p, n_B, n_C \cdots} dn_A$$

$$+ \left(\frac{\partial G}{\partial n_B}\right)_{T, p, n_A, n_C \cdots} dn_B + \cdots \qquad (3\text{-}8\text{-}8)$$

为简化起见,式中偏导数下标写作 n_B 则表示 n_A、n_B、n_C、…均不改变,即系统的组成不变。而下式中的偏导数下标 n_C 则表示除某物质 B 外,其它物质的物质的量均不变。式(3-8-8)便可写成

$$dG = \left(\frac{\partial G}{\partial T}\right)_{p, n_B} dT + \left(\frac{\partial G}{\partial p}\right)_{T, n_B} dp + \sum_B \left(\frac{\partial G}{\partial n_B}\right)_{T, p, n_C} dn_B \quad (3\text{-}8\text{-}9)$$

当系统的组成不变,即 n_A、n_B、n_C…均不变时

$$dG = -SdT + Vdp$$

即
$$\left(\frac{\partial G}{\partial T}\right)_{p, n_B} = -S \qquad \left(\frac{\partial G}{\partial p}\right)_{T, n_B} = V$$

同时将偏摩尔吉布斯函数 G_B 称为化学势,用符号 μ 表示,即

$$\mu_B \stackrel{\text{def}}{=\!=\!=} (\partial G / \partial n_B)_{T, p, n_C} \qquad (3\text{-}8\text{-}10)$$

因此可得

$$dG = -SdT + Vdp + \sum_B \mu_B dn_B \qquad (3\text{-}8\text{-}11)$$

上式是一个重要的公式。当多组分均相封闭系统在恒温恒压下系统中各组分的物质的量发生变化时，即 $dT = 0, dp = 0$，而 $dn_B \neq 0$，于是

$$dG = \sum_B \mu_B dn_B \qquad (3\text{-}8\text{-}12)$$

在 T、p 一定且 $W' = 0$ 的条件下，吉布斯函数作为过程方向的判据是

$$dG = \sum_B \mu_B dn_B \leqslant 0 \quad \begin{matrix} \text{自发进行} \\ \text{平衡} \end{matrix} \qquad (3\text{-}8\text{-}13)$$

2)化学势与温度、压力的关系

根据全微分之偏微商的性质，即

$$\left(\frac{\partial \mu_B}{\partial p}\right)_{T,n_B} = \left\{\frac{\partial}{\partial p}\left(\frac{\partial G}{\partial n_B}\right)_{T,p,n_C}\right\}_{T,n_B}$$

$$= \left\{\frac{\partial}{\partial n_B}\left(\frac{\partial G}{\partial p}\right)_{T,n_B}\right\}_{T,p,n_C}$$

$$= \left\{\frac{\partial V}{\partial n_B}\right\}_{T,p,n_C} = V_{B,m} \qquad (3\text{-}8\text{-}14)$$

$$\left(\frac{\partial \mu_B}{\partial T}\right)_{p,n_B} = \left\{\frac{\partial}{\partial T}\left(\frac{\partial G}{\partial n_B}\right)_{T,p,n_C}\right\}_{p,n_B}$$

$$= \left\{\frac{\partial}{\partial n_B}\left(\frac{\partial G}{\partial T}\right)_{p,n_B}\right\}_{T,p,n_C}$$

$$= \left\{\frac{\partial S}{\partial n_B}\right\}_{T,p,n_C} = S_{B,m} \qquad (3\text{-}8\text{-}15)$$

3)化学势在相平衡中的应用

设某多组分系统是由 α 和 β 两相构成，在恒温恒压下，从 β 相中有 dn_B 的组分 B 自动转移到 α 相。设组分 B 在 β 相中的化学势为 μ_B^β，在 α 相中的化学势为 μ_B^α，当组分 B 从 β 相转移至 α 相而引起系统吉布斯函数的变化为

$$dG = dG^\alpha + dG^\beta$$

$$= \mu_B^\alpha dn_B + \mu_B^\beta(-dn_B) \quad (\text{负号表示减少})$$

$$= (\mu_B^\alpha - \mu_B^\beta)dn_B$$

因过程自动进行,故 $d_{T,p}G < 0$,但组分 B 的物质转移量 dn_B 不可能为负数,即 $dn_B > 0$,所以得到

$$(\mu_B^\alpha - \mu_B^\beta) < 0$$

或

$$\mu_B^\alpha < \mu_B^\beta$$

上面结果表明:若组分 B 在 β 相中的化学势大于该组分 B 在 α 相中的化学势,则组分 B 能自动地从 β 相转移至 α 相。若组分 B 在 β 相中的化学势等于它在 α 相中的化学势,则组分 B 在两相中处于平衡。就是说,物质的化学势的高低决定物质在相变化过程中的转移方向与限度,因此,也可将物质的化学势看做物质在两相中转移的推动力。

对于多组分多相系统用化学势作为判据的表达式又将如何?有一多组分多相系统,设构成该系统的组分有 B、C、D…,而该系统所包含的相有 α、β、γ…相。在恒温恒压且 $W' = 0$ 的条件下,若系统内发生相变化或化学反应时,则系统的吉布斯函数变化应为

$$dG = dG^\alpha + dG^\beta + \cdots$$

而对系统其中某一 α 相,则其 dG^α 可用式(3-8-13)表示,即

$$dG^\alpha = \sum_B \mu_B^\alpha dn_B^\alpha$$

对整个系统,则

$$dG = \sum_B \mu_B^\alpha dn_B^\alpha + \sum_B \mu_B^\beta dn_B^\beta + \sum_B \mu_B^\gamma dn_B^\gamma + \cdots$$

或

$$dG = \sum_\alpha \sum_B \mu_B^\alpha dn_B^\alpha$$

此式是多组分多相系统在恒温恒压且 $W' = 0$ 的条件下,判断过程自动进行方向与限度的判据,称为化学势判据,即

$$dG = \sum_\alpha \sum_B \mu_B^\alpha dn_B^\alpha \leqslant 0 \quad \begin{matrix} \text{自动进行} \\ \text{平衡} \end{matrix} \quad (dT = 0, dp = 0, \delta W' = 0)$$

$$(3\text{-}8\text{-}16)$$

4.理想气体混合物的化学势

上面推证出由始、终状态的化学势来确定恒温恒压且 $W' = 0$ 条件下的化学反应或相变化过程自动进行的方向与限度。但是化学势是偏

摩尔吉布斯函数,是物质不可测量的性质,因此需要找出化学势与混合系统中可测量的量之关系,这样才能知道某物质转移后该物质的化学势是变大还是变小。某物质 B 的化学势与其在混合系统中的组成有关。对于理想气体混合物来说,系统的温度、压力一定时,某组分 B 的组成变化可用分压力 p_B 的变化来表示。下面讨论理想气体混合物中某组分 B 的化学势 μ_B 与其分压力 p_B 的关系。

若 1 mol 纯理想气体,在温度 T 下从标准状态压力 $p^\ominus$ 恒温变压至 p 时,其化学势自 $\mu^\ominus(\text{Pg}, T, p^\ominus)$(或简写为 $\mu^\ominus(\text{Pg}, T)$)变至 $\mu^*(\text{Pg}, T, p)$。此过程的吉布斯函数变化值 ΔG 可用式(3-7-4)计算。因 dT = 0,式(3-7-4)可写成

$$\Delta G = \int_{p^\ominus}^{p} V_m^* \, \mathrm{d}p$$

上述过程吉布斯函数所以变化,是因为压力的改变使该气体的化学势发生变化,所以

$$\Delta G = \mu^*(\text{Pg}, T, p) - \mu^\ominus(\text{Pg}, T)$$

将 $V_m = \dfrac{RT}{p}$ 代入,得

$$\mu^*(\text{Pg}, T, p) - \mu^\ominus(\text{Pg}, T) = RT \int_{p^\ominus}^{p} \mathrm{d}\ln p = RT\ln(p/p^\ominus)$$

$$(3\text{-}8\text{-}17)$$

或简写为

$$\mu^* = \mu^\ominus + RT\ln(p/p^\ominus) \qquad (3\text{-}8\text{-}18)$$

式中 $\mu^\ominus$ 为纯理想气体在温度 T 及标准压力 $p^\ominus$ 这一状态下的化学势,称为该气体的标准化学势,它只是温度的函数。μ^* 右上角的"*"表示纯物质。式(3-8-18)表明,1 mol 纯理想气体在不同温度、压力下,其化学势 μ^* 数值是不同的。

对于理想气体混合物,因各组分分子间无相互作用力,所以,其中任一组分气体的热力学性质不受其它组分气体存在的影响。就是说,在温度 T、压力 p 及组成为 y_C 的理想气体混合物中,某一组分 B 的化学势等于该组分 B 在温度 T、压力 $p_B(p_B = py_B)$ 条件下的纯态时之化

学势,即

$$\mu_B(Pg, T, p, y_C) = \mu_B^{\ominus}(Pg, T) + RT\ln(p_B/p^{\ominus}) \quad (3\text{-}8\text{-}19)$$

$$\mu_B = \mu_B^{\ominus} + RT\ln(p_B/p^{\ominus}) \quad (3\text{-}8\text{-}20)$$

式中 $\mu_B^{\ominus}$ 为理想气体混合物中组分 B 在温度 T 下的标准化学势,仍为该组分在温度 T、压力为标准压力 $p^{\ominus}$ 下纯态时的化学势。

如前所述,化学势是多组分多相系统内发生化学反应或相变化时,物质转移方向与限度的判据。它在推证物质转移的有关规律时有很大用处,至于真实气体等的化学势将在用到时讨论。

本章基本要求

1.懂得自发过程的定义及其特征。

2.了解卡诺循环、卡诺热机效率以及卡诺定理。

3.了解熵的导出过程,正确掌握熵变的定义式、克劳修斯不等式以及用熵作为过程方向判据的条件。

4.掌握各类过程熵变的计算。

5.理解热力学第三定律的叙述及数学表达。了解熵的物理意义,掌握规定熵及标准熵的概念以及化学反应熵变的计算。

6.掌握亥姆霍兹函数与吉布斯函数的定义,以及它们作为过程方向判据的应用条件。

7.掌握物理过程及化学过程的吉布斯函数的计算。

8.理解热力学基本方程与麦克斯韦关系式的推导过程及其应用条件。了解用热力学基本方程与麦克斯韦关系式推导重要热力学公式的证明方法。

9.掌握偏摩尔量和化学势的概念。重点领会化学势在相变化及化学反应中的应用,即作为判据的应用条件。熟悉理想气体混合物中某组分 B 的化学势与该组分分压力 p_B 的关系以及标准态的概念。

概 念 题

填空题

1.在 $T_1 = 750$ K 的高温热源与 $T_2 = 300$ K 的低温热源之间工作一卡诺可逆热

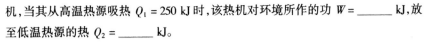

机,当其从高温热源吸热 $Q_1 = 250$ kJ 时,该热机对环境所作的功 $W =$ ＿＿＿ kJ,放至低温热源的热 $Q_2 =$ ＿＿＿ kJ。

2. 1 mol 单原子理想气体从同一始态体积的 V_1 开始,经历下列过程后变至 $10V_1$,计算:

(a)若经恒温自由膨胀,则 $\triangle S =$ ＿＿＿ $J \cdot K^{-1}$;

(b)若经恒温可逆膨胀,则 $\triangle S =$ ＿＿＿ $J \cdot K^{-1}$;

(c)若经绝热自由膨胀,则 $\triangle S =$ ＿＿＿ $J \cdot K^{-1}$;

(d)若经绝热可逆膨胀,则 $\triangle S =$ ＿＿＿ $J \cdot K^{-1}$。

3. 写出下列过程的熵差 $\triangle S$ 之具体计算公式。

(1)1 mol 理想气体经绝热自由膨胀后,由 p_1 变至 p_2,$\triangle S =$ ＿＿＿。

(2)n mol 的真实气体在恒压下 T_1 升温至 T_2,$\triangle S =$ ＿＿＿。

(3)2 mol 水蒸气自 100℃、101.325 kPa 的始态,经恒温、恒压压缩为 100℃、101.325 kPa 的液态水,此过程的 $\triangle S$ ＿＿＿。已知在 100℃、101.325 kPa 下的摩尔蒸发焓 $\triangle_{vap}H_m$。

(4)1 mol 水自 80℃、101.325 kPa 的始态,经恒温、恒压蒸发为 80℃、101.325 kPa 水蒸气,则此过程的 $\triangle S =$ ＿＿＿。已知水在 100℃、101.325 kPa 下的 $\triangle_{vap}H_m$ 及 $C_{p,m}(H_2O,l)$ 及 $C_{p,m}(H_2O,g)$。

4. 在 300 K 的恒温热源中,有一系统由始态 1 经可逆过程变至状态 2,然后再经不可逆过程回到原来的状态 1,整个过程中系统从环境得到 10 kJ 的功,则整个过程的 Q ＿＿＿,$\triangle S(系)$ ＿＿＿,$\triangle S(环)$ ＿＿＿。(填入具体数值)

5. 如下图所示,H_2 与 O_2 均为理想气体,当经历如下图所示的过程后,则系统的 $\triangle U =$ ＿＿＿,$\triangle H =$ ＿＿＿,$\triangle S =$ ＿＿＿,$\triangle G =$ ＿＿＿。

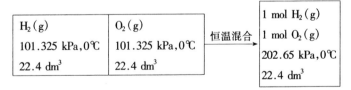

6. 高温热源温度 $T_1 = 600$ K,低温热源温度 $T_2 = 300$ K,若有 120 kJ 的热从高温热源直接传到低温热源,则此过程的熵差 $\triangle S =$ ＿＿＿ $J \cdot K^{-1}$。(填入具体数值)

7. 内有 2 mol 理想气体的导热良好的带活塞汽缸放在温度为 400 K 的大热源中,当气体从状态 1 恒温不可逆膨胀到状态 2 时,从热源吸热 1 000 J,并对环境作出了为同一温度下可逆膨胀到相同终态的可逆功的一半,则系统在过程前后的

$\Delta S(系) = \underline{\hphantom{xxxx}}, \Delta S(环) = \underline{\hphantom{xxxx}}, \Delta S(隔) = \underline{\hphantom{xxxx}}$。(填入具体数值)

8. 1 mol 某双原子理想气体 B 从 300 K 分别经恒容和恒压过程升温至 400 K,则两过程熵变之差,即 $\Delta S(恒压) - \Delta S(恒容) = \underline{\hphantom{xxxx}}$ J·K^{-1}。(填入具体数值)

9. 一定量的理想气体,从状态 A 开始,经恒温可逆膨胀过程 $AB \rightarrow$ 恒容可逆降温过程 $BC \rightarrow$ 恒温可逆压缩过程 $CD \rightarrow$ 绝热可逆压缩过程 DA 等四个过程后回到起始状态 A,则在纵轴为 T、横轴为 S 的 TS 图上,画出上述可逆循环过程的图形: $\underline{\hphantom{xxxx}}$。

10. 由 1 mol 理想气体 A($C_{V,m}(A) = 2.5 R$)与 1 mol 理想气体 B($C_{V,m}(B) = 3.5 R$)组成的理想气体混合物。若该混合由某一始态 V_1 经绝热可逆膨胀至终态 $V_2 = 2V_1$,则该混合物在过程前后的 $\Delta S(系) = \underline{\hphantom{xxxx}}$。其中气体 A 的 $\Delta S_A = \underline{\hphantom{xxxx}}$,气体 B 的 $\Delta S_B = \underline{\hphantom{xxxx}}$。(填入具体数值)

11. 在真空密封的容器中,1 mol 温度为 100℃、压力为 101.325 kPa 的液体水完全蒸发为 100℃、101.325 kPa 的水蒸气,测得此过程系统从环境吸热 37.53 kJ,则此过程的 $\Delta H = \underline{\hphantom{xxxx}}$ kJ,$\Delta S = \underline{\hphantom{xxxx}}$ J·K^{-1},$\Delta G = \underline{\hphantom{xxxx}}$ kJ。(填入具体数值)

12. 已知 1 mol $H_2O(l, -5℃, p_l^*) \rightarrow H_2O(s, -5℃, p_s^*)$ 相变的 $\Delta G = -106.0$ J·mol^{-1},-5℃冰的蒸气压 $p_s^* = 401$ Pa,则 -5℃时水的蒸气压 $p_l^* = \underline{\hphantom{xxxx}}$。

13. (a)若一封闭系统经历了一不可逆过程后,则该系统的 $\Delta S \underline{\hphantom{xxxx}}$。

(b)若隔离系统内发生了一不可逆过程,则该隔离系统的 $\Delta S \underline{\hphantom{xxxx}}$。

14. 某系统经一不作非体积功的过程后,其 $\Delta G = 0$,则此过程在 $\underline{\hphantom{xxxx}}$ 条件下进行。具体例子如 $\underline{\hphantom{xxxx}}$。

15. 写出用 S、A、G 三个状态函数的变化值作为过程方向判据的应用条件。熵判据的条件是 $\underline{\hphantom{xxxx}}$;亥姆霍兹函数 $\Delta A \overset{>}{\underset{<}{=}} 0$ 的条件是 $\underline{\hphantom{xxxx}}$;吉布斯函数 $\Delta G \overset{<}{\underset{>}{=}} 0$ 的条件是 $\underline{\hphantom{xxxx}}$。

16. 若已算出下列过程的 ΔS、ΔA、ΔG 的数值,请从中选择一个用做判断该过程自发进行与否的判据并填入横线上。

(a)85℃、101.325 kPa 的 1 mol 水蒸气在恒温恒压下变成 85℃、101.325 kPa 的液体水,判断此过程应采用 $\underline{\hphantom{xxxx}}$ 判据。

(b)在绝热密闭的耐压钢瓶中进行一化学反应,应采用 $\underline{\hphantom{xxxx}}$ 作判据。

(c)将 1 mol 温度为 100℃、压力为 101.325 kPa 的液体水投入一密封的真空容器中并完全蒸为同温同压的水蒸气,判断此过程应采用 $\underline{\hphantom{xxxx}}$。

17. 根据热力学基本方程,可写出 $(\partial A/\partial T)_V =$ _____,$(\partial S/\partial p)_T =$ _____。

18. 写出 $(\partial V/\partial T)_p$、$(\partial p/\partial T)_V$、$(\partial S/\partial V)_T$ 与 $(\partial S/\partial p)_T$ 这四个量之间的两个等量关系_____ = _____,_____ = _____。

选择填空题(请从每题所附答案中择一正确的填在横线上)

1. 以汞作为工作物质时,可逆卡诺热机效率为以理想气体作为工作物质时的_____。

选择填入:(a)1% (b)20% (c)50% (d)100%

2. 根据热力学第二定律,在一循环过程中_____。

选择填入:(a)功与热可以完全互相转换 (b)功与热都不能完全互相转换 (c)功可以完全转变为热,热不能完全转变为功 (d)功不能完全转变为热,热可以完全转变为功

3. 一定量的理想气体在恒温下从 V_1 自由膨胀到 V_2,则该气体经历此过程后,其 ΔU _____,ΔS _____,ΔA _____,ΔG _____。

选择填入:(a)大于零 (b)小于零 (c)等于零 (d)不能确定

4. 在一带活塞的气缸中,放有温度为 300 K、压力为 101.325 kPa 的 1 mol 理想气体。若在绝热的条件下,于活塞上突然施加 202.65 kPa 的外压进行压缩,直到系统的终态压力为 202.65 kPa,此过程的熵差 ΔS _____;若在 300 K 大热源中的带活塞汽缸内有同一始态理想气体,同样于活塞上突然施加 202.65 kPa 的外压进行压缩直到平衡为止,则此压缩过程中系统的 ΔS(系)_____,ΔS(热源)_____,ΔS(隔)_____。

选择填入:(a)大于零 (b)小于零 (c)等于零 (d)可能大于也可能小于

5. 在一绝热的气缸(活塞也绝热)中有 1 mol 理想气体,其始态为 p_1、V_1、T_1,经可逆膨胀到 p_2、V_2、T_2,再施加恒定外压 p_3 将气体压缩至 $V_3 = V_1$ 的终态,则整个过程的 W _____,ΔH _____,ΔS _____。

选择填入:(a)大于零 (b)小于零 (c)等于零 (d)无法确定

6. 如右图所示,一定量理想气体,从同一始态出发经 A—B 与 A—C 两条途径到达 B、C,而 B、C 两点刚好处在同一条绝热过程线上,则 ΔU_{AB} _____ ΔU_{AC},ΔS_{AB} _____ ΔS_{AC}。

选择填入:(a)大于 (b)小于 (c)等

题6附图

于 (d)可能大于也可能小于

7.理想气体在节流过程中的 ΔS _____,ΔG _____;而真实气体在节流过程中的 ΔS _____,ΔG _____。

选择填入:(a)大于零 (b)小于零 (c)等于零 (d)条件不够无法判断

8.液体苯在其沸点下恒温蒸发,此过程的 ΔU _____,ΔH _____,ΔS _____,ΔG _____。

选择填入:(a)大于零 (b)小于零 (c)等于零 (d)无法确定

9.已知液态苯(C_6H_6)在 101.325 kPa 的压力下之凝固点为 5.5℃,现有 1 molC_6H_6(l)在 101.325 kPa、0℃下凝固为 C_6H_6(s),若已测得该过程的 Q,则该过程的 ΔU _____ Q,ΔS _____,$\Delta H/T$ 及 ΔG _____ 0。(已知 $C_{p,m}$(l)大于 $C_{p,m}$(s),V_m(s)$\approx V_m$(l))

选择填入:(a)大于零 (b)小于零 (c)等于零 (d)可能大于也可能小于

10.封闭系统中,非体积功 $W'=0$ 且在恒 T、p 下,化学反应进行了 1 mol 的反应进度时,可用_____来计算系统的熵变 $\Delta_r S_m$。

选择填入:(a)$\Delta_r S_m = Q_p/T$ (b)$\Delta_r S_m = \Delta_r H/T$
(c)$\Delta_r S_m = (\Delta_r H_m - \Delta_r G_m)/T$ (d)$\Delta_r S_m = nR\ln(V_2/V_1)$

11.在一定温度范围内,某化学反应的 $\Delta_r H_m$ 与温度无关,那么,该反应的 $\Delta_r S_m$ 随温度升高而_____。

选择填入:(a)增大 (b)减小 (c)不变 (d)可能增大也可能减小

12.在绝热的刚性容器中,发生了不作非体积功的某化学反应,实验测得容器的温度升高 500 K,压力增大了 2 026.50 kPa,则此反应过程的 $\Delta_r U$ _____,$\Delta_r H$ _____,$\Delta_r S$ _____,$\Delta_r A$ _____。

选择填入:(a)大于零 (b)小于零 (c)等于零 (d)可能大于零也可能小于零

13.在一带活塞绝热气缸中,$W'=0$ 的条件下发生某化学反应后,系统的体积增大,温度升高,则此反应过程的 W _____,$\Delta_r U$ _____,$\Delta_r H$ _____,$\Delta_r S$ _____,$\Delta_r G$ _____。

选择填入:(a)大于零 (b)小于零 (c)等于零 (d)可能大于零也可能小于零

14.已知液体水在 101.325 kPa 压力下,其沸点为 100℃,则在 101.325 kPa 压力下,下列过程:

H_2O(l,110℃) $\longrightarrow$ H_2O(g,110℃) ΔG _____;

$H_2O(1,100\,^{\circ}\!C) \longrightarrow H_2O(g,100\,^{\circ}\!C) \qquad \Delta G$ _____；

$H_2O(1,90\,^{\circ}\!C) \longrightarrow H_2O(g,90\,^{\circ}\!C) \qquad \Delta G$ _____。

选择填入：(a)大于零　(b)等于零　(c)小于零　(d)因数据不足,无法判断

15. 在下列的过程中,$\Delta G = \Delta A$ 的过程为_____。

选择填入：(a)液体在正常沸点下的气化为蒸气　(b)理想气体绝热可逆膨胀 (c)理想气体 A 与 B 在恒温下混合　(d)恒温、恒压下的可逆反应过程

16. 下列各量中,_____为偏摩尔量,_____为化学势定义式。

选择填入：(a)$(\partial H/\partial n_B)_{T,p,n_C}$　(b)$(\partial G/\partial V)_{T,p,n_B}$　(c)$(\partial G/\partial n_B)_{T,p,n_C}$　(d) $(\partial S/\partial n_B)_{T,V,n_C}$

17. 对于理想气体,下列的偏微分式中_____小于零。

选择填入：(a)$\left(\dfrac{\partial H}{\partial S}\right)_p$　(b)$\left(\dfrac{\partial G}{\partial p}\right)_T$　(c)$\left(\dfrac{\partial H}{\partial p}\right)_S$　(d)$\left(\dfrac{\partial S}{\partial p}\right)_T$

18. 下列关系式中,适用于理想气体的为_____。

选择填入：(a)$\left(\dfrac{\partial T}{\partial V}\right)_S = \dfrac{-V}{C_{V,\mathrm{m}}}$　(b)$\left(\dfrac{\partial T}{\partial V}\right)_S = \dfrac{-p}{C_{V,\mathrm{m}}}$　(c)$\left(\dfrac{\partial T}{\partial V}\right)_S = \dfrac{-nR}{V}$　(d) $\left(\dfrac{\partial T}{\partial V}\right)_S = -R$

19. 状态方程为 $pV_{\mathrm{m}} = RT + bp\,(b>0)$ 的真实气体和理想气体各为 1 mol,并均从同一始态$(p_1$、V_1、$T_1)$出发,经绝热可逆膨胀到相同的 V_2 时,则两系统在过程前后的 ΔU(真)_____ ΔU(理),ΔS(真)_____ ΔS(理)。

选择填入：(a)大于　(b)小于　(c)等于　(d)可能大于也可能小于

习　题

3-1(A)　有一可逆卡诺热机从温度为 227℃的高温热源吸热 225 kJ,若对外作了 150 kJ 的功,则低温热源温度 T_2 应为多少?

答：$T_2 = 166.7$ K

3-2(A)　某卡诺热机工作在温度为 100℃与 27℃的两热源之间,若从高温热源吸热 1 000 J 时,问有多少 Q_2 热传给了低温热源?

答：$Q_2 = -804.4$ J

3-3(A)　1 mol 理想气体其始态为 27℃、103.25 kPa,经恒温可逆膨胀到 101.325 kPa。求过程的 Q、W、ΔU、ΔH、ΔS。

答:$\Delta U = \Delta H = 0, Q = -W = 5.75$ kJ,$\Delta S = 19.14$ J·K^{-1}

3-4(A) 在带活塞汽缸中有 10 g He(g),始起状态为 127℃、500 kPa,若在恒温下将施加在活塞上的环境压力突然加至 1 000.0 kPa,求此压缩过程的 Q、W、ΔU、ΔH、ΔS。

答:$Q = -8\,312$ J,$W = 8\,312$ J,$\Delta U = \Delta H = 0$,

$\Delta S = -14.4$ J·K^{-1},$\Delta A = \Delta G = 5\,762$ J

3-5(A) 1 mol 单原子理想气体,始为 2.445 dm^3、298.15 K,反抗 506.63 kPa 的恒定外压绝热膨胀到压力为 506.63 kPa 的终态。求终态温度 T_2 及此过程的 ΔS。

答:$T_2 = 238.49$ K,$\Delta S = 1.127$ J·K^{-1}

3-6(A) n mol 纯理想气体由同一始态(p_1、V_1、T_1)出发,分别经绝热可逆膨胀和绝热不可逆膨胀达到同一 V_2 的终态时,证明不可逆过程终态的温度 T_2(不)高于可逆过程的终态温度 T_2(可)。

3-7(A) 4 mol 某理想气体,其 $C_{V,m} = 2.5 R$,由 600 kPa、531.43 K 的始态,先恒容加热到 708.57 K,再绝热可逆膨胀到 500 kPa 的终态。试求此过程终态的温度,过程的 Q、ΔH 与 ΔS。

答:$T_3 = 619.53$ K,$Q = 14.73$ kJ,$\Delta H = 10\,25$ J,$\Delta S = 23.92$ J·K^{-1}

3-8(A) 1 mol CO(g,理想气体)在 25℃、101.325 kPa 时,被 506.63 kPa 的环境压力压缩到 200℃的最终状态,求此过程的 Q、W、ΔU、ΔH、ΔS。已知 $C_{p,m} \approx \dfrac{7}{2} R$。

答:$Q = -4.82$ kJ,$W = 8.46$ kJ,$\Delta U = 3.64$ kJ,

$\Delta H = 5.09$ kJ,$\Delta S = 0.0574$ J·K^{-1}

3-9(A) 已知 25℃下 H$_2$(g)的 $C_{V,m} = 5R/2$,标准熵 $S_m^{\ominus}$(g)$= 130.67$ J·K^{-1}·mol^{-1},若将 25℃、标准状态的 1 mol H$_2$(g)先经绝热不可逆压缩到 100℃,再恒温可逆膨胀到 100℃、101.325 kPa,求终态 H$_2$(g)的熵值。

答:$S_m = 137.09$ J·K^{-1}·mol^{-1}

3-10(A) 有一系统如下左图所示。已知系统中气体 A、B 均为理想气体,且 $C_{V,m}(A) = 1.5R$,$C_{V,m}(B) = 2.5R$,如将绝热容器中隔板抽掉,求混合过程中系统的 ΔS。

答:$\Delta S = 16.73$ J·K^{-1}

3-11(B) 一系统如下右图所示。系统中气体 A、B 均为理想气体,且 $C_{V,m}(A) = 1.5R$,$C_{V,m} = 2.5R$,若导热隔板不动,将无摩擦的绝热活塞上的销钉去掉,求达到平衡终态时系统的 ΔS。

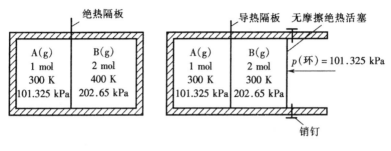

题 3-10 附图   题 3-11 附图

答:$\Delta S = 2.68 \ J \cdot K^{-1}$

3-12(A)   1 mol 理想气体依次经历下列过程:

(a)恒容下加热从 25℃到 100℃；

(b)再绝热向真空自由膨胀至 2 倍体积；

(c)最后恒压下冷却至 25℃。

试计算整个过程的 Q、W、ΔU、ΔH、ΔS。

答:$\Delta U = \Delta H = 0$，$Q = -623.55 \ J$，$W = 623.55 \ J$，$\Delta S = 3.897 \ J \cdot K^{-1}$

3-13(A)   将 10℃、101.325 kPa 的 1 mol $H_2O(l)$ 变为 100℃、10.13 kPa 的 H_2O (g)，求此过程的熵变 ΔS。已知 $C_{p,m}(H_2O,l) = 75.31 \ J \cdot K^{-1} \cdot mol^{-1}$，100℃、101.325 kPa 下 $\Delta_{vap}H_m(H_2O) = 40.63 \ kJ \cdot mol^{-1}$。

答:$\Delta S = 148.8 \ J \cdot K^{-1}$

3-14(A)   在绝热的容器中有 5 kg 30℃的水,若往水中放入 1 kg 的 -10℃冰,求此过程的 ΔS。已知冰的 $\Delta_{fus}H_m = 6.02 \ kJ \cdot mol^{-1}$，$C_{p,m}(H_2O,s) = 37.60 \ J \cdot K^{-1} \cdot mol^{-1}$，$C_{p,m}(H_2O,l) = 75.31 \ J \cdot K^{-1} \cdot mol^{-1}$。

答:$\Delta S = 100.1 \ J \cdot K^{-1}$

3-15(A)   过冷的 $CO_2(l)$ 在 -59℃时其蒸气压为 465.96 kPa,而同温度下 CO_2(s)的蒸气压为 439.30 kPa。求在 -59℃、101.325 kPa 下,1 mol 过冷 $CO_2(l)$ 变成同温、同压的固态 CO_2(s)时过程的 ΔS。设压力对液体与固体的影响可以忽略不计。已知过程中放热 189.54 $J \cdot g^{-1}$。

答:$\Delta S = -38.5 \ J \cdot K^{-1}$

3-16(B)   试计算 -10℃、101.325 kPa 下,1 mol 水凝结成同温、同压的冰时,水与冰的饱和蒸气压之比。已知水与冰的质量恒压热容分别为 4.184 $J \cdot K^{-1} \cdot g^{-1}$ 和

$2.092\ \mathrm{J\cdot K^{-1}\cdot g^{-1}}$,$0\,^{\circ}\mathrm{C}$时冰的 $\Delta_{\mathrm{fus}}H = 334.7\ \mathrm{J\cdot g^{-1}}$。

答：$p_{(1)}^{*}/p_{(s)}^{*} = 1.103$

3-17(A) 将 298 K、100 kPa 的 2 dm³ 双原子理想气体绝热不可逆压缩至 150 kPa，测得此过程系统得功 502 J，求终态的 T_2 及该过程的 ΔH 和 ΔS。

答：$T_2 = 597.2\ \mathrm{K},\Delta H = 702.8\ \mathrm{J},\Delta S = 1.361\ \mathrm{J\cdot K^{-1}}$

3-18(A) 1 mol 理想气体（$C_{V,\mathrm{m}} = 2.5R$）在 300 K、101.325 kPa 下恒熵压缩至 405.30 kPa，再恒容升温至 500 K，最后经恒压降温至 400 K。求整个过程的 W、ΔS、ΔA 及 ΔG。已知 300 K 时 $S_{\mathrm{m}}^{\ominus} = 20.11\ \mathrm{J\cdot K^{-1}\cdot mol^{-1}}$。

答：$W = 3.862\ \mathrm{kJ},\Delta S = -4.11\ \mathrm{J\cdot K^{-1}},\Delta A = 1.723\ \mathrm{kJ},\Delta G = 2.534\ \mathrm{kJ}$

3-19(B) 5 mol 某理想气体（$C_{p,\mathrm{m}} = 2.5R$）在 400 K、202.65 kPa 下反抗恒定外压 101.325 kPa 绝热膨胀至压力与环境压力相同，而后恒压升温到 300 K，最后经恒熵压缩到 202.65 kPa。求整个过程的 Q、W、ΔU、ΔH、ΔS、ΔA 及 ΔG。假设该气体在 25℃ 的标准熵 $S_{\mathrm{m}}^{\ominus} = 119.76\ \mathrm{J\cdot K^{-1}\cdot mol^{-1}}$。

答：$Q = -2\ 079\ \mathrm{J},W = 1\ 819.7\ \mathrm{J},\Delta U = -258.8\ \mathrm{J},\Delta H = -431.3\ \mathrm{J},$

$\Delta S = -1.084\ \mathrm{J\cdot K^{-1}},\Delta A = 2\ 658.7\ \mathrm{J},\Delta G = 2\ 486.2\ \mathrm{J}$

3-20(A) 真空容器中有一小玻璃泡内装 1 g $H_2O(1)$，在 25℃ 下将小泡打破，有一半水蒸发为蒸气，其蒸气压为 3.167 kPa。若 25℃ 时水的质量蒸发焓为 2.469 $\mathrm{kJ\cdot g^{-1}}$，计算此过程的 Q、W、ΔH、ΔS 及 ΔG。

答：$W = 0,Q = 1\ 166\ \mathrm{J},\Delta H = 1\ 235\ \mathrm{J},\Delta S = 4.14\ \mathrm{J\cdot K^{-1}},\Delta G = 0$

3-21(A) 1 mol $H_2O(1)$ 在 25℃ 及其饱和蒸气压 3.167 kPa 下，恒温、恒压蒸发为水蒸气。求此过程的 ΔH、ΔS、ΔA 及 ΔG。已知在 100℃、101.325 kPa 下水的 $\Delta_{\mathrm{vap}}H_{\mathrm{m}}^{\ominus} = 40.63\ \mathrm{kJ\cdot mol^{-1}}$，$C_{p,\mathrm{m}}(H_2O,1) = 75.30\ \mathrm{J\cdot K^{-1}\cdot mol^{-1}}$，$C_{p,\mathrm{m}}(H_2O,g) = 33.5\ \mathrm{J\cdot K^{-1}\cdot mol^{-1}}$。设蒸气为理想气体，压力对液体性质的影响可忽略不计。

答：$\Delta H = 43.77\ \mathrm{kJ\cdot mol^{-1}},\Delta S = 146.80\ \mathrm{J\cdot K^{-1}},\Delta A = -2.48\ \mathrm{kJ},\Delta G = 0$

3-22(B) 温度恒定在 35℃ 的密封容器中，放有 0.4 mol $N_2(g)$，其压力为 101.325 kPa。同时在容器内有一装有 0.1 mol 乙醚的小玻璃泡。若将玻璃泡打破，乙醚完全蒸发，并与 $N_2(g)$ 混合。求此过程的 ΔH、ΔS、ΔG。已知乙醚在 101.325 kPa 下沸点为 35℃，此时的蒸发热为 25.104 $\mathrm{kJ\cdot mol^{-1}}$。

答：$\Delta H = 2.51\ \mathrm{kJ},\Delta S = 9.299\ \mathrm{J\cdot K^{-1}},\Delta G = -355.2\ \mathrm{J}$

3-23(B) 有系统如下图所示,活塞为理想活塞,它可随时保持系统内外的压力相等。已知 373.15 K、101.325 kPa 下水的 $\Delta_{\mathrm{vap}}H_{\mathrm{m}}^{\ominus} = 40.67\ \mathrm{kJ\cdot mol^{-1}}$。$H_2O(g)$ 与 N (g)皆可视为理想气体。若将隔板抽开,并于 373.15 K 的恒温下水蒸发至平衡态,将

求此过程的 Q、W、ΔH、ΔS 及 ΔG。

答:$W = -31.02$ kJ,$Q = \Delta H = 406.7$ kJ,

$\Delta S = 1\,147.5$ J·K^{-1},$\Delta G = -21.50$ kJ

3-24(A) 在 300 K 的标准状态下,理想气体反应

$$A(g) + 3B(g) \longrightarrow 2D(g)$$

进行 1 mol 反应进度时的 $\Delta_r U_m^{\ominus} = -87.23$ kJ·mol^{-1},$\Delta_r S_m^{\ominus} = 8.94$ J·K^{-1}·mol^{-1},且已知 $\Delta_r C_{V,m} = -3.8R$。试求该反应在 320 K、反应进度为 1 mol 时,$\Delta_r H_m^{\ominus}(320\ \text{K})$ 及 $\Delta_r S_m^{\ominus}(320\ \text{K})$ 各为若干?

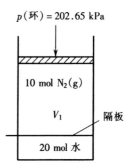

题 3-23 附图

答:$\Delta_r H_m^{\ominus}(320\ \text{K}) = -93.18$ kJ·mol^{-1},

$\Delta_r S_m^{\ominus}(320\ \text{K}) = 5.828$ J·K^{-1}·mol^{-1}

3-25(A) 由附录七查出有关物质的 $\Delta_f H_m^{\ominus}(298.15\ \text{K})$ 与 $S_m^{\ominus}(298.15\ \text{K})$ 的数据,求算下列反应的 $\Delta_r G_m^{\ominus}(298.15\ \text{K})$:

(a)$CH_4(g) + 1/2\ O_2(g) = CH_3OH(l)$

(b)$6C(石墨) + 3H_2(g) = C_6H_6(g)$

(c)$H_2O(l) + CO(g) = CO_2(g) + H_2(g)$

答:(a)$\Delta_r G_m^{\ominus} = -115.12$ kJ·mol^{-1};(b)$\Delta_r G_m^{\ominus} = 129.8$ kJ·mol^{-1};

(c)$\Delta_r G_m^{\ominus} = -20.06$ kJ·mol^{-1}

3-26(A) 在 300 K 的标准状态下

$$A_2(g) + B_2(g) \longrightarrow 2AB(g)$$

此反应的 $\Delta_r H_m^{\ominus} = 50.00$ kJ·mol^{-1},$\Delta_r S_m^{\ominus} = -40.00$ J·K^{-1}·mol^{-1},$\Delta_r C_{p,m} = 0.5\ R$。试求反应 400 K 时的 $\Delta_r H_m^{\ominus}(400\ \text{K})$、$\Delta_r S_m^{\ominus}(400\ \text{K})$ 及 $\Delta_r G_m^{\ominus}(400\ \text{K})$ 各为若干?此反应在 400 K 的标准状态下能否自动地进行?

答:$\Delta_r H_m^{\ominus}(400\ \text{K}) = 50.416$ kJ·mol^{-1},$\Delta_r S_m^{\ominus}(400\ \text{K}) = -38.804$ J·K^{-1}·mol^{-1},

$\Delta_r G_m^{\ominus}(400\ \text{K}) = 65.94$ kJ·mol^{-1}

因为 $\Delta_r G_m^{\ominus}(400\ \text{K}) > 0$,故反应在 400 K 的标准状态下不能自动进行。

3-27(A) 在 400 K、标准状态下,理想气体间进行下列恒温恒压化学反应:$A(g) + B(g) \rightarrow C(g) + D(g)$。求进行 1 mol 上述反应的 $\Delta_r G_m^{\ominus}$。已知 25℃数据如下:

	A	B	C	D
$\Delta_f H_m^{\ominus}$/kJ·mol^{-1}	0	-40	-30	0
$C_{p,m}$/J·K^{-1}·mol^{-1}	10	50	20	25
$S_m^{\ominus}(B)$/J·K^{-1}·mol^{-1}	20	70	30	40

答:$\Delta_r G_m^{\ominus} = 18.236 \text{ kJ} \cdot \text{mol}^{-1}$

3-28(A) 25℃、100 kPa下,金刚石与石墨的标准熵分别为 2.38 J·K^{-1}·mol^{-1} 与 5.74 J·K^{-1}·mol^{-1},其标准摩尔燃烧焓分别为 – 395.407 kJ·mol^{-1} 与 – 393.510 kJ·mol^{-1}。计算 25℃、100 kPa 下 C(石墨)→C(金刚石)的 $\Delta G_m^{\ominus}$,并说明在 25℃、100 kPa 条件下何者为稳定的。

答:$\Delta G_m^{\ominus} = 2.90 \text{ kJ} \cdot \text{mol}^{-1}$,石墨为稳定态。

3-29(A) 试证明$(\partial H/\partial p)_T = V - T(\partial V/\partial T)_p$;理想气体的$(\partial H/\partial V)_T = 0$。

3-30(A) 试证明范德华气体的$(\partial U_m/\partial V)_T = a/V_m^2$。

3-31(B) 一定量的单相纯物质只有 p、V、T 变化时,试证明

(1) $C_{V,m}(\partial T/\partial V_m)_V = p - T(\partial p/\partial T)_V$

(2) $(\partial A/\partial V)_S = S(\partial p/\partial S)_V - p$

(3) $(\partial T/\partial V)_S = - (T/C_{V,m})(\partial p/\partial T)_V$

(4) $(\partial C_{p,m}/\partial p)_T = - T(\partial^2 V_m/\partial T^2)_p$

3-32(A) 证明 1 mol 理想气体$(\partial H/\partial p)_V = C_{p,m}(V_m/R)$。

第四章 化学平衡

在一定条件下,反应物能否按预期的反应变成产物? 并且有多少反应物变成了产物? 如果反应不能按预想进行,或者虽能进行但获得产物的量过少,有无办法可想? 如此等等的问题均是人们极感兴趣的。这些问题应该从哪方面去研究和解决呢?

众所周知,一个化学反应在一定条件(温度、压力、组成等)下,可以同时向正、反两个方向进行。当正、反方向的反应速度相等时,反应系统就达到了平衡状态,而且,只要条件不变,反应系统的状态就不随时间而变,也就是说,系统内推动化学反应朝平衡状态变化的推动力已为零。当条件改变,系统原有的平衡状态就不平衡,于是系统内又产生向新平衡状态变化的推动力,直至达到新的平衡状态为止。所以,化学平衡是研究反应方向和限度的关键。本章将讨论应用热力学第二定律的平衡条件来处理化学平衡问题,即如何由热力学数据计算化学平衡及温度、压力、组成等条件如何影响平衡。这样,在处理实际问题时,就可以通过热力学计算来确定某种反应是否宜于在工业生产中应用。

§4-1 化学反应的平衡条件

在恒温恒压且不作非体积功的条件下,化学反应能否按指定的方向进行,可用反应系统在反应前后的吉布斯函数的变化量来衡量。

设在恒 T、p 且 $W' = 0$ 下,反应系统内反应组分为 A、B、L、M 且组成一定,各反应组分的化学势为 μ_A、μ_B、μ_L、μ_M,它们之间存在如下反应:

$$aA + bB \Longrightarrow lL + mM$$

$$\mu_A \qquad \mu_B \qquad \mu_L \qquad \mu_M$$

$$-dn_A \quad -dn_B \quad dn_L \quad dn_M$$

当进行了微小的反应,则 A 与 B 相应反应了 dn_A 和 dn_B,L 和 M 生成了 dn_L 及 dn_M。此时,反应系统的吉布斯函数的变化为

$$dG = \mu_L dn_L + \mu_M dn_M - \mu_A dn_A - \mu_B dn_B$$

按反应进度定义:$d\xi = dn_B/\nu_B$ 或 $dn_B = \nu_B d\xi$,则上式可化为

$$dG = \mu_L l d\xi + \mu_M m d\xi - \mu_A a d\xi - \mu_B b d\xi = (l\mu_L + m\mu_M - a\mu_A - b\mu_B)d\xi$$

可简写为

$$dG = \sum_B \nu_B \mu_B d\xi$$

将上式两边除以 $d\xi$,即

$$\left(\frac{\partial G}{\partial \xi}\right)_{T,p} = \sum_B \nu_B \mu_B$$

或

$$\Delta_r G_m = \left(\frac{\partial G}{\partial \xi}\right)_{T,p} = \sum_B \nu_B \mu_B \tag{4-1-1}$$

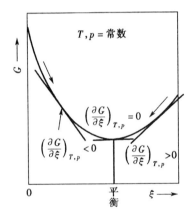

图 4-1-1 恒温恒压 T、p 下 G 随 ξ 变化的曲线

式(4-1-1)表示在恒温、恒压及系统组成不变的条件下,在无限大量的反应系统中进行 1 mol 反应进度时反应系统的吉布斯函数变化,简称摩尔反应吉布斯函数,以 $\Delta_r G_m$ 表示。

$\left(\frac{\partial G}{\partial \xi}\right)_{T,p} < 0$,即 $\Delta_r G_m < 0$ 或 $\sum_B \nu_B \mu_B < 0$,表示反应自发生成产物。

若 $\left(\frac{\partial G}{\partial \xi}\right)_{T,p} > 0$,即 $\Delta_r G_m > 0$ 或 $\sum_B \nu_B \mu_B > 0$,表示在该条件下反应不能自发进行。

若 $\left(\frac{\partial G}{\partial \xi}\right)_{T,p} = 0$,即 $\Delta_r G_m = 0$ 或 $\sum_B \nu_B \mu_B = 0$,表示反应已达化学平衡状态。

以上分析已表示在图 4-1-1。由图可知,图上最低值就是反应系统的平衡态,此时 $\left(\dfrac{\partial G}{\partial \xi}\right)_{T,p} = 0$,与此对应的 ξ 值是在 0 与 1 mol 之间。整个系统的 G 在 ξ 为 0 与 1 mol 之间为最小,是因为当反应有产物生成时,反应系统的 G 则由纯态反应物及纯态产物的 G 之和,即 $\Sigma G(\text{纯})$ 以及产物一旦生成时所产生的混合吉布斯函数 $\Delta_{\text{mix}} G$ 所组成。由于 $\Delta_{\text{mix}} G$ 总为负值,所以 G 总小于 $\Sigma G(\text{纯})$。

§4-2　理想气体反应的平衡常数

理想气体模型遵循的规律简单,掌握了理想气体反应的化学平衡的基本方程,根据实际情况将方程略加修正就可用于真实气体反应系统。因此掌握理想气体反应的化学平衡原理是本章之重点。

1. 理想气体反应的标准平衡常数

设在恒温恒压下,如下理想气体化学反应达到了平衡,即

$$a\mathrm{A}(\mathrm{Pg}) + b\mathrm{B}(\mathrm{Pg}) =\!\!=\!\!= l\mathrm{L}(\mathrm{Pg}) + m\mathrm{M}(\mathrm{Pg})$$

平衡时各物质平衡分压　　p_{A}　　　　p_{B}　　　　p_{L}　　　　p_{M}

根据化学反应平衡条件 $\Delta_{\mathrm{r}} G_{\mathrm{m}} = \sum\limits_{\mathrm{B}} \nu_{\mathrm{B}} \mu_{\mathrm{B}} = 0$,而理想气体混合物中某组分的化学势表达式为 $\mu_{\mathrm{B}} = \mu_{\mathrm{B}}^{\ominus} + RT\ln p_{\mathrm{B}}/p^{\ominus}$,因此

$$\Delta_{\mathrm{r}} G_{\mathrm{m}} = m\mu_{\mathrm{N}} + l\mu_{\mathrm{L}} - a\mu_{\mathrm{A}} - b\mu_{\mathrm{B}} = 0$$

$$\Delta_{\mathrm{r}} G_{\mathrm{m}} = m\{\mu_{\mathrm{M}}^{\ominus} + RT\ln(p_{\mathrm{M}}/p^{\ominus})\} + l\{\mu_{\mathrm{L}}^{\ominus} + RT\ln(p_{\mathrm{L}}/p^{\ominus})\}$$
$$- a\{\mu_{\mathrm{A}}^{\ominus} + RT\ln(p_{\mathrm{A}}/p^{\ominus})\} - b\{\mu_{\mathrm{B}}^{\ominus} + RT\ln(p_{\mathrm{B}}/p^{\ominus})\} = 0$$

因各组分的标准化学势只是温度的函数,故将其合并,即

$$\Delta_{\mathrm{r}} G_{\mathrm{m}} = (m\mu_{\mathrm{M}}^{\ominus} + l\mu_{\mathrm{L}}^{\ominus} - a\mu_{\mathrm{A}}^{\ominus} - b\mu_{\mathrm{B}}^{\ominus}) + RT\{m\ln(p_{\mathrm{M}}/p^{\ominus})$$
$$+ l\ln(p_{\mathrm{L}}/p^{\ominus}) - a\ln(p_{\mathrm{A}}/p^{\ominus}) - b\ln(p_{\mathrm{B}}/p^{\ominus})\} = 0$$

移项整理得

$$\ln \frac{(p_{\mathrm{M}}/p^{\ominus})^m (p_{\mathrm{L}}/p^{\ominus})^l}{(p_{\mathrm{A}}/p^{\ominus})^a (p_{\mathrm{B}}/p^{\ominus})^b} = -\frac{1}{RT}(m\mu_{\mathrm{M}}^{\ominus} + l\mu_{\mathrm{L}}^{\ominus} - a\mu_{\mathrm{A}}^{\ominus} - b\mu_{\mathrm{B}}^{\ominus})$$

或

$$\frac{(p_M/p^\ominus)^m(p_L/p^\ominus)^l}{(p_A/p^\ominus)^a(p_B/p^\ominus)^b} = \exp\left\{-\frac{1}{RT}(m\mu_M^\ominus + l\mu_L^\ominus - a\mu_A^\ominus - b\mu_B^\ominus)\right\}$$

由于等式右边项仅为温度函数,温度一定时该项是定值,这样,左边项也仅与温度有关,温度一定时为定值,故令

$$K^\ominus = \frac{(p_M/p^\ominus)^m(p_L/p^\ominus)^l}{(p_A/p^\ominus)^a(p_B/p^\ominus)^b} \tag{4-2-1}$$

或简写为

$$K^\ominus = \prod_B (p_B(平衡)/p^\ominus)^{\nu_B} \tag{4-2-2}$$

式(4-2-1)或式(4-2-2)均表示在一定温度下,当反应达平衡时,系统中各反应组分的平衡压力商等于恒定的常数 $K^\ominus$。$K^\ominus$ 称为标准平衡常数,为量纲一的量。式中 $p^\ominus$ 为标准态压力,这样 $K^\ominus$ 的数值与 $p^\ominus$ 选取就有关。现在 $p^\ominus$ 的数值定为 100 kPa,前曾规定为 101.325 kPa,故应留意 $p^\ominus$ 对 $K^\ominus$ 的影响。

应当指出,$K^\ominus$ 的数值只与温度有关,与反应平衡系统的总压及组成无关;此外,同一化学反应,若其反应方程式的写法不同,其 $K^\ominus$ 的数值亦不同。例如

$$CO(g) + \frac{1}{2}O_2(g) = CO_2(g) \tag{1}$$

$$K_1^\ominus = (p_{CO_2}/p^\ominus)\Big/\{(p_{CO}/p^\ominus)(p_{O_2}/p^\ominus)^{1/2}\} = (p_{CO_2}/p_{CO}p_{O_2}^{1/2})(p^\ominus)^{1/2}$$

$$2CO(g) + O_2(g) = 2CO_2(g) \tag{2}$$

$$K_2^\ominus = (p_{CO_2}/p^\ominus)^2\Big/(p_{CO}/p^\ominus)^2(p_{O_2}/p^\ominus) = \frac{p_{CO_2}^2}{p_{CO}^2 p_{O_2}}p^\ominus$$

两式相比较,显然有 $(K_1^\ominus)^2 = K_2^\ominus$,或

$$\frac{p_{CO_2}}{p_{CO}p_{O_2}^{1/2}}(p^\ominus)^{1/2} = \left\{\frac{p_{CO_2}^2}{p_{CO}^2 p_{O_2}}p^\ominus\right\}^{1/2}$$

两方程式虽然表示的是同一反应,若式(1)与式(2)均进行了 1 mol 的反应进度,则式(2)的反应数量为式(1)的两倍,这样 $\Delta_r G_m$、$K^\ominus$ 等必然有

一相应的比例关系。

2.理想气体反应的 $K^\ominus$、$K_c^\ominus$、K_y 及 K_n

气体混合物组成可以用分压力 p_B、浓度 c_B 或摩尔分数 y_B 等表示,因而平衡常数也有不同的表示方法。国家标准规定,在理想气体反应的标准平衡常数 $K^\ominus$ 中,组成必须用分压力 p_B 来表示,但在实际应用中,有时用 c_B 或 y_B 等来表示组成并写出类似 $K^\ominus$ 的平衡常数更为方便。它们与 $K^\ominus$ 的关系如下:

根据式(4-2-2)　　　$K^\ominus = \prod_B (p_B/p^\ominus)^{\nu_B}$

而　　　　　　　　$p_B V = n_B RT$

$$p_B = \frac{n_B}{V}RT = c_B RT = \frac{c_B}{c^\ominus} c^\ominus RT$$

将 $\dfrac{c_B}{c^\ominus} c^\ominus RT$ 代入 $K^\ominus$ 式中去,得到

$$K^\ominus = \prod_B \left(\frac{c_B}{c^\ominus} c^\ominus RT/p^\ominus \right)^{\nu_B} = (c^\ominus RT/p^\ominus)^{\Sigma \nu_B} \prod_B (c_B/c^\ominus)^{\nu_B}$$

令

$$K_c^\ominus = \prod_B (c_B/c^\ominus)^{\nu_B} \tag{4-2-3}$$

所以　　　　　　$K^\ominus = K_c^\ominus (c^\ominus RT/p^\ominus)^{\Sigma \nu_B} \tag{4-2-4}$

$K_c^\ominus$ 是以量浓度 c_B 表示、选用 $c^\ominus = 1\ \text{mol} \cdot \text{dm}^{-3}$ 的纯理想气体为标准态的平衡常数,亦是量纲一的量。

当用摩尔分数 y_B 表示理想气体混合物组成时,则有

$$p_B = p y_B$$

将此式代入 $K^\ominus$ 的表达式中,得

$$K^\ominus = \prod_B (p y_B/p^\ominus)^{\nu_B} = (p/p^\ominus)^{\Sigma \nu_B} \prod_B y_B^{\nu_B}$$

令

$$K_y = \prod_B y_B^{\nu_B} \tag{4-2-5}$$

$$K^\ominus = K_y (p/p^\ominus)^{\Sigma \nu_B} \tag{4-2-6}$$

表示理想气体混合物组成时,还可以采用以下关系,即

$$p_B = p y_B = p \frac{n_B}{\Sigma n_B}$$

将此式代入 $K^\ominus$ 式中,得

$$K^\ominus = \prod_B \left(p n_B / (\Sigma n_B p^\ominus) \right)^{\nu_B}$$

$$= \left\{ p / (p^\ominus \Sigma n_B) \right\}^{\Sigma \nu_B} \prod_B n_B^{\nu_B}$$

令

$$K_n = \prod_B n_B^{\nu_B} \qquad (4\text{-}2\text{-}7)$$

所以

$$K^\ominus = K_n \left\{ p / (p^\ominus \Sigma n_B) \right\}^{\Sigma \nu_B} \qquad (4\text{-}2\text{-}8)$$

式中 p 为总压,n_B 为理想气体混合物中任一反应气体 B 的物质的量,Σn_B 为组成混合气体的各组分的物质的量之和。若系统中含有不参加反应的惰性物质,则 Σn_B 中也包括该惰性物质的物质的量。

由上述推导可知:$K^\ominus$ 与 $K_c^\ominus$ 仅与温度有关;K_y 与总压 p 有关;K_n 不仅与总压 p 有关还与 Σn_B 有关。若反应的 $\Sigma \nu_B = 0$,则

$$K^\ominus = K_c^\ominus = K_y = K_n \qquad (4\text{-}2\text{-}9)$$

就是说,当反应的 $\Sigma \nu_B = 0$,K_y 与 K_n 也只是温度的函数而与压力无关。

3. 有纯态凝聚相参加的理想气体反应的 $K^\ominus$

参加化学反应的各组分并不一定都处在同一个相中,这种组分处于不同相中的反应称为多相反应。本章讨论的多相反应除有气相外,还有纯态凝聚相参加的反应。纯态凝聚相就是固态纯物质或液态纯物质。下列反应属于有纯态凝聚相参加的反应:

$$NH_4HCO_3(s) \Longrightarrow NH_3(g) + H_2O(g) + CO_2(g)$$

$$H_2(g) + \frac{1}{2}O_2(g) \Longrightarrow H_2O(l)$$

$$CaCO_3(s) \Longrightarrow CaO(s) + CO_2(g)$$

这类有纯态凝聚相参加的化学反应之标准平衡常数 $K^\ominus$ 的表示方法,可通过以下例子说明。例如

$$NH_4HCO_3(s) \xrightarrow{\text{恒 } T \text{、} p} NH_3(g) + H_2O(g) + CO_2(g)$$

平衡时各反应
组分的化学势 $\mu_{NH_4HCO_3}$ μ_{NH_3} μ_{H_2O} μ_{CO_2}

平衡时各气
体平衡分压 p_{NH_3} p_{H_2O} p_{CO_2}

根据反应平衡条件 $\Delta_r G_m = \sum_B \nu_B \mu_B = 0$

即 $\Delta_r G_m = \mu_{CO_2} + \mu_{H_2O} + \mu_{NH_3} - \mu_{NH_4HCO_3} = 0$

在化学平衡中,对于纯固体(或纯液体),一般规定在温度 T、压力 $p^\ominus$(即 100 kPa)下的状态为标准态。标准态的化学势称标准化学势 $\mu^\ominus$。当压力 p 与 $p^\ominus$ 相差不大时,可忽略压力对凝聚相化学势的影响,即 $\mu(\text{凝聚相}) = \mu^\ominus(\text{凝聚相})$。

理想气体混合物中某组分 B 与该组分的分压力关系为

$$\mu_B = \mu_B^\ominus + RT\ln(p_B/p^\ominus)$$

这样

$$\mu_{CO_2}^\ominus + RT\ln(p_{CO_2}/p^\ominus) + \mu_{H_2O}^\ominus + RT\ln(p_{H_2O}/p^\ominus) + \mu_{NH_3}^\ominus$$
$$+ RT\ln(p_{NH_3}/p^\ominus) - \mu_{NH_4HCO_3}^\ominus = 0$$

将 $\mu^\ominus$ 项合并再整理,得

$$\left(\frac{p_{NH_3}}{p^\ominus}\right)\left(\frac{p_{H_2O}}{p^\ominus}\right)\left(\frac{p_{CO_2}}{p^\ominus}\right) = \exp\left\{-\frac{1}{RT}(\mu_{NH_3}^\ominus + \mu_{H_2O}^\ominus + \mu_{CO_2}^\ominus - \mu_{NH_4HCO_3}^\ominus)\right\}$$

等式右边项仅与温度有关,温度一定则为定值,故用 $K^\ominus$ 代表,即

$$K^\ominus = \left(\frac{p_{NH_3}}{p^\ominus}\right)\left(\frac{p_{H_2O}}{p^\ominus}\right)\left(\frac{p_{CO_2}}{p^\ominus}\right)$$

由此可见,对于有纯态凝聚相参加的理想气体化学反应,表示该反应的标准平衡常数 $K^\ominus$ 时,只用气相中各组分的平衡分压即可,不涉及纯态凝聚相。

如果上述反应中的产物全部均由反应物解离而来时,则 $p_{NH_3} = p_{H_2O} = p_{CO_2}$。设反应系统的总压力为 p,根据分压力概念,$K^\ominus$ 与总压有如下关系:

$$K^{\ominus} = \left(\frac{p_{NH_3}}{p^{\ominus}}\right)\left(\frac{p_{CO_2}}{p^{\ominus}}\right)\left(\frac{p_{H_2O}}{p^{\ominus}}\right) = \frac{1}{27}\left(\frac{p}{p^{\ominus}}\right)^3$$

因在一定温度下，$K^{\ominus}$ 为定值，p_{CO_2}、p_{NH_3}、p_{H_2O} 亦为定值，故 p_{CO_2}、p_{NH_3} 及 p_{H_2O} 之和，即 p 称为 NH_3HCO_3 的分解压。分解压为温度的函数，随温度升高而升高。当分解压与环境压力相等时的温度称分解温度。一般习惯 p(环)定为 101.325 kPa。例如 $CaCO_3$(s)在 101.325 kPa 环境压力下，其分解温度为 89.7℃。

§4-3　平衡常数的测定及平衡组成的计算

$K^{\ominus}$ 的数值是很有用的，它不仅能衡量一个化学反应在一定温度下是否达到了平衡，更重要的是，有了平衡常数就能进行有关平衡转化率、平衡产率与平衡组成的计算。这些计算都具有很大的实用性。如何得到(测定或计算)$K^{\ominus}$ 的数值以及由已知 $K^{\ominus}$ 的数值求平衡组成是本章的重点。

转化率是反应转化掉的某反应物之数量占进行反应所用该反应物的数量的百分数。产率则是反应生成某指定产物所消耗某反应物的数量占进行反应所用该反应物的数量之百分数。即

$$转化率 = \frac{某反应物转化掉的数量}{进行反应所用该反应物的数量} \times 100\%$$

$$产率 = \frac{生成某指定产物所消耗某反应物的数量}{进行反应所用该反应物的数量} \times 100\%$$

转化率是对反应物而言，产率则是对产物而言。若反应无副反应则两者相等；有副反应时两者不等而且产率小于转化率，因为部分反应物变成副产物。

下面举例说明平衡常数与平衡组成的计算。

例 4.3.1　0.5 dm³ 的容器内装有 1.588 g 的 N_2O_4(g)，在 25 ℃下 N_2O_4(g)按 N_2O_4(g)══2NO_2(g)反应部分解离，测得解离达平衡时容器的压力为 101.325 kPa，求上述解离反应的 $K^{\ominus}$。

解：设 N_2O_4(g)未解离前的物质的量为 n_0，达平衡时余下的 N_2O_4(g)之物质的

量为 n,根据反应,应有如下关系:

$$N_2O_4(g) \Longleftrightarrow 2NO_2(g)$$

未解离时 n_0 0

平衡时 n $2(n_0 - n)$

而 $n_0 = m_0(N_2O_4)/M_{N_2O_4} = 1.588 \text{ g}/92 \text{ g}\cdot\text{mol}^{-1} = 0.017\ 26 \text{ mol}$

平衡时容器内总的物质的量

$$n(\text{总}) = n + 2n_0 - 2n = 2n_0 - n = 0.034\ 52 \text{ mol} - n$$

$$pV = n(\text{总})RT = (0.034\ 52 \text{ mol} - n)RT$$

$$0.034\ 52 \text{ mol} - n = pV/RT$$

$$n = 0.034\ 52 \text{ mol} - pV/RT$$

$$= 0.034\ 52 \text{ mol} - 101\ 325 \text{ Pa} \times 0.5 \times 10^{-3} \text{ m}^3/(8.314 \text{ J}\cdot\text{K}^{-1}\cdot\text{mol}^{-1} \times 298.15 \text{ K})$$

$$= 0.014\ 08 \text{ mol}$$

$$K^{\ominus} = K_n \{p/(p^{\ominus}\Sigma n_B)\}^{\Sigma_{\nu_B}}$$

$$= \frac{\{2(n_0 - n)\}^2}{n} \times \{(p/p^{\ominus})/(0.034\ 52 \text{ mol} - n)\}^{2-1}$$

$$= \frac{(2 \times 0.003\ 18 \text{ mol})^2}{0.014\ 08 \text{ mol}} \times \frac{101.325 \text{ kPa}}{100 \text{ kPa}} \times \frac{1}{0.034\ 52 \text{ mol} - 0.014\ 08 \text{ mol}}$$

$$= 0.142$$

解法二:设 α 为 1 mol N_2O_4 解离的分数(称解离度),则 $1-\alpha$ 为未解离的物质的量。因 1 mol $N_2O_4(g)$ 解离成 2 mol $NO_2(g)$,解离后总的物质的量为 $1 - \alpha + 2\alpha$,即 $1 + \alpha$。开始时物质的量为 n_0 的 $N_2O_4(g)$,解离达平衡时混合气体总的物质的量为 $n_0(1 + \alpha)$,即

未解离时 $p'V = n_0 RT$

$$p' = \frac{n_0 RT}{V} = \frac{m_0(N_2O_4)}{M(N_2O_4)} \frac{RT}{V}$$

解离平衡时 $pV = n_0(1 + \alpha)RT$

两式相比 $\dfrac{p'}{p} = \dfrac{1}{1 + \alpha}$

$$\alpha = (p/p') - 1$$

将 p' 的式子代入,得

$$\alpha = p \frac{M(N_2O_4)}{m_0(N_2O_4)} \frac{V}{RT} - 1$$

$$= 101\ 325 \text{ Pa} \times \frac{92 \text{ g}\cdot\text{mol}^{-1}}{1.588 \text{ g}} \times \frac{0.5 \times 10^{-3} \text{ m}^3}{8.314 \text{ J}\cdot\text{K}^{-1}\cdot\text{mol}^{-1} \times 298.5 \text{ K}} - 1$$

$$= 0.184\ 07$$

$$N_2O_4(g) \quad\Longrightarrow\quad 2NO_2(g)$$

未反应时 n_0 0

平衡时 $n_0(1-\alpha)$ $2n_0\alpha$

$$K^{\ominus} = K_n \left\{ p / (p^{\ominus} \Sigma n_B) \right\}^{\Sigma \nu_B}$$

$$= \frac{(2n_0\alpha)^2}{n_0(1-\alpha)} \left(\frac{p}{p^{\ominus}} \frac{1}{n_0(1+\alpha)} \right)^{2-1}$$

$$= \frac{4\alpha^2}{(1-\alpha)(1+\alpha)} \frac{p}{p^{\ominus}} = \frac{4\alpha^2}{(1-\alpha^2)} \frac{p}{p^{\ominus}}$$

$$= \frac{4 \times 0.184\ 07^2}{1 - 0.184\ 07^2} \times \frac{101.325\ \text{kPa}}{100.00\ \text{kPa}} = 0.142$$

例 4.3.2 在 55 ℃ 及 100.00 kPa 下, $N_2O_4(g) \Longrightarrow 2NO_2(g)$ 反应达平衡时,测得平衡混合物的平均摩尔质量 $\bar{M} = 61.2\ \text{g·mol}^{-1}$。

(a) 计算上述反应的标准平衡常数 $K^{\ominus}$;

(b) 55 ℃ 下反应系统的总压为 10.00 kPa 时,平衡混合物中 $N_2O_4(g)$ 与 $NO_2(g)$ 的摩尔分数各为若干?

解:

(a) 设反应达平衡时系统中 $N_2O_4(g)$ 的摩尔分数为 $y_{N_2O_4}$,NO_2 的摩尔分数为 y_{NO_2} ;即

$$N_2O_4(g) \quad\Longrightarrow\quad 2NO_2(g)$$

平衡时 $y_{N_2O_4}$ y_{NO_2}

理想气体混合物的平均摩尔质量 $\bar{M}$ 与各组分的摩尔质量之间的关系为

$$\bar{M} = y_{NO_2} M_{NO_2} + y_{N_2O_4} M_{N_2O_4}$$

$$y_{NO_2} + y_{N_2O_4} = 1$$

这样

$$\bar{M} = y_{NO_2} M_{NO_2} + (1 - y_{NO_2}) M_{N_2O_4}$$

$$= y_{NO_2} M_{NO_2} + M_{N_2O_4} - y_{NO_2} M_{N_2O_4}$$

$$= M_{N_2O_4} + y_{NO_2} (M_{NO_2} - M_{N_2O_4})$$

整理得

$$y_{NO_2} = \frac{\bar{M} - M_{N_2O_4}}{M_{NO_2} - M_{N_2O_4}}$$

$$= \frac{61.2 \text{ g} \cdot \text{mol}^{-1} - 92 \text{ g} \cdot \text{mol}^{-1}}{46 \text{ g} \cdot \text{mol}^{-1} - 92 \text{ g} \cdot \text{mol}^{-1}} = 0.67$$

$$y_{N_2O_4} = 1 - y_{NO_2} = 1 - 0.67 = 0.33$$

而 $\quad\quad\quad\quad\quad\quad\quad\quad K^\ominus = K_y \left(p/p^\ominus \right)^{\Sigma\nu_B}$

所以 $\quad\quad\quad\quad K^\ominus = \frac{y_{NO_2}^2}{y_{N_2O_4}} \left(\frac{p}{p^\ominus} \right)^{2-1} = \frac{(0.67)^2}{0.33} \left(\frac{100.00 \text{ kPa}}{100.00 \text{ kPa}} \right) = 1.360$

实验测得理想气体混合物的平均摩尔质量 $\bar{M}$，用它求取 $K^\ominus$ 的关键就是利用 $\bar{M}$ 的数值去计算理想气体混合物中各组分的摩尔分数。

(b)实验温度不变而总压改变时，$N_2O_4(g)$ 的解离度要发生改变，但温度不变，故 $K^\ominus$ 值不变，所以

$$K^\ominus = \frac{y_{NO_2}^2}{y_{N_2O_4}} \left(p'/p^\ominus \right) = \frac{y_{NO_2}^2}{1 - y_{NO_2}} \frac{p'}{p^\ominus}$$

$$K^\ominus (1 - y_{NO_2}) = \frac{p'}{p^\ominus} y_{NO_2}^2$$

故

$$\left(\frac{p'}{p^\ominus} \right) y_{NO_2}^2 + K^\ominus y_{NO_2} - K^\ominus = 0$$

$$\left(\frac{10.000 \text{ kPa}}{100.00 \text{ kPa}} \right) y_{NO_2}^2 + 1.360 y_{NO_2} - 1.360 = 0$$

$$0.1 y_{NO_2}^2 + 1.360 y_{NO_2} - 1.360 = 0$$

$$y_{NO_2} = \frac{-1.360 \pm \sqrt{(1.360)^2 - 4 \times 0.1 \times (-1.360)}}{2 \times 0.1} = 0.936$$

$$y_{N_2O_4} = 1 - 0.936 = 0.064$$

计算结果说明，压力降低有利于 $NO_2(g)$ 生成，即有利于解离反应的进行。

例 4.3.3 在真空的容器中放入过量的固态 NH_4HS，于 25 ℃下分解为 $NH_3(g)$ 与 $H_2S(g)$，平衡时容器内的压力为 66.66 kPa。(a)当放入 NH_4HS 时容器中已有 39.99 kPa 的 H_2S，求平衡时容器中的压力；(b)容器中原有 6.666 kPa 的 NH_3，问需加多大压力的 H_2S 才能形成 NH_4HS 固体？

解：(a)这是有纯固相参加的理想气体化学反应，即

$$NH_4HS(s) \longrightarrow NH_3(g) + H_2S(g)$$

未反应时 $\quad\quad\quad\quad\quad\quad\quad\quad\quad\quad\quad\quad p_{0,H_2S}$

平衡时 $\quad\quad\quad\quad\quad\quad\quad\quad p_{NH_3} \quad\quad\quad p_{0,H_2S} + p_{NH_3}$

因此 $$K^{\ominus} = (p_{NH_3}/p^{\ominus})\{(p_{0,H_2S} + p_{NH_3})/p^{\ominus}\} \qquad (1)$$

若要求出 p_{NH_3},必须先求出 $K^{\ominus}$ 值。根据题给条件,即在 25 ℃下于真空容器内放入 $NH_4HS(s)$,其分解产物 $NH_3(g)$ 与 $H_2S(g)$ 的比例为 1:1,也就是 $p'_{NH_3} = p'_{H_2S}$ = 66.66 kPa/2,故

$$K^{\ominus} = (33.33 \text{ kPa}/100 \text{ kPa})(33.33 \text{ kPa}/100 \text{ kPa}) = 0.111$$

这样,式(1)可改写为

$$K^{\ominus} = p_{NH_3}(p_{0,H_2S} + p_{NH_3})/(p^{\ominus})^2$$

$$p^2_{NH_3} + p_{0,H_2S}p_{NH_3} - K^{\ominus}(p^{\ominus})^2 = 0$$

$$p^2_{NH_3} + 39.99 \text{ kPa} \times p_{NH_3} - 0.111 \times 10^4 \text{ kPa}^2 = 0$$

解一元二次方程,得

$$p_{NH_3} = 18.86 \text{ kPa}$$

而 $$p_{H_2S} = (18.86 + 39.99) \text{ kPa} = 58.85 \text{ kPa}$$

容器中的总压力 $$p = p_{NH_3} + p_{H_2S} = 77.71 \text{ kPa}$$

(b)因容器原存有 NH_3,其压力为 6.666 kPa,若想通入 $H_2S(g)$ 并令有 NH_4HS (s)析出,则通入的 $H_2S(s)$ 的压力($p(H_2S)/p^{\ominus}$)与($p(NH_3)/p^{\ominus}$)的乘积必须大于该温度下的 $K^{\ominus}$,所以应首先求出刚好使系统处于平衡时的 $H_2S(g)$ 之压力,即

$$K^{\ominus} = (p_{NH_3}/p^{\ominus})(p_{H_2S}/p^{\ominus})$$

因 $K^{\ominus}$ 及 p_{NH_3} 均为已知数据,所以

$$p_{H_2S} = K^{\ominus}(p^{\ominus})^2/p_{NH_3} = 0.111 \times (100 \text{ kPa})^2/6.666 \text{ kPa} = 166 \text{ kPa}$$

也就是当 $p_{H_2S} > 166$ kPa 时,系统就能析出 $NH_4HS(s)$。

例 4.3.4 五氯化磷蒸气的解离反应为

$$PCl_5(g) \Longrightarrow PCl_3(g) + Cl_2(g)$$

今有 1 mol $PCl_5(g)$ 在 250 ℃、101.325 kPa 下解离达平衡后,测得平衡混合物的密度为 2.695 $g \cdot dm^{-3}$,求 $PCl_5(g)$ 的解离度 α 及 $K^{\ominus}$、$K_c^{\ominus}$。

解: $$PCl_5(g) \Longrightarrow PCl_3(g) + Cl_2(g)$$

反应达平衡时 $\qquad 1 - \alpha \qquad\qquad \alpha \qquad\qquad \alpha$

系统总摩尔数 $\qquad \Sigma n_B = (1 - \alpha) + \alpha + \alpha = 1 + \alpha$

密度的定义为 $\qquad \rho = m/V$, 或 $m = \rho V$

对平衡气体混合物,m 为混合物的质量,V 为混合物的体积。根据理想气体

状态方程,对平衡气体混合物应有

$$pV = nRT = \frac{m}{M}RT$$

$$\overline{M} = \frac{m}{V}\frac{RT}{p} = \frac{\rho RT}{p}$$

$$\overline{M} = 2.695 \times 10^3 \text{ g} \cdot \text{m}^{-3} \times 8.314 \text{ J} \cdot \text{K}^{-1} \cdot \text{mol}^{-1} \times 523.15 \text{ K}/101\ 325 \text{ Pa}$$
$$= 115.69 \text{ g} \cdot \text{mol}^{-1}$$

参考例 4.3.2 的计算,即

$$\overline{M} = y_{PCl_5} M_{PCl_5} + y_{PCl_3} M_{PCl_3} + y_{Cl_2} M_{Cl_2}$$

$$= \frac{1-\alpha}{1+\alpha} M_{PCl_5} + \frac{\alpha}{1+\alpha} M_{PCl_3} + \frac{\alpha}{1+\alpha} M_{Cl_2}$$

$$\overline{M}(1+\alpha) = (1-\alpha) M_{PCl_5} + \alpha M_{PCl_3} + \alpha M_{Cl_2}$$

$$\overline{M} + \overline{M}\alpha = M_{PCl_5} - \alpha M_{PCl_5} + \alpha M_{PCl_3} + \alpha M_{Cl_2}$$

$$M_{PCl_5} - \overline{M} = (\overline{M} + M_{PCl_5} - M_{PCl_3} - M_{Cl_2})\alpha$$

由于 $M_{PCl_5} = M_{PCl_3} + M_{Cl_2}$

所以 $\alpha = \dfrac{M_{PCl_5} - \overline{M}}{\overline{M}} = \dfrac{208.26 \text{ g} \cdot \text{mol}^{-1} - 115.69 \text{ g} \cdot \text{mol}^{-1}}{115.69 \text{ g} \cdot \text{mol}^{-1}} = 0.80$

而 $K_y = y_{PCl_3} y_{Cl_2} / y_{PCl_5} = \left(\dfrac{\alpha}{1+\alpha}\right)^2 \bigg/ \dfrac{1-\alpha}{1+\alpha}$

$$= \frac{\alpha^2}{1-\alpha^2} = \frac{(0.80)^2}{1-(0.80)^2} = 1.78$$

故 $K^{\ominus} = K_y(p/p^{\ominus}) = 1.78 \times (101.325 \text{ kPa}/100 \text{ kPa}) = 1.801$

$$K^{\ominus} = (c^{\ominus} RT/p^{\ominus})^{\Sigma\nu_B} K_c^{\ominus}$$

所以 $K_c^{\ominus} = K^{\ominus}/(c^{\ominus} RT/p^{\ominus})$

$$= 1.801 \times 100.00 \text{ kPa}/(1\ 000 \text{ mol} \cdot \text{m}^{-3} \times 8.314 \text{ J} \cdot \text{K}^{-1} \cdot \text{mol}^{-1} \times 523.15 \text{ K})$$
$$= 0.041\ 3$$

例 4.3.5   在 250 ℃下,$PCl_5(g)$可分解为 $PCl_3(g)$ 与 $Cl_2(g)$,将 0.1 mol $PCl_5(g)$ 放入体积为 3 dm^3 的瓶内,瓶内原放有压力为 50 662.5 Pa 的 $Cl_2(g)$。问在 250 ℃ 下,解离达平衡后 PCl_5 的解离度以及各气体的平衡分压力。已知 250 ℃下的 $K^{\ominus}$ = 1.801。

解: $PCl_5(g) \Longrightarrow PCl_3(g)\ +\ Cl_2(g)$

未反应时   0.1 mol   0 x

反应平衡时 $0.1(1-\alpha)$ 0.1α $0.1\alpha + x$

x 可用理想气体状态方程求得。

未反应时 $$pV = xRT$$

所以 $x = pV/RT = 50\ 662.5\ \text{Pa} \times 3 \times 10^{-3}\ \text{m}^3/(8.314\ \text{J} \cdot \text{K}^{-1} \cdot \text{mol}^{-1} \times 523.15\ \text{K})$

$\qquad = 0.035\ \text{mol}$

系统总物质的量 $\Sigma n_B = 0.1 - 0.1\alpha + 0.1\alpha + 0.1\alpha + x = 0.135 + 0.1\alpha$

$$K^{\ominus} = K_{\gamma}(p/p^{\ominus})^{\Sigma_B}$$

$$= \frac{\dfrac{0.1\alpha(0.035 + 0.1\alpha)}{(0.135 + 0.1\alpha)^2}}{\dfrac{0.1 - 0.1\alpha}{0.135 + 0.1\alpha}} \times (p/p^{\ominus})^{2-1}$$

而 $p = (0.135 + 0.1\alpha)RT/V$，代入上式

$$K^{\ominus} = \frac{0.1\alpha(0.035 + 0.1\alpha)/(0.135 + 0.1\alpha)^2}{(0.1 - 0.1\alpha)/(0.135 + 0.1\alpha)}(0.135 + 0.1\alpha)RT/(p^{\ominus}V)$$

$$K^{\ominus}p^{\ominus}V/(RT) = (0.003\ 5\alpha + 0.01\alpha^2)/(0.1 - 0.1\alpha)$$

整理得 $\qquad 0.01\alpha^2 + 0.015\ 9\alpha - 0.012\ 4 = 0$

$$\alpha = 0.573$$

若求平衡时各组分的平衡分压，应先求出系统的总压，即

$$p = \frac{\Sigma n_B RT}{V} = \frac{(0.135 + 0.1\alpha)RT}{V}$$

$$= \frac{(0.135 + 0.057\ 3)\ \text{mol} \times 8.314\ \text{J} \cdot \text{K}^{-1} \cdot \text{mol}^{-1} \times 523.15\ \text{K}}{3 \times 10^{-3}\ \text{m}^3}$$

$$= 278.801\ \text{kPa}$$

所以 $p_{PCl_5} = \dfrac{0.1(1 - \alpha)}{0.135 - 0.1\alpha} \times p = 61.91\ \text{kPa}$

$$p_{PCl_3} = \frac{0.1\alpha}{0.135 + 0.1\alpha} \times p = 83.07\ \text{kPa}$$

$$p_{Cl_2} = p - p_{PCl_5} - p_{PCl_3} = 133.82\ \text{kPa}$$

例 4.3.6 合成氨生产中，水煤气转化的反应为

$$CO(g) + H_2O(g) \rightleftharpoons CO_2(g) + H_2(g)$$

反应的原料气的组成（体积分数）为：36% CO；35.5% H_2；5.5% CO_2；23% N_2。当要求转化后的干气体（水蒸气除外）中 CO(g) 含量小于 2% 时，求每反应 1 m^3 原料气需消耗多少立方米的水蒸气？已知转化反应温度为 500 ℃，此温度下该反应的标准平衡常数 $K^{\ominus} = 3.56$。

解：由阿马格定律可知，在 T、p 一定下，分体积 $V_B \propto n_B$，因此，计算本题用分

体积 V_B 要比用 n_B 或 p_B 更方便。因为本题给出的是原料气体积百分数,而且要求计算的也是每立方米原料气需配多少体积的水蒸气。所以,计算选用的基准为 1 m^3 的原料气,此时需配入的水蒸气为 y m^3。当反应达平衡时各反应物组分转化了 x m^3。它们的关系如下:

	$CO(g)$	$+$	$H_2O(g)$	$==$	$CO_2(g)$	$+$	$H_2(g)$	$+$	$N_2(g)$
反应开始气体体积 V/m^3	0.36		y		0.055		0.355		0.23
平衡时 $\qquad V/m^3$	0.36 – x		$y-x$		0.055 + x		0.355 + x		0.23

平衡时干气体体积

$$V(\text{干}) = 0.36 - x + 0.055 + x + 0.355 + x + 0.23$$
$$= 1 + x$$

据题目要求,$CO(g)$ 在平衡干气中含量小于 2%,因此平衡时

$$\frac{CO(g)\text{分体积 } V_{CO}}{\text{干气体积}} = \frac{0.36 - x}{1 + x} \leq 0.02$$

解此不等式得 $\qquad x \geqslant 0.333$ m^3

再利用平衡常数式可求 y,因本题的反应 $\Sigma \nu_B = 0$,所以

$$K^{\ominus} = K_n = \frac{(0.355 + x)(0.055 + x)}{(0.36 - x)(y - x)} = 3.56$$

将 x 数值代入式中,解得 $y = 3.11$ m^3。每立方米原料气需配水蒸气体积不得小于 3.11 m^3。

§4-4 化学反应的等温方程

1.化学反应的等温方程

以上对理想气体化学反应达到反应平衡的标志 $K^{\ominus}$ 及其应用进行了讨论与计算,并未涉及任意指定状态下(即未达反应平衡)的反应系统能否按指定的方向进行等问题。本节将具体地解决任意指定状态下化学反应方向的判据问题。

前已指出,在温度一定的条件下,化学反应达平衡时该反应系统各组分的平衡分压力商应等于恒定的常数,即

$$K^{\ominus} = \prod_{B} (p_B/p^{\ominus})^{\nu_B}$$

如果反应系统的各组分之分压力为任意指定值,也就是它们的分压力

商值不等于 $K^\ominus$, 即反应不是处于平衡状态, 那么, 反应系统中一定要发生化学反应并朝平衡方向转移。但是, 反应将自发地向哪个方向进行? 如何判断?

设有 A、B、M、L 四种物质组成一理想气体反应系统, 它们之间能发生以下的反应, 即

$$aA(g) + bB(g) \Longrightarrow lL(g) + mM(g)$$

平衡时分压力 p_A p_B p_L p_M

指定状态的分压力 p'_A p'_B p'_L p'_M

指定状态的各组分的化学势 μ'_A μ'_B μ'_L μ'_M

若恒温恒压且系统组成不变, 于足够大量反应系统中进行了 1 mol 反应进度时, 即有 a mol A 与 b mol B 反应生成 l mol L 及 m mol M, 则该反应的摩尔反应吉布斯函数变 $\Delta_r G_m$ 与各组分的化学势关系为

$$\Delta_r G_m = l\mu'_L + m\mu'_M - a\mu'_A - b\mu'_B$$

理想气体混合物中某组分 B 的化学势有

$$\mu_B = \mu_B^\ominus + RT\ln(p'_B/p^\ominus)$$

代入上式, 得

$$\Delta_r G_m = l\{\mu_L^\ominus + RT\ln(p'_L/p^\ominus)\} + m\{\mu_M^\ominus + RT\ln(p'_M/p^\ominus)\}$$
$$- a\{\mu_A^\ominus + RT\ln(p'_A/p^\ominus)\} - b\{\mu_B^\ominus + RT\ln(p'_B/p^\ominus)\}$$

将 $\mu^\ominus$ 项与分压力项分别整理归纳, 得

$$\Delta_r G_m = RT\ln\left\{\frac{(p'_L/p^\ominus)^l(p'_M/p^\ominus)^m}{(p'_A/p^\ominus)^a(p'_B/p^\ominus)^b}\right\} + (m\mu_M^\ominus + l\mu_L^\ominus - a\mu_A^\ominus - b\mu_B^\ominus)$$

在前面推证标准平衡常数 $K^\ominus$ 时, 证得如下关系:

$$m\mu_M^\ominus + l\mu_L^\ominus - a\mu_A^\ominus - b\mu_B^\ominus = -RT\ln\frac{(p_L/p^\ominus)^l(p_M/p^\ominus)^m}{(p_A/p^\ominus)^a(p_B/p^\ominus)^b}$$

式中 p_L、p_M、p_A 和 p_B 是同温下反应达平衡时各组分的平衡分压力。改写为

$$\Delta_r G_m = RT\ln\frac{(p'_L/p^\ominus)^l(p'_M/p^\ominus)^m}{(p'_A/p^\ominus)^a(p'_B/p^\ominus)^b} - RT\ln\frac{(p_L/p^\ominus)^l(p_M/p^\ominus)^m}{(p_A/p^\ominus)^a(p_B/p^\ominus)^b}$$

令 $J_p = \dfrac{(p'_L/p^\ominus)^l(p'_M/p^\ominus)^m}{(p'_A/p^\ominus)^a(p'_B/p^\ominus)^b}$ (4-4-1)

而
$$K^{\ominus} = \frac{(p_L/p^{\ominus})^l (p_M/p^{\ominus})^m}{(p_A/p^{\ominus})^a (p_B/p^{\ominus})^b}$$

得
$$\Delta_r G_m = RT\ln J_p - RT\ln K^{\ominus} \tag{4-4-2}$$

此式称为理想气体化学反应等温方程式。此方程的意义在于,可以计算恒温条件下各反应组分分压力为任意指定数值 p'_B 时的摩尔反应吉布斯函数变 $\Delta_r G_m$,从而能够判断在所指定的压力条件下化学反应自动进行的方向。由等温方程式得知:

$J_p < K^{\ominus}$ 时,$\Delta_r G_m < 0$ 反应能自动进行

$J_p = K^{\ominus}$ 时,$\Delta_r G_m = 0$ 反应达到平衡

$J_p > K^{\ominus}$ 时,$\Delta_r G_m > 0$ 反应不能自动由左向右进行

等温方程式表明可以用 J_p 与 $K^{\ominus}$ 的对比来判断反应的方向与限度,因此提供了一种方便、实用的方法,因为 J_p 与 $K^{\ominus}$ 均能由实验测定。

例 4.4.1 已知反应 $C(s) + 2H_2(g) \Longrightarrow CH_4(g)$ 在 1 000 K 下的 $K^{\ominus} = 0.102\ 7$。若与 C(s) 反应的气体由 10%(体积)$CH_4(g)$、80% $H_2(g)$ 与 10% $N_2(g)$ 组成,问

(a)在 $T = 1\ 000$ K 及总压 $p = 101.325$ kPa 下,甲烷能否生成?

(b)在上述给定条件下,为使反应向甲烷生成方向进行,所需的最低压力是多少?

(c)在不改变 $H_2(g)$ 与 $CH_4(g)$ 的比例下,若将最初气体混合物中 $N_2(g)$ 之含量提高到 55%,试问此措施对生成甲烷是否有利?

解:(a)判断甲烷能否生成,就是判断反应能否自动向右进行的问题,需用化学反应等温方程式来计算。已知反应为

$$C(s) + 2H_2(g) \Longrightarrow CH_4(g)$$

$$\Delta_r G_m = RT\ln J_p - RT\ln K^{\ominus}$$

其中
$$J_p = \frac{p_{CH_4}/p^{\ominus}}{(p_{H_2}/p^{\ominus})^2} = \frac{0.1 \times 101.325\ \text{kPa}/100\ \text{kPa}}{(0.8 \times 101.325\ \text{kPa}/100\ \text{kPa})^2} = 0.154$$

所以
$$\Delta_r G_m = 8.314\ \text{J} \cdot \text{K}^{-1} \cdot \text{mol}^{-1} \times 1\ 000\ \text{K}(\ln 0.154 - \ln 0.102\ 7)$$
$$= 3.368\ \text{kJ} \cdot \text{mol}^{-1}$$

由计算知 $\Delta_r G_m > 0$,故反应不能自动向右进行,即 CH_4 在此条件下不能自动生成。

(b)根据(a)的计算结果,若使反应方向逆转,即能自动向右进行,需改变压力。随着压力的改变反应必须要经过平衡状态,下面计算反应刚好处于平衡状态时的

压力。此时,系统各组分的分压力分别为

$$p'_{CH_4} = 0.1p \quad p'_{H_2} = 0.8p$$

因为
$$\Delta_r G_m = RT\ln \frac{p'_{CH_4}/p^\ominus}{(p'_{H_2}/p^\ominus)^2} - RT\ln K^\ominus = 0$$

即
$$\ln \frac{p'_{CH_4}/p^\ominus}{(p'_{H_2}/p^\ominus)^2} = \ln K^\ominus$$

$$K^\ominus = (p'_{CH_4}/p^\ominus)/(p'_{H_2}/p^\ominus)^2 = (0.1p/p^\ominus)/(0.8p/p^\ominus)^2$$
$$= 0.1/(0.64p/p^\ominus) = 0.1p^\ominus/(0.64p)$$

则
$$p = 0.1p^\ominus/(0.64K^\ominus) = 0.1 \times 100 \text{ kPa}/(0.64 \times 0.102\ 7)$$
$$= 152.14 \text{ kPa}$$

所以压力必须大于 152.14 kPa 才能自动生成甲烷。

(c)由于 N_2 的含量增大,使 H_2 与 CH_4 两者的摩尔分数从 90% 下降到 45%。由于 H_2 与 CH_4 的比例保持不变,仍为 8:1 的关系,可知 45% 份额中,H_2 占 $(8/9) \times 0.45 = 0.40$,CH_4 占 0.05。

判断提高 N_2 的比例是否有利于 CH_4 生成,仍需利用等温方程。

$$\Delta_r G_m = RT\ln \{(p'_{CH_4}/p^\ominus)/(p'_{H_2}/p^\ominus)^2\} - RT\ln K^\ominus$$
$$= RT\left\{ \ln \frac{0.05p/p^\ominus}{(0.4p/p^\ominus)^2} - \ln K^\ominus \right\}$$
$$= 8.314 \text{ J} \cdot \text{K}^{-1} \cdot \text{mol}^{-1} \times 1\ 000 \text{ K}\left(\ln \frac{0.05 \times 100}{0.4^2 \times 101.325} - \ln 0.102\ 7\right)$$
$$= 9\ 142 \text{ J} \cdot \text{mol}^{-1}$$

计算结果表明,原料气中增加 $N_2(g)$ 的比例不利于甲烷的生成。

§4-5 利用热力学数据 $\Delta_r G_m^\ominus$ 计算标准平衡常数 $K^\ominus$

标准平衡常数 $K^\ominus$ 是化学平衡计算的关键数据,可以从实验测定。但是,如能利用现有的热力学数据并通过状态函数方法计算出 $K^\ominus$,则可大大节省实验所需的人力、物力与时间。下面讨论 $K^\ominus$ 与哪一个热力学状态函数有密切关系。

1.化学反应的标准摩尔反应吉布斯函数 $\Delta_r G_m^\ominus$

设有 A、B、L、M 四个组分,它们的反应为

$$\begin{array}{ccccccc}
& a\,A(g) & + & b\,B(g) & \Longrightarrow & l\,L(g) & + & m\,M(g) \\
\text{任意指定状态} & & & & & & & \\
\text{的分压力} & p^{\ominus} & & p^{\ominus} & & p^{\ominus} & & p^{\ominus}
\end{array}$$

在一定温度 T 下,指定反应系统各组分均处于标准状态,即每个组分的分压力都为 $p^{\ominus} = 100$ kPa。根据等温方程式得

$$\Delta_r G_m = RT\ln\left[\left(\frac{p^{\ominus}}{p^{\ominus}}\right)^l\left(\frac{p^{\ominus}}{p^{\ominus}}\right)^m\Bigg/\left\{\left(\frac{p^{\ominus}}{p^{\ominus}}\right)^a\left(\frac{p^{\ominus}}{p^{\ominus}}\right)^b\right\}\right] - RT\ln K^{\ominus}$$

$$= RT\ln 1 - RT\ln K^{\ominus}$$

所以 $\qquad \Delta_r G_m^{\ominus} = - RT\ln K^{\ominus}$ $\hfill$ (4-5-1)

式(4-5-1)是化学平衡这章中极重要的公式。当指定反应系统各组分的分压力皆为标准压力 $p^{\ominus}$ 且在此条件下进行了 1 mol 的反应进度时,系统的摩尔反应吉布斯函数变称为标准摩尔吉布斯函数,用 $\Delta_r G_m^{\ominus}$ 表示。式(4-5-1)的重要意义在于,当温度一定时,$K^{\ominus}$ 与 $\Delta_r G_m^{\ominus}$ 有关,如能求出 $\Delta_r G_m^{\ominus}$ 的数值,就可以用此式计算出 $K^{\ominus}$。应该指出,虽然 $\Delta_r G_m^{\ominus}$ 与 $K^{\ominus}$ 之间有式(4-5-1)的关系,但 $\Delta_r G_m^{\ominus}$ 是指反应系统中组分的分压力皆为标准压力并且反应进行了 1 mol 反应进度时之系统吉布斯函数变化,而不是系统处于平衡时反应进行 1 mol 反应进度的吉布斯函数变化。

2. 如何计算 $\Delta_r G_m^{\ominus}$

$\Delta_r G_m^{\ominus}$ 的数值可以通过实验测定来获得,这部分内容将在电化学部分讨论。这里主要讨论利用有关热力学的数据来求取 $\Delta_r G_m^{\ominus}$ 的方法。

1)由化学反应的 $\Delta_r H_m^{\ominus}$ 与 $\Delta_r S_m^{\ominus}$ 计算 $\Delta_r G_m^{\ominus}$

根据吉布斯函数定义,在恒温条件下,$\Delta_r G_m^{\ominus}$ 与 $\Delta_r H_m^{\ominus}$ 及 $\Delta_r S_m^{\ominus}$ 之间有如下关系:

$$\Delta_r G_m^{\ominus} = \Delta_r H_m^{\ominus} - T\Delta_r S_m^{\ominus}$$

若能求出反应在某温度 T 下的 $\Delta_r H_m^{\ominus}$ 及 $\Delta_r S_m^{\ominus}$,则可据上式求出 $\Delta_r G_m^{\ominus}$。$\Delta_r H_m^{\ominus}$ 计算可据式(2-7-2)或式(2-7-4),即

$$\Delta_r H_m^{\ominus} = \sum_B \nu_B \Delta_f H_m^{\ominus}(B、\beta、T)$$

或 $$\Delta_r H_m^{\ominus} = -\sum_B \nu_B \Delta_c H_m^{\ominus}(B、\beta、T)$$

$\Delta_r S_m^{\ominus}$ 计算可据式(3-5-4),即

$$\Delta_r S_m^{\ominus} = \sum_B \nu_B S_m^{\ominus}(B,\beta,T)$$

例4.5.1 已知反应 $i\text{-}C_4H_{10}(g) + C_2H_4(g) = C_6H_{14}(g)$ 在25 ℃下有关物质的热力学数据如下:

	$\Delta_f H_m^{\ominus}/kJ\cdot mol^{-1}$	$S_m^{\ominus}/J\cdot K^{-1}\cdot mol^{-1}$
$i\text{-}C_4H_{10}(g)$	-131.59	294.97
$C_2H_4(g)$	52.26	219.6
$C_6H_{14}(g)$	-185.56	358.57

求上述反应在25 ℃时的 $K^{\ominus}$。

解: 计算 $K^{\ominus}$ 须利用 $\Delta_r G_m^{\ominus} = -RT\ln K^{\ominus}$,首先需计算 $\Delta_r G_m^{\ominus}$。在恒温下,有下列关系:

$$\Delta_r G_m^{\ominus} = \Delta_r H_m^{\ominus} - T\Delta_r S_m^{\ominus}$$

据题给数据

$$\begin{aligned}
\Delta_r H_m^{\ominus} &= \sum_B \nu_B \Delta_f H_m^{\ominus} = \Delta_f H_m^{\ominus}(C_6H_{14},g,298.15\ K)\\
&\quad - \{\Delta_f H_m^{\ominus}(i\text{-}C_4H_{10},g,298.15\ K) + \Delta_f H_m^{\ominus}(C_2H_4,g,298.15\ K)\}\\
&= -185.56\ kJ\cdot mol^{-1} - (-131.59\ kJ\cdot mol^{-1} + 52.26\ kJ\cdot mol^{-1})\\
&= -106.23\ kJ\cdot mol^{-1}
\end{aligned}$$

同理

$$\begin{aligned}
\Delta_r S_m^{\ominus} &= \sum_B \nu_B S_m^{\ominus}(B,\beta,T)\\
&= S_m^{\ominus}(C_6H_{14},g,298.15\ K) - \{S_m^{\ominus}(i\text{-}C_4H_{10},g,298.15\ K)\\
&\quad + S_m^{\ominus}(C_2H_4,g,298.15\ K)\}\\
&= 358.57\ J\cdot K^{-1}\cdot mol^{-1} - (294.97\ J\cdot K^{-1}\cdot mol^{-1} + 219.6\ J\cdot K^{-1}\cdot mol^{-1})\\
&= -156.0\ J\cdot K^{-1}\cdot mol^{-1}
\end{aligned}$$

因此

$$\begin{aligned}
\Delta_r G_m^{\ominus} &= \Delta_r H_m^{\ominus} - T\Delta_r S_m^{\ominus}\\
&= -106.23\ kJ\cdot mol^{-1} - 298.15\ K(-156.0) \times 10^{-3}\ kJ\cdot K^{-1}\cdot mol^{-1}\\
&= -59.72\ kJ\cdot mol^{-1}
\end{aligned}$$

而 $$\Delta_r G_m^{\ominus} = -RT\ln K^{\ominus}$$

故 $$\ln K^{\ominus} = -\Delta_r G_m^{\ominus}/RT$$

$$= \frac{59\ 720\ J\cdot mol^{-1}}{8.314\ J\cdot K^{-1}\cdot mol^{-1} \times 298.15\ K} = 24.092$$

$$K^{\ominus} = 2.90 \times 10^{10}$$

2)由标准摩尔生成吉布斯函数 $\Delta_f G_m^{\ominus}$ 计算 $\Delta_r G_m^{\ominus}$

由 $\Delta_r H_m^{\ominus}$ 及 $\Delta_r S_m^{\ominus}$ 的数值求取 $\Delta_r G_m^{\ominus}$ 数值的方法比较繁琐。焓与吉布斯函数皆为状态函数,前已介绍任一化学反应的 $\Delta_r H_m^{\ominus}$ 可利用参加反应各物质的 $\Delta_f H_m^{\ominus}$ 来计算,因此,化学反应的标准摩尔反应吉布斯函数 $\Delta_r G_m^{\ominus}$ 同样也可由参与反应各物质的标准摩尔生成吉布斯函数 $\Delta_f G_m^{\ominus}$ 来计算。

在温度为 T、参加反应各物质均处在标准状态下,由稳定相态单质生成 1 mol 指定 β 相态的化合物时,这一生成反应的标准摩尔反应吉布斯函数称为该化合物的标准摩尔生成吉布斯函数,用符号 $\Delta_f G_m^{\ominus}(B, \beta, T)$ 表示。一般的化学、化工手册均列有各物质的 $\Delta_f G_m^{\ominus}(B, \beta, T)$ 数据,本书附录七也列有部分物质的 $\Delta_f G_m^{\ominus}(B, \beta, T)$ 数据。

一个化学反应的 $\Delta_r G_m^{\ominus}$ 可通过查出参与反应各物质的 $\Delta_f G_m^{\ominus}(B, \beta, T)$,然后按下式求出。

$$\Delta_r G_m^{\ominus} = \sum_B \nu_B \Delta_f G_m^{\ominus}(B, \beta, T) \tag{4-5-2}$$

例 4.5.2 在 600 K 下于抽空容器中放入过量的 $CaCO_3(s)$,其分解反应为 $CaCO_3(s) = CaO(s) + CO_2(g)$,求 600 K 下反应达平衡时系统 $CO_2(g)$ 的压力。已知 600 K 下 $CaCO_3(s)$、$CaO(s)$ 及 $CO_2(g)$ 的 $\Delta_f G_m^{\ominus}$ 值依次为 $-1\,128.8$、-604.2 及 -394.4 $kJ \cdot mol^{-1}$。

解: $CaCO_3(s) \rightleftharpoons CaO(s) + CO_2(g)$ 反应是有纯固态物质参与的理想气体化学反应,其标准平衡常数 $K^{\ominus}$ 只需用气体平衡分压表示,即

$$K^{\ominus} = p_{CO_2} / p^{\ominus}$$

因此,求分解达平衡时系统的 p_{CO_2} 也就是求 $K^{\ominus}$,而求 $K^{\ominus}$ 需有该反应的 $\Delta_r G_m^{\ominus}$ 数值。$\Delta_r G_m^{\ominus}$ 可用题给各物质 $\Delta_f G_m^{\ominus}$ 数据按下式求得,即

$$\begin{aligned}
\Delta_r G_m^{\ominus} &= \sum_B \nu_B \Delta_f G_m^{\ominus}(B, \beta, T) \\
&= \Delta_f G_m^{\ominus}(CO_2, g, 600\ K) + \Delta_f G_m^{\ominus}(CaO, s, 600\ K) - \Delta_f G_m^{\ominus}(CaCO_3, s, 600\ K) \\
&= -394.4\ kJ \cdot mol^{-1} + (-604.2\ kJ \cdot mol^{-1}) - (-1\,128.8\ kJ \cdot mol^{-1}) \\
&= 130.20\ kJ \cdot mol^{-1}
\end{aligned}$$

再据

$$\Delta_r G_m^{\ominus} = -RT \ln K^{\ominus}$$

则
$$\ln K^{\ominus} = \frac{-\Delta_r G_m^{\ominus}}{RT} = \frac{-130\ 200\ \text{J} \cdot \text{mol}^{-1}}{8.314\ \text{J} \cdot \text{K}^{-1} \cdot \text{mol}^{-1} \times 600\ \text{K}} = -26.10$$

$$K^{\ominus} = 4.62 \times 10^{-12}$$

所以
$$p_{CO_2} = K^{\ominus} p^{\ominus} = 4.62 \times 10^{-10}\ \text{kPa}$$

3)由有关化学反应的 $\Delta_r G_m^{\ominus}$ 来求所需化学反应的 $\Delta_r G_m^{\ominus}$

因吉布斯函数为状态函数,所以,要计算某化学反应的 $\Delta_r G_m^{\ominus}$,可以通过与该反应有关的而且 $\Delta_r G_m^{\ominus}$ 已知的化学反应相加减求得。

例4.5.3 已知在452 K 时,下列反应的 $K^{\ominus}$:

反应(1)　$2NOCl(g) + I_2(g) \Longrightarrow 2NO(g) + 2ICl(g)$　　　$K_1^{\ominus} = 17.6$

反应(2)　$2NOCl(g) \Longrightarrow 2NO(g) + Cl_2(g)$　　　　　　$K_2^{\ominus} = 0.002\ 6$

求 452 K 下反应(3)　$2ICl(g) \Longrightarrow I_2(g) + Cl_2(g)$ 的 $K_3^{\ominus}$ 与 $\Delta_r G_m^{\ominus}(3)$。

解:计算反应(3)的 $K^{\ominus}$ 与 $\Delta_r G_m^{\ominus}$,依题给数据只能利用有关的反应(1)与反应(2)的 $K_1^{\ominus}$ 与 $K_2^{\ominus}$。第一步需通过有关反应式的加减得到所求反应。反应(2) – 反应(1) = 反应(3)。

$$2NOCl(g) \Longrightarrow 2NO(g) + Cl_2(g) \qquad K_2^{\ominus}, \Delta_r G_m^{\ominus}(2)$$

$$-)\ 2NOCl(g) + I_2(g) \Longrightarrow 2NO(g) + 2ICl(g) \qquad K_1^{\ominus}, \Delta_r G_m^{\ominus}(1)$$

$$2ICl(g) \Longrightarrow I_2(g) + Cl_2(g) \qquad K_3^{\ominus}, \Delta_r G_m^{\ominus}(3)$$

注意:虽然反应(3)由反应(2)减去反应(1)而得,但 $K_2^{\ominus} - K_1^{\ominus} = K_3^{\ominus}$ 却不能成立。只有状态函数的变化值在始终态确定后与反应途径无关,才具有加和性,而 $K^{\ominus}$ 不是状态函数,不能直接加减。吉布斯函数 G 为状态函数,故只有 $\Delta_r G_m^{\ominus}$ 才可以相加减。即

$$\Delta_r G_m^{\ominus}(3) = \Delta_r G_m^{\ominus}(2) - \Delta_r G_m^{\ominus}(1)$$

而
$$\Delta_r G_m^{\ominus} = -RT\ln K^{\ominus}$$

因此
$$-RT\ln K_3^{\ominus} = -RT\ln K_2^{\ominus} - (-RT\ln K_1^{\ominus})$$

$$K_3^{\ominus} = K_2^{\ominus}/K_1^{\ominus} = \frac{0.002\ 6}{17.6} = 1.5 \times 10^{-4}$$

所以
$$\Delta_r G_m^{\ominus}(3) = -RT\ln K_3^{\ominus}$$

$$= -8.314\ \text{J} \cdot \text{K}^{-1} \cdot \text{mol}^{-1} \times 452\ \text{K} \times \ln(1.5 \times 10^{-4})$$

$$= 33.1\ \text{kJ} \cdot \text{mol}^{-1}$$

§4-6 温度对平衡常数的影响——化学反应等压方程

标准平衡常数 $K^{\ominus}$ 不仅可由实验测定,而且还能利用热力学基本数据算出。不过,手册上的热力学基础数据多为 298.15 K 时的数值,但实际需要的往往是不同温度下的 $K^{\ominus}$ 值,这就需要掌握如何利用 298.15 K 时的 $K^{\ominus}$ 求取任意温度 T 时的 $K^{\ominus}(T)$。

1.吉布斯-亥姆霍兹方程

要想找出 $K^{\ominus}$ 与温度的关系,需先找 $\Delta_r G_m^{\ominus}$ 与 T 的关系。设某化学反应,参加反应的各组分均处于温度 T 的标准状态下,某反应关系如下式:

$$
\underset{G_m^{\ominus}(A), S_m^{\ominus}(A), p^{\ominus}}{a A} + \underset{G_m^{\ominus}(B), S_m^{\ominus}(B), p^{\ominus}}{b B} \xrightleftharpoons[\Delta_r G_m^{\ominus}, \Delta_r H_m^{\ominus}, \Delta_r S_m^{\ominus}]{T} \underset{G_m^{\ominus}(L), S_m^{\ominus}(L), p^{\ominus}}{l L} + \underset{G_m^{\ominus}(M), S_m^{\ominus}(M), p^{\ominus}}{m M}
$$

当在温度 T 和保持各反应组分 A、B、L、M 的分压力为标准压力及反应进行了 1 mol 反应进度时,反应系统的标准摩尔吉布斯函数为

$$
\Delta_r G_m^{\ominus} = l G_m^{\ominus}(L) + m G_m^{\ominus}(M) - a G_m^{\ominus}(A) - b G_m^{\ominus}(B)
$$

若保持各反应组分的压力仍为 $p^{\ominus}$,但将反应的温度提高到 $(T + dT)$,此时反应仍进行 1 mol 反应进度时,反应的标准摩尔吉布斯函数就不是 $\Delta_r G_m^{\ominus}(T)$ 而是 $\Delta_r G_m^{\ominus}(T + dT)$,两者之差为 $d\Delta_r G_m^{\ominus}$,如下式所示:

$$
\underset{G_m^{\ominus}(A) + dG_m^{\ominus}(A)}{a A} + \underset{G_m^{\ominus}(B) + dG_m^{\ominus}(B)}{b B} \xrightleftharpoons[\Delta_r G_m^{\ominus} + d\Delta_r G_m^{\ominus}]{T + dT} \underset{G_m^{\ominus}(L) + dG_m^{\ominus}(L)}{l L} + \underset{G_m^{\ominus}(M) + dG_m^{\ominus}(M)}{m M}
$$

从上式可知,$d\Delta_r G_m^{\ominus}$ 的产生是参加反应的各组分因温度改变 dT 而引起每个组分的 $G_m^{\ominus}$ 发生了 $dG_m^{\ominus}$ 变化的结果,即

$$
d\Delta_r G_m^{\ominus} = l dG_m^{\ominus}(L) + m dG_m^{\ominus}(M) - a dG_m^{\ominus}(A) - b dG_m^{\ominus}(B)
$$

任一纯组分的 $dG_m^{\ominus}(B)$ 是指 1 mol 纯物质在标准压力 $p^{\ominus}$ 恒定下,因温度变化 dT 而引起的该物质吉布斯函数的变化。由热力学基本方程可知,$dG_m^{\ominus}(B) = -S_m^{\ominus}(B)dT$,即

$$
\left\{\frac{\partial G_m^{\ominus}(L)}{\partial T}\right\}_p = -S_m^{\ominus}(L), \left\{\frac{\partial G_m^{\ominus}(M)}{\partial T}\right\}_p = -S_m^{\ominus}(M),
$$

$$\left\{\frac{\partial G_m^{\ominus}(\mathrm{A})}{\partial T}\right\}_p = -S_m^{\ominus}(\mathrm{A}), \left\{\frac{\partial G_m^{\ominus}(\mathrm{B})}{\partial T}\right\}_p = -S_m^{\ominus}(\mathrm{B})$$

因而

$$(\mathrm{d}\Delta_r G_m^{\ominus})_p = -\{lS_m^{\ominus}(\mathrm{L}) + mS_m^{\ominus}(\mathrm{M}) - aS_m^{\ominus}(\mathrm{A}) - bS_m^{\ominus}(\mathrm{B})\}\mathrm{d}T$$
$$= -\Delta_r S_m^{\ominus}\mathrm{d}T$$

$$\left(\frac{\partial \Delta_r G_m^{\ominus}}{\partial T}\right) = -\Delta_r S_m^{\ominus} \tag{4-6-1}$$

再据

$$\Delta_r G_m^{\ominus} = \Delta_r H_m^{\ominus} - T\Delta_r S_m^{\ominus}$$

$$\left(\frac{\partial \Delta_r G_m^{\ominus}}{\partial T}\right)_p = \frac{\Delta_r G_m^{\ominus} - \Delta_r H_m^{\ominus}}{T} \tag{4-6-2}$$

若反应各组分的压力不是 $p^{\ominus}$,而是任意指定为 p_A'、p_B'、p_L'、p_M'时,则式(4-6-1)与式(4-6-2)中的 $\Delta_r G_m^{\ominus}$、$\Delta_r S_m^{\ominus}$ 与 $\Delta_r H_m^{\ominus}$ 应换成 $\Delta_r G_m$、$\Delta_r S_m$ 和 $\Delta_r H_m$,上两式改写为

$$\left(\frac{\partial \Delta_r G_m}{\partial T}\right)_p = -\Delta_r S_m \tag{4-6-3}$$

或

$$\left(\frac{\partial \Delta_r G_m}{\partial T}\right)_p = \frac{\Delta_r G_m - \Delta_r H_m}{T} \tag{4-6-4}$$

式(4-6-3)和式(4-6-4)均称吉布斯-亥姆霍兹方程。它表示在压力、组成恒定时,指定状态下的化学反应的摩尔吉布斯函数变 $\Delta_r G_m$ 随温度的变化率,等于在该温度下化学反应的摩尔反应熵变的减少值。此方程是推导平衡常数随温度变化的基础。

2.等压方程——$K^{\ominus}$ 与 T 的关系式

化学反应的 $K^{\ominus}$ 与 $\Delta_r G_m^{\ominus}$ 有以下关系:

$$\Delta_r G_m^{\ominus} = -RT\ln K^{\ominus}$$

对上式取微分,得

$$\left(\frac{\partial \Delta_r G_m^{\ominus}}{\partial T}\right)_p = -R\ln K^{\ominus} - RT\left(\frac{\partial \ln K^{\ominus}}{\partial T}\right)_p$$

而

$$\left(\frac{\partial \Delta_r G_m^{\ominus}}{\partial T}\right)_p = \frac{\Delta_r G_m^{\ominus} - \Delta_r H_m^{\ominus}}{T}$$

故 $\quad \Delta_r G_m^{\ominus} - \Delta_r H_m^{\ominus} = -RT\ln K^{\ominus} - RT^2\left(\dfrac{\partial \ln K^{\ominus}}{\partial T}\right)_p$

整理得 $\quad \left(\dfrac{\partial \ln K^{\ominus}}{\partial T}\right)_p = \dfrac{\Delta_r H_m^{\ominus}}{RT^2}$ (4-6-5)

式(4-6-5)称范特霍夫(Van't Hoff)等压方程,$\Delta_r H_m^{\ominus}$ 为反应的标准摩尔反应焓差。式(4-6-5)既关联了 $K^{\ominus}$ 与 T,又指出了 $K^{\ominus}$ 随温度变化是增大还是减小则与标准摩尔反应焓差的正负号有关。当 $\Delta_r H_m^{\ominus} > 0$,是吸热反应,则 $\left(\dfrac{\partial \ln K^{\ominus}}{\partial T}\right)_p > 0$,说明 $K^{\ominus}$ 随温度升高而升高,平衡右移,有利于反应向产物方向转移;$\Delta_r H_m^{\ominus} < 0$,是放热反应,则 $\left(\dfrac{\partial \ln K^{\ominus}}{\partial T}\right)_p < 0$,说明 $K^{\ominus}$ 随温度升高而下降,平衡左移,不利于产物的生成。

3.等压方程的应用

等压方程除可以分析温度改变对化学平衡的影响外,更重要的是它可以计算任意温度下的 $K^{\ominus}(T)$ 或 $\Delta_r H_m^{\ominus}(T)$。

(1)当温度变化范围较小,$\Delta_r H_m^{\ominus}$ 随温度的变化可以忽略,或者在所讨论温度范围内,$\Delta_r H_m^{\ominus}$ 作为常数处理可满足要求情况下,将式(4-6-5)进行不定积分与定积分。

不定积分 $\quad \displaystyle\int \mathrm{d}\ln K^{\ominus} = \int \dfrac{\Delta_r H_m^{\ominus}}{RT^2}\mathrm{d}T = \dfrac{\Delta_r H_m^{\ominus}}{R}\int \dfrac{\mathrm{d}T}{T^2}$

$\qquad\qquad \ln K^{\ominus} = -\dfrac{\Delta_r H_m^{\ominus}}{RT} + C$ (4-6-6)

定积分 $\quad \displaystyle\int_{K_1^{\ominus}}^{K_2^{\ominus}} \mathrm{d}\ln K^{\ominus} = \int_{T_1}^{T_2} \dfrac{\Delta_r H_m^{\ominus}}{RT^2}\mathrm{d}T$

$\qquad\qquad \ln \dfrac{K_2^{\ominus}}{K_1^{\ominus}} = -\dfrac{\Delta_r H_m^{\ominus}}{R}\left(\dfrac{1}{T_2} - \dfrac{1}{T_1}\right)$ (4-6-7)

式(4-6-6)多用于实验数据较多时,通过作 $\ln K^{\ominus}$ 对 $1/T$ 的作图,可由所得直线斜率较准确地求出 $\Delta_r H_m^{\ominus}$。式(4-6-7)常用于已知标准摩尔反应焓 $\Delta_r H_m^{\ominus}$ 及温度 T_1 时的 $K_1^{\ominus}$,求任一温度 T_2 时的 $K_2^{\ominus}$;也可由已知两个温度下的 $K^{\ominus}$ 求 $\Delta_r H_m^{\ominus}$。

例 4.6.1 在 1 137 K、101.325 kPa，反应 $Fe(s) + H_2O(g) \Longrightarrow FeO(s) + H_2(g)$ 达平衡时，$H_2(g)$ 的平衡分压力 $p_{H_2} = 60.0$ kPa；压力不变而将反应温度升高至 1 298 K 时，平衡分压力 $p'_{H_2} = 56.93$ kPa。求：

(a)1 173 K ~ 1 298 K 范围内上述反应的标准摩尔反应焓 $\Delta_r H_m^\ominus$ 在此温度范围内为常数。

(b)1 200 K 下上述反应的 $\Delta_r G_m^\ominus (1\ 200\ K)$。

解:(a)反应　　　$Fe(s) + H_2O(g) \Longrightarrow FeO(s) + H_2(g)$

平衡时 1 137 K　　　　　41.325 kPa　　　　60.0 kPa

　　　　1 298 K　　　　　44.40 kPa　　　　56.93 kPa

1 137 K 时　　$K_1^\ominus = \dfrac{p_{H_2}/p^\ominus}{p_{H_2O}/p^\ominus} = \dfrac{60.0\ \text{kPa}/100\ \text{kPa}}{41.325\ \text{kPa}/100\ \text{kPa}} = 1.452$

1 298 K 时　　$K_2^\ominus = \dfrac{p'_{H_2}/p^\ominus}{p'_{H_2O}/p^\ominus} = \dfrac{56.93\ \text{kPa}/100\ \text{kPa}}{44.40\ \text{kPa}/100\ \text{kPa}} = 1.282$

$$\ln \frac{K_2^\ominus}{K_1^\ominus} = -\frac{\Delta_r H_m^\ominus}{R}\left(\frac{1}{T_2} - \frac{1}{T_1}\right)$$

改写成　　　　$\Delta_r H_m^\ominus = \dfrac{RT_2T_1}{T_2 - T_1}\ln(K_2^\ominus/K_1^\ominus)$

$$= \frac{8.314\ \text{J}\cdot\text{K}^{-1}\cdot\text{mol}^{-1} \times 1\ 298\ \text{K} \times 1\ 137\ \text{K}}{(1\ 298\ \text{K} - 1\ 137\ \text{K})}\ln\frac{1.282}{1.452}$$

$$= -9\ 490\ \text{J}\cdot\text{mol}^{-1}$$

(b)$T_3 = 1\ 200$ K，$K_3^\ominus$ 的计算为

$$\ln K_3^\ominus = \ln K_1^\ominus + \frac{\Delta_r H_m^\ominus}{R}\left(\frac{T_2 - T_1}{T_1 T_2}\right)$$

$$= \ln 1.452 + \frac{-9\ 490\ \text{J}\cdot\text{mol}^{-1}}{8.314\ \text{J}\cdot\text{K}^{-1}\cdot\text{mol}^{-1}}\left(\frac{1\ 200\ \text{K} - 1\ 137\ \text{K}}{1\ 200\ \text{K} \times 1\ 137\ \text{K}}\right)$$

$$= 0.320\ 2$$

则　　　　　　　$K_3^\ominus = 1.377$

所以　　　　$\Delta_r G_m^\ominus(1\ 200\ K) = -RT\ln K_3^\ominus$

$$= -8.314\ \text{J}\cdot\text{K}^{-1}\cdot\text{mol}^{-1} \times 1\ 200\ \text{K} \times \ln 1.377$$

$$= -3.195\ \text{kJ}\cdot\text{mol}^{-1}$$

例 4.6.2 $CaCO_3(s)$ 分解反应为：$CaCO_3(s) \Longrightarrow CaO(s) + CO_2(g)$，为使分解达平衡时的 $CO_2(g)$ 压力不低于 101.325 kPa，此时反应的温度为多少？设 $\Delta_r H_m^\ominus$ 与温

度无关。已知 298.15 K 下的有关数据如下：

	$CaCO_3(s)$	$CaO(s)$	$CO_2(g)$
$\Delta_f H_m^\ominus / kJ \cdot mol^{-1}$	$-1\,206.8$	-635.5	-393.51
$S_m^\ominus / J \cdot K^{-1} \cdot mol^{-1}$	92.9	39.7	213.639

解：因为 $CaCO_3(s)$ 分解反应的产物中只有 $CO_2(g)$，所以 $K^\ominus = p_{CO_2}/p^\ominus$。题目要求的是平衡压力(101.325 kPa)下的温度，即 $K_2^\ominus$ 所对应的温度 T_2，故用下式求解。

$$\ln(K_2^\ominus/K_1^\ominus) = -\frac{\Delta_r H_m^\ominus}{R}\left(\frac{1}{T_2} - \frac{1}{T_1}\right)$$

为求 T_2，应根据题给数据求出 $K_1^\ominus$、$K_2^\ominus$ 及 $\Delta_r H_m^\ominus$。

$$\Delta_r H_m^\ominus = \sum_B \Delta_f H_m^\ominus = \Delta_f H_m^\ominus(CO_2, g, 298.15\,K) + \Delta_f H_m^\ominus(CaO, s, 298.15\,K)$$
$$- \Delta_f H_m^\ominus(CaCO_3, s, 298.15\,K)$$
$$= -393.51\,kJ \cdot mol^{-1} + (-635.5\,kJ \cdot mol^{-1}) - (-1\,206.8\,kJ \cdot mol^{-1})$$
$$= 177.79\,kJ \cdot mol^{-1}$$

$K_1^\ominus$ 的求取是依据 $\Delta_r G_m^\ominus(T_1) = -RT\ln K_1^\ominus$，而 $\Delta_r G_m^\ominus(T_1)$ 的计算则按下式进行，即

$$\Delta_r G_m^\ominus(298.15\,K) = \Delta_r H_m^\ominus(298.15\,K) - T_1 \Delta_r S_m^\ominus(298.15\,K)$$
$$\Delta_r S_m^\ominus(298.15\,K) = \sum_B \nu_B S_m^\ominus(298.15\,K)$$
$$= S_m^\ominus(CO_2, g, 298.15\,K) + S_m^\ominus(CaO, s, 298.15\,K) - S_m^\ominus(CaCO_3, s, 298.15\,K)$$

或

$$-R \times 298.15\,K \times \ln K_1^\ominus = \Delta_r H_m^\ominus(298.15\,K) - 298.15\,K \times \Delta_r S_m^\ominus(298.15\,K)$$

$$\ln K_1^\ominus = \frac{-\Delta_r H_m^\ominus(298.15\,K)}{R \times 298.15\,K} + \frac{\Delta_r S_m^\ominus(298.15\,K)}{R}$$
$$= -\frac{1}{8.314\,J \cdot K^{-1}mol^{-1}}\left(\frac{177\,790\,J \cdot mol^{-1}}{298.15\,K} - 160.44\,J \cdot K^{-1} \cdot mol^{-1}\right)$$
$$= -52.426$$
$$K_1^\ominus = 1.70 \times 10^{-23}$$

而

$$K_2^\ominus = p_{CO_2}/p^\ominus = \frac{101.325\,kPa}{100\,kPa} = 1.013$$

因此

$$\ln(K_2^\ominus/K_1^\ominus) = -\frac{\Delta_r H_m^\ominus}{R}\left(\frac{1}{T_2} - \frac{1}{T_1}\right)$$

$$\frac{1}{T_2} = \frac{1}{T_1} - \frac{R}{\Delta_r H_m^\ominus} \times \ln\frac{K_2^\ominus}{K_1^\ominus}$$

$$= \frac{1}{298.15 \text{ K}} - \frac{8.314 \text{ J·K}^{-1}\cdot\text{mol}^{-1}}{177\,790 \text{ J·K}^{-1}\cdot\text{mol}^{-1}} \times \ln \frac{1.013}{1.70 \times 10^{-23}}$$

$$= 9.016\,8 \times 10^{-4} \text{ K}^{-1}$$

所以　　　$T_2 = 1\,109$ K

(2)当温度变化范围很大,$\Delta_r H_m^{\ominus}$ 不能视为常数或要求精确计算时,必须将 $\Delta_r H_m^{\ominus}$ 与温度的函数关系代入等压方程中进行积分。

例 4.6.3　反应$(CH_3)_2CO(g) + H_2(g) \rightleftharpoons (CH_3)_2CHOH(g)$在 457.4 K 时的 $K^{\ominus}$ = 2.78。已知该反应的 $\Delta_r H_m^{\ominus}(298.15 \text{ K}) = 61.50 \text{ kJ·mol}^{-1}$, $\Delta_r C_{p,m} = -16.74 \text{ J·K}^{-1} \cdot \text{mol}^{-1}$。

(a)试导出 $\ln K^{\ominus} = f(T)$ 的关系式;

(b)计算 500 K 时的 $K^{\ominus}$。

解:由于 $\Delta_r C_{p,m} \neq 0$,所以 $\Delta_r H_m^{\ominus}$ 是随温度而变的,根据 $\dfrac{d\Delta_r H_m^{\ominus}}{dT} = \Delta_r C_{p,m}$

$$d\Delta_r H_m^{\ominus} = \Delta_r C_{p,m} dT$$

$\Delta_r C_{p,m}$ 为常数,将上式积分,得

$$\int \Delta_r H_m^{\ominus} = \int \Delta_r C_{p,m} dT$$

得

$$\Delta_r H_m^{\ominus} = \Delta_r C_{p,m} T + C$$

将此式代入等压方程得

$$\frac{d\ln K^{\ominus}}{dT} = \frac{\Delta_r C_{p,m}}{RT} + \frac{C}{RT^2}$$

$$d\ln K^{\ominus} = \frac{\Delta_r C_{p,m}}{RT} dT + \frac{C}{RT^2} dT$$

积分上式

$$\ln K^{\ominus} = \frac{\Delta_r C_{p,m}}{R} \ln (T/\text{K}) - \frac{C}{RT} + C'$$

将 $\Delta_r H_m^{\ominus}(298.15 \text{ K})$、$\Delta_r C_{p,m}$ 及 298.15 K 代入 $\Delta_r H_m^{\ominus} = \Delta_r C_{p,m} T + C$ 中,即求出 C。

$$C = \Delta_r H_m^{\ominus} - \Delta_r C_{p,m} T$$

$$= 61\,500 \text{ J·mol}^{-1} + 16.74 \text{ J·K}^{-1}\cdot\text{mol}^{-1} \times 298.15 \text{ K}$$

$$= 66\,491 \text{ J·mol}^{-1}$$

求取 C' 是将 457.4 K 的 $K^{\ominus}$ 与 C 的数值代入下式。

$$C' = \ln K^{\ominus} + \frac{C}{RT} - \frac{\Delta_r C_{p,m}}{R} \ln (T/\text{K})$$

$$= \ln 2.78 + \frac{66\ 491\ J \cdot mol^{-1}}{8.314\ J \cdot K^{-1} \cdot mol^{-1} \times 457.4\ K} - \frac{-16.74\ J \cdot K^{-1} \cdot mol^{-1}}{8.314\ J \cdot K^{-1} \cdot mol} \ln 457.4$$

$$= 30.84$$

所以 $\qquad \ln K^{\ominus} = -\dfrac{7\ 997.47}{T/K} - 2.013 \ln T/K + 30.84$

(b)求 500 K 时的 $K^{\ominus}$，只需将 500 K 值代入上式，即

$$\ln K^{\ominus} = -\frac{7\ 997.47\ K}{500\ K} - 2.013 \ln 500 + 30.84 = 2.335$$

所以 $\qquad K^{\ominus} = 10.33$

由此例可知，$\Delta_r H_m^{\ominus}$ 不能作为常数处理时，首先应找出 $\Delta_r H_m^{\ominus}$ 与 T 的关系式，将该关系式代入等压方程中并进行积分，这样就可得 $K^{\ominus}$ 与 T 的关系式。

§4-7　其它因素对化学平衡的影响

温度对化学平衡的影响体现在温度对 $K^{\ominus}$ 的影响。当反应温度不变而改变平衡系统的总压力或添加反应物、产物及惰性组分时，原有的平衡状态被破坏，反应将向新的平衡态转移，直到重新达平衡为止。

1.压力的影响

设带活塞的气缸中有某理想气体化学反应且达到了平衡状态，系统的压力为 p_1。反应温度不变时若将反应系统的压力增大到 p_2，则反应原有平衡被破坏，那么平衡将朝哪一方向转移呢？

对于理想气体化学反应，温度一定则 $K^{\ominus}$ 一定，与系统的压力无关。按式(4-2-6)

$$K^{\ominus} = K_y (p/p^{\ominus})^{\Sigma \nu_B} = \prod_B y_B^{\nu_B} (p/p^{\ominus})^{\Sigma \nu_B}$$

对 $\Sigma \nu_B < 0$ 的反应(分子数减少)，当反应系统压力 p 增大时，$(p/p^{\ominus})^{\Sigma \nu}$ 随压力增大而变小，因 $K^{\ominus}$ 为定值，所以，K_y 必须增大才能与 $(p/p^{\ominus})^{\Sigma \nu}$ 乘积等于 $K^{\ominus}$。K_y 增大，表明在新的平衡总压下，产物在新的平衡态中的组成大于原平衡状态中该产物的组成，平衡应向生成物的方向移动。

对于 $(p/p^{\ominus})^{\Sigma\nu_B} > 0$ 的反应(分子数增加),当 p 增大时,$(p/p^{\ominus})^{\Sigma\nu}$ 随压力增大而增大,只有 K_y 变小才能与 $(p/p^{\ominus})^{\Sigma\nu}$ 的乘积等于 $K^{\ominus}$。K_y 变小说明在新的平衡总压下,产物的摩尔分数减少而反应物的摩尔分数增加,平衡应向生成反应物的方向转移。

对于 $\Sigma\nu_B = 0$ 的反应,$(p/p^{\ominus})^{\Sigma\nu_B} = 1$,因此 $K^{\ominus} = K_y$,压力的改变对平衡无影响。

例 4.7.1 在 0 ℃、101.325 kPa 下,$N_2O_4(g)$ 离解为 $NO_2(g)$ 的解离度 α 为 0.11,求:

(a)在 0 ℃ 下 $N_2O_4(g) \rlap{=}{=} 2NO_2(g)$ 的 $K^{\ominus}$;

(b)保持温度不变,将反应压力从 $p_1 = 101.325$ kPa 降至 $p_2 = 81.060$ kPa 时,$N_2O_4(g)$ 的解离度变化多少?

(c)在 0 ℃ 下若使 $N_2O_4(g)$ 的解离度改变为 0.08,反应压力将改变到多大?

解:(a)反应

$$N_2O_4(g) \quad \rlap{=}{=} \quad 2NO_2(g)$$

反应前 $\qquad\qquad 1 \qquad\qquad\qquad 0$

平衡时 $\qquad\qquad 1-\alpha \qquad\qquad 2\alpha$

$$\Sigma n_B = 1 - \alpha + 2\alpha = 1 + \alpha$$

$$K^{\ominus} = \frac{\left(\dfrac{2\alpha}{1+\alpha}\right)^2}{\dfrac{1-\alpha}{1+\alpha}}(p/p^{\ominus}) = \frac{\left(\dfrac{2 \times 0.11}{1+0.11}\right)^2}{\dfrac{1-0.11}{1+0.11}} \times \frac{101.325 \text{ kPa}}{100 \text{ kPa}} = 0.049\,6$$

(b)因温度不变,故 $K^{\ominus}$ 值不变。设新压力 p' 下的解离度为 α',则

$$K^{\ominus} = \frac{\left(\dfrac{2\alpha'}{1+\alpha'}\right)^2}{\dfrac{1-\alpha'}{1+\alpha'}}(p'/p^{\ominus}) = \frac{4\,\alpha'^2}{1-\alpha'^2}(p'/p^{\ominus})$$

$$4\,\alpha'^2 = \frac{p^{\ominus}}{p'}K^{\ominus}(1-\alpha'^2) = \frac{p^{\ominus}}{p'}K^{\ominus} - \frac{p^{\ominus}}{p'}K^{\ominus}\alpha'^2$$

$$\alpha' = \left\{\frac{p^{\ominus}}{p'}K^{\ominus}\bigg/\left(4 + \frac{p^{\ominus}}{p'}K^{\ominus}\right)\right\}^{1/2}$$

$$= \left\{\frac{100 \text{ kPa}}{81.060 \text{ kPa}} \times 0.049\,6\bigg/\left(4 + \frac{100 \text{ kPa}}{81.060 \text{ kPa}} \times 0.049\,6\right)\right\}^{1/2} = 0.123$$

$$\frac{\alpha'-\alpha}{\alpha} = \frac{0.123-0.11}{0.11} = 11.8\%$$

解离度增大了 11.8%。

(c)将 $\alpha = 0.08$ 代入下式：

$$K^{\ominus} = \frac{4\alpha^2}{1-\alpha^2}(p/p^{\ominus})$$

$$p = p^{\ominus}K^{\ominus}(1-\alpha^2)/4\alpha^2$$

$$= 100 \text{ kPa} \times 0.049\,6(1-0.08^2)/(4 \times 0.08^2)$$

$$= 192.51 \text{ kPa}$$

2. 在 T、p 恒定下惰性组分的影响

惰性组分是指系统内不参加反应的组分。在系统的温度、压力不变的条件下，向反应平衡系统中加入惰性组分时，是否会对反应平衡产生影响？如发生影响，则惰性气体的加入会起什么作用？

对于理想气体化学反应，可由式(4-2-8)进行分析，即

$$K^{\ominus} = K_n \{p/(p^{\ominus}\Sigma n_B)\}^{\Sigma \nu_B}$$

在 T、p 一定下，对于 $\Sigma \nu_B < 0$ 的反应，惰性气体的加入使 Σn_B 变大，于是 $\{p/(p^{\ominus}\Sigma n_B)\}^{\Sigma \nu_B}$ 增大，K_n 必须变小才与 $\{p/(p^{\ominus}\Sigma n_B)\}^{\Sigma \nu_B}$ 的乘积等于 $K^{\ominus}$（温度一定，$K^{\ominus}$ 不变），故平衡向反应物方向转移。就是说，加入惰性气体所起的作用相当于反应系统总压减小，即增加惰性组分有利于气体物质的量增大的反应，不利于气体物质的量减小的反应。

例如合成氨反应：$\frac{1}{2}N_2(g) + \frac{3}{2}H_2(g) \longrightarrow NH_3(g)$，惰性组分对氨的生成不利，因此生产中不希望惰性气体存在。而对于 $\Sigma \nu_B > 0$ 的反应，加入惰性气体能增加产物。例如乙苯脱氢制苯乙烯反应：$C_6H_5C_2H_5(g) \longrightarrow C_6H_5C_2H_3(g) + H_2(g)$，是 $\Sigma \nu_B > 0$ 反应，为了有利于苯乙烯的生成，常通入大量惰性组分水蒸气。

例 4.7.2 在一定温度和 101.325 kPa 下，一定量 $PCl_5(g)$ 的体积为 1 dm^3，此时有 50% 的 $PCl_5(g)$ 解离为 $PCl_3(g)$ 和 $Cl_2(g)$。求在下列情况下，$PCl_5(g)$ 的解离度是增加还是减少？

(a)降低压力使体积变为 2 dm^3；

(b)保持 101.325 kPa 不变，通入 $N_2(g)$ 使体积变为 2 dm^3。

解：解这类题一定要有 $K^{\ominus}$ 数值，因为需利用 $K^{\ominus}$ 与解离度 α 的函数关系来判断 α 之变化。所以先求 $K^{\ominus}$ 值。

$$PCl_5(g) \; \Longrightarrow \; PCl_3(g) \; + \; Cl_2(g)$$

未反应时　　　　1　　　　　　0　　　　　0

平衡时　　　　$1-\alpha$　　　　　α　　　　α

平衡时总的物质的量　　　$\Sigma n_B = 1 - \alpha + \alpha + \alpha = 1 + \alpha$

根据式(4-2-6)，$\alpha = 0.5$，所以

$$K^{\ominus} = \frac{\left(\dfrac{\alpha}{1+\alpha}\right)^2}{\dfrac{1-\alpha}{1+\alpha}}(p/p^{\ominus})^{2-1} = \frac{\alpha^2}{1-\alpha^2}(p/p^{\ominus})$$

$$= \frac{(0.5)^2}{1-(0.5)^2}(101.325\ kPa/100\ kPa) = 0.338$$

(a)因为温度不变，所以 $K^{\ominus}$ 值不变。设系统压力从 p_1 变至 p_2，平衡系统的物质的量从 n_1 变至 n_2，相应地 α 从 α_1 变至 α_2。由 $pV = nRT$ 关系得到

$$\frac{p_1 V_1}{n_1} = \frac{p_2 V_2}{n_2} \qquad p_2 = \frac{n_2 p_1 V_1}{n_1 V_2} = \frac{(1+\alpha_2)p_1}{(1+0.5)\times 2} = \frac{(1+\alpha_2)p_1}{3}$$

在 p_2 压力下　　　$K^{\ominus} = \dfrac{\alpha_2^2}{1-\alpha_2^2}\left\{\dfrac{(1+\alpha_2)}{3}(p_1/p^{\ominus})\right\}$

$$K^{\ominus} = \frac{\alpha_2^2}{1-\alpha_2}(p_1/3p^{\ominus})$$

$$0.338 = \frac{\alpha_2^2}{1-\alpha_2}(0.338)$$

$$\alpha_2^2 + \alpha_2 - 1 = 0$$

$$\alpha_2 = 0.62$$

计算结果说明，压力降低使 $PCl_5(g)$ 解离度增加。

(b)　　$PCl_5(g) \; \Longrightarrow \; PCl_3(g) \; + \; Cl_2(g) \quad N_2(g)$

平衡时　　$1-\alpha_3$　　　　　α_3　　　　α_3　　　n_{N_2}

平衡总摩尔数　　　　　$\Sigma n_B = 1 + \alpha_3 + n_{N_2}$

根据理想气体状态方程

$$pV_3 = (1+\alpha_3+n_{N_2})RT \quad (通\ N_2\ 后)$$

$$pV_1 = (1+\alpha_1)RT \quad (通\ N_2\ 前)$$

$$\frac{V_3}{V_1} = \frac{1+\alpha_3+n_{N_2}}{1+\alpha_1}$$

$$1+\alpha_3+n_{N_2} = \frac{V_3}{V_1}(1+\alpha_1) = \frac{2\ dm^3}{1\ dm^3}(1+0.5)\ mol = 3\ mol$$

$$K^{\ominus} = \frac{\left(\dfrac{\alpha_3}{1 + \alpha_3 + n_{N_2}}\right)^2}{\dfrac{1 - \alpha_3}{1 + \alpha_3 + n_{N_2}}}(p/p^{\ominus})^{2-1}$$

$$0.338 = \frac{\alpha_3^2}{3(1 - \alpha_3)}(101.325\ \text{kPa}/100\ \text{kPa})$$

$$\alpha_3^2 + \alpha_3 - 1 = 0$$

$$\alpha_3 = 0.62$$

计算结果表明,加入惰性气体使 $PCl_5(g)$ 解离度增大,也证明加入惰性气体的效果与降低压力作用相同。

§4-8　同时反应平衡组成的计算

实际反应系统中进行的化学反应不一定只有一个,可能有两个或两个以上。反应体系中某反应组分同时参加两个以上的化学反应时,此反应系统称为同时反应。这些反应达到平衡时,称为同时反应平衡。例如在一定条件下,在容器中进行碳的氧化反应,反应系统中发生以下四个反应:

① $\quad C(s) + O_2(g) \longrightarrow CO_2(g)$ $\qquad\qquad K_1^{\ominus}$

② $\quad C(s) + \dfrac{1}{2}O_2(g) \Longrightarrow CO(g)$ $\qquad\qquad K_2^{\ominus}$

③ $\quad CO(g) + \dfrac{1}{2}O_2(g) \Longrightarrow CO_2(g)$ $\qquad\qquad K_3^{\ominus}$

④ $\quad C(s) + CO_2(g) \Longrightarrow 2CO(g)$ $\qquad\qquad K_4^{\ominus}$

$C(s)$、$CO(g)$、$CO_2(g)$ 及 $O_2(g)$ 均参加了上述四个反应中的两个以上的反应。因此,计算这种同时反应平衡系统的组成,须遵循以下几条原则:

(1)首先要确定反应系统中发生的化学反应哪些是独立的。如上所举之碳的氧化反应,发生的反应有四个,但并不都是独立的。反应③可由反应①减去反应②得到,反应④则可由反应②×2 减反应①而得,所以只有两个是独立的。在计算时,选用哪两个作为独立化学反应,原则上都可以,但一般选用计算最简便的。因此,反应系统中若几个反应相互间没有线性组合关系,则这几个反应均是独立反应。当反应系统中同时存在的反应数目较多时,介绍一个在大多数情况下适用的经验规则:**独立反应数 = 系统中的物种数 - 系统中的元素数**。例如,上述碳的氧化反应系统中,物种数为 $4(C, O_2, CO, CO_2)$,而系统中所含的元素数为 $2(C 与 O)$,故独立反应数为 2。但是,如能用线性组合简单判别时就不用此规则。

(2)在同时平衡时,系统中任一组分无论同时参与多少个化学反应,它的分压力(或浓度)只能有一个,即只有一个化学势,而且该组分的分压力(或浓度)必须同时满足所参与的化学反应之平衡常数关系式。上面碳氧化反应系统中的 $O_2(g)$、$CO(g)$、$CO_2(g)$ 分压力均只有一个,即 p_{O_2}、p_{CO}、p_{CO_2},而且它们必须满足 $K_1^{\ominus} = (p_{CO_2}/p^{\ominus})\big/(p_{O_2}/p^{\ominus})$,

$K_2^{\ominus} = (p_{CO}/p^{\ominus})\big/(p_{O_2}/p^{\ominus})^{1/2}$ 及 $K_3^{\ominus} = (p_{CO_2}/p^{\ominus})\big/\{(p_{O_2}/p^{\ominus})^{1/2}(p_{CO}/p^{\ominus})\}$ 的要求。这点在计算同时反应平衡系统的平衡组成时是很关键的。

(3)同时反应平衡系统中某一化学反应的平衡常数 $K^{\ominus}$,与同温度下该反应单独存在时的标准平衡常数 $K^{\ominus}$ 相同。

例 4.8.1 $C(g)$ 和 $D(g)$ 按下列反应同时进行反应:

$$C(g) + D(g) =\!\!=\!\!= A(g) + B(g) \qquad ①$$
$$C(g) + D(g) =\!\!=\!\!= E(g) \qquad ②$$

已知在 300 K 下,反应① 的 $K^{\ominus} = 1$。在 100 kPa 下,若取等摩尔的 $C(g)$ 和 $D(g)$ 进行上述反应,达平衡时测得系统的体积为开始时体积的 80%,求:

(a)300 K 时平衡混合物的组成;

(b)反应 $2E(g) =\!\!=\!\!= 2A(g) + B(g)$ 在 300 K 时的 $\Delta_r G_m^{\ominus}$。

解:

(a)这是同时化学反应平衡系统。设反应开始时 C 与 D 均为 1 mol,反应达平衡时,$C(g)$ 与 $D(g)$ 因反应① 消耗了 x mol,反应② 消耗了 y mol,它们关系如下:

	C(g)	+	D(g) $\overset{K^{\ominus}}{=\!\!=\!\!=}$	A(g)	+	B(g)	①
开始时	1		1	0		0	
平衡时	$1-x-y$		$1-x-y$	x		x	

$$C(g) + D(g) \overset{K_2^{\ominus}}{=\!=\!=} E(g) \qquad \text{②}$$

开始时 $\quad\quad\quad\quad 1 \quad\quad\quad\quad 1 \quad\quad\quad 0$

平衡时 $\quad\quad\quad 1-x-y \quad\quad 1-x-y \quad\quad y$

因为反应前后的温度、压力均不变,体积的改变是由于反应前后系统物质的量的变化所致。设未反应时系统的体积与总的物质的量分别为 V_1 和 n_1;反应达平衡后,系统的体积与总的物质的量分别为 V_2 和 n_2。理想气体状态方程

$$\frac{pV_2}{pV_1} = \frac{n_2 RT}{n_1 RT}$$

因 $\quad\quad n_2 = 1-x-y+1-x-y+2x+y = 2-y$

$\quad\quad\quad n_1 = 2 \text{ mol}$

故 $\quad\quad \dfrac{V_2}{V_1} = \dfrac{n_2}{n_1} = \dfrac{2-y}{2} = 0.8$

所以 $\quad\quad y = 0.4$

由于反应①的 $\Sigma \nu_B = 0$,所以 $K^{\ominus} = K_y$,即

$$K^{\ominus} = K_y = \frac{\left(\dfrac{x}{2-y}\right)\left(\dfrac{x}{2-y}\right)}{\left(\dfrac{1-x-y}{2-y}\right)\left(\dfrac{1-x-y}{2-y}\right)} = \frac{x^2}{(1-x-y)^2}$$

代入 $K^{\ominus} = 1$、$y = 0.4$,整理得

$$1.2x = 0.36$$

$$x = 0.3$$

$$y_C = \frac{1-x-y}{2-y} = \frac{1-0.3-0.4}{2-0.4} = 0.187\ 5$$

$$y_D = \frac{1-x-y}{2-y} = 0.187\ 5$$

$$y_B = y_A = \frac{0.3}{2-y} = 0.187\ 5$$

$$y_E = \frac{y}{2-y} = 0.250$$

(b) $\quad\quad\quad\quad 2E(g) =\!=\!= 2A(g) + 2B(g) \qquad \text{③}$

反应③由反应①×2减去反应②×2而得。根据状态函数的特点

$$\Delta_r G_m^{\ominus}(3) = 2 \times \Delta_r G_m^{\ominus}(1) - 2\Delta_r G_m^{\ominus}(2)$$

而 $\quad\quad \Delta_r G_m^{\ominus}(1) = -RT\ln K_1^{\ominus}$

$\quad\quad\quad \Delta_r G_m^{\ominus}(2) = -RT\ln K_2^{\ominus}$

所以
$$\Delta_r G_m^{\ominus}(3) = 2 \times (-RT \ln K_1^{\ominus}) - 2 \times (-RT \ln K_2^{\ominus})$$
$$= -RT \ln (K_1^{\ominus})^2 + RT \ln (K_2^{\ominus})^2 = RT \ln (K_2^{\ominus}/K_1^{\ominus})^2$$

其中已知 $K_1^{\ominus} = 1$，而

$$K_2^{\ominus} = \frac{y_E}{y_C y_D}(p/p^{\ominus})$$

$$= \frac{0.25}{0.187\,5 \times 0.187\,5}(100\ kPa/100\ kPa) = 7.11$$

故
$$\Delta_r G_m^{\ominus}(3) = 8.314\ J \cdot K^{-1} \cdot mol^{-1} \times 300\ K \times \ln 7.11^2$$
$$= 9\,785\ J \cdot mol^{-1}$$

§4-9　真实气体反应的化学平衡

理想气体化学反应的化学平衡计算，在低压高温下真实气体化学反应的平衡计算中很有实用价值，因为此条件的真实气体接近理想气体。但是随着生产技术的发展，一些化学反应如合成氨、合成甲醇等反应的压力高达数十兆帕，在这样高的压力范围内，$K^{\ominus}$ 与 $\prod_B (p_B/p^{\ominus})^{\nu_B}$ 已不相等。下面将介绍如何求取高压下气相反应的 $K^{\ominus}$。

1.真实气体混合物的化学势

设有两个温度、压力及组成完全相同的气体混合物，其中之一为理想气体混合物，另一为真实气体混合物。在保持 T、p 及组成不变下，若将 1 mol 某组分 B 从理想气体混合物移至真实气体混合物中时，由于组分 B 在理想气体混合物中的化学势 $\mu(Pg, T, p, y_C)$ 与该组分在同温、同压及同组成的真实气体混合物中的化学势 $\mu(g, T, p, y_C)$ 不同，所以，当组分 B 从理想气体混合物转移至真实气体混合物时，此过程的吉布斯函数变化 ΔG 为两者化学势之差，即

$$\Delta G = \mu_B(g, T, p, y_C) - \mu_B(Pg, T, p, y_C)$$

为了推导两化学势的差值，可以设想另一途径：

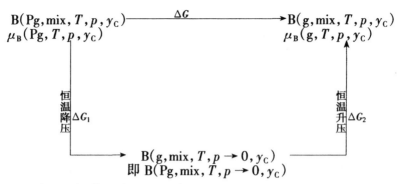

先将理想气体混合物总压降至无限接近于零,此时的状态与 $p \to 0$ 的真实气体混合物之状态为同一状态(真实气体在 $p \to 0$ 时可看成理想气体),然后将此 $p \to 0$ 的真实气体变至压力 p 下的真实气体。

$$\Delta G = \Delta G_1 + \Delta G_2$$

$$\Delta G_1 = \int_p^0 V_B(Pg, T, p, y_C) \mathrm{d}p = \int_p^0 (RT/p) \mathrm{d}p$$

$$\Delta G_2 = \int_0^p V_B(g, T, p, y_C) \mathrm{d}p$$

因为是真实气体混合物,所以式中 V_B 为 B 的偏摩尔体积。这样

$$\Delta G = \mu_B(g, T, p, y_C) - \mu_B(Pg, T, p, y_C)$$

$$= \int_0^p \{ V_B(g, T, p, y_C) - (RT/p) \} \mathrm{d}p$$

整理得

$$\mu_B(g, T, p, y_C) = \mu_B(Pg, T, p, y_C) + \int_0^p \left\{ V_B(g, T, p, y_C) - \left(\frac{RT}{p} \right) \right\} \mathrm{d}p \tag{4-9-1}$$

对于理想气体混合物

$$\mu_B(Pg, T, p, y_C) = \mu^\ominus(Pg, T) + RT\ln(p_B/p^\ominus)$$

代入上式中并简化为

$$\mu_B = \mu^\ominus + RT\ln(p_B/p^\ominus) + \int_0^p (V_B - RT/p) \mathrm{d}p \tag{4-9-2}$$

式(4-9-2)是真实气体混合物中某组分 B 的化学势定义式。此式具有普遍意义,它对于纯真实气体、纯理想气体以及它们的混合物中任

一组分 B 皆适用。例如,对纯真实气体, $y_C = 0$、$y_B = 1$, V_B 就是纯真实气体 B 的摩尔体积,即 $V_{m,B}^*$,故式(4-9-2)可改写为

$$\mu_B^*(g, T, p) = \mu_B^\ominus(Pg, T) + RT\ln(p/p^\ominus) + \int_0^p \left(V_{m,B}^* - \frac{RT}{p} \right) dp$$

$$(4-9-3)$$

式中:" * "代表纯物质; $\mu_B^*(g, T, p)$ 表示纯真实气体在温度 T、压力 p 时的化学势; $\mu_B^\ominus(g, T) + RT\ln(p/p^\ominus)$ 项表示同温同压下该纯真实气体视为理想气体时之化学势,即 $\mu_B^*(Pg, T, p)$,因此,积分项 $\int_0^p \left(V_{m,B}^* - \frac{RT}{p} \right) dp$ 就反映了真实气体与理想气体的偏差; $\mu_B^\ominus(g, T)$ 为标准态的化学势,所选用的标准态仍是温度为 T、压力为标准压力 $p^\ominus$ 下的纯理想气体 B。

2.逸度与逸度因子

1)逸度与逸度因子的定义

对于温度 T、压力 p 的某一纯真实气体,如视为理想气体时,其化学势为

$$\mu^*(Pg, T, p) = \mu^\ominus(Pg, T) + RT\ln(p/p^\ominus)$$

但作为纯真实气体,其化学势的表示式则为

$$\mu^*(g) = \mu^\ominus(Pg, T) + RT\ln(p/p^\ominus) + \int_0^p \left(V_m^* - \frac{RT}{p} \right) dp$$

两式相对照,显然真实气体化学势的表达式应用时很不方便。为了将其简化为与理想气体化学势表达式一样的简单形式,于是引入逸度与逸度因子的概念。

将真实气体化学势的表达式改写为

$$\mu^*(g) = \mu^\ominus + RT\ln(f/p^\ominus) \tag{4-9-4}$$

式中 f 称为逸度,单位为压力单位。将式(4-9-4)与(4-9-3)相对照,得

$$RT\ln(f^*/p^\ominus) = RT\ln(p/p^\ominus) + \int_0^p \left(V_m^* - \frac{RT}{p} \right) dp$$

移项整理,得

$$RT\ln(f^*/p) = \int_0^p \left(V_m^* - \frac{RT}{p} \right) dp$$

于是,纯真实气体的逸度定义为

$$f^* \xmapsto{\text{def}} p\exp\int_0^p \left(\frac{V_m^*}{RT} - \frac{1}{p}\right)\mathrm{d}p \tag{4-9-5}$$

式中 p 是纯真实气体在温度 T 下的压力,并令

$$f/p \xmapsto{\text{def}} \varphi \tag{4-9-6}$$

同理,对于真实气体混合物中某组分 B 的逸度定义如下:

$$f_B \xmapsto{\text{def}} y_B p\exp\int_0^p \left(\frac{V_B}{RT} - \frac{1}{p}\right)\mathrm{d}p \tag{4-9-7}$$

式中 p 为真实气体混合物的总压力,并令

$$\varphi_B \xmapsto{\text{def}} f_B/(y_B p) = f_B/p_B \tag{4-9-8}$$

φ 或 φ_B 称为逸度因子,为量纲一的量。对纯理想气体,其逸度等于压力,故逸度因子 φ 恒等于1。同理,理想气体混合物中某组分 B 的逸度 f_B 与其分压力 p_B 相等,所以 φ_B 亦恒等于1。由此可见,φ 或 φ_B 偏离1的大小,能反映真实气体与理想气体偏差的程度。

逸度 f 可以理解为经过校正后的真实气体的压力,亦即将真实气体的压力 p 乘以逸度因子 φ 后令其等于 f,这样便可应用理想气体的化学势公式。

真实气体与理想气体的 f—p 关系及气体的标准态见图4-9-1。

从图中可以看出:理想气体的 f—p 线为通过原点斜率为1的直线,不论 p 值多大,始终 $f = p$。图中曲线代表真实气体的 f—p 关系。在 $p \to 0$ 时,$f = p$,这是因为真实气体与理想气体已无区别;随着压力增大,曲线就偏离直线,而且偏离程度随压力增大而增大。在此应指出:在真实气体 $f = p^{\ominus}$ 的状态下,虽然 $\mu = \mu^{\ominus}$,但该状态并不是标准态。标准态为 A 点,而真实气体 $f = p^{\ominus}$ 的状态为 B 点,两点的状态显然不同。虽然真实气体化学势 μ 与标准态化学势 $\mu^{\ominus}$ 数值相等,但因状态不同,其它状态函数,如熵、焓等一般是不同的。

2)逸度的计算与普遍化逸度因子图

计算逸度实质上是求逸度因子,根据逸度因子与逸度的定义式,对纯真实气体有

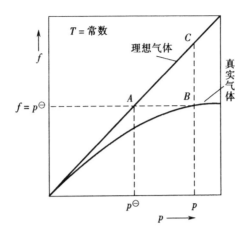

图 4-9-1　真实气体与理想气体
的 f—p 关系及标准态

$$\varphi = f/p = \exp \int_0^p \left(\frac{V_m^*}{RT} - \frac{1}{p} \right) \mathrm{d}p$$

取对数,得

$$\ln \varphi = \int_0^p \left(\frac{V_m^*}{RT} - \frac{1}{p} \right) \mathrm{d}p = \frac{1}{RT} \int_0^p \left(V_m^* - \frac{RT}{p} \right) \mathrm{d}p \qquad (4\text{-}9\text{-}9)$$

找出一定 T 下 V_m^* 与 p 的关系式,将其代入上式;或测定不同压力下的 V_m^* 值后将 $V_m^* - \dfrac{RT}{p}$ 对 p 作图,进行图解积分,便可得到在温度 T 下不同压力的 φ 值。但是,这些方法都比较麻烦,在工程上不大使用。下面介绍一种比较常用而又比较简便的方法。

对于纯真实气体,其 p、V、T 之间有如下关系式:

$$pV_m^* = ZRT$$

$$V_m^* = \frac{ZRT}{p}$$

将上式代入 $\ln \varphi = \dfrac{1}{RT} \displaystyle\int_0^p \left(V_m^* - \dfrac{RT}{p} \right) \mathrm{d}p$,得

$$\ln \varphi = \int_0^p \left(\frac{Z-1}{p} \right) \mathrm{d}p \qquad (4\text{-}9\text{-}10)$$

将式中的压力 p 项均除以 p_c，式(4-9-10)则为

$$\ln \varphi = \int_0^{p_r} (Z-1) \frac{\mathrm{d}(p/p_c)}{p/p_c} = \int_0^{p_r} (Z-1) \mathrm{d}p_r/p_r \qquad (4\text{-}9\text{-}11)$$

已知 Z 为压缩因子,是反映真实气体与理想气体偏差程度的量; 而且,纯真实气体在处于对应状态(即 T_r、p_r 相同)下, Z 值基本相同, 因而 φ 值也应该相同。根据式(4-9-11)即可求得一定 T_r 下不同 p_r 对 应的 φ 值;改变 T_r 再求出一系列 p_r 对应的 φ。将一系列不同 T_r 下求 得的 p_r 及所对应的 φ 值绘制成曲线图,此图称为普遍化逸度因子图 (图4-9-2)。若知真实气体的 T、p 及临界参数 T_c、P_c,则可求出 T_r 及 p_r,再由图查出 φ,于是任何纯真实气体的逸度便可求出。

对于真实气体混合物中某组分 B 的逸度因子 φ_B,根据式(4-9-6)和 式(4-9-8)得

$$\ln \varphi_B = \int_0^p \left(\frac{V_B}{RT} - \frac{1}{p} \right) \mathrm{d}p \qquad (4\text{-}9\text{-}12)$$

式中 V_B 是在温度 T、总压 p 下,混合气中某组分 B 的偏摩尔体积。若 真实混合气体的非理想行为不是很突出,即 V_B 可用组分 B 在混合气 体温度 T 及总压 p 下单独存在时的摩尔体积 $V_{m,B}^*$ 代替,则混合气体中 组分 B 的逸度因子 φ_B 等于组分 B 在混合气体温度、总压力下单独存 在时的逸度因子,这样

$$f_B = \varphi_B y_B p = \varphi_B^* p y_B = f_B^* y_B \qquad (4\text{-}9\text{-}13)$$

此式表明:真实气体混合物中组分 B 的逸度等于该组分在混合气体的 温度和总压下单独存在时的逸度乘以该组分的摩尔分数。此结论称为 路易斯-兰德尔(Lewis-Randall)逸度规则,用它来计算真实气体混合物 中各组分的逸度。此规则只适用于体积有加和性的混合气体。当压力 增大或混合气体的非理想行为突出时,此规则显著偏离实际情况。

3.真实气体反应的化学平衡

设真实气体反应如下:

$$a\mathrm{A(g)} + \quad b\mathrm{B(g)} \stackrel{\text{恒 } T}{=\!=\!=\!=} l\mathrm{L(g)} + \quad m\mathrm{M(g)}$$

反应平衡时各组分的逸度　　f_A　　　　f_B　　　　　f_L　　　　f_M

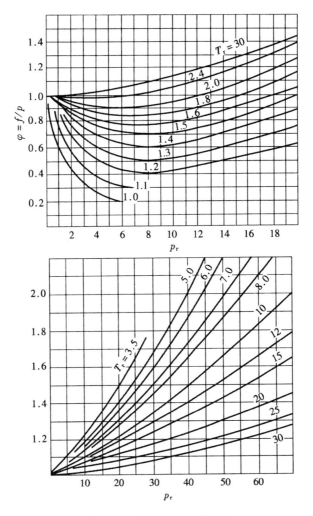

图 4-9-2　普遍化逸度系数图

根据反应平衡条件　　　$\sum_{B} \nu_B \mu_B = 0$

真实气体混合物中某组分 B 的化学势 μ_B 表示式为

$$\mu_B = \mu_B^{\ominus} + RT\ln\left(f_B / p^{\ominus}\right)$$

故

$$\Delta_r G_m = l\{\mu_L^\ominus + RT\ln(f_L/p^\ominus)\} + m\{\mu_M^\ominus + RT\ln(f_M/p^\ominus)\}$$
$$- a\{\mu_A^\ominus + RT\ln(f_A/p^\ominus)\} - b\{\mu_B^\ominus + RT\ln(f_B/p^\ominus)\} = 0$$

移项整理得

$$\frac{(f_L/p^\ominus)^l(f_M/p^\ominus)^m}{(f_A/p^\ominus)^a(f_B/p^\ominus)^b} = \exp\left\{-\frac{1}{RT}(l\mu_L^\ominus + m\mu_M^\ominus - a\mu_A^\ominus - b\mu_B^\ominus)\right\}$$

等式右边只与温度有关,温度一定则为定值,故左边的逸度商在温度一定时也为常数,用 $K_f^\ominus$ 表示,即

$$K_f^\ominus = \frac{(f_L/p^\ominus)^l(f_M/p^\ominus)^m}{(f_A/p^\ominus)^a(f_B/p^\ominus)^b} \qquad (4\text{-}9\text{-}14)$$

或

$$K_f^\ominus = \prod_B (f_B/p^\ominus)^{\nu_B} \qquad (4\text{-}9\text{-}15)$$

由于 $\qquad f_B = \varphi_B p_B$

将此式代入式(4-9-14)中,整理得

$$K_f^\ominus = \frac{(p_L/p^\ominus)^l(p_M/p^\ominus)^m \varphi_L^l \varphi_M^m}{(p_A/p^\ominus)^a(p_B/p^\ominus)^b \varphi_A^a \varphi_B^b}$$

令 $\qquad K_p^\ominus = \frac{(p_L/p^\ominus)^l(p_M/p^\ominus)^m}{(p_A/p^\ominus)^a(p_B/p^\ominus)^b} \qquad (4\text{-}9\text{-}15a)$

$$K_\varphi = \frac{\varphi_L^l \varphi_M^m}{\varphi_A^a \varphi_B^b} \qquad (4\text{-}9\text{-}15b)$$

则 $\qquad K_f^\ominus = K_p^\ominus K_\varphi \qquad (4\text{-}9\text{-}16)$

分别求出 $K_p^\ominus$ 与 K_φ,则得到 $K_f^\ominus$。利用分压力定义式分别求出平衡系统的各组分分压力,再代入式(4-9-15a)中即求得 $K_p^\ominus$;利用普遍化逸度因子图,求出平衡混合物中任一组分 B 的逸度因子 φ_B,再代入式(4-9-15b)中即求出 K_φ。

另外,在一定温度下,对指定反应,其 $\Delta_r G_m^\ominus$ 为定值,故也可利用 $\Delta_r G_m^\ominus$ 的数据,由式 $\Delta_r G_m^\ominus = -RT\ln K_f^\ominus$ 求出 $K_f^\ominus$,再从普遍化逸度因子图查出任一组分 B 的逸度因子 φ_B,然后求出 K_φ。这样,利用式(4-9-16)求出 $K_p^\ominus$,而后由 $K_p^\ominus$ 求出平衡混合物之组成。

本章基本要求

1.掌握在指定温度、压力及组成条件下,用反应吉布斯函数变化来判断反应过程的方向与是否达到平衡。

2.明了标准平衡常数 $K^\ominus$ 的定义。掌握 $K^\ominus$、$K_c^\ominus$、$K_y^\ominus$ 及 $K_n^\ominus$ 之间关系的数学表达式。理解有纯凝聚相参加的多相反应的 $K^\ominus$ 之表示方法。

3.了解等温方程的推导,掌握用等温方程判断化学反应方向及限度的方法。

4.掌握从平衡常数计算平衡转化率与平衡组成。

5.掌握标准摩尔反应吉布斯函数 $\Delta_r G_m^\ominus$ 的定义以及 $\Delta_r G_m^\ominus$ 与 $K^\ominus$ 的关系。掌握由标准摩尔生成焓、标准熵计算反应的 $\Delta_r G_m^\ominus$ 以及由标准摩尔生成吉布斯函数 $\Delta_f G_m^\ominus$ 计算反应的 $\Delta_r G_m^\ominus$ 的方法。熟知从相关反应的 $\Delta_r G_m^\ominus$ 求取指定反应的 $\Delta_r G_m^\ominus$ 的方法。

6.理解吉布斯-亥姆霍兹方程的意义;了解等压方程的推导;掌握 $K^\ominus$ 与 T 的关系式及其在分析温度对反应平衡的影响,利用该关系式计算不同温度所对应的 $K^\ominus$、反应的 $\Delta_r G_m^\ominus$ 等方面的应用。

7.熟悉温度、压力及惰性物质等因素对反应平衡的影响。

8.了解真实气体的化学势的定义式。理解逸度的概念,了解逸度的标准态概念以及逸度在真实气体化学平衡中的应用。

概　念　题

填空题

1.在指定 T、p 及组成的条件下,某反应的 $\Delta_r G_m$ 可表示为

$$\Delta_r G_m = (\partial G/\partial \xi)_{T,p} = \sum_B \nu_B \mu_B$$

根据上式回答摩尔反应吉布斯函数变的意义为_____。

2.若已知 1 000 K 下,反应

$$\frac{1}{2}C(s) + \frac{1}{2}CO_2(g) \Longrightarrow CO(g) \text{ 的 } K_1^\ominus = 1.318$$

$$2C(s) + O_2(g) \Longrightarrow 2CO(g) \text{ 的 } K_2^\ominus = 22.37 \times 10^{40}$$

则 $CO(g) + \frac{1}{2}O_2(g) \Longrightarrow CO_2(g)$ 的 $K_3^\ominus = $ _____。

3. 在一个真空容器中,放有过量的 $B_3(s)$,于 900 K 下发生以下反应

$$B_3(s) \rightleftharpoons 3B(g)$$

反应达平衡时容器的压力为 300 kPa,则此反应在 900 K 下的 $K^{\ominus}$ = _____。(填入具体数值)

4. 理想气体反应为 $A(s) + C(g) \rightleftharpoons 2D(s)$,已知在温度 T 下,$A(s)$、$C(g)$ 及 D (s) 的标准态化学势分别为 $\mu_A^{\ominus}$、$\mu_C^{\ominus}$ 及 $\mu_D^{\ominus}$,写出反应的 $K^{\ominus}$ 与参加反应各物质的标准态化学势的关系式,即 $K^{\ominus}$ = _____;并写出上述反应的 $\Delta_r G_m^{\ominus}$ 与参加反应物质的标准态化学势的关系式,即 $\Delta_r G_m^{\ominus}$ = _____。

5. 在 300 K、101.325 kPa 下取等摩尔的 C 与 D 进行反应:

$$C(g) + D(g) \rightleftharpoons E(g)$$

达平衡时测得系统的平衡体积只有原始体积的 80%,则平衡混合物的组成 y_C = _____ , y_D = _____ , y_E = _____。

6. 分解反应:$PCl_5(g) \rightleftharpoons PCl_3(g) + Cl_2(g)$ 在 250 ℃、101.325 kPa 时反应达平衡,测得混合物密度 $\rho = 2.695 \times 10^{-3}$ kg/dm³,则此温度下 PCl_5 的解离度 α = _____。

7. 将 1 mol $SO_3(g)$ 放入到恒温 1 000 K 的真空密封容器中,并发生分解反应,即 $SO_3(g) \rightleftharpoons SO_2(g) + \dfrac{1}{2}O_2(g)$。当反应平衡时,容器的总压为 202.65 kPa,且测得 $SO_3(g)$ 的解离度 $\alpha = 0.25$,则上述分解反应在 1 000 K 时之 $K^{\ominus}$ = _____。(填入具体数值)

8. 已知在 298.15 K 下,$Cu(s) + \dfrac{1}{2}O_2(g) \rightleftharpoons CuO(s)$ 反应的 $K^{\ominus} = 6.11 \times 10^{-22}$,在 298.15 K 下,若将 $CuO(s)$ 放入真空容器中,为防止 $CuO(s)$ 分解,同时还放入 N_2:$O_2 = 4:1$ 的混合气体。当混合气体的总压 $p \geqslant$ _____ kPa 时,$CuO(s)$ 便不发生分解。(填入具体数值)

9. 下列反应在同一温度下进行:

$$H_2(g) + 1/2O_2(g) \rightleftharpoons H_2O(g) \qquad \Delta_r G_m^{\ominus}(1), K_1^{\ominus}$$
$$2H_2O(g) \rightleftharpoons 2H_2(g) + O_2(g) \qquad \Delta_r G_m^{\ominus}(2), K_2^{\ominus}$$

两个反应的 $\Delta_r G_m^{\ominus}$ 的关系为:$\Delta_r G_m^{\ominus}(2)$ = _____。

10. 已知反应 $C_2H_5OH(g) \rightleftharpoons C_2H_4(g) + H_2O(g)$ 的 $\Delta_r H_m^{\ominus} = 45.76$ kJ·mol⁻¹,$\Delta_r S_m^{\ominus} = 126.19$ J·K⁻¹·mol⁻¹,而且均不随温度而变。在较低温度下,升高温度时 $\Delta_r G_m^{\ominus}$ = _____,有利于反应向 _____。

11. 某反应的 $\Delta_r G_m^\ominus$ 与 T 的关系为

$$\Delta_r G_m^\ominus/(\text{J·mol}^{-1}) = -50(T/\text{K}) + 21\,500$$

若要使反应的 $K^\ominus > 1$,则反应温度应控制在_____。

12. 化学反应 $A(s) \Longrightarrow B(s) + D(g)$ 在 $25\ ℃$ 时 $\Delta_r S_m^\ominus > 0$, $K^\ominus < 1$(若反应的 $\Delta_r C_{p,m}$ 为零),则升高温度,平衡常数 $K^\ominus$ 将会_____。

13. 理想气体化学反应为

$$2A(g) + \frac{1}{2}B(g) \Longrightarrow C(g)$$

在某温度 T 下,反应已达平衡,若保持反应系统的 T 与 V 不变,加入惰性气体 D(g),重新达平衡后,上述反应的 $K^\ominus$ _____,参加反应各物质的化学势 μ _____,反应的 K_y _____。

14. 反应 $2NO(g) + O_2(g) \Longrightarrow 2NO_2(g)$ 的 $\Delta_r H_m^\ominus < 0$,若上述反应平衡后,T 一定下再增大压力,则平衡向_____移动,$K^\ominus$ _____;在 T、p 不变下减少 NO_2 的分压,则平衡向_____移动,$K^\ominus$ _____;在 T、p 不变下加入惰性气体,则平衡向_____移动,$K^\ominus$ _____;恒压下升高温度,则平衡向_____移动,$K^\ominus$ _____。

15. 在 $T = 350$ K 时,由 $A(g)$、$B(g)$ 及 $C(g)$ 混合而成的真实气体混合物的总压力 $p = 260 \times 10^5$ Pa。已知混合气体中 A 的摩尔分数 $y_A = y_C = 0.3$,纯 $B(g)$ 在 350 K、260×10^5 Pa 时的逸度系数 $\varphi_B^* = 0.50$,则此混合气体中 $B(g)$ 的逸度 $f_B =$ _____。(填入具体数值)

选择填空题(请从每题所附答案中择一正确的填入横线上)

1. 在恒温、恒压下,反应 $CO(g) + \frac{1}{2}O_2(g) \Longrightarrow CO_2(g)$ 达平衡的条件是_____。

选择填入:(a) $\mu(CO,g) = \mu(O_2,g) = \mu(CO_2,g)$

       (b) $\mu(CO,g) = \frac{1}{2}\mu(O_2,g) = \mu(CO_2,g)$

       (c) $\mu(CO,g) + \mu(O_2,g) = \mu(CO_2,g)$

       (d) $\mu(CO,g) + \frac{1}{2}\mu(O_2,g) = \mu(CO_2,g)$

2. 在一定温度、压力下 $A(g) + B(g) \Longrightarrow C(g) + D(g)$ 的 $K_1^\ominus = 0.25$;

   $C(g) + D(g) \Longrightarrow A(g) + B(g)$ 的 $K_2^\ominus =$ _____;

   $2A(g) + 2B(g) \Longrightarrow 2C(g) + 2D(g)$ 的 $K_3^\ominus =$ _____。

选择填入:(a)0.25   (b)4   (c)0.062 5   (d)0.5

3. 已知在 $1\,000$ K 时,理想气体反应 $A(s) + B_2C(g) \Longrightarrow AC(s) + B_2(g)$ 的 $K^\ominus =$

0.006 0。若有一上述反应系统，其 $p(B_2C) = p(B_2)$，则此反应系统_____。

选择填入：(a)自发由左向右进行　(b)不能自发由左向右进行

(c)恰好处在平衡　(d)方向无法判断

4. 在 300 K 下，一抽空的容器中放入过量的 A(s)，发生下列反应：

$$A(s) \Longrightarrow B(s) + 3D(g)$$

已知上述反应的 $K^{\ominus} = 1.06 \times 10^{-6}$，则该反应达平衡后，容器的压力 p 为_____。

选择填入：(a)1.06×10^{-4} kPa　(b)1.19×10^{-16} kPa　(c)1.02 kPa　(d)无法计算

5. 标准摩尔反应吉布斯函数变 $\Delta_r G^{\ominus}$ 的定义为_____。

选择填入：(a)在 298.15 K 下，各反应组分均处于各自标准状态时，化学反应进行了 1 mol 反应进度之吉布斯函数变

(b)在温度 T 下，反应系统总压为 100 kPa 下，化学反应进行了 1 mol 反应进度之吉布斯函数变

(c)在温度 T 下，各反应组分均处于各自标准状态时，化学反应进行了 1 mol 反应进度之吉布斯函数变

(d)化学反应的标准平衡常数 $K^{\ominus} = 1$ 时，化学反应进行了 1 mol 反应进度之吉布斯函数变

6. 反应 $A(g) + 2B(g) \Longrightarrow 2D(g)$ 在温度 T 时的 $K^{\ominus} = 1$。若在恒定温度为 T 的真空密封容器中通入 A、B、C 三种理想气体，而且它们的分压力 $p_A = p_B = p_C = 100$ kPa，在此条件下，反应_____。

选择填入：(a)从左向右进行　(b)从右向左进行　(c)处于平衡状态　(d)因条件不足，无法判断其方向

7. 已知 903 K 时，反应 $SO_2(g) + 0.5O_2(g) \Longrightarrow SO_3$ 的 $K^{\ominus} = 5.428$，在同一温度下，反应 $2SO_3(g) \Longrightarrow 2SO_2(g) + O_2(g)$ 的 $\Delta_r G_m^{\ominus '} = $_____kJ·mol^{-1}。

选择填入：(a)-12.70　(b)-25.40　(c)12.70　(d)25.40

8. 已知 445 ℃下，反应 $Ag_2O(s) \Longrightarrow 2Ag(s) + 0.5O_2(g)$ 的 $\Delta_r G_m^{\ominus} = 11.20$ kJ·mol^{-1}，则 $\Delta_f G_m^{\ominus}(Ag_2O, s)$ 为_____kJ·mol^{-1}，$\Delta_f G_m^{\ominus}(Ag, s)$ 为_____kJ·mol^{-1}。

选择填入：(a)-11.20　(b)0　(c)11.20　(d)无法确定

9. 已知

反应(1)　$2A(g) + B(g) \Longrightarrow 2C(g)$ 的 $\ln K_1^{\ominus} = (3\ 134\ K/T) - 5.43$

反应(2)　$C(g) + D(g) \Longrightarrow B(g)$ 的 $\ln K_2^{\ominus} = (-1\ 638\ K/T) - 6.02$

则反应(3)　$2A(g) + D(g) \Longrightarrow C(g)$ 的 $\ln K_3^{\ominus} = (AK/T) + B$

式中的 A 为 _____ , B 为 _____ 。A、B 皆为量纲为 1 的量。

选择填入:(a)$A = 4\,772, B = 0.590$　(b)$A = 1\,496, B = -11.45$

(c)$A = -4\,772, B = -0.590$　(d)$A = -542.0, B = 17.47$

10. 在一定温度范围内,某反应的 $K^{\ominus}$ 与 T 的函数关系可用下式表示,即

$$\ln K^{\ominus} = \{A/(T/K)\} + C$$

式中 A 与 C 均为常数且量纲为 1 的量。在上式适用的温度范围内,该反应的

$\Delta_r H_m^{\ominus} =$ _____ , $\Delta_r S_m^{\ominus} =$ _____ 。

选择填入:(a)$-ARK$(K 为温度的单位)　(b)CR　(c)0　(d)$-R(AK + CT)$

11. 对于反应 $CH_4(g) + 2O_2(g) \Longrightarrow CO_2(g) + 2H_2O(g)$

(1)在恒压下,升高已达反应平衡的系统之温度时,则该反应的 $K^{\ominus}$ _____ ,
$CO_2(g)$ 的摩尔分数 $y(CO_2)$ _____ 。

(2)在恒温下,增加上述反应系统的平衡压力,令反应系统的体积变小,于是
该反应的 $K^{\ominus}$ _____ , K_y _____ , $y(CO_2)$ _____ 。

选择填入:(a)变大　(b)变小　(c)不变　(d)可能变大,也可能变小

12. 有一化学反应,其 $\Delta_r H_m^{\ominus}(298.15\ K) < 0, \Delta_r S_m^{\ominus}(298.15\ K) > 0$,若该反应的
$\Delta_r C_{p,m} = 0$,则该反应的 $K^{\ominus}$ _____ 。

选择填入:(a)小于 1 且随温度升高而增大　(b)大于 1 且随温度升高而增大
(c)小于 1 且随温度升高而减小　(d)大于 1 且随温度升高而减小

13. 在一定温度下,$0.2\ mol$ 的 $A(g)$ 和 $0.6\ mol$ 的 $B(g)$ 进行下列反应:

$$A(g) + 3B(g) \Longrightarrow 2D(g)$$

当增加系统的压力时,此反应的 $K^{\ominus}$ _____ , K_y _____ 及 A 的平衡转化率 α_A _____ 。

选择填入:(a)变大　(b)变小　(c)不变　(d)也许变大也许变小

14. 在 $T = 380\ K$、$p(总) = 200\ kPa$ 下反应

$$C_6H_5C_2H_5(g) \Longrightarrow C_6H_5C_2H_3(g) + H_2(g)$$

的平衡系统中加入一定量的惰性组分 $H_2O(g)$。此反应的 K_y _____ , $C_6H_5C_2H_5(g)$
的转化率 α _____ , $y(C_6H_5C_2H_3)$ _____ 。

选择填入:(a)变大　(b)变小　(c)不变　(d)因数据不足,无法判断

15. 若 14 题反应的反应条件改为在恒 T、V 下进行,当反应达平衡后,再向反
应系统中通入惰性组成 $H_2O(g)$,则反应的 $K^{\ominus}$ _____ , K_y _____ , $C_6H_5C_2H_5$ 的平
衡转化率 α _____ , $y(C_6H_5C_2H_3)$ _____ 。

选择填入:(a)变大　(b)变小　(c)不变　(d)可能变大,也可能变小

习　　题

4-1(A)　$N_2O_4(g)$ 的解离反应为 $N_2O_4(g) \rightleftharpoons 2NO_2(g)$，在 50 ℃、34.8 kPa 下，测得 $N_2O_4(g)$ 的解离度 $\alpha = 0.630$，求在 50 ℃ 下反应的标准平衡常数 $K^\ominus$。

答：$K^\ominus = 0.916$

4-2(A)　在体积为 1.055 dm^3 抽空容器中放入 NO(g)，在 297.15 K 下测得 NO (g)的压力为 24.131 kPa，然后将 0.704 g 的 Br_2 放入容器中，并且将温度升至 323.7 K，容器中发生如下反应：

$$2NOBr(g) \rightleftharpoons 2NO(g) + Br_2$$

反应达平衡时，测得系统的压力为 30.824 kPa，求反应的 $K^\ominus$。

答：$K^\ominus = 0.042\ 3$

4-3(A)　计算在温度为 2 400 ℃ 时，由空气（21% O_2 与 79% N_2）合成 NO 的混合物组成。反应如下：

$$N_2(g) + O_2(g) \rightleftharpoons 2NO$$

已知在该温度下的标准平衡常数 $K^\ominus = 0.003\ 5$，并且反应只进行到达平衡时 80%。

答：$y_{N_2} = 0.780\ 7, y_{O_2} = 0.200\ 7, y_{NO} = 0.018\ 6$

4-4(A)　在 600 K、200 kPa 下，1 mol A(g) 与 1 mol B(g) 进行反应为 A(g) + B(g) $\rightleftharpoons$ D(g)。当反应达平衡时有 0.4 mol D(g) 生成。

（a）计算上述反应在 600 K 下的 $K^\ominus$；

（b）求在 600 K、200 kPa 下，在真空容器内放入物质的量为 n 的 D(g)，同时按上面反应的逆反应进行分解，反应达平衡时 D(g) 的解离度 α 为多少？

答：（a）$K^\ominus = 0.888\ 9$；（b）$\alpha(D) = 0.60$

4-5(B)　在 1 000 K、101.325 kPa 下，将 1.000 mol $SO_2(g)$ 与 0.500 mol $O_2(g)$ 进行反应，反应达平衡后有 0.460 mol $SO_3(g)$ 生成。在保持 T、V 不变下，向上述平衡系统通入 $O_2(g)$，反应重新达平衡后，系统的总压增加了一倍。求所加入 $O_2(g)$ 的物质的量 $n(O_2)$ 及 $SO_3(g)$ 之摩尔分数。

答：$n(O_2) = 1.375$ mol，$y(SO_3) = 0.264$

4-6(A)　在真空容器中放入大量的 $NH_4HS(s)$，其分解反应为：$NH_4HS(s) \rightleftharpoons NH_3(g) + H_2S(g)$。在 293.15 K 下测得平衡时系统的总压力为 45.30 kPa。（a）求分解反应在 293.15 K 下的 $K^\ominus$；（b）若容器体积为 2.4 dm^3，放入的 $NH_4HS(s)$ 量为

0.060 mol,达平衡时还余下固体的物质的量为多少？（c）若容器中原放有 35.50 kPa 的 $H_2S(g)$，则放入大量的 $NH_4HS(s)$固体并达平衡后，系统的总压力为多大？

$$答：(a)K^\ominus = 0.051\ 3;(b)n(余) = 0.037\ 7\ mol;$$
$$(c)p_总 = 57.55\ kPa$$

4-7(A) 体积比为 3:1 的 $H_2(g)$与 $N_2(g)$之混合气体，在 400 ℃与 101.325 kPa 下反应达平衡时，得 3.85%(体积)的 $NH_3(g)$。（a）求反应 $N_2(g) + 3H_2(g) \rightleftharpoons 2NH_3(g)$的 $K^\ominus$；（b）保持温度不变，平衡时欲得到 5%的 $NH_3(g)$，需多大反应压力？（c）若将反应的总压力增加到 5 066.25 kPa，计算平衡混合气体中 $NH_3(g)$的摩尔分数和 K_y。

$$答：(a)K^\ominus = 16.016 \times 10^{-3};(b)p = 181.71\ kPa;$$
$$(c)y_{NH_3} = 0.506\ 7,K_y = 41.14$$

4-8(A) $NH_4Cl(s)$的分解反应为：$NH_4Cl(s) \rightleftharpoons NH_3(g) + HCl(g)$。在 520 K 下，向体积为 42.7 dm^3 的真空密封容器中放入足够量的 $NH_4Cl(s)$，分解达平衡时测得容器的平衡压力为 5.066 kPa，然后将容器变成真空，再放 0.02 mol $NH_4Cl(s)$及 0.02 mol 的 $NH_3(g)$。计算在 520 K 下反应达平衡时，容器中各物质的量及容器的总压力 p。

$$答：n_{HCl} = 0.016\ 9\ mol,n_{NH_4Cl} = 0.003\ 06\ mol,n_{NH_3} = 0.036\ 9\ mol,p = 5.455\ kPa$$

4-9(A) 在 17 ℃下，将 $COCl_2(g)$引入密封真空容器中，直到压力达 9.466×10^4 Pa，在此温度下 $COCl_2(g)$不发生解离。当将气体加热至 500 ℃时，则 $COCl_2(g)$发生解离，其解离反应如下：

$$COCl_2(g) \rightleftharpoons CO(g) + Cl_2(g)$$

反应达平衡后容器的压力为 2.6×10^5 Pa。

（a）求在 500 ℃下 $COCl_2(g)$的解离度。

（b）求该温度下 $CO(g) + Cl_2(g) \rightleftharpoons COCl_2$ 反应的 $\Delta_r G_m^\ominus$。

$$答：(a)\alpha(COCl_2) = 0.030\ 77;(b)\Delta_r G_m^\ominus = -24.965\ kJ \cdot mol^{-1}$$

4-10(B) 体积相等的 A、B 两个玻璃球用活塞连接并抽成真空，然后关闭活塞使两球不通。在 324 K 下，A 球充入 $NO(g)$至压力为 52.61 kPa，B 球充入 $Br_2(g)$至压力为 22.48 kPa。实验时，将活塞打开，于是两气体发生如下反应：

$$2NO(g) + Br_2(g) \rightleftharpoons 2NOBr(g)$$

测得在 324 K 下，反应达平衡时系统中三种气体的总压力为 30.82 kPa。求反应的 $K^\ominus$及 $\Delta_r G_m^\ominus$。

答：$K^{\ominus} = 24.246, \Delta_r G_m^{\ominus} = -8\,588\ \mathrm{J\cdot mol^{-1}}$

4-11(B) 已知 25 ℃下 $\Delta_f G_m^{\ominus}(\mathrm{Fe_2O_3,s}) = -742.2\ \mathrm{kJ\cdot mol^{-1}}, \Delta_f G_m^{\ominus}(\mathrm{Fe_3O_4,s}) = -1\,015\ \mathrm{kJ\cdot mol^{-1}}$。试问在 25 ℃的空气中($\mathrm{O_2}$ 占 0.21)$\mathrm{Fe_3O_4(s)}$ 与 $\mathrm{Fe_2O_3(s)}$ 何者更稳定？

答：$\mathrm{Fe_2O_3(s)}$稳定

4-12(A) 已知在 25 ℃下 $\Delta_f G_m^{\ominus}(\mathrm{H_2O,g}) = -228.57\ \mathrm{kJ\cdot mol^{-1}}, \Delta_f G_m^{\ominus}(\mathrm{H_2O,l}) = -237.13\ \mathrm{kJ\cdot mol^{-1}}$。试求 25 ℃时

(a)水蒸发过程的标准摩尔吉布斯函数变 $\Delta_{vap} G_m^{\ominus}$。

(b)水的饱和蒸气压 $p^*(\mathrm{H_2O})$。

答：(a)$\Delta_{vap} G_m^{\ominus} = 8.56\ \mathrm{kJ\cdot mol^{-1}}$；(b)$p^*(\mathrm{H_2O}) = 3.164\,2\ \mathrm{kPa}$

4-13(A) 已知反应 $\mathrm{H_2(g)} + \mathrm{Br_2(g)} \Longrightarrow 2\mathrm{HBr(g)}$ 在 25 ℃下的 $K^{\ominus}$ 为 1.7×10^{19}；而且在 25 ℃下，$\mathrm{Br_2(g)}$ 的 $\Delta_f H_m^{\ominus} = 30.91\ \mathrm{kJ\cdot mol^{-1}}, S_m^{\ominus}(\mathrm{Br_2,g}) = 245.46\ \mathrm{J\cdot K^{-1}\cdot mol^{-1}}$，$\mathrm{HBr(g)}$ 的 $S_m^{\ominus}(\mathrm{HBr,g}) = 198.70\ \mathrm{J\cdot K^{-1}\cdot mol^{-1}}, S_m^{\ominus}(\mathrm{H_2,g}) = 130.68\ \mathrm{J\cdot K^{-1}\cdot mol^{-1}}$。求 25 ℃下 $\mathrm{HBr(g)}$的 $\Delta_f H_m^{\ominus}$。

答：$\Delta_f H_m^{\ominus}(\mathrm{HBr,g}) = -36.26\ \mathrm{kJ\cdot mol^{-1}}$

4-14(A) 某反应在 327 ℃与 347 ℃时的标准平衡常数 $K_1^{\ominus}$ 与 $K_2^{\ominus}$ 分别为 1×10^{-12} 和 5×10^{-12}。计算在此温度范围内反应的 $\Delta_r H_m^{\ominus}$ 与 $\Delta_r S_m^{\ominus}$。设反应的 $\Delta_r C_{p,m} = 0$。

答：$\Delta_r H_m^{\ominus} = 249.01\ \mathrm{kJ\cdot mol^{-1}}, \Delta_r S_m^{\ominus} = 185.2\ \mathrm{J\cdot K^{-1}\cdot mol^{-1}}$

4-15(A) 理想气体反应如下：$3\mathrm{A(g)} \Longrightarrow \mathrm{B(g)}$，在压力为 101.325 kPa、300.15 K 下测得平衡时 40% A(g)转化掉。在压力不变时，将温度提高 10 K，则 A(g)有 41% 转化。求上述反应的 $\Delta_r H_m^{\ominus}$ 及 $\Delta_r S_m^{\ominus}$。设 $\Delta_r C_{p,m} = 0$。

答：$\Delta_r H_m^{\ominus} = 4.399\ \mathrm{kJ\cdot mol^{-1}}, \Delta_r S_m^{\ominus} = 5.269\ \mathrm{J\cdot K^{-1}\cdot mol^{-1}}$

4-16(A) 在 1 500 K 下，金属 Ni 上存在总压为 101.325 kPa 的 CO(g)和 $\mathrm{CO_2(g)}$ 混合气体，可能进行的反应为：$\mathrm{Ni(s)} + \mathrm{CO_2(g)} \Longrightarrow \mathrm{NiO(s)} + \mathrm{CO(g)}$。为了不使 Ni(s)被氧化，在上述混合气体中 $\mathrm{CO_2}$ 的压力 $p_{\mathrm{CO_2}}$ 不得大于多大的压力？已知下列反应的 $\Delta_r H_m^{\ominus}$ 与 T 的函数关系为

$2\mathrm{Ni(s)} + \mathrm{O_2(g)} \Longrightarrow 2\mathrm{NiO(s)}$ (1) $\quad \Delta_r G_m^{\ominus}(1) = -489.1 + 0.197\,1\ T/\mathrm{K}$

$2\mathrm{C(石墨)} + \mathrm{O_2(g)} \Longrightarrow 2\mathrm{CO(g)}$(2) $\quad \Delta_r G_m^{\ominus}(2) = -223.0 - 0.175\,3\ T/\mathrm{K}$

$\mathrm{C(石墨)} + \mathrm{O_2(g)} \Longrightarrow \mathrm{CO_2(g)}$ (3) $\quad \Delta_r G_m^{\ominus}(3) = -394.0 - 0.840 \times 10^{-3}\ T/\mathrm{K}$

$\Delta_r G_m^{\ominus}$ 的单位为 $\mathrm{kJ\cdot mol^{-1}}$。

4-17(A) 已知理想气体反应 $B_2(g) \Longrightarrow 2B(g)$ 的 $\Delta_r G_m^{\ominus}$ 与 T 的关系式如下：

$$\Delta_r G_m^{\ominus} = -640RK - 8RT\ln(T/K) + 46.5RT$$

(a)求在 300 K、202.65 kPa 下，$B_2(g)$ 的平衡转化率 $\alpha(B_2)$。

(b)在 300 K 时上述反应的 $\Delta_r S_m^{\ominus}$ 与 $\Delta_r H_m^{\ominus}$。

(c)上述反应的 $\Delta_r C_{p,m}$。

答：(a)$\alpha(B_2) = 0.551$；(b)$\Delta_r S_m^{\ominus} = 59.28$ J·K^{-1}·mol^{-1}，$\Delta_r H_m^{\ominus} = 14.63$ kJ·mol^{-1}；

(c)$\Delta_r C_{p,m} = 8R$

4-18(A) 在 101.325 kPa 下，有反应如下：

$$UO_3(S) + 2HF(g) \Longrightarrow UO_2F_2(s) + H_2O(g)$$

此反应的标准平衡常数 $K^{\ominus}$ 与温度 T 的关系为 $\lg K^{\ominus} = \dfrac{6\,550}{T/K} - 6.11$。

(a)求上述反应的标准摩尔反应焓 $\Delta_r H_m^{\ominus}$（$\Delta_r H_m^{\ominus}$ 与 T 无关）。

(b)若要求 HF(g) 的平衡组成 $y_{HF} = 0.01$，则反应的温度应为多少？

答：$\Delta_r H_m^{\ominus} = -125.4$ kJ·mol^{-1}，$T = 648.5$ K

4-19(A) 尿素的生成反应为

$$C(石墨) + \frac{1}{2}O_2(g) + N_2(g) + 2H_2(g) \Longrightarrow CO(NH_2)_2(s)$$

已知 25 ℃，上述反应的标准摩尔反应熵 $\Delta_r S_m^{\ominus} = -456.295$ J·K^{-1}·mol^{-1}，标准摩尔反应焓 $\Delta_r H_m^{\ominus} = -333.5$ kJ·mol^{-1}，以及下列各物质的标准摩尔生成吉布斯函数：

物质	NH$_3$(g)	CO$_2$(g)	H$_2$O(g)
$\Delta_f G_m^{\ominus}$/kJ·mol^{-1}	-16.5	-394.36	-228.57

(a)求 25 ℃时，$CO(NH_2)_2$ 的标准摩尔生成吉布斯函数 $\Delta_f G_m^{\ominus}$。

(b)求 25 ℃时，下列反应的平衡常数 $K^{\ominus}$

$$CO_2(g) + 2NH_3(g) \Longrightarrow H_2O(g) + CO(NH_2)_2(s)$$

答：(a)$\Delta_f G_m^{\ominus}\{(CO(NH_2)_2(s)\} = -197.45$ kJ·mol；(b)$K^{\ominus} = 0.585$

4-20(A) 已知反应 $N_2(g) + O_2(g) \Longrightarrow 2NO(g)$ 的 $\Delta_r H_m^{\ominus}$ 及 $\Delta_r S_m^{\ominus}$ 分别为 180.50 kJ·mol^{-1} 与 24.81 J·K^{-1}·mol^{-1}。设反应的 $\Delta_r C_{p,m} = 0$。

(a)计算当反应的 $\Delta_r G_m^{\ominus}$ 为 125.52 kJ·mol^{-1} 时反应的温度是多少？

(b)反应在(a)的温度下，等摩尔比的 $N_2(g)$ 与 $O_2(g)$ 开始进行反应，求反应达平衡时 N_2 的平衡转化率是多少？

(c)求上述反应在 1 000 K 下的 $K^{\ominus}$。

答：$T = 2\ 218.7$ K，$\alpha = 0.016\ 4$，$K^{\ominus}_{(1\ 000\ K)} = 7.364 \times 10^{-9}$

4-21(B) 已知 25 ℃下，反应 $I_2(s) \Longrightarrow I_2(g)$ 的 $\Delta_r G^{\ominus}_m = 19.33$ kJ·mol^{-1}，$\Delta_r H^{\ominus}_m = 62.438$ kJ·mol^{-1}，而且 $\Delta_r C_{p,m} = 0$。

(a)计算 $I_2(s)$ 在 25 ℃下的饱和蒸气压。

(b)若要使 $I_2(s)$ 的饱和蒸气压 $p^*(I_2) = 100$ kPa，温度应为多少度？

答：(a)$p^*(I_2) = 41.05$ kPa；(b)$T = 431.84$ K

4-22(B) 实验测得 $CO_2(g) + C(s) \Longrightarrow 2CO(g)$ 反应的数据：

T/K	平衡总压 p/kPa	平衡混合气中的 y_{CO_2}
1 073	260.41	0.264 5
1 173	233.05	0.002 2

已知反应 $2CO_2(g) \Longrightarrow 2CO(g) + O_2(g)$ 在 1 173 K 时的 $K^{\ominus} = 1.266 \times 10^{-11}$，$CO_2(g)$ 的 $\Delta_f H^{\ominus}_m = -392.2$ kJ·mol^{-1}。求反应 $2CO(g) + O_2(g) \Longrightarrow 2CO_2(g)$ 在 1 173 K 下的 $\Delta_r H^{\ominus}_m$ 与 $\Delta_r S^{\ominus}_m$。

答：$\Delta_r H^{\ominus}_m = -623.21$ kJ·mol^{-1}，$\Delta_r S^{\ominus}_m = -322.68$ J·K^{-1}·mol^{-1}

4-23(B) 反应 $Fe(s) + H_2O(g) \Longrightarrow FeO(s) + H_2(g)$ 在 101.325 kPa、1 173 K 条件下，$H_2(g)$ 的平衡分压为 59.995 kPa，当压力不变而温度上升为 1 298 K 时，$H_2(g)$ 的平衡分压为 56.928 kPa。已知 1 000 K、101.325 kPa 下，纯水蒸气解离为 $H_2(g)$ 和 $O_2(g)$ 的解离度为 $6.46 \times 10^{-5}\%$。求：(a)1 173 ~ 1 298 K 范围内，上述反应的 $\Delta_r H^{\ominus}_m$；(b)在 1 000 K 下，$FeO(s)$ 分解为 $Fe(s)$ 和 $O_2(g)$ 时的分解压力。

答：(a)$\Delta_r H^{\ominus}_m = -12.563$ kJ·mol^{-1}；(b)$p_{O_2} = 4.149 \times 10^{-18}$ kPa

4-24(A) 在 500 ℃及催化剂作用下，反应 $CO(g) + 2H_2(g) \Longrightarrow CH_3OH(g)$ 迅速达平衡。若反应开始时放入 1 mol $CO(g)$ 和 2 mol $H_2(g)$，试计算反应平衡后要求 $CH_3OH(g)$ 的物质的量达 0.1 mol，则该反应需在多大压力下进行。设参加反应的气体均为理想气体，反应的 $\Delta_r C_{p,m} = 0$；并知参加反应各物质的热力学数据如下（25 ℃）：

物　质	$H_2(g)$	$CO(g)$	$CH_3OH(g)$
$\Delta_f H^{\ominus}_m/\text{kJ·mol}^{-1}$	0	-110.52	-200.7
$S^{\ominus}_m/\text{J·K}^{-1}\text{·mol}^{-1}$	130.68	197.67	239.8

答：$p = 24\ 790$ kPa

4-25(A) 工业上用乙苯脱氢制苯乙烯的反应为
$$C_6H_5C_2H_5(g) \Longrightarrow C_6H_5C_2H_3(g) + H_2(g)$$

若反应在 900 K 下进行,其 $K^{\ominus} = 1.51$。试分别计算在下述情况下乙苯的平衡转化率。

(a)反应压力为 100 kPa;

(b)反应压力为 10 kPa;

(c)反应压力为 100 kPa,并加入水蒸气使原料气中水蒸气与乙苯蒸气的物质的量之比为 10:1。

答:(a)77.7%;(b)96.9%;(c)94.7%

4-26(A) 在 454 ~ 475 K 温度范围内,反应

$$2C_2H_5OH(g) \Longleftrightarrow CH_3COOC_2H_5(g) + 2H_2(g)$$

的标准平衡常数 $K^{\ominus}$ 与 T 的关系式如下:

$$\lg K^{\ominus} = (-2\ 100K/T) + 4.67$$

已知 473 K 时,乙醇的 $\Delta_f H_m^{\ominus} = -235.34\ kJ/mol^{-1}$,求该温度下的乙酸乙酯的 $\Delta_f H_m^{\ominus}$。

答: $-430.48\ kJ \cdot mol^{-1}$

4-27(A) 由原料气环己烷开始,在 230 ℃、101.325 kPa 下进行如下脱氢反应:

$$C_6H_{12}(g) \Longleftrightarrow C_6H_6(g) + 3H_2(g)$$

测得平衡混合气中含 $H_2(g)72\%$,又知 327 ℃时 $\Delta_f G_m^{\ominus}(C_6H_{12}, g) = 200.25\ kJ \cdot mol^{-1}$, $\Delta_f G_m^{\ominus}(C_6H_6, g) = 129.7\ kJ \cdot mol^{-1}$。求:

(a)230 ℃时反应的标准平衡常数 $K^{\ominus}$;

(b)在 230 ℃下,要使反应平衡混合气中的 $H_2(g)$ 含量为 66% 时,需多大的压力?

(c)若 $\Delta_r C_{p,m} = 0$,求上述反应的 $\Delta_r H_m^{\ominus}$。

答:(a) $K^{\ominus} = 2.329\ 7$;(b) $p = 164.11\ kPa$;

(c) $\Delta_r H_m^{\ominus} = 344.07\ kJ \cdot mol^{-1}$

4-28(B) 在 25 ℃时下列反应

(1) $NH_4CO_2NH_2(s) \Longleftrightarrow 2NH_3(g) + CO_2(g)$

(2) $LiCl3NH_3(s) \Longleftrightarrow LiClNH_3(s) + 2NH_3(g)$

单独存在时其解离平衡压力分别为 11.855 kPa 和 17.022 kPa。

(a)将 0.05 mol $CO_2(g)$ 和 0.2 mol $LiCl3NH_3(s)$ 放于 24.4 dm^3 的真空密闭容器中,计算 25 ℃下反应达平衡时系统的总压力。

(b)求平衡时各相的物质的量。

答:(a) $p_{总} = 17.874\ kPa$;(b) $n(g) = 0.175\ 94\ mol$, $n(NH_4CO_2NH_2, s_1) = 41.61 \times$

10^{-3} mol, $n(\text{LiClNH}_3, \text{s}_2) = 0.125\ 4$ mol, $n(\text{LiCl}\cdot 3\text{NH}_3, \text{s}_3) = 74.61 \times 10^{-3}$ mol

4-29(A) 利用普遍化逸度系数图计算:(a)N_2 在 100 ℃、101.325 kPa 的 f_{N_2} 及 φ_{N_2};(b)N_2 在 0 ℃、101.325 kPa 下的 f_{N_2} 与 φ_{N_2}。

答:(a)$\varphi_{N_2} = 1, f_{N_2} = p_{N_2}$;

(b)与(a)相同

4-30(A) (a)应用路易士-兰德尔规则及普遍化逸度系数图,求 250 ℃、20.265 MPa 下,合成甲醇反应 $CO(g) + 2H_2(g) \rightleftharpoons CH_3OH(g)$的 K_φ;

(b)已知 250 ℃时,上述反应的 $\Delta_r G_m^\ominus = 25.899$ kJ·mol^{-1},求此反应的 $K_f^\ominus$;

(c)反应开始时 $CO(g)$ 与 $H_2(g)$ 之比为 $1:2$,求反应达平衡时混合物中甲醇的摩尔分数。

答:(a)$K_\varphi = 0.299$;(b)$K_f^\ominus = 0.002\ 59$;(c)$y_{(\text{CH}_3\text{OH})} = 0.757$

第五章　多组分系统热力学与相平衡

(一)多组分系统热力学

前几章我们研究的对象多为单组分系统,但在实际中常遇到的系统,大部分是多组分系统或变组成系统。将热力学原理用来解决实际问题,还必须掌握多组分系统的热力学研究方法。

多组分系统可以是单相的,也可以是多相的。我们把两种或两种以上的物质以分子、原子或离子的大小,相互均匀混合而成的单相系统,称为多组分单相系统。为了热力学讨论的方便,按处理方法的不同,又把它区分为混合物和溶液。当对均匀(单相)系统中各组分(B,C,D……)均选用同样的标准状态(如 100 kPa 下纯液体的状态)和同样的方法(如按拉乌尔定律)加以研究时,则称之为**混合物**;当将均匀系统中的组分区分为溶剂(A)和溶质(B),而对二者选用不同的标准状态和不同的方法(溶剂按拉乌尔定律,溶质按亨利定律)加以研究时,则称之**为溶液**。

按聚集状态的不同,混合物可分为气态混合物、液态混合物和固态混合物。溶液则可分为液态溶液和固态溶液。在本章中,除非特别指明,混合物即指液态混合物,溶液即指液态溶液。

§5-1　组成表示法

在本章中常用到四种组成表示法。

1.物质 B 的物质的量分数(即物质 B 的摩尔分数)

混合物(或溶液)中物质 B 的物质的量 n_B 与混合物(或溶液)总的物质的量 $\sum_B n_B$ 之比,用符号 x_B 表示,即

$$x_B = n_B \Big/ \sum_B n_B$$

显然
$$\sum_{\text{B}} x_{\text{B}} = 1$$

2. 物质 B 的质量分数

混合物(或溶液)中物质 B 的质量 m_{B} 与混合物(或溶液)的总质量 $\sum\limits_{\text{B}} m_{\text{B}}$ 之比,用符号 w_{B} 表示,即

$$w_{\text{B}} = m_{\text{B}} / \sum_{\text{B}} m_{\text{B}}$$

显然
$$\sum_{\text{B}} w_{\text{B}} = 1$$

3. 物质 B 的物质的量浓度

量浓度(体积摩尔浓度)常用来表示溶液的组成。溶液中溶质 B 的物质的量 n_{B} 除以溶液的总体积 V,用符号 c_{B} 表示,即

$$c_{\text{B}} = n_{\text{B}} / V$$

在化学中 c_{B} 也可表示成〔B〕,其单位为 $\text{mol} \cdot \text{m}^{-3}$。在二组分溶液中,若已知溶剂(A)和溶质(B)的摩尔质量 M_{A} 和 M_{B},溶液的密度 ρ(单位为 $\text{kg} \cdot \text{m}^{-3}$),$M_{\text{B}} c_{\text{B}}$ 为每单位体积中的物质 B 的质量,$(\rho - M_{\text{B}} c_{\text{B}}) / M_{\text{A}} = c_{\text{A}}$,则溶质 B 的摩尔分数 x_{B} 与浓度 c_{B} 之间的关系可表示为

$$x_{\text{B}} = \frac{c_{\text{B}}}{c_{\text{A}} + c_{\text{B}}} = \frac{c_{\text{B}}}{(\rho - M_{\text{B}} c_{\text{B}}) / M_{\text{A}} + c_{\text{B}}} \tag{5-1-1}$$

4. 物质 B 的质量摩尔浓度

质量摩尔浓度常用来表示溶液的组成。溶液中溶质 B 的物质的量 n_{B} 除以溶剂的质量 m_{A},用符号 b_{B} 表示,即

$$b_{\text{B}} = n_{\text{B}} / m_{\text{A}}$$

b_{B} 的单位为 $\text{mol} \cdot \text{kg}^{-1}$。在二组分溶液中,溶质 B 的摩尔分数 x_{B} 与质量摩尔浓度 b_{B} 的关系为

$$x_{\text{B}} = \frac{b_{\text{B}}}{b_{\text{A}} + b_{\text{B}}} = \frac{b_{\text{B}}}{1 / M_{\text{A}} + b_{\text{B}}} \tag{5-1-2}$$

例 5.1.1 将 23.034 5 g 的乙醇溶于 0.500 0 kg 的水中,所形成溶液的密度为 992.0 $\text{kg} \cdot \text{m}^{-3}$。计算乙醇的摩尔分数、质量摩尔浓度及其物质的量浓度。

已知　$M(\text{H}_2\text{O}) = 18.015 \times 10^{-3} \text{ kg} \cdot \text{mol}^{-1}$

　　　　$M(\text{C}_2\text{H}_5\text{OH}) = 46.069 \times 10^{-3} \text{ kg} \cdot \text{mol}^{-1}$

解: 以 A 代表水,B 代表乙醇。

$$n_A = m_A/M_A = 0.500\ 0\ \text{kg}/(18.015 \times 10^{-3}\ \text{kg·mol}^{-1}) = 27.754\ 6\ \text{mol}$$

$$n_B = m_B/M_B = 23.034\ 5 \times 10^{-3}\ \text{kg}/(46.069 \times 10^{-3}\ \text{kg·mol}^{-1}) = 0.500\ 0\ \text{mol}$$

$$x_B = \frac{n_B}{n_A + n_B} = \frac{0.500\ 0\ \text{mol}}{27.754\ 6\ \text{mol} + 0.500\ 0\ \text{mol}} = 0.017\ 70$$

$$b_B = \frac{n_B}{m_A} = \frac{0.500\ 0\ \text{mol}}{0.500\ 0\ \text{kg}} = 1.000\ \text{mol·kg}^{-1}$$

$$c_B = \frac{n_B}{(m_A + m_B)/\rho}$$

$$= \frac{0.500\ 0\ \text{mol}}{(23.034\ 5 \times 10^{-3} + 0.500\ 0)\text{kg}/(992.0\ \text{kg·m}^{-3})} = 948.3\ \text{mol·m}^{-3}$$

§5-2 拉乌尔定律和亨利定律

1.拉乌尔定律

在一定温度下,当纯溶剂 A 的气液两相达到平衡时,对应的蒸气压力 p_A^* 称为 A 的饱和蒸气压。若在纯溶剂 A 中加入溶质 B,不论 B 是否挥发,溶剂的蒸气压必然降低。

1886 年,拉乌尔(Raoult F M)根据实验得出稀溶液中溶剂 A 的蒸气压 p_A 与溶液中 A 的摩尔分数 x_A 间的关系为

$$p_A = p_A^* x_A \tag{5-2-1a}$$

式中 p_A^* 为纯溶剂 A 在同样温度下的饱和蒸气压。上式说明:稀溶液中溶剂的蒸气压等于同温度下纯溶剂的饱和蒸气压与溶液中溶剂的摩尔分数的乘积。这就是拉乌尔定律。

若溶液中只有溶剂 A 和溶质 B 两个组分,由于 $x_A = 1 - x_B$,故拉乌尔定律也可写成

$$(p_A^* - p_A)/p_A^* = \Delta p_A/p_A^* = x_B \tag{5-2-1b}$$

即稀溶液中溶剂的蒸气压下降值 Δp_A 与同温度下纯溶剂的饱和蒸气压 p_A^* 之比等于溶质的摩尔分数 x_B,而与溶质的性质无关。

应当指出:若溶质不挥发,p_A 即为溶液的蒸气压;若溶质挥发,p_A 则为溶剂 A 在气相中的蒸气分压。

若液态混合物中任一组分在全部浓度范围内都符合拉乌尔定律,

则该液态混合物称为理想液态混合物。对于溶质的浓度趋于零,无限稀的溶液,则称为理想稀溶液。严格来讲,拉乌尔定律只适用于理想液态混合物中的任一组分和理想稀溶液中的溶剂,但对一般稀溶液中的溶剂,在一定浓度范围内,拉乌尔定律也近似成立。例如20℃时的甘露蜜醇水溶液,当 x(甘露蜜醇) $= 0.015\ 8$ 时,仍符合拉乌尔定律。

2. 亨利定律

1803 年,亨利(Henry W)在研究中发现,一定温度下气体在液体中的溶解度与该气体的平衡压力成正比。这一规律也同样适用于稀溶液中挥发性的溶质。**亨利定律可表述为**:在一定温度和平衡状态下,稀溶液中挥发性溶质(B)在气相中的分压力(p_B)与其在溶液中的组成成正比。若组成用摩尔分数表示,则亨利定律可表示为

$$p_B = k_{x,B} x_B \tag{5-2-2a}$$

式中 $k_{x,B}$ 为比例系数,称为**亨利系数**,其单位为 Pa。表 5-2-1 列出若干种气体在25℃时,在水或苯中的亨利系数。

表 5-2-1　几种气体在水或苯中的亨利系数(25℃)

气　　体	亨利系数 $k_x/10^6$ kPa	
	水为溶剂	苯为溶剂
H_2	7.12	0.367
N_2	8.68	0.239
O_2	4.40	
CO	5.79	0.163
CO_2	0.168	0.011 4
CH_4	4.18	0.056 9
C_2H_2	0.135	
C_2H_4	1.16	
C_2H_6	3.07	

亨利定律中溶质的组成可采用不同的单位,则相应的亨利系数具

有不同的单位。

$$p_B = k_{x,B} x_B = k_{c,B} c_B = k_{b,B} b_B \qquad (5\text{-}2\text{-}2b)$$

当溶质的组成用物质的量浓度 c_B 表示时,相应的亨利系数 $k_{c,B}$ 的单位为 $Pa \cdot mol^{-1} \cdot m^3$;当溶质的组成用质量摩尔浓度 b_B 表示时,相应的亨利系数 $k_{b,B}$ 的单位为 $Pa \cdot mol^{-1} \cdot kg$。

严格来说,只有理想稀溶液的溶质才真正符合亨利定律。对一般稀溶液中的溶质,在一定浓度范围内,亨利定律也近似成立,但要求溶质在气液两相中分子的形式必须相同。

应当指出,亨利系数 k 值的大小,不仅与溶质、溶剂的本质及压力、浓度的单位有关,而且随着温度的升高而变大。当几种气体溶于同一溶剂且均达平衡,而且对每种气体皆形成稀溶液时,则其中任何一种气体都遵循亨利定律。

3. 拉乌尔定律及亨利定律的微观解释

当纯溶剂 A 中溶解了少量的溶质 B 时,一般说来,A—B 分子间的作用力与 A—A 或 B—B 之间的作用力是不相等的。由于 B 的浓度很小,对每个 A 分子来说,其周围相邻的分子,绝大多数仍然是同类的 A 分子,故可认为,从稀溶液中和从纯溶剂 A 中,每个 A 分子逸出液面进入气相所需克服的作用力是相等的。但是,在稀溶液的单位液面上有一部分面积被 B 分子所遮盖,使 A 分子占液面上总的分子分数从纯溶剂时的 1 下降至溶液的 x_A,致使单位液面上 A 的蒸发速度按比例下降,溶液中溶剂 A 的蒸气压力也相应地按比例下降,而且下降的分数 $(p_A^* - p_A)/p_A^*$ 在数值上等于 x_B。

对每个 B 分子,它几乎完全被 A 分子所包围,其受力情况取决于 A—B 分子间的作用力。在稀溶液范围内,这种受力情况并不因 x_B 的变化而有多大的变化。因此,在溶液的单位表面上,溶质 B 的蒸发速率正比于 B 分子的浓度,在两相平衡时的单位表面上,B 分子的蒸发速率与凝结速率相等,故气相中 B 的平衡压力 p_B 正比于溶液中 B 的浓度。由于 A—B 间的作用力一般不同于纯液态 B 中 B—B 分子间的作用力,使得亨利系数 $k_{x,B}$ 不同于同温度下纯 B 液体的饱和蒸气压 p_B^*。

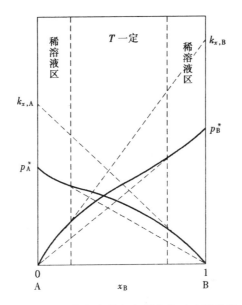

图 5-2-1　拉乌尔定律与亨利定律对比示意图

4.拉乌尔定律与亨利定律的对比

两个定律的差别可由图 5-2-1 形象地表示出来。系统由 A、B 两液体在一定温度下混合而成,纵坐标为压力 p,横坐标为组成 x_B。图中左右两侧各有一稀溶液区。p_A^* 和 p_B^* 分别代表纯液体 A 和 B 的饱和蒸气压;$k_{x,A}$ 和 $k_{x,B}$ 分别为 A 溶于 B 的溶液和 B 溶于 A 的溶液中溶质的亨利系数;两条实线分别为 A 和 B 的蒸气分压力 p_A 和 p_B 随组成变化的关系;实线下面的两条虚线分别代表按拉乌尔定律计算的 A 和 B 的蒸气分压线;实线上面的两条虚线则分别代表 A 和 B 按亨利定律计算的蒸气分压线。

可以看出:对于二组分系统,在稀溶液范围内,一个符合亨利定律另一个则必符合拉乌尔定律;反之也必然成立。这也说明对于同一溶液,拉乌尔定律及亨利定律适用的浓度范围是相同的。

例 5.2.1　在 97.11 ℃时,$p^*(H_2O) = 91.3$ kPa,与 $x(乙醇) = 0.011\,95$ 的水溶液成平衡的蒸气总压为101.325 kPa。试求在上述温度下,与 $x(乙醇) = 0.02$ 的水

溶液成平衡的蒸气中水和乙醇的分压力各为若干?

解:题给两溶液均按乙醇(B)在水(A)中的稀溶液考虑,A 符合拉乌尔定律,B 符合亨利定律。

$$p_A = p_A^* x_A = p_A^* (1 - x_B) = 91.3(1 - 0.02)kPa = 89.474 \text{ kPa}$$

计算 p_B 应先求 B 的亨利系数:

$$p(总) = p_A^* x_A' + k_{x,B} x_B'$$

$$k_{x,B} = |p(总) - p_A^* x_A'| / x_B'$$

$$= |101.325 \text{ kPa} - 91.3(1 - 0.011\ 95)kPa| / 0.011\ 95 = 930.2 \text{ kPa}$$

$$p_B = k_{x,B} x_B = 930.2 \times 0.02 \text{ kPa} = 18.60 \text{ kPa}$$

§5-3 理想液态混合物

前已提出,若液态混合物中任一组分在全部浓度范围内皆符合拉乌尔定律,则该混合物称为理想液态混合物。

从微观上讲,形成理想液态混合物中的各组分(B、C……)应具备下列条件:①各组分分子的大小和物理性质相近;②形成混合物时分子的受力情况不发生变化,即 B—C 分子间的作用力、B—B 分子间的作用力与 C—C 分子间的作用力三者相等。理想液态混合物是真实液态混合物的极限情况,在客观上是不存在的。但是某些混合物,如光学异构体:d-樟脑与 l-樟脑的混合物;结构异构体:c-二甲苯与 p-二甲苯、c-二甲苯与 m-二甲苯等的混合物;紧邻同系物的混合物:苯和甲苯、甲醇和乙醇。这些混合物都可近似地视为理想液态混合物。

1.理想液态混合物中任一组分的化学势

在一定 T、p 下,由组分 B、C、D……形成的理想液态混合物与其蒸气达到两相平衡。根据相平衡的条件可知,混合物中任一组分 B 在气-液两相中的化学势相等。即

$$\mu_B(l, T, p, x_C) = \mu_B(g, T, p, y_C) \tag{5-3-1}$$

上式中的 x_C 及 y_C 分别表示液相和气相中除组分 B 以外所有其它组分的摩尔分数。若蒸气为理想气体混合物,组分 B 在气相中的分压为 p_B,气相中组分 B 的化学势可表示为

$$\mu_B(g, T, p, y_C) = \mu_B^{\ominus}(Pg, T) + RT\ln(p_B/p^{\ominus})$$

将拉乌尔定律 $p_B = p_B^* x_B$ 代入上式,可得

$$\mu_B(g, T, p, y_C) = \mu_B^{\ominus}(Pg, T) + RT\ln(p_B^*/p^{\ominus}) + RT\ln x_B$$

上式中 $\mu_B^{\ominus}(Pg, T)$ 为纯理想气体 B 在温度 T 时的标准化学势,则 $\mu_B^{\ominus}(Pg, T) + RT\ln(p_B^*/p^{\ominus})$ 为纯 B(l)在 T、p 条件下的化学势 $\mu^*B(l, T, p)$,故理想液态混合物中任一组分 B 的化学势为

$$\mu_B(l, T, p, x_C) = \mu_B^*(l, T, p) + RT\ln x_B \tag{5-3-1a}$$

或简写成

$$\mu_B = \mu_B^* + RT\ln x_B \tag{5-3-1b}$$

此式也可视为理想液态混合物用化学势表示的定义式。

因为液态混合物中组分 B 的标准状态规定为同样温度下压力为标准压力 $p^{\ominus} = 100\ kPa$ 下的纯液体,其标准化学势为 $\mu_{B(l)}^{\ominus}$,故要由热力学基本方程求出 $\mu_{B(l)}^*$ 的关系。对纯液体 B 应用 $\mathrm{d}G_m = -S_m\mathrm{d}T + V_m\mathrm{d}p$,因 $\mathrm{d}T = 0$,故当压力从 $p^{\ominus}$ 变至 p 的纯 B(l)的化学势从 $\mu_{B(l)}^{\ominus}$ 变化至 $\mu_{B(l)}^*$,于是

$$\mu_{B(l)}^* = \mu_{B(l)}^{\ominus} + \int_{p^{\ominus}}^{p} V_{m, B(l)}^* \mathrm{d}p$$

式中 $V_{m, B}^*(l)$ 为纯 B(l)在温度 T 下的摩尔体积。将上式代入式(5-3-1b),可得

$$\mu_{B(l)} = \mu_{B(l)}^{\ominus} + RT\ln x_B + \int_{p^{\ominus}}^{p} V_{m, B(l)}^* \mathrm{d}p \tag{5-3-2a}$$

通常情况下,p 与 $p^{\ominus}$ 相差不大,上式中的积分项可以忽略,故上式可近似的表示为

$$\mu_{B(l)} = \mu_{B(l)}^{\ominus} + RT\ln x_B \tag{5-3-2b}$$

除特别说明外,今后将经常使用式(5-3-2b)作为理想液态混合物中任一组分 B 化学势的表示式。

2. 理想液态混合物的混合性质

物质的量分别为 n_B、n_C 的纯 B(l)、C(l)(或多种液体),在一定 T、p 下形成组成为 $x_C(x_B = 1 - x_C)$ 的理想液态混合物($n = n_B + n_C$)。在

混合过程中,系统的 V、H、S 及 G 的变化如下:

(1)混合过程的 $\Delta_{\text{mix}} V = 0$

由 $\mathrm{d}G = V\mathrm{d}p - S\mathrm{d}T$ 可知

对于纯 B(l): $(\partial \mu_B^* / \partial p)_T = (\partial G_{m,B}^* / \partial p)_T = V_{m,B}^*$

对于混合物: $(\partial \mu_B / \partial p)_{T,x} = (\partial G_B / \partial p)_T = V_B$

式(5-3-1)在温度、组成恒定条件下对 p 微分,可得

$$(\partial \mu_B / \partial p)_{T,x} = (\partial \mu_B^* / \partial p)_T$$

所以
$$V_B = V_{m,B}^*$$

说明在同样 T、p 下,理想液态混合物中任一组分 B 的偏摩尔体积 V_B 等于该组分纯液体的摩尔体积 $V_{m,B}^*$。所以,在恒温、恒压下,由几种纯液体混合成理想液态混合物时,混合过程系统的体积保持不变。即

$$\Delta_{\text{mix}} V = n_B V_B + n_C V_C - (n_B V_{m,B}^* + n_C V_{m,C}^*) = 0$$

(2)混合过程的 $\Delta_{\text{mix}} H = 0$

由热力学关系式可以证明,对于纯液体 B(l):

$$\{\partial (\mu_B^* / T) / \partial T\}_p = \{\partial (G_{m,B}^* / T) / \partial T\}_p = - H_{m,B}^* / T^2$$

对于液态混合物中任一组分 B:

$$\{\partial (\mu_B / T) / \partial T\}_{p,x} = \{\partial (G_B / T) / \partial T\}_{p,x} = - H_B / T^2$$

将式(5-3-1b)除以 T 可得

$$\mu_B / T = \mu_B^* / T + R\ln x_B$$

在压力、组成不变的条件下,上式对 T 求偏导数,可得

$$\{\partial (\mu_B / T) / \partial T\}_{p,x} = \{\partial (\mu_B^* / T) / \partial T\}_p$$

所以
$$H_B = H_{m,B}^*$$

说明在同样 T、p 下,理想液态混合物中任一组分的偏摩尔焓 H_B 等于该组分纯液体的摩尔焓 $H_{m,B}^*$。所以,在恒温、恒压下,由几种纯液体混合成理想液态混合物时,混合过程的焓变为零,也就是混合热等于零。即

$$Q(混合) = \Delta_{\text{mix}} H = n_B H_B + n_C H_C - (n_B H_{m,B}^* + n_C H_{m,C}^*) = 0$$

(3)混合过程的 $\Delta_{\text{mix}} S > 0$。

由式 $\mathrm{d}G = V\mathrm{d}p - S\mathrm{d}T$ 可知,对于纯液体 B:
$$(\partial \mu_{B}^{*} / \partial T)_{p} = (\partial G_{m,B}^{*} / \partial T)_{p} = -S_{m,B}^{*}$$
对于液态混合物中任一组分 B:
$$(\partial \mu_{B} / \partial T)_{p,x} = (\partial G_{B} / \partial T)_{p,x} = -S_{B}$$
式(5-3-1b)在压力、组成不变的条件下对 T 求偏导数,可得
$$(\partial \mu_{B} / \partial T)_{p,x} = (\partial \mu_{B}^{*} / \partial T)_{p} + R\ln x_{B}$$
所以
$$S_{B} = S_{m,B}^{*} - R\ln x_{B}$$
混合过程的熵变
$$\begin{aligned}
\Delta_{mix}S &= n_{B}S_{B} + n_{C}S_{C} - (n_{B}S_{m,B}^{*} + n_{C}S_{m,C}^{*})\\
&= -n_{B}R\ln x_{B} - n_{C}R\ln x_{C}\\
&= -R(n_{B}\ln x_{B} + n_{C}\ln x_{C})
\end{aligned}$$
因为 $0 < x_{B}$(或 x_{C})< 1,故 $\Delta_{mix}S > 0$。

前已证明混合热 $Q_{mix} = \Delta_{mix}H = 0$,系统与环境之间无热交热,$\Delta S$(环)$= 0$,$\Delta S$(隔)$= \Delta_{mix}S > 0$,说明液体的混合过程为自发过程。

(4)混合过程的吉布斯函数变
$$\Delta_{mix}G = RT(n_{B}\ln x_{B} + n_{C}\ln x_{C}) < 0$$
此式读者可自行推导。

由于混合过程是在 T、p 一定、$W' = 0$ 的条件下进行的,$\Delta_{mix}G < 0$,也说明混合过程为自发过程。

§5-4 理想稀溶液中溶剂与溶质的化学势

前已指出,溶质的浓度趋于零的无限稀的溶液,称为理想稀溶液。对于理想稀溶液,将采用不同的标准态来表示溶剂和溶质的化学势。

1.溶剂的化学势

若与溶液成平衡的气体为理想气体,因理想稀溶液中的溶剂能严格服从拉乌尔定律,所以,其化学势与理想液态混合物中任一组分的化学势的表示式完全相同,可以表示为
$$\mu_{A} = \mu_{A}^{\ominus} + RT\ln x_{A} \tag{5-4-1a}$$

上式中 $\mu_A^{\ominus}$ 为标准态的化学势,选用在任意温度 T、标准压力 $p^{\ominus}$ 下的纯溶剂 A 的状态为溶剂的标准态。指定溶剂 $\mu_A^{\ominus}$ 只是 T 的函数。

但是对于溶液组成变量应为 b_B,当溶液只有一种溶质时,组成的变量则为 b_B。

$$x_A = (1/M_A)/(b_B + 1/M_A) = 1/(1 + M_A b_B)$$

$$\ln x_A = -\ln(1 + M_A b_B)$$

对于常温下的水溶液,当 $b_B < 0.5$ mol·kg^{-1} 时

$$\ln(1 + M_A b_B) \approx M_A b_B$$

例如当 $b_B = 0.49$ mol·kg^{-1},$M_A = 18.015 \times 10^{-3}$ kg·mol^{-1} 时

$$\ln(1 + M_A b_B) = \ln(1 + 18.015 \times 10^{-3} \times 0.49)$$

$$= \ln(1 + 0.008\,8) \approx 0.008\,8$$

$$\ln x_A = -\ln(1 + M_A b_B) \approx -M_A b_B$$

将上式代入式(5-4-1a)得

$$\mu_A = \mu_A^{\ominus} - RTM_A b_B \tag{5-4-1b}$$

当溶液中有 B、C……多种溶质时,则溶剂 A 的化学势应表示为

$$\mu_A = \mu_A^{\ominus} - RTM_A \sum_B b_B$$

2. 溶质的化学势

理想稀溶液中挥发性的溶质服从亨利定律。由于溶液的组成表示方法不同,溶质的标准状态和化学势的表达式也不相同。

1)用质量摩尔浓度 b_B 表示

亨利定律的形式为 $p_B = k_{b,B} b_B$,液相中溶质 B 的化学势可表示为

$$\mu_B(溶质, T, p, b_C) = \mu_B(g, T, p, y_C)$$

$$= \mu_B^{\ominus}(g, T) + RT\ln(k_{b,B} b_B/p^{\ominus})$$

$$= \mu_B^{\ominus}(g, T) + RT\ln(k_{b,B} b_B^{\ominus}/p^{\ominus}) + RT\ln(b_B/b^{\ominus})$$

令　　$\mu_B(溶质, T, p, b^{\ominus}) = \mu_B^{\ominus}(g, T) + RT\ln(k_{b,B} b^{\ominus}/p^{\ominus})$

此式表示溶液中溶质的含量为标准质量摩尔浓度 $b^{\ominus} = 1$ mol·kg^{-1} 时,液相中溶质 B 的化学势,故

$$\mu_B(溶质, T, p, b_C) = \mu_B(溶质, T, p, b^{\ominus}) + RT\ln(b_B/b^{\ominus})$$

$$\tag{5-4-2a}$$

但 μ_B(溶质,T,p,$b^\ominus$)还不是溶质 B 的标准化学势,因为式中 p 为溶液的实际压力。如果式(5-4-2a)中的 p 与 $p^\ominus$ 相差不大,对化学势的影响可忽略不计,上式可近似表示成

$$\mu_B(溶质,T,p,b_C) = \mu_{b,B}^\ominus(溶质,T) + RT\ln(b_B/b^\ominus) \quad (5\text{-}4\text{-}2b)$$

或简写为

$$\mu_B = \mu_{b,B}^\ominus + RT\ln(b_B/b^\ominus) \quad (5\text{-}4\text{-}2c)$$

在上述化学势的表示式中,溶质的标准状态为温度 T、标准压力 $p^\ominus$,溶质的质量摩尔浓度 $b_B = b^\ominus = 1$ mol/kg 且符合亨利定律的假想状态,如图(5-4-1)中的(a)所示。

2)用 B 的量浓度 c_B 表示

在常压下,当 T、p 及除 B 之外溶液中所有其它组分的浓度 c_C 一定时,溶质 B 的化学势可近似表示为

$$\mu_B(溶质,T,p,c_C) = \mu_{B,c}^\ominus(溶质,T) + RT\ln(c_B/c^\ominus) \quad (5\text{-}4\text{-}3a)$$

或简写为

$$\mu_B = \mu_{B,c}^\ominus + RT\ln(c_B/c^\ominus) \quad (5\text{-}4\text{-}3b)$$

这种化学势的表示式中,溶质的标准状态为温度 T、标准压力 $p^\ominus = 100$ kPa,$c_B = c^\ominus = 1$ mol·dm^{-3} 且符合亨利定律的假想态,如图(5-4-1)中的(b)所示。

3)用摩尔分数 x_B 表示

在系统的压力 p 接近标准压力 $p^\ominus$ 时,溶质 B 的化学势可近似表示为

$$\mu_B = \mu_{x,B}^\ominus + RT\ln x_B \quad (5\text{-}4\text{-}4)$$

这时溶质的标准状态为温度 T、标准压力 $p^\ominus = 100$ kPa,$x_B = 1$ 且仍服从亨利定律的假想态。$x_B = 1$ 的系统为纯液体 B,但又要求它具有稀溶液的性质,这在客观上不可能存在,故此标准态也是一种假想的状态,如图(5-4-1)中的(c)所示。

应当指出,溶质的上述三种化学势的表达式,不论溶质挥发与否皆可应用。严格说来,它只适用于理想稀溶液的溶质,但对一般稀溶液也可近似地应用。对于指定条件下同一稀溶液中的任一溶质 B 来说,化

学势的表示式不同,标准化学势不同,但其化学势 μ_B 一定是相同的。

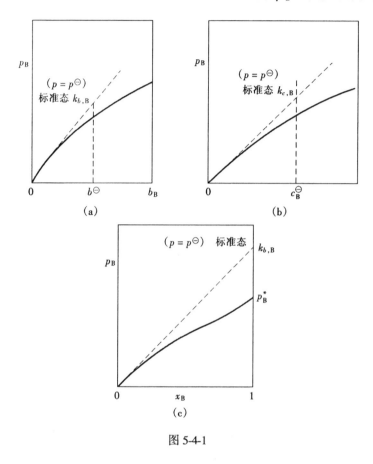

图 5-4-1

§5-5 稀溶液的依数性

稀溶液中溶剂的蒸气压下降、凝固点降低(从溶液中析出固体纯溶剂)、沸点升高(溶质不挥发)和渗透压的数值,对指定的溶剂而言,仅与溶液中溶质的质点数有关,而与溶质的本性无关,故称这些性质为**稀溶液的依数性**。

1. 蒸气压降低

如前所述,稀溶中溶剂 A 的蒸气压下降的规律可表示为

$$\Delta p = p_A^* - p_A = p_A^*(1 - x_B) = p_A^* x_B \qquad (5\text{-}5\text{-}1a)$$

或 $$\Delta p / p_A^* = x_B$$

因为稀溶液,当 $b_B M_A \ll 1$ 时

$$x_B = b_B/(b_B + 1/M_A) = b_B M_A/(1 + b_B M_A) \approx b_B M_A$$

故饱和蒸气压降低的分数 $\Delta p_A / p_A^*$ 也可近似的表示为

$$\Delta p_A / p_A^* = b_B M_A \qquad (5\text{-}5\text{-}1b)$$

即溶剂 A 的蒸气压下降的分数只取决于稀溶液的组成,而与溶质的本性无关。

2. 凝固点降低(不生成固溶体)

在一定外压下,液态物质冷却至开始析出固态时的平衡温度,称为该物质的凝固点。纯液态物质在其饱和蒸气压下的凝固点,称为该物质的三相点。当 p(环)大于三相点的平衡压力时,纯液体的凝固点虽不同于其三相点,但液固两相平衡时,两相的饱和蒸气压必然相等。

液态溶液的凝固点与溶剂(A)的本性、环境的压力、溶液的组成及析出固态物质的组成有关。当溶质 B 与溶剂 A 不生成固态溶液,从溶液中析出的固态物质为纯 A(s)时,就会出现溶液的凝固点低于同样外压下纯 A(l)的凝固点。

图 5-5-1 示意地绘出凝固点降低的原理。图中 $p_A^*(s)$ 及 $p_A^*(l)$ 分别为纯 A(s)和纯 A(l)在一定外压下,不同温度时的饱和蒸气压曲线,两曲线交点 o 对应的温度 T_f^* 为纯 A 的凝固点;p_A 为在相同外

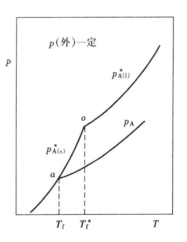

图 5-5-1 稀溶液的凝固点降低

压下,组成为 x_B 的稀溶液中溶剂 A 在气相中的分压力曲线,它与 $p_A^*(s)$

线交点 a 对应的温度为溶液的凝固点 T_f。$T_f^* - T_f = \Delta T_f$,称为溶液的凝固点降低,下面推导它与溶液组成的定量关系。

在恒定外压(通常为大气压)下,溶液的组成为 b_B,凝固点为 T_f,系统的状态点相当于图 5-5-1 中的 a 点。溶剂 A 在固、液两相的化学势相等,即

$$\mu_{A(s)}^* = \mu_{A(l)}$$

若溶液的组成改变 $\mathrm{d}b_B$,凝固点改变 $\mathrm{d}T$,在恒定外压下,固、液两相达到新的平衡时,此过程两相化学势的增量必然相等,即

$$\mathrm{d}\mu_{A(s)}^* = \mathrm{d}\mu_{A(l)}$$

在一定外压下,纯 A(s) 的化学势只是温度的函数,而溶液中 A 的化学势 $\mu_{A(l)}$ 则是温度与组成的函数。因此

$$\left\{\frac{\partial \mu_{A(s)}^*}{\partial T}\right\}_p \mathrm{d}T = \left\{\frac{\partial \mu_{A(l)}}{\partial T}\right\}_{p,b_B} \mathrm{d}T + \left\{\frac{\partial \mu_{A(l)}}{\partial b_B}\right\}_{T,p} \mathrm{d}b_B \quad (5\text{-}5\text{-}2a)$$

上式中:$\{\partial \mu_{A(s)}^*/\partial T\}_p = - S_{m,A(s)}^*$,$\{\partial \mu_{A(l)}/\partial T\}_{p,b_B} = - S_{A(l)}$ 由式 $\mu_{A(l)} = \mu_{A(l)}^\ominus - RTM_A b_B$ 可知

$$\{\partial \mu_{A(l)}/\partial b_B\}_{T,p} \mathrm{d}b_B = - RTM_A \mathrm{d}b_B$$

故式(5-5-2a)可改写成

$$- S_{m,A(s)}^* \mathrm{d}T = - S_{A(l)} \mathrm{d}T - RTM_A \mathrm{d}b_B \quad (5\text{-}5\text{-}2b)$$

在恒定外压及两相平衡条件下的过程为可逆过程,故

$$S_{A(l)} - S_{m,A(s)}^* = \{H_{A(l)} - H_{m,A(s)}^*\}/T$$

式中 $S_{A(l)}$ 和 $H_{A(l)}$ 分别为组成为 b_B 的溶液中 A 的偏摩尔熵和偏摩尔焓,$S_{m,A(s)}^*$ 和 $H_{m,A(s)}^*$ 分别为纯 A(s) 的摩尔熵和摩尔焓。$S_{A(l)} - S_{m,A(s)}^*$ 为纯 A(s) 变为溶液时溶剂的摩尔熔化熵。$H_{A(l)} - H_{m,A(s)}^*$ 则为上述过程的摩尔熔化焓。由于稀溶液中溶剂的 $H_{A(l)} \approx H_{m,A(l)}^*$,故上述的焓变可近似认为是纯溶剂的摩尔熔化焓 $\Delta_{fus} H_{m,A}$,故式(5-5-2b)可改写成

$$- M_A \mathrm{d}b_B = \{S_{A(l)} - S_{A(s)}^*\} \mathrm{d}T/RT$$

$$= \frac{H_{A(l)} - H_{m,A(s)}^*}{RT^2} \mathrm{d}T = \frac{\Delta_{fus} H_{m,A}^*}{RT^2} \mathrm{d}T$$

沿着图 5-5-1 中曲线 oa 积分,由温度 T_f^* 积至 T_f,组成由零(纯 A)至 b_B,则

$$-\int_0^{b_B} M_A \mathrm{d}b_B = \int_{T_f^*}^{T_f} \frac{\Delta_{fus} H_{m,A}^*}{RT^2}\mathrm{d}T$$

因温度变化很小,可认为 $\Delta_{fus} H_{m,A}^*$ 不随 T 变,可得

$$M_A b_B = \frac{\Delta_{fus} H_{m,A}^*}{R}\left(\frac{1}{T_f} - \frac{1}{T_f^*}\right)$$

或 $\qquad M_A b_B = \Delta_{fus} H_{m,A}^* \Delta T_f / (T_f \cdot T_f^* R)$

在常压下,$\Delta_{fus} H_{m,A}^* = \Delta_{fus} H_{m,A}^{\ominus}$,并认为 $T_f \cdot T_f^* \approx (T_f^*)^2$,可得

$$\Delta T_f = T_f^* - T_f = \frac{R(T_f^*)^2 M_A}{\Delta_{fus} H_{m,A}^{\ominus}}b_B$$

令 $K_f = R(T_f^*)^2 M_A / \Delta_{fus} H_{m,A}^{\ominus}$,$K_f$ 称为凝固降低系数。它只取决于溶剂的性质。稀溶液的凝固点降低公式为

$$\Delta T_f = K_f \cdot b_B \qquad\qquad (5\text{-}5\text{-}3)$$

若已知 K_f 值,通常测定一定组成溶液的 ΔT_f 后,就可根据上式计算出溶质的摩尔质量。表 5-5-1 列出一些溶剂的 K_f 值。

表 5-5-1　几种溶剂的 K_f 值

溶　　剂	水	醋酸	苯	萘	环己烷	樟脑
$K_f/\mathrm{K}\cdot\mathrm{mol}^{-1}\cdot\mathrm{kg}$	1.86	3.90	5.10	7.0	20	40

例 5.5.1　在 25.00 g 苯中溶入 0.245 g 苯甲酸,测得凝固点降低 $\Delta T_f = 0.204\,8$ K。凝固时析出纯固态苯,求苯甲酸在苯中的分子式。

解:由表 5-5-1 查得苯的 $K_f = 5.10$ K·mol^{-1}·kg

$$\Delta T_f = K_f b_B = K_f m_B / (M_B m_A)$$

$$M_B = \frac{K_f m_B}{\Delta T_f m_A} = \frac{5.10 \times 0.245}{0.204\,8 \times 25.00}\mathrm{kg}\cdot\mathrm{mol}^{-1} = 244.0 \times 10^{-3}\ \mathrm{kg}\cdot\mathrm{mol}^{-1}$$

已知苯甲酸 C_6H_5COOH 的摩尔质量为 122×10^{-3} kg·mol^{-1},故它在苯中的分子式为 $(C_6H_5COOH)_2$。

3. 沸点升高(溶质不挥发)

沸点是液体的饱和蒸气压等于外压时对应的温度。$p(外) = $

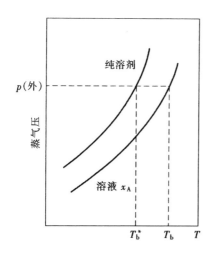

图 5-5-2 稀溶液的沸点升高

101.325 kPa 时的沸点称为正常沸点,简称沸点。若在溶剂 A 中加入不挥发的溶质 B,溶液的蒸气压就要低于同温度下纯溶剂的饱和蒸气压。如图 5-5-2 所示,溶液的蒸气压曲线位于纯溶剂饱和蒸气压的下边。在一定外压下,溶液的温度上升到纯溶剂的沸点 T_b^* 之上直至 T_b 时才能沸腾,这种现象称为**沸点升高**。

不挥发性溶质稀溶液沸点升高 ΔT_b 与溶质 B 的质量摩尔浓度 b_B 的关系,可用与推导凝固点降低相同的方法得出

$$\Delta T_b = T_b - T_b^* = \{ R (T_b^*)^2 M_A / \Delta_{vap} H_{m,A}^{\ominus} \} b_B$$

式中 $\Delta_{vap} H_{m,A}^{\ominus}$ 为纯 A(l) 在 $T_{b,A}^*$ 温度下的标准摩尔蒸发焓。令

$$K_b = R (T_b^*)^2 M_A / \Delta_{vap} H_{m,A}^{\ominus}$$

K_b 称为**沸点升高系数**。它只与溶剂的性质有关,表 5-5-2 列出一些溶剂的 K_b 值。沸点升高公式则表示为

$$\Delta T_b = K_b \cdot b_B \qquad (5-5-4)$$

表 5-5-2　几种溶剂的 K_b 值

溶　剂	水	甲醇	乙醇	乙醚	丙酮	苯	氯仿	四氯化碳
$K_b / K \cdot mol^{-1} \cdot kg$	0.52	0.80	1.20	2.11	1.72	2.57	3.88	5.02

4.渗透压

有许多天然的或人造的膜对物质粒子的透过有明显的选择。例如亚铁氰化铜膜只允许水而不允许水中的糖分子透过,动物的膀胱可以让水分子透过,却不让摩尔质量大的溶质或胶体粒子透过。这类膜称为**半透膜**。

在一定温度下,在一个由半透膜隔开的容器中,左侧装有纯溶剂 A,右侧装有同样高度的组成为 x_A 的稀溶液。在大气压力 p 下,溶剂将自动地通过半透膜向溶液一侧渗透,直至溶液上升到一定高度达到**渗透平衡**时为止,如图 5-5-3(a)所示。渗透平衡时,溶剂的液面上和同一水平面溶液的截面上所受的压力分别为 p 和 $p + \rho g h$。令

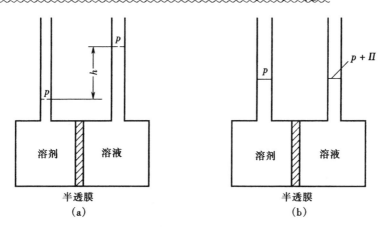

图 5-5-3 渗透平衡示意图

$$\Pi = (p + \rho g h) - p = \rho g h$$

Π 称为**渗透压**。式中:ρ 是达到渗透平衡时溶液的密度;h 为达到渗透平衡时溶液与溶剂的液面的高度差;g 为重力加速度。测定渗透压的一种方法,是在溶液一侧的液面上施加一额外压力使其恰好达到渗透平衡,此额外压力即是渗透压 Π,如图 5-5-3(b)所示。

达到渗透平衡时溶剂在膜两侧的化学势相等,即

$$\mu_A^*(T, p) = \mu_A(溶液, T, p + \Pi, x_B)$$

根据此式可以证明稀溶液的渗透压公式为

$$\Pi V = n_B RT \tag{5-5-5a}$$

或

$$\Pi = c_B RT \tag{5-5-5b}$$

式中 V 为溶液的体积,c_B 为溶液中溶质 B 的量浓度。此式就是稀溶液

的范特霍夫渗透压公式。从形式上看,渗透压公式与理想气体状态方程式是相似的。通过渗透压的测量,可以求出大分子溶质的摩尔质量。

对于稀溶液,当溶液的密度 ρ 与同温度下纯溶剂的密度近似相等时,即 $\rho \approx \rho_{A(l)}^{*}$ 时

$$c_{B} = b_{B}\rho \approx b_{B}\rho_{A(l)}^{*}$$

$$\Pi = b_{B}\rho RT \approx b_{B}\rho_{A(l)}^{*} RT \qquad (5\text{-}5\text{-}5c)$$

例 5.5.2 测得 30℃时蔗糖水溶液的渗透压 $\Pi = 252.0$ kPa。试求(a)此溶液中蔗糖的质量摩尔浓度 b;(b)沸点升高值 ΔT_{b};(c)凝固点降低值 ΔT_{f}。已知 30℃时纯水的密度 $\rho_{H_2O}^{*} = 1\,000$ kg·m^{-3}。

解:(a)由 $\Pi = c_{B}RT \approx b_{B}\rho_{A(l)}^{*}RT$ 可知蔗糖(用 B 代表)的质量摩尔浓度,在稀溶液范围内为

$$b_{B} = \Pi/(\rho_{A(l)}^{*} RT)$$
$$= 252.0 \times 10^{3}\ \text{Pa}/(8.314\ \text{J·K}^{-1}\text{·mol}^{-1} \times 1\,000\ \text{kg·m}^{-3} \times 303.15\ \text{K})$$
$$= 0.100\ \text{mol·kg}^{-1}$$

(b)水的沸点升高系数 $K_{b} = 0.52$ K·mol^{-1}·kg

$$\Delta T_{b} = K_{b}b_{B} = 0.52\ \text{K·mol}^{-1}\text{·kg} \times 0.100\ \text{mol·kg}^{-1}$$
$$= 0.052\ \text{K}$$

(c)水的凝固点降低系数 $K_{f} = 1.86$ K·mol^{-1}·kg,题给水溶液的凝固点降低

$$\Delta T_{f} = K_{f}b_{B} = 1.86\ \text{K·mol}^{-1}\text{·kg} \times 0.100\ \text{mol·kg}^{-1}$$
$$= 0.186\ \text{K}$$

§5-6 活度与活度因子

为处理真实液态混合物的热力学计算,路易斯(Lewis G N)提出活度的概念。将理想液态混合物中任一组分 B 的化学势表达式 $\mu_{B} = \mu_{B}^{*} + RT\ln x_{B}$ 中的 x_{B} 用活度 a_{B} 代替,即可表示真实液态混合物中组分 B 的化学势。

1.真实液态混合物

按下式来定义真实液态混合物中组分 B 的活度 a_{B} 及其活度因子 f_{B}。

$$\mu_B(T, p, x_C) \stackrel{\text{def}}{=\!=\!=} \mu_B^*(T, p) + RT\ln a_B \tag{5-6-1}$$

$$\mu_B(T, p, x_C) \stackrel{\text{def}}{=\!=\!=} \mu_B^*(T, p) + RT\ln(f_B x_B) \tag{5-6-2}$$

式中活度因子

$$f_B = a_B / x_B \tag{5-6-3}$$

由于指定系统 μ_B 为定值,选择不同的 μ_B^* 时,a_B 及 f_B 也就不同,因此还应进一步定义:

$$\lim_{x_B \to 1} f_B = \lim_{x_B \to 1} (a_B / x_B) = 1 \tag{5-6-4}$$

当 $f_B = 1$、$x_B = 1$ 时,$a_B = 1$,$\mu_B = \mu_B^*$。μ_B^* 代表纯液态 B 在 T、p 下的化学势。由于标准压力定义为 $p^\ominus = 100\ \text{kPa}$,由 $\mathrm{d}G = V\mathrm{d}p - S\mathrm{d}T$ 可知,在一定温度下,纯 B(l)在任意压力 p 下的化学势 μ_B^* 与其标准化学势 $\mu_B^\ominus$ 定量关系式应为

$$\mu_B^*(T, p) = \mu_B^\ominus(T) + \int_{p^\ominus}^{p} V_{m,B}^* \mathrm{d}p$$

在常压下,$\int_{p^\ominus}^{p} V_{m,B}^* \mathrm{d}p \approx 0$,故近似有

$$\mu_B(T, p, x_C) = \mu_B^\ominus(T) + RT\ln a_B$$

或简写为

$$\mu_B = \mu_B^\ominus(T) + RT\ln a_B \tag{5-6-5}$$

混合物中组分 B 的标准状态为 T、$p^\ominus$ 下纯 B(l)的状态。活度 a_B 相当于"有效浓度",活度因子 f_B 相当于真实混合物中组分 B 偏离同样 T、p 下理想液态混合物的程度。

对于由挥发组分形成的多组分气液平衡系统,其液相为真实液态混合物;在压力不大的条件下,气相可视为理想气体。根据任一组分 B 在两相的化学势相等,即

$$\mu_B(l, T, p, x_C) = \mu_B(\mathrm{Pg}, T, p, y_C)$$

可以得到

$$a_B = p_B / p_B^* \tag{5-6-6}$$

及

$$f_B = a_B / x_B = p_B / (x_B p_B^*)\qquad(5\text{-}6\text{-}7)$$

若用活度 a_B 或 $f_B x_B$ 代替拉乌尔定律中的 x_B,也可得到上述二式。

2.真实溶液

对于真实溶液中溶剂 A 的活度及活度因子,本书仍采用液态混合物中任一组分活度及活度因子的定义式,暂时使用 f_A 表示溶剂 A 的活度因子。在常压下,p 与 $p^\ominus$ 相差不大,压力的变化对纯 A(1)化学势的影响可忽略不计时,溶剂的化学势可表示为

$$\mu_A = \mu_A^\ominus + RT\ln a_A$$

仍以 T、$p^\ominus$ 下的纯溶剂 A(1)的状态为 A 的标准态。采用下式来计算溶剂的活度及活度因子,即

$$a_A = p_A / (p_A^*)$$

$$f_A = a_A / x_A = p_A / (p_A^* x_A)$$

在一定 T、p 下,溶质的化学势取决于溶液的组成。当组成一定,选用不同的方式表示组成时,溶质的标准化学势不同,因此溶质的活度及活度因子也不相同。

用质量摩尔浓度 b_B 表示时,溶质 B 的化学势与其活度 $a_{b,B}$、活度因子 γ_B 的关系式为

$$\mu_B(溶质,T,p,b_C)\overset{\text{def}}{=\!=\!=}\mu_B(溶质,T,p,b^\ominus) + RT\ln a_{b,B}\quad(5\text{-}6\text{-}8)$$

$$\mu_B(溶质,T,p,b_C)\overset{\text{def}}{=\!=\!=}\mu_B(溶质,T,p,b^\ominus) + RT\ln(\gamma_B b_B / b^\ominus)$$
$$(5\text{-}6\text{-}9)$$

式中 $\gamma_B = a_{b,B}/(b_B/b^\ominus)$,并要求

$$\lim_{\Sigma b_B \to 0}\{a_{b,B}/(b_B/b^\ominus)\} = 1\qquad(5\text{-}6\text{-}10)$$

式中极限条件 $\Sigma b_B \to 0$,表示溶液中所有溶质的质量摩尔浓度 b_B、b_C、b_D……皆同时趋于零。

式(5-6-8)至式(5-6-10)等三式,是溶质的活度及活度因子完整的定义式。在常压下溶质的化学势可近似地表示为

$$\mu_B = \mu_{b,B}^\ominus + RT\ln a_{b,B}\qquad(5\text{-}6\text{-}11)$$

溶质的标准状态为在 T、$p^{\ominus}$ 下，$a_{b,B} = b_B/b^{\ominus} = 1$、$\gamma_B = 1$ 的假想态。根据上述规定，可采用下式计算溶质的活度及活度因子：

$$a_{b,B} = p_B/(k_{b,B} \cdot b^{\ominus}) \qquad (5\text{-}6\text{-}12)$$

$$\gamma_B = a_{b,B}/(b_B/b^{\ominus}) = p_B/(k_{b,B} \cdot b_B) \qquad (5\text{-}6\text{-}13)$$

若用量浓度 c_B 表示时，在常压下溶质的化学势可表示为

$$\mu_B = \mu_{c,B}^{\ominus} + RT\ln a_{c,B}$$

溶质的标准态为 T、$p^{\ominus}$ 下，$a_{c,B} = c_B/c^{\ominus} = 1$、$\gamma_B = 1$ 的假想态。$c^{\ominus} = 1 \ \text{mol} \cdot \text{dm}^{-3}$。

$$a_{c,B} = p_B/(k_{c,B} c^{\ominus}) \qquad (5\text{-}6\text{-}14)$$

$$\gamma_B = p_B/(k_{c,B} c_B) \qquad (5\text{-}6\text{-}15)$$

若用摩尔分数 x_B 表示时，在常压下溶质的化学势可表示为

$$\mu_B = \mu_{x,B}^{\ominus} + RT\ln x_B$$

溶质的标准态为 T、$p^{\ominus}$ 下，$a_{x,B} = x_B = 1$、$\gamma_B = 1$ 的假想态。

$$a_{x,B} = p_B/(k_{x,B}) \qquad (5\text{-}6\text{-}16)$$

$$\gamma_B = p_B(k_{x,B} x_B) \qquad (5\text{-}6\text{-}17)$$

在上述三种溶质的活度及活度因子的计算式中，$k_{b,B}$、$k_{c,B}$ 及 $k_{x,B}$ 分别为溶质 B 的组成用质量摩尔浓度 b_B、物质的量浓度 c_B 及摩尔分数 x_B 表示时的亨利系数。当选用不同的标准态时，溶质 B 的活度不同，对应的活度因子虽然皆用 γ_B 表示，但其值却不相等。不论采用何种标准态，活度及活度因子皆是量纲为一的数值。

§5-7　分配定律

实验证明：在一定 T、p 下，当溶质在两个共存的、互不相溶的液体之间成平衡时，若所形成溶液的浓度不大，则溶质在两液相中的浓度之比为一常数。这就是能斯特(Nernst H W)**分配定律**。

例如在 25℃ 时，水和四氯化碳可视为互不相溶，用 $c(I_2, \alpha)$ 及 $c(I_2, \beta)$ 分别表示 I_2 在水中和在 CCl_4 中的两个共存相的平衡浓度。K_c

$= c(I_2, \alpha)/c(I_2, \beta)$，$K_c$ **称为分配系数**。实验结果列于表 5-7-1 中。

这一经验定律可由热力学导出。设溶质 B 在 α 相及 β 相两个互不相溶的液相中的平衡浓度分别为 $c_B(\alpha)$ 和 $c_B(\beta)$；化学势及标准化学势分别为 $\mu_B(\alpha)$、$\mu_B(\beta)$ 及 $\mu_B^{\ominus}(\alpha)$、$\mu^{\ominus}(\beta)$。由式(5-4-3b)可知

$$\mu_B(\alpha) = \mu_B^{\ominus}(\alpha) + RT\ln\{c_B(\alpha)/c^{\ominus}\}$$

$$\mu_B(\beta) = \mu_B^{\ominus}(\beta) + RT\ln\{c_B(\beta)/c^{\ominus}\}$$

表 5-7-1 25℃时 I_2 在 H_2O 与 CCl_4 之间的分配

$c(I_2, \alpha)/\text{mol} \cdot \text{dm}^{-3}$	$c(I_2, \beta)/\text{mol} \cdot \text{dm}^{-3}$	$K_c = c(\alpha, I_2)/c(\beta, I_2)$
0.000 322	0.027 45	0.117
0.000 503	0.042 9	0.117
0.000 763	0.065 4	0.117
0.001 15	0.101 0	0.114
0.001 34	0.119 6	0.112

两相平衡时 $\mu_B(\alpha) = \mu_B(\beta)$，故存在

$$\mu_B^{\ominus}(\alpha) + RT\ln\{c_B(\alpha)/c^{\ominus}\} = \mu_B^{\ominus}(\beta) + RT\ln\{c_B(\beta)/c^{\ominus}\}$$

上式整理可得

$$\ln\{c_B(\alpha)/c_B(\beta)\} = \{\mu_B^{\ominus}(\beta) - \mu_B^{\ominus}(\alpha)\}/RT$$

在一定温度下，对于指定系统，上式右方为常数，故存在

$$K_c = c_B(\alpha)/c_B(\beta)$$

此式适用于在常压下的稀溶液，并要求溶质在两相中具有相同形式的分子。

若溶质 B 在 α、β 两相中的浓度较大，则应用 B 在两相中的活度 $a_B(\alpha)$ 及 $a_B(\beta)$ 表示分配定律，即

$$K = a_B(\alpha)/a_B(\beta)$$

上式中 K 则为用活度表示的分配系数，此式同样要求 B 在两相中具有相同的分子形式。

分配定律是工业萃取的理论基础，通过萃取可除去溶液中的杂质

或分离出有用的组分。稀有元素的分离常采用这种方法。

（二）相平衡

在化工生产中常需对原料或产品进行分离和提纯,最常用的分离和提纯的方法是结晶、精馏、吸收和萃取等单元操作,相平衡原理是这些单元操作的理论基础。此外,金属或非金属材料的性能与其组成密切相关。所以研究多相系统的相平衡有重要的实际意义。我们最关心的是平衡相的组成、温度和压力间的函数关系。这种关系可以用一定的关系式来表示,但最普遍的是用相图来表示。为了指导相平衡的研究,先介绍相律。

§5-8　相　　律

相律是吉布斯根据热力学原理导出的相平衡基本定律,它主要用来确定相平衡系统中可以独立改变的变量的个数,即自由度数。

1.自由度数

相平衡系统发生变化时,系统的 T、p 及各相的组成均可发生变化。我们把能够维持系统原有相数,在一定范围内可以独立变化的变量的个数,称为**自由度数**,用 F 表示。

例如,在一个抽成真空的封闭容器中注入水,当气-液两相平衡时,温度、压力均可改变,但由于二者之间存在着一定的函数关系,故只有一个独立变量。若温度、压力不按其函数关系而各自独立改变,则必然破坏原有的相平衡而使一个相消失。因此,水的气-液两相平衡系统的自由度数 $F=1$。但是对于一个由多种物质形成的多相平衡系统,单凭经验确定其自由度数的多少就困难了。为计算平衡系统的自由度数,需导出一个自由度数的数学表示式。

2.相律的推导

由代数定理可知,N 个独立的方程式能限制 N 个变量。因此,确定系统状态的总的变量数与关联这些变量之间关系的独立方程式的个

数之差,就是独立变量数,也就是自由度数,可表示为

自由度数 = 总变量数 - 方程式数

设平衡系统中有 S 种化学物质,分布于 P 个相的每一个相中,并用阿拉伯数字 1、2、3……分别代表各种不同的物质;用罗马字母 Ⅰ、Ⅱ……分别代表各个不同的平衡相。任一物质在各相中具有相同的分子形式。若用摩尔分数表示各相的组成,则每个相中皆存在 $x_1 + x_2 + \cdots + x_S = 1$,故有 $(S-1)$ 个浓度。在 P 个相中则共有 $P(S-1)$ 个浓度。平衡系统各相应具有相同的温度和压力,故总的变量数为:$P(S-1) + 2$。"2"表示 T、p 两个变量。

达到相平衡时,每一种物质在各个相中的化学势相等,即

$$\mu_1(Ⅰ) = \mu_1(Ⅱ) = \cdots = \mu_1(P)$$
$$\vdots$$
$$\mu_S(Ⅰ) = \mu_S(Ⅱ) = \cdots = \mu_S(P)$$

在一定 T、p 下,化学势是组成的函数,同一种物质在各个相中的组成则受化学势相等的关系式限制。一种物质有 $(P-1)$ 个化学势相等的关系式,S 种物质则有 $S(P-1)$ 个化学势等式来限制各相的组成。此外,若系统中还有 R 个独立的化学平衡反应式存在,根据化学平衡的条件:$\sum_B \nu_B \mu_B = 0$,可知每一个独立的化学平衡反应式,就有一个关联参加该反应的各组分组成的关系式存在,共有 R 个独立的化学平衡反应方程式。

除了同一相中的 $\sum x_B = 1$,同一种物质在各相的组成受化学势相等的关系式限制及 R 个独立的化学平衡反应式对组成的限制之外,根据实际情况还有 R' 个独立的浓度限制条件。总的独立的方程式数为:$S(P-1) + R + R'$,故自由度数:

$$F = \{P(S-1) + 2\} - \{S(P-1) + R + R'\}$$
$$= S - R - R' - P + 2$$

令
$$C = S - R - R' \qquad\qquad (5\text{-}8\text{-}1)$$

并称之为**组分数**,则

$$F = C - P + 2 \qquad\qquad (5\text{-}8\text{-}2)$$

这就是著名的**吉布斯相律**。此式适用于只受温度和压力影响的平衡系统。

3.几点说明

(1)不论 S 种物质是否能同时存在各平衡相中,都不影响相律的形式。这是因为若某相中不含某种物质,则在这一相中就少了一个该物质的组成,同时,该物质在各相化学势相等的关系式也相应地减少一个。也就是说,总变数减少一个,限制条件也相应地减少一个,故 $F = C - P + 2$ 仍然成立。

(2) $F = C - P + 2$ 式中的"2"表示整个系统的 T,p 皆相同,不符合此条件的系统则不适用,如渗透系统,膜两侧的平衡压力不同,则应改为 $F = C - P + 3$。若除 T、p 之外,还需要考虑其它外界因素(如电场、磁场、重力场……)对平衡系统的影响。设 n 为包含 T、p 及各种外界影响因素的数目,则相律的形式应为

$$F = C - P + n$$

(3)外压对无气相物质,只有固液多相平衡的影响很小,在大气压力下研究固液平衡时,可不考虑外压对固液平衡的影响,故这时系统的自由度数

$$F = C - P + 1$$

自由度数是平衡系统的独立变量数。当独立变量选定之后,相律告诉我们系统的其它变量(即系统的其它性质)与独立变量之间必然存在一定的函数关系,但是不能告知函数关系式的具体形式。

例5.8.1 在一个真空容器中放有过量的固态 NH_4I,且存在下列反应平衡:

$$NH_4I(s) \Longrightarrow NH_3(g) + HI(g)$$

求此系统的自由度数。

解:此系统有气、固两个平衡相,故 $P = 2$;有三种物质,$S = 3$;有一个化学反应式,$R = 1$;$y(NH_3) = y(HI)$,有一独立的浓度限制条件,$R' = 1$。$C = S - R - R' = 3 - 1 - 1 = 1$,$F = C - P + 2 = 1$,表明 T、p 及气相组成三个变量中,只有一个独立变量,在一定温度下系统有确定的压力。

例5.8.2 在一个抽空的容器中放有过量的 $NH_4I(s)$,同时存在下列平衡:

$$NH_4I(s) \Longrightarrow NH_3(g) + HI(g)$$

$$2HI(g) \Longrightarrow H_2(g) + I_2(g)$$

求此系统的自由度数。

解:此系统的 $P = 2, S = 5, R = 2$,四种气体的分压力存在下列定量关系式:

$$p(NH_3) = p(HI) + 2p(H_2); \quad p(H_2) = p(I_2)$$

分压力的限制条件也就是气相组成的限制条件,故 $R' = 2$,所以

$$C = S - R - R' = 5 - 2 - 2 = 1$$

$$F = C - P + 2 = 1 - 2 + 2 = 1$$

自由度数 F 为 1,说明题给平衡系统中,T 及四种气体的分压力五个变量中,只要其中一个确定,其它四个应皆为定值。

§5-9　单组分系统相平衡

由于单组分系统中只存在一种纯化学物质,故 $C = S = 1$,相律的表示式可改写为

$$F = 3 - P$$

对于任何平衡系统,自由度的最小值只能是零,所以单组分系统最多只可能有三个相平衡共存。对于单组分两相平衡系统,其中 T、p 之间一定存在某种函数关系。下面首先证明这种函数关系。

1.克拉佩龙方程

在一定温度和压力下,任一纯物质的任意两相平衡,可以表示为

物质 $B^*(\alpha$ 相$, T, p) \Longrightarrow$ 物质 $B^*(\beta$ 相$, T, p)$

B^* 在 α 和 β 两相的摩尔吉布斯函数必然相等,可以表示为

$$G_{m,B}^*(\alpha, T, p) = G_{m,B}^*(\beta, T, p)$$

当温度发生微变 dT,相应的压力改变 dp,在新的条件下两相又达到平衡,此过程两相的吉布斯函数变必然相等,即

$$dG_{m,B}^*(\alpha) = dG_{m,B}^*(\beta)$$

由式 $dG = Vdp - SdT$ 可知,上式可改写成

$$V_{m,B}^*(\alpha)dp - S_{m,B}^*(\alpha)dT = V_{m,B}^*(\beta)dp - S_{m,B}^*(\beta)dT$$

整理上式可得

$$\frac{dp}{dT} = \frac{S_{m,B}^*(\beta) - S_{m,B}^*(\alpha)}{V_{m,B}^*(\beta) - V_{m,B}^*(\alpha)} = \frac{\Delta_\alpha^\beta S_{m,B}^*}{\Delta_\alpha^\beta V_{m,B}^*}$$

由于此相变过程是在无限接近平衡条件下的相变,即可逆相变,故 $\Delta_\alpha^\beta S_{m,B}^* = \Delta_\alpha^\beta H_{m,B}^* / T$,将其代入上式可得

$$dp/dT = \Delta_\alpha^\beta H_{m,B}^* / (T\Delta_\alpha^\beta V_{m,B}^*) \tag{5-9-1}$$

上式称为**克拉佩龙(Clapeyron)方程**。此式表示纯物质任意两相平衡时,平衡压力对平衡温度的影响。

对于纯物质的固-液平衡系统,将摩尔熔化焓 $\Delta_{fus} H_m^*$ 及对应的熔化过程摩尔体积的增量 $\Delta_{fus} V_m^*$ 代入式(5-9-1),可得

$$dT/dp = T\Delta_{fus} V_m^* / \Delta_{fus} H_m^* \tag{5-9-2}$$

此式表示每改变单位外压时液体凝固点的改变量。若温度变化范围不大,$\Delta_{fus} V_m^*$ 及 $\Delta_{fus} H_m^*$ 皆视为常数,上式积分可得

$$\ln(T_2/T_1) = (p_2 - p_1)\Delta_{fus} V_m^* / \Delta_{fus} H_m^* \tag{5-9-3}$$

式中 T_2 和 T_1 分别是平衡外压为 p_2 和 p_1 时对应纯液体的凝固点。

例 5.9.1 已知0℃时,冰的熔化焓 $\Delta_{fus} H_m^* = 6\,008\ \text{J·mol}^{-1}$,摩尔体积 $V_m^*(s) = 19.652 \times 10^{-6}\ \text{m}^3 \cdot \text{mol}^{-1}$;水的摩尔体积 $V_m^*(1) = 18.018 \times 10^{-6}\ \text{m}^3 \cdot \text{mol}^{-1}$。在 $p(环) = 101.325\ \text{kPa}$ 时冰的熔点为0℃。试计算0℃时,水的凝固点每降低1℃所需的平衡外压变化 Δp 应为若干?

解:$\Delta_{fus} V_m^* = V_m^*(1) - V_m^*(s)$

$$= (18.018 - 19.652) \times 10^{-6}\ \text{m}^3 \cdot \text{mol}^{-1}$$

$$= -1.634 \times 10^{-6}\ \text{m}^3 \cdot \text{mol}^{-1}$$

$\Delta_{fus} H_m^* = 6\,008\ \text{J·mol}^{-1}$,由式(5-9-2)可知 $dT/dp < 0$,即对水而言,外压升高冰点降低。

$$\Delta p = \frac{\Delta_{fus} H_m^* \ln(T_2/T_1)}{\Delta_{fus} V_m^*}$$

$$= \frac{6\,008 \times \ln(272.15/273.15)}{-1.634 \times 10^{-6}}\ \text{Pa} = 13.49 \times 10^6\ \text{Pa}$$

所以要使冰点降低1℃,需增加压力 13.49 MPa。

2.克劳修斯-克拉佩龙方程

将克拉佩龙方程应用于液-气(或固-气)平衡。假定蒸气为理想气体,且蒸气的摩尔体积 $V_m^*(g)$ 远大于液体的摩尔体积 $V_m^*(1)$,即

$$V_m^*(g) - V_m^*(1) \approx V_m^*(g)$$

以 vap 代表蒸发,则式(5-9-1)可改写为

$$\frac{\mathrm{d}p}{\mathrm{d}T} = \frac{\Delta_{\mathrm{vap}} H_{\mathrm{m}}^*}{T\{V_{\mathrm{m}}^*(\mathrm{g}) - V_{\mathrm{m}}^*(\mathrm{l})\}} = \frac{\Delta_{\mathrm{vap}} H_{\mathrm{m}}^*}{TV_{\mathrm{m}}^*(\mathrm{g})}$$

由理想气体状态方程可知 $TV_{\mathrm{m}}^*(\mathrm{g}) = RT^2/p$,将其代入上式可得

$$\mathrm{d}\ln(p/[p])/\mathrm{d}T = \Delta_{\mathrm{vap}} H_{\mathrm{m}}^*/RT^2 \tag{5-9-4}$$

此式称为**克劳修斯-克拉佩龙方程**。式中$[p]$为压力的单位。

假定 $\Delta_{\mathrm{vap}} H_{\mathrm{m}}^*$ 与温度无关,积分式(5-9-4)可得

$$\ln(p/[p]) = -\Delta_{\mathrm{vap}} H_{\mathrm{m}}^*/RT + C \tag{5-9-5}$$

式中 C 是量纲为一的积分常数。此式表明,$\ln(p/[p])$对 K/T 作图可得一直线,如图 5-9-1 所示。

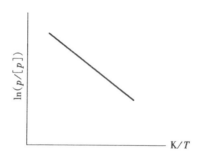

图 5-9-1　$\ln(p/[p])$—K/T 关系

由式(5-9-5)可知直线斜率:

$$m = -\Delta_{\mathrm{vap}} H_{\mathrm{m}}^*/R\ \mathrm{K}$$

故摩尔蒸发焓

$$\Delta_{\mathrm{vap}} H_{\mathrm{m}}^* = -mR\ \mathrm{K}$$

式中 m 是量纲为一的纯数,K 为温度的单位。

将式(5-9-4)作定积分,可得

$$\ln(p_2/p_1) = \Delta_{\mathrm{vap}} H_{\mathrm{m}}^*(T_2 - T_1)/(RT_1 T_2) \tag{5-9-6}$$

由上述推导可知,式(5-9-5)或式(5-9-6)的适用条件是:气-液(或固)两相平衡;V_{m}^*(l 或 s)与 V_{m}^*(g)相比较, V_{m}^*(l 或 s)可忽略不计;气

体可视为理想气体且温度变化范围不大,ΔH(相变)可视为常数。

2. 水的相图

H_2O 在常压或中压下可以呈气(水蒸气)、液(水)、固(冰)三种不同的相态存在。$F = 1 - 2 + 2 = 1$ 的系统称为**单变量系统**,相应存在冰⇌水、冰⇌水蒸气及水⇌水蒸气三种两相平衡。实验测得三种两相平衡的温度和压力数据列于表 5-9-1 中。将它们画在 $p—T$ 图上,得到图 5-9-2 所示的水的相图。图中 OC 线,称为水的饱和蒸气压曲线或蒸发曲线,表示水和水蒸气两相平衡。若在恒温下对此两相平衡系统加压,气相消失,减压则液相消失,故 OC 线以上为水的相区,OC 线以下为水蒸气的相区。OC 线的上端止于水的临界点 C(373.91℃,22 050 kPa)。

表 5-9-1 水的相平衡数据

温度 $t/℃$	系统的饱和蒸气压 p/kPa		平衡压力 p/kPa
	水⇌水蒸气	冰⇌水蒸气	冰⇌水
− 20	0.126	0.103	193.5×10^3
− 15	0.191	0.165	156.0×10^3
− 10	0.287	0.260	110.4×10^3
− 5	0.422	0.414	59.8×10^3
0.01	0.610	0.610	
20	2.338		
40	7.376		
100	101.325		
200	1 554.4		
374	22 060		

图中 OB 线称为冰的饱和蒸气压曲线,或冰的升华曲线。此线上任何一点皆表示冰和水蒸气两相平衡。在恒温下对此平衡系统加压则气相消失,减压则冰消失,故 OB 线之上的区域为冰的相区,OB 线以下则为气相区。此曲线的下端原则上应趋近于 0 K。

图中的 OA 线称为冰的熔点曲线。此线上的任一点皆表示冰和水

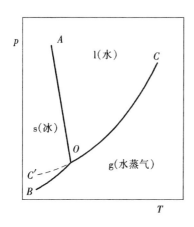

图 5-9-2　水的相图示意图

两相平衡。在一定外压下对此平衡系统加热则冰熔化,冷却则水结冰,故 OA 线之左为冰的相区,OA 线之右为水的相区。由于 V_m^*(水) $< V_m^*$(冰),故 OA 线上任一点的斜率:

$$\partial p / \partial T = \Delta_{fus} H_m^*(冰) / T \{ V_m^*(水) - V_m^*(冰)\} < 0$$

表明冰的熔点随着外压的上升而下降,故 OA 线向左上方倾斜。OA 可延伸至 $-27\,℃$,对应的平衡压力为 207.0 MPa。

图中 OA、OB、OC 三条线将图面分成三个不同的单相区,在每个单相区内 T、p 皆可独立改变而无新相出现。

图中 O 点表示系统内冰、水、水蒸气三相平衡。由相律可知,三相平衡时自由度为零,是无变量系统,系统的温度为 0.01℃、压力为 0.610 48 kPa(4.579 mmHg)。O 点称为**三相点**。水的三相点不同于水的冰点(0℃)。水的三相点是水在其饱和蒸气压下的凝固点,冰点则是在 101.325 kPa 的大气压力下,被空气饱和了的水的凝固点(0℃)。由于空气的溶入和压力的增加,使水的三相点比冰点高 0.009 8℃。国际上规定,将纯水的三相点定为 273.16 K(即 0.01℃)。

图中 OC' 虚线是 CO 线的延长线。水与水蒸气的平衡系统的温度降至 0.01℃ 以下直到 $-20\,℃$ 仍不结冰,这种现象称为**过冷现象**。这种状态在一定条件也能长期存在,但在热力学上是不稳定的,故称之为亚稳态。图中的 OC' 曲线为过冷水的饱和蒸气压曲线,过冷水可以自发地转变成冰。

§5-10 二组分理想液态混合物的气-液平衡相图

对于二组分系统,根据相律

$$F = C - P + 2 = 4 - P$$

$P = 1$ 时,自由度数最大,$F = 3$,为三变量系统。$F = 0$ 时,系统的平衡共存相数最多。$P = 4$,为无变量系统,即 T、p 及各相的组成均为某确定值,不能任意指定。

对于相数为 1、2、3 的平衡系统,可以指定某一温度,作压力—组成图;也可指定某一压力,而作温度—组成图。在温度或压力为定值的条件下,相律的数学表达式则变为

$$F = C - P + 1$$

由于理想液态混合物中任一组分皆服从拉乌尔定律,因而这类气-液平衡相图最具有规律性,相图的形状最简单,是讨论其它系统气-液平衡的基础。

1.压力—组成图

设 A(l) 和 B(l) 可形成理想液态混合物,在温度 T 时,$p_A^* < p_B^*$。气-液两相平衡时,由拉乌尔定律可知,气相中 A 和 B 的分压力 p_A 和 p_B 与液相组成 x_B 的关系式可分别表示为

$$p_A = p_A^* x_A = p_A^* (1 - x_B) \tag{5-10-1}$$

$$p_B = p_B^* x_B \tag{5-10-2}$$

式中 p_A^* 和 p_B^* 分别为同温度 T 时纯 A(l) 和纯 B(l) 的饱和蒸气压。与液相成平衡的气相的总压力 p 为 A、B 在气相的分压力之和,即

$$p = p_A + p_B = p_A^* (1 - x_B) + p_B^* x_B$$
$$= p_A^* + (p_B^* - p_A^*) x_B \tag{5-10-3}$$

上述三式表明平衡气相的分压力 p_A、p_B 及总压 p 均与液相组成 x_B 成直线关系,如图 5-10-1 所示。图中 p_A 线及 p_B 线分别称为 A 和 B 的**分压线**。**总压线 p 又称液相线**。从液相线上可以找出指定组成液相的蒸气总压,或指定总压下的液相组成。由图可知,在 $0 < x_B < 1$ 的浓度

范围内,理想液态混合物蒸气的总压力总是介于两纯液体的饱和蒸气压之间,即

$$p_A^* < p < p_B^*$$

在一定温度下,二组分气-液平衡系统的自由度 $F = 2 - 2 + 1 = 1$。若选定液相组成 x_B 为独立变量,不论是系统的总压力 p 或气相的组成 y_B 皆应是 x_B 的函数。以 y_A 和 y_B 表示气相中 A 和 B 的摩尔分数,并假设蒸气为理想气体,根据分压定律,则存在

$$y_A = p_A/p = p_A^* x_A/p = p_A^* (1 - x_B)/p \qquad (5\text{-}10\text{-}4a)$$

$$y_B = p_B/p = p_B^* x_B/p \qquad (5\text{-}10\text{-}4b)$$

即 $p_A^* < p < p_B^*$,即 $(p_B^*/p) > 1$,$(p_A^*/p) < 1$,故

$$y_B > x_B \quad \text{及} \quad y_A < x_A$$

这说明,在一定温度下,饱和蒸气压不同的二组分理想液态混合物的气-液平衡系统,两相的组成并不相同,而且易挥发组分在气相中的相对含量大于它在液相中的相对含量。这就是液态混合物可以通过蒸馏进行分离、提纯的根本原因。

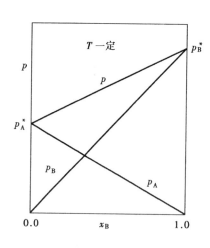

图 5-10-1 理想液态混合物的蒸气压与
液相组成的关系

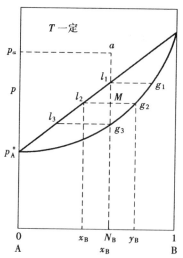

图 5-10-2 理想液态混合物
的 p—x_B 图

由式(5-10-3)及式(5-10-4b)可知,在一定温度下,每一个 x_B 对应一个总压 p,通过式(5-10-4b)求出一个对应的气相组成 y_B。我们把表示蒸气总压与蒸气组成关系的曲线,称为**气相线**。气相线与液相线画在同一张图上,就得到图 5-10-2 所示的压力—组成图。

图中上方的斜直线为液相线,下方的曲线为气相线,因在同一压力下,$y_B > x_B$,故 y_B 要比 x_B 更靠近纯 B。液相线以上的区域为液相区;气相线以下的区域为气相区;两个单相区之间则为气-液两相平衡共存区。在指定温度下的单相区内,$F = 2$,压力和组成可以独立改变而无新相产生。在两相平衡区内,$F = 1$,压力、气相组成及液相组成三个变量中只要有一个确定,其它两个皆为定值。

相图可以帮助我们了解外界条件发生变化时指定系统的相变化情况。例如,在一个带有活塞的导热气缸中,装满系统组成为 $N_B[n_B/(n_A + n_B)]$ 的 A、B 液态混合物,将气缸置于温度恒定为 T 的恒温槽中,始态压力为 p_a,系统的状态点相当于图 5-10-2 中的 a 点。当压力缓慢地降低时,系统的状态点将沿着恒组成线而垂直下移,直至 l_1 点之间前一直是单一的液相。到达 l_1 点时液体开始蒸发,出现第一个微小的气泡而不影响液相的组成,气相的状态点为图中的 g_1 点。随着压力的降低,气相的量不断增加,其组成沿气相线向左下方移动;液相的量不断减少,其组成沿液相线向左下方移动。当系统点为 M 时,气相的状态为 g_2 点,液相的状态点为 l_2 点,g_2 点和 l_2 点都称为**相点**,两个平衡相点的连结线称为**结线**。当压力降低到 g_3 点所对应的压力时,液相全部蒸发,g_3 点所对应的组成为系统组成,最后消失的一滴液体状态点为 l_3 点。此后系统点进入气相区,在单相区内系统点和相点是重合的。系统点在两相区内与相点是不重合的,应分为两个共轭相。但两相的组成和相对数量皆随总压而改变,两相的相对数量可由杠杆规则计算。

2.杠杆规则

以上述系统为例,当系统点为图 5-10-2 中的 M 点时,系统组成为 N_B,气相的组成为 y_B,液相的组成为 x_B,以 n_g 和 n_1 分别代表气相和

液相物质的量。系统中的组分 B 的物质的量,等于该组分在气、液两相中物质的量之和,即

$$n_B = n_g y_B + n_1 x_B = (n_g + n_1)N_B$$

整理上式可得

$$n_1(N_B - x_B) = n_g(y_B - N_B) \tag{5-10-5a}$$

或

$$n_1/n_g = (y_B - N_B)/(N_B - x_B) = \overline{Mg_2}/\overline{l_2 M} \tag{5-10-5b}$$

上式称为**杠杆规则**。它表明,当组成以摩尔分数表示时,两相的物质的量反比于系统点到两个相点的线段的长度。这里线段 l_2g_2 好比一个杠杆,系统点 M 为支点,两个相点为力点,分别挂着 n_g 及 n_1 的重物,当杠杆达到平衡时,则存在上述关系。

若上图中横坐标用质量分数表示,则杠杆规则中两相的量换成质量,组成都换成质量分数,杠杆规则仍然成立。

杠杆规则是根据物质守恒原理得出的,所以不论是否两相平衡,只要将指定系统分成组成不同的两部分,这两部分物料的数量关系就必然服从杠杆规则。

例 5.10.1 已知 90℃ 时,甲苯(A)和苯(B)的饱和蒸气压分别为 54.22 kPa 和 136.12 kPa,二者可形成理想液态混合物。

(1)求在 90℃ 和 101.325 kPa 下,甲苯和苯所形成的气-液平衡系统中两相的摩尔分数各为若干?

(2)由 6 mol 苯和 4 mol 甲苯构成上述条件下的气-液平衡系统,两相物质的量各为若干?

解:(1)$p_A^* = 54.22$ kPa,$p_B^* = 136.12$ kPa,由总压 $p = p_A^* + (p_B^* - p_A^*)x_B$,可知液相组成

$$x_B = \frac{p - p_A^*}{p_B^* - p_A^*} = \frac{101.325 - 54.22}{136.12 - 54.22} = 0.575\ 2$$

气相组成

$$y_B = p_B/p = p_B^* x_B/p = 136.12 \times 0.575\ 2/101.325 = 0.772\ 7$$

(2)系统的总组成

$$N_B = n_B/(n_A + n_B) = 6/(6 + 4) = 0.6$$

$$液相 \qquad\qquad 气相$$

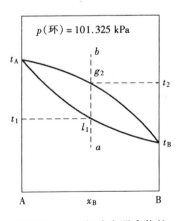

$$n = n_g + n_1 = 10 \text{ mol}$$
$$n_1(N_B - x_B) = (n - n_1)(y_B - N_B)$$

所以液相物质的量

$$n_1 = \frac{n(y_B - N_B)}{y_B - x_B} = \frac{10(0.772\,7 - 0.6)}{0.772\,7 - 0.575\,2}\text{mol} = 8.744 \text{ mol}$$

气相物质的量

$$n_g = n - n_1 = (10 - 8.744)\text{mol} = 1.256 \text{ mol}$$

3.温度—组成图

在恒定外压下,表示二组分系统气-液两相的平衡与温度关系的相图,叫做温度—组成图。对理想液态混合物来说,在恒定外压下,若知两个纯液体在不同温度下的饱和蒸气压,可通过计算求出在不同温度下气-液的两平衡相的组成,从而得到温度—组成图,如图 5-10-3 所示。

当液态物质饱和蒸气压 $p^* = p$ (环) $= 101.325$ kPa 时,所对应的平衡温度称为该液体的**沸点**。图中 t_A 和 t_B 分别为纯 A(1) 和纯 B(1) 的沸点。由于在同一温度下,$p_A^* < p_B^*$,故 $t_A > t_B$。图中上边的曲线为气相组成线,此线以上为气相区;下边的曲线为液相组成线,此线以下为液相区;两曲线之间的区域为气-液两相平衡区。

若将状态为 a 的液体恒压升温到液相线的 l_1 点时,液相开始起泡沸腾,l_1 点对应的温度 t_1 称为该液体

图 5-10-3　理想液态混合物的温度—组成图

的泡点。液相线表示液相组成与泡点的关系,故**液相线也叫泡点线**。若将状态点为 b 的气体恒压降温到气相线的 g_2 点时,气体开始凝结成

露珠似的液滴，g_2 点对应的温度 t_2 称为该气体的**露点**。气相线表示气相组成与露点的关系，故**气相线也叫露点线**。

§5-11　二组分真实液态混合物的气-液平衡系统

绝大多数的二组分液态混合物不能在全部浓度范围内皆符合拉乌尔定律，这种液态混合物称为真实液态混合物。它们对拉乌尔定律产生一定的偏差。若某一组分的蒸气压大于按拉乌尔定律的计算值，则称为正偏差，反之，称为负偏差。出现偏差的情况是各式各样的。一个组分在某一浓度范围出现正偏差，而在另一范围内则可以产生负偏差。本书仅介绍两个组分均产生正偏差，或两组分均产生负偏差的系统。

1.压力一组成图

根据蒸气总压对理想情况产生偏差的程度，真实液态混合物分为如下四类。

(1)具有**一般正偏差**：如丙酮-苯、四氯化碳-苯、水-甲醇等，它们的蒸气总压大于拉乌尔定律的计算值，即对理想情况产生正偏差。在一定温度下，系统的蒸气总压始终介于 p_A^* 与 p_B^* 之间，即 $p_A^* < p < p_B^*$，如图 5-11-1(a)所示。

(2)具有**一般负偏差**：如氯仿(A)-乙醚(B)系统，在一定温度下，其蒸气压小于拉乌尔定律的计算值，即对理想情况产生负偏差。系统总的蒸气压 p 仍然是介于两纯组分的饱和蒸气压之间，即 $p_A^* < p < p_B^*$，如图 5-11-1(b)所示。

(3)具有**最大正偏差**：如甲醇(A)-氯仿(B)系统，在一定温度下，蒸气总压对理想情况产生正偏差，但在某一浓度范围内，蒸气总压大于易挥发组分的饱和蒸气压，$p > p_B^*$，而且在总压线上出现最大值。如图 5-11-2(a)所示，在 c 点处总压出现最大值，气相线与液相线在 c 点相切，故在此点 $y_B = x_B$，即气相和液相的组成相等。

(4)具有**最大负偏差**：如氯仿(A)-丙酮(B)系统，在一定温度下，蒸气总压对理想情况产生负偏差，而且在某一浓度范围内，$p_B^* > p(总) <$

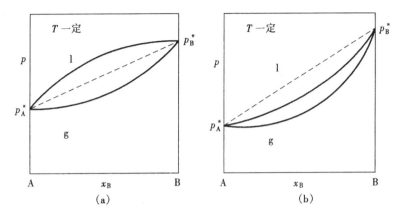

图 5-11-1 具有一般偏差的真实液态混合物的 $p—x$ 图

(a)正偏差;(b)负偏差

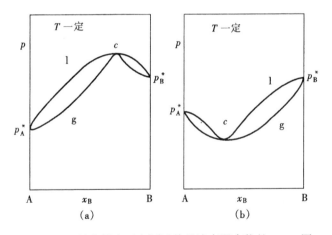

图 5-11-2 具有最大正(或负)偏差液态混合物的 $p—x$ 图

(a)最大正偏差;(b)最大负偏差

p_A^*,在 c 点处总压出现最小值,而且 $y_B = x_B$,如图 5-11-2(b)所示。

2.温度—组成图

在一定外压下,由实验测定一系列不同组成液体的沸腾温度及平衡气-液两相的组成,即可绘出该压力下的温度—组成图,又称为沸点一组成图。

具有一般正偏差或负偏差系统的温度—组成图与理想系统(图 5-10-3)类似。易挥发组分的沸点相对较低,在一定外压下,液态混合物的沸点介于两纯液体的沸点之间;在一定外压和温度下,气液两相平衡时,易挥发组分在气相的相对含量总是高于其在平衡液相中的含量。但是不同的系统,相图的形状可以千差万别。

具有最大正偏差的系统,在一定压力下的温度—组成图中出现最低点。如甲醇(A)-氯仿(B)系统,在 $p = 53.33$ kPa 下的温度—组成图中,在气相线与液相线相切处 c 点出现最低点,此点的气、液两相的组成相等,即 $y_B = x_B$,此点对应的温度称为**最低恒沸点**,对应的组成称为**恒沸混合物**。

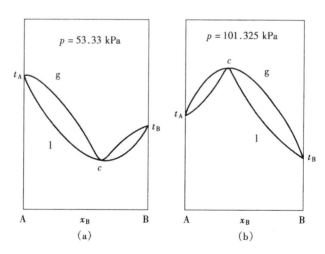

图 5-11-3　具有恒沸点的真实液态混合物的温度—组成图
(a)有最低恒沸点;(b)有最高恒沸点

具有最大负偏差的系统,在一定压力下的温度—组成图中出现最高点。如氯仿(A)-丙酮(B)系统,在 $p = 101.325$ kPa 下的温度—组成图中,在其气相线与液相线相切处 c 点出现最高点,此点 $y_B = x_B$,所对应的温度称为**最高恒沸点**,所对应的组成称为**恒沸组成**,如图 5-11-3(b)所示。

恒沸点处气、液两相组成虽然相同,但它仍是混合物,不是化合物。对于指定系统的恒沸组成与压力有关,当外压改变时,恒沸组成不仅改变,甚至会消失。这就证明恒沸物是混合物,而不是化合物。

在理想系统或具有一般偏差的二组分气-液平衡系统中,易挥发组分在气相中的相对含量总是大于平衡液相中的相对含量。但是在具有恒沸点的二组分气-液平衡系统则不具有这种规律。如在图 5-11-3(a)所示的系统中,在 c 点的左侧,易挥发组分 B 在气相中的相对含量大于它在液相中的相对含量,即 $y_B > x_B$;在 c 点的右侧则相反,两相平衡时 $y_B < x_B$。在(b)图所示的系统中,c 点的左侧 $x_B > y_B$;c 点的右侧则相反,$y_B > x_B$。这种现象可用柯诺瓦洛夫-吉布斯(Konovalov-Gibbs)定律来说明:在一定压力下,若在液态混合物中增加某组分能使液体的沸点下降(或在一定温度下能使蒸气的总压增加),则该组分在气相中的含量大于它在平衡液相中的含量。"在压力(或温度)—组成图中最高点或最低点上,气、液两相的组成相同。"这是柯诺瓦洛夫的实验结论,同时吉布斯也从理论上推导出上述结论。

§5-12 二组分液态部分互溶系统的气-液平衡相图

1. 液相的相互溶解度

当两种液体性质相差较大时,它们只能相互部分溶解。如在一定外压下及温度 t_1 时,可将苯酚逐渐加入水中。开始时全部溶解,达到饱和时再加入苯酚,将分为两个液层。上一层 l_1 是苯酚溶在水中的饱和溶液,简称水层;下一层 l_2 是水溶在苯酚中的饱和溶液,简称酚层。这两个平衡共存的液层,称为**共轭溶液**。实验测出不同温度下共轭溶液两相的组成,即可绘出如图 5-12-1 所示的水-苯酚系统的相互溶解度曲线。图中 MC 线为苯酚在水中的饱和溶解度曲线,CN 线为水在苯酚中的饱和溶解度曲线。MCN 曲线以内为液-液两相平衡区,曲线以外则为单相区。

从 D 点开始,沿着恒组成线 CD 逐渐升温,共轭溶液两相的连线

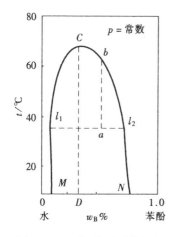

图 5-12-1 水-苯酚系统的相
互溶解度图

逐渐缩短,两相的组成逐渐接近,达到 C 点时,两液相的组成变为完全相同,液层之间的相界面消失而成为均匀的一个液相。相互溶解度曲线的最高点 C,称为**高会溶点**或**高临界会溶点**。C 点对应的温度,称为**高会溶温度**。高于此温度两液体完全互溶。

若系统点在 CD 线右侧,如 a 点,这时共轭溶液两个相点分别为 l_1 和 l_2 点,两个液层的质量比 m_1(水层)/m_2(酚层) $= \overline{al_2}/\overline{l_1 a}$。当系统沿恒组成线 ab 升温时,两相组成分别沿着 $l_1 C$ 和 $l_2 C$ 变化。由杠杆规则可知,水层的质量逐渐减少,酚层的质量逐渐增加,到达 b 时,水层全部消失,系统变为单一的液相。若系统点在 CD 线的左侧,当温度上升到与 MC 线相交时,苯酚层消失。

水-苯胺、水-正丁醇等系统也具有最高会溶点。水-三乙基胺系统在 18℃ 以上部分互溶,在 18℃ 以下能完全互溶,这样的系统则具有最低会溶点。水-烟碱系统在 60.8℃ ~ 208℃ 的范围内部分互溶,在此范围之外能完全互溶,这样的系统则具有**最低和最高两个会溶点**。

2.部分互溶系统气-液平衡的温度—组成图

二组分部分互溶系统的温度—组成图有多种形式,我们只介绍其中的一种。在 $p = 101.325$ kPa 下,将水-正丁醇部分互溶系统的共轭溶液由 30℃ 逐渐加热,随着温度的升高两液层的组成逐渐靠近,当加热至 92℃ 时,在两液相的界面上产生气泡,气泡由少变多,由小变大而逸出液面。这时溶液的饱和蒸气压等于外压,所出现气相的组成介于两液相 l_1 和 l_2 之间,可表示为

$$l_1 + l_2 \longrightarrow g$$

二组分系统在指定压力下三相共存,自由度 $F = C - P + 1 = 3 - 3$

= 0,对应的温度称为共轭溶液的共沸点。继续加热,三相的组成及温度皆不变,直至有一个液相消失温度才能上升,此系统的温度—组成图如图 5-12-2 所示。

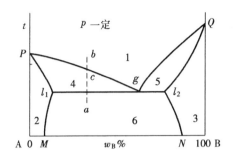

图 5-12-2　水(A)-正丁醇(B)系统的温度—组成示意图

图中 P、Q 两点分别为水和正丁醇的沸点,曲线 Pg 和 Qg 为气相组成线,Pl_1 和 $l_1 M$,Ql_2 和 $l_2 N$ 皆为液相组成线。水平线 $l_1 l_2$ 为三相平衡线,在此线上 $l_1 + l_2 \rightleftharpoons g$ 三相平衡。图中 1、2、3 为三个单相区,1 为气相区,2、3 为液相区,4 和 5 为两个气-液两相平衡区,6 为共轭溶液形成的两相区。沿着垂直线 ab 加热,当加热至三相线时液体开始沸腾,二液相按一定比减少,直至 l_2 消失温度才上升而进入二相区,气相组成沿着 gP 线变化,液相组成沿 $l_1 P$ 线变化,当加热至 c 点时剩下最后一小滴液体,再升温液相消失而进入气相区。

§5-13　液相完全不互溶系统的气-液平衡相图

当两种液体的性质相差极大时,两者间的相互溶解度非常之小,达到可以忽略的程度,则称这两种液体的共存系统为完全不互溶系统。水和许多有机液体就属于此类。

在一定外压下,将两个不互溶液体的共存系统加热,当温度上升到系统的蒸气总压 $p = p_A^* + p_B^* = p(\text{环})$ 时,两液体同时沸腾,其特点是在两液体间的界面层首先沸腾,此温度称为在指定外压下两液体的共

沸点。这时

$$A(l) + B(l) \longrightarrow A、B 混合气体$$

三相共存,自由度为零,不论总组成如何,混合气体的组成为定值,y_B $= p_B^* / (p_A^* + p_B^*)$,如图 5-13-1 中 c 点所示。此点为三相平衡时的气相点,对应的组成称为共沸物。在三相平衡时,继续加热温度不变,两液相的量不断减少,气相的量增大,直至有一个液相消失温度才能上升。当温度上升到 $t_A c$ 线或 $t_B c$ 线所对应的温度时,另一个液相也全部气化。图中 $t_A c$ 线或 $t_B c$ 线为气相组成线,此两曲线以上的区域为气相区。水平线 acb 称为**三相平衡线**。系统在 a 和 b 点之间水平线上的任一点处,皆为 $A(l) + B(l) \Longrightarrow g$ 三相平衡。水平线以下则为两相区。

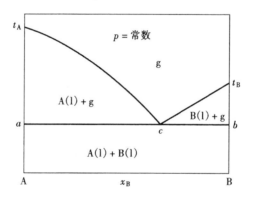

图 5-13-1　完全不互溶系统的温度—组成图

若系统点恰好在 c 点,加热时两液体同时蒸发完,全部变为气相后温度才能上升。

利用共沸点比两个不互溶液体的沸点都低的原理,可以把不溶于水的高沸点液体和水一起进行水蒸气蒸馏,而且操作温度比水的沸点还要低,这样既可保持高沸点的液体不因温度过高而分解,又能达到分离、提纯的目的。

§5-14 二组分固态不互溶凝聚系统的相图

仅由液相和固相构成的系统称为**凝聚系统**。压力对凝聚系统相平衡的影响甚小,当压力变化不大时,则不必考虑压力的变化对凝聚系统相平衡的影响。

1.相图的分析

液态完全互溶、固态完全不互溶的二组分液-固平衡相图是二组分凝聚系统相图中最简单的一种,如图 5-14-1(b)所示的 Bi-Cd 系统相图。

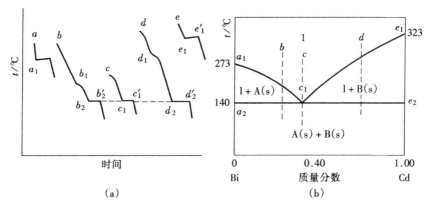

图 5-14-1 Bi-Cd 系统的冷却曲线及相图
(a)冷却曲线;(b)相图

图中 a_1 点($t = 273℃$)、e_1 点($t = 323℃$)分别为纯 Bi 和纯 Cd 的凝固点。a_1c_1 线为液相与 Bi(s)的两相平衡线。由于 Cd 的加入使 Bi 的凝固点降低,且凝固点是液相组成的函数,故 a_1c_1 线称为 Bi 的饱和溶解度曲线或 Bi 的凝固点降低曲线。同理,e_1c_1 线为 Cd 的饱和溶解度曲线或凝固点降低曲线。

图中 c_1 点为 a_1c_1 及 e_1c_1 两条曲线的交点,此点对 Bi(s)和 Cd(s)均达到饱和状态,故状态点为 c_1 的液相冷却时,将按一定的比例同时析出 Bi(s)及 Cd(s),可表示为

$$l(液相)\longrightarrow Bi(s) + Cd(s)$$

这时三相共存,根据相律 $F = 2 - 3 + 1 = 0$,为无变量系统,温度及三个相的组成皆保持不变。水平线 $a_2 c_1 e_2$ 称为**三相共存线**。只有冷却到液相全部凝固成 Bi(s)和 Cd(s)两种固态的机械混合物〔在金相显微镜下可以看到 Bi(s)及 Cd(s)之间有相界面存在〕,温度才降低。若将任意比例的 Bi(s)和 Cd(s)混合系统,加热到 $a_2 c_1 e_2$ 水平线所对应的温度(140℃)时,系统开始熔化,开始产生的液相,其组成皆为 c_1 点所对应的组成,直到至少有一个固相熔化完,温度才能上升。随着温度的上升,液相的组成将沿着 $c_1 a_1$ 或 $c_1 e_1$ 线不断改变,故 c_1 点所对应的温度称为 Bi-Cd 系统的**最低共熔点**,所对应的混合物称为**低共熔混合物**。

图中 $a_1 c_1 e_1$ 曲线以上的区域为单一的液相区,此区域内自由度数 $F = 2$,温度及液相组成皆可独立改变而不会产生新相。在三个两相区内,$F = 1$,即只有温度是独立变量。

常采用热分析的方法来测定绘制凝聚系统相图所需的数据。

2.热分析法及固态完全不互溶系统的相图

热分析法就是先将组成恒定的系统加热至全部熔化成液态,然后令其缓慢而均匀地冷却,记录下冷却过程中系统在不同时刻的温度,再以温度为纵坐标,时间为横坐标,绘出温度—时间曲线即**冷却曲线(或称步冷曲线)**。根据冷却曲线的形状来判断系统中是否发生了相变化。测出若干个组成不同的系统的冷却曲线,就可绘制出相图。仍以 Bi-Cd 系统为例说明。

图 5-14-1(a)中的 a 曲线是纯 Bi 的冷却曲线。a 点至 a_1 点是纯 Bi(l)的降温过程,$a a_1$ 线是一条光滑的曲线,冷却至 a_1 点时,开始有 Bi(s)析出,即

$$Bi(l)\longrightarrow Bi(s)$$

此过程所放出的热量,可以补偿冷却过程系统向环境传导的热量,故温度保持不变。由相律可知,对于纯 Bi 固、液两相平衡,$F = 1 - 2 + 1 = 0$,是无变量系统,温度为定值。a_1 对应的温度 $t_1 = 273℃$ 为 Bi 的熔点,直至液相完全凝固,温度才又连续降低。

e 线是纯 Cd 的冷却曲线,其形状与 a 线相似,水平段所对应的温度 $t_2 = 323\,℃$,是纯 Cd 的凝固点(熔点)。

b 线是 Cd 的质量分数 $w(\text{Cd}) = 0.20$ 的 Bi-Cd 混合物的冷却曲线。bb_1 段为液态混合物的冷却降温过程。冷却至 b_1 所对应温度时,Bi(s) 开始析出,放出的凝固热部分地补偿了系统向环境的热散失,冷却速度变慢,冷却曲线的斜率变小;冷却到 b_1 点出现转折,Bi(s) 开始析出。由相律可知,两相共存时,$F = 2 - 2 + 1 = 1$,随着 Bi(s) 的析出,温度仍不断下降,液相的质量不断减少,但其中 Cd 的相对含量却不断增加,温度下降到 b_2 点所对应的温度时,液相中的 Cd 也达到饱和状态,再冷却则 Cd(s) 与 Bi(s) 同时析出,可表示为

$$\text{l(液相)} \longrightarrow \text{Bi(s)} + \text{Cd(s)}$$

这时三相共存,$F = 2 - 3 + 1 = 0$,为无变量系统。继续冷却,三相的组成及温度皆为定值,直至液相消失,温度才能下降。水平线段 $\overline{b_2 b_2'}$ 所对应的温度为 $140\,℃$。b_2' 点之后是 Bi(s) 和 Cd(s) 混合物的均匀降温过程。

c 线是 $w(\text{Cd}) = 0.40$ 的 Bi-Cd 系统的冷却曲线。系统的总组成恰好是低共熔混合物的组成。液相由 c 点冷却至 c_1 点时开始凝固,同时析出 Bi(s) 及 Cd(s)。这时三相共存,$F = 0$,温度恒定为 $140\,℃$,出现 $\overline{c_1 c_1'}$ 水平线段。冷却到 c_1' 点液相消失,此后则是固态低共熔混合物的均匀降温过程。这条冷却曲线的形状与纯物质的完全相同,没有转折点,只有水平线段。

实验测出足够多的冷却曲线,将这些冷却曲线上的转折点、水平线段所对应的温度及相应系统的组成都点在温度—组成图上,然后将各转折点连成光滑的曲线,将各三相点连结成水平的直线,即得到图 5-14-1(b) 所示的 Bi-Cd 系统相图。此相图的特征是具有低共熔混合物,固态完全不互溶。

3.二组分固态互溶系统的相图

二组分液态混合物凝固时,若能形成以分子、原子或离子大小相互均匀混合的一种固相,则称此固相为**固态混合物或固态溶液,简称为固**

溶体。

当两种物质具有相同的晶形,分子、原子或离子大小相近,一种物质晶格上的这些物质粒子,可以被另一种物质相应的物质粒子以任意比例取代时,这样的系统称为**固态完全互溶系统**。

若 A 和 B 两种物质液态时完全互溶,冷凝成固态时可同时形成 A 和 B 相互溶解度不等的两个固溶体,一相是 A 为溶剂、B 为溶质,另一相则反之,这样的系统**称为固态部分互溶系统**。溶质的粒子若是填入到溶剂晶体结构的空隙中,则形成填隙型的固溶体;若是取代溶剂晶体中相应的粒子,则形成取代型固液体。

1)固态完全互溶系统

金和银两个组分在液态和固态皆能以任意比例完全互溶,其液-固平衡相图如图 5-14-2 所示。

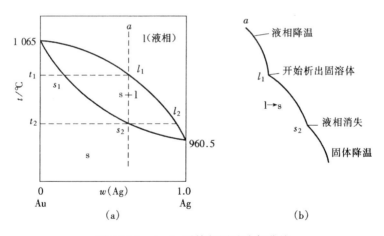

图 5-14-2　Au-Ag 系统相图及冷却曲线

图中 1 065℃及 960.5℃分别为纯 Au 和纯 Ag 在常压下的熔点。上面的一条曲线,表示 Au 和 Ag 液态混合物的凝固点与其组成的关系,称为**液相线或凝固点曲线**;下面的一条曲线,表示 Au 和 Ag 固溶体的熔点与其组成的关系,称为**固相线或熔点曲线**。液相线以上的区域为液相区;固相线以下的区域为固相区;两条曲线之间的区域为固-液两相平衡共存区。

　　将状态点为 a 的液态混合物冷却降温到液相线上 l_1 时,开始有固溶体析出,其相点为 s_1。继续缓慢地冷却,温度从 t_1 降到 t_2 的过程中,不断有固溶体析出。若实验条件确能保证固-液两相始终处于平衡态,液相点将沿着液相线从 l_1 变至 l_2,固相点相应地沿固相线由 s_1 点变到 s_2 点。在 t_2 温度下,系统点与固相点重合为 s_2,系统完全凝固,最后消失的一滴液相组成为 l_2 点所对应的组成。此样品的冷却曲线,如图 5-14-2(b)所示。

　　应当指出,即使在温度相当高的情况下,在固溶体内部的传质过程也是很慢的,只有在冷却速度很慢的情况下,才能实现接近平衡条件下的相变化。如果冷却速度较快,则仅固相表面与液相平衡,析出一连串不同组成的固相层,出现固相变化的滞后现象,即液相点较 l_2 点更靠近纯 Ag,仍不全部凝固。

　　属于这种类型的还有 Ca-Ni、Au-Pu、AgCl-NaCl 及 1-萘酚-萘等系统。

　　2)固态部分互溶系统

　　这类相图如图 5-14-3 所示。六个相区的平衡相已注明于图中,其中 α 代表 B 溶于 A 中的固态溶液(固溶体),β 为 A 溶于 B 中的另一种固溶体。P 及 G 点分别为纯 A 及纯 B 的熔点。PL 及 GL 线为液相组成线,也可分别称为 α 相及 β 相的饱和溶解度曲线。PS_1M 及 GS_2N 曲线分别为 α 固溶体和 β 固溶体的固相组成线。水平线 S_1S_2 为三相共存线,在此线上

$$1(L) \Longrightarrow \alpha(S_1) + \beta(S_2)$$

三相平衡共存。S_1S_2 线对应的温度称为低共熔点。L 点对应的组成称为低共熔组成。

　　状态点为 c 的液相冷却降温到 L 点时,α 相及 β 相皆达到饱和状态,再冷却,相点为 S_1 的 α 相和相点为 S_2 的 β 相将按相图中所示的比例同时析出,在液相消失之前,同时析出的两固溶体的质量比 $m(\alpha)/m(\beta) = \overline{LS_2}/\overline{S_1L}$。此时

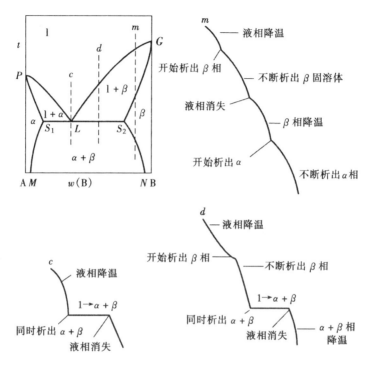

图 5-14-3 具有低共熔点的二组分固态部分互溶系统的相图及冷却曲线

$$l(L) \longrightarrow \alpha(S_1) + \beta(S_2)$$

三相共存，$F=0$，温度和液相、α 相、β 相三相的组成皆为定值，直至液相消失温度才能继续下降。在 α 相与 β 相两相接近平衡条件下的降温过程中，两相的组成将分别沿着 $S_1 M$ 和 $S_2 N$ 曲线变化，两相的质量也相应地发生变化。状态点为 d 及 m 样品的冷却曲线的形状及冷却过程的相变情况，已在图 5-14-3 中标明，这里不再赘述。

属于这类系统的实例有 Sn-Pb、KNO_3-$NaNO_3$、AgCl-CuCl、Ag-Cu 等系统。

如果将图 5-14-3 相图中纯 A 的熔点 P 向下移动到三相平衡线以下，S_1 点沿三相平衡线向右移动，使其更靠近 S_2 点，则可得图 5-14-4 所示的相图。图中有三个单相区，三个两相区，各相区的稳定相皆标于图中。此相图与图 5-14-3 不同的是,在三相线上,相点 L 所对应的液相中 A 的质量分数高于 α 固液体或 β 固溶体中 A 的质量分数。

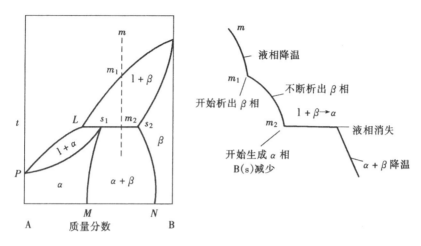

图 5-14-4　具有转变温度的二组分固态部分互溶系统的相图及冷却曲线示意图

将状态点为 m 的液相冷却到 m_1 点,开始析出 β 固溶体。降温到接近三相平衡线时,所得到的 β 固溶体的质量最多。降温到 m_2,再继续冷却则发生液相和 β 固溶体转变为 α 固溶体的过程,即

$$l(L) + \beta(S_2) \longrightarrow \alpha(S_1)$$

故三相线所对应的温度称为两个固溶体之间的转变温度。这时三相共存,$F = 0$,在冷却曲线上出现水平线段,直至液相消失温度才能下降。此后,则是 $\alpha + \beta$ 的降温过程,两相的组成及质量也相应地随之而变。

Hg-Cd、AgCl-LiCl、AgNO$_3$-NaNO$_3$ 等系统的相图具有上述特征。

4. 生成化合物的二组分凝聚系统相图

若两种物质之间能发生化学反应而生成化合物,由组分数的定义式 $C = S - R - R'$ 可知,系统中若有 R 个独立的化学反应发生,而且每个反应只生成一种化合物,则 $S = 2 + R$,$R' = 0$,$C = 2$,仍为二组分系统。当系统中两种物质的量之比正好等于化学反应计量比时,则有一个浓度限制条件 $R' = 1$,$C = 1$,成为单组分系统。

根据所生成化合物的稳定性,分两类进行讨论。

1)生成稳定化合物的系统

在固、液两相皆能稳定存在的化合物,称为**稳定化合物**。它熔化时固、液两相的组成相同,故称其有相合的熔点。这类系统中最简单的情况是两种物质间只生成一种化合物,而且这种化合物与两纯物质在固态时相互之间完全互不相溶。图 5-14-5 所示苯酚(A)-苯胺(B)凝聚系统的相图,就属于此类。

苯酚及苯胺在常压下的熔点分别为 40℃ 及 -6℃。化合物 C 中,A 和 B 的分子数之比为 1∶1,故反应可表示为

$$C_6H_5OH + C_6H_5NH_2 \longrightarrow C_6H_5OH \cdot C_6H_5NH_2(C)$$

C 的熔点为 31℃。在组成坐标线上,C 的位置应在 $x_B = 0.5$ 处。各相区的稳定相已标于图中。

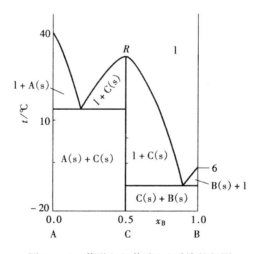

图 5-14-5　苯酚(A)-苯胺(B)系统的相图

图中 R 点与纯物质完全相同,系统点与相点重合,且表示 C(l)与 C(s)处于两相平衡态。

此相图可视为由两个均具有低共熔点、且固体完全不互溶系统的相图组合而成。

如果相图中有几个类似伞状(图 5-14-5 中 R 处)的图形存在,则就

有几种稳定化合物生成。

2)生成不稳定化合物的系统

若 A 及 B 两物质所生成的化合物只能在固态时存在,将其加热到某一温度时,它就分解成另一种固态物质和液相,而且液相的组成完全不同于固态化合物的组成,我们称这类系统为**生成不稳定化合物**的系统。这类系统最简单的是不稳定化合物与生成它的两种物质在固态时完全不互溶,其相图如图 5-14-6 所示。

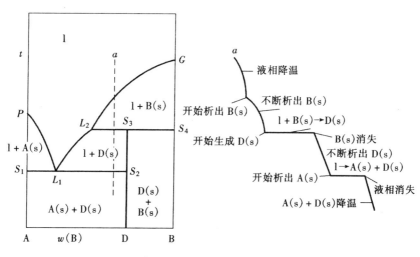

图 5-14-6　生成不稳定化合物系统的相图及冷却曲线

若将不稳定化合物 D(s)加热,系统点沿 D 垂直向上移动,达到相当于 S_3 点所对应的温度时,化合物开始分解成 B(s)及相点为 L_2 的液相,即

$$D(s) \longrightarrow l(L_2) + B(s)$$

所产生的固液两相的质量比符合杠杆规则,即 $m(1)/m(s) = S_3S_4/L_2S_3$。水平线 L_2S_4 所对应的温度称为**不相合熔点或转熔温度**。在此温度下,三相共存,$F = 0$,三相的组成及温度皆为定值,直到加热至 D(s)完全分解,温度才开始上升。再继续加热,B(s)将不断地熔化,对应的液相组成将沿着 L_2G 曲线移动,直至 B(s)消失,液相点与系统点重

合。以后则是液相的升温过程。

这一类系统的实例有：Au-Sb，KCl-$CuCl_2$，SiO_2-Al_2O_3 等。

在二组分系统的相图中，凡有"T"字形的图形（如上图 5-14-6 中 S_2 处）出现，就表示有不稳定化合物生成。

以上所述是各种类型二组分凝聚系统相图最简单的情况。实际上，在同一个二组分凝聚系统的相图中，既可出现液态部分互溶，也可出现固态部分互溶；既可存在稳定化合物，也可存在不稳定化合物；既可存在固态完全不互溶，也可存在固态完全互溶。总之，由上述简单相图可以组合成各式各样的复杂相图。

本章基本要求

1.掌握拉乌尔定律及亨利定律的表示式及其应用。

2.理解理想液态混合物、理想稀溶液及真实液态混合物中各组分化学势的表示式。

3.了解稀溶液的依数性并能进行简单的计算。

4.了解活度的标准状态以及任一组分的活度与活度因子的简单计算方法。

5.理解相律的推导及其表示式中各项的意义。

6.能根据相平衡的条件推导克拉佩龙及克拉佩龙-克劳修斯方程，并能运用这些方程进行有关的计算。

7.掌握单组分系统及二组分系统各典型相图的特点和应用。能运用相律分析相图。能应用杠杆规则进行物料衡算。对凝聚系统的相图，能画出任一组成的冷却曲线的形状，说明冷却过程的相变化。

8.了解分配定律的热力学原理及应用。

概　念　题

填空题

1.在一定温度下，A 和 B 形成的二组分溶液的密度为 ρ，A 和 B 的摩尔质量分别为 M_A 和 M_B。已知溶液摩尔分数为 x_B，则此溶液浓度 c_B 和 x_B 的关系为 $c_B = $ _____；溶液质量摩尔浓度 b_B 与 x_B 的关系为 $b_B = $ _____。

2. 在一定温度下,溶质 B 溶于溶剂 A 形成理想稀溶液。已知溶液的摩尔分数为 x_B,溶液的密度近似为纯溶剂 A 的密度,即 $\rho = \rho_A^*$,已知 A、B 的摩尔质量 M_A 和 M_B,则此溶液的 $c_B =$ _____, $b_B =$ _____。

3. 在一定 T 下,对于理想稀溶液中溶剂的化学势 $\mu_A = \mu_A^* + RT\ln x_A$。若用组成的变量 b_B 表示 μ_A,假设 $b_B M_A \ll 1$,则 $\mu_A = \mu_A^* -$ _____。

4. 在一定温度下的理想稀溶液中,规定 $p =$ _____,溶质的组成 $b_B = b_B^\ominus =$ _____,或 $c_B = c_B^\ominus =$ _____,或 $x_B =$ _____纯 B 的状态,而又符合_____定律的假想态,皆可定为溶质 B 的标准状态。

5. 在一定温度下,真实溶液中,溶质 B 化学势可表为

$$\mu_B = \mu_{b,B}^\ominus + RT\ln(b_B \gamma_B / b^\ominus)$$

溶质 B 的标准态规定为 $p =$ _____, $\gamma_B =$ _____, $b_B =$ _____,又符合_____定律的假想态。

6. 在一定 T, p 下,一切相变化必然是朝着化学势_____的方向进行。

7. 凝固点降低公式:

$$\Delta T_f = K_f b_B = K_f m_B / (M_B m_A)$$

可用测定凝固点降低的方法,测定溶质 B 的摩尔质量的条件是_____。式中 m_A 和 m_B 分别为溶剂和溶质的质量。

8. 冰的熔点随外压的变化率

$$\mathrm{d}T(熔点) / \mathrm{d}p(外) = \underline{\qquad} < \underline{\qquad}$$

9. 在密封容器中水(1)、水蒸气(g)和冰(s)三相呈平衡时,此系统的组分数 $C =$ _____,自由度数 $F =$ _____。

10. 在一真空器中,将 $CaCO_3$ 加热,并达到下列平衡:

$$CaCO_3(s) \Longrightarrow CaO(s) + CO_2(g)$$

则此系统的相数 $P =$ _____;组分数 $C =$ _____;自由度数 $F =$ _____。

11. A(1) 和 B(1) 性质差别甚大,在液态完全不互溶,在一定外压下沸点 $T_{b,B} > T_{b,A}$,其共沸点为 92℃,共沸物的组成 $y_B = 0.56$。今有 A、B 气体混合物 $y_B = 0.35$,恒压降温时,首先冷凝出的是_____液体,当降温至 92℃ 时才能冷凝出_____液体,当_____相消失后温度才能下降。

12. 在一定压力下,二组分系统的温度—组成相图中,任一条曲线皆为_____平衡线;任一水平线皆为_____线;任一垂直线皆代表_____物质。每两个两相区之间不是_____必为_____;每两单相区之间必为_____区。

选择填空题(从每题所附答案中择一正确的填入横线上)

1.在一定外压下,易挥发的纯溶剂 A 中,加入不挥发的溶质 B 形成稀溶液,A、B 可生成固溶体,则此稀溶液的凝固点 T_f 将随着 b_B 的增加而_____,此稀溶液的沸点将随着 b_B 的增加而_____。

选择填入:(a)升高　(b)降低　(c)不变　(d)无一定变化规律

2.在一定温度下,$p_B^* > p_A^*$,由 A 和 B 形成的理想液态混合物,当气-液两相平衡时,气相的组成 y_B 总是_____液相组成 x_B。

选择填入:(a)>　(b)<　(c)=　(d)反比于

3.在一定温度下,某理想稀溶液的密度等于同温度下纯水的密度,$\rho = \rho_{H_2O}^* = 1$ kg·dm^{-3},溶于其中某挥发性溶质在气相中分压力

$$p_B = k_{c,B} c_B = k_{x,B} x_B = k_{b,B} b_B$$

c 的单位为 mol·dm^{-3},b 的单位为 mol·kg^{-1}。三个亨利系数在数值上的关系为

$$k_{x,B} \underline{\quad\quad} k_{b,B} \underline{\quad\quad} k_{c,B}$$

选择填入:(a)>　(b)<　(c)≈　(d)二者无一定关系

4.在一定 T,p 下,$b = 0.002$ mol·kg^{-1} 蔗糖水溶液和 NaCl 水溶液的渗透压分别为 Π_1 和 Π_2。已知 NaCl 正负离子的平均活度因子 $\gamma_\pm = 1$,则必然存在 Π_2/Π_1 _____的定量关系。

选择填入:(a)=1　(b)=0.5　(c)=2　(d)=4

5.在常压下,将蔗糖溶于纯水形成一定浓度的稀溶液,冷却时首先析出的是纯冰,相对于纯水而言将会出现:蒸气压_____;沸点_____;冰点_____。

选择填入:(a)升高　(b)降低　(3)不变　(4)无一定变化规律

6.在一定 T,p 下,由纯 A(l)与纯 B(l)混合而成理想液态混合物,此过程的 $\Delta_{mix} V_m$ _____;$\Delta_{mix} H_m$ _____;$\Delta_{mix} S_m$ _____;$\Delta_{mix} G_m$ _____;$\Delta_{mix} U_m$ _____;Q_m _____。

选择填入:(a)大于零　(b)小于零　(c)等于零　(d)不能确定

7.温度、压力及组成一定的某真实溶液的化学势可表示为

$$\mu_B = \mu_B^\ominus + RT\ln a_B$$

式中 a_B 为活度。若采用不同的标准状态,上式中的 $\mu_B^\ominus$ _____;a_B _____;μ_B _____。

选择填入:(a)变　(b)不变　(c)变大　(d)无法确定

8.在一定压力下,由 A、B 二组分形成的温度—组成图(即 T—x 图)中最高(或最低)恒沸点处的组分数 $c =$ _____,自由度数 $F =$ _____。

选择填入:1,2,3,0

恒沸点处的气液二相组成的关系为 y_B _____ x_B。

选择填入:(a) >　　(b) =　　(c) <　　(d)二者无确定的关系

9. 水蒸气通过灼热的 C(石墨)发生下列反应:

$$H_2O(g) + C(石墨) \Longrightarrow CO(g) + H_2(g)$$

此平衡系统的相数 $P =$ _____;组分数 $C =$ _____;自由度数 $F =$ _____。

选择填入:0,1,2,3

10. 在一个抽空的容器中放入过量的 $NH_4I(s)$ 和 $NH_4Cl(s)$ 并发生下列反应:

$$NH_4I(s) \Longrightarrow NH_3(g) + HI(g)$$

$$NH_4Cl(s) \Longrightarrow NH_3(g + HCl(g)$$

此平衡系统的相数 $P =$ _____;组分数 $C =$ _____;自由度数 $F =$ _____。

选择填入:0,1,2,3,4,5

11. 在一抽空的容器中放入过量的 $NH_4I(s)$ 并发生下列反应:

$$NH_4I(s) \Longrightarrow NH_3(g) + HI(g)$$

$$2HI(g) \Longrightarrow H_2(g) + I_2(g)$$

此平衡系统的相数 $P =$ _____;组分数 $C =$ _____;自由度数 $F =$ _____。

选择填入:0,1,2,3,4,5

12. 在一抽空的容器中,放入过量的 $NH_4HCO_3(s)$ 并发生下列反应:

$$NH_4HCO_3(s) \Longrightarrow NH_3(g) + CO_2(g) + H_2O(g)$$

此平衡系统的 $P =$ _____;组分数 $C =$ _____;自由度数 $F =$ _____。

选择填入:0,1,2,3,4

13. 在反应器中通入 $n(NH_3):n(HCl) = 1:1.2$ 的混合气体发生下列反应并达平衡:

$$NH_3(g) + HCl(g) \Longrightarrow NH_4Cl(s)$$

此系统的组分数 $C =$ _____;自由度数 $F =$ _____。

选择填入:0,1,2,3,4

14. 在一个抽空的容器中放有适量的 $H_2O(l)$,$I_2(g)$ 和 $CCl_4(l)$。水与四氯化碳在液态完全不互溶,I_2 可分别溶于水和 $CCl_4(l)$ 中,上部的气体中三者皆存在,达平衡后此系统的自由度数 $F =$ _____。

选择填入:0,1,2,3,4

15. 在一定 T 下的 A,B 二组分真实气-液平衡系统,在某一浓度范围内 A(g)对拉乌尔定律产生正偏差,在另一浓度范围内 A(g) _____。在同一个浓度范围内,若 A(g)产生正偏差,B(g)_____。

选择填空:(a)也必然产生正偏差　(b)必然产生负偏差

(c)产生何种偏差无法确定　(d)将符合亨利定律

16. 在一定温度下,气相为理想气体的理液态混合物中,任一组分 B 的

$$\left[\partial\ln(p_B/\text{kPa})/\partial\ln x_B\right]_T \ _____。$$

选择填入:(a) $= 0$　(b) < 1　(c) > 1　(d) $= 1$

17. 在一定 T 下,由溶剂 A 与溶质 B 形成的理想稀溶液,与其平衡的气体为理想气体。

$$\left\{\frac{\partial\ln(p_A/\text{Pa})}{\partial\ln x_A}\right\}_T \ _____ \ \left\{\frac{\partial\ln(p_B/\text{Pa})}{\partial\ln x_B}\right\}_T$$

选择填入:(a) $>$　(b) $=$　(c) $<$　(d)无法确定

习　题

5-1(A)　D-果糖 $C_6H_{12}O_6$(B)溶于水(A)形成质量分数 $w_B = 0.095$ 的溶液,此溶液在 20℃时的密度 $\rho = 1.036\ 5 \times 10^3\ \text{kg·m}^{-3}$。求此溶液中 D-果糖的摩尔分数、物质的量浓度及质量摩尔浓度各为若干?

答: $x_B = 0.010\ 4$, $c_B = 0.547\ \text{mol·dm}^{-3}$, $b_B = 0.583\ \text{mol·kg}^{-1}$

5-2(A)　60℃时,甲醇和乙醇的饱和蒸气压分别为 83.39 kPa 和 47.01 kPa。两者可形成理想液态混合物。恒温 60℃下,甲醇与乙醇混合物气-液两相达到平衡时,液相组成 x(甲醇) $= 0.589\ 8$。试求气相的组成 y(甲醇)及平衡蒸气的总压各为若干?

答: y(甲醇) $= 0.718\ 4$, p(总) $= 68.47$ kPa

5-3(A)　80℃时,p^*(苯) $= 100.4$ kPa, p^*(甲苯) $= 38.71$ kPa,两者可形成理想液态混合物。若苯与甲苯混合物在 80℃时平衡蒸气的组成 y(苯) $= 0.300$,试求平衡液相的组成 x(苯)及蒸气总压各为若干?

答: x(苯) $= 0.141\ 8$, p'(总) $= 47.46$ kPa

5-4(A)　25℃时,纯水的饱和蒸气压为 3.167 4 kPa,在 90 g 水中加入 10 g 甘油($C_3H_8O_3$),与此溶液平衡蒸气的压力为若干? 假设气相中甘油蒸气的分压可忽略不计。

答: $p(H_2O) = 3.10$ kPa

5-5(A)　20℃时,纯乙醚的饱和蒸气压为 58.95 kPa,今在 0.100 kg 的乙醚中加

入 0.010 0 kg 某非挥发性有机物,使乙醚的蒸气压下降到 56.79 kPa。求该有机物质的摩尔质量。

答:$M = 195 \times 10^{-3}$ kg·mol^{-1}

5-6(B) 18℃时,1 dm^3 的水中能溶解 101.325 kPa 下的 O_2 0.045 g,101.325 kPa 下的 N_2 0.02 g。18℃时 O_2(g)和 N_2(g)溶在水中的亨利系数分别为若干 kPa(mol/dm^3)$^{-1}$? 现将 1 dm^3 被 202.65 kPa 的空气饱和的水溶液加热至沸腾,赶出其中溶解的 O_2 和 N_2 并干燥之,求此干燥气体在 101.325 kPa、18℃下的体积及其组成 y(O_2)各为若干? 设空气为理想气体,其中,$y'(O_2) = 0.21$,$y'(N_2) = 0.79$。

答:$k_{O_2} = 72.05 \times 10^3$ kPa·mol^{-1}·dm^3,$k_{N_2} = 141.9 \times 10^3$ kPa·mol^{-1}·dm^3,

$V = 0.041 1$ dm^3,$y(O_2) = 0.344$

5-7(A) 0℃时,1.00 kg 的水中能溶解 810.6 kPa 下的 O_2(g)0.057 g。在相同温度下,若氧气的平衡压力为 202.7 kPa,1.00 kg 的水中能溶解氧气多少克?

答:$m(O_2) = 0.014 3$ g

5-8(A) 已知 95℃时,纯 A(l)和纯 B(l)的饱和蒸气压分别为 $p_A^* = 76.00$ kPa,$p_B^* = 120.00$ kPa,二者形成理想液态混合物。今在一抽空的容器中注入 A(l)和 B(l),恒温 95℃达到平衡时,系统中蒸气的总压力 $p = 103.00$ kPa。试求气-液两相的组成 x_B 及 y_B 各为若干?

答:$x_B = 0.613 6$,$y_B = 0.714 9$

5-9(A) 20℃时,纯苯的饱和蒸气为 10.0 kPa,HCl(g)溶于苯的亨利系数 k_x(HCl) = 2 380 kPa。在 20℃时,HCl(g)溶于苯形成稀溶液,其蒸气的总压为 101.325 kPa,液相的组成 x(HCl)为若干? 在上述条件下,0.01 kg 苯中能溶有多少千克的 HCl? 已知 M(苯) = 78.11 $\times 10^{-3}$ kg·mol^{-1},M(HCl) = 36.46 $\times 10^{-3}$ kg·mol^{-1}。

答:x(HCl) = 0.038 53,M(HCl) = 1.872 $\times 10^{-3}$ kg

5-10(B) 在 25℃时,1 kg 水(A)中溶有醋酸(B),当醋酸的质量摩尔浓度 b_B 介于 0.16 mol·kg^{-1} 和 2.5 mol·kg^{-1} 之间,溶液的总体积为

$$V/cm^3 = 1\ 002.935 + 51.832\{b_B/(mol\cdot kg^{-1})\} + 0.139\ 4\{b_B/(mol\cdot kg^{-1})\}^2$$

求:(a)把水(A)和醋酸(B)的偏摩尔体积分别表示成 b_B 的函数关系式;

(b)$b_B = 1.5$ mol·kg^{-1} 时水和醋酸的偏摩尔体积。

答:(a) $V_A = \{18.067\ 9 - 25.113 \times 10^{-4} b_B/(mol\cdot kg^{-1})\}$ cm^3·mol^{-1},

$V_B = \{51.832 + 0.278\ 8 b_B/(mol\cdot kg^{-1})\}$ cm^3·mol^{-1};

(b) $V_A = 18.064\ 1$ cm^3·mol^{-1},$V_B = 52.250\ 2$ cm^3·mol^{-1}

5-11(A) 在一定温度下,由溶剂 A 和溶质 B 形成的溶液密度为 ρ, A 和 B 的摩尔质量分别为 M_A 和 M_B, 试导出此溶液 c_B、b_B 与 x_B 之间的定量关系式。

5-12(B) 纯 B(l) 和纯 C(l) 可形成理想液态混合物,在 25℃ 及 100 kPa 下,向 n = 10 mol, $x_C = 0.4$ 的 BC 液态混合物中,加入 14 mol 的纯 C(l),形成新的混合物,求此过程的 ΔS 及 ΔG。

答:$\Delta S = 56.252 \text{ J} \cdot \text{K}^{-1}$, $\Delta G = -16.772 \text{ kJ}$

5-13(B) 在 25℃ 和 100 kPa 下,向溶质 B 的质量摩尔浓度 $b_{B,1} = 0.4 \text{ mol} \cdot \text{kg}^{-1}$ 的水溶液中,加入 1 kg 的纯水,使溶液的组成恰好变成 $b_{B,2} = 0.2 \text{ mol} \cdot \text{kg}^{-1}$。

假设该溶液可视为理想稀溶液,求此过程的 ΔS 及 ΔG。

答:$\Delta S = 2.305 \text{ J} \cdot \text{K}^{-1}$, $\Delta G = -687.27 \text{ J}$

5-14(B) 试由吉布斯-杜亥姆方程

$$x_A \mathrm{d}\mu_A + x_B \mathrm{d}\mu_B = 0$$

证明在稀溶液中,若溶质 B 服从亨利定律,溶剂 A 必然服从拉乌尔定律。

5-15(B) 在 300 K、100 kPa 下,将 0.01 mol 的纯 B(l) 加入到 $x_B = 0.40$ 的足够大量的 A、B 理想液态混合物中,0.01 mol 的 B(l) 加入后其浓度变化可忽略不计。求此过程化学势的变化 $\Delta\mu_B$ 为若干?

答:$\Delta\mu_B = -22.85 \text{ J}$

5-16(B) 在温度 T 时,纯 A(l) 和纯 B(l) 的饱和蒸气压分别为 40 kPa 和 120 kPa。已知 A、B 两液体可形成理想液态混合物。

(a)在温度 T 下,将 $y_B = 0.60$ 的 A、B 混合气体于气缸中进行恒温缓慢压缩。求凝结出第一个微小液滴(不改变气相组成)时系统的总压力及小液滴的组成 x_B 各为若干?

(b)若 A、B 液态混合物恰好在温度 T、100 kPa 下沸腾,此混合液的组成 x_B 及沸腾时蒸气的组成 y_B 各为若干?

答:(a)$p(总) = 66.67 \text{ kPa}$, $x_B = 0.333\ 3$;(b)$x_B = 0.75$, $y_B = 0.9$

5-17(A) 300 K、100 kPa 下,由各为 1.0 mol 的 A 和 B 混合形成理想液态混合物。求此混合过程的 ΔV、ΔH、ΔS 及 ΔG 各为若干?

答:$\Delta V = 0$, $\Delta H = 0$, $\Delta S = 11.53 \text{ J} \cdot \text{K}^{-1}$, $\Delta G = -3\ 458 \text{ J}$

5-18(B) 已知在某温度下,水的摩尔分数 $x(\text{H}_2\text{O}) = 0.40$ 的乙醇和水混合液的密度为 $0.849\ 4 \times 10^3 \text{ kg} \cdot \text{m}^{-3}$,其中乙醇的偏摩尔体积为 $57.5 \times 10^{-6} \text{ m}^3 \cdot \text{mol}^{-1}$。试求此混合液中水的偏摩尔体积为若干?

答:$V(\text{H}_2\text{O}) = 16.18 \times 10^{-6} \text{ m}^3 \cdot \text{mol}^{-1}$

5-19(B) 在 25 g 的 CCl_4 中溶有 0.545 5 g 的某溶质,与其成平衡的蒸气中 CCl_4 的分压力为 11.188 8 kPa,而在同一温度下纯 CCl_4 的饱和蒸气压为 11.400 8 kPa。

(a)求此溶质的分子量 M_r;

(b)根据元素分析结果,已知溶质中含 C 和 H 的质量分数分别为 0.943 4 和 0.056 6,试确定溶质的化学式。

答:(a)$M_r = 177.1$;(b)$C_{14}H_{10}$

5-20(A) 10 g 葡萄糖溶于 400 g 乙醇中,溶液沸点较纯乙醇的上升 0.142 8 ℃。另外,有 2 g 某有机物质溶于 100 g 乙醇中,此溶液的沸点则上升 0.125 0℃。求乙醇的沸点升高系数 K_b 及溶质的摩尔质量 M。已知葡萄糖($C_6H_{12}O_6$)的摩尔质量为 180.157×10^{-3} kg·mol^{-1}。

答:$K_b = 1.029$ K·kg·mol^{-1},$M = 164.65 \times 10^{-3}$ kg·mol^{-1}

5-21(A) 在 100 g 苯中溶有 13.76 g 的联苯($C_6H_5C_6H_5$),所形成溶液的沸点为 82.4℃,已知纯苯的沸点为 80.1℃。试求苯的沸点升高系数 K_b 和摩尔蒸发焓 $\Delta_{vap}H_m^{\ominus}$ 各为若干?

答:$K_b = 2.578$ K·kg·mol^{-1},$\Delta_{vap}H_m^{\ominus} = 31.44$ kJ·mol^{-1}

5-22(A) 在 300 K 时,将 10.00×10^{-3} kg 的 B 物质溶于溶剂 A 中,形成 $V = 7.000$ dm^3 的稀溶液,实验测出 300 时上述溶液的渗透压为 0.400 kPa。试求溶质 B 的摩尔质量 M_B 为若干?

答:$M_B = 62.36$ kg·mol^{-1}

5-23(A) 在 20℃时,将 68.4 g 蔗糖($C_{12}H_{22}O_{11}$)溶于 1.000 kg 的水中,所形成溶液的密度为 1.024 g·cm^{-3}。纯水的饱和蒸气压 $p^*(H_2O) = 2.339$ kPa。试求上述溶液的蒸气压和渗透压各为若干?

答:$p = 2.33$ kPa,$\Pi = 466.7$ kPa

5-24(B) 摩尔质量 $M_A = 94.10 \times 10^{-3}$ kg·mol^{-1}、凝固点为 318.15 K 的 0.100 0 kg 的溶剂中,加入 $M_B = 110.1 \times 10^{-3}$ kg·mol^{-1} 的溶质 B 0.555 0 $\times 10^{-3}$ kg,使 A 的凝固点下降 0.382 K。若在上述溶液中再加入 0.437 2 $\times 10^{-3}$ kg 另一溶质 D,使上述溶液的凝固点又下降 0.467 K。试求:(a)溶剂 A 的凝固点降低系数 K_f;(b)溶质 D 的摩尔质量 M_D;(c)溶剂 A 的摩尔熔化焓 $\Delta_{fus}H_m$。

答:(a)$K_f = 7.578$ K·kg·mol^{-1};(b)$M_D = 70.945 \times 10^{-3}$ kg·mol^{-1};

(c)$\Delta_{fus}H_m = 10.45$ kJ·mol^{-1}

5-25(A) 三氯甲烷(A)和丙酮(B)的混合物,若液相组成 $x_B = 0.713$,则在

301.3 K 时总蒸气压为 29.40 kPa,蒸气中丙酮的摩尔分数 $y_B = 0.818$。在同一温度下纯三氯甲烷的饱和蒸气压为 29.57 kPa。试求混合物中三氯甲烷的活度及活度因子。

答:$a_A = 0.181, f_A = 0.631$

5-26(B) 在某一温度下将碘溶于 CCl_4 中,当碘的摩尔分数 $x(I_2)$ 在 0.01 ~ 0.04 范围内时,此溶液中的 I_2 符合亨利定律。今测得平衡时气相中 I_2 的蒸气压与液相中 I_2 的摩尔分数之间的两组数据如下:

$p(I_2)/kPa$	1.638	16.72
$x(I_2)$	0.03	0.5

求 $x(I_2) = 0.5$ 时,溶液中 I_2 的活度 $a(I_2)$ 及活度因子 $\gamma(I_2)$。

答:$a(I_2) = 0.306, \gamma(I_2) = 0.612$

5-27(A) 在 298 K 时,$p_A^* = 76.6$ kPa,$p_B^* = 124$ kPa。在一真空容器中注入适量的纯 A(l)和纯 B(l),二者形成真实液态混合物。恒温 298 K 达到气-液两相平衡时,液相组成 $x_B = 0.55$,气相中 A 的平衡分压力 $p_A = 49.79$ kPa,B 的平衡分压力为 $p_B = 78.48$ kPa。试求此液态混合物中 A 和 B 的活度及活度因子各为若干?

答:$a_A = 0.65, f_A = 1.444,$

$a_B = 0.632\,9, f_B = 1.150\,7$

5-28(A) 40℃时,由纯 B 气体溶于纯 A 液体形成真实溶液,B 在 A 中不缔合、不离解,A 和 B 之间也无化学反应发生。溶质 B 的亨利系数 $k_{b,B} = 3.33$ kPa·mol^{-1}·kg。与 $b_B = 16.50$ mol·kg^{-1} 的溶液成平衡的气相中,A 和 B 的分压分别为 5.84 kPa 和 4.67 kPa。40℃时纯 A(l)的 $p_A^* = 7.376$ kPa,A 的摩尔质量 $M(A) = 18.015 \times 10^{-3}$ kg·mol^{-1}。求上述溶液中溶质 B 及溶剂 A 的活度及活度因子各为若干?

答:$a_A = 0.791\,8, f_A = 1.027,$

$a_B = 1.402\,4, \gamma = 0.084\,99$

5-29(A) 25℃时,0.10 mol NH_3 溶于 1 dm^3 的三氯甲烷中,与其平衡的 NH_3 蒸气的分压力为 4.433 kPa;同温度下,0.10 mol NH_3 溶于 1 dm^3 的水中,与其平衡的 NH_3 蒸气的分压力为 0.887 kPa。求 NH_3 在互不相溶的水与三氯甲烷中分配系数 $K_c = \{c_{NH_3}(H_2O)/c_{NH_3}(CHCl_3)\}$。

答:$K = 5$

5-30(A) 指出下列各平衡系统中的组分数 C、相数 P 及自由度数 F。

(a)冰与 $H_2O(l)$ 成平衡；

(b)在一个抽空的容器中，$CaCO_3(s)$ 与其分解产物 $CaO(s)$ 和 $CO_2(g)$ 成平衡；

(c)于 300 K 温度下，在一抽空的容器中，$NH_4HS(s)$ 与其分解产物 $NH_3(g)$ 和 $H_2S(g)$ 成平衡；

(d)取任意量的 $NH_3(g)$、$HI(g)$ 与 $NH_4I(s)$ 成平衡；

(e)$I_2(g)$ 溶于互不相溶的水与 $CCl_4(l)$ 中，并达到平衡。

答：(a)1、2、1；(b)2、3、1；(c)1、2、0；(d)2、2、2；(e)3、3、2

5-31(B) 在一个抽空的容器中放入过量的 $NH_4I(s)$，发生下列反应并达到平衡：

$$NH_4I(g) \longrightarrow NH_3(g) + HI(g)$$

$$2HI(g) \longrightarrow H_2(g) + I_2(g)$$

此反应系统的自由度 F 为若干？

答：$F = 1$

5-32(B) 已知水在 77℃时的饱和蒸气压为 41.847 kPa，试求：

(a)表示蒸气压 p 与温度 T 关系的方程中 A 和 B。

$$\ln(p/kPa) = -A/T + B$$

(b)水的 $\triangle_{vap}H_m$；

(c)在多大压力下水的沸点是 101℃。

答：(a)$A = 5\ 023.61$ K，$B = 18.081\ 04$；(b)$\triangle_{vap}H_m = 41.77$ kJ·mol^{-1}；(c)105.037 kPa

5-33(B) 在 101.325 kPa、846.15 K 时，α-石英变为 β-石英过程的摩尔相变焓 $\triangle H_m(SiO_2) = -447.92$ J·mol^{-1}，相应的摩尔体积变化为 $\triangle V_m(SiO_2) = -2.0 \times 10^{-7}$ m^3·mol^{-1}。在温度变化范围不大的条件下，α-石英 $\longrightarrow$ β-石英过程的 $\triangle H_m$ 和 $\triangle V_m$ 皆可视为常数。若温度上升到 846.50 K，要维持 α 和 β 两相平衡，必须对系统施加多大的外压？

答：$p(外) = 1\ 027.52$ kPa

5-34(B) 已知水在 77℃~100℃的范围内，饱和蒸气压与温度 T 的关系可表示为

$$\ln(p^*/kPa) = -5\ 024.61\ K/T + 18.081\ 04$$

试求在 80℃时 $H_2O(l) \longrightarrow H_2O(g)$ 蒸发过程的 $\triangle_{vap}H_m^{\ominus}$、$\triangle_{vap}S_m^{\ominus}$ 及 $\triangle_{vap}G_m^{\ominus}$ 各为若干？

答：$\triangle_{vap}H_m^{\ominus} = 41.766$ kJ·mol^{-1}，$\triangle_{vap}S_m^{\ominus} = 112.04$ J·mol^{-1}·K^{-1}，

$$\Delta_{vap} G_m^{\ominus} = 2.200 \text{ kJ} \cdot \text{mol}^{-1}$$

5-35(B) 25℃丙醇(A)-水(B)系统气-液两相平衡时,两组分蒸气分压与液相组成的关系如下:

x_B	0	0.1	0.2	0.4	0.6	0.8	0.95	0.98	1
p_A/kPa	2.90	2.59	2.37	2.07	1.89	1.81	1.44	0.67	0
p_B/kPa	0	1.08	1.79	2.65	2.89	2.91	3.09	3.13	3.17

(a)画出完整的压力—组成图(包括蒸气分压及总压,液相线及气相线);

(b)组成为 $x_B = 0.3$ 的系统在平衡压力 $p = 4.16 \text{ kPa}$ 下气-液两相平衡,求平衡时气相组成 y_B 及液相组成 x_B;

(c)上述系统 5 mol,在 $p = 4.16 \text{ kPa}$ 下达到平衡时,气相、液相的量各为多少摩尔? 气相中含丙酮和水各多少摩尔?

(d)上述系统 10 kg,在 $p = 4.16 \text{ kPa}$ 下达到平衡时,气相、液相的量各为多少千克?

答:(a)略;(b)$x_B = 0.20$, $y_B = 0.430$;(c)$n(g) = 2.17 \text{ mol}$, $n(l) = 2.83 \text{ mol}$,
$n_A(g) = 1.24 \text{ mol}$, $n_B(g) = 0.935 \text{ mol}$;(d)$m(g) = 3.85 \text{ kg}$, $m(l) = 6.15 \text{ kg}$

5-36(A) 101.325 kPa 下水(A)-醋酸(B)系统的气-液平衡数据如下:

$t/℃$	100	102.1	104.4	107.5	113.8	118.1
x_B	0	0.30	0.500	0.700	0.900	1.000
y_B	0	0.185	0.374	0.575	0.833	1.000

(a)画出气-液平衡的温度—组成图;

(b)从图上找出组成 $x_B = 0.800$ 时液相的泡点;

(c)从图上找出组成为 $y_B = 0.800$ 时气相的露点;

(d)105.0℃时气-液平衡两相的组成各是多少?

答:(a)略;(b)110.2℃;(c)112.8℃;(d)$x_B = 0.544$, $y_B = 0.417$

5-37(A) 在 101.325 kPa 下,9.0 kg 的水与 30.0 kg 的醋酸形成的液态混合物加热到 105℃时,达到气-液两相平衡。气相组成 y(醋酸)$= 0.417$,液相中 x(醋酸)$= 0.544$。试求气、液两相的质量各为多少千克?

答:$m(g) = 12.3 \text{ kg}$, $m(l) = 26.7 \text{ kg}$

5-38(A) 水与异丁醇液相部分互溶,在 101.325 kPa 下,系统的共沸点为 89.7℃,这时两个液相与气相中各含异丁醇的质量分数对应如下:

l_1	g	l_2
0.087	0.700	0.850

今由 350 g 水和 150 g 异丁醇形成的共轭溶液在 101.325 kPa 下加热,问:

(a)温度刚要达到共沸点时,系统中存在哪些平衡相? 其质量各为若干?

(b)温度由共沸点刚有上升的趋势时,这时系统又存在哪些平衡相? 其质量各为多少?

答:(a)$m(l_1) = 360.4$ g,$m(l_2) = 139.6$ g;

(b)$m(g) = 0.173\ 7$ kg,$m(l_1) = 0.326\ 3$ kg

5-39(A) 为了将含非挥发性杂质的甲苯提纯,在 86.02 kPa 的压力下用水蒸气蒸馏。已知在此压力下该系统的共沸点为 80℃,80℃时水的饱和蒸气压为 47.32 kPa。试求:

(a)气相中含甲苯的摩尔分数;(b)欲蒸出 100 kg 甲苯,需要消耗水蒸气多少千克?

答:(a)y(甲苯)$= 0.449\ 9$;(b)$m(H_2O, g) = 23.91$ kg

5-40(A) A、B 二组分液态部分互溶的液-固平衡相图如附图,试指出各相区的相平衡关系,每条曲线所代表的意义,以及各三相线所代表的相平衡关系。

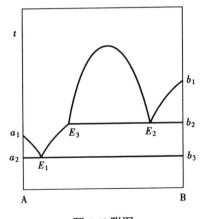

题 5-40 附图

5-41(B) 利用下列数据,粗略地描绘出 Mg-Cu 二组分凝聚系统相图,并标出各区的稳定相。

Mg 与 Cu 的熔点分别为 648℃、1 085℃。两者可形成两种稳定化合物 Mg_2Cu、$MgCu_2$,其熔点依次为 580℃、800℃。两种金属与两种化合物四者之间形成三种低共熔混合物。低共熔混合物的组成(含 Cu 的质量分数)及对应的低共熔点 Cu:0.35,380℃;Cu:0.66,560℃;Cu:0.906,680℃。

5-42 绘出生成不稳定化合物系统液、固平衡相图(见附图)中状态点分别为 a、b、c、d、e、f、g 的样品的冷却曲线。

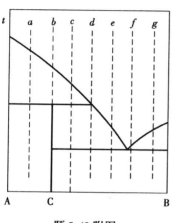

题 5-42 附图

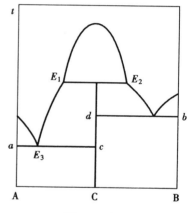

题 5-43 附图

5-43(A) 高温时液态部分互溶,且生成不稳定化合物 C 的 A-B 二组分凝聚系统相图如附图。试写出各相区稳定的平衡相及各三相线上的相平衡关系。

5-44(B) A、B 二组分凝聚系统相图如附图。指出图中各相区的稳定相,各三相线上的相平衡关系,绘出图中 a 点的冷却曲线的形状并简要标明冷却过程的相变化情况。

5-45(B) A、B 二组分凝聚系统相图如附图。写出各相区的稳定相,各三相线上的相平衡关系,画出图中 a、b、c 各点的步冷曲线的形状并标出冷却过程的相变化情况。

5-46(A) A 和 B 二组分凝聚系统的相图如附图所示。

(1)试写出图中 1、2、3、4、5、6、7 各个相区的稳定相;

(2)试写出图中各三相线上的相平衡关系;

(3)试绘出过状态点 a,b 两个样品冷却曲线的形状,并写明冷却过程相变化

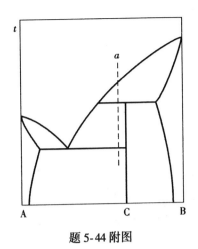

题 5-44 附图

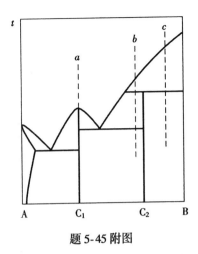

题 5-45 附图

的情况。

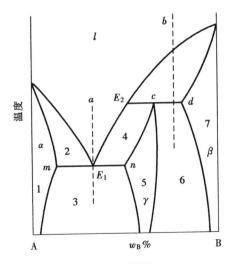

题 5-46 附图

5-47(A) A、B 二组分凝聚系统相图如附图所示。

(1)试写出 1、2、3、4、5 各相区的稳定相;

(2)试写出各三相线上的相平衡关系;

(3)绘出通过图中 x, y 两个系统点的冷却曲线形状,并注明冷却过程的相变化情况。

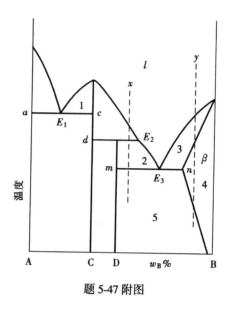

题 5-47 附图

第六章 电 化 学

电化学是研究化学现象与电现象之间关系的科学。从历史上讲，电化学是从研究化学能与电能之间相互转换问题开始的。1799 年，伏特(Volta)制成了第一个原电池，开始用直流电进行各种电解现象的研究工作。1807 年，戴维(Davy)用电解的方法制出了当时还没有被人们所认识的金属钾和钠，直到 1833 年，法拉第(M Faraday)才提出著名的法拉第电解定律。1870 年发电机的出现使电化学开始应用于工业生产。当前电化学应用已十分广泛。电化学是物理化学的一个重要分支，已逐步成为一门独立的学科。从理论上讲，它可分为电解质溶液、原电池、电解和极化三个部分。

（一）电解质溶液

§6-1 电解池、原电池和法拉第定律

1.导体的分类

凡能导电的物质皆称为导电体或导体，导体一般可分为两类。

第一类是电子导体，如金属、石墨和某些金属化合物等。在这些物质中存在着自由电子，在外加电压下，依靠自由电子的定向运动而导电。当电流通过时导体本身不发生化学变化。温度升高时，金属的导电能力降低。

第二类是离子导体，如电解质溶液和熔融状态的电解质等。电解质的水溶液是应用最广泛的第二类导体。离子导体依靠其正、负离子的定向运动而导电。与金属相反，随着温度的升高，电解质溶液的粘度下降，离子的溶剂化程度降低，运动速率增大，导电能力增加。

第二类导体导电除了离子定向运动外，还需在电极与溶液的界面

上,通过得、失电子的电极反应来完成整个导电过程。

2.电解池

利用电能以发生化学反应的装置,称为**电解池**。在电解池中电能转变为化学能。电解池如图 6-1-1 所示。

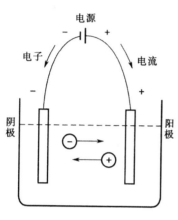

图 6-1-1　电解池示意图

当直流电源与电解池的两电极连接时,电子从外电源的负极经外电路流向电解池的阴极。在阴极与溶液的界面层发生某种粒子结合电子的还原反应。同时,在电解池的阳极与溶液的界面层则发生某种粒子给出电子的氧化反应。氧化反应给出的电子通过外电路流向电源的正极。这种在电极上进行的有电子得失的化学反应,称为**电极反应**。两个电极反应之和则为电池反应。在外电场的作用下,溶液中的正离子向阴极迁移,负离子向阳极迁移。正、负离子迁移的方向相反,但它们导电的方向却是一致的,即电流通过电解池由正极流向负极。由此可知,电解质溶液的导电过程应包括电极反应及电解质溶液中正、负离子的定向迁移。

电化学中规定,不论是电解池或原电池,凡发生氧化反应的电极为**阳极**,发生还原反应的电极为**阴极**。又依电势的高低,将电极分正、负极,电势高的为**正极**,电势低的为**负极**。在电解池中,正极即阳极,负极为阴极。

3.原电池

利用两电极的电极反应产生电流的装置称为**原电池**或**自发电池**。

在原电池的阳极上,发生给出电子的氧化反应,故阳极上电子过剩而电势较低,给出的电子则通过外电路流向阴极。这相当于电流通过外电路由阴极流向阳极。在原电池的阴极上,则发生结合电子的还原反应。由于阴极向还原反应提供电子,使阴极本身缺乏电子,故其电势较高。所以,原电池阳极即为负极,阴极则为正极。

4.法拉第定律

法拉第(Faraday M)定律是法拉第研究电解时,从大量的实验数据归纳出来的。主要是表示通过电极的电量与电极反应的物质的量之间的定量关系式。电极反应可表示为

$$氧化态 + ze^- \longrightarrow 还原态$$

或
$$还原态 \longrightarrow 氧化态 + ze^-$$

上式中 z 为电极反应的电荷数,取正值。当电极反应的反应进度为 $d\xi$ 时,通过电极元电荷的物质的量为 $zd\xi$。通过的电荷数则为 $zd\xi L$(L 为阿伏加德罗常数),因每个元电荷的电量为 e,故通过电极的电量

$$dQ = zd\xi Le = zFd\xi$$

或
$$Q = zF\xi \tag{6-1-1}$$

式中 $L = 6.022\ 136\ 7 \times 10^{23}\ mol^{-1}$,$e = 1.602\ 177\ 33 \times 10^{-19} C$(C 为库仑)。

$$F = Le = 96\ 485.309\ C \cdot mol^{-1}$$

F 称为法拉第常数。

若通过电池的电流强度为 I,通电时间为 t,电极反应的物质的量为 Δn_B,而

$$\Delta n_B = \Delta m_B / M_B$$
$$\xi = \Delta n_B / \nu_B = \Delta m_B / (\nu_B M_B)$$

通过的电量:$Q = It = z(\Delta n_B/\nu_B)F = z\{\Delta m_B/(\nu_B M_B)\}F$,故

$$\Delta n_B = It\nu_B/(zF) \tag{6-1-2}$$

$$\Delta m_B = It\nu_B M_B/(zF) \tag{6-1-3}$$

式(6-1-1)至式(6-1-3)皆可视为法拉第定律的数学表示式。

例6.1.1 用 Ag(s)作为电极电解 $AgNO_3$ 水溶液。当通电量 $Q = 96\ 485$ C 时,电极上析出多少克银?

解: 阴极上:$Ag^+ + e^- \longrightarrow Ag(s)$

$z = 1, \xi = \Delta n(Ag)/\nu(Ag) = \Delta m(Ag)/\{\nu(Ag)M(Ag)\}, \nu(Ag) = 1$

$$\Delta n(Ag) = It\nu(Ag)/(F) = 96\ 485\ C/(96\ 485\ C \cdot mol^{-1})$$
$$= 1\ mol$$

所以
$$\Delta m(\mathrm{Ag}) = \Delta n(\mathrm{g}) M(\mathrm{Ag}) = 1 \text{ mol} \times 107.868 \times 10^{-3} \text{ kg·mol}^{-1}$$
$$= 107.868 \times 10^{-3} \text{ kg}$$

例 6.1.2 用 $\mathrm{Cu(s)}$ 作电极电解 $\mathrm{CuSO_4}$ 水溶液。当通过溶液的电量 $Q = 96\ 485$ C 时,电极上析出多少千克铜?

解:电解时阴极反应为

$$\mathrm{Cu^{2+} + 2e^- \longrightarrow Cu(s)}$$

因为 $z = 2, \nu(\mathrm{Cu}) = 1$,而且通过的电量 $Q = 96\ 485$ C,故

$$\Delta n(\mathrm{Cu}) = It\nu(\mathrm{Cu})/(Fz)$$
$$= 96\ 485 \text{ C}/(2 \times 96\ 485 \text{ C·mol}^{-1})$$
$$= 0.5 \text{ mol}$$

所以
$$\Delta m(\mathrm{Cu}) = 0.5 \times 63.549 \times 10^{-3} \text{ kg} = 31.77 \times 10^{-3} \text{ kg}$$

法拉第定律是自然科学中最准确的定律之一,不受任何外界条件和参与电极过程各有关物质性质的影响。它对电化学的发展起到奠基的作用。

§6-2 离子的迁移数

1. 离子的电迁移现象

在外电场的作用下,电解质溶液中正、负离子发生定向移动的现象,称为离子的**电迁移现象**。通过电解质溶液的总电量是由正、负离子共同完成的。首先讨论在一定时间范围内每种离子的导电量。

假设在一个截面积为 $\mathscr{A}$ 的圆筒形容器中,充满量浓度为 $c(\mathrm{mol·m^{-3}})$ 的强电解质 $\mathrm{A_{\nu_+} B_{\nu_-}}$ 水溶液,该电解质在水中完全电离:

$$\mathrm{A_{\nu_+} B_{\nu_-} \longrightarrow \nu_+ A^{z+} + \nu_- B^{z-}}$$

式中 ν_+、ν_- 分别为正、负离子的个数,z_+、z_- 分别为正、负离子的电荷数,并且 $\nu_+ z_+ = \nu_- |z_-|$(国家标准规定,负离子的电荷数 z_- 为负值,故此处取绝对值)。两电极间的距离为 l,电势差为 $\Delta\varphi$,如图 6-2-1 所示。假设电势梯度 $\Delta\varphi/l(\mathrm{V·m^{-1}})$ 是均匀的,正、负离子定向迁移的速率分别用 v_+ 和 v_- 表示。

当温度、溶质和溶剂的种类、溶液的浓度一定时,离子定向迁移的

速率正比于电势梯度,写成等式

$$v_+ = U_+ \Delta\varphi/l$$
$$v_- = U_- \Delta\varphi/l \qquad (6\text{-}2\text{-}1)$$

当$\Delta\varphi/l = 1 \text{ V·m}^{-1}$时,离子运动的速率称为**离子的电迁移率**。$U_+$及$U_-$分别为正、负离子的电迁移率,即$\Delta\varphi/l = 1 \text{ V·m}^{-1}$离子运动的速度,其单位为$\text{m}^2·\text{s}^{-1}·\text{V}^{-1}$。

若截面1—1与2—2间的距离在数值上等于v_+,体积$\mathscr{A}v_+$内所含的正离子在单位时间内皆可通过截面1—1向负极迁移。单位体积内正离子的量浓度为cv_+,每摩尔正离子所带的电量为z_+F。t时间内正离子的导电量为

$$Q_+ = \mathscr{A}v_+ cv_+ z_+ Ft = \mathscr{A}U_+ (\Delta\varphi/l) cv_+ z_+ Ft \qquad (6\text{-}2\text{-}2)$$

同理,t时间内负离子的导电量为

$$Q_- = \mathscr{A}v_- cv_- |z_-| Ft = \mathscr{A}U_- (\Delta\varphi/l) cv_- |z_-| Ft \qquad (6\text{-}2\text{-}3)$$

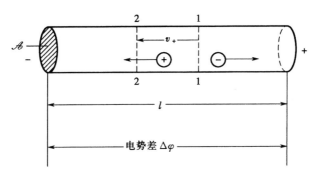

图6-2-1　离子的电迁移现象示意图

2.离子的迁移数

当电流通过电解质溶液时,某种离子迁移的电量与通过溶液的总电量之比,称为该**离子的迁移数**,以符号t表示。若溶液中只有一种正离子和一种负离子,由式(6-2-2)和式(6-2-3)可知,正离子的迁移数t_+和负离子的迁移数t_-可分别表示为

$$t_+ = \frac{Q_+}{Q_+ + Q_-} = \frac{v_+}{v_+ + v_-} = \frac{U_+}{U_+ + U_-} \tag{6-2-4}$$

$$t_- = \frac{Q_-}{Q_+ + Q_-} = \frac{v_-}{v_+ + v_-} = \frac{U_-}{U_+ + U_-} \tag{6-2-5}$$

由上式可知,离子的迁移数是个分数,且 $t_+ + t_- = 1$。离子的迁移数与溶液中正、负离子运动的速率或电迁移率有关。表 6-2-1 给出 25℃时无限稀释水溶液中某些离子的电迁移率。凡影响离子电迁移速率的因素,就有可能影响离子的迁移。例如当温度、电解质的浓度发生变化时,都会影响离子的迁移数。

表 6-2-1 25℃无限稀释溶液中离子的电迁移率

正离子	$10^8 U_+^\infty/(m^2 \cdot s^{-1} \cdot V^{-1})$	负离子	$10^8 U_-^\infty/(m^2 \cdot s^{-1} \cdot V^{-1})$
H^+	36.30	OH^-	20.52
K^+	7.62	SO_4^{2-}	8.27
Ba^{2+}	6.59	Cl^-	7.91
Na^+	5.19	NO_3^-	7.40
Li^+	4.01	HCO_3^-	4.61

§6-3 电导率和摩尔电导率

1.定义

1)电导

导体的导电能力可以用电导 G 表示。电阻 R 的倒数称为**电导**,即 $G = 1/R$,其单位为西门子,简称西,符合为 S。1 S = 1 Ω^{-1}。若导体具有均匀的截面,其电导应与截面 $\mathscr{A}$ 成正比,与导体的长度 l 成反比,即

$$G = 1/R = \kappa \mathscr{A}/l \tag{6-3-1}$$

2)电导率

式(6-3-1)中的比例系数 κ,称为**电导率**。当导体的截面积 $\mathscr{A} = 1$ m^2、长度 = 1 m 时的电导就是电导率,其单位为 $S \cdot m^{-1}$(西每米)。电阻

率 ρ 的倒数为电导率,即

$$\kappa = l/(\mathscr{A}R) = 1/\rho \tag{6-3-2}$$

3)摩尔电导率

在相距 1 m 的两个平行电极之间,放置含有 1 mol 某电解质溶液的电导,称为该溶液的摩尔电导率,用 Λ_m 表示。因为电解质的物质的量规定为 1 mol,故导电溶液的体积应为含有 1 mol 该电解质的溶液的体积,用符号 V_m 表示。它与电解质的量浓度 c 的关系为:$V_m = 1/c$,其单位为 $m^3 \cdot mol^{-1}$。由于电导率 κ 是相距 1 m 的两平行电极之间含 $1\ m^3$ 溶液的电导,所以摩尔电导率 Λ_m 与电导率 κ 之间的关系为 $\Lambda_m = V_m \kappa$,即

$$\Lambda_m = \kappa/c \tag{6-3-3}$$

Λ_m 的单位为 $S \cdot m^2 \cdot mol^{-1}$。

在表示电解质溶液的 Λ_m 时必须指明基本单元,如铜离子需要指明其基本单元是 Cu^{2+},还是 $\frac{1}{2}Cu^{2+}$,因为 $\Lambda_m(Cu^{2+}) = 2\Lambda_m\left(\frac{1}{2}Cu^{2+}\right)$。

通常将一个所带电荷的个数为 z_B 的离子的 $1/z_B$ 作为基本单元,如 Ag^+、Cu^{2+}、Al^{3+} 的基本单元分别为 Ag^+、$\frac{1}{2}Cu^{2+}$、$\frac{1}{3}Al^{3+}$,相应的摩尔电导率则分别为 $\Lambda_m(Ag^+)$、$\Lambda_m\left(\frac{1}{2}Cu^{2+}\right)$、$\Lambda_m\left(\frac{1}{3}Al^{3+}\right)$。因为 1 mol 这样的基本单元的离子均带有 1 mol 的元电荷,故称之为摩尔电导率。

2.电导的测定及电导率、摩尔电导率的计算

电导是电阻的倒数,因此,电解质溶液电导的测定,实际上就是测量其电阻。测定溶液的电阻可用惠斯通(Wheatstone)电桥,如图 6-3-1 所示。图中 I 为具有一定频率的交流电源。不能使用直流电源,因为当直流电通过电解质溶液时,必将发生电极反应,电极附近溶液的浓度、电极表面的性质都发生变化,从而导致测量的错误。AB 为均匀的滑线电阻;R_1 为电阻箱电阻;K 为用以抵消电导池电容的可变电容器;T 为检零器(如阴极示波器等),可检查 CD 导线上有无电流通过。测量时选择一定的 R_1,移动接触点 C,直至 CD 线上的电流接近零为止,

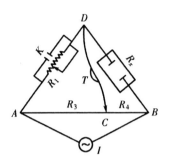

图 6-3-1　测量溶液电阻的
惠斯通电桥

这时 AC 段和 CB 段上的电阻分别为 R_3 及 R_4。电导池的电阻为 R_x，电桥平衡时各电阻之间存在如下关系：

$$R_1/R_2 = R_3/R_4$$

所以

$$R_x = R_1 R_4 / R_3$$

故溶液的电导

$$G_x = \frac{1}{R_x} = \frac{R_3}{R_4}\frac{1}{R_1} = \frac{\overline{AC}}{\overline{CB}}\frac{1}{R_1}$$

由式(6-3-1)可知,待测溶液的电导率为

$$\kappa = G_x \frac{l}{\mathscr{A}} = \frac{1}{R_x}\cdot\frac{l}{\mathscr{A}} = \frac{1}{R_x}K_{cell} \qquad (6\text{-}3\text{-}4)$$

对于一个指定的电导池, l 和 $\mathscr{A}$ 皆为定值,故 $l/\mathscr{A}$ 为常数,称为**电池常数**,用符号 K_{cell} 表示,其单位为 m^{-1}。

　　欲测定某一待测溶液在一定温度下的电导率 κ,应先测定所用电导池在相同温度下的电池常数 K_{cell}。可将一定浓度的 KCl 水溶液注入电导池中,在一定温度下其电导率是已知的,再测出其电阻,即可按式(6-3-4)计算 K_{cell} 的数值。不同浓度 KCl 水溶液电导率的数据列于表6-3-1 中。

表6-3-1　25℃ KCl 水溶液的电导率

浓度	$c/(mol\cdot m^{-3})$	10^3	10^2	10	1.0	0.1
电导率	$\kappa/(S\cdot m^{-1})$	11.19	1.289	0.141 3	0.014 69	0.001 489

　　例6.3.1　25℃时,在同一电导池中,先装入 c 为 0.02 mol·dm^{-3} 的 KCl 水溶液,测得其电阻为82.4 Ω。将电导池洗净,干燥后再装入 c 为 0.002 5 mol·dm^{-3} 的 K_2SO_4 水溶液,测得其电阻为326.0 Ω。已知25℃时0.02 mol·dm^{-3} KCl溶液的电导率为0.276 8 S·m^{-1}。试求25℃时:

　　(a)电导池的电池常数 K_{cell}；

　　(b)0.002 5 mol·dm^{-3} 的 K_2SO_4 溶液的电导率和摩尔电导率。

　　解:(a)由式(6-3-4)可知电池常数

$$K_{cell} = l/\mathscr{A} = \kappa(KCl)R(KCl)$$
$$= 0.276\ 8\ S \cdot m^{-1} \times 82.4\ \Omega = 22.81\ m^{-1}$$

（b）0.002 5 mol·dm^{-3} K$_2$SO$_4$ 溶液

电导率：$\kappa(K_2SO_4) = K_{cell}/R(K_2SO_4)$
$$= 22.81\ m^{-1}/326.0\ \Omega = 0.069\ 97\ S \cdot m^{-1}$$

摩尔电导率：$\Lambda_m(K_2SO_4) = \kappa(K_2SO_4)/c(K_2SO_4)$
$$= 0.069\ 97\ S \cdot m^{-1}/2.5\ mol \cdot m^{-3}$$
$$= 0.027\ 99\ S \cdot m^2 \cdot mol^{-1}$$

3. 摩尔电导率与浓度的关系

科尔劳施（Kohlrausch）根据实验得出结论：在很稀的溶液中，强电解质的摩尔电导率与其物质的量浓度的平方根成直线函数。若用公式表示，则为

$$\Lambda_m = \Lambda_m^\infty - A\sqrt{c} \qquad (6\text{-}3\text{-}5)$$

对于在一定温度下的指定电解质而言，上式中的 Λ_m^∞ 及 A 皆为常数。

图 6-3-2 为几种电解质的物质的量浓度平方根对摩尔电导率图。由图可见，无论强电解质或弱电解质，其摩尔电导率均随溶液的冲淡而增大。对强电解质而言，随着其物质的量浓度的降低，离子间的引力变小，离子运动速率增加，故摩尔电导率增大。在低浓度范围内，Λ_m 与 $\sqrt{c}$ 呈直线关系。将直线外推至纵轴（$c = 0$），所得的截距即为**无限稀释时的摩尔电导率 Λ_m^∞**，此值

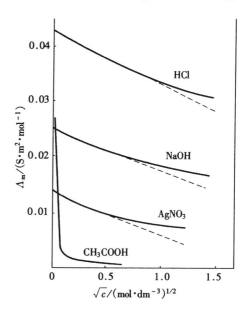

图 6-3-2　几种电解质的 Λ_m—$\sqrt{c}$ 图

亦称为极限摩尔电导率。

弱电解质的摩尔电导率也随其物质的量浓度的降低而增加,在极稀溶液范围内,摩尔电导率随其物质的量浓度的降低而急剧增大。这是因为弱电解质的解离度随溶液的冲淡而增加,也就是说,弱电解质的浓度越低,离子越多,摩尔电导率也越大。由图6-3-2可知,弱电解质的Λ_m^∞无法由外推法求得,故式(6-3-5)不适用于弱电解质,科尔劳施离子独立运动定律解决了这一问题。

§6-4 离子独立运动定律和离子的摩尔电导率

科尔劳施研究了大量的强电解质溶液,根据大量的实验结果提出了离子独立运动定律。

25℃时,一些电解质在无限稀释时的摩尔电导率的实验数据如下:

$$\Lambda_m^\infty(KCl) = 0.014\ 99\ S\cdot m^2\cdot mol^{-1}$$

$$\Lambda_m^\infty(LiCl) = 0.011\ 50\ S\cdot m^2\cdot mol^{-1}$$

$$\Lambda_m^\infty(KNO_3) = 0.145\ 0\ S\cdot m^2\cdot mol^{-1}$$

$$\Lambda_m^\infty(LiNO_3) = 0.110\ 1\ S\cdot m^2\cdot mol^{-1}$$

从以上数据可以看出:

(1)具有相同负离子的钾盐和锂盐的Λ_m^∞之差为一常数,与负离子的性质无关,即

$$\Lambda_m^\infty(KCl) - \Lambda_m^\infty(LiCl) = \Lambda_m^\infty(KNO_3) - \Lambda_m^\infty(LiNO_3)$$
$$= 0.003\ 49\ S\cdot m^2\cdot mol^{-1}$$

(2)具有相同的正离子的氯化物和硝盐酸的Λ_m^∞之差也为一常数,与正离子的性质无关,即

$$\Lambda_m^\infty(KCl) - \Lambda_m^\infty(KNO_3) = \Lambda_m^\infty(LiCl) - \Lambda_m^\infty(LiNO_3)$$
$$= 0.004\ 9\ S\cdot m^2\cdot mol^{-1}$$

其它电解质也有同样的规律。根据这些事实,柯尔劳施认为:在无限稀释的电解质溶液中,离子运动彼此独立,互不影响,因此,每种离子的电导不受其它离子的影响,每种电解质的摩尔电导率在溶剂、温度一

定的条件下,只取决于其正、负离子的摩尔电导率。

在一定温度下,不论是强电解质、弱电解质或者是金属的难溶盐类,在无限稀释的水溶液中,皆可视为全部电离,可表示为

$$A_{\nu_+} B_{\nu_-} \longrightarrow \nu_+ A^{z+} + \nu_- B^{z-}$$

$$\Lambda_m^\infty = \nu_+ \Lambda_{m,+}^\infty + \nu_- \Lambda_{m,-}^\infty \qquad (6\text{-}4\text{-}1)$$

此式称为**柯尔劳施离子独立运动定律的数学表示式**。式中 ν_+ 及 ν_- 分别为正、负离子的个数,$\Lambda_{m,+}^\infty$ 及 $\Lambda_{m,-}^\infty$ 分别为在无限稀释时正离子 A^{z+} 及负离子 B^{z-} 的摩尔电导率。表 6-4-1 列出一些离子无限稀释时的摩尔电导率。

表 6-4-1　25 ℃时无限稀释水溶液中的摩尔电导率

正离子	$10^4 \Lambda_m^\infty /(\text{S} \cdot \text{m}^2 \cdot \text{mol}^{-1})$	负离子	$10^4 \Lambda_m^\infty /(\text{S} \cdot \text{m}^2 \cdot \text{mol}^{-1})$
H^+	349.82	OH^-	198.0
Li^+	38.69	Cl^-	76.34
Na^+	50.11	Br^-	78.4
K^+	73.52	I^-	76.8
NH_4^+	73.4	NO_3^-	71.44
Ag^+	61.92	CH_3COO^-	40.9
$\frac{1}{2}Ca^{2+}$	59.50	ClO_4^-	68.0
$\frac{1}{2}Ba^{2+}$	63.64	$\frac{1}{2}SO_4^{2-}$	79.8
$\frac{1}{2}Sr^{2+}$	59.46	HCO_3^-	44.5
$\frac{1}{2}Mg^{2+}$	53.06	$\frac{1}{2}CO_3^{2-}$	69.3
$\frac{1}{3}La^{3+}$	69.6	$C_2H_5COO^-$	35.8

根据离子独立运动定律,可以应用无限稀释强电解质的摩尔电导率或离子的摩尔电导率来计算弱电解质的摩尔电导率。

例如在 25℃的水溶液中:

$$\Lambda_m^\infty(CH_3COOH) = \Lambda_m^\infty(CH_3COONa) + \Lambda_m^\infty(HCl) - \Lambda_m^\infty(NaCl)$$

$$= \Lambda_m^\infty(CH_3COO^-) + \Lambda_m^\infty(H^+)$$
$$= (40.9 + 349.82) \times 10^{-4} \ S \cdot m^2 \cdot mol^{-1}$$
$$= 390.72 \times 10^{-4} \ S \cdot m^2 \cdot mol^{-1}$$

§6-5 电导测定的应用

1. 计算弱电解质的解离度和解离常数

弱电解质水溶液在一般浓度下仅部分解离,离子和未解离的分子之间存在着动态平衡。例如醋酸溶于水时可部分解离:

$$CH_3COOH \rightleftharpoons H^+ + CH_3COO^-$$

原始浓度　　c　　　　0　　　　0

平衡时　　$c(1-\alpha)$　　αc　　　αc

解离常数:

$$K_c^\ominus = \frac{(\alpha c/c^\ominus)^2}{(1-\alpha)c/c^\ominus} = \frac{\alpha^2}{1-\alpha^2}(c/c^\ominus) \qquad (6-5-1)$$

式中 α 称为解离度,表示解离的分子数与分子的总数之比,即每摩尔弱电解质解离达平衡时所解离的物质的量。$c^\ominus = 1 \ mol \cdot dm^{-3}$,称为标准浓度。

对于弱电解质,由式(6-2-2)及式(6-2-3),结合 $\Lambda_m = \kappa/c$ 可以导出

$$\Lambda_m = \alpha(\nu_+ z_+ U_+ + \nu_- |z_-| U_-)F \qquad (6-5-2)$$

当溶液无限稀释时,$\alpha = 1$,上式可改写为

$$\Lambda_m^\infty = (\nu_+ z_+ U_+^\infty + \nu_- |z_-| U_-^\infty)F \qquad (6-5-3)$$

对于弱电解质,溶液中离子浓度很小,离子的电迁移率受离子浓度的影响极微,可近似地认为

$$U_+ = U_+^\infty \qquad U_- = U_-^\infty$$

式(6-5-2)除以式(6-5-3)可得

$$\alpha = \Lambda_m/\Lambda_m^\infty \qquad (6-5-4)$$

由此可见,对于弱电解质溶液,若知其浓度,先测出其电导率 κ,根据

$\Lambda_m = \kappa / c$,可算出 Λ_m;再根据离子独立运动定律($\Lambda_m^\infty = \nu_+ \Lambda_{m,+}^\infty + \nu_-$ $\Lambda_{m,-}^\infty$)求出 Λ_m^∞,即可由式(6-5-4)求算 α。将 α 代入式(6-5-1)即可算出弱电解质的解离常数 $K^\ominus$。

2.计算难溶盐的溶解度

用测定电导的方法可以计算出难溶盐(如 $AgCl$、$BaSO_4$ 等)在水中的溶解度。举例说明如下。

例6.5.1 25℃时实验测得饱和 AgCl 水溶液的电导率 $\kappa(溶液) = 3.41 \times 10^{-4}$ $S \cdot m^{-1}$,在相同温度下配制此溶液所用水的电导率 $\kappa(水) = 1.60 \times 10^{-4}$ $S \cdot m^{-1}$,试计算 25℃时氯化银的溶解度。

解:由于 AgCl 在水中的溶解度极微,必须考虑水的电离及水中其它离子的存在对电导率的贡献,即

$$\kappa(溶液) = \kappa(AgCl) + \kappa(水)$$

故 $\qquad \kappa(AgCl) = \kappa(溶液) - \kappa(水)$

$$= (3.41 - 1.60) \times 10^{-4}\ S \cdot m^{-1} = 1.81 \times 10^{-4}\ S \cdot m^{-1}$$

由于饱和 AgCl 水溶液中离子的浓度很小,其 Λ_m 可以近似地看做是 Λ_m^∞,即

$$\Lambda_m(AgCl) = \Lambda_m^\infty(AgCl) = \Lambda_m^\infty(Ag^+) + \Lambda_m^\infty(Cl^-)$$

$$= (61.92 + 76.34) \times 10^{-4}\ S \cdot m^2 \cdot mol^{-1} = 138.26 \times 10^{-4}\ S \cdot m^2 \cdot mol^{-1}$$

25℃时 AgCl 在水中的溶解度:

$$c = \frac{\kappa(AgCl)}{\Lambda_m(AgCl)} = \frac{1.81 \times 10^{-4}\ S \cdot m^{-1}}{138.26 \times 10^{-4}\ S \cdot m^2 \cdot mol^{-1}}$$

$$= 1.309 \times 10^{-2}\ mol \cdot m^{-3} = 1.309 \times 10^{-5}\ mol \cdot dm^{-3}$$

§6-6　电解质离子的平均活度与平均活度系数

在有关电解质溶液的热力学计算中,当电解质的浓度较大时,不能使用浓度而应当使用活度。在强电解质 $C_{\nu_+} A_{\nu_-}$ 水溶液中,电解质全部电离:

$$C_{\nu_+} A_{\nu_-} \longrightarrow \nu_+ C^{z+} + \nu_- A^{z-}$$

以质量摩尔浓度 b 表示电解质的浓度,则正、负离子的浓度:

$$b_+ = \nu_+ b \qquad b_- = \nu_- b$$

按活度的定义,正、负离子的化学势 μ_+、μ_- 与正负离子的活度 a_+、a_- 的关系式应分别为

$$\mu_+ = \mu_+^{\ominus} + RT\ln a_+ \qquad \mu_- = \mu_-^{\ominus} + RT\ln a_-$$

整体电解质 $C_{\nu_+}A_{\nu_-}$ 化学势 μ 与整体电解质的活度 a 的关系式为

$$\mu = \mu^{\ominus} + RT\ln a \qquad\qquad (6\text{-}6\text{-}1)$$

整体电解质的化学势应为其正、负离子化学势的代数和,即

$$\mu = \nu_+\mu_+ + \nu_-\mu_- = \mu^{\ominus} + RT\ln(a_+^{\nu_+} \cdot a_-^{\nu_-}) \qquad (6\text{-}6\text{-}2)$$

式中 $\qquad\qquad \mu^{\ominus} = \nu_+\mu_+^{\ominus} + \nu_-\mu_-^{\ominus}$

式(6-6-2)与(6-6-1)相比较,可得

$$a = a_+^{\nu_+} a_-^{\nu_-}$$

定义 $\gamma_+ = a_+/(b_+/b^{\ominus})$,$\gamma_- = a_-/(b_-/b^{\ominus})$。

由于正、负离子的活度 a_+、a_- 和正、负离子的活度系数 γ_+、γ_- 皆不能由实验测定,只能测定**正、负离子的平均活度 $a_\pm$ 或正负离子的平均活度系数 $\gamma_\pm$**,因此,采用下列定义公式:

正、负离子的平均活度 $\qquad a_\pm = (a_+^{\nu_+} \cdot a_-^{\nu_-})^{1/\nu}$

式中 $\qquad\qquad\qquad\qquad \nu = \nu_+ + \nu_-$

正、负离子的平均活度系数 $\qquad \gamma_\pm = (\gamma_+^{\nu_+} \cdot \gamma_-^{\nu_-})^{1/\nu}$

正、负离子的平均质量摩尔浓度 $\qquad b_\pm = (b_+^{\nu_+} \cdot b_-^{\nu_-})^{1/\nu}$

由上述关系式可以导出强电解质的整体活度 a,正、负离子的活度 a_+、a_-,正、负离子的平均活度 $a_\pm$,正负离子的平均活度系数 $\gamma_\pm$ 与电解质的质量摩尔浓度 b 之间的定量关系式:

$$a = a_+^{\nu_+} \cdot a_-^{\nu_-} = a_\pm^{\nu} = \nu_+^{\nu_+} \cdot \nu_-^{\nu_-} \cdot \gamma_\pm^{\nu} (b/b^{\ominus})^{\nu} \qquad (6\text{-}6\text{-}3)$$

上式中的 $b^{\ominus} = 1 \text{ mol} \cdot \text{kg}^{-1}$。

当溶液中电解质的浓度 b 趋于零时,正、负离子的平均活度系数 $\gamma_\pm \to 1$。表 6-6-1 列出 25℃时水溶液中一些电解质正、负离子的平均活度系数值。

表 6-6-1　25℃时水溶液中电解质离子的平均活度系数 $\gamma_{\pm}$

$b/(\text{mol}\cdot\text{kg}^{-1})$	0.001	0.005	0.01	0.05	0.10	0.50	1.0	2.0	4.0
HCl	0.965	0.928	0.904	0.830	0.796	0.757	0.809	1.009	1.762
NaCl	0.966	0.929	0.904	0.823	0.778	0.682	0.658	0.671	0.783
KCl	0.965	0.927	0.901	0.815	0.769	0.650	0.605	0.575	0.582
HNO₃	0.965	0.927	0.902	0.823	0.785	0.715	0.720	0.783	0.982
NaOH			0.899	0.818	0.766	0.693	0.679	0.700	0.890
CaCl₂	0.887	0.783	0.724	0.574	0.518	0.448	0.500	0.792	2.934
K₂SO₄	0.89	0.78	0.71	0.52	0.43				
H₂SO₄	0.830	0.639	0.544	0.340	0.265	0.154	0.130	0.124	0.171
CdCl₂	0.819	0.623	0.524	0.304	0.228	0.100	0.066	0.044	
BaCl₂	0.88	0.77	0.2	0.56	0.49	0.39	0.39		
CuSO₄	0.74	0.53	0.41	0.21	0.16	0.068	0.047		
ZnSO₄	0.734	0.477	0.387	0.202	0.148	0.063	0.043	0.035	

例 6.6.1　试利用表 6-6-1 中的数据计算 25℃时, $b = 0.1\ \text{mol}\cdot\text{kg}^{-1}$ 的 H_2SO_4 水溶液中整体电解质的活度及离子的平均活度各为若干?

解:对于 H_2SO_4, $\nu_+ = 2, \nu_- = 1, \nu = \nu_+ + \nu_- = 3$

由表 6-6-1 查得,25℃时 $0.1\ \text{mol}\cdot\text{kg}^{-1}$ H_2SO_4 的 $\gamma_{\pm} = 0.265$。

$$a_{\pm} = (\nu_+^{\nu_+} \cdot \nu_-^{\nu_-})^{1/\nu} \cdot \gamma_{\pm}(b/b^{\ominus})$$
$$= 4^{1/3} \times 0.265 \times 0.1 = 0.042\ 07$$
$$a(H_2SO_4) = a_{\pm}^{\nu} = (0.042\ 07)^3 = 7.444 \times 10^{-5}$$

根据表 6-6-1 所列数据可知:

(1)电解质离子平均活度系数 $\gamma_{\pm}$ 与溶液的浓度有关。在稀溶液范围内, $\gamma_{\pm}$ 随浓度降低而增加。

(2)在稀溶液范围内,对相同价型的电解质而言,当浓度相同时,其 $\gamma_{\pm}$ 近乎相等。而不同价型的电解质,虽浓度相同,其 $\gamma_{\pm}$ 并不相同,高价型电解质的 $\gamma_{\pm}$ 较小。

路易斯根据实验结果总结出电解质离子平均活度系数 $\gamma_\pm$ 与离子强度 I 之间的经验关系式:

$$\lg\gamma_\pm = -\text{常数}\sqrt{I}$$

离子强度的定义为

$$I = \frac{1}{2}\Sigma b_B z_B^2 \tag{6-6-4}$$

即溶液中每种离子的浓度 b_B 乘以该离子电荷数 z_B 的平方,这些乘积总和的一半称为该溶液的**离子强度**。

1923 年,德拜(Debye)和休克尔(Hückel)提出了解释稀溶液性质的强电解质离子互吸理论,导出了定量计算离子平均活度系数的德拜-许克尔极限公式:

$$\lg\gamma_\pm = -Az_+|z_-|\sqrt{I} \tag{6-6-5}$$

式中

$$A = \frac{(2\pi L\rho_A^*)^{1/2}e^3}{2.303(4\pi\varepsilon_0\varepsilon_r kT)^{1.5}}$$

其中 π 为圆周率,L 为阿伏加德罗常数(mol^{-1}),ρ_A^* 为温度 T 时纯溶剂 A 的密度$(\text{kg}\cdot\text{m}^{-3})$,$e$ 为电子电量(C),ε_0 为真空电容率$(\text{C}^2/(\text{J}\cdot\text{m}))$,$\varepsilon_r$ 为溶剂的相对电容率(即介电常数),k 为玻尔兹曼常数$(\text{J}\cdot\text{K}^{-1})$,$z_+$ 及 z_- 分别为电解质正负离子的电荷数,I 为离子强度$(\text{mol}\cdot\text{kg}^{-1})$。25℃时的水溶液中

$$A = 0.509\ (\text{kg/mol})^{1/2}$$

式(6-6-5)与路易斯的经验式相符合,此式适用于强电解质稀溶液,当离子强度 $I < 0.01\ \text{mol}\cdot\text{kg}^{-1}$ 时才比较准确。

例6.6.2 试分别写出下列各溶液的离子强度与质量摩尔浓度 b 之间的关系:(a)KCl 溶液,(b)FeCl$_3$ 溶液,(c)ZnSO$_4$ 溶液。

解:(a)对于 KCl,$b_+ = b_- = b$,$z_+ = 1$,$z_- = -1$

$$I = \frac{1}{2}\Sigma b_B z_B^2 = \frac{1}{2}\{b(1)^2 + b(-1)^2\} = b$$

(b)对于 FeCl$_3$,$b_+ = b$,$b_- = 3b$,$z_+ = 3$,$z_- = -1$

$$I = \frac{1}{2}\Sigma b_B z_B^2 = \frac{1}{2}\{b(3)^2 + 3b(-1)^2\} = 6b$$

(c)对于 $ZnSO_4$, $b_+ = b_- = b$, $z_+ = 2$, $z_- = -2$

$$I = \frac{1}{2}\Sigma b_b z_B^2 = \frac{1}{2}\{b(2)^2 + b(-2)^2\} = 4b$$

例 6.6.3 应用德拜-休克尔极限公式,计算 25℃时 $b = 0.005\ mol \cdot kg^{-1}$ 的 $ZnCl_2$ 水溶液中,$ZnCl_2$ 正负离子的平均活度系数 $\gamma_\pm$ 为若干?

解:$b(Zn^{2+}) = b$, $b(Cl^-) = 2b$

$z_+ = 2$, $z_- = -1$

$$I = \frac{1}{2}\Sigma b_B z_B^2 = \frac{1}{2}\{b \times 2^2 + 2b(-1)^2\} = 3b = 0.015\ mol \cdot kg^{-1}$$

25℃的水溶液 $A = 0.509(kg/mol^{-1})^{1/2}$

$$\lg\gamma_\pm = -Az_+|z_-|\sqrt{I}$$
$$= -0.509 \times 2\sqrt{0.015} = -0.124\ 7$$

故 $\qquad\qquad \gamma_\pm = 0.750\ 4$

(二)原电池

§6-7　可逆电池与韦斯顿标准电池

1.原电池

前已讲明原电池的定义及其阴极(正极)、阳极(负极)的规定,现结合实例深入地介绍其主要内容。

Cu-Zn 电池的装置如图 6-7-1 所示,将锌片插入 $1\ mol \cdot kg^{-1}$ 的 $ZnSO_4$ 中,将铜片插入 $1\ mol \cdot kg^{-1}$ 的 $CuSO_4$ 溶液中,两种溶液之间用多孔塞隔开。多孔塞允许离子通过,但能防止两种溶液由于相互扩散而完全混合。当电池向外界供电时,其电极和电池反应为

电极反应:阳极(负极)　$Zn(s) \longrightarrow Zn^{2+} + 2e^-$

阴极(正级)　$Cu^{2+} + 2e^- \longrightarrow Cu(s)$

电池反应:$Zn(s) + Cu^{2+} \longrightarrow Zn^{2+} + Cu(s)$

Cu-Zn 电池又称丹尼耳电池(Daniell cell),该电池可用如下图式表示:

$$Zn|ZnSO_4(1\ mol \cdot kg^{-1})\ \vdots\ CuSO_4(1\ mol \cdot kg^{-1})|Cu$$

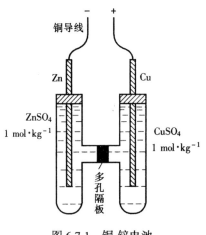

图 6-7-1　铜-锌电池

在原电池图式中,采取如下规定:将发生氧化反应的负极(阳极)写在左边,将发生还原反应的正极(阴极)写在右边;按实际顺序用化学式从左到右依次排列出各个相的组成及相态(气、液、固);用实垂线"|"表示相与相之间的界面;用单虚垂线"┆"表示用多孔塞隔开的两可混合液相之间接界;用双虚垂线"┆┆"表示用盐桥连接的两液体之间的接界,可认为这时两液之间的接界电势已被消除。两电极各连接一段同一种类金属(如 Cu)的导线,但在一般电池的图式中此"导线"常被略去。

2.可逆电池

若电池在充电或放电时所进行的一切反应或其它过程在热力学上都是可逆的,这样的电池称为可逆电池。具体来讲,就是不仅要求当相反的电流通过电极时电极反应必须逆向进行,当电流停止时反应立即停止,而且还要求通过的电量无限小,电极反应在无限接近平衡的条件下进行;此外还要求电池中所进行的其它过程也必须都是可逆的。凡符合以上条件的电池均称为可逆电池。例如电池:

$$Pt | H_2(p) | HCl(b) | AgCl(s) | Ag$$

左侧的电极为氢电极。将镀有一层铂黑的铂片浸入盐酸水溶液中并不断地向铂片上通入纯净的、压力为 p 的氢气,这样就构成氢电极。右侧为银-氯化银电极。它是将表面上覆盖有一层 AgCl 的 Ag 棒浸入含有 Cl^- 的溶液中而构成。

设原电池的电动势与外加反方向电池电动势的差值为 dE。当 $dE > 0$ 时,原电池放电并发生下列反应。

阳极反应:$H_2(p) \longrightarrow 2H^+ + 2e^-$

阴极反应:$2AgCl(s) + 2e^- \longrightarrow 2Ag(s) + 2Cl^-$

电池反应：$H_2(p) + 2AgCl(s) \longrightarrow 2Ag(s) + 2HCl(b)$

当 $dE < 0$ 时，原电池充电而变为电解池，上述电极及电池反应皆反方向进行。

当 $dE = 0$ 时，反应立即停止。此电池无论是放电或充电，都可在电流无限趋近于零的条件下进行。原电池所进行的一切过程都是在无限接近平衡条件下进行的，因此它是一个可逆电池。严格说来，只有这种单液电池才是真正的可逆电池。中间用盐桥连接的双液电池可近似地视为可逆电池。

3. 韦斯顿标准电池

韦斯顿(Weston)标准电池是一个高度可逆电池，它的主要用途是配合电势差计测定其它电池的电动势。

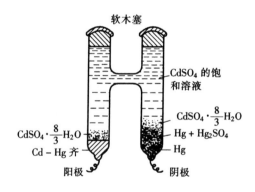

图 6-7-2　韦斯顿标准电池

韦斯顿标准电池的装置如图 6-7-2 所示。电池的阳极是含质量百分数为 12.5% 镉的镉汞齐，将其浸于硫酸镉溶液中，该溶液为 $CdSO_4 \cdot \frac{8}{3}H_2O$ 晶体的饱和溶液。阴极为汞与硫酸亚汞的糊状体，此糊状体也浸在硫酸镉的饱和溶液中。为了使引出的导线与糊状体接触紧密，在糊状体的下面放置少许汞。此电池图式如下：

$$12.5\%\,Cd(汞齐)\,|\,CdSO_4 \cdot \frac{8}{3}H_2O(s)\,|\,CdSO_4\,饱和溶液\,|\,Hg_2SO_4(s)\,|\,Hg$$

其电极反应和电池反应为

阳极:$Cd(汞齐) + SO_4^{2-} + \dfrac{8}{3}H_2O(l) \Longrightarrow CdSO_4 \cdot \dfrac{8}{3}H_2O(s) + 2e^-$

阴极:$Hg_2SO_4(s) + 2e^- \Longrightarrow 2Hg(l) + SO_4^{2-}$

电池反应:

$$Cd(汞齐) + Hg_2SO_4(s) + \dfrac{8}{3}H_2O(l) \Longrightarrow CdSO_4 \cdot \dfrac{8}{3}H_2O(s) + 2Hg(l)$$

此电池在不同温度下的电动势 E 可由下式求出:

$$E/V = 1.018\,646 - \{40.6(t/℃ - 20) + 0.95(t/℃ - 20)^2$$
$$- 0.01(t/℃ - 20)^3\} \times 10^{-6}$$

由上式可知,此电池的电动势 E 受温度的影响甚小,电动势稳定且使用寿命长。

§6-8　原电池热力学

原电池的可逆电动势,是指当电流趋于零时两电极之间的最大电势差,通常以 E 表示,其单位为 V(伏特)。可逆电动势是原电池热力学的一个重要的物理量。通过实验测出某电池在不同温度下的电动势,即可求得该电池反应的热力学函数的增量、非体积功(这里指电功)及过程的热。

1.由可逆电动势计算电池反应的摩尔吉布斯函数变

电池反应为两电极反应的代数和,电极反应的电子数 z,即为电池反应转移的电子数。当电池在恒温、恒压下可逆放电时,可逆电功应等于可逆电势 E 与通过的电量 $dQ = zFd\xi$ 的乘积的负值

$$\delta W'_r = -(zFd\xi)E$$

因为是系统对环境作功所以加负号。在恒温、恒压下 $dG = \delta W'_r = -(zFd\xi)E$,故电池反应的摩尔吉布斯函数变

$$\Delta_r G_m = (\partial G/\partial\xi)_{T,p} = -zFE \qquad (6\text{-}8\text{-}1a)$$

当电池反应的反应进度 $\xi = 1\,mol$ 时,在恒温、恒压下,可逆电池反应

$$\Delta_r G_m = W'_r = -zFE \qquad (6\text{-}8\text{-}1b)$$

2. 由电动势的温度系数计算电池反应的摩尔熵变

在一定压力下,电动势随温度的变化率$(\partial E/\partial T)_p$称为**电动势的温度系数**。因$(\partial \Delta_r G_m/\partial T)_p = -\Delta_r S_m$,由式(6-8-1)可知

$$(\partial \Delta_r G_m/\partial T)_p = -zF(\partial E/\partial T)_p$$

故

$$\Delta_r S_m = zF(\partial E/\partial T)_p \tag{6-8-2}$$

若知某电池的电动势E与温度的函数关系式,即可用上式计算在任一温度和指定压力下,给定电池反应的$\Delta_r S_m$。

3. 电池反应摩尔反应焓的计算

恒温反应过程的$\Delta_r H_m = \Delta_r G_m + T\Delta_r S_m$,将式(6-8-1)及(6-8-2)代入此式,可得

$$\Delta_r H_m = zF\{T(\partial E/\partial T)_p - E\} \tag{6-8-3}$$

由上式可知,测得任一温度T下的电动势E和电动势的温度系数$(\partial E/\partial T)_p$,即可由上式求得在指定温度$T$时电池反应的摩尔反应焓$\Delta_r H_m$。它也是该反应在$W'=0$的条件下,进行恒温、恒压反应的摩尔反应热。

4. 原电池可逆放电反应过程的可逆热

原电池恒温可逆放电时,化学反应过程的摩尔反应热$Q_{r,m}$为可逆热,故

$$Q_{r,m} = T\Delta_r S_m = zFT(\partial E/\partial T)_p \tag{6-8-4}$$

由上式可知,电池在恒温、恒压下可逆放电时,若$(\partial E/\partial T)_p > 0$,则$Q_{r,m} > 0$,电池反应过程将从环境吸热;若$(\partial E/\partial T)_p < 0$,$Q_{r,m} < 0$,电池反应过程将向环境放热;若$(\partial E/\partial T)_p = 0$,则$Q_{r,m} = 0$,电池反应过程与环境无热交换。

例6.8.1 25℃时电池

$$Ag | AgCl(s) | HCl(b) | Cl_2(g, 100 \text{ kPa}) | Pt$$

的电动势$E = 1.136$ V,电动势的温度系数$(\partial E/\partial T)_p = -5.95 \times 10^{-4}$ V·K^{-1}。电池反应为

$$Ag + \frac{1}{2}Cl_2(g, 100 \text{ kPa}) \Longrightarrow AgCl(s)$$

试计算该反应过程的$\Delta_r G_m$、$\Delta_r S_m$、$\Delta_r H_m$及电池恒温可逆放电时过程的可逆热$Q_{r,m}$。

解: 电池反应 $Ag + \dfrac{1}{2} Cl_2(g, 100\ kPa) \longrightarrow AgCl(s)$ 在两电极上得失电子数 $z = 1$。

$$\Delta_r G_m(T, p) = -zFE = -1 \times 96\ 484.6\ C \cdot mol^{-1} \times 1.136\ V$$
$$= -109.6\ kJ \cdot mol^{-1}$$

$$\Delta_r S_m = zF(\partial E/\partial T)_p = 1 \times 96\ 484.6\ C \cdot mol^{-1} \times (-5.95 \times 10^{-4})V \cdot K^{-1}$$
$$= -57.4\ J \cdot K^{-1} \cdot mol^{-1}$$

恒温下 $\Delta_r G_m = \Delta_r H_m - T\Delta_r S_m$，故

$$\Delta_r H_m = \Delta_r G_m + T\Delta_r S_m$$
$$= -109.6\ kJ \cdot mol^{-1} + 298.15\ K \times (-57.4 \times 10^{-3}\ kJ \cdot K^{-1} \cdot mol^{-1})$$
$$= -126.7\ kJ/mol^{-1}$$

$$Q_{r,m} = T\Delta_r S_m$$
$$= 298.15\ K \times (-57.4 \times 10^{-3}\ kJ \cdot K^{-1} \cdot mol^{-1}) = -17.11\ kJ \cdot mol^{-1}$$

§6-9 原电池的基本方程——能斯特方程

对于任一化学反应，$0 = \sum\limits_B \nu_B B$，化学反应的等温方程为

$$\Delta_r G_m = \Delta_r G_m^\ominus + RT\ln\prod (a_B)^{\nu_B}$$

若为有理想气体参加的多相反应，上式连乘项中凝聚相物质用 $a_B^{\nu_B}$，气相物质用 $(p_B/p^\ominus)^{\nu_B}$。a_B 为物质 B 的活度。纯液态或纯固态物质的活度 $a = 1$。在电化学中选取 $b_B = b^\ominus = 1\ mol \cdot kg^{-1}$ 为标准态，稀溶液中溶剂的活度近似地取值为 1。

若参加反应的各组分皆处于各自的标准状态，连乘项 $\prod (a_B)^{\nu_B} = 1$，电池反应的标准摩尔吉布斯函数变

$$\Delta_r G_m^\ominus = -zFE^\ominus \qquad (6\text{-}9\text{-}1)$$

式中 $E^\ominus$ 称为原电池的**标准电动势**，它等于参加电池反应的各物质均处在各自标准态时的电动势。

将式(6-8-1)及式(6-9-1)代入化学反应的等温方程式，即得到**能斯特(Nernst)方程**：

$$E = E^\ominus - (RT/zF)\ln\prod (a_B)^{\nu_B} \qquad (6\text{-}9\text{-}2)$$

该方程为原电池的基本方程，它表示在一定温度下，可逆电池的电动势

与参加电池反应各物质的活度或分压力之间的定量关系。

25℃时, $RT/F = (8.314 \times 298.15/96\ 484.6)\mathrm{V} = 0.025\ 69\ \mathrm{V}$

当电池反应在一定 T、p 下达到平衡时, $\Delta_r G_m = 0$, $E = 0$, $\prod (a_B)^{\nu_B}$ (平衡) $= K^{\ominus}$, 由式(6-9-2)可知

$$\ln K^{\ominus} = zFE^{\ominus}/RT \qquad (6\text{-}9\text{-}3)$$

式中 $K^{\ominus}$ 为电池反应的标准平衡常数。

例 6.9.1 已知电池

$$\mathrm{Zn(s)|Zn^{2+}\{a(Zn^{2+})=1\}\ \vdots\vdots\ Cu^{2+}\{a(Cu^{2+})=1\}|Cu(s)}$$

在 25℃时的电动势 $E_1 = 1.103\ 0\ \mathrm{V}$, 40℃时的电动势 $E_2 = 1.096\ 1\ \mathrm{V}$, 设该电池在 25~40℃之间的 $(\partial E/\partial T)_p$ 为一常数。试求该电池反应在 25℃时的 $\Delta_r G_m^{\ominus}$、$\Delta_r H_m^{\ominus}$、$\Delta_r S_m^{\ominus}$ 和标准平衡常数 $K^{\ominus}$ 各为若干?

解: 因参加电池反应各物质的活度皆为 1, 即皆处于标准状态, 故此电池的电动势为该电池的标准电动势, 即 $E = E^{\ominus}$, 所以

$$\left(\frac{\partial E}{\partial T}\right)_p = \left(\frac{\partial E^{\ominus}}{\partial T}\right)_p = \frac{E_2^{\ominus} - E_1^{\ominus}}{T_2 - T_1} = \frac{-0.006\ 9\ \mathrm{V}}{15\ \mathrm{K}} = -4.6 \times 10^{-4}\ \mathrm{V \cdot K^{-1}}$$

电池反应: $\mathrm{Zn(s) + Cu^{2+} \longrightarrow Zn^{2+} + Cu(s)}$, $z = 2$

在 25℃时:

$$\begin{aligned}
\Delta_r G_m^{\ominus} &= -zFE_1^{\ominus} = -2 \times 96\ 484.6\ \mathrm{C \cdot mol^{-1}} \times 1.103\ 0\ \mathrm{V} \\
&= -212.845\ \mathrm{kJ \cdot mol^{-1}}
\end{aligned}$$

$$\begin{aligned}
\Delta_r S_m &= zF(\partial E^{\ominus}/\partial T)_p \\
&= 2 \times 96\ 484.6\ \mathrm{C \cdot mol^{-1}} \times (-4.6 \times 10^{-4}\ \mathrm{V \cdot K^{-1}}) \\
&= -88.766\ \mathrm{J \cdot K^{-1} \cdot mol^{-1}}
\end{aligned}$$

$$\begin{aligned}
\Delta_r H_m^{\ominus} &= \Delta_r G_m^{\ominus} + T\Delta_r S_m^{\ominus} \\
&= -(212.845 + 298.15 \times 88.766 \times 10^{-3})\mathrm{kJ \cdot mol^{-1}} \\
&= -239.31\ \mathrm{kJ \cdot mol^{-1}}
\end{aligned}$$

$$\ln K^{\ominus} = \frac{zFE^{\ominus}}{RT_1} = \frac{2 \times 96\ 484.6 \times 1.103\ 0}{8.314 \times 298.15} = 85.865\ 5$$

所以
$$K^{\ominus} = 1.954 \times 10^{37}$$

§6-10 电极电势和电池的电动势

电池的电动势 E, 是在通过电池的电流趋于零时两极间的电势差,

它等于构成电池的各相界面上所产生电势差的代数和。例如电池

$$Cu|Pt|H_2(p)|H^+ \ \vdots \ Zn^{2+}|Zn|Cu$$

电池两边的"Cu"代表导线。$\Delta\varphi_1$、$\Delta\varphi_2\cdots\Delta\varphi_6$ 分别表示 Cu-Pt, Pt-H$_2$(g) $\cdots$Zn-Cu 各个相界面上的电势差,加入盐桥可使两液体的接界电势 $\Delta\varphi_4$ 降低到可以忽略不计。电动势

$$E = \Sigma\Delta\varphi_i$$

各个相界面的电势差皆无法测定,也就是说,单个电极上电势差的绝对值无法由实验测定。但在实际应用中,只要确定各个电极在一定温度下相对于同一基准的相对电动势的数值,就可以计算出任意两个电极在指定条件下所组成电池的电动势。按统一规定,一律采用标准氢电极为基准。

1.标准氢电极

标准氢电极是这样构成的:把镀有铂黑的铂片(用电镀法在铂片表面上镀一层铂黑,以增加电极的表面积,促进对气体的吸附,并有利于与溶液达到平衡)浸入含有氢离子的溶液中,并不断通入纯净的氢气,使氢气冲打在铂片上,同时使溶液被氢气所饱和,氢气泡围绕铂片浮出,如图 6-10-1 所示。

氢气的压力 $p = p^\ominus = 100$ kPa,溶液中氢离子的活度 $a(H^+) = 1$ 时的氢电极,称为标准氢电极。可表示为

$$H^+\{a(H^+) = 1\}|H_2(g, 100 \text{ kPa})|Pt$$

2.电极电势的定义

以标准氢电极为阳极,给定电极为阴极,组成下列电池:

$$Pt|H_2(g, 100 \text{ kPa})|H^+\{a(H^+) = 1\} \ \vdots \ 给定电极$$

规定此电池的电动势 E 为该给定电极的**电极电势**,以 $E(电极)$ 表示。当给定电极中各反应组分均处在各自的标准态时,该电池的标准电动势称为给定电极的**标准电极电势**,以 $E^\ominus(电极)$ 表示。按此规定,任意温度下,氢电极的标准电极电势恒为零。即

$$E^\ominus(H^+|H_2(g)|Pt) = 0$$

根据以上规定,以锌电极作为给定电极为例说明如下:

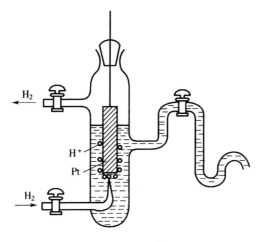

图 6-10-1　氢电极构造简图

将锌电极 $Zn^{2+}\{a(Zn^{2+})\}|Zn$ 作为阴极,标准氢电极作为阳极,构成如下原电池:

$$Pt|H_2(g,100\ kPa)|H^+\{a(H^+)=1\}\ \vdots\ Zn^{2+}\{a(Zn^{2+})\}|Zn$$

锌电极发生还原反应:

$$Zn^{2+}\{a(Zn^{2+})\}+2e^-\longrightarrow Zn(s)$$

氢电极发生氧化反应:

$$H_2(g,100\ kPa)\longrightarrow 2H^+\{a(H^+)=1\}+2e^-$$

整个电池反应为两电极反应之和,即

$$Zn^{2+}\{a(Zn^{2+})\}+H_2(g,100\ kPa)\longrightarrow Zn(s)+2H^+\{a(H^+)=1\}$$

根据能斯特方程可知,电池电动势 E 与各反应组分的活度、分压力之关系为

$$E=E^{\ominus}-\frac{RT}{2F}\ln\frac{a\{Zn(s)\}a^2(H^+)}{a(Zn^{2+})p(H_2)/p^{\ominus}}$$

因标准氢电极中 $a(H^+)=1$,$p(H_2)=p^{\ominus}=100\ kPa$,故上式可改写为

$$E=E^{\ominus}-(RT/2F)\ln\{a(Zn)/a(Zn^{2+})\}$$

按照规定,上述电池的电动势即是锌电极的电极电势,以符号 $E(Zn^{2+}|Zn)$ 表示。上述电池的标准电动势 $E^{\ominus}$ 即为锌电报的标准电极

电势,以符合 $E^{\ominus}(Zn^{2+}\mid Zn)$ 表示。

对于任一指定电极,其电极反应皆须写成下列通式:

$$氧化态 + ze^- \longrightarrow 还原态$$

z 为给定电极反应式中交换的电子数,取正值。按照上述规定,任一指定电极的电极电势的通式为

$$E(电极) = E^{\ominus}(电极) - (RT/zF)\ln\{a(还原态)/a(氧化态)\}$$

上式 a(还原态)表示电极反应通式中还原态一边各物质的活度或气体物质的 $p_B/p^{\ominus}$ 的连乘积,其方次为各物质在电极反应式中的计量数。a(氧化态)表示的意义与之相同,系数也取正值。

表 6-10-1 中列出 25℃时水溶液中一些电极的标准电极电势。根据上述规定,表中电极符号以"离子 | 电极"表示,这表明电极反应为还原反应,$E^{\ominus}$(电极)为标准还原电极电势。

若 $E^{\ominus}$(电极)>0,例如 $E^{\ominus}(Cu^{2+}\mid Cu) = 0.340\ 0\ V > 0$,表明反应

$$Cu^{2+} + H_2(g) \longrightarrow Cu(s) + 2H^+$$

的 $\Delta_r G_m^{\ominus}(298.15\ K) < 0$,即在 25℃的标准状态下,上述反应能自动进行。

若 $E^{\ominus}$(电极)<0,例如 $E^{\ominus}(Pb^{2+}\mid Pb) = -0.126\ 5\ V < 0$,表明反应

$$Pb^{2+} + H_2(g) \longrightarrow Pb(s) + 2H^+$$

的 $\Delta_r G_m^{\ominus}(298.15\ K) > 0$,即在 25℃的标准状态下,上述反应不能自动进行,而其逆反应能自动进行。也就是说,电池自然放电时,铅电极上实际进行的是氧化反应。

由此可见,还原电极电势愈大,该电极氧化态物质结合电子的能力愈强。还原电极电势愈小(或愈负),则表明该电极还原态物质失去电子的能力愈强。

同一个电极,当其作为阳极时的电极电势与其作为阴极时的电极电势在数值上相同,但正、负相反。因此,由任意两个电极构成电池时,其电动势 E 应等于阴极电极电势 E_+ 与阳极电极电势 E_- 之差,即

$$E = E_+(阴) - E_-(阳) \tag{6-10-1}$$

同理,电池的标准电动势 $E^{\ominus}$ 与两电极的标准电极电势的关系为

表 6-10-1　25℃时在水溶液中一些电极的标准电极电势

（标准态压力 $p^{\ominus} = 100$ kPa）

电　　极	电极反应	$E^{\ominus}/\text{V}$
	第一类电极	
$\text{Li}^+ \mid \text{Li}$	$\text{Li}^+ + \text{e}^- \Longrightarrow \text{Li}$	-3.045
$\text{K}^+ \mid \text{K}$	$\text{K}^+ + \text{e}^- \Longrightarrow \text{K}$	-2.924
$\text{Ba}^{2+} \mid \text{Ba}$	$\text{Ba}^{2+} + 2\text{e}^- \Longrightarrow \text{Ba}$	-2.90
$\text{Ca}^{2+} \mid \text{Ca}$	$\text{Ca}^{2+} + 2\text{e}^- \Longrightarrow \text{Ca}$	-2.76
$\text{Na}^+ \mid \text{Na}$	$\text{Na}^+ + \text{e}^- \Longrightarrow \text{Na}$	$-2.711\ 1$
$\text{Mg}^{2+} \mid \text{Mg}$	$\text{Mg}^{2+} + 2\text{e}^- \Longrightarrow \text{Mg}$	-2.375
$\text{OH}^-, \text{H}_2\text{O} \mid \text{H}_2(\text{g}) \mid \text{Pt}$	$2\text{H}_2\text{O} + 2\text{e}^- \Longrightarrow \text{H}_2(\text{g}) + 2\text{OH}^-$	$-0.827\ 7$
$\text{Zn}^{2+} \mid \text{Zn}$	$\text{Zn}^{2+} + 2\text{e}^- \Longrightarrow \text{Zn}$	$-0.763\ 0$
$\text{Cr}^{3+} \mid \text{Cr}$	$\text{Cr}^{3+} + 3\text{e}^- \Longrightarrow \text{Cr}$	-0.74
$\text{Cd}^{2+} \mid \text{Cd}$	$\text{Cd}^{2+} + 2\text{e}^- \Longrightarrow \text{Cd}$	$-0.402\ 8$
$\text{Co}^{2+} \mid \text{Co}$	$\text{Co}^{2+} + 2\text{e}^- \Longrightarrow \text{Co}$	-0.28
$\text{Ni}^{2+} \mid \text{Ni}$	$\text{Ni}^{2+} + 2\text{e}^- \Longrightarrow \text{Ni}$	-0.23
$\text{Sn}^{2+} \mid \text{Sn}$	$\text{Sn}^{2+} + 2\text{e}^- \Longrightarrow \text{Sn}$	$-0.136\ 6$
$\text{Pb}^{2+} \mid \text{Pb}$	$\text{Pb}^{2+} + 2\text{e}^- \Longrightarrow \text{Pb}$	$-0.126\ 5$
$\text{Fe}^{3+} \mid \text{Fe}$	$\text{Fe}^{3+} + 3\text{e}^- \Longrightarrow \text{Fe}$	-0.036
$\text{H}^+ \mid \text{H}_2(\text{g}) \mid \text{Pt}$	$2\text{H}^+ + 2\text{e}^- \Longrightarrow \text{H}_2(\text{g})$	$0.000\ 0$
$\text{Cu}^{2+} \mid \text{Cu}$	$\text{Cu}^{2+} + 2\text{e}^- \Longrightarrow \text{Cu}$	$+0.340\ 0$
$\text{OH}^-, \text{H}_2\text{O} \mid \text{O}_2(\text{g}) \mid \text{Pt}$	$\text{O}_2(\text{g}) + 2\text{H}_2\text{O} + 4\text{e}^- \Longrightarrow 4\text{OH}^-$	$+0.401$
$\text{Cu}^+ \mid \text{Cu}$	$\text{Cu}^+ - \text{e}^- \Longrightarrow \text{Cu}$	$+0.522$
$\text{I}^- \mid \text{I}_2(\text{s}) \mid \text{Pt}$	$\text{I}_2(\text{s}) + 2\text{e}^- \Longrightarrow 2\text{I}^-$	$+0.535$
$\text{Hg}_2^{2+} \mid \text{Hg}$	$\text{Hg}_2^{2+} + 2\text{e}^- \Longrightarrow 2\text{Hg}$	$+0.795\ 9$
$\text{Ag}^+ \mid \text{Ag}$	$\text{Ag}^+ + \text{e}^- \Longrightarrow \text{Ag}$	$+0.799\ 4$
$\text{Hg}^{2+} \mid \text{Hg}$	$\text{Hg}^{2+} + 2\text{e}^- \Longrightarrow \text{Hg}$	$+0.851$
$\text{Br}^- \mid \text{Br}_2(\text{l}) \mid \text{Pt}$	$\text{Br}_2(\text{l}) + 2\text{e}^- \Longrightarrow 2\text{Br}^-$	$+1.065$
$\text{H}^+, \text{H}_2\text{O} \mid \text{O}_2(\text{g}) \mid \text{Pt}$	$\text{O}_2(\text{g}) + 4\text{H}^+ + 4\text{e}^- \Longrightarrow 2\text{H}_2\text{O}$	$+1.229$
$\text{Cl}^- \mid \text{Cl}_2(\text{g}) \mid \text{Pt}$	$\text{Cl}_2(\text{g}) + 2\text{e}^- \Longrightarrow 2\text{Cl}^-$	$+1.358\ 0$

电 极	电极反应	$E^{\ominus}/V$
$Au^+ \mid Au$	$Au^+ + e^- \Longrightarrow Au$	$+1.68$
$F^- \mid F_2(g) \mid Pt$	$F_2(g) + 2e^- \Longrightarrow 2F^-$	$+2.87$
第二类电极		
$SO_4^{2-} \mid PbSO_4(s) \mid Pb$	$PbSO_4(s) + 2e^- \Longrightarrow Pb + SO_4^{2-}$	-0.356
$I^- \mid AgI(s) \mid Ag$	$AgI(s) + e^- \Longrightarrow Ag + I^-$	$-0.152\,1$
$Br^- \mid AgBr(s) \mid Ag$	$AgBr(s) + e^- \Longrightarrow Ag + Br^-$	$+0.071\,1$
$Cl^- \mid AgCl(s) \mid Ag$	$AgCl(s) + e^- \Longrightarrow Ag + Cl^-$	$+0.222\,1$
氧化还原电极		
$Cr^{3+}, Cr^{2+} \mid Pt$	$Cr^{3+} + e^- \Longrightarrow Cr^{2+}$	-0.41
$Sn^{4+}, Sn^{2+} \mid Pt$	$Sn^{4+} + 2e^- \Longrightarrow Sn^{2+}$	$+0.15$
$Cu^{2+}, Cu^+ \mid Pt$	$Cu^{2+} + e^- \Longrightarrow Cu^+$	$+0.158$
$H^+,$醌,氢醌$\mid Pt$	$C_6H_4O_2 + 2H^+ + 2e^- \Longrightarrow C_6H_4(OH)_2$	$+0.699\,3$
$Fe^{3+}, Fe^{2+} \mid Pt$	$Fe^{3+} + e^- \Longrightarrow Fe^{2+}$	$+0.770$
$Tl^{3+}, Tl^+ \mid Pt$	$Tl^{3+} + 2e^- \Longrightarrow Tl^+$	$+1.247$
$Ce^{4+}, Ce^{3+} \mid Pt$	$Ce^{4+} + e^- \Longrightarrow Ce^{3+}$	$+1.61$
$Co^{3+}, Co^{2+} \mid Pt$	$Co^{3+} + e^- \Longrightarrow Co^{2+}$	$+1.808$

$$E^{\ominus} = E_+^{\ominus}(\text{阴}) - E_-^{\ominus}(\text{阳}) \qquad (6\text{-}10\text{-}2)$$

式(6-10-1)及式(6-10-2)中电极电势皆为还原电极电势。这样算得的电池电动势 $E > 0$,表示在该条件下电池反应能自动进行;若 $E < 0$,则表示实际发生的电池反应与所写电池的电池反应方向相反,应将所写电池正、负极的位置对调才符合实际情况。

3.原电池电动势的计算

利用标准电极电势及能斯特方程计算任一电池的电动势,方法有二:①根据电池的电极反应由公式 $E(\text{电极}) = E^{\ominus}(\text{电极}) - (RT/zF) \ln\{a(\text{还原态})/a(\text{氧化态})\}$ 分别算出电池左面的阳极(负极)和电池右面的阴极(正极)的电极电势 E_- 和 E_+,再按

$$E = E_+(\text{右}) - E_-(\text{左})$$

计算出电池的电动势 E。②根据电池反应,直接利用能斯特方程求算 E,其中 $E^{\ominus} = E_{+}^{\ominus} - E_{-}^{\ominus}$,一般说来此法较为简便。

例 6.10.1 试计算 25℃时下列电池的电动势:

$$Zn(s) \mid ZnSO_4(b = 0.001\ mol \cdot kg^{-1}) \parallel CuSO_4(b = 1.0\ mol \cdot kg^{-1}) \mid Cu(s)$$

解: 本题由能斯特方程求电池的电动势计算方法最简便。题给电池的电极反应为

阳极:$Zn(s) \longrightarrow Zn^{2+}(b = 0.001\ mol \cdot kg^{-1}) + 2e^{-}$

阴极:$Cu^{2+}(b = 1.0\ mol \cdot kg^{-1}) + 2e^{-} \longrightarrow Cu(s)$

电池反应:

$$Zn(s) + Cu^{2+}(b = 1.0\ mol \cdot kg^{-1}) \longrightarrow Cu(s) + Zn^{2+}(b = 0.001\ mol \cdot kg^{-1})$$

由于单个离子的活度系数无法测定,故近似认为 $\gamma_{+} = \gamma_{-} = \gamma_{\pm}$。由表 6-6-1 查得 25℃时:

$$b = 0.001\ mol \cdot kg^{-1}\ ZnSO_4\ 水溶液的\ \gamma_{\pm} = 0.734$$

$$b = 1.0\ mol \cdot kg^{-1}\ CuSO_4\ 水溶液的\ \gamma_{\pm} = 0.047$$

$$a_{+} = \gamma_{+}\ b_{+}/b^{\ominus} = \gamma_{\pm}\ b_{+}/b^{\ominus}, \quad b^{\ominus} = 1\ mol \cdot kg^{-1}$$

纯固体 Zn 和 Cu 的活度皆为 1。

由表 6-10-1 查得 25℃时

$$E^{\ominus}(Zn^{2+} \mid Zn) = -0.763\ 0\ V, \quad E^{\ominus}(Cu^{2+} \mid Cu) = 0.340\ 0\ V$$

因为 $z = 2$

$$E^{\ominus} = E^{\ominus}(Cu^{2+} \mid Cu) - E^{\ominus}(Zn^{2+} \mid Zn)$$

$$= (0.340\ 0 + 0.763\ 0)V = 1.103\ V$$

所以

$$E = E^{\ominus} - \frac{RT}{zF} \ln \frac{a(Zn^{+})\,a(Cu)}{a(Cu^{2+})\,a(Zn)}$$

$$= 1.103\ V - \left(\frac{8.314 \times 298.15}{2 \times 96\ 484.6} \ln \frac{0.734 \times 0.001}{0.047 \times 1.0} \right) V$$

$$= 1.103\ V - (-0.053\ 4\ V) = 1.156\ 4\ V$$

例 6.10.2 试计算 25℃时下列电池的电动势:

$$Pt \mid H_2(g, 100\ kPa) \mid HCl(b = 0.1\ mol \cdot kg^{-1}) \mid AgCl(s) \mid Ag$$

解: 由电池反应直接应用能斯特方程计算。先由电极反应写出电池反应

阳极:$\dfrac{1}{2}H_2(g, 100\ kPa) \longrightarrow H^{+}(b = 0.1\ mol \cdot kg^{-1}) + e^{-}$

阴极:$AgCl(s) + e^{-} \longrightarrow Ag + Cl^{-}(b = 0.1\ mol \cdot kg^{-1})$

电池反应:

$$\frac{1}{2}H_2(g, 100 \text{ kPa}) + AgCl(s) \longrightarrow Ag + H^+ (b = 0.1 \text{ mol·kg}^{-1}) + Cl^- (b = 0.1 \text{ mol·kg}^{-1})$$

因 $z = 1$,故

$$E = E^\ominus - \left\{ 0.025\,69 \ln \frac{a(Ag)\,a(H^+)\,a(Cl^-)}{a(AgCl)\{p(H_2)/p^\ominus\}^{1/2}} \right\} V$$

25℃时,上式中

$E^\ominus = E^\ominus(Cl^- | AgCl | Ag) - E^\ominus \{H^+(g) | H_2(g) | Pt\} = 0.222\,10 \text{ V}$

$a(Ag) = 1$, $a(AgCl) = 1$, 0.1 mol·kg^{-1} HCl 的 $\gamma_\pm = 0.796$(见表 6-6-1),$a(H^+) \cdot a(Cl^-) = a_\pm^2 = \gamma_\pm^2 (b/b^\ominus)^2 = (0.796 \times 0.1)^2 = 0.006\,336\,2$, $\{p(H_2)/p^\ominus\}^{1/2} = 1$,于是电动势

$$E = 0.222\,10 \text{ V} - (0.025\,69 \ln 0.006\,336\,2)V = 0.352\,1 \text{ V}$$

4.液体接界电势及其消除

在两种不同溶液的界面上存在的电势差称为液体接界电势或扩散电势。液体接界电势是由于溶液中离子扩散速度不同而引起的。例如,用多孔板隔开的两种浓度不同的 HCl 溶液的界面上,HCl 从浓溶液向稀溶液扩散。在扩散过程中,H^+ 的运动速度比 Cl^- 的快,所以在稀溶液的一边将出现过剩的 H^+ 而使稀溶液带正电荷;同时在浓溶液的一边则由于留下过剩的 Cl^- 而带负电荷。这样,在界面两边便产生了电势差。电势差的产生,一方面使 H^+ 速度降低,另一方面使 Cl^- 速度增加,最后达到稳定状态,两种离子以相同的速度通过界面,电势差保持恒定,这就是液体接界电势。其值一般不超过 0.03 V。

两液体之间若用盐桥连接,能将液体的接界电势降低到可以被忽略的程度。盐桥是用正、负离子电迁移率非常接近的高浓度强电解质(如 KCl、NH_4NO_3 等),加入琼脂在 U 型管内冻结而成。扩散主要来自盐桥,在盐桥的两个端面上所产生的扩散电势大小近似相等,但正负号相反,其代数和则甚小。

§6-11 电极的种类

电极上所进行的反应均为氧化-还原反应,但按照氧化态、还原态物质状态的不同,一般可将电极分为三类。

1. 第一类电极

这类电极一般是将某金属插入含有该金属离子的溶液中,或者是吸附了某气体的惰性金属(如 Pt)置于含有该气体离子的溶液中而构成。这类电极反应一般均简单。例如

Ag 电极:$Ag^+|Ag$,其电极反应为

$$Ag^+ + e^- \longrightarrow Ag(s)$$

氯电极:$Cl^-|Cl_2(g)|Pt$,其电极反应为

$$Cl_2(g) + 2e^- \longrightarrow 2Cl^-$$

碘电极:$I^-|I_2(s)|Pt$,其电极反应为

$$I_2(s) + 2e^- \longrightarrow 2I^-$$

在碱性介质中的氧电极:$OH^-,H_2O|O_2(g)|Pt$,其电极反应为

$$O_2(g) + 2H_2O(l) + 4e^- \longrightarrow 4OH^-$$

其电极电势表示式为

$$E\{OH^-,H_2O|O_2(g)Pt\} = E^\ominus\{OH^-,H_2O|O_2(g)|Pt\}$$
$$- \frac{RT}{4F}\ln \frac{a(OH^-)^4}{\{p(O_2)/p^\ominus\}a(H_2O)^2}$$

2. 第二类电极

第二类电极主要介绍金属-难溶盐电极和金属-难溶氧化物电极。

1)金属-难溶盐电极

电极的结构为,在金属表面上覆盖一层该金属难溶盐,再将其插入含有与该金属难溶盐具有相同阴离子的易溶盐的溶液中而构成。最常用的是甘汞电极与氯化银电极。

(1)甘汞电极:装置如图 6-11-1 所示。在仪器的底部装入少量汞,然后装入汞、甘汞(Hg_2Cl_2)和氯化钾溶液制成的糊状物,再注入 KCl 溶液。导线为铂丝,装入玻璃管中,插到仪器底部。甘汞电极可表示为

$$Cl^-|Hg_2Cl_2(s)|Hg$$

甘汞电极的电极反应可以认为分两步进行:

$$Hg_2^{2+} + 2e^- \longrightarrow 2Hg$$
$$Hg_2Cl_2(s) \Longrightarrow Hg_2^{2+} + 2Cl^-$$

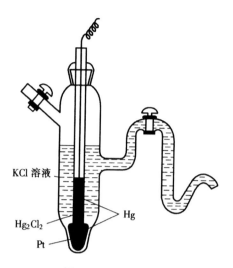

图 6-11-1　甘汞电极

总电极反应为

$$Hg_2Cl_2(s) + 2e^- \longrightarrow 2Hg + 2Cl^-$$

电极电势表达式为

$$E\{Cl^-\,|\,Hg_2Cl_2(s)\,|\,Hg\} = E^{\ominus}\{Cl^-\,|\,Hg_2Cl_2(s)\,|\,Hg\} - \frac{RT}{2F}\ln\frac{a(Hg)^2\,a(Cl^-)^2}{a\{Hg_2Cl_2(s)\}^2}$$

式中:$E^{\ominus}\{Cl^-\,|\,Hg_2Cl_2(s)\,|\,Hg\}$ 为甘汞电极的标准电极电势,$a(Hg) = 1$,$a\{Hg_2Cl_2(s)\} = 1$。由上式可知,在一定温度下,甘汞电极的电极电势只与溶液中氯离子活度的大小有关。表 6-11-1 给出三种不同浓度 KCl 溶液的甘汞电极之电极电势与温度的关系式。

表 6-11-1　不同浓度甘汞电极的电极电势

KCl 溶液浓度	E/V	$E(25℃)/V$
$0.1\ mol \cdot dm^{-3}$	$0.333\ 5 - 7 \times 10^{-5}(t/℃ - 25)$	$0.333\ 5$
$1\ mol \cdot dm^{-3}$	$0.279\ 9 - 2.4 \times 10^{-4}(t/℃ - 25)$	$0.279\ 9$
饱和溶液	$0.241\ 0 - 7.6 \times 10^{-4}(t/℃ - 25)$	$0.241\ 0$

甘汞电极容易制备,电极电势稳定。在电化学测量中,常用甘汞电极作为参比电极。

例 6.11.1 已知 25℃时,下列电池的电动势 $E = 0.609\ 7$ V,试求待测溶液的 pH 为若干?

$$Pt|H_2(g,101.325\ kPa)|待测溶液 \vdots 0.1\ mol \cdot dm^{-3}\ KCl|Hg_2Cl_2(s)|Hg$$

解:由表 6-11-1 知,题给电池阴极的电势

$$E_+ = 0.333\ 5\ V$$

$$E_- = -(RT/2F)\ln\frac{p(H_2)/p^\ominus}{a(H^+)^2}$$

$$= -(RT/2F)\ln\{p(H_2)/p^\ominus\} + (RT/F)\ln a(H^+)$$

因为 $-\lg a(H^+) = pH$,$p(H_2)/p^\ominus = 1.013\ 25$,所以

$$E_- = -(1.691 \times 10^{-4} + 0.059\ 16\ pH)\ V$$

$$E = E_+ - E_- = E_+ + 1.691 \times 10^{-4}\ V + (0.059\ 16\ pH)\ V$$

$$pH = \frac{0.609\ 7 - 0.333\ 5 - 1.691 \times 10^{-4}}{0.059\ 16} = 4.666$$

(2)氯化银电极:电极结构为 $Cl^-|AgCl(s)|Ag$。

电极反应:

$$Ag^+ + e^- \longrightarrow Ag(s)$$

溶液中 Ag^+ 的浓度不是任意的,它受下列平衡的限制:

$$AgCl(s) \rightleftharpoons Ag^+ + Cl^-$$

总的电极反应为上述两反应之和,即

$$AgCl(s) + e^- \rightleftharpoons Ag(s) + Cl^-$$

电极电势为

$$E\{Cl^-|AgCl(s)|Ag\} = E^\ominus\{Cl^-|AgCl(s)|Ag\} - (RT/F)\ln a(Cl^-)$$

或 $\quad E\{Cl^-|AgCl(s)|Ag\} = E^\ominus(Ag^+|Ag) + (RT/F)\ln a(Ag^+)$

$$= E^\ominus(Ag^+|Ag) + (RT/F)\ln\{K_{sp}a(AgCl)/a(Cl^-)\}$$

由上式可知,当 $a(Cl^-) = 1$ 时

$$E^\ominus\{Cl^-|AgCl(s)|Ag\} = E^\ominus(Ag^+|Ag) + (RT/F)\ln K_{sp}(AgCl)$$

式中 $K_{sp}(AgCl) = a(Ag^+)a(Cl^-)$,为 AgCl 的溶度积。上式表明,若已知银电极和氯化银电极的标准电极电势,即可由上式计算 AgCl 溶度积(严格说应称为活度积)。

2)金属-难溶氧化物电极

以锑-氧化锑电极为例。在锑棒上覆盖一层三氧化二锑,将其浸入含有 H^+ 或 OH^- 的溶液中就构成了锑-氧化锑电极。此电极对 H^+ 或 OH^- 皆可逆。

在酸性溶液中电极的表示式为

$$H^+, H_2O(l) \mid Sb_2O_3(s) \mid Sb(s)$$

电极反应为

$$Sb_2O_3(s) + 6H^+ + 6e^- \Longrightarrow 2Sb(s) + 3H_2O(l)$$

在碱性溶液中电极的表示式为

$$OH^-, H_2O(l) \mid Sb_2O_3(s) \mid Sb(s)$$

电极反应为

$$Sb_2O_3(s) + 3H_2O(l) + 6e \Longrightarrow 2Sb(s) + 6OH^-$$

Sb-Sb_2O_3 电极为固体电极,使用方便,但不能应用于强酸性的溶液中。

3.氧化还原电极

任一电极皆为氧化还原电极,这里所说的氧化还原电极,是专指参加电极的物质均在同一个溶液中,电极的极板(如 Pt)只起传导电子的作用。例如 $Cu^+(a_1)$ 和 $Cu^{2+}(a_2)$ 形成的氧化还原电极,其电极的表示式为

$$Cu^+(a_1), Cu^{2+}(a_2) \mid Pt$$

两种离子均在同一个溶液之中,而无界面存在,其电极反应为

$$Cu^{2+}(a_2) + e^- \Longrightarrow Cu^+(a_1)$$

电极电势可表示为

$$E(Cu^+, Cu^{2+} \mid Pt) = E^{\ominus}(Cu^+, Cu^{2+} \mid Pt) - \frac{RT}{F} \ln \frac{a_1}{a_2}$$

§6-12　原电池设计

许多在指定条件下可以自动进行的物理化学过程均可设计成原电

池。原电池设计的方法大致如下：①先将物理化学过程拆分为电极反应，在阳极上进行给出电子的氧化反应，在阴极上进行结合电子的还原反应。若能正确地写出一个电极反应，由总过程减去此电极反应，就可得到另一电极反应。有些过程可根据元素或离子价数的变化、物质的浓度或压力的变化来写电极反应。②选择适当的电极板和电解质溶液，宜保证在原电池中进行的过程与给定过程完全相同。③若涉及两种不同浓度或不同性质的电解质溶液，两电极则用盐桥连接。溶液和气体应写明浓度或压力。按原电池图式的规定写出原电池的表示式。

1. 氧化还原反应

$$H_2(g, p) + (1/2)O_2(g, p) \longrightarrow H_2O(l)$$

根据选用的是酸性或碱性电解质溶液，可将此反应设计成两个电池。

1) 酸性电解质

阳极：$H_2(g, p) \longrightarrow 2H^+ + 2e^-$

阴极：$(1/2)O_2(g, p) + 2H^+ + 2e^- \longrightarrow H_2O(l)$

设计成电池

$$Pt \mid H_2(g, p) \mid H^+ \mid O_2(g, p) \mid Pt$$

2) 碱性电解质

阳极：$H_2(g, p) + 2OH^- \longrightarrow 2H_2O(l) + 2e^-$

阴极：$(1/2)O_2(g, p) + H_2O(l) + 2e^- \longrightarrow 2OH^-$

设计成电池

$$Pt \mid H_2(g, p) \mid OH^- \mid O_2(g, p) \mid Pt$$

在 25℃，若 $p(H_2) = p(O_2) = p^{\ominus} = 100$ kPa，上述两电池的电动势与 $a(H^+)$ 或 $a(OH^+)$ 的大小无关，而且 $E = E^{\ominus} = 1.229$ V。

2. 扩散过程

1) 气体扩散过程

$$H_2(p_1) \xrightarrow{T 一定} H_2(p_2), p_1 > p_2$$

电极反应

阳极：$H_2(p_1) \longrightarrow 2H^+ + 2e^-$

阴极：$2H^+ + 2e^- \longrightarrow H_2(p_2)$

两电极反应中的 $a(H^+)$ 相同,写电池反应时可相互抵消,故可设计成单液电池。

$$Pt|H_2(p_1)|H^+|H_2(p_2)|Pt$$

此扩散过程亦可在下述电池中实现。

$$Pt|H_2(g,p_1)|OH^-|H_2(g,p_2)|Pt$$

2)离子扩散过程

$$H^+(a_1) \longrightarrow H^+(a_1), a_1 > a_2$$

仍使每一电极发生氧化-还原反应。

$$阳极: \frac{1}{2}H_2(g,p) \longrightarrow H^+(a_2) + e^-$$

$$阴极: H^+(a_1) + e^- \longrightarrow \frac{1}{2}H_2(g,p)$$

电池为

$$Pt|H_2(g,p)|H^+(a_2) \vdots H^+(a_1)|H_2(g,p)|Pt$$

要求两电极氢气的压力相等。此扩散过程亦可在下述电池中实现:

$$Pt|O_2(g,p)|H^+(a_2) \vdots H^+(a_1)|O_2(g,p)|Pt$$

要求两电极氧气的压力相等。

上述电池中电动势的产生是由于阴、阳极反应物浓度有差别所致,故称之为**浓差电池**。浓差电池按照电极物质浓度(或压力)不同和溶液浓度不同而分成上述两类。

浓差电池由于阴、阳两极种类相同,其标准电池电动势 $E^\ominus = 0$。电池电动势只取决于两电极的浓度。从能斯特方程可知,上述两种扩散过程的电动势分别表示为

$$E_1 = -(RT/2F)\ln(p_2/p_1) > 0$$
$$E_2 = -(RT/F)\ln(a_2/a_1) > 0$$

3.中和反应与沉淀反应

中和反应、沉淀反应在恒温恒压下均为自动进行的过程,$\Delta G_{T,p} < 0$,可以作非体积功,此非体积功在电池放电过程中实现。

1)中和反应

$$H^+ + OH^- \longrightarrow H_2O(1)$$

用氢电极

阳极：$(1/2)H_2(g, p) + OH^-(a_1) \longrightarrow H_2O(l) + e^-$

阴极：$H^+(a_2) + e^- \longrightarrow (1/2)H_2(g, p)$

电池为

$$Pt \mid H_2(g, p) \mid OH^-(a_1) \; \vdots\!\vdots \; H^+(a_2) \mid H_2(g, p) \mid Pt$$

两电极氢气的压力要相同，OH^- 和 H^+ 的活度 a_1 和 a_2 可任意指定。

若将上述电池中的氢气换成氧气，中和反应亦可在下列电池中实现。

$$Pt \mid O_2(g, p) \mid OH^-(a_1) \; \vdots\!\vdots \; H^+(a_2) \mid O_2(g, p) \mid Pt$$

上述两电池的电极反应及电池皆不相同，但电池反应相同，在温度、H^+ 和 OH^- 的活度一定的情况下，两电池的电动势必然相等。25℃时

$$E = \left\{ 0.828 - 0.025\,69 \ln \frac{a(H_2O)}{a_1 \cdot a_2} \right\} V$$

2）沉淀反应

$$Ag^+ + I^- \longrightarrow AgI(s)$$

阳极：$Ag(s) + I^- \longrightarrow AgI(s) + e^-$

阴极：$Ag^+ + e^- \longrightarrow Ag(s)$

电池为

$$Ag(s) \mid AgI(s) \mid I^- \; \vdots\!\vdots \; Ag^+ \mid Ag(s)$$

25℃时此电池的标准电动势：

$$E^{\ominus} = E^{\ominus}(Ag^+ \mid Ag) - E^{\ominus}\{I^- \mid AgI(s) \mid Ag\}$$

$$= 0.799\,4\ V - (-0.152\,1\ V) = 0.951\,5V$$

电动势 $E/V = 0.951\,5 - 0.025\,69 \ln \dfrac{a\{AgI(s)\}}{a(Ag^+)\,a(I^-)}$

利用上式可以计算 25℃时 AgI 的溶度积 K_{sp}。上式中的 $a\{AgI(s)\} = 1$，反应达到平衡时 $E = 0$，$a(Ag^+)\,a(I^-) = K_{sp}$，故

$$\ln K_{sp} = -0.951\,5/0.025\,69 = -37.037\,76$$

$$K_{sp} = 8.217 \times 10^{-17}$$

（三）极化作用

前面所讨论的电极过程都是在无限接近平衡条件下进行的,而实际上,不论是原电池放电或电解,都有一定大小的电流通过电池,电极过程都是不可逆的,电极电势将偏离平衡时的电极电势,这种现象称为极化。这一部分将简要讨论电解时的极化作用。

§6-13　分解电压

在浓度为 $0.5\ mol\cdot dm^{-3}$ 的 H_2SO_4 溶液中放入两个铂电极,按照图 6-13-1 的装置与电源连接。图中 G 为安培计、V 伏特计、R 为可变电阻。外加电压由零开始逐渐地增大。当外加电压很小时,几乎没有电流通过电路;电流随外加电压的增加而缓慢地上升,直至两电极上出现气泡时,电流随外加电压呈直线上升。上述过程电流 I 与外加电压 V 的关系如图 6-13-2 所示。图中 D 点所对应的电压,是使该电解质溶液发生明显电解作用时所需的最小外加电压,称为该**电解质溶液的分解电压**,并用 E(分解)表示。

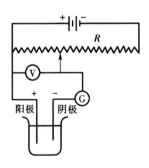

图 6-13-1　测定分解电压
　　　　　　的装置

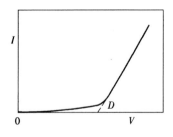

图 6-13-2　测定分解电压的
　　　　　　电流—电压曲线

在外加电压的作用下,溶液中的正、负离子分别向电解池的阴、阳两极迁移,并发生下列电极反应。

阴极:$2H^+ + 2e^- \longrightarrow H_2(g)$ （1）

阳极:$2OH^- \longrightarrow H_2O(l) + (1/2)O_2(g) + 2e^-$

由于是酸性溶液,且存在下列平衡:

$$2H_2O(l) \Longrightarrow 2OH^- + 2H^+$$

故电解池的阳极反应可写成

$$H_2O(l) \longrightarrow 2H^+ + (1/2)O_2(g) + 2e^- \qquad (2)$$

总的电解反应为上述反应(1)和(2)的代数和,即

$$H_2O(l) \longrightarrow H_2(g) + (1/2)O_2(g)$$

电解产物 $H_2(g)$、$O_2(g)$ 与电解质形成下列原电池

$$Pt \mid H_2(g) \mid 0.5 \text{ mol} \cdot \text{dm}^{-3} H_2SO_4 \mid O_2(g) \mid Pt$$

此电池的反应

$$H_2(g) + (1/2)O_2(g) \longrightarrow H_2O(l)$$

为电解反应的逆过程。电动势与外加电压的方向相反,其最大值称为**理论分解电压**,用 E(理论)表示。

25℃,当 $p(H_2) = p(O_2) = p(大气) = 101.325 \text{ kPa}$ 时

$$E(理论) = \left(1.229 - \frac{0.025\ 69}{2} \ln \frac{a(H_2O)}{\{p(H_2)/p^\ominus\}\{p(O_2)/p^\ominus\}^{0.5}} \right) V$$

$$= 1.229\ 3 \text{ V}$$

一些电解质溶液的分解电压列于表 6-13-1。

表中数据表明,在一定温度下,用光滑的铂电极电解 HNO_3、H_2SO_4、NaOH 或 KOH 溶液时,其分解电压都很接近。这是因为这些电解质溶液的电解反应相同,都是将水电解为 $H_2(g)$ 和 $O_2(g)$ 之故。

在电解过程中,当外加电压达到某电解质溶液的分解电压,在电极上能够观察到某物质不断析出时,所对应的电极电势称为该物质的**析出电势**。

表 6-13-1　几种电解质溶液的分解电压

（25℃，光滑铂电极）

电解质	浓度 $c/(\mathrm{mol \cdot dm^{-3}})$	电解产物	E(分解)/V	E(理论)/V
HNO_3	1	H_2 和 O_2	1.69	1.23
H_2SO_4	0.5	H_2 和 O_2	1.67	1.23
NaOH	1	H_2 和 O_2	1.69	1.23
KOH	1	H_2 和 O_2	1.67	1.23
$CdSO_4$	0.5	Cd 和 O_2	2.03	1.26
$NiCl_2$	0.5	Ni 和 Cl_2	1.85	1.64

§6-14　极化作用

1. 电极的极化

实际的电极过程都是在不可逆的情况下进行的,都有一定的电流通过电池。随着电极上电流密度的增加,电极电势偏离其平衡电极电势的数值愈大,电极过程的不可逆程度也愈大。我们将电流通过电极时,电极电势偏离平衡电极电势的现象,称为**电极的极化**。为了表示不可逆程度的大小,通常把在某一电流密度下的电极电势与其平衡电极电势之差的绝对值,称为**该电极的超电势或过电势**,用 η 表示。

电解时的 E(分解)一般都大于 E(理论),人们容易想到,这可能是由于电解质溶液、导线及其接触点等都具有一定的电阻 R,必须外加电压克服之。IR 称为**欧姆电势差**,可以通过加粗导线、增加电解质的浓度,使 IR 降低到可以忽略不计的程度。电极的极化则是产生上述偏差的主要原因。电极的极化可简单地分为如下两类。

1)浓差极化

以锌电极上 $Zn^{2+} + 2e^- \longrightarrow Zn(s)$ 为例说明。

在外加电压的作用下,Zn^{2+} 在电解池的阴极上结合电子而沉积到阴极上。若 Zn^{2+} 从本体溶液(离电极较远、浓度均匀部分的溶液)向阴极表面电迁移的速率小,使电极表面液层中 Zn^{2+} 增加的速度小于电极反应消耗的速度,随着电解的进行,阴极表面液层中 Zn^{2+} 的浓度将迅速地降低,阴极电势变得更负。这种由于浓度的差异而产生的极化称为**浓差极化**。由浓差极化所产生的超电势,称为**浓差超电势**。加强搅拌可减少浓差极化的影响,但由于电极表面滞流层的存在,不可能将其完全消除。

2)电化学极化

电极反应过程通常是按若干个具体步骤来完成的,其中最慢的一步将对整个反应过程起到控制作用。如果 Zn^{2+} 被还原的速率较慢,不能及时地消耗掉外电源输送来的电子,结果使阴极上积累了多于平衡态时的电子,相当于使阴极电势变得更负。这种由于电化学反应本身的迟缓性而引起的极化,称为**电化学极化**。由此而产生的超电势称为**电化学超电势或活化超电势**。

综上所述,极化的结果使电解池阴极电势变得更负,以增加对正离子的吸引力,使还原反应的速率加快。同理可知,极化的结果,使电解池阳极电势变得更正,以增加对负离子的吸引力,使氧化反应的速率加快。电极电势的大小与电流密度有关,描述电流密度与电极电势关系的曲线,称为**极化曲线**。

2.极化曲线的测定方法

可用图 6-14-1 所示的实验装置来测定电极的极化曲线。在电解池 A 内装有电解质溶液、搅拌器和两个表面积大小已知的电极。两电极通过开关 K、安培计 G 和可变电阻 R 与外电源 B 相连接。调节 R 可以改变通过电极的电流,电流的数值可由 G 读出。将通过的电流除以浸入溶液中待测电极的面积,即得到电流密度 $J(A \cdot m^{-2})$。为了测定不同电流密度下电极电势的大小,还需在电解池中加入一个参比电极(通常用甘汞电极)。将待测电极与参比电极连在电位计上,测定出不同电流密度时的电动势。由于参比电极的电极电势是已知的,故可得到在不同电流密度下待测电极的电极电势。由此所得电解池的阳极和阴极的极化曲线如图 6-14-2(a)所示。图中 $E(阳,平)$ 和 $E(阴,平)$ 分别为电解池阳极和阴极的平衡电极电势,$E(平)$ 为电解池的理论分解电压,即电解时所形成原电池的电动势。

$$E(平) = E(阳,平) - E(阴,平)$$

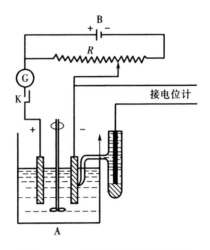

图 6-14-1　测定极化曲线的装置

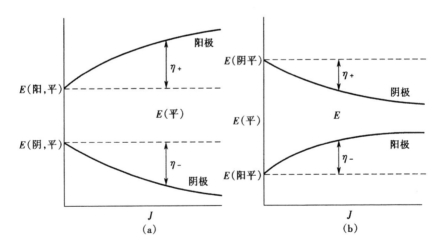

图 6-14-2　电解池和原电池极化曲线示意图
(a)电解池;(b)原电池

η_+ 和 η_- 分别为电解池阳极和阴极在一定电流密度下的超电势。在一定电流密度下

$$\eta_+ = E(阳) - E(阳,平) \tag{6-14-1a}$$

$$\eta_- = E(\text{阴,平}) - E(\text{阴}) \tag{6-14-1b}$$

在一定电流密度下,若不考虑欧姆电势降和浓差极化的影响,电解池的外加电压为

$$E(\text{外}) = E(\text{阳}) - E(\text{阴}) = E(\text{平}) + \eta_+ + \eta_- \tag{6-14-2}$$

影响超电势的因素很多,如电极材料、电极的表面状态、电流密度、温度、电解质溶液的性质和浓度,以及溶液中的杂质等,故超电压的测定常不能得到完全一致的结果。

1905 年,塔费尔(Tafel)根据实验总结出氢气的超电势 η 与电流密度的关系式

$$\eta = a + b\lg(J/[J]) \tag{6-14-3}$$

式中 a 和 b 为经验常数,$[J]$ 为电流密度的单位。

3. 原电池的极化

原电池放电时,阴极为正极,阳极为负极。阴极电势大于阳极电势,故在电极电势—电流密度图中(图 6-14-2(b)),阴极的极化曲线在阳极的极化曲线之上。极化的结果使阴极电势变得更负,即阴极电势降低;使阳极电势变得更正,即阳极电势变大。总的结果则表现为,随着原电池放电时电流密度的增加,原电池的工作电压(即两极之间的电势差)将明显降低。

§6-15 电解时的电极反应

在电解质水溶液中,不仅存在电解质的离子,还有 H^+ 和 OH^- 存在。在电解池的阴极(或阳极)上,哪种物质首先进行电极反应?当外加电压逐渐增大时,各种正离子在阴极上析出的顺序如何?这些都是电解时应当解决的问题。

当外加电压缓慢地增加时,在电解池的阴极上,极化电极电势最大的还原反应优先进行;在阳极上,则是极化电极电势最小的氧化反应优先进行。

若不考虑浓差极化,阳极和阴极的极化电极电势分别为

$$E(\text{阳}) = E(\text{阳,平}) + \eta(\text{阳})$$

$$E(阴) = E(阴,平) - \eta(阴)$$

配制适当浓度的电解质溶液,使几种金属离子还原反应的极化电极电势近似相等,这几种金属离子可以同时沉积在阴极上,得到均匀的固溶体,这就是合金电镀的基本原理。如果溶液中一些正离子还原反应的极化电极电势有明显的差别,随着外电压缓慢地变大,电极反应将依次进行,即极化电极电势较大的反应完了之后,极化电极电势较小的反应才可发生。当然,如果外电压突然变得很大,也可使几个电极的反应同时发生。

例6.15.1 25℃时,用锌电极作为阴极电解 $a_{\pm} = 1$ 的 $ZnSO_4$ 水溶液,若在某一电流密度下,氢气在锌电极上的超电势为 0.7 V,在常压下电解时,阴极上析出的物质是 $H_2(g)$ 还是 Zn?

解:在 Zn 电极上析出 Zn 的超电势可以忽略。在阴极上可能发生下列反应:

$$Zn^{2+} + 2e^- \longrightarrow Zn(s)$$

$$2H^+ + 2e^- \longrightarrow H_2(g, 101.325\ kPa)$$

因为 $a(Zn^{2+}) = a_{\pm} = 1, a(Zn,s) = 1$,所以 25℃时

$$E(Zn^{2+} \mid Zn) = E^{\ominus}(Zn^{2+} \mid Zn) = -0.763\ 0\ V$$

在常压下,若有 $H_2(g)$ 析出时,其压力应为 $p(H_2) = 101.325\ kPa, H_2(g)$ 可视为理想气体。$ZnSO_4$ 水溶液可近似视为中性,并假定 $a(H^+) = 10^{-7}$,于是

$$E(H^+ \mid H_2,平) = -\left(\frac{0.025\ 69}{2}\ln \frac{p(H_2)/p^{\ominus}}{a(H^+)^2}\right) V$$

$$= -\left(\frac{0.025\ 69}{2}\ln \frac{101.325/100}{(10^{-7})^2}\right) V = -0.414\ 2\ V$$

氢气析出的极化电极电势

$$E\{H^+ \mid H_2, (g)\} = E(H^+ \mid H_2,平) - \eta_-(H_2)$$

$$= -0.414\ 2\ V - 0.7\ V = -1.114\ 2\ V$$

由于 $E(Zn^{2+} \mid Zn) > E\{H^+ \mid H_2, (g)\}$,故在阴极上析出的物质为 Zn(s)。

本章基本要求

1.了解法拉第定律,并能应用该定律进行有关的计算。

2.理解电解质溶液的导电机理、迁移数和离子电迁移率的定义并能进行有关的计算。

3.掌握电导、电导率、摩尔电导率的概念及其相互关系,并能进行有关计算。

4.理解极限摩尔电导率的概念及离子独立运动定律。

5.理解电解质的整体活度、正负离子的平均活度、平均活度系数之间的关系及有关计算。

6.理解电解池和原电池关于阴、阳极和正、负极的规定。

7.能熟练地写出电极反应、电池反应及原电池的图式。

8.能熟练地应用能斯特方程进行电极电势和电池电动势的计算。

9.理解还原电极电势的定义,会运用标准还原电极电势表计算 25℃时任一原电池的标准电动势。

10.熟练地掌握原电池的电动势、电动势的温度系数与电池反应的 $\Delta_r G_m^{\ominus}$、$\Delta_r G_m$、$\Delta_r S_m$、$K_a^{\ominus}$、可逆电池反应热、$\Delta_r H_m$ 之间的相互计算。

11.了解分解电压、极化作用的意义和超电势产生的原因。

概 念 题

填空题

1.在电化学中,凡进行氧化反应的电极,皆称为_____极;凡进行还原反应的电极,皆称为_____极。电势高的为_____极;电势低的为_____极。

电解池的阳极为_____极,阴极则为_____极。

原电池的阳极为_____极,阴极则为_____极。

2.在 A 和 B 两个串联的电解池中,分别放有 $c = 1$ mol·dm^{-3} 的 AgNO$_3$ 和 CuSO$_4$ 水溶液,两电解池的阴极皆为 Pt 电极,阳极则分别为 Ag(s)电极和 Cu(s)电极。通电一定时间后,实验测出在 A 电解池的 Pt 电极上有 0.02 mol 的 Ag(s)析出,在 B 电解池的 Pt 上必有_____ mol 的 Cu(s)析出。

3.在一定温度下,当 KCl 溶液中 KCl 的物质的量浓度 $c =$ _____时,该溶液的电导率与其摩尔电导率在数值上才能相等。

4.已知 25℃无限稀释的溶液中,Λ_m^{∞}(KCl) = 194.86 × 10^{-4} S·m^2·mol^{-1},Λ_m^{∞}(NaCl) = 126.45 × 10^{-4} S·m^2·mol^{-1}。25℃的水溶液中:

Λ_m^{∞}(K$^+$) − Λ_m^{∞}(Na$^+$) = _____

5.25℃无限稀释的溶液 H$^+$ 和 OH$^-$ 的电迁移率分别为:U^{∞}(H$^+$) = 36.3 × 10^{-8} m^2·S^{-1}·V^{-1};U^{∞}(OH$^-$) = 20.52 × 10^{-8} m^2·S^{-1}·V^{-1}。在同样条件下:Λ_m^{∞}(H$^+$) = _____ S·m^2·mol^{-1};Λ_m^{∞}(OH$^-$) = _____ S·m^2·mol^{-1}。

6. 在 25℃ 无限稀释的 $LaCl_3$ 水溶液中: $\Lambda_m^{\infty}\left(\frac{1}{3}La^{3+}\right) = 69.6 \times 10^{-4}$ S·m²·mol⁻¹, $\Lambda_m^{\infty}(Cl^-) = 76.34 \times 10^{-4}$ S·m²·mol⁻¹, 则

$$\Lambda_m^{\infty}(LaCl_3) = \underline{\qquad}; \Lambda_m^{\infty}\left(\frac{1}{3}LaCl_3\right) = \underline{\qquad}; U^{\infty}(La^{3+}) = \underline{\qquad}$$

迁移数: $t^{\infty}(La^{3+}) = \underline{\qquad}; t^{\infty}(Cl^-) = \underline{\qquad}$

7. 在 25℃ 的高纯度的水中,其它的正、负离子的物质的量浓度 c_B 与其中 H^+ (或 OH^-)的浓度 $c(H^+)$ 相比较可忽略不计。已知: $c^{\ominus} = 1$ mol·dm⁻³ 时水的离子积 $K_W = 1.008 \times 10^{-14}$, $\Lambda_m^{\infty}(H^+) = 349.82 \times 10^{-4}$ S·m²·mol⁻¹, $\Lambda_m^{\infty}(OH^-) = 198.0 \times 10^{-4}$ S·m²·mol⁻¹。25℃时纯水的电导率: $\kappa = \underline{\qquad}$。

8. 质量摩尔浓度为 b 的 KCl、K_2SO_4、$CuSO_4$ 及 $LaCl_3$ 的水溶液的离子强度分别为 $I(KCl) = \underline{\qquad}; I(K_2SO_4) = \underline{\qquad}; I(CuSO_4) = \underline{\qquad}; I(LaCl_3) = \underline{\qquad}$。

9. 在一定温度下, $ZnSO_4$ 水溶液的质量摩尔浓度为 b, 正、负离子的平均活度因子为 $\gamma_{\pm}$, 则此溶液中 $a(ZnSO_4)$、$a_{\pm}$、$a(SO_4^{2-})$、$a(Zn^{2+})$ 与 b 及 $\gamma_{\pm}$ 的关系为

$$a(ZnSO_4) = \underline{\qquad}; a_{\pm} = \underline{\qquad}; a(Zn^{2+}) = \underline{\qquad}; a(SO_4^{2-}) = \underline{\qquad}$$

10. 25℃时, $a(Cl^{-1}) = 1$ 的 $E^{\ominus}\{Cl^{-1}|AgCl(s)|Ag\} = 0.2221$ V; $E^{\ominus}\{Cl^{-1}|Cl_2(g)|Pt\} = 1.358$ V。

若由标准 Ag-AgCl(s)电极和标准 $Cl^-|Cl_2(g)$ 电极构成电池时,此电池的表示式为 $\underline{\qquad}$;电池的阳极为 $\underline{\qquad}$;电池的电动势 $E = \underline{\qquad}$。

11. 已知 25℃时, $E^{\ominus}\{Br^-|AgBr(s)|Ag\} = 0.0711$ V, $E^{\ominus}(Ag^+|Ag) = 0.7994$ V。25℃时, $AgBr$ 的溶度积 $K_{sp} = \underline{\qquad}$。

12. 已知 25℃时, $E^{\ominus}\{SO_4^{2-}|PbSO_4(s)|Pb\} = -0.356$ V, $E^{\ominus}(Pb^{2+}|Pb) = -0.126\,5$ V。25℃时, $PbSO_4$ 的溶度积 $K_{sp} = \underline{\qquad}$。

13. 已知 25℃时:电极反应 $Cu^{2+} + 2e \rightarrow Cu(s)$ 的标准电极电势 $E_1^{\ominus} = 0.340$ V; $Cu^+ + e^- \rightarrow Cu(s)$ 的 $E_2^{\ominus} = 0.522$ V; $Cu^{2+} + e \rightarrow Cu^+$ 的 $E_3^{\ominus} = \underline{\qquad}$ V。

14. 在温度 T, 若电池反应 $Cu(s) + Cl_2(g) \rightarrow Cu^{2+} + 2Cl^-$ 的标准电动势为 $E_1^{\ominus}$, 反应 $0.5Cu(s) + 0.5Cl_2(g) \rightarrow 0.5Cu^{2+} + Cl^-$ 的标准电动势为 $E_2^{\ominus}$, 则 $E_1^{\ominus}$ 与 $E_2^{\ominus}$ 的关系为 $E_1^{\ominus} = \underline{\qquad}$。

选择填空题(从每题所附答案中择一正确的填入横线上)

1. 在一定温度下,强电解质 AB 的水溶液中,其他离子与 A^+ 和 B^- 的浓度相比皆可忽略不计。已知 A^+ 与 B^- 的运动速率在数值上存在 $v_+ = 1.5v_-$ 的关系,则 B^- 的迁移数 $t_- = \underline{\qquad}$。

选择填入：(a)0.4　(b)0.5　(c)0.6　(d)0.7

2.在一定温度下,某强电解质的水溶液,在稀溶液范围内,其电导率随电解质浓度的增加而_____,摩尔电导率则随着电解质浓度的增加而_____。

选择填入：(a)变大　(b)变小　(c)不变　(d)无一定变化的规律

3.在 25℃,在无限稀释的水溶液中,摩尔电导率最大的正离子为_____。

选择填入：(a)Na^+　(b)$\frac{1}{2}Cu^{2+}$　(c)$\frac{1}{3}La^{3+}$　(d)H^+

4.在 25℃,无限稀释的水溶液中,摩尔电导率最大的负离子为_____。

选择填入：(a)I^-　(b)$\frac{1}{2}SO_4^{2-}$　(c)CH_3COO^-　(d)OH^-

5.25℃时的水溶液中,$b(NaOH) = 0.010\ mol \cdot kg^{-1}$ 时,其 $\gamma_\pm = 0.899$,则 NaOH 的整体活度：$a(NaOH) =$ _____;正、负离子的平均活度 $a_\pm =$ _____。

选择填入：(a)0.899　(b)0.008 99　(c)8.082×10^{-5}　(d)0.01

6.在 25℃时,$b(CaCl_2) = 0.10\ mol \cdot kg^{-1}$ 的水溶液,其正、负离子的平均活度因子 $\gamma_\pm = 0.518$,则正、负离子的平均活度 $a_\pm =$ _____。

选择填入：(a)0.051 8　(b)8.223×10^{-3}　(c)0.013 06　(d)8.223×10^{-2}

7.25℃时电极反应：
$$Cr(s) \longrightarrow Cr^{3+} + 3e^-$$
由电极电势表查得 $E^\ominus(Cr^{3+} \mid Cr) = -0.74\ V$,题给电极反应的 $\Delta_r G_m^\ominus =$ _____ $kJ \cdot mol^{-1}$。

选择填入：(a) -142.8　(b)142.8　(c) -214.2　(d)214.2

8.已知 25℃时下列电极反应的标准电极电势：

(1)$Fe^{2+} + 2e^- \longrightarrow Fe(s)$,$E_1^\ominus = -0.439\ V$

(2)$Fe^{3+} + e^- \longrightarrow Fe^{2+}$,$E_2^\ominus = 0.770\ V$

(3)$Fe^{3+} + 3e^- \longrightarrow Fe(s)$所对应的标准电极电势 $E_3^\ominus =$ _____ V

选择填入：(a)0.331　(b) -0.036　(c)0.036　(d) -0.331

9.在一定温度下,为使电池

$$Pb(a_1)\text{-Hg 齐} \mid PbSO_4\ 溶液 \mid Pb(a_2)\text{-Hg 齐}$$

的电动势 E 为正值,则必须使 Pb-Hg 齐中 Pb 的活度 a_1 _____ a_2。

选择填入：(a)大于　(b)=　(c)小于　(d)a_1 及 a_2 皆可任意取值

10.电池在恒温、恒压和可逆情况下放电,则其与环境交换的热_____。

选择填入：(a)一定为零　(b)为 ΔH　(c)为 $T\Delta S$　(d)无法确定

11.下列各电池中,只有_____电池可用来测定 $AgCl(s)$ 的溶度积 K_{sp}。

(a)$Zn|ZnCl_2(aq)|AgCl(s)|Ag$

(b)$Pt|H_2(p^\ominus)|HCl(aq)|AgCl(s)|Ag$

(c)$Ag|Ag^+,a(Ag^+)=1\vdots Cl^-,a(Cl^-)=1|AgCl(s)|Ag$

(d)$Ag|AgCl(s)|KCl(aq)|Cl_2(p^\ominus)|Pt$

12. 已知 25℃,下列电极反应的标准电极电势

(1)$Cu^{2+}+2e^- \longrightarrow Cu(s),E_1^\ominus=0.340$ V

(2)$Cu^++e^- \longrightarrow Cu(s),E_2^\ominus=0.522$ V

则反应 $Cu^{2+}+e^- \longrightarrow Cu^+$ 的 $E^\ominus=$ _____ V

选择填入:(a) -0.182 (b)0.862 (c)0.158 (d)0.704

13. 25℃时,电池

$Pt|H_2(p)|H_2SO_4(aq)|Ag_2SO_4(s)|Ag$ 的标准电动势 $E^\ominus=0.627$ V,电极 $E^\ominus(Ag^+|Ag)=0.799\ 4$ V,则 Ag_2SO_4 的溶度(活度)积 $K_{sp}=$ _____。

选择填入:(a)67.4×10^4 (b)1.2×10^{-3} (c)1.48×10^{-6} (d)820

14. 不论是电解池或者是原电池,极化的结果都将使阳极电势_____,阴极电势_____。

选择填入:(a)变大 (b)变小 (c)不发生变化 (d)变化无常

15. 在电解池的阴极上,首先发生还原反应是_____。

选择填入:(a)标准电极电势最大的反应 (b)标准电极电势最小的反应
(c)极化电极电势最大的反应 (d)极化电极电势最小的反应

习 题

6-1(A) 用铂电极电解 $CuCl_2$ 水溶液,通过的电流为 20 A,通电 15 min。问理论上:(a)在阴极上析出 Cu 的质量为若干?

(b)在阳极上析出的 $Cl_2(g)$ 在 300 K、100 kPa 下的体积为若干?

答:(a)5.928 g;(b)2.327 dm^3

6-2(A) 电解 NaCl 水溶液的电解反应为

$$2NaCl+2H_2O \longrightarrow 2NaOH+H_2(g)+Cl_2(g)$$

电解槽所通过的电流为 10 kA。试计算连续生产时,理论上每天(24 h)能生产出 H_2(g)、Cl_2(g)及 NaOH 各若干千克?

答:8.962 kg,317.5 kg,358.2 kg

6-3(B) 试证明电解质溶液中,若含有一种正离子和一种负离子,任一种离子

的迁移数只取决于正负离子运动的速率 v_+、v_-。

6-4(A) 某电解质溶液在一定温度和外加电压下,负离子运动速率是正离子运动速率的 5 倍,即 $v_- = 5v_+$。正、负离子的迁移数各为若干?

答:$t_+ = 0.166\ 7$,$t_- = 0.833\ 3$

6-5(A) 已知 25℃时,$0.02\ mol \cdot dm^{-3}$ KCl 溶液的电导率为 0.2768 S·m^{-1}。25℃时,将上述 KCl 溶液放入某电导池中,测得其电阻为 453 Ω,其电导池系数($l/\mathscr{A}$)为若干?同一电导池中若装入同样体积的 1 dm^3 中含有 0.555 g 的 CaCl$_2$ 溶液,试计算该溶液的电导率及摩尔电导率各为若干?

答:$125.4\ m^{-1}$,$0.119\ 4\ S \cdot m^{-1}$,$0.023\ 88\ S \cdot m^2 \cdot mol^{-1}$

6-6(B) 在电导池系数 $l/\mathscr{A} = 68.244\ m^{-1}$ 的电导池中,放入浓度分别为 0.000 5、0.001 0、0.002 0 和 0.005 0 mol·dm^{-3} 的 NaCl 溶液。25℃时,测得其电阻分别为 10 910、5 494、2 772 和 1 128.9 Ω。试用外推法求 25℃、无限稀释时 NaCl 溶液的极限摩尔电导率 Λ_m^∞(NaCl)为若干?

答:$0.01\ 27\ S \cdot m^2 \cdot mol^{-1}$

6-7(A) 25℃时,$0.10\ mol \cdot dm^{-3}$ KCl 溶液的电导率 $\kappa = 1.289\ S \cdot m^{-1}$。将上述 KCl 溶液放入某电导池中,25℃时测得其电阻为 24.36 Ω。在同一电导池若放入 0.01 mol·dm^{-3} 的醋酸溶液,25℃时测得其电阻为 1 982 Ω,试计算题给醋酸溶液的摩尔电导率为若干?

答:$1.584 \times 10^{-3}\ S \cdot m^2 \cdot mol^{-1}$

6-8(B) 已知在 t 时间内,某强电解质稀溶液中正、负离子的导电量为

$$Q = \mathscr{A}(E/l)Ft(\nu_+ z_+ U_+ + \nu_- \mid z_- \mid U_-)C$$

式中 $\mathscr{A}$ 为电导池的截面积,l 为两电极间的距离,U_+ 和 U_- 分别为正负离子的电迁移率,E 为两电极间的电势差。又知式 $\Lambda_m = \kappa/c$,$1/R = \kappa \mathscr{A}/l$。证明:在无限稀释的水溶液中,任一种正离子的 $\Lambda_{m,+}^\infty = z_+ FU^\infty$,任一种负离子 $\Lambda_{m,-}^\infty = \mid z_- \mid FU^\infty$。

6-9(B) 已知 25℃时,无限稀释的 NH$_4$Cl 水溶液中 Λ_m^∞(NH$_4$Cl) = 0.014974 S·m^2·mol^{-1},NH$_4^+$ 的迁移数 t^∞(NH$_4^+$) = 0.490 2,试计算 Λ_m^∞(NH$_4^+$) 及 Λ_m^∞(Cl$^-$)。

答:Λ_m^∞(NH$_4^+$) = $73.40 \times 10^{-4}\ S \cdot m^2 \cdot mol^{-1}$

Λ_m^∞(Cl$^-$) = $76.34 \times 10^{-4}\ S \cdot m^2 \cdot mol^{-1}$

6-10(A) 已知 25℃时,$0.05\ mol \cdot dm^{-3}$ CH$_3$COOH 溶液的电导率为 3.68×10^{-2} S·m^{-1},Λ_m^∞(CHCOO$^-$) = $40.9 \times 10^{-4}\ S \cdot m^2 \cdot mol^{-1}$,$\Lambda_m^\infty$(H$^+$) = $349.82 \times 10^{-4}\ S \cdot m^2 \cdot mol^{-1}$。试求 CH$_3$COOH 的解离度 α 及解离常数 $K^\ominus$。

答:$\alpha = 0.018\ 84$,$K^\ominus = 1.808 \times 10^{-5}$

6-11 25℃时将电导率为 0.141 S·m^{-1}的 KCl 装入一电导池中,测得其电阻为 525 Ω。在同一电导池中装入 0.1 mol·dm^{-3}的 NH$_4$OH 溶液,测得电阻为 2 030 Ω。已知 25℃ Λ_m^∞(NH$_4$OH) = 0.027 14 S·m^2·mol^{-1},求 NH$_4$OH 的解离度及解离常数。

答:$\alpha = 0.013\ 44$,$K^\ominus = 1.830 \times 10^{-5}$

6-12(A) 已知 25℃时水的离子积 $K_W = 1.008 \times 10^{-14}$,纯水的 $\Lambda_m^\infty = 547.82 \times 10^{-4}$ S·m^2·mol^{-1}。试求 25℃时纯水的电导率。

答:5.500×10^{-6} S·m^{-1}

6-13(B) 只有 H$^+$ 和 OH$^-$ 存在的水称为绝对纯的水或无离子水。25℃时此水的电导率 κ(水) = 5.500×10^{-6} S·m^{-1},由此水配制的饱和 AgBr 溶液的电导率 κ(溶液) = 1.664×10^{-5} S·m^{-1},此溶液的 $\Lambda_m = \Lambda_m^\infty = 140.32 \times 10^{-4}$ S·m^2·mol^{-1}。试求 25℃时 AgBr 的溶度积 K_{sp}。

答:6.30×10^{-13}

6-14(A) 试计算质量摩尔浓度皆为 0.025 mol·kg^{-1}的下列各电解质水溶液的离子强度:(a)NaCl;(b)ZnSO$_4$;(c)LaCl$_3$。

答:(a)0.025;(b)0.1 mol·kg^{-1};(c)0.15 mol·kg^{-1}

6-15(A) 试应用德拜-休克尔极限公式,计算 25℃时下列各溶液中正负离子的平均活度系数 $\gamma_\pm$。(a)0.005 mol·kg^{-1}的 KI;(b)0.001 mol·kg^{-1}的 CuSO$_4$。

答:(a)0.920 5;(b)0.743 4

6-16(B) 已知 25℃时,0.1 mol·kg^{-1} K$_2$SO$_4$ 溶液的 $\gamma_\pm = 0.43$,试求 a(K$_2$SO$_4$)及该溶液 $a_\pm$ 各为若干?

答:3.180×10^{-4},0.068 26

6-17(A) 写出下列各电池的电极反应、电池反应,并写出用活度表示的电动势计算公式。

(1)Pt|H$_2$\{p(H$_2$)\}|HCl\{a(HCl)\}|AgCl(s)|Ag(s)

(2)Cu(s)|Cu^{2+}\{a_1(Cu^{2+})\} ┊┊ Cu^{2+}\{a_2(Cu^{2+})\},Cu$^+$\{a(Cu$^+$)\}|Pt

6-18(A) 写出下列电池的电极反应、电池反应:

Cd(s)|Cd^{2+}\{a(Cd^{2+}) = 0.01\} ┊┊ Cl$^-$\{a(Cl$^-$) = 0.5\}|Cl$_2$(g,100 kPa)|Pt

应用表 6-10-1 中的数据,计算 25℃时此电池的标准电动势 $E^\ominus$、电动势 E、电池反应的标准平衡常数 $K^\ominus$ 及 $\Delta_r G_m$。

答:$E^\ominus = 1.760\ 8$ V,$E = 1.837\ 8$ V,$z = 2$,$K^\ominus = 3.39 \times 10^{59}$,

$\Delta_r G_m = -354.6$ kJ·mol^{-1}

6-19 已知电池

$$Ag(s) | AgCl(s) | HCl(a_{\pm} = 0.8) | Hg_2Cl_2(s) | Hg(l)$$

25℃时，$E = 0.045\ 9$ V，$(\partial E/\partial T)_p = 3.38 \times 10^{-4}$ V·K^{-1}。(a)试写出电极反应和电池反应；(b)计算 25℃、$z = 2$ 时，电池反应的 $\Delta_r G_m$、$\Delta_r H_m$、$\Delta_r S_m$ 和可逆电池反应热 $Q_{m,r}$ 各为若干?

答：(a)略；(b) -8.857 kJ·mol^{-1}，10.59 kJ·mol^{-1}，65.22 J·K^{-1}·mol^{-1}，19.45 kJ·mol^{-1}

6-20(B) 已知 25℃时，银电极的标准电极电势 $E^{\ominus}(Ag^+ | Ag) = E_1^{\ominus} = 0.799\ 4$ V，银-溴化银电极的 $E^{\ominus}\{Br^- | AgBr(s) | Ag\} = E_2^{\ominus} = 0.071\ 1$ V。计算 25℃ AgBr(s) 在纯水中的溶度积 K_{sp} 为若干?

答：$K_{sp} = 4.88 \times 10^{-13}$

6-21(B) 已知 25℃时，$Ag_2O(s)$ 的标准摩尔生成焓 $\Delta_f H_m^{\ominus} = -31.0$ kJ·mol^{-1}，标准电极电势 $E^{\ominus}\{OH^- | Ag_2O(s) | Ag\} = 0.343$ V，$E^{\ominus}\{OH^-、H_2O(l) | O_2(g) | Pt\} = 0.401$ V。在空气中将 $Ag_2O(s)$ 加热至什么温度才能发生下列分解反应：

$$Ag_2O(s) \Longrightarrow 2Ag(s) + 0.5O_2(g)$$

假设此反应的 $\Delta_r C_{p,m} = 0$，空气中 $p(O_2) = 21.278$ kPa。

答：$T > 425.4$ K

6-22(B) 已知 25℃纯水的摩尔体积 $V_m^*(l) = 18.53 \times 10^{-6}$ m^3·mol^{-1}，饱和蒸气压 $p^*(H_2O) = 3.164\ 2$ kPa，反应

$$2H_2O(l) \Longrightarrow 2H_2(g) + O_2(g)$$

的标准平衡常数 $K^{\ominus} = 8.092\ 5 \times 10^{-81}$。试求下列电池

$$Pt | H_2(100\ kPa) | H_2SO_4(b = 0.02\ mol·kg^{-1}) | O_2(100\ kPa) | Pt$$

在 25℃的电动势为若干?

答：$E = E^{\ominus} = 1.229$ V

6-23(B) 铅酸蓄电池(在 25℃，$E^{\ominus} = 2.041$ V)

$$Pb | PbSO_4(s) | H_2SO_4(b = 1\ mol·kg^{-1}) | PbSO_4(s) | PbO(s) | Pb$$

在 0℃~60℃的范围内电池的电动势与温度 t 的关系为

$$E/V = 1.917\ 37 + 5.61 \times 10^{-5}\ t/℃ + 1.08 \times 10^{-8}\ (t/℃)^2$$

写出 $z = 2$ 时的电极及电池反应。计算 25℃时的 $\Delta_r S_m$、$\Delta_r H_m$，H_2SO_4 的活度及正负离子的平均活度因子 $\gamma_{\pm}$ 各为若干?

答：$\Delta_r S_m = 10.93$ J·mol^{-1}·K^{-1}，$\Delta_r H_m = -367.0$ kJ·mol^{-1}；

$a(H_2SO_4) = 8.586 \times 10^{-3}$，$\gamma_{\pm} = 0.129$

6-24(A) 25℃时电池

$$Sb | Sb_2O_3(s) | pH_1 = 3.98\ 的缓冲溶液 | 饱和甘汞电极$$

测得其电动势 $E_1 = 0.228$ V。若将 $pH_1 = 3.98$ 的缓冲溶液换为待测 pH_2 的溶液,此时测得电动势 $E_2 = 0.345\ 1$ V,求此溶液的 pH 值。

答:$pH_2 = 5.959$

6-25(B) 为了确定亚汞离子在水溶液中是以 Hg^+ 还是以 Hg_2^{2+} 的形式存在,设计如下电池

$$Hg\ \left|\ \begin{matrix}HNO_3\ 0.1\ mol\cdot dm^{-3}\\ 硝酸亚汞\ 0.263\ g\cdot dm^{-3}\end{matrix}\ \vdots\ \vdots\ \begin{matrix}HNO_3\ 0.1\ mol\cdot dm^{-3}\\ 硝酸亚汞\ 2.63\ g\cdot dm^{-3}\end{matrix}\ \right|\ Hg$$

测得在 18℃ 时的电动势 $E = 29$ mV,求亚汞离子的形式。

6-26(B) 已知 25℃ 时,$\Delta_f H_m^{\ominus}(H_2O, l) = -285.83$ kJ·mol^{-1},$\Delta_f G_m^{\ominus}(H_2O, l) = -237.13$ kJ·mol^{-1}。电池:

(1) Pt$|$H$_2$(100 kPa)$|$HCl 水溶液$|$O$_2$(100 kPa)$|$Pt

(2) Pt$|$H$_2$(100 kPa)$|$NaOH 水溶液$|$O$_2$(100 kPa)$|$Pt

试写出上述两电池的电极及电池反应,求 25℃ 时的电动势及电动势的温度系数。

答:$E = E^{\ominus} = 1.229$ V,$(\partial E/\partial T)_p = -8.46 \times 10^{-4}$ V·K^{-1}

6-27(B) 电池 Pt$|$H$_2$(101.325 kPa)$|$HCl(0.1 mol·kg^{-1})$|$Hg$_2$Cl$_2$(s)$|$Hg 的电动势 E 与温度 T 的关系为

$$E/V = 0.069\ 4 + 1.881 \times 10^{-3}\ T/K - 2.9 \times 10^{-6}\ (T/K)^2$$

(a) 写出电池反应;(b) 计算 25℃ 该反应的吉布斯函数变 $\Delta_r G_m$、熵变 $\Delta_r S_m$、焓变 $\Delta_r H_m$ 以及电池恒温可逆放电时该反应过程的热 $Q_{r,m}$。

答:(a) 略;(b) $z = 2$ 时:$\Delta_r G_m = -71.87$ kJ·mol^{-1},$\Delta_r S_m = 29.28$ J·K^{-1}·mol^{-1},

$\Delta_r H_m = -63.14$ kJ·mol^{-1},$Q_{r,m} = 8.73$ kJ·mol^{-1}

6-28(A) 电池 Ag$|$AgCl(s)$|$KCl 溶液$|$Hg$_2$Cl$_2$(s)$|$Hg 的电池反应为

$$Ag + \frac{1}{2}Hg_2Cl_2(s) \Longrightarrow AgCl(s) + Hg$$

已知 25℃ 时此反应的标准反应焓 $\Delta_r H_m^{\ominus} = 5\ 435$ J·mol^{-1},标准反应熵变 $\Delta_r S_m^{\ominus} = 33.15$ J·K^{-1}·mol^{-1}。试求 25℃ 时此电池的电动势 E,电动势的温度系数 $(\partial E/\partial T)_p$ 和标准平衡常数 $K_a^{\ominus}$ 各为若干?

答:$E = 0.046\ 11$ V,$(\partial E/\partial T)_p = 3.436 \times 10^{-4}$ V·K^{-1},$K_a^{\ominus} = 6.018$

6-29(A) 已知 25℃ 时电极电势

$$E\{1\ mol\cdot dm^{-3}\ KCl|Hg_2Cl_2(s)|Hg(l)\} = 0.279\ 9\ V$$

电池

Pt$|$H$_2$(g, 100 kPa)$|$待测 pH 的溶液 $\vdots$ KCl(1 mol·dm^{-3})$|$Hg$_2$Cl$_2$(s)$|$Hg(l)

25℃时测得其电势 $E = 0.664$ V,阳极电势 $E(阳) = -(0.059\ 16\ pH)$V,试求待测溶液的 pH 值。

答:pH = 6.493

6-30(A) 将下列反应先拆分为电极反应,再设计成原电池,并应用表 6-10-1 中的数据计算 25℃时各反应的平衡常数 $K_a^{\ominus}$。

(1)$2Ag^+ + H_2(g) \Longrightarrow 2Ag(s) + 2H^+$

(2)$Cd(s) + Cu^{2+} \Longrightarrow Cd^{2+} + Cu(s)$

(3)$Sn^{2+} + Pb^{2+} \Longrightarrow Sn^{4+} + Pb(s)$

答:1.063×10^{27};1.298×10^{25};4.486×10^{-10}

6-31(A) 将下列过程先拆分为电极反应,再设计成原电 并计算出各原电池 25℃时的电动势。

(1)$H_2(g,100\ kPa) + Cl_2(g,100\ kPa) \longrightarrow 2HCl(a = 0.5)$

(2)$H_2(200\ kPa,g) \longrightarrow H_2(100\ kPa,g)$

(3)$2Ag(s) + Hg_2Cl_2(s) \longrightarrow 2AgCl(s) + 2Hg(l)$

已知 25℃时,$E^{\ominus}$(甘汞电极) $= 0.268$ V,其它所需数据查表 6-10-1。

答:$1.375\ 8$ V;8.904×10^{-3} V;$0.045\ 9$ V

6-32(B) 25℃时,用铂电极电解含 Ni^{2+} 和 Cu^{2+} 活度皆为 1 的电解质溶液。当外加电压逐渐加大时,若不考虑 Cu 或 Ni 在 Pt 上析出及在 Ni 上析出 Cu 或在 Cu 上析出 Ni 的超电势。问在阴极上哪一种离子先析出?外电压加大到第二种离子析出时,第一种离子在溶液中的活度为若干?

答:Cu 先析出,$a(Cu^{2+}) = 5.359 \times 10^{-20}$

6-33(A) 25℃用铂电极电解 1 mol·dm^{-3}的 H_2SO_4。

(a)计算理论分解电压;

(b)若两电极面积均为 1 cm^2,电解液电阻为 100 Ω,$H_2(g)$ 和 $O_2(g)$ 的超电势 η 与电流密度 J 的关系分别为

$$\eta\{H_2(g)\}/V = 0.472 + 0.118\ lg(J/A \cdot cm^{-2})$$

$$\eta\{O_2(g)\}/V = 1.062 + 0.118\ lg(J/A \cdot cm^{-2})$$

问当通过的电流为 1 mA 时,外加电压为若干?

答:(a)1.229 V;(b)2.155 V

第七章 表面现象

表面现象是自然界中普遍存在的基本现象,在生产、科研与生活中能经常遇到。例如在光滑玻璃上的微小汞滴会自动地呈球形;水在毛细管中会自动地上升;固体表面能自动地吸附其它物质;脱脂棉易于被水润湿;微小的液滴易于蒸发。这些在相界面上所发生的物理化学现象称为表面现象。产生表面现象的主要原因是处在表面层中的物质分子与系统内部的分子存在着力场上的差异。

对一定量的物质而言,分散度愈高,其表面积就愈大。通常用比表面 $\mathscr{A}_s$ 来表示物质的**分散度**。其定义为:**每单位体积的物质所具有的表面积**,即

$$\mathscr{A}_s = \mathscr{A}/V \tag{7-0-1}$$

式中 $\mathscr{A}$ 代表体积为 V 的物质所具有的表面积。对于边长为 l 的立方体颗粒,其比表面可用下式计算:

$$\mathscr{A}_s = \mathscr{A}/V = 6l^2/l^3 = 6/l \tag{7-0-2}$$

例如将一个体积为 10^{-6} m³(即 1 cm³)、边长为 10^{-2} m(即 1 cm)的立方体,分割成边长为 10^{-9} m 的小立方体时,其表面积可增加 1 000 万倍。

随着分散度的增加,系统总的表面积将愈来愈大,而高度分散的系统,往往产生明显的表面效应。物质与真空、与本身的饱和蒸气或与被其蒸气饱和了的空气相接触的面,称为**表面**。任意两相间的接触面,通称为**界面**。本章所涉及的内容主要是在相界面上发生的现象,但习惯称为表面现象。

严格说来,任意两相之间的界面并非是几何平面,而是约有几个分子厚度的薄层,故将界面称为**界面层**更为确切。在特种显微镜下可观察到气-液界面是模糊不清的薄层,并非是光滑的平面。随着表面学科的深入研究,这一学科所涉及的内容愈来愈广泛,它的重要性愈来愈被

人们所重视,在科研、生产中所起的作用也愈益明显。本章仅着重介绍有关表面现象的一些最重要的基本概念。

§7-1　表面张力

1.表面张力、表面功及表面吉布斯函数

处在物质表面层中的分子与相内(又称为体相)的分子,二者所处的力场是不相同的。例如某液体与其饱和蒸气相接触,在液体内部的任一分子皆被同类分子包围,平均看来,它与周围分子间的吸引力是球形对称的,各个相反方向上的力彼此可相互抵消,

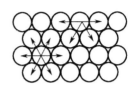

图7-1-1　液体表面分子受力情况示意图

使合力为零。故在液体内部分子的运动,可视为无规则的热运动而不消耗系统的能量。然而,体相内的分子对表面层中分子的吸引力,远大于气体分子对它的吸引力,使表面层中的分子恒受到指向液体内部的拉力。此拉力垂直于液面而指向液体内部,它力图把表面层中的分子拉入液体内部而缩小表面积。因此,液体表面上如同存在着一层富于弹性的、绷紧了的橡皮膜。

例如,微小的液滴总是呈球形;肥皂泡要用力吹才可变大,否则一放气就会自动地缩小。又如,把一个系有细线圈的金属环浸入肥皂水中,然后取出,这时在金属环上形成液膜,此液膜如一张拉紧了的橡皮膜,细线则保持最初的偶然形状,如图7-1-2(a)所示。若用烤热的针刺破线圈内的液膜,由于线圈上任一点内外两侧的作用力失去平衡,则立即弹开而呈圆形,如图7-1-2(b)所示。所有这些现象皆显示出液面上处处都存在着一种使液面张紧的力,或紧缩力。

1)表面张力的定义

在与液面相切的方向上,垂直作用于单位长度线段上的紧缩力,称为**表面张力**,用 σ 表示。对于平液面,表面张力的方向与液面平行,图7-1-2(b)中箭头所指的方向即为 σ 的方向。对于弯曲的液面,σ 的方向应与液面相切。

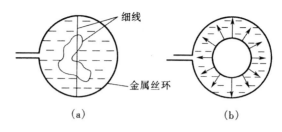

细线

金属丝环

(a)

(b)

图 7-1-2　表面张力的作用

2）表面功与表面吉布斯函数

由于表面张力的存在，要增大系统的表面积，就需克服此张力而对系统作功。如图 7-1-3 所示，在一金属框上装有可以左右滑动的金属丝，将金属固定后蘸上一层肥皂膜。这时若放松金属丝，由于表面张力的作用，金属丝就会自动地向左移动而缩小液膜之面积。设金属丝的长度为 l，作用于液膜单位长度上的紧缩力为表面张力 σ，则作用于金属丝上的总力 $F = 2l\sigma$。乘以 2 是因为液膜有正反两个表面。

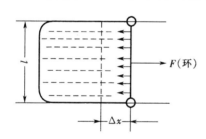

$F(环)$

图 7-1-3　作表面功示意图

在一定温度、压力下，若使上述液膜的面积增大 $\mathrm{d}\mathscr{A}$，则需反抗张力 F 使金属丝向右移动 $\mathrm{d}x$ 而作非体积功。忽略摩擦力时，可逆非体积功为

$$\delta W'_r = F\mathrm{d}x = 2\sigma l\mathrm{d}x = \sigma\mathrm{d}\mathscr{A}$$

(7-1-1)

式中 $\mathrm{d}\mathscr{A} = 2l\mathrm{d}x$，为系统得到非体积功 $\delta W'_r$ 后液膜增加的表面积。上式可改写为

$$\sigma = F/2l = \delta W'_r/\mathrm{d}\mathscr{A}$$

(7-1-2)

在恒温恒压下，可逆过程的非体积功等于此过程系统的**吉布斯函数变**，即

$$\delta W'_r = \mathrm{d}_{T,p}G = \sigma\mathrm{d}\mathscr{A}$$

(7-1-3)

故

$$\sigma = (\partial G/\partial\mathscr{A})_{T,p,N}$$

(7-1-4)

式中下标 T、p、N 表示系统的温度、压力及组成一定。

由式(7-1-2)及式(7-1-4)可知:表面张力 σ 为在液体表面上垂直作用在单位长度线段上的力;同时又等于增加液体单位表面积时系统所得到的可逆非体积功,此功称为**比表面功**;在恒温恒压下,σ 亦等于增加液体单位表面积时系统的吉布斯函数的增量,故 σ 又称为**比表面吉布斯函数**。

表面张力、比表面功和比表面吉布斯函数三者虽为不同的物理量,具有不同的物理意义,但三者数值相等,量纲皆为 $N \cdot m^{-1}$。故 σ 的单位既可用 $N \cdot m^{-1}$ 也可用 $J \cdot m^{-2}$ 表示。当考虑界面性质的热力学问题时,宜使用比表面吉布斯函数的概念;而在分析各种不同界面的相互作用或它们的平衡关系时,则利用表面张力就更方便与直观。

2.影响表面及界面张力的因素

液态物质的表面张力,通常是指该液体与该物质的饱和蒸气或与空气相接触而言。一般来说,凡能影响液态物质物理化学性质的各种因素,对表面张力皆有影响,现分别说明如下。

1)表面张力与物质的本性有关

不同种类的物质分子间的作用力往往千差万别,而表面张力的存在是分子间相互作用的必然结果,故分子间作用力愈大,表面张力也愈大。一般说来,极性液体,例如水,有较大的表面张力,而非极性液体的表面张力则较小。表 7-1-1 列出一些物质在实验温度下呈液态时的表面张力。高温下熔融状态的金属或金属氧化物往往具有很高的表面张力。

表 7-1-1 某些液态物质的表面张力

物　质	$t/℃$	$10^3 \sigma/(N \cdot m^{-1})$
Cl_2	-30	25.56
$(C_2H_5)_2O$	25	26.43
H_2O	20	72.88
NaCl	803	113.8
FeO	1 427	582
Ag	1 100	878.5

物　　质	$t/℃$	$10^3 \sigma/(N \cdot m^{-1})$
Cu	1 083	1 300
Pt	1 773.5	1 800

2)与接触相的性质有关

在一定条件下,同一种物质与不同性质的其它物质接触时,表面层分子所处的力场不相同,故表面张力(确切说应称为界面张力)出现明显的差异。表 7-1-2 给出 20℃时水与不同的液相接触时界面张力的数据。表中 $\sigma_{w,g}$ 代表纯水的表面张力; $\sigma_{B,g}$ 代表其它纯液体的表面张力。当水与另一种互不相溶的纯液体共存时,经典表面化学认为两种液体之间只有一个界面,所以也只有一个界面张力,用 $\sigma_{w,B}$ 或 $\sigma_{B,w}$ 表示皆可。

表 7-1-2　20℃时水和不同液体接触时的界面张力

W	B	$\sigma_{w,g} \times 10^3 /$ $(N \cdot m^{-1})$	$\sigma_{B,g} \times 10^3 /$ $(N \cdot m^{-1})$	$\sigma_{w,B} \times 10^3 /$ $(N \cdot m^{-1})$
水	苯	72.75	28.9	35.0
水	四氯化碳	72.75	26.8	45.0
水	正辛烷	72.75	21.8	50.8
水	正己烷	72.75	18.4	51.1
水	汞	72.75	470.0	375.0
水	辛醇	72.75	27.5	8.5
水	乙醚	72.75	17.0	10.7

3)温度的影响

同一种物质的表面张力因温度不同而异,当温度升高时物质的体积膨胀,分子间的距离增加,使分子间的吸引力减弱,所以当温度升高时,大多数物质的表面张力都是逐渐地减小(见表 7-1-3),在相当大的温度范围内,两者近似呈线性关系。例如 CCl_4 在 $0 \sim 270℃$ 的范围内, σ 与温度 t 的关系几乎是一条直线。当温度趋于临界温度时,任何物质的表面张力皆趋于零。

表 7-1-3　不同温度下液体表面张力 $\sigma \times 10^3 /(\text{N} \cdot \text{m}^{-1})$

液　体	0℃	20℃	40℃	60℃	80℃	100℃
水	75.64	72.75	69.56	66.18	62.61	58.85
乙醇	24.05	22.27	20.60	19.01	—	—
甲醇	24.5	22.6	20.9	—	—	15.7
四氯化碳	—	26.8	24.3	21.9		
丙酮	26.2	23.7	21.2	18.6	16.2	—
甲苯	30.74	28.43	26.13	23.81	21.53	19.39
苯	31.6	28.9	26.3	23.7	21.3	—

纯液体的表面张力 σ 与温度 T 的关系式,一般可表示为

$$\sigma = \sigma_0 (1 - T/T_c)^n$$

式中 T_c 为纯液体的临界温度,σ_0 与 n 为两个与液体性质有关的经验系数。σ_0 与 σ 具有相同单位,n 则是量纲为一的物理量,绝大多数纯液体的 $n > 1$。

4)压力的影响

在一般压力下可忽略压力对表面张力的影响,但在高压下,增加气体的压力,使气体的密度变大,可以减少液体表面层中分子受力不对称的程度;再者,加大压力使气体分子更多地溶于液体,改变液相的组成。这些因素的综合效应,一般表现为使液体的表面张力降低。在恒温下,通常每增加 1 MPa 的压力,可使表面张力下降 1 mN $\cdot$ m^{-1}。例如,在 20℃时,101.325 kPa 下,水和 CCl$_4$(1)的 σ 分别为 72.8×10^{-3} N $\cdot$ m^{-1} 和 26.8×10^{-3} N $\cdot$ m^{-1};在 1 MPa 下,则分别为 71.8×10^{-3} N $\cdot$ m^{-1} 和 25.8×10^{-3} N $\cdot$ m^{-1}。

以上着重介绍了气-液界面的表面张力,实际上在所有的相界面上,如液-液、液-固、固-气、固-固等相界面上,也有表面张力或界面张力存在。

§7-2　润　湿　现　象

　　润湿是固体(或液体)表面上的气体被液体取代的过程。本节主要讨论液体对固体表面润湿的情况。在一块水平放置的、光滑的固体表面上滴上一滴液体,可能出现如下三种情况:一是液滴在固体表面上迅速地展开,形成液膜平铺在固体表面上,这种现象称为**铺展**;二是液滴在固体表面上呈单面凸透镜形,这种现象表明液体能润湿固体,如图7-2-1(a)所示;三是液滴呈扁球形,这种现象则表明液体不能润湿固体表面,如图7-2-1(b)所示。液体对固体表面润湿的情况,可用润湿角或杨氏方程表示。

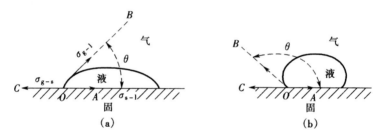

图 7-2-1　接触角与各界面张力的关系
(a)润湿;(b)不润湿

1.润湿角与杨氏方程

　　图 7-2-1 为过液滴的中心且垂直于固体表面的剖面图,图中 O 点为三个相界面投影的交点。固-液界面的水平线与过 O 点的气-液界面的切线之间的夹角 θ,称为**接触角(或润湿角)**。有三个力同时作用于 O 点处的液体上,这三个力实质上就是三个界面上的界面张力:$\sigma_{s\text{-}g}$ 力图把液体分子拉向左方,以覆盖更多的气-固界面;$\sigma_{s\text{-}l}$ 则力图把 O 点处的液体分子拉向右方,以缩小固-液界面;$\sigma_{g\text{-}l}$ 则力图把 O 点处的液体分子拉向液面的切线方向,以缩小气-液界面。在光滑的水平面上,当上述三种力处于平衡状态时,合力为零,液滴保持一定形状,并存在下列关系:

$$\sigma_{s\text{-}g} = \sigma_{s\text{-}l} + \sigma_{g\text{-}l}\cos\theta$$
$$\cos\theta = (\sigma_{s\text{-}g} - \sigma_{s\text{-}l})/\sigma_{g\text{-}l} \tag{7-2-1}$$

1805年杨氏(T Young)曾导出上式,故称其为**杨氏方程**。在一定T、p下,由杨氏方程可知:

(1)$\sigma_{s\text{-}l} > \sigma_{s\text{-}g}$时,$\cos\theta < 0$,$\theta > 90°$,液体对固体表面不润湿,$\theta$愈大,就愈不能润湿。当$\theta$大到接近于180°时,则称为完全不润湿。

(2)当$\sigma_{s\text{-}l} < \sigma_{s\text{-}g}$时,$\cos\theta > 0$,$\theta < 90°$,液体对固体表面润湿。$\theta$愈小,润湿的程度就愈高,当$\theta$小到趋近于零度时,例如$\theta = 0.000\ 1°$时,液体几乎完全平铺在固体表面上,这种情况称为完全润湿。

2.铺展

铺展是液-固界面取代气-固界面(或液-液界面取代气-液界面)的同时,又使气-液界面扩大的过程。也就是说,一种液体完全平铺在固体表面上,或者是一种液体完全平铺在另一种互不相溶的液体表面上,皆称为**铺展**。我们只讨论液体在固体表面上的铺展。

由式(7-2-1)可知,当$\theta = 0°$时,$\cos\theta = 1$,式(7-2-1)变为$\sigma_{s\text{-}g} = \sigma_{s\text{-}l} + \sigma_{g\text{-}l}$,令

$$\varphi = \sigma_{s\text{-}g} - \sigma_{s\text{-}l} - \sigma_{g\text{-}l} \tag{7-2-2}$$

上式中φ称为铺展系数。杨氏方程适用的范围是$\varphi \leqslant 0$,铺展的条件是$\varphi \geqslant 0$。

从热力学的观点来看,铺展系数的物理意义为,在恒温恒压下,铺展过程系统的比表面吉布斯函数变的负值,即

$$\Delta_{T,p}G(比表面) = \sigma_{g\text{-}l} + \sigma_{s\text{-}l} - \sigma_{s\text{-}g} = -\varphi \tag{7-2-3}$$

当$\varphi > 0$时,$\Delta_{T,p}G(比表面) < 0$,铺展过程自动地进行,液体分子将高度地分散在固体表面上。

润湿与铺展在实践中得到了广泛的应用。例如棉布易被水润湿,不能防雨,经过憎水剂处理,可将$\sigma_{s\text{-}l}$增大到使$\theta > 90°$,这时水滴在布上呈圆球形而易脱落。处理后的棉布可制成轻便、透气的雨衣。若在农药中加入适量的表面活性剂,药液在植物的叶茎上或虫体上能发生铺展,这将会大大提高农药的杀虫效果。

§7-3　弯曲液面的附加压力与毛细现象

1.弯曲液面附加压力的产生

在一定的大气压下,平面液体所受的压力就等于大气的压力 p_g。而弯曲液面下的液体,不仅受到大气的压力 p_g,而且还受到弯曲液面所产生的附加压力 Δp 的作用。弯曲液面为什么会产生附加压力呢?可结合图 7-3-1 进行说明。其中(a)和(b)图皆为球形的弯曲液面,p_g 和 p_l 分别为大气压和弯曲液面内液体所承受的压力。在凸液面图(a)上任取一个小截面 ABC,截面周界线以外的液体对周界线有表面张力的作用。表面张力的作用点在周界线上,其方向垂直于周界线,而且与液滴的表面相切。周界线上表面张力的合力在截面垂直方向上的分量并不为零,对截面下的液体产生压力的作用,使弯曲液面下的液体所承受的压力 p_l 大于液面外大气的压力 p_g。弯曲液面内外的压力差,称为**附加压力**,即

$$\Delta p = p_内 - p_外 = p_l - p_g \tag{7-3-1}$$

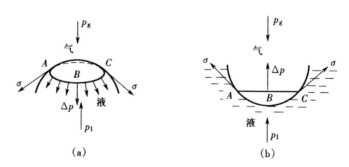

图 7-3-1　弯曲液面的附加压力

无论是凸液面还是凹液面 Δp 皆应由上式计算。$p_内$ 是指曲液面内的液体对界面的压力,Δp 皆是指向液面曲率半径的中心,如图 7-3-1 中(a)和(b)所示的方向。

2.拉普拉斯(Laplace)方程

为了导出弯曲液面的附加压力 Δp 与弯曲液面曲率半径之间的关系,假设有一半径为 r 的圆球形液滴,通过球的中心画一截面,如图 7-3-2 所示。沿着截面周界线两边的液面对周界线皆有表面张力的作用。图中只画出了周界线下边的液面对周界线的作用。若不考虑液体静压力的影响,以下半球为系统,则沿截面周界线上表面张力的合力 F,就等于垂直作用于截面上的力,所以

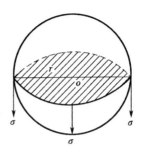

图 7-3-2　圆球形液滴的附加压力

$$F = 2\pi r\sigma$$

垂直作用于单位截面积上的力,即为附加压力:

$$\Delta p = p_1 - p_{\mathrm{g}} = F/(\pi r^2) = 2\pi r\sigma/(\pi r^2)$$

$$\Delta p = 2\sigma/r \tag{7-3-2}$$

上式即为拉普拉斯方程。

对于在空气中的小气泡,因其内外有两个气-液界面,泡内气体所承受的附加压力应比按式(7-3-2)计算的结果加大一倍,故

$$\Delta p = 4\sigma/r$$

对于凸液面,习惯上取 $r > 0, \Delta p > 0$。对于凹液面,如图 7-3-1(b)所示,相对于凸液面而言,凹液面的曲率半径则应取负值,即 $r < 0, \Delta p < 0$,附加压力的方向指向气体(曲率半径的中心)。

对于水平液面,因 $r \to \infty$,故其附加压力为零。表面张力的存在是弯曲液面产生附加压力的根本原因,而毛细管现象则是弯曲液面产生附加压力的必然结果。

3.毛细管现象

把一支半径一定的毛细管垂直地插入某液体中,该液体若能润湿管壁,管中的液面将呈凹形,即润湿角 $\theta < 90°$,如图 7-3-3 所示。由于附加压力 Δp 指向大气,使凹液面下的液体所承受的压力小于壁外水平液面下的液体所承受的压力,或者说是弯曲液面下的液体受到向上

的提升力。在这种情况下,液体将被压入管内,直至上升的液柱所产生的静压力 $\rho g h$ 与附加压力 Δp 在数值上相等时,才可达到力的平衡状态,即

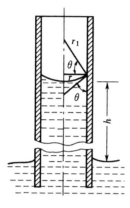

$$\Delta p = 2\sigma / r_1 = \rho g h$$

可以看出,图中 $\cos\theta = r/r_1$,将此式与上式相结合,可得液体在毛细管中上升高度 h 的计算式:

$$h = 2\sigma\cos\theta / (r\rho g) \qquad (7\text{-}3\text{-}3)$$

式中 σ 为液体的表面张力,ρ 为液体的密度,g 为重力加速度,r 为毛细管的半径,θ 则为液体对毛细管内壁的润湿角。

图 7-3-3　毛细管现象

当液体不能润湿管内壁时,管内液面呈凸液面,$\theta > 90°$,$\cos\theta < 0$,则 h 为负值,表示管内凸液面下降的深度。

例 7.3.1　20℃时,将半径 $r = 1.20 \times 10^{-4}$ m 的毛细管垂直地插入水中,水对毛细管壁完全润湿。已知 20℃时,水的表面张力 $\sigma = 72.75 \times 10^{-3}$ N·m^{-1},水的密度 $\rho = 1 \times 10^3$ kg·m^{-3}。试求水在上述毛细管内上升的高度。

解:$g = 9.8$ m·s^{-2} $= 9.8$ N·kg^{-1}。水对毛细管壁完全润湿时 $\theta = 0°$,$\cos\theta = 1$,故水在管内上升的高度由式(7-3-3)可知,即

$$h = \frac{2\sigma}{r\rho g} = \frac{2 \times 72.75 \times 10^{-3}\ \text{N·m}^{-1}}{1.20 \times 10^{-4}\ \text{m} \times 10^3\ \text{kg·m}^{-3} \times 9.8\ \text{N·kg}^{-1}} = 0.124\ \text{m}$$

§7-4　亚稳状态与新相生成

1. 微小液滴的饱和蒸气压——开尔文公式

在一定温度和外压下,各种纯液态物质的平液面都有一定的饱和蒸气压。实验表明,对于高度分散的微小液滴的饱和蒸气压,不仅与液态物质的本性、温度及外压有关,而且还与微小液滴的半径大小有关。其定量关系可用**开尔文(Kelvin)公式**表示,即

$$RT\ln(p_r/p) = 2\sigma M/(\rho r) \qquad (7\text{-}4\text{-}1)$$

式中 p 为温度 T 时平面液体的饱和蒸气压，p_r 为半径为 r 的微小圆球形液滴的饱和蒸气压，σ、M 和 ρ 分别为液体的表面张力、摩尔质量和密度(又称质量浓度)。

开尔文公式可用下列方法导出。

恒温下将 1 mol 平面液体分散为半径为 r 的小液滴，可按下列两条途径进行：

$$1\ \text{mol 饱和蒸气}(p) \xrightarrow[(2)]{\Delta G_2} \text{饱和蒸气}(p_r)$$

$$\mathbf{a}$$

$$\Delta G_1 \uparrow (1) \qquad T\ \text{一定} \qquad \Delta G_3 \downarrow (3)$$

$$1\ \text{mol 液体(平面,}p) \xrightarrow[\text{b}]{\Delta G_b} \text{小液滴}(r, p + \Delta p)$$

途径 a 分为三步：

(1) 1 mol 平面液体恒温恒压下可逆蒸发为饱和蒸气，p 为平面液体的饱和蒸气压，此步的摩尔吉布斯函数变 $\Delta G_{m,1} = 0$。

(2) 可视为理想气体恒温变压过程，此步的摩尔吉布斯函数变 $\Delta G_{m,2} = \int_p^{p_r} V_m \mathrm{d}p = RT\ln(p_r/p)$。

(3) 为恒温恒压可逆相变过程，压力为 p_r 的饱和蒸气变为 1 mol 半径为 r 的小液滴，此过程的 $\Delta G_{m,3} = 0$。

途径 b 为直接一步：

1 mol 压力为 p 的平面液体，直接分散成半径为 r 的小液滴，由于附加压力的产生，此分散过程为恒温变压过程。小液滴内的液体所承受的压力为 $(p + \Delta p)$，附加压力 $\Delta p = 2\sigma/r$，若忽略压力对液体摩尔体积 V_m 的影响，途径 b 的摩尔吉布斯函数变：

$$\Delta G_{m,b} = \int_p^{(p+\Delta p)} V_m \mathrm{d}p = V_m \Delta p = 2\sigma V_m/r$$

若已知液体的密度 ρ 及摩尔质量 M，将 $V_m = M/\rho$ 代入上式，可得

$$\Delta G_{m,b} = 2\sigma M/(\rho r)$$

因为
$$\Delta G_{m,a} = \Delta G_{m,1} + \Delta G_{m,2} + \Delta G_{m,3} = \Delta G_{m,b}$$

所以 $$RT\ln(p_r/p) = 2\sigma M/(\rho r)$$

由开尔文公式可知,对于在一定温度下的某液体而言,小液滴的饱和蒸气压 p_r 只是半径 r 的函数。

对于凸液面,例如小液滴,$r>0$,$\ln(p_r/p)>0$,即小液滴的饱和蒸气压大于同温度下平液面的饱和蒸气压。

对于凹液面,如水中的小气泡,在应用式(7-4-1)时,因 $r<0$,故
$$RT\ln(p_r/p) = 2\sigma M/(\rho r) < 0$$
即 $\ln(p_r/p)<0$,$p_r<p$,在相同温度下,小气泡内液体的蒸气压力小于水平液面液体的饱和蒸气压。

例 7.4.1 在 25℃时水的饱和蒸气压为 2 337.8 Pa,密度 $\rho = 998.2$ kg·m^{-3},表面张力 $\sigma = 72.75 \times 10^{-3}$ N·m^{-1}。试分别计算圆球形小水滴及在水中的小气泡的半径在 $10^{-5} \sim 10^{-9}$ m 的不同数值下,饱和蒸气压之比 p_r/p 各为若干?

解: $M(H_2O) = 18.015 \times 10^{-3}$ kg·mol^{-1}。小水滴的半径取正值,如 $r = 10^{-5}$ m 时
$$\ln(p_r/p) = 2\sigma M/(RT\rho r)$$

$$= \frac{2 \times 72.75 \times 10^{-3}\ \text{N·m}^{-1} \times 18.015 \times 10^{-3}\ \text{kg·mol}^{-1}}{8.314(\text{N·m/mol·K}) \times 298.15\ \text{K} \times 998.2\ \text{kg·m}^{-3} \times 10^{-5}\ \text{m}}$$
$$= 1.077\ 4 \times 10^{-4}$$

所以 $p_r/p = 1.001$

对于水中的小气泡,半径取负值,如 $r = -10^{-5}$ m 时,可以算出
$$\ln(p_r/p) = 2\sigma M/(RT\rho r) = -1.0774$$

所以 $p_r/p = 0.9999$

25℃时,在不同半径下的小水滴或水中小气泡内水的饱和蒸气压与平液面水的饱和蒸气之比 p_r/p,计算结果如下表所示。

r/m	10^{-5}	10^{-6}	10^{-7}	10^{-8}	10^{-9}
小水滴	1.000 1	1.001	1.011	1.114	2.937
小气泡	0.999 9	0.998 9	9.989 7	0.897 7	0.340 4

表中数据表明:在一定温度下,液滴愈小,其饱和蒸气压愈大;气泡愈小,泡内液体的饱和蒸气压愈小。

2.微小晶体溶解度

开尔文公式也可用于晶体物质,即在一定温度下,微小粒子晶体的

饱和蒸气压恒大于普通晶体的饱和蒸气压。晶体颗粒不一定是球形,但可用与球体相当的折合半径进行计算。晶体溶解度的大小与其饱和蒸气压有密切的关系,这可用图 7-4-1 定性说明。图中 AO 及 BD 分别表示某物质的普通晶体和微小晶体的饱和蒸气压与温度关系的曲线。因在同一温度下微小晶体有较大的饱和蒸气压,故曲线 BD 的位置在 AO 之上。曲线 1、2、3、4 表示溶质在不同浓度下的蒸气压与温度关系的曲线。从

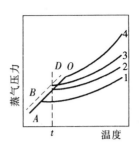

图 7-4-1 分散度对溶解度的影响

曲线 1 至 4,溶液中溶质的浓度愈来愈高,所以在一定温度下,其饱和蒸气压也愈来愈大。在温度 t 时,曲线 BD 与曲线 3 相交,曲线 AO 与曲线 2 相交,这说明微小的晶体与较浓的溶液成平衡,即在一定温度下,晶体的颗粒愈小,其溶解度愈大。表 7-4-1 给出的实验数据,进一步说明这一结论的正确性。

表 7-4-1　一些物质的微小晶体在水中增加的百分数

物　　质	$t/℃$	颗粒直径 $d/\mu m$	与普通晶体比较溶解度增加的分数 $\times 100$
PbI_2	30	0.4	2
$CaSO_4 \cdot 2H_2O$	30	$0.2 \sim 0.5$	$4.4 \sim 12$
Ag_2CrO_4	26	0.3	10
PbF_2	25	0.3	9
$SrSO_4$	30	0.25	26
$BaSO_4$	25	0.1	80
CaF_2	30	0.3	18

3.亚稳定状态和新相的生成

在蒸气的冷凝、纯液态物质的凝固、溶液中溶质的结晶等相变过程中,由于最初生成新相的颗粒是非常微小的,其比表面数值很大,因而表面吉布斯函数具有很大的数值,使系统处于不稳定状态,因此,要在系统中自动地产生一个新相是比较困难的。由于新相难以生成,因而

引起下列各种过饱和现象。

1)过饱和蒸气

过饱和蒸气之所以可能存在,是因为新生成的极微小的液滴(新相)的蒸气压大于平液面上的蒸气压。如图 7-4-2 所示,曲线 OC 和 O'C'分别表示通常液体和微小液滴的饱和蒸气压曲线。若将压力为 p 的蒸气恒压降温至温度 t(A 点),蒸气对通常液体已达到饱和状态,但对微小液滴却未达到饱和状态,所以,蒸气在 A 点不可能凝结出微小的液滴。可以看出:若蒸气的过饱和程度不高,对微小液滴还未达到饱和状态时,微小液滴既不可能产生,也不可能存在。这种按照通常相平衡的条件应当凝结而未凝结的蒸气,称为**过饱和蒸气**。例如在 0℃附近,水蒸气有时要达到 5 倍于平衡蒸气压才开始自动凝结。

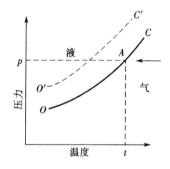

图 7-4-2 产生蒸气过饱和
现象示意图

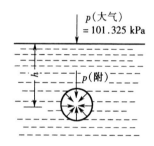

图 7-4-3 产生过热液体
示意图

当蒸气中有灰尘存在或容器的内表面粗糙时,这些物质可以成为蒸气凝结的中心,使液滴核心易于生成及长大,在蒸气的过饱和程度较小的情况下,蒸气就可开始凝结。人工降雨的原理,就是当云层中的水蒸气达到饱和或过饱和的状态时,在云层中用飞机喷撒微小的 AgI 颗粒,此时 AgI 颗粒就成为水的凝结中心,使新相(水滴)生成时所需要的过饱和程度大大降低,云层中的水蒸气就容易凝结成水滴而落向大地。

2)过热液体

在大气压力下,液体沸腾时气化不仅在液体表面上进行,而且也在液体内部进行。若在液体中没有可能提供新相种子(小气泡)的物质存在,即使将液体加热到其沸点以上,仍不沸腾。这种按照通常相平衡条件应当沸腾而仍不沸腾的液体,称为**过热液体**。液体产生过热现象的主要原因是,在液体内部新相种子难以形成。例如在 101.325 kPa、373.15 K 的纯水中,在离液面 0.02 m 的深度,假设存在一个半径为 10^{-8} m 的小气泡,如图 7-4-3 所示。在上述条件下,水的表面张力 $\sigma = 58.85 \times 10^{-3}$ N·m^{-1},密度 $\rho = 958.1$ kg·m^{-3},小气泡内水的蒸气压力 p_r,则

$$\ln(101.325\ \text{kPa}/p_r) = 2\sigma M/(\rho r R T) = -2 \times 58.85 \times 10^{-3} \times 18.015$$
$$\times 10^{-3}/(958.1 \times 10^{-8} \times 373.15 \times 8.314) = -0.071\ 336$$
$$p_r = 94.349\ \text{kPa}$$

小气泡所受的静压力:$p(静) = \rho g h = 958.1 \times 0.02 \times 9.8$ Pa $= 0.188$ kPa。对凹液面下的液体而言,Δp 为负值,Δp 指向气泡的中心。但是对小气泡而言,Δp 则应为正值,故

$$\Delta p = 2\sigma/r = (2 \times 58.85 \times 10^{-3}/10^{-8})\ \text{Pa} = 11.770 \times 10^3\ \text{kPa}$$

所以小气泡存在时应当反抗的压力为

$$p = p(大气) + p(静) + \Delta p = 11.872 \times 10^3\ \text{kPa}$$

小气泡内水蒸气的压力远小于小气泡存在需要反抗的压力,所以,在这种情况下,既不可能存在也不会自动地产生如此小的、只含有水蒸气的小气泡。

为了防止液体的过热现象,常在液体中投入一些干燥的素烧瓷片或含空气的毛细管等物质,因为这些物质的孔中储存有空气,加热时这些物质会不断地放出小气泡,因而绕过产生新相种子(小气泡)的困难阶段,使液体的过热程度大大降低。

3)过冷液体

在一定外压下,将液态物质冷却到其凝固点时,按照相平衡条件,似应有新相固态粒子产生,但因新生晶粒(新相种子)极微小,其熔点较低,此时对微小晶体尚未达到饱和状态,所以微小晶体既不可能自动产生,也不可能存在,必须继续降温到正常凝固点以下,直至达到微小晶体的凝固点,才会有晶体不断析出。这种按照相平衡条件应当凝固而

未凝固的液体,称为**过冷液体**。例如纯水可缓慢降温到 – 40℃仍不结冰。在过冷的液体中,若放入一些小晶体作为新相种子,液体将迅速凝固。

4)过饱和溶液

在一定外压下将溶液恒温蒸发,溶质的浓度逐渐变大,达到普通晶体溶质的饱和浓度时,由于微小晶体的溶质有较大的溶解度,故这时微小晶体的溶质仍未达到饱和状态,不可能有微小晶体析出,必须将溶液进一步蒸发,达到一定的过饱和程度,晶体才可以不断地析出。这种按相平衡条件应当有晶体析出而未能析出的溶液,称为**过饱和溶液**。

在结晶操作中,当溶液蒸发到一定的过饱和程度时,向结晶系统中投入适量的小晶体作为新相种子,这样可得到较大颗粒的晶体。

从热力学的观点来讲,上述各种过饱和系统都不是真正的平衡系统,都是不稳定的状态,故常被称为**亚稳(或介安)状态**。但是这种系统往往能维持很长的时间而不发生相变。亚稳态所以能长期存在,是因为在指定条件下新相种子难以生成。如金属的淬火,就是将合金制品加热到一定温度,恒温一段时间后,将其在水、油类或其它介质中迅速冷却,在常温下仍能保持其在高温下的某种结构,从而改变金属制品的性能。

§7-5 固体表面的吸附作用

固体表面一般都具有一定的吸附能力,这主要是因为固体表面层的分子恒受到指向内部的拉力,这种不平衡力场的存在导致表面吉布斯函数的产生。在温度、压力、固体的表面积 $\mathscr{A}$ 和各种物质的量一定时,系统的吉布斯函数变可表示为

$$dG = \mathscr{A}d\sigma \qquad (7\text{-}5\text{-}1)$$

从上式可知,当固体表面从其周围的介质中吸附其它的物质粒子时,可降低固体的界面张力,使系统的 $dG < 0$,故吸附作用可以自动地进行。

在一定条件下,一种物质的分子、原子或离子能自动地粘附在固体表面上的现象,或者说,在任意两相之间的界面层中,某种物质的浓度

可自动发生变化的现象,称为**吸附**。我们把具有吸附能力的物质称为**吸附剂或基质**;被吸附的物质称为**吸附质**。吸附的逆过程,即被吸附的物质脱离吸附层返回到介质中的过程,称为**脱附(或解吸)**。

吸附作用可以发生在任意两相之间的界面上。根据吸附作用力性质的不同,可将吸附区分为物理吸附与化学吸附。

1.物理吸附

物理吸附的作用力是范德华力,它是一种较弱的、普遍存在于各分子间的相互作用力。因此,一种基质往往可以吸附多种气体,使物理吸附不具有选择性;吸附层既可以是单分子层,也可是多分子层吸附。在恒温、恒压下,某气体在固体表面上吸附过程的焓变除以被吸附气体的物质的量,称为该气体的**摩尔吸附焓,或摩尔吸附热**,并用 ΔH_m 表示。物理吸附类似于气体在固体表面上的冷凝,大多数气体物理吸附过程的 $-\Delta H_m < 25 \ kJ \cdot mol^{-1}$;此外,物理吸附的速率快,易达到吸附平衡,而且容易脱附。上述这些都是物理吸附的特征。

2.化学吸附

化学吸附的作用力是化学键力。化学吸附类似于化学反应,可以发生电子的转移、原子的重排、化学键的断裂及形成等微观过程,因此,化学吸附有明显的选择性,而且只能发生单分子层吸附。化学吸附的摩尔吸附焓在数值上约为 $40 \sim 400 \ kJ \cdot mol^{-1}$ 的范围,典型值约为 $200 \ kJ \cdot mol^{-1}$。一般说来,化学吸附不易脱附,吸附与脱附的速率都较小,而且不易达到吸附平衡。这些都是化学吸附的特征。

化学吸附与物理吸附出现上述种种差别的主要原因是吸附作用力不同。一般在低温范围内物理吸附起主导作用,在高温下化学吸附起主导作用。一般情况下两种吸附可以相伴发生。

§7-6 等温吸附

对于一个指定的吸附系统,当吸附速率等于脱附速率时所对应的状态,称为**吸附平衡**。吸附达到平衡时的吸附量,简称为吸附量。吸附量的大小,一般可用每单位吸附剂表面上所吸附的吸附质的物质的量,或每单位质量吸附剂的表面上所吸附的吸附质的物质的量,或每单位质量的吸附剂所吸附的气体在标准状况($0℃$,101.325 kPa)下的体积 V 来表示。吸附剂的表面积、质量分别用 $\mathscr{A}$ 和 m 来表示;吸附质的物质的量用 n,则平衡吸附量 Γ 可表示为

$$\Gamma = n/\mathscr{A}; \quad \Gamma = n/m; \quad \Gamma = V/m$$

气体在固体表面上的吸附量 Γ 与气体的平衡压力 p 及系统的温度 T 有关,可表示为

$$\Gamma = f(T,p)$$

上式中有三个变量,常固定其中一个变量,测定其中任意两个变量之间的关系。如在一定温度下,吸附量与平衡压力之间的关系曲线,称为**吸附等温线**,如图 7-6-1 所示。图中每条线皆为吸附等温线。

1. 吸附等温线

图 7-6-1 是在不同温度下,$NH_3(g)$ 在木炭上的吸附等温线。由图可以看出:

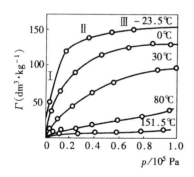

图 7-6-1　不同温度下 NH_3 在炭粒
上的吸附等温线

(1)压力一定时,温度愈低,平衡吸附量愈大。

(2)温度一定时,一般说来,吸附量将随压力的升高而增加。图中 $t = -23.5$ ℃的等温线是一条典型的吸附等温线:在低压部分,压力的影响特别显著,吸附量与压力呈直线关系(线段Ⅰ)。当压力继续升高,吸附量的增加渐趋缓慢,Γ 与 p 呈曲线关系(线段Ⅱ)。当压力足够大时,吸附等温线几乎成为一条与横坐标平行的直线(线段Ⅲ),它表明吸附量不再随压力的上升而增加,达到了吸附的饱和状态。该状态所对应的吸附量称为**饱和吸附量**,并用 Γ_∞ 表示。吸附量与平衡压力的关系,也可用方程式表示。

2. 等温吸附经验式

弗罗因德利希(Freundlich)根据大量的实验结果,提出了一个应用

较为广泛的经验方程式

$$\Gamma = k(p/[p])^n \qquad (7\text{-}6\text{-}1)$$

对于指定的吸附系统,上式中 n 和 k 为两个只与温度有关的经验系数。k 可视为单位压力时的吸附量,其值随温度的升高而变小。n 是量纲为一的量,其数值一般在 0 与 1 之间,其大小则表示压力对 Γ 影响的强弱。

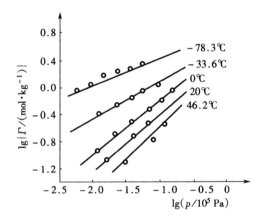

图 7-6-2　CO 在椰子壳炭上的吸附

对式(7-6-1)取对数,应写成

$$\lg(\Gamma/[\Gamma]) = \lg(k/[k]) + n\lg(p/[p])$$

若以 $\lg(\Gamma/[\Gamma])$ 对 $\lg(p/[p])$ 作图,应得一直线。该直线的斜率等于 n,直线的截距 $\{\lg(p/[p])\} = 0$ 处等于 $\lg(k/[k])$。

图 7-6-2 所示的 $CO(g)$ 在椰子壳炭上的吸附,于不同温度下的实验压力范围内,可较好地符合弗罗因德利希方程式。但是也有许多实验数据不符合此方程式,尤其在压力很低或很高的情况下,常出现很大的偏差。所以,该经验方程式一般只适用于中压范围的吸附。

弗罗因德利希经验方程形式简单,计算方便,但方程式中 n 及 k 没有明确的物理意义,不能说明吸附过程的微观机理,也不能指导对吸附作用进行更深入地研究。最早提出的吸附理论是朗缪尔的单分子层吸附理论。

3.单分子层吸附理论

1916 年朗缪尔(Langmuir)从动力学的观点出发,提出了固体表面对气体分子吸附的单分子层吸附理论,有以下基本假设。

(1)单分子层吸附。固体表面上的粒子所处的力场是不平衡的,即固体表面上存在着吸附力场,该力场作用的范围约为一般分子直径的大小,气体分子只有碰撞到固体的空白表面上,进入吸附力场作用的范围,才有可能被吸附。所以固体表面上只能发生单分子层吸附。

(2)固体表面是均匀的。该理论认为,固体表面上各个晶格位置上的吸附能力是相等的,无论分子吸附在表面上哪个晶格位置上,所释放的热量均相同,即表面是均匀的。

(3)被吸附在固体表面上的分子相互之间无作用力。在各个晶格位置上,气体分子的吸附与脱附的难易程度,与其周围是否有被吸附的分子的存在无关。

(4)吸附平衡是动态平衡。被吸附在固体空白表面上的气体分子,仍处于不停地运动状态。若被吸附的气体分子所具有的能量足以克服固体表面对它的吸引力时,它可以重新返回气相空间,这种现象称为**脱附**。当吸附速率大于脱附速率时,吸附起主导作用,但随着吸附量的增加,固体表面上空白面积愈来愈少,气体分子碰撞到空白面积上的可能性就必然减少,吸附速率逐渐降低;与此相反,随着固体表面被覆盖程度的增加,脱附速率逐渐变大,当吸附与脱附的速率相等时达到吸附的平衡状态。

以 k_1 及 k_{-1} 分别代表吸附与脱附的速率系数。θ 为某一瞬间固体总的表面积被吸附质覆盖的分数,称为**覆盖度**。$(1-\theta)$ 则为固体表面上的空白面积的分数。N 表示固体表面上具有吸附能力的总的晶格位置数,简称其为吸附位置数。

根据以上基本假设可知,吸附速率应与吸附质在气相的压力 p 及固体表面上的空位数 $(1-\theta)N$ 的乘积成正比,即

$$v(吸附) = k_1 p (1-\theta) N$$

脱附速率应与固体表面上被覆盖的吸附位置数,或者说是与被吸附分子的数目 θN 成正比,即

$$v(脱附) = k_{-1} \theta N$$

达到吸附平衡时,吸附与脱附的速率相等,即

$$k_1 p(1-\theta)N = k_{-1}\theta N$$

整理上式可得**朗缪尔吸附等温式:**

$$\theta = b p/(1+bp) \tag{7-6-2a}$$

上式中$b = k_1/k_{-1}$,为吸附作用的平衡常数,也称为**吸附系数**。它与吸附剂及吸附质的本性及温度有关,b的大小表示吸附能力的强弱。当$\theta = 0.5$时,$b = 1/p$,故b的单位为$[p]^{-1}$。

若以Γ代表覆盖度为θ时的吸附量,Γ_∞代表吸附质有效地挤满固体表面时的吸附量,称为**饱和吸附量**。$\theta = \Gamma/\Gamma_\infty$,故朗缪尔吸附等温式也可写成下列形式:

$$\Gamma = \Gamma_\infty bp/(1+bp) \tag{7-6-2b}$$

或

$$1/\Gamma = 1/\Gamma_\infty + 1/(b\Gamma_\infty p) \tag{7-6-2c}$$

由上式可知,若以$[\Gamma]/\Gamma$对$[p]/p$作图,应得一直线,其

$$斜率 = [b\Gamma]/(b\Gamma_\infty),截距 = [\Gamma]/\Gamma_\infty$$

故

$$\frac{截距}{斜率} = \frac{[\Gamma]/\Gamma_\infty}{[b\Gamma]/(b\Gamma_\infty)} = b/[b]$$

由实验测出Γ_∞,若已知每个被吸附分子的截面积$\mathscr{A}$,便可用下式计算吸附剂的比表面。

$$\mathscr{A}_s = \Gamma_\infty L\mathscr{A}$$

式中L为阿伏加德罗常数,Γ_∞的单位为$mol \cdot kg^{-1}$,$\mathscr{A}_s$的单位为$m^2 \cdot kg^{-1}$。反之,若已知Γ_∞及$\mathscr{A}_s$也可由上式求被吸分子的截面积$\mathscr{A}$。

朗缪尔吸附等温式只适用于单分子层吸附,它能较好地表示典型的吸附等温线在不同压力范围内的特征。

当压力很低或吸附较弱(b很小)时,$bp \ll 1$,则式(7-6-2)可简化为

$$\Gamma = b\Gamma_\infty p$$

即吸附量与压力成正比。这与等温线在低压时几乎是直线的事实相符合。

当压力足够高或吸附较强时,$bp \gg 1$,则

$$\Gamma = \Gamma_\infty$$

这表明固体表面上具有吸附能力的位置已全被覆盖,吸附达到饱和状

态,吸附量达到最大值。这与典型的吸附等温线在高压下是一条水平线的情况相符合。

当压力的大小或吸附作用力适中时,Γ 与 p 呈曲线关系。这些关系都被大量的实验结果所证实,但也有许多实验结果是不符合朗缪尔吸附等温式的。从实验测得很多系统的吸附等温线来看,大致可归纳成五种类型,如图 7-6-3 所示。朗缪尔吸附等温式只符合(a)型的等温线。这说明实际情况远比基本假设复杂得多。他假设固体表面是均匀的,各处的吸附能力相同,但实际上并非如此。实验发现,许多吸附作用的吸附系数 b 不是定值,这就表明固体表面上是不均匀的。他又假设只能是单分子层吸附以及被吸附的分子间无作用力,但实际上任意两个分子之间皆存在着相互作用力,在低温高压下吸附也可以是多分子层的,即在被吸附的分子之上仍具有吸附作用,在同一个吸附表面上可以出现各种不同层次的吸附。虽然有许多吸附现象不能用朗缪尔吸附理论解释,但它仍不失为吸附理论中一个重要的基本公式,对吸附理论的发展起到奠基的作用。

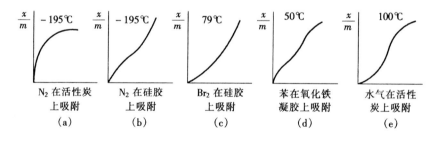

图 7-6-3 五种类型的吸附等温线

例 7.6.1 恒温 239.55 K 条件下,不同平衡压力下的 CO 气体在活性炭表面上的吸附量(已换算成标准状况下的体积)如下:

p/kPa	13.466	25.065	42.663	57.329	71.994	89.326
$V \times 10^{-3}/(\text{m}^3 \cdot \text{kg}^{-1})$	8.54	13.1	18.2	21.0	23.8	26.3

根据朗缪尔吸附等温式,用图解法求 CO 的饱和吸附量 V_∞、吸附系数 b 及每

公斤活性炭表面上所吸附 CO 的分子数。

解:朗缪尔吸附等温式可写成下列形式：

$$\theta = V/V_\infty = bp/(1+bp)$$

或

$$p/V = 1/(bV_\infty) + p/V_\infty$$

由上式可知，$(p/[p])/(V/[V])$ 对 $p/[p]$ 作图应得一直线，由直线的斜率及截距即可求得 V_∞ 及 b。

在不同平衡压力下的 p/V 值列表如下：

p/kPa	13.466	25.065	42.663	57.329	71.994	89.326
$pV^{-1}/(\text{Pa}\cdot\text{kg}\cdot\text{m}^{-3})$	1.577	1.913	2.344	2.730	3.025	3.396

以 p/V 对 p 作图，如图 7-6-4 所示。

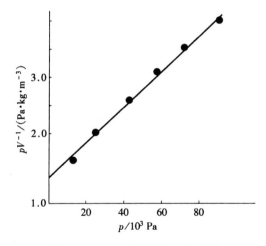

图 7-6-4　CO 在活性炭上的吸附

直线的斜率 $= \dfrac{1}{V_\infty/(\text{m}^3\cdot\text{kg}^{-1})}$

$$= \frac{3.025 - 1.913}{(71.994 - 25.065)\times 10^{-3}} = 23.70$$

CO 的饱和吸附量：$V_\infty = (1/23.70)\text{m}^3\cdot\text{kg}^{-1} = 0.042\,2\ \text{m}^3\cdot\text{kg}^{-1}$

直线的截距 $= \text{Pa}^{-1}\cdot\text{m}^3\cdot\text{kg}^{-1}/(bV_\infty) = 1.325$

吸附系数：$b = \text{Pa}^{-1}\cdot\text{m}^3\cdot\text{kg}^{-1}/(1.325 \times 0.042\,2\ \text{m}^3\cdot\text{kg}^{-1})$

$$= 17.88 \text{ Pa}^{-1}$$

每千克活性炭的表面上吸附 CO 分子的个数:

$$N = \frac{pV_\infty L}{RT} = \frac{101\,325\,\text{Pa} \times 0.042\,2\ \text{m}^3 \cdot \text{kg}^{-1} \times 6.022 \times 10^{23}\ \text{mol}^{-1}}{8.314\ \text{J} \cdot \text{K}^{-1} \cdot \text{mol}^{-1} \times 273.15\ \text{K}}$$

$$= 1.134 \times 10^{24} \text{个分子/kg}$$

§7-7 溶液表面的吸附

1.溶液表面的吸附

溶液的表面层对溶质也可产生吸附作用。由热力学可知,对于指定的溶液,当溶液的 T、p 组成及表面积的大小一定时,降低溶液的表面张力是降低系统吉布斯函数的惟一途径,即

$$\mathrm{d}G_{T,p,\mathscr{A}} = \mathscr{A}\mathrm{d}\sigma < 0$$

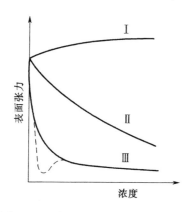

图 7-7-1 表面张力与浓度关系示意图

若在溶剂 A 中加入溶质 B 后会使溶液的表面张力增加,则 B 会自动地离开溶液的表面层而进入溶液的本体中。表面层中 B 的浓度愈小,系统的吉布斯函数愈低。但是由于扩散作用又使溶液本体及表面层中 B 的浓度趋于均匀一致。当这两种相反的作用达到平衡时,溶质 B 在表面层中的浓度小于它在溶液本体中的浓度,这种吸附作用称为负吸附。如图 7-7-1 曲线 Ⅰ 所示,在 水 中 加 入 NaCl、H_2SO_4、KOH 及蔗糖、甘油等就属于此种类型。

若在溶剂 A 中加入溶质 B 后会使溶液的表面张力降低,即 $\mathrm{d}\sigma < 0$,则溶质 B 将从溶液本体中自动地富集于表面层中。表面层中 c_B 越大,溶液的表面张力越小。但是扩散作用又使溶质在溶液的表面和在本体中的浓度趋于均匀一致。当这两种相反的作用达到平衡时,B 在表面

层中的平衡浓度大于它在溶液本体的浓度,这种吸附作用,称为**正吸附**。大部分的低脂肪酸、醇、醛等有机物质的水溶液产生一般的正吸附,如图7-7-1曲线Ⅱ所示。

一般说来,凡能使溶液表面张力增加的物质,皆称为表面惰性物质。凡能使溶液的表面张力降低的物质,皆称为表面活性物质。但是习惯上,那些只溶入少量就能显著降低溶液表面张力的物质,才称为**表面活性物质或表面活性剂**。表面活性剂的分子可表示为RX。其中R代表含有10个以上碳原子的烷基;X则代表极性基团,如—OH、—COOH、—CN、—CHNH$_2$、—COOR,也可以是离子基团,如—SO$_3^-$、—NH$_3^+$,—COO$^-$等。在水中加入少量上述物质,就可使水溶液的表面张力急剧下降,降至某一浓度之后,溶质的表面张力几乎不再随溶液浓度的上升而变化,如图7-7-1中曲线Ⅲ所示(图中虚线可能是某些杂质的影响)。

表面活性剂活性的大小可用 $-(\partial\sigma/\partial c)_T$ 来表示,其值愈大,表示溶质的浓度对溶液表面张力的影响愈大。溶质吸附量的大小,可用吉布斯吸附公式计算。

2.吉布斯吸附公式

吉布斯(Gibbs)用热力学的方法推导出,在一定温度下溶质B在单位面积表面层中的吸附量 Γ 与溶液的表面张力σ及溶质在溶液中的活度a之间的定量关系。假设溶液中只含溶剂A和溶质B。吉布斯吸附公式可表示为

$$\Gamma = -(a_B/RT)(\partial\sigma/\partial a_B)_T \qquad (7\text{-}7\text{-}1a)$$

对于理想稀溶液,上式可写成

$$\Gamma = -(c_B/RT)(\partial\sigma/\partial c_B)_T$$

溶质的吸附量 Γ 的定义式为

$$\Gamma = \left\{ n_B(\text{表}) - \frac{n_A(\text{表})n_B}{n_A} \right\} \Big/ \mathscr{A}$$

上式中:$n_A(\text{表})$及$n_B(\text{表})$分别为表面层中A、B的物质的量;n_A及n_B分别为A和B在溶液本体中的物质的量;$\mathscr{A}$为溶液的表面积。故 Γ 的物理意义为:在单位面积的表面层中,所含溶质的物质的量与表面层

中相同数量的溶剂处于溶液本体中时所含的溶质物质的量之差值,称为溶质的表面吸附量或表面过剩。

由吉布斯吸附等温式可知,在一定温度下,当$(\partial\sigma/\partial c)_T < 0$时,$\Gamma > 0$,表明增加溶质的浓度能使溶液的表面张力降低,必然产生正吸附作用;当$(\partial\sigma/\partial c)_T > 0$,$\Gamma < 0$,表明增加溶质的浓度能使溶液的表面张力变大,在溶液的表面层必然会出现负吸附现象;当$(\partial\sigma/\partial c)_T = 0$,$\Gamma = 0$,则说明此时无吸附作用。

可想而知,在一定 T、p 下,由实验测出溶液的表面张力与溶质浓度关系的曲线,即可计算该溶液在任一浓度下的$(\partial\sigma/\partial c)_T$和表面吸附量 Γ。

§7-8 表面活性物质

1.表面活性物质的分类与结构

表面活性物质按化学结构分类,一般分为离子型和非离子型两大类。凡在水溶液中能离解为大小不等、电荷相反两种离子的表面活性剂,称为离子型表面活性剂。离子型表面活性剂又可按其在水溶液中具有表面活性作用离子的带电符号,分为阳离子型、阴离子和两性型表面活性剂。如硬脂酸钠(肥皂)、烷基磺酸钠等为阴离子型表面活性剂;胺盐($C_{18}H_{37}NH_3^+Cl^-$)则为阳离子型表面活性剂;甜菜碱$\{R\overset{+}{N}(CH_3)_2CH_2COO^-\}$在水溶液解离成正、负离子都具有表面活性作用,则称为两性表面活性剂。

凡溶于水而不解离又明显具有表面活性作用的物质,称为非离子型表面活性剂。如聚乙二醇($HOCH_2[CH_2OCH_2]_nCH_2OH$)属于非离子型表面活性剂。

表面活性物质的分子结构一般可分为两部分:一端是亲水(憎油)性的极性基团,如—OH、—CONH$_2$、—COONa 等;另一端为憎水(亲油)性基团,如长的碳链或环等。油酸钠的分子结构如图 7-8-1 所示。

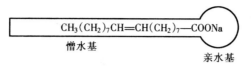

图 7-8-1　油酸钠分子模型示意图

2.表面活性剂的性质及其在体相与界面层的分布

前已介绍表面活性剂分子结构,以及在水中加入少量就能明显降低溶液界面张力的性质。许多表面活性剂的浓度与溶液表面张力的关系,都具有类似图 7-7-1 中曲线Ⅲ所示的特征。为什么会出现这种情况?可借助表面活性物质的溶液本体及表面层中分布的示意图(图 7-8-2)进行解释。

图 7-8-2(a)表示当表面活性物质的浓度很稀时,表面活性物质的分子在溶液本体和表面层中的分布的情况。在这种情况下,若稍微增加表面活性物质的浓度,表面活性物质一部分分子将自动地聚集于表面层,使溶液和空气的接触面减小,溶液的表面张力急剧降低。表面活性物质的分子在表面层中不一定都是直立的,也可能是东倒西歪而使非极性的基团翘出水面;另一部分则分散在溶液中,有的以单分子的形式存在,有的则三三两两相互接触,憎水性的基团靠拢在一起,形成简单的聚集体。这相当于图 7-7-1 中曲线Ⅲ急剧下降的部分。

图(b)表示表面活性物质的浓度足够大时达到饱和状态,液面上刚刚挤满一层定向排列的表面活性物质的分子,形成单分子膜。在溶液本体则形成具有一定形状的胶束(micelle),它是由几十个或几百个表面活性物质的分子,排列成憎水基团向里、亲水基团向外的多分子聚集体。胶束中许多表面活性物质分子的亲水性基团与水分子相接触;而非极性基则被包在胶束中,几乎完全脱离了与水分子的接触。因此,胶束在水溶液中可以比较稳定地存在,这相当于图 7-7-1 中曲线Ⅲ的转折处。胶束的形状可以是球状、棒状、层状或偏椭圆状,图 7-8-2 中胶束为球状。我们把开始形成一定形状的胶束所需表面活性物质的最低浓度,称为临界胶束浓度,以 C.M.C.(Critical Micelle Concentration)表示。实验表明,C.M.C.不是一个确定的数值,常表现为一个窄的浓度范围。

例如离子型表面活性剂的 C.M.C.一般约在 $10^{-2} \sim 10^{-3} \mathrm{mol \cdot dm^{-3}}$ 之间。

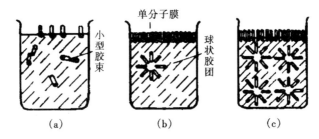

图 7-8-2　表面活性物质的分子在溶液本体及界面层分布示意图
(a)稀溶液;(b)开始形成胶束的溶液;(c)大于临界胶束浓度的溶液

图(c)是超过临界胶束浓度的情况。这时液面上早已形成紧密、定向排列的单分子膜,达到饱和状态。若再增加表面活性物质的浓度,只能使胶束的个数增多,或者是使每个胶束所包含的活性分子数增多。由于胶束是亲水的,它不再具有表面活性,不能使溶液的表面张力进一步降低,这相当于图 7-7-1 曲线Ⅲ的平缓部分。

应当指出,胶束和胶体化学中的胶团虽然都是大量分子或离子的聚集体,但两者在结构和动电效应等方面存在着明显的区别,两者不是一个概念,不可混为一谈。

表面活性剂分子在溶液表面层的定向排列和在溶液本体中形成胶束,是表面活性剂分子的两个重要的特征。在临界胶束浓度这个窄小的浓度范围内,溶液的许多物理化学性质,如表面张力、渗透压、去污能力、蒸气压、电导率等,均发生明显的变化,在生产、科研和日常生活中得到广泛的应用。

3.表面活性剂的应用

表面活性物质的种类繁多,不同类型的表面活性物质具有不同的作用。总而言之,表面活性剂改善液态物质对固体表面的润湿作用;在固体粒子的粉碎过程中起到助磨作用;在油-水系统的分散和分离的过程中起到乳化和破乳的作用;使气体在液体中分散和气体与液体分离的过程中起到发泡和消泡的作用;在布匹印染过程中起到匀染的作用,在洗涤过程中起到去污作用等。由于篇幅所限,仅介绍如下两点。

1)去污作用

许多油类对衣物润湿良好,在衣物上能自动地铺展开来,但却很难溶于水中。我们知道,只用水是洗不净衣物上的油污的。在洗衣物时,若使用肥皂,则有明显的去污作用。这是因为肥皂的成分是硬脂酸钠($C_{17}H_{35}COONa$),它是一种阴离子型的表面活性物质。肥皂的分子能渗透到油污和衣物之间,形成定向排列的肥皂分子膜,从而减弱了油污在衣物上的附着力,只要轻轻搓动,由于机械摩擦和水分子的吸引,油污很容易从衣物(或其他制品)上脱落、乳化、分散在水中,达到洗涤的目的。去污作用实际上就是乳化过程。

2)助磨作用

我国古代劳动人民早就有水磨比干磨效率高的经验,如米粉、豆粉之类,水磨的要比干磨的细得多。在固体物料的粉碎过程中,若加入表面活性物质(称为助磨剂),可增加粉碎程度,提高粉碎的效率。如图 7-8-3 所示,在 Al_2O_3 的粉碎过程中,加与不加助磨剂,粉碎效率大不相同。为什么干磨(不加任何助磨剂)的效率最低呢?这是因为当磨细到颗粒度达几十微米以下时,颗粒度很微小,比表面很大,系统具有很大的表面吉布斯函数,处于热力学的高度不稳定状态。在一定的温度和压力下,表面吉布斯函数有自动减少的趋势,在没有表面活性物质存在的情况下,只能靠表面积自动地变小,即颗粒度变大,以降低系统的表面吉布斯函数。因此,若想提高粉碎效率,得到更细的颗粒,必须加入适量的助磨剂,如水、油酸、亚硫酸纸浆废液等。

在固体的粉碎过程中,若有表面活性物质存在,它能很快地定向排列在固体颗粒的表面上,使固体颗粒的表面(或界面)张力明显降低。可以想象,表面活性物质在颗粒表面上的覆盖率愈大,表面张力降低得愈多,则系统的表面吉布斯函数愈小。因此,表面活性物质不仅可自动吸附在颗粒的表面上,而且还可自动地渗入到微细裂缝中去并能向深处扩展,如同在裂缝中打入一个"楔子",起到劈裂的作用。如图 7-8-4 (a)所示,在外力的作用下加大裂缝或分裂成更小的颗粒,多余的表面活性物质的分子很快地吸附在这些新产生的表面上,以防止新裂缝愈合或颗粒相互间粘聚。

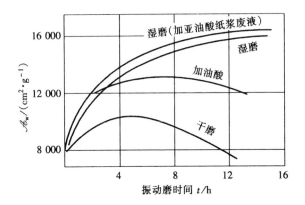

图 7-8-3　表面活性物质对氧化铝料比表面的影响
（Al_2O_3 料在 148℃预烧过，含 α-Al_2O_3 90%）

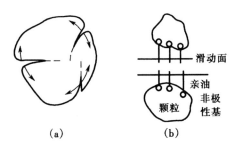

图 7-8-4　表面活性物质的助磨作用

　　另外,由于表面活性剂定向地排列在颗粒的表面上,而非极性的碳氢基指向介质或空气,因而使粒子的表面更加光滑、易于滚动而不易接触,这些因素都有利于粉碎效率的提高。有关表面活性物质的其它作用,可参阅有关专著。

本章基本要求

1.理解表面吉布斯函数和表面张力的定义。

2.理解杨氏方程、拉普拉斯公式、开尔文公式、吉布斯吸附式各项的意义及公式的适用条件。

3.了解润湿角(接触角)、铺展系数的定义,一般了解亚稳状态和新相生成的关系。

4.熟练掌握朗缪尔单分子层吸附理论和吸附等温式。

5.了解物理吸附与化学吸附的主要区别。

6.了解表面活性物质的结构特征及其主要作用。

概 念 题

填空题

1.已知20℃时正辛醇的表面张力为 21.8×10^{-3} N·m^{-1},若在 20℃、100 kPa 下使正辛醇的表面积在可逆条件下增加 4×10^{-4} m^2;此过程系统的表面吉布斯函数变 $\Delta G(表) = $ _____。

2.在一定 T、p 下,把半径为 $r_1 = 10^{-2}$ m 圆球分散成 $r_2 = 10^{-6}$ m 的小球,则小球的数目 = _____ 个,此过程表面积的增量 $\Delta \mathscr{A} = $ _____ m^2。

3.液体表面上的分子恒受到指向_____的拉力,表面张力的方向则是_____。这两个力的方向是_____的。

4.在一定条件下,液体分子间的作用力越大,其表面张力_____。

5.在一定 T、p 下,将一小滴水滴在光滑的某固体表面上,水可迅速地平铺在固体表面上,此铺展过程的 ΔG 与水的表面张力 σ_1,固体的表面张力 σ_s,水-固的界面张力 $\sigma_{1,s}$ 及铺展的面积 $\mathscr{A}$ 之间的关系为 $\Delta G = $ _____;铺展系数 $\varphi = $ _____。

6.弯曲液面的附加压力 Δp 指向_____。

7.空气中的小气泡,其内外气体的压力差在数值上等于_____。

8.物理吸附的作用力是_____力;化学吸附的作用力则是_____力。

9.在一定 T、p 下,将一个边长为 1 dm 的正立方形固体物质,由悬于表面积为 2 m^2 的液面之上状态 a,变到有一半斜浸在液体中的状态 b,再变到只有上表面暴露于气相中的状态 c。a、b、c 所对应的状态如附图所示。固体、液体及固-液的界面张力分别用 $\sigma_{s\text{-}g}$、σ_{1g} 及 $\sigma_{s\text{-}1}$ 表示。ab 过程的 ΔG_1(表) = _____;bc 过程的 ΔG_2(表) = _____;ac 过程的 ΔG_3(表) = _____。

10.亚稳状态包括_____等四种现象,产生这些现象的主要原因是_____。消除亚稳状态最有效的方法是_____。

选择填空题(从每题所附答案中择一正确的填入横线上)

1.在一定 T、p 下,当润湿角 θ _____ 时,液体对固体表面不能润湿;当液体对

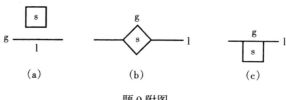

题 9 附图

固体表面的润湿角_____时,液体对固体表面能完全润湿。

选择填入:(a)< 90° (b)> 90° (c)趋近于零 (d)趋近于 180°

2.在相同温度下,同一种液体被分散成不同曲率半径的分散系统,以 p(平)、p(凹)及 p(凸)分别表示平面液体、凹面和凸面液体上的饱和蒸气压,则三者之关系为 p(凸)_____ p(平)_____ p(凹)。

选择填入:(a)> (b)< (c)= (d)二者无一定关系

3.通常称为表面活性剂的物质,是指当其加入少量后就能_____的物质。

选择填入:(a)增加溶液的表面张力 (b)改变溶液的导电能力 (c)显著降低溶液的表面张力 (d)使溶液表面发生负吸附

4.当表面活性剂加入溶液中后,所产生的结果是_____。

选择填入:(a)$(\partial\sigma/\partial c)_T > 0$,负吸附 (b)$(\partial\sigma/\partial c)_T > 0$,正吸附 (c)$(\partial\sigma/\partial c)_T < 0$,正吸附 (d)$(\partial\sigma/\partial c)_T < 0$,负吸附

5.在一定温度下,液体在能被它完全润湿的毛细管中上升的高度反比于_____。

选择填入:(a)大气的压力 (b)固-液的界面张力 (c)毛细管的半径 (d)液体的表面张力

6.弗罗因德利希(Freundlich)的吸附等温式 $\Gamma = n/m = k(p/[p])^n$ 只适用于_____气体的吸附。

选择填入:(a)低压下 (b)中压下 (c)高压下 (d)任意压力范围内

7.朗缪尔(Langmuir)等温吸附理论中最重要的基本假设是_____。

选择填入:(a)气体为理想气体 (b)多分子层吸附 (c)单分子层吸附 (d)固体表面各吸附位置上的吸附能力是不同的

8.在室温、大气压力下,于肥皂水内吹入一个半径为 r 的空气泡,该空气泡的压力为 p_1。若用该肥皂水在空气中吹一半径同样为 r 的气泡,其泡内压力为 p_2,则两气泡内压力的关系为 p_2 _____ p_1。设肥皂水的静压力可忽略不计。

选择填入:(a)> (b)= (c)< (d)二者的大小无一定关系

9.在一定 T、p 下,任何气体在固体表面上的物理吸附过程焓变 ΔH 必然是＿＿＿＿＿,熵变必然是 ΔS ＿＿＿＿＿。

选择填入:(a) > 0　(b) $= 0$　(c) < 0　(d)其值大小无法判定

10.在临界状态下任何物质的表面张力 σ 皆＿＿＿＿＿。

选择填入:(a) > 0　(b) $= 0$　(c) < 0　(d)趋于无限大

简答题

1.在两支水平放置的毛细管中间皆放有一段液体,如附图所示,a 管内的液体对管内壁完全润湿,b 管中的液体对管内壁完全不润湿。若在两管之右端分别加热,管内液体会向哪一端流动?

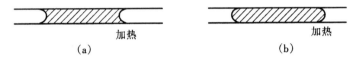

题 1 附图

2.两块光滑的玻璃在干燥的条件下叠放在一起,很容易上下分开。在两者之间放些水,水能润湿玻璃,如附图所示,若使上下分开却很费劲,这是什么原因?

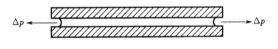

题 2 附图

3.在一定的温度和大气压力下,半径均匀的毛细管下端有两个大小不等的圆球形气泡,如图所示,试问在活塞 C 关闭的情况下,将活塞 A、B 打开,两气泡内的气体相通之后,将会发生什么现象?

4.在一个底部为光滑平面、抽成真空的玻璃容器中,放有大小不等的圆球形小汞滴,如附图所示。试问经长时间的恒温放置之后,将会出现什么现象?

5.在大的容器中静止的液面为何都是水平面?

6.试用杨氏方程说明表面活性剂为什么可提高溶液对固体表面的润湿程度?

7.朗缪尔等温吸附理论的要点(基本假设)是什么?

8.物理吸附及化学吸附有哪些区别?

9.表面活性剂分子结构有何特征?它在溶液本体及表面层如何分布?

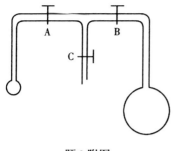

题 3 附图

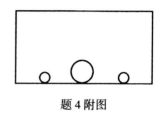

题 4 附图

习　　题

7-1(A)　在 20℃、101.325 kPa 下,将半径为 10^{-3} m 的汞滴分散成半径为 10^{-9} m 的小汞滴,试求此过程的表面吉布斯函数变为若干? 已知 20℃时汞的表面张力 $\sigma_{l \cdot g} = 0.470$ N·m^{-1}。

答:5.906 J

7-2(A)　已知 20℃时的水-乙醚、乙醚-汞及水-汞的界面张力分别为 0.0107、0.379 及 0.375 N·m^{-1}。若在乙醚-汞的界面上滴一滴水,试计算在上述条件下,水对汞面的润湿角,并画出示意图。

答:$\theta = 68.05°$

7-3(A)　已知 100℃时水的表面张力为 0.058 85 N·m^{-1}。假设在 100℃的水中存在一个半径为 10^{-8} m 的小气泡和在 100℃的空气中存在一个半径为 10^{-8} m 的小水滴。试求它们所承受的附加压力各为若干?

答:11.770×10^3 kPa

7-4(A)　20℃时,水的饱和蒸气压为 2.337 kPa,水的密度为 998.3 kPa·m^{-3},表面张力为 72.75×10^{-3} N·m^{-1}。试求 20℃时,半径为 10^{-9} m 的小水滴的饱和蒸气压为若干?

答:6.863 kPa

7-5(A)　用毛细管上升法可测定液体的表面张力。在一定温度下,某液体的密度 $\rho = 0.790$ g·cm^3,在半径 $r = 0.235 \times 10^{-3}$ m 的玻璃毛细管中上升的高度 $h = 2.56 \times 10^{-2}$ m,假设该液体可完全润湿毛细管的内壁,求液体的表面张力。

答:23.3 mN·m^{-1}

7-6(B) 在一定温度下,容器中加入适量的完全不互溶某油类和水。将一支半径为 r 的毛细管垂直固定在油-水界面之间,如附图(a)所示,已知水能润湿毛细管,油则不能。在与毛细管同样性质的玻璃板滴一滴水,再在水上覆盖一层油,这时水对玻璃的润湿角为 θ,如图(b)所示。油和水的密度分别为 $\rho_{油}$ 和 $\rho_{水}$,图中 A—A 为油-水界面,油层的深度为 h'。试导出水在毛细管中上升的高度 h 与油-水界面张力 $\sigma_{o\text{-}w}$ 之间的定量关系式。

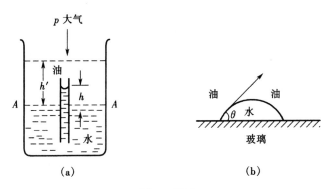

(a)　　　　　　　　　　(b)

题 7-6 附图

7-7(A) 20℃时,水和汞的表面张力分别为 72.8×10^{-3} N·m^{-1} 及 483×10^{-3} N·m^{-1},而汞-水的界面张力为 375×10^{-3} N·m^{-1}。试问水能否在汞的表面上铺展?

7-8(B) 在一定温度下,各种饱和脂肪酸(如丙酸)水溶液的表面张力 $\sigma_{l\text{-}g}$ 与溶质 B 的浓度 c_B 之间的关系可表示为

$$\sigma_{l\text{-}g} = \sigma_0 - a\ln(bc_B + 1)$$

式中 σ_0 为同温度下纯水的表面张力,a 和 b 为与溶质、溶剂性质及温度有关的系数。试由上式求出该溶液中溶质 B 的表面吸附量 Γ_B 与 c_B 间的关系式及 B 的饱和吸附量 $\Gamma_\infty(B)$ 的计算式。

7-9(B) 在一定温度下,若溶质 B 在其水溶液表面的吸附既服从与朗缪尔吸附等温式类似的经验式 $\Gamma_B = ac_B/(1 + bc_B)$ 又服从吉布斯吸附公式 $\Gamma_B = -(c_B/RT)(\partial\sigma/\partial c_B)_T$,试证明:

(a)在一定温度下,此溶液的表面张力 σ 与 $\ln(1 + bc_B)$ 呈直线关系;

(b)当溶液足够稀时,σ 与 c_B 呈直线关系。上式中 a、b 皆为与溶质、溶剂的性质及温度的高低有关的系数。

7-10(A) 在 20℃及大气压力下,将一滴水滴在面积 $\mathscr{A} = 1 \times 10^{-3}$ m^2 的 Hg(l)

的表面上,能否铺展? 若小水滴的表面积与 $\mathscr{A}$ 相比可忽略不计,此过程的表面吉布斯函数变为若干? 已知 20℃ 时水、Hg(1) 表面及 Hg-H$_2$O(1) 界面的张力分别为 72.25×10^{-3} N·m^{-1},470×10^{-3} N·m^{-1} 及 375×10^{-3} N·m^{-1}。

答:$\Delta_{T,p}G(\text{表}) = -2.225 \times 10^{-5}$ J

7-11(B) 已知在 351.45 K,用焦炭吸附 NH$_3$ 气时测得如下数据:

$p(\text{NH}_3)/\text{kPa}$	0.722 4	1.307	1.723	2.898	3.931	7.528	10.102
$\Gamma/(\text{dm}^3 \cdot \text{kg}^{-1})$	10.2	14.7	17.3	23.7	28.4	41.9	50.1

不同压力下平衡吸附量的体积为标准状况下的体积。试用图解法求方程 $\Gamma = V/m = k(p/[p])^n$ 中常数项 n 及 k 各为若干?

答:$n = 0.603, k = 12.4$ dm$^3 \cdot$ kg^{-1}

7-12(B) 恒温 291.15 K 时,用血炭从含苯甲酸的苯溶液中吸附苯甲酸,实验测得每千克血炭吸附苯甲酸的物质的量 n/m 与苯甲酸平衡浓度 c 的数据如下表:

$c/(\text{mol} \cdot \text{dm}^{-3})$	2.82×10^{-3}	6.17×10^{-3}	2.57×10^{-2}	5.01×10^{-2}	0.121	0.282	0.742
$(n/m)/(\text{mol} \cdot \text{kg}^{-1})$	0.269	0.355	0.631	0.776	1.21	1.55	2.19

将弗罗因德利希吸附等温式改写成
$$\Gamma = n/m = k\{c/(\text{mol} \cdot \text{dm}^{-3})\}^n$$
上式即可用于固体吸附剂从溶液中吸附溶质的计算。试求此方程式中的常数项 n 及 k 各为若干?

答:$n = 0.38, k = 2.51$ mol·kg^{-1}

7-13(B) 473.15 K 时,测定氧在某催化剂表面上的吸附作用。当平衡压力分别为 101.325 kPa 及 1 013.25 kPa 时,每千克催化剂的表面吸附氧的体积分别为 2.5 $\times 10^{-3}$ m^3 及 4.2×10^{-3} m^3(已换算为标准状况下的体积)。假设该吸附作用服从朗缪尔公式,试计算当氧的吸附量为饱和吸附量 Γ_∞ 的一半时,氧的平衡压力为若干?

答:82.81 kPa

7-14(A) 在 273.15 K 及 N$_2$ 的不同平衡压力下,实验测得 1 kg 活性炭吸附 N$_2$ 气的体积 V 数据(已换算成标准状况)如下:

p/kPa	0.524 0	1.730 5	3.058 4	4.534 3	7.496 7
V/dm^3	0.987	3.043	5.082	7.047	10.310

试用作图法求朗缪尔吸附等温式中的常数 k 及 Γ_∞。

$$\text{答}: b = 0.054 \text{ kPa}^{-1}, \Gamma_\infty = 35.7 \text{ dm}^3 \cdot \text{kg}^{-1}$$

7-15(A) 在 291.15 K 的恒温条件下,用骨炭从醋酸的水溶液中吸附醋酸,在不同的平衡浓度下,每千克骨炭吸附醋酸的物质的量如下:

$10^3 c/(\text{mol} \cdot \text{dm}^{-3})$	2.02	2.46	3.05	4.10	5.81	12.8	100	200	500
$\Gamma/(\text{mol} \cdot \text{kg}^{-1})$	0.202	0.244	0.299	0.394	0.541	1.05	3.38	4.03	4.57

将朗缪尔吸附等温式改写成下式:

$$1/\Gamma = 1/\Gamma_\infty + 1/(b\Gamma_\infty c)$$

即可用于固态吸附剂从溶液中吸附溶质的吸附量的计算。式中 c 为溶质的浓度。试根据题给数据以 $1/\Gamma$ 对 $1/c$ 作图,求常数项 Γ_∞ 及 b 各为若干?

$$\text{答}: \Gamma_\infty = 5.26 \text{ mol} \cdot \text{kg}^{-1}, b = 19.8 \text{ dm}^3 \cdot \text{mol}^{-1}$$

7-16(B) 19℃时,丁酸溶液的表面张力 σ 与丁酸浓度 c 的函数关系可表示为 $\sigma = \sigma_0 - a\ln(1 + bc)$。式中 σ_0 为 19℃时水的表面张力,常数项: $a = 13.1 \times 10^{-3}$ N·m^{-1}, $b = 19.62 \text{ dm}^3 \cdot \text{mol}^{-1}$。由上式可知,19℃时

$$d\sigma/dc = -ab/(1 + bc)$$

试求当 c 足够大时,$bc \gg 1$,这时的表面吸附量 $\Gamma = \Gamma_\infty = a/RT$。假设丁酸在表面层呈单分子层吸附,试求 Γ_∞ 及每个丁酸分子的截面积各为若干?

$$\text{答}: \Gamma_\infty = 5.393 \times 10^{-6} \text{mol} \cdot \text{m}^{-2}, \mathscr{A} = 30.79 \times 10^{-20} \text{ m}^2$$

第八章　化学动力学基础

化学热力学能够准确地预言一个化学反应在指定条件下进行的方向、限度问题。但是，化学热力学只研究状态的变化或平衡，而不考虑化学反应的具体步骤及达到一定反应进度所需的时间。这个任务则由化学动力学来解决。

化学动力学主要是研究浓度、压力、温度、催化剂等各种因素对反应速率的影响以及反应的进行要经过哪些具体的步骤，即所谓反应机理（又称为历程）。所以，化学动力学是研究化学反应速率和反应机理的学科。

通过化学动力学的研究，可知如何控制反应条件、提高主反应的速率、抑制或减慢副反应的速率，以减少原料的消耗、减轻分离操作的负担、提高产品的产量和质量；还可以提供如何避免危险品的爆炸、材料的腐蚀、产品的老化和变质等方面的知识。

本章主要讨论反应速率方程、反应速率与反应机理的关系、反应速率理论、多相反应、光化学及催化作用等化学动力的基础知识。

§8-1　反应速率的定义及测定

1.反应速率的定义

任一反应的化学计量式可表示为

$$0 = \sum_B \nu_B B$$

上式只表示初始反应物与最终产物的计量关系，中间产物一般不出现在式中。如果反应步骤中有中间产物，而且随反应的进行中间产物的浓度逐渐变大，反应将不符合总的计量式。这类反应称为**依时计量学反应**。若反应不存在中间产物，或虽有中间产物，但其浓度甚小，可忽略不计,则反应在整个反应过程中均符合反应总的计量式。这类反应则称为**非依时计量学反应**。对于非依时计量学反应,其反应进度的定义为

$$d\xi \stackrel{\text{def}}{=\!=\!=} dn_B / \nu_B$$

转化速率 $\dot{\xi}$ 的定义为

$$\dot{\xi} = d\xi / dt = (dn_B / dt) / \nu_B \tag{8-1-1}$$

即用单位时间内发生的反应进度来定义**转化速率**。其单位为 $\text{mol} \cdot \text{s}^{-1}$。对于非依时计量反应,转化速率的大小与用来表示速率的物质 B 的选择无关,但与化学计量式的写法有关,故用上式时必须指明化学反应式。

除此之外,对于恒容反应,更常使用参加反应各物质的浓度随时间的变化率来定义反应的速率,即

$$v = d\xi / V dt = dn_B / (\nu_B V dt) \tag{8-1-2}$$

对于恒容反应,$dn_B / V = dc_B$,故上式可变为

$$v = (1/\nu_B)(dc_B / dt) \tag{8-1-3}$$

在体积 V 恒定的条件下,对于指定的反应计量式,反应速率 v 的数值与物质 B 的选择无关。为了研究方便,常采用**某指定反应物 A 的消耗速率**

$$v_A = -dc_A / dt \tag{8-1-4}$$

或某指定产物 M 的生成速率

$$v_M = dc_M / dt \tag{8-1-5}$$

反应物 A 或 B 不断消耗,dc_A 或 dc_B 皆为负值,为使反应速率为正值,故在 dc_A 或 dc_B 前面加一负号。如果参加反应各物质的化学计量数不同,v_A 和 v_M 的数值则不相同,常用下角标注明,以免混淆。

对于非依时计量学的恒容反应

$$v = (1/\nu_A)(dc_A / dt) = (1/\nu_B)(dc_B / dt)$$
$$= (1/\nu_L)(dc_L / dt) = (1/\nu_M)(dc_M / dt)$$

即

$$v = -v_A / \nu_A = -v_B / \nu_B = v_L / \nu_L = v_M / \nu_M \tag{8-1-6}$$

例如:反应 $N_2(g) + 3H_2(g) \Longrightarrow 2NH_3(g)$

$$v = \frac{-dc(N_2)}{dt} = \frac{-dc(H_2)}{3dt} = \frac{dc(NH_3)}{2dt}$$

2.反应速率的测定

对于在 T、V 恒定条件下的某均相反应,由实验测出各不同时间 t 时反应物 A 的浓度 c_A,或产物 M 的浓度 c_M,则可绘出如图 8-1-1 所示的 c—t 曲线。某时间 t 时曲线的斜率 $-dc_A/dt$ 及 dc_M/dt,分别为反应物 A 的消耗速率和产物 M 的生成速率。由此可见,反应速率的测定,实际就是测定在各个不同时间 t 时任一反应组分的浓度问题。浓度的测定有化学法和物理法之分。

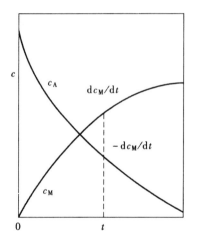

图 8-1-1 反应物或产物的 c—t 曲线

1)化学法

采用化学分析测定不同时间 t 时,对应的参加反应某物质 B 的浓度,关键在于必须将所取出的样品立即"冻结",使反应停止。冻结的方法有冲淡试样、骤然降温或除去催化剂等。化学法的设备简单,可直接测得不同时间的浓度,但操作较繁,若反应冻结的方法应用不当,将会产生较大的偏差。

2)物理法

此法的根据是,随着反应的进行,若反应物或产物的某一物理性质(如压力、体积、折射率、电导率、旋光度……)有明显的变化,并且该物理量与反应系统中某物质的浓度呈线性关系。测出该物理量与时间的关系,就可换算出浓度与时间的关系。物理法不必中止(冻结)反应,可以在反应器内进行连续测定,测量方法快速方便,但需较昂贵的测试装置。

§8-2 化学反应的速率方程

表示反应速率和浓度等参数之间关系，或表示浓度等参数和时间之间关系的方程式，称为**化学反应**的**速率方程**，或**动力学方程**。

一般化学反应的计量式只能表示反应的始末状态，不能表示反应所经历的具体历程。从微观上看，一个化学反应往往要经过若干个简单的反应步骤，反应物分子才最后转化为产物分子。每一个简单的反应步骤，称之为**基元反应**。基元反应是组成一切化学反应的基本单元。反应机理(或反应历程)一般是指该反应是由哪些基元反应组成的。

例如，反应 $H_2(g) + I_2(g) \longrightarrow 2HI(g)$，有人认为此反应由下列几个简单反应步骤组成：

(1) $I_2(g) + M^0 \longrightarrow I\cdot + I\cdot + M_0$

(2) $H_2(g) + I\cdot + I\cdot \longrightarrow HI + HI$

(3) $I\cdot + I\cdot + M_0 \longrightarrow I_2(g) + M^0$

式中 M 代表气相中存在的 H_2、$I_2(g)$ 等分子；$I\cdot$ 代表自由原子碘，旁边的黑点"·"表示未配对的价电子。式(1)表示 $I_2(g)$ 分子与动能足够大的 M^0 分子相碰撞，生成两个很活泼的 $I\cdot$ 和一个能量较低的 M_0 分子；式(2)的两个 $I\cdot$ 和一个 H_2 三个粒子同时相碰在一起，称为三体碰撞，生成两个 $HI(g)$ 分子；式(3)为两个 $I\cdot$ 与能量甚低的 M_0 粒子相碰撞，将过剩的能量迅速地传递给它，使其变为能量较高的 M^0 分子，自己又变成稳定的 $I_2(g)$ 分子。上述每个简单的反应步骤，都是一个基元反应，总反应为非基元反应。

1.基元反应的速率方程——质量作用定律

按参加基元反应的反应物分子数的多少，基元反应可分为单分子反应、双分子反应和三分子反应。

1)单分子反应

经过碰撞而活化的单个分子所进行的热分解反应或异构化反应，为**单分子反应**，可表示为

$$A \longrightarrow D + \cdots$$

其反应速率与反应物的浓度 c_A 成正比,即

$$- dc_A/dt = kc_A$$

式中 k 称为**速率系数**,其物理意义为,当 $c_A = 1\ mol \cdot dm^{-3}$(或 $1\ mol \cdot m^{-3}$)时的反应速率。

2)双分子反应

两个能量足够大的分子相碰撞就能发生的反应,称为**双分子反应**。参加反应的两个分子,可以是同类分子,也可以是异类分子,可表示为

$$A + A \longrightarrow D(代表产物)$$

或
$$A + B \longrightarrow D$$

双分子反应的速率与反应物浓度的乘积成正比,可表示为

$$- dc_A/dt = kc_A^2$$

或
$$- dc_A/dt = kc_A c_B$$

3)三分子反应

三个动能足够大的分子(或自由原子和自由基)同时碰撞在一起才能发生的反应,称为**三分子反应**。三个分子既可以是同类分子,也可以是异类分子。例如基元反应:

$$A + A + A \longrightarrow D$$

或
$$A + B + C \longrightarrow D$$

皆为三分子反应。反应速率方程可分别表示为

$$- dc_A/dt = kc_A^3 \text{ 或 } - dc_A/dt = kc_A c_B c_C$$

基元反应的分子数是个微观的概念,其值只能是 1、2 及 3 这三个正整数。绝大多数的基元反应为双分子反应;在分解反应和异构化反应中可能出现单分子反应;三分子反应的数目更少,一般只出现在自由原子或自由基的复合反应中。从分子运动论的观点看,四个具有一定能量条件的分子同时碰撞一起的机会是极小的,所以还没有发现有大于三个分子的基元反应。

基元反应的速率与各反应物浓度的幂乘积成正比,其中各浓度的方次为反应方程中相应组分的化学计量数(取正值),这就是**质量作用**

定律。它只适用于基元反应。对于不知道反应机理的非基元反应,其速率方程只能由动力学实验测定。

2.速率方程的一般形式

对于任一恒温恒容反应

$$0 = \nu_A A + \nu_B B + \cdots + \nu_L L + \nu_M M$$

由实验数据得出的经验速率方程,一般可写成反应组分浓度幂乘积的形式,即

$$v_A = -dc_A/dt = k_A c_A^\alpha c_B^\beta \cdots \qquad (8\text{-}2\text{-}1)$$

式中各浓度的方次数 α 和 β 等,分别称为反应组分 A 和 B……的分级数。**反应的总级数 n 为各反应组分分级数的代数和:**

$$n = \alpha + \beta + \cdots \qquad (8\text{-}2\text{-}2)$$

反应级数的大小表示浓度对反应速率影响的程度,级数愈大,浓度对反应速率的影响愈大。对于某些非基元反应,其速率方程中有时也可能出现产物的浓度。

3.反应速率系数

式(8-2-1)中比例系数 k_A,为用 $-dc_A/dt$ 表示反应速率时的速率系数。对于在一定温度下的指定反应,速率系数 k_A 为一定值,它代表参加反应的各有关组分的浓度皆为单位浓度时的反应速率,是反应本身的基本属性,故又称为**反应的比速率**。k 值的大小与反应物浓度或压力的大小无关。对于不同级数的反应,k 具有不同的单位。

应当注意,如式(8-1-6)所示,用不同反应组分的浓度随时间的变化率所表示的反应速率,其数值与相应的化学计量数成正比。因此,速率系数也必须具有相同的对应关系,即

$$k_A/(-\nu_A) = k_B/(-\nu_B) = k_L/\nu_L = k_M/\nu_M \qquad (8\text{-}2\text{-}3)$$

例如:对于某基元反应

$$A + 2B \longrightarrow 3D$$

由质量作用定律可知:

$$v_A = -dc_A/dt = k_A c_A c_B^2; v_B = -dc_B/dt = k_B c_A c_B^2; v_D = k_D c_A c_B^2$$

因为

$$v_A = v_B/2 = v_D/3$$

所以 $$k_A = k_B/2 = k_D/3$$

因此,在化学计量系数不等,容易出现混淆时,k 的下标不可忽略。

4. 反应级数与反应分子数

前已述及,基元反应的分子数是微观概念,其值只能是 1、2、3 这三个正整数。反应级数是实验测定的速率方程中反应组分浓度的方次数,是宏观概念,其值可以是正的也可以是负的,可以是整数、分数或零。一般说来,对于基元反应,几分子反应就是几级反应,如单分子反应为一级反应,双分子反应为二级反应。但是,在双分子反应 A + B ——→D 中,若 $c_B \gg c_A$,即 B 保持大量过剩时,c_B 可近似当做常量,则

$$- dc_A/dt = kc_Bc_A \approx k'c_A$$

其中 $k' = kc_B$。这样的二级反应可近似按一级反应处理,称其为**准一级反应**。

反应分子数的概念仅适用于基元反应,对于非基元反应,绝不能根据其化学反应计量式而断言其反应分子数为若干。例如,非基元反应: $H_2(g) + Cl_2(g) ——→ 2HCl(g)$,若说其反应分子数为 2,那就错了。

对于非基元反应,各反应组分分级数的大小与其相应的计量系数毫无关系。也就是说,对于某指定的化学反应,其反应级数不因化学反应计量式的写法不同而发生变化。

应当指出,只有速率方程具有式(8-2-1)形式的反应才有反应级数可言。有些反应机理复杂的反应,无法说其反应级数为若干。

§8-3 速率方程的积分式

反应的速率方程皆为微分式,这种微分式能特别明显地表示出各反应组分浓度对反应速率影响的程度,也便于对反应进行理论分析。但是在指定的时间内,某一反应组分的浓度将变为若干? 或某反应物达到一定的转化率,反应需要进行多长时间? 要解决这类问题,则需将速率方程的微分式变成积分式。本节只讨论具有简单级数的速率方程积分式。

1.零级反应

若某一反应的反应速率与反应物浓度的零次方成正比,该反应称为**零级反应**。即

$$-dc_A/dt = kc_A^0 = k \qquad (8\text{-}3\text{-}1)$$

所以零级反应实际上就是反应速率与反应物浓度无关的反应。一些光化学反应速率只与光的强度有关,当光的强度一定时,其反应速率为定值,不随反应物浓度的变小有所变化,故为零级反应。

式(8-3-1)可改写成 $-dc_A = kdt$,积分可得

$$c_{A,0} - c_A = kt \qquad (8\text{-}3\text{-}2)$$

上式可称为零级反应的动力学方程。它表明反应经过 t 时刻,反应物 A 的浓度由 $c_{A,0}$ 变到 c_A。由上式可知零级反应有如下特征:

(1)反应物的浓度与反应时间成直线关系,如图 8-3-1 所示,直线的斜率 $= -k/[k]$,$[k]$ 表示 k 的单位,

(2)零级反应的速率系数与反应速率具有相同的单位,即 $[k] = [v] = [c][t]^{-1}$,一般可表示为 $mol \cdot dm^{-3} \cdot s^{-1}$。

(3)某反应物浓度消耗掉一半所需的时间称为该反应物的**半衰期**,用符号 $t_{1/2}$ 表示。对于零级反应,当 $c_A = c_{A,0}/2$ 时,由式(8-3-2)可知:

$$kt_{1/2} = c_{A,0} - c_{A,0}/2 = c_{A,0}/2$$

或

$$t_{1/2} = c_{A,0}/2k \qquad (8\text{-}3\text{-}3)$$

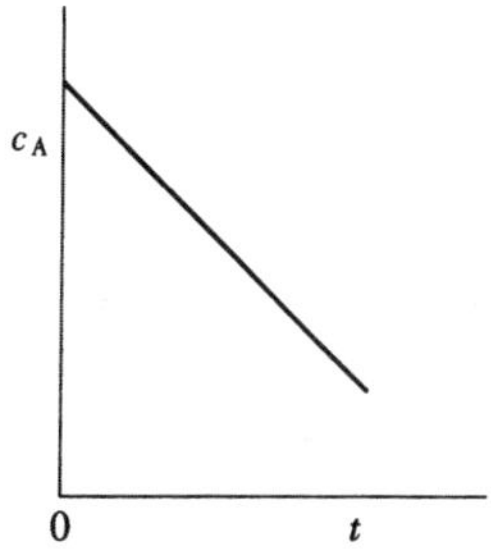

图 8-3-1 零级反应的
直线关系

上式表明,零级反应的半衰期与反应物的起始浓度成正比。

凡具有上述三个特点之一的反应,必为零级反应。

2.一级反应

反应速率与反应物浓度一次方成正比的反应称为**一级反应**,即

$$-dc_A/dt = kc_A$$

上式可改写为

$$kdt = -dc_A/c_A = -d\ln c_A$$

上式积分可得

$$kt = \ln(c_{A,0}/c_A) \qquad (8\text{-}3\text{-}4)$$

式中 $c_{A,0}$ 为 $t = 0$ 时反应物 A 的起始浓度，c_A 为任意时刻 t 反应物 A 的浓度。上式也可写成

$$c_A = c_{A,0}e^{-kt} \qquad (8\text{-}3\text{-}5)$$

或

$$\ln(c_A/[c]) = -kt + \ln(c_{A,0}/[c]) \qquad (8\text{-}3\text{-}6)$$

组分 A 的**转化率** x_A 定义为

$$x_A \overset{\text{def}}{=\!=\!=} (c_{A,0} - c_A)/c_{A,0} \qquad (8\text{-}3\text{-}7)$$

由上式可知：$c_A = c_{A,0}(1 - x_A)$，将此式代入式(8-3-4)，得

$$t = -(1/k)\ln(1 - x_A) \qquad (8\text{-}3\text{-}8)$$

由上述关系可知，一级反应具有下列明显的特征：

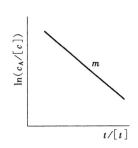

图 8-3-2　一级反应的
直线关系

(1) 由式(8-3-6)可知，$\ln(c_A/[c])$ 与 $t/[t]$ 成直线关系，如图 8-3-2 所示。由直线的斜率 m，可求出速率系数 k，即

$$k = -m[k]$$

(2) 一级反应 k 的单位：$[k] = [$时间$]^{-1}$，如 $[k] = s^{-1}$。

(3) 一级反应反应物 A 的半衰期与 A 的起始浓度 $c_{A,0}$ 的大小无关。由式(8-3-4)可知，当 $c_A = c_{A,0}/2$ 时所需的时间

$$t_{1/2} = \ln 2/k$$

(4) 由式(8-3-8)可知，一级反应达到一定的转化率 x_A 所需的时间与 $c_{A,0}$ 的大小无关。也就是说，在相同的时间间隔内，一级反应反应物 A 反应掉的百分数为定值(即与 $c_{A,0}$ 的大小无关)。

上述每一个特征皆可用来鉴别某反应是否为一级反应。

例 8.3.1　在 T、V 恒定的条件下，反应

$$A \longrightarrow 产物$$

A 的初始浓度 $c_{A,0} = 1 \ mol \cdot dm^{-3}$。$t = 0$ 时反应的初速率 $v_{A,0} = 0.001 \ mol \cdot dm^{-3} \cdot s^{-1}$。假定该反应:(a)为零级;(b)为一级反应。试分别计算反应的速率系数 k、半衰期 $t_{1/2}$ 及反应到 $c_A = 0.1 \ mol \cdot dm^{-3}$ 时所需的时间各为若干?

解:

(a)假设为零级反应

$t = 0$ 时 $v_{A,0} = k_A = 0.001 \ mol \cdot dm^{-3} \cdot s^{-1}$

$$t_{1/2}(A) = c_{A,0}/(2k_A) = 1 \ mol \cdot dm^{-3}/(2 \times 0.001 \ mol \cdot dm^{-3} \cdot s^{-1}) = 500 \ s$$

反应到 $c_A = 0.1 \ mol \cdot dm^{-3}$ 时所需的时间

$$t = \frac{c_{A,0} - c_A}{k_A} = \frac{(1 - 0.1) \ mol \cdot dm^{-3}}{0.001 \ mol \cdot dm^{-3} \cdot s^{-1}} = 900 \ s$$

(b)假设为一级反应

$t = 0$ 时,$v_{A,0} = k_A c_{A,0}$

$$k_A = v_{A,0}/c_{A,0} = 0.001 \ mol \cdot dm^{-3} \cdot s^{-1}/(1 \ mol \cdot dm^{-3}) = 0.001 \ s^{-1}$$

$$t_{1/2}(A) = \ln 2/k = \ln 2/0.001 \ s^{-1} = 693.1 \ s$$

反应达到 $c_A = 0.1 \ mol \cdot dm^{-3}$ 所需的时间

$$t = \frac{1}{k_A} \ln \frac{c_{A,0}}{c_A} = \frac{1}{0.001 \ s^{-1}} \ln \frac{1}{0.1} = 2\ 303 \ s$$

例 8.3.2 在一个 T、V 恒定及抽成真空的容器中,放入物质的量为 n_0 的理想气体 A_3,进行下列一级热分解反应:$A_3(g) \longrightarrow 3A(g)$。反应之前系统中 A_3 的初压力为 p_0、初浓度为 c_0,随着反应的进行,通过实验可以测出一系列不同时间 t 时系统的总压 p_t。假设此反应经过足够长时间,A_3 可以完全分解成 $A(g)$,这时的总压力用 p_∞ 表示。试导出用压力 p_t 及 p_∞ 表示的一级完全反应的动力学方程式。

解:由题给条件可知,反应

$$\begin{array}{ccc} & A_3(g) \xrightarrow{\ T、V \ 一定\ } & 3A(g) \\ t = 0 & n_0, c_0, p_0 & 0 \\ 任意时刻\ t & n, p, c & 3(n_0 - n), 3(p_0 - p) \\ t = \infty & 0 & 3n_0, p_\infty = 3p_0 \end{array}$$

$$p_0 = n_0 RT/V = c_0 RT$$

t 时刻 $A_3(g)$ 的分压力 $\quad p = nRT/V = cRT$

$$p_\infty = 3n_0 RT/V = 3c_0 RT$$

t 时刻系统的总压 $\quad p_t = \{n + 3(n_0 - n)\}RT/V = (3n_0 - 2n)RT/V$

$$p_\infty - p_0 = 3c_0 RT - c_0 RT = 2c_0 RT$$
$$p_\infty - p_t = \{3n_0 - (3n_0 - 2n)\} RT/V = 2cRT$$

则
$$k(A_3)t = \ln\frac{c_0}{c} = \ln\frac{p_0}{p} = \ln\frac{p_\infty - p_0}{p_\infty - p_t}$$

上式中：c_0、p_0 为 $A_3(g)$ 初始浓度和压力；c、p 分别为 t 时刻 $A_3(g)$ 浓度和分压力。

若以 $\ln\{(p_\infty - p_t)/[p]\}$ 对于 t 作图，可得一直线，由该直线的斜率 m，可求得用 A_3 表示的速率系数 $k(A_3)$，即

$$k(A_3) = -m[k]$$

例8.3.3 N_2O_5 在惰性溶剂 CCl_4 中的分解反应是一级反应：

$$N_2O_4(溶液)$$

$$N_2O_5(溶液) \Longrightarrow 2NO_2(溶液) + 0.5O_2(g)$$

分解产物 NO_2 及 N_2O_4 均溶于溶液中，而 $O_2(g)$ 则逸出。在 T、p 一定时，用量气管测定任意时间 t 时 $O_2(g)$ 的体积 V_t，以确定反应之进程。

恒温40℃时进行实验，当 O_2 的体积 $V_0 = 10.75 \times 10^{-3}\ dm^3$ 时开始计时（$t = 0$）。当 $t = 2\,400\ s$ 时 O_2 体积 $V_t = 29.65 \times 10^{-3}\ dm^3$。经过很长时间，$N_2O_5$ 完全分解时（$t = \infty$），O_2 的体积 $V_\infty = 45.50 \times 10^{-3}\ dm^3$。试求此反应的速率系数和 N_2O_5 的半衰期。

解： 对于一级反应，$kt = \ln(c_{A,0}/c_A)$。由反应式可知 1 mol 的 N_2O_5 分解必逸出 0.5 mol 的 $O_2(g)$。可通过 O_2 的体积来表示 $c_{A,0}/c_A$。

$$N_2O_5(溶液) \xrightarrow[T,p\ 一定]{CCl_4\ 溶液} 2NO_2 + 0.5O_2(g)$$

$t = 0$	$n_{A,0}$	$\Downarrow$	$n_{B,0}, V_0$
t	n_A	N_2O_4	n_B, V_t
$t = \infty$	0		n_g, V_∞

A 和 B 分别代表 N_2O_5 和 O_2，n_g 代表 $t = \infty$ 时 $O_2(g)$ 的物质的量。

任意时刻 t 时
$$n_B = n_{B,0} + 0.5(n_{A,0} - n_A)$$
$$V_t = [n_{B,0} + 0.5(n_{A,0} - n_B)]RT/p$$
$$V_0 = n_{B,0}RT/p$$

$t = \infty$ 时
$$n_g = n_{B,0} + 0.5n_{A,0}$$
$$V_\infty = (n_{B,0} + 0.5n_{A,0})RT/p$$

所以 $\qquad V_\infty - V_0 = 0.5 n_{A,0} RT/p$

$$V_\infty - V_t = 0.5 n_A RT/p$$

因为 $\qquad c_{A,0}/c_A = n_{A,0}/n_A = (V_\infty - V_0)/(V_\infty - V_t)$

所以,用溶液中 N_2O_5 浓度的变化来表示反应速率的速率系数,即

$$k(N_2O_5) = \frac{1}{t}\ln\frac{c_{A,0}}{c_A} = \frac{1}{t}\ln\frac{V_\infty - V_0}{V_\infty - V_t} = \frac{1}{2\,400\text{ s}}\ln\frac{(45.50 - 10.75)\times 10^{-3}}{(45.50 - 29.65)\times 10^{-3}}$$

$$= 3.271 \times 10^{-4}\text{ s}^{-1}$$

N_2O_5 的半衰期:

$$t_{1/2} = \ln 2/k = 2\,119\text{ s}$$

3.二级反应

反应速率与反应物浓度的平方(或两种反应物浓度的乘积)成正比的反应称为**二级反应**。只讨论下列两种情况。

1)只有一种反应物

例如反应 $\qquad a\text{A} \longrightarrow \text{D} + \text{C}$

速率方程为

$$-\mathrm{d}c_A/\mathrm{d}t = k_A c_A^2$$

上式改写为 $\qquad k_A\int_0^t \mathrm{d}t = -\int_{c_{A,0}}^{c_A}(1/c_A^2)\mathrm{d}c_A$

积分可得

$$k_A t = 1/c_A - 1/c_{A,0} \qquad\qquad (8\text{-}3\text{-}9)$$

2)有两种反应物

例如反应 $\qquad a\text{A} + b\text{B} \longrightarrow \text{D} + \cdots$

速率方程为

$$-\mathrm{d}c_A/\mathrm{d}t = k_A c_A c_B$$

若反应物的起始浓度配料比等于反应的计量比,反应过程中任意时刻 c_A/c_B 始终为定值,即

$$c_A/c_B = c_{A,0}/c_{B,0} = a/b$$

故 $\qquad -\mathrm{d}c_A/\mathrm{d}t = k_A(b/a)c_A^2 = k'_A c_A^2$

上式积分可得

$$k'_A t = 1/c_A - 1/c_{A,0} \qquad\qquad (8\text{-}3\text{-}10)$$

上式中 $k'_A = k_A b/a$，所以 $k_A = k'_A a/b$。

式(8-3-9)和式(8-3-10)均可简写成下式：

$$kt = 1/c - 1/c_0 \qquad (8\text{-}3\text{-}11)$$

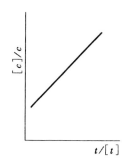

由上式可知二级反应具有如下三个特征：

(1) $[c]/c$ 对 $t/[t]$ 作图为一直线，如图 8-3-3 所示。直线斜率为

$$m = k/[k]$$

(2) 二级反应 k 的单位，即

$[k] = [浓度 \times 时间]^{-1}$，一般可表示为 $mol^{-1} \cdot dm^3 \cdot s^{-1}$。

(3) 若反应为二级完全反应（即 $t = \infty$ 时，$c_A = 0$ 的反应），反应物 A 达到任一转化率 x_A

图 8-3-3　二级反应的直线关系

所需的时间，由式(8-3-9)可知

$$t = \frac{1}{k_A}\left[\frac{1}{c_{A,0}(1-x_A)} - \frac{1}{c_{A,0}}\right] = \frac{x_A}{k_A c_{A,0}(1-x_A)} \qquad (8\text{-}3\text{-}12)$$

$x_A = 1/2$ 时所需的时间即为 A 的半衰期，即

$$t_{1/2}(A) = 1/(k_A c_{A,0}) \qquad (8\text{-}3\text{-}13)$$

所以，二级反应达到一定转化率所需要的时间或 $t_{1/2}$ 皆与起始浓度成反比。

凡具有上述三个特征之一者，均为二级反应。

例 8.3.4　由氯乙醇和碳酸氢钠制取乙二醇的反应

$$\begin{array}{c} CH_2OH \\ | \\ CH_2Cl \end{array} + NaHCO_3 \longrightarrow \begin{array}{c} CH_2OH \\ | \\ CH_2OH \end{array} + NaCl + CO_2(g)$$

　　(A)　　　　　　　　　　　　(B)

为二级反应。反应在温度恒定为 355 K 的条件下进行，反应物的起始浓度 $c_{A,0} = c_{B,0} = 1.20 \ mol \cdot dm^{-3}$，反应经过 1.60 h 取样分析，测得 $c(NaHCO_3) = 0.109 \ mol \cdot dm^{-3}$。试求此反应的速率系数 k 及氯乙醇的转化率 $x_A = 95.0\%$ 时所需的时间 t 为若干？

解: 对于此二级反应

$$k = \frac{1}{t} \cdot \frac{c_0 - c}{c_0' c} = \frac{1.20 - 0.109}{1.60 \ \mathrm{h} \times 1.20 \times 0.109 \ \mathrm{mol \cdot dm^{-3}}}$$

$$= 5.21 \ \mathrm{mol^{-1} \cdot dm^3 \cdot h^{-1}}$$

由式(8-3-12)可知，$x_A = 95.0\%$ 时所需的时间

$$t = \frac{x_A}{k_A c_{A,0}(1 - x_A)} = \frac{0.95}{5.21 \times 1.20(1 - 0.95)} \ \mathrm{h} = 3.04 \ \mathrm{h}$$

4. n 级反应

速率方程可以表示为

$$- \mathrm{d}c_A / \mathrm{d}t = k c_A^n \tag{8-3-14}$$

的反应，称为 n 级反应。它可以是只有一种反应物的反应；也可以是反应的起始配料比等于反应计量比的两种(或两种以上的)物质参加的反应；或除反应物 A 之外，其它反应物皆保持大量过剩的反应。在上述不同情况下，n、k 的意义各不相同。式(8-3-14)经整理积分可得

$$kt = \frac{1}{n-1}\left(\frac{1}{c_A^{n-1}} - \frac{1}{c_{A,0}^{n-1}} \right) \tag{8-3-15}$$

只要符合上述条件，除 $n = 1$ 外，各种级数的反应皆可应用上式。

将 $c_A = c_{A,0}/2$ 代入上式，可得反应物 A 的半衰期计算通式：

$$t_{1/2}(\mathrm{A}) = \frac{2^{n-1} - 1}{(n-1)k c_{A,0}^{n-1}} \tag{8-3-16}$$

此式表明，在 T、V 恒定下的指定反应，n、k 皆为定值，A 的半衰期 $t_{1/2}$(A)与 $c_{A,0}^{n-1}$ 成反比。

为了便于应用，现将 0、1、2、3、n 级反应的动力学方程及其特征列于表 8-3-1 中。

5. 用分压力表示的动力学方程

在恒温恒容下，气相反应的动力学方程也可以用反应组分 A 的分压力 p_A 表示，其数学模型与用 c_A 表示完全相同。下面我们推导在指定条件下的同一反应，用压力表示的反应速率系数 k_p 与用浓度表示的速率系数 k_c 之间的定量关系式。假设反应物 A 为理想气体，则

$$p_A = c_A RT$$

在 T、V 恒定时上式对 t 微分，可得

$$-\mathrm{d}p_A/\mathrm{d}t = -RT\mathrm{d}c_A/\mathrm{d}t = RTk_c c_A^n$$
$$= RTk_c(p_A/RT)^n = (RT)^{1-n}k_c p_A^n$$

上式与 $-\mathrm{d}p_A/\mathrm{d}t = k_p p_A^n$ 相比较,可得

$$k_p = k_c(RT)^{1-n} \qquad (8\text{-}3\text{-}17)$$

上式表明,除一级反应外,其它级数反应的 k_p 与 k_c 皆不相等。

表 8-3-1　符合通式 $-\dfrac{\mathrm{d}c_A}{\mathrm{d}t} = kc_A^n$ 的各级反应及其特征

级数	速率方程		特征		
	微分式	积分式	$t_{\frac{1}{2}}$	直线关系	k 的量纲 $[k]$
0	$-\dfrac{\mathrm{d}c_A}{\mathrm{d}t} = k$	$kt = -(c_A - c_{A,0})$	$\dfrac{c_{A,0}}{2k}$	$c_A - t$	(浓度)(时间)$^{-1}$
1	$-\dfrac{\mathrm{d}c_A}{\mathrm{d}t} = kc_A$	$kt = \ln(c_{A,0}/[c]) - \ln(c_A/[c])$	$\dfrac{\ln 2}{k}$	$\ln(c_A/[c]) - t$	(时间)$^{-1}$
2	$-\dfrac{\mathrm{d}c_A}{\mathrm{d}t} = kc_A^2$	$kt = \dfrac{1}{c_A} - \dfrac{1}{c_{A,0}}$	$\dfrac{1}{kc_{A,0}}$	$\dfrac{1}{c_A} - t$	(浓度)$^{-1}$(时间)$^{-1}$
3	$-\dfrac{\mathrm{d}c_A}{\mathrm{d}t} = kc_A^3$	$kt = \dfrac{1}{2}\left(\dfrac{1}{c_A^2} - \dfrac{1}{c_{A,0}^2}\right)$	$\dfrac{3}{2kc_{A,0}^2}$	$\dfrac{1}{c_A^2} - t$	(浓度)$^{-2}$(时间)$^{-1}$
n	$-\dfrac{\mathrm{d}c_A}{\mathrm{d}t} = kc_A^n$	$kt = \dfrac{1}{(n-1)}\left(\dfrac{1}{c_A^{n-1}} - \dfrac{1}{c_{A,0}^{n-1}}\right)$	$\dfrac{2^{n-1}-1}{(n-1)kc_{A,0}^{n-1}}$	$\dfrac{1}{c_A^{n-1}} - t$	(浓度)$^{1-n}$(时间)$^{-1}$

§8-4　速率方程的确定

化学动力学研究的核心问题是反应速率方程的确定。虽然化学反应千千万万,各有各自的**速率方程**,但一般都可归纳为下列幂乘积的形式,即

$$-\mathrm{d}c_A/\mathrm{d}t = k_A c_A^\alpha c_B^\beta\cdots \qquad (8\text{-}2\text{-}1)$$

基元反应符合质量作用定律,其速率方程必须具有这种形式。很多非基元反应,也可简化为这种形式,以建立经验的速率方程。

式(8-2-1)中含有 α、β 及 k 等动力学参数,所以,动力学方程的确定,就是确定 α、β 及 k 等参数。在一定温度下,式(8-2-1)的积分形式只取决于 α、β 而与 k 无关,因此,反应级数的确定,是确定动力学方程的关键。

根据一定温度下反应组分的浓度随时间变化的 c—t 数据,来求算反应级数,只介绍几种常用的方法。

1. 微分法

在 8.3 节的 4 中所述的三种情况下,速率方程均可化为如下通式:

$$-dc_A/dt = kc_A^n$$

将上式中各项除以各自的单位化为纯数后,再对两边取对数,得

$$\lg\left(\frac{-dc_A/dt}{[c/t]}\right) = \lg(k/[k]) + n\lg(c_A/[c]) \tag{8-4-1}$$

对于一定温度下的指定反应,n 及 k 皆为常量,所以,若知两个不同浓度下的反应速率,即可由上式求出 n 及 k。

为了求出各个不同 c_A 下的 $-dc_A/dt$ 值,先画出 c—t 曲线,如图 8-4-1(a)所示,求出 c—t 曲线上各个 c_A 处一系列切线的斜率 dc_A/dt。然后以 $\lg\left(\dfrac{-dc_A/dt}{[c/t]}\right)$ 对 $\lg(c_A/[c])$ 作图。由式(8-4-1)可知,二者应呈直线关系,如图 8-4-1(b)所示,该直线的斜率 m 即为反应级数 n。这种求反应级数的方法称为**微分法**。有时反应的产物对反应速率也有影响,为了排除产物的干扰,常采用初始浓度法。具体做法是:取若干不同的 $c_{A,0}$,测出若干套 c—t 数据,绘出若干条 c—t 曲线,如图 8-4-2

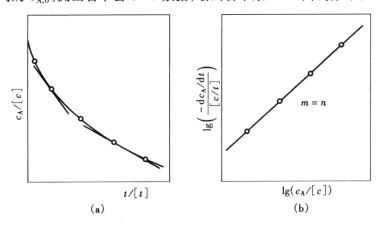

(a)   (b)

图 8-4-1 微分法求级数的示意图

(a)所示；在每条曲线的 $c_{A,0}$ 处求出相应的斜率 $dc_{A,0}/dt$，然后再以 $\lg\{(-dc_{A,0}/dt)/[c/t]\}$ 对 $\lg(c_{A,0}/[c])$ 作图，如图 8-4-2(b)所示，直线的斜率则为组分 A 的分级数 n_A。

对于逆向也能明显进行的反应，产物的存在将对反应产生干扰，用初始浓度法求级数更为可靠。

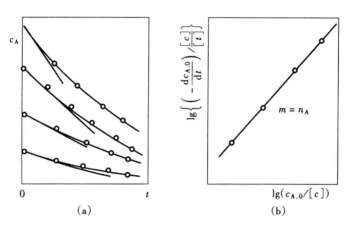

(a) (b)

图 8-4-2　微分法（初始浓度法）

(a)c—t 曲线；(b)$\lg\left(\dfrac{-dc_{A,0}}{dt}\right)$—$\lg c_{A,0}$ 直线

当反应物不只一种，且各反应物的起始配料比符合反应计量比，微分法求得的级数为反应的总级数；若 A 取少量，使其在一定时间范围内浓度有明显的变化，而其它反应物皆保持大量过剩，在这种情况下用微分法求得的级数为 A 的分级数。这种除一种反应物外，其它的反应物皆保持大量过剩，以求取某反应物分级数的方法又称为**隔离法**。

2.尝试法

利用速率方程的积分式来确定级数的方法，称为**尝试法或试差法**。

1)代入公式法

将一定温度下由实验测得的某反应的 c—t 数据，分别代入各种不同级数的积分公式中求算速率系数 k，看用哪一个级数的公式算得的 k 为常数，则该积分式的级数即为所求反应的级数。例如将各组 c—t

数据代入 $k = (1/t)\ln(c_0/c)$，算得的一系列 k 近似相等，该反应即为一级反应。

2）作图法

主要根据反应物浓度与时间关系图形的特征来确定反应级数。由表 8-3-1 可知：零级反应的 c_A—t 图、一级反应的 $\ln(c_A/[c])$—t 图、二级反应的 $[c]/c_A$—t 图、n 级反应的 $1/(c_A/[c])^{n-1}$—t 图等均呈直线关系。将一套 c—t 数据分别按上述方法作图，看哪一图形呈直线关系，则该图形所代表的级数即为所求反应的级数。

此法的优点是若能选准级数，直线关系较好，可直接求出 k 的值；缺点是若试不准，往往要经多次作图，方法繁杂费时。

尝试法适用于基元反应或具有正整数级数的反应。

3.半衰期法

由式（8-3-16）可知，对于在一定温度下的指定反应，n 及 k 均为定值，反应物 A 的半衰期与其初始浓度的（$n-1$）次方成反比，可表示为

$$t_{1/2} = B/c_{A,0}^{n-1} \tag{8-4-2}$$

式中 $B = (2^{n-1}-1)/(n-1)k$。若知两个不同的初始浓度 $c_{A,0}$ 及 $c'_{A,0}$ 对应的半衰期分别为 $t_{1/2}$ 和 $t'_{1/2}$，由上式可知：

$$t_{1/2}/t'_{1/2} = (c'_{A,0}/c_{A,0})^{n-1}$$

两边取对数，可得

$$n = 1 + \frac{\ln(t_{1/2}/t'_{1/2})}{\ln(c'_{A,0}/c_{A,0})} \tag{8-4-3}$$

由两组 c_0、$t_{1/2}$ 数据即可由上式求出 n，如有多组数据可用作图法求 n。为此将式（8-4-2）改写成下式：

$$\ln(t_{1/2}/[t]) = (1-n)\ln(c_{A,0}/[c]) + \ln(B/[B])$$

以 $\ln(t_{1/2}/[t])$ 对 $\ln(c_{A,0}/[c])$ 作图，若得直线，则直线斜率 $m = 1 - n$，即

$$n = 1 - m$$

例 8.4.1 气相恒容反应

$$2NO + 2H_2 \longrightarrow N_2 + 2H_2O(g)$$

的速率方程可表示为

$$v(NO) = -dp(NO)/dt = k(NO)p^\alpha(NO)p^\beta(H_2)$$

恒温700℃时,实验测得在不同的NO和H_2的初始分压下,用NO的分压表示的反应初速率($t = 0$时)列表如下:

实验次数	$p_0(NO)/kPa$	$p_0(H_2)/kPa$	$v(NO)/(Pa \cdot min^{-1})$
1	50.6	20.2	486
2	50.6	10.1	243
3	25.3	20.2	121.5

试求反应级数及700℃时速率系数 k 各为若干?

解:在一定温度下,NO及H_2的分级数 α 和 β、速率系数 k 皆为定值。由1、2组的数据比较可知,因 $p_{0,1}(NO) = p_{0,2}(NO)$,所以

$$\frac{v_1(NO)}{v_2(NO)} = \frac{k(NO)p_{0,1}^\alpha(NO)p_{0,1}^\beta(H_2)}{k(NO)p_{0,2}^\alpha(NO)p_{0,1}^\beta(H_2)} = \left\{\frac{p_{0,1}(H_2)}{p_{0,2}(H_2)}\right\}^\beta$$

将1、2组的数据代入上式,可得

$$486/243 = 2 = (20.2/10.1)^\beta = 2^\beta$$

所以 $\qquad\qquad\qquad \beta = 1$

同理,由1、3组数据相比较,因 $p_{0,1}(H_2) = p_{0,3}(H_2)$,所以

$$v_1(NO)/v_3(NO) = [p_{0,1}(NO)/p_{0,3}(NO)]^\alpha$$

将1、3组数据代入上式,可得

$$486/121.5 = 4 = (50.6/25.3)^\alpha = 2^\alpha$$

所以 $\qquad\qquad\qquad \alpha = 2$

题给反应为三级反应,其速率方程为

$$-dp(NO)/dt = k(NO)p^2(NO)p(H_2)$$

$$k(NO) = \frac{v_1}{p_{0,1}^2(NO)p_{0,1}(H_2)} = \frac{486 \times 10^{-3} \text{ kPa} \cdot min^{-1}}{(50.6 \text{ kPa})^2(20.2 \text{ kPa})}$$

$$= 9.40 \times 10^{-6}(\text{kPa})^{-2} \cdot min^{-1}$$

§8-5 温度对反应速率的影响

温度对反应速率的影响,主要体现在温度对速率系数 k 的影响。

本节将介绍 k 随 T 而变的两个经验式。

1. 范特霍夫规则

1884 年, 范特霍夫(Van't Hoff)根据实验数据归纳出一个近似的规则, 即反应温度每升高 10℃, k 增加 2~4 倍, 可以表示为

$$k_{(t+10℃)}/k_t = 2 \sim 4 \tag{8-5-1}$$

式中 k_t 及 $k_{(t+10℃)}$ 分别为某反应在温度 t 和 $(t+10℃)$ 时的速率系数。上述比值也称为**反应速率的温度系数**。此式仅在缺少动力学参数时用于粗略估计, 并非十分准确。直到 1889 年, 阿伦尼乌斯(Arrhenius)提出了表示 $k—t$ 关系的较为准确的经验方程, 才向人们揭示出温度对反应速率影响的实质。

2. 阿伦尼乌斯方程式

$$k = Ae^{-E_a/RT} \tag{8-5-2}$$

式中 E_a **称为活化能**, 其单位与 $[RT]$ 相同, 为 $J \cdot mol^{-1}$, 所以指数项 $e^{-E_a/RT}$ 为量纲一的量。指数项之前的 A 称为**指前因子或表观频率因子**, 它与速率系数 k 具有相同的单位。A 与 E_a 本来都是经验常数, 后经理论研究, 发现它们都具有一定的物理意义, 这将在后面介绍。

将式(8-5-2)两边取对数, 可写成下列形式:

$$\ln(k/[k]) = -E_a/RT + \ln(A/[k]) \tag{8-5-3}$$

或

$$\lg(k/[k]) = -E_a/2.303RT + \lg(A/[k]) \tag{8-5-4}$$

由上式可知: 当 E_a 和 A 为常量时, $\ln(k/[k])$ 对 T^{-1}/K^{-1} 作图可得一直线, 由直线的斜率和截距可分别求出 E_a 和 A。

例 8.5.1 在乙醇溶液中进行下列反应

$$CH_3I + C_2H_5ONa \longrightarrow CH_3OC_2H_5 + NaI$$

实验测得不同温度下的速率系数列于表 8-5-1 中, 试由作图法求该反应的 E_a 和 A。

表 8-5-1

T/K	273.15	279.15	285.15	291.15	297.15	303.15
$10^5 k/(mol^{-1} \cdot dm^3 \cdot s^{-1})$	5.60	11.8	24.5	48.8	100	208

解:由题给数据求出 T^{-1}/K^{-1} 和 $\lg(k/[k])$,如表 8-5-2 所示。

表 8-5-2

$10^3\,T^{-1}/K^{-1}$	3.661	3.582 3	3.506 9	3.434 7	3.365 3	3.277 0
$-\lg\{k/(mol^{-1}\cdot dm^3\cdot s^{-1})\}$	4.251 8	3.928 1	3.610 8	3.311 6	3.000	2.681 9

以 $\lg\{k/(mol^{-1}\cdot dm^3\cdot s^{-1})\}$ 对 T^{-1}/K^{-1} 作图,如图 8-5-1 所示。由直线的斜率可求得活化能 $E_a = 81.38\ kJ\cdot mol^{-1}$,指前因子 $A = 2.1\times10^{11}\ mol^{-1}\cdot dm^3\cdot s^{-1}$。

当 E_a、A 为常数时,式(8-5-3)对 T 微分可得

$$d\ln(k/[k])/dT = E_a/RT^2 \tag{8-5-5}$$

此式表明,活化能值愈大,随着温度的升高反应速率增加得愈快,即 E_a 值愈大反应速率对温度愈敏感。将上式改写为 $d\ln(k/[k]) = (E_a/RT^2)dT$,再由 T_1 积分到 T_2,则得

$$\ln(k_2/k_1) = E_a(T_2 - T_1)/(RT_2 T_1) \tag{8-5-6}$$

所以,若已知两个温度下的速率系数,则可由上式求出反应的活化能 E_a。

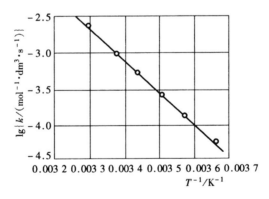

图 8-5-1　$\lg(k/[k])$—T^{-1}/K^{-1} 图

例 8.5.2 已知 $CO(CH_2COOH)_2$ 在水溶液中分解反应的速率系数在 60℃ 和 10℃ 时分别为 $5.484\times10^{-2}\ s^{-1}$ 和 $1.080\times10^{-4}\ s^{-1}$。试求(a)反应的活化能 E_a;(b)在 30℃ 时该反应进行 1 000 s 后的转化率为若干?

解:(a)由式(8-5-6)可知,反应的活化能

$$E_a = RT_1 T_2 \ln(k_2/k_1)/(T_2 - T_1)$$

$$= \{8.314 \times 283.15 \times 333.15 \times \ln(5.484 \times 10^{-2}/1.080 \times 10^{-4})/(60-10)\} \text{ J} \cdot \text{mol}^{-1}$$

$$= 97.720 \text{ kJ} \cdot \text{mol}^{-1}$$

求反应在 30℃时速率系数 $k(30℃)$：

$$\ln \frac{k(30℃)}{k(10℃)} = \frac{97\,720}{8.314} \times \frac{(30-10)}{303.15 \times 283.15} = 2.738\,6$$

所以　　　　$k(30℃) = 15.465k(10℃) = 15.465 \times 1.080 \times 10^{-4} \text{ s}^{-1}$

　　　　　　　　　$= 1.670 \times 10^{-3} \text{ s}^{-1}$

(b)30℃,反应经过 1 000 s 的转化率 x 的计算：

由题给反应 k 的单位知其为一级反应,故

$$kt = \ln\{1/(1-x)\} = -\ln(1-x)$$

所以　　　　$x = 1 - e^{-kt} = 1 - e^{-1.670} = 0.812 = 81.2\%$

式(8-5-2)到式(8-5-6)是阿伦尼乌斯方程的不同形式。**阿伦尼乌斯方程**适用于所有的基元反应。许多非基元反应甚至某些多相反应,阿伦尼乌斯方程均可适用。以上讨论的是温度对反应速率影响的一般情况,但有时会遇到一些更为复杂的特殊情况,如图 8-5-2 所示。

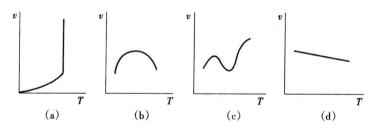

图 8-5-2　温度对速率影响的几种特例

(a)表示爆炸反应,温度达到燃点时,反应速率突然增大;

(b)表示酶催化反应,温度太高太低都不利于生物酶的活性,某些受吸附速率控制的多相催化反应也有类似情况;

(c)表示有的反应(如碳的氧化)可能由于温度升高时副反应产生较大影响,而使反应复杂化;

(d)表示温度升高,反应速率反而下降,如 $2NO + O_2 \longrightarrow 2NO_2$ 就属于这种情况。

§8-6 活化能

阿伦尼乌斯在解释其经验方程时提出了活化能的概念。活化能的大小对反应速率的影响是非常大的。例如,两个反应的指前因子相等,而活化能的差值 $\Delta E_a = (120 - 110)\ \text{kJ} \cdot \text{mol}^{-1} = 10\ \text{kJ} \cdot \text{mol}^{-1}$,则在 300 K 时,两反应的速率系数之比

$$k_2 / k_1 = \text{e}^{-(E_{a,2} - E_{a,1})/RT} = \text{e}^{-\Delta E_a / RT} = \text{e}^{-10\,000/8.314 \times 300} = 1/55.1$$

即活化能小 $10\ \text{kJ} \cdot \text{mol}^{-1}$,$k$ 可以提高 55 倍之多。这表明活化能的大小对反应速率的影响非常之大,而且活化能愈小反应速率愈大。

活化能的物理意义是什么? 化学反应为什么需要活化能? 这里先作初步介绍,在反应速率理论部分还要详细讨论。

1. 活化能的物理意义

阿伦尼乌斯认为,必须具有足够高能量的分子才可能发生化学反应。例如,基元反应

$$2HI \longrightarrow H_2 + 2I \cdot$$

两个 HI 分子要起反应总要先碰撞。如图 8-6-1 所示,有两个迎面运动的 HI 分子,当两个 HI 分子中的 H 原子相互趋近而发生碰撞时,要受到两个 H 原子核外已配对电子的斥力,它们难以靠近到足够近的程度,以形成新的 H—H 键;同时这两个 H 又受到 H—I 键的吸引力,使旧的化学键难以断裂。为了克服新键形成之前的斥力和旧键断裂之前的引力,两个相撞的分子必须具有足够大的能量。相撞分子若不具有这项起码的能量条件,就不可能达到化学键新旧交替的活化状态。这种状态可以表示为 I⋯H⋯H⋯I,即新的化学键将要形成和旧的化学键将要

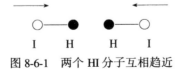

I　　H　　　H　　I

图 8-6-1　两个 HI 分子互相趋近

断裂的状态。反应物达不到这种状态就不可能发生反应。所以,阿伦尼乌斯认为,具有平均能量的普通分子必须吸收足够的能量先变成活化分子,才能发生反应。他将普通分子变成活化分子至少需要吸收的能量称为**活化能**。

也可将活化能视为化学反应所必须克服的能峰。能峰愈高,反应的阻力愈大,反应就愈难以进行,化学反应活化能的大小就代表能峰的高低。

例如反应:$2HI \rightleftharpoons H_2 + 2I\cdot$,每摩尔普通的 HI 分子至少要吸收 180 kJ 的能量,才能达到此反应的活化状态$[I\cdots H\cdots H\cdots I]$,如图 8-6-2 所示,此能峰的峰值则为上述正反应的活化能,即 $E_{a,1} = 180$ kJ$\cdot$mol^{-1}。此图还表明,上述逆反应的活化能 $E_{a,-1} = 21$ kJ$\cdot$mol^{-1}。可以证明,在恒容条件下,正、逆反应活化能的差值则为正反应的反应进度为 1 mol 时的反应热。对上述反应

$$Q_V = \Delta_r U_m = E_{a,1} - E_{a,-1} = (180 - 21) \text{ kJ}\cdot\text{mol}^{-1}$$
$$= 159 \text{ kJ}\cdot\text{mol}^{-1}$$

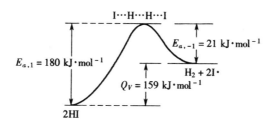

图 8-6-2　正、逆反应活化能与反应热的关系
(能峰示意图)

使分子活化的能量,主要来源于分子间的碰撞,这叫热活化;此外还有电活化及光活化等。

通过上述讨论可知,在一定温度下,反应的活化能愈大,具有翻越能峰的分子数就愈少,反应的速率就愈慢。对于一定反应,其反应的活化能为定值,当温度升高时,分子运动的平动能增加,活化分子的数目及其碰撞次数就增多,因而使反应速率增加。

2.阿伦尼乌斯活化能

对于一个正、逆方向都能进行的反应,如

$$A + B \Longleftrightarrow C + D$$

若其正、逆反应皆为基元反应,则均服从质量作用定律。当反应在恒容条件下达到平衡时,因为正、逆反应的速率相等,故正、逆反应的速率系数 k_1 和 k_{-1} 与平衡常数 K_c 存在下列关系:

$$K_c = k_1 / k_{-1}$$

上式取对数,再对 T 微分,可得

$$\frac{\mathrm{d}\ln K_c}{\mathrm{d}T} = \frac{\mathrm{d}\ln(k_1/[k])}{\mathrm{d}T} - \frac{\mathrm{d}\ln(k_{-1}/[k])}{\mathrm{d}T} \tag{8-6-1}$$

K_c 称为动力学平衡常数。若正、逆反应的级数不等,K_c 则有单位。在上述特定条件下,正、逆反应皆为双分子反应,反应式的 $\Sigma\nu_B = 0$,则 K_c 与同温度下的标准平衡常数 $K_c^{\ominus}$ 相等,故在恒容条件下

$$\mathrm{d}\ln K_c / \mathrm{d}T = \Delta_r U_m / RT^2$$

这就是化学平衡的等容方程。

采用下列微分式来定义阿伦尼乌斯活化能:

$$\mathrm{d}\ln(k/[k])/\mathrm{d}T \overset{\mathrm{def}}{=\!=\!=} E_a / RT^2$$

将上式及化学平衡的等容方程代入式(8-6-1),可得

$$E_{a,1} - E_{a,-1} = \Delta_r U_m = Q_{V,m} \tag{8-6-2}$$

后来,托尔曼(Tolman)较严格地证明了上述微分式所定义的阿伦尼乌斯活化能:

$$E_a = \text{活化分子的平均能量} - \text{普通分子的平均能量}$$

这说明由 T、k 数据按阿伦尼乌斯方程算出的 E_a,对基元反应来说确实具有能峰的意义。

凡是反应速率可表示为 $-\mathrm{d}c_A/\mathrm{d}t = kc_A^{\alpha} c_B^{\beta}\cdots\cdots$ 的基元反应或非基元反应,均服从阿伦尼乌斯方程。由 T、k 数据按阿伦尼乌斯方程求得的总的活化能 E_a 称为**表观活化能或经验活化能**。这方面的内容将在后面论及。

§8-7 典型的复合反应

实际上发生的化学反应一般要经过若干个基元反应,反应物才能变为产物。由两个或两个以上的基元反应组合而成的反应,称为**复合反应**。最典型的组合方式分为三类,即对行反应、平行反应和连串反应。由此三类还可进一步组合成更为复杂的反应。这些复杂的复合反应,往往不符合总的计量式,而属于依时计量学反应。我们先讨论各典型复合反应速率方程和动力学规律。

1.对行反应

正向和逆向能同时进行的反应,称为**对行反应,或对峙反应**。从化学平衡的观点来讲,一切反应都是对行反应。但是,若逆反应的速率系数非常之小,即使是大部分反应物已变为产物,逆反应的速率与正反应的速率相比较仍可忽略不计,平衡位置远远偏向于产物一边,这样的反应就是通常所谓的完全反应,在动力学中可按单向反应处理。我们讨论的对行反应,是正、逆反应速率的大小不相上下的反应。下面以1—1级对行反应为例,导出其速率方程。

$$A \underset{k_{-1}}{\overset{k_1}{\rightleftharpoons}} B$$

$t = 0$	$c_{A,0}$	0
t	c_A	$c_{A,0} - c_A = c_B$
平衡	$c_{A,e}$	$c_{A,0} - c_{A,e} = c_{B,e}$

正反应使 A 减少,逆反应使 A 增加,故 A 的净消耗速率为同时进行的正、逆反应速率的代数和,即

$$-dc_A/dt = k_1 c_A - k_{-1}(c_{A,0} - c_A) \tag{8-7-1}$$

当反应达到平衡时,正、逆反应的速率相等,故

$$-dc_{A,e}/dt = k_1 c_{A,e} - k_{-1}(c_{A,0} - c_{A,e}) = 0 \tag{8-7-2}$$

即

$$c_{B,e}/c_{A,e} = (c_{A,0} - c_{A,e})/c_{A,e} = k_1/k_{-1} = K_c \tag{8-7-3}$$

上式中的 $c_{A,e}$ 及 $c_{B,e}$ 分别为平衡时 A 和 B 的浓度,K_c 为动力学平衡常

数。将式(8-7-1)与式(8-7-2)相减可得

$$- d(c_A - c_{A,e}) / dt = (k_1 + k_{-1})(c_A - c_{A,e})$$

上式可改写成下列积分式：

$$\int_0^t (k_1 + k_{-1}) dt = - \int_{c_{A,0}}^{c_A} \frac{d(c_A - c_{A,e})}{c_A - c_{A,e}}$$

在一定 T 下，当 $c_{A,0}$ 一定时，上式中的 $c_{A,e}$ 为定值，故上式积分可得

$$(k_1 + k_{-1}) t = \ln \{(c_{A,0} - c_{A,e})/(c_A - c_{A,e})\} \qquad (8\text{-}7\text{-}4)$$

所以，$\ln \{(c_A - c_{A,e})/[c]\}$ 对 t 作图应得一直线，由直线的斜率可求得 $(k_1 + k_{-1})$，再与式 $K_c = k_1/k_{-1}$ 联立，即可求出 k_1 及 k_{-1}。

若令 x 代表在 t 时刻反应物 A 反应掉的浓度，x_e 为反应达到平衡时反应物 A 反应掉的浓度，即

$$c_{A,0} - c_A = x, \quad c_{A,0} - c_{A,e} = x_e$$

由上述二式可知：

$$c_A - c_{A,e} = (c_{A,0} - x) - (c_{A,0} - x_e) = x_e - x$$

将上式代入式(8-7-4)，可得

$$(k_1 + k_{-1}) t = \ln \{x_e/(x_e - x)\} \qquad (8\text{-}7\text{-}5)$$

将 $x = x_e/2$ 代入上式，可得

$$t_{1/2,e} = \ln 2/(k_1 + k_{-1}) \qquad (8\text{-}7\text{-}6)$$

上式表明，对于 1—1 级恒容反应，当反应物 A 的反应量为其平衡反应量的一半时，所需的时间 $t_{1/2,e}$ 与反应物 A 的初浓度 $c_{A,0}$ 无关。如图 8-7-1 所示，这时产物的浓度 $c_B = c_{B,e}/2$，反应物的浓度 $c_A = c_{A,0} - x = (c_{A,0} - x_e/2) = c_{A,0} - (c_{A,0} - c_{A,e})/2 = (c_{A,0} + c_{A,e})/2$。

一些分子内的重排或异构化反应，则符合 1—1 级对行反应的规律。

2.平行反应

反应物能同时进行几种不同的反应，称为**平行反应**。在平行进行的几个反应之中，常将反应速率较快或生成产物较多的反应称为主反应，其余的称为副反应。

在化工生产中常遇到平行反应，如乙醇在适当条件下脱氢反应可

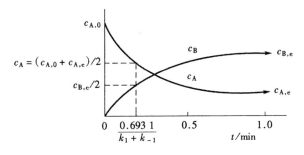

图 8-7-1　1—1 级对行反应的 $c-t$ 关系

得乙醛,同时也进行脱水生成乙烯的反应:

$$C_2H_5OH \longrightarrow CH_3CHO + H_2$$

$$C_2H_5OH \longrightarrow C_2H_4 + H_2O$$

又如丙烷裂解,可进行下列平行反应:

$$C_3H_8 \begin{cases} C_2H_4 + CH_4 \\ C_3H_6 + H_2 \end{cases}$$

我们只讨论由反应物 A 平行进行两个不同的一级反应,它们的产物分别为 B 和 D,可表示为

$$A \begin{cases} \xrightarrow{k_1} B \\ \xrightarrow{k_2} D \end{cases}$$

对于一级反应　　　　　　$dc_B/dt = k_1 c_A$

$$dc_D/dt = k_2 c_A$$

若反应在恒容条件下进行,且反应开始时系统中只存在反应物 A,由上述计量式可知,反应进行到任一时刻 t,存在下列关系:

$$c_A + c_B + c_D = c_{A,0}$$

上式对 t 求导数,得

$$dc_A/dt + dc_B/dt + dc_D/dt = 0$$

所以　　　　　　$-dc_A/dt = dc_B/dt + dc_D/dt = k_1 c_A + k_2 c_A$

$$-dc_A/dt = (k_1 + k_2)c_A \tag{8-7-7}$$

这表明反应物 A 的反应速率也必然为一级反应。积分上式,可得

$$\ln(c_{A,0}/c_A) = (k_1 + k_2)t \tag{8-7-8}$$

由此可见,上述反应的动力学方程同一般的一级反应完全相同,但速率系数为$(k_1 + k_2)$。

将式 $dc_B/dt = k_1 c_A$ 除以式 $dc_D/dt = k_2 dc_A$,可得

$$dc_B/dc_D = k_1/k_2$$

在 $t = 0$ 时 c_B 和 c_D 皆为零,反应经过时间 t 后,B 及 D 的浓度分别为 c_B 和 c_D,将上式在此上下限间积分,即得

$$c_B/c_D = k_1/k_2 \tag{8-7-9}$$

由上述推导可知,任意两个同级数的平行反应,两反应产物的浓度之比等于两反应的速率系数之比,与反应时间的长短及反应物初始浓度的大小无关。这是同级数平行反应的主要特征。对于级数不同的平行反应,当然不具有上述特征。

由式(8-7-8)和式(8-7-9)可知,在一定温度下,由实验测出一系列的 c_A—t 数据及任一时间 t 时的 c_B 和 c_D,即可求算出 k_1 及 k_2。

几个平行反应的活化能往往不同,由 $d\ln(k/[k])/dT = E_a/RT^2$ 可知:升高温度有利于 E_a 大的反应;降低温度则有利于 E_a 小的反应。不同的催化剂有时只能加速某一反应,所以,生产上常选择最适宜的反应温度或适当的催化剂,来选择性地加速人们所需要的反应。

3.连串反应

凡反应所产生的物质能再起反应而产生其它物质的反应,称为**连串(或连续)反应**。例如,苯的氯化反应所产生的氯苯可以进一步与氯反应生成二氯苯,二氯苯还能与氯反应生成三氯苯……,即

$$C_6H_6 + Cl_2 \longrightarrow C_6H_5Cl + HCl$$

$$C_6H_5Cl + Cl_2 \longrightarrow C_6H_4Cl_2 + HCl$$

$$C_6H_4Cl_2 + Cl_2 \longrightarrow C_6H_3Cl_3 + HCl$$

就是连串反应。

我们以两个一级反应所组成的连串反应为例加以讨论。

$$A \xrightarrow{\ k_1\ } B \xrightarrow{\ k_2\ } D$$

$t = 0$ 时 $c_{A,0}$ 0   0

经时间 t c_A c_B c_D

A 的反应速率只与第一反应有关,即 $-dc_A/dt = k_1 c_A$,此式经积分可得

$$k_1 t = \ln (c_{A,0}/c_A)$$

$$c_A = c_{A,0} e^{-k_1 t} \tag{8-7-10}$$

中间产物 B 的净生成速率

$$dc_B/dt = k_1 c_A - k_2 c_B$$

将式(8-7-10)代入上式,整理可得

$$dc_B/dt + k_2 c_B = k_1 c_{A,0} e^{-k_1 t}$$

上式为 $(dy/dx) + py = Q$ 型的一阶常微分方程,积分可得

$$c_B = \frac{k_1 c_{A,0}}{k_2 - k_1} (e^{-k_1 t} - e^{-k_2 t}) \tag{8-7-11}$$

又因反应进行到任一时刻 t, $c_A + c_B + c_D = c_{A,0}$ 成立,故

$$c_D = c_{A,0} - c_A - c_B$$

将式(8-7-10)及式(8-7-11)代入上式,整理可得

$$c_D = c_{A,0} \left(1 - \frac{k_2 e^{-k_1 t} - k_1 e^{-k_2 t}}{k_2 - k_1} \right) \tag{8-7-12}$$

连串反应系统中各反应组分的浓度随时间变化的曲线如图 8-7-2 所示。此图是根据在一定温度下,$c_{A,0} = 1.0$ mol·dm^{-3},$k_1 = 0.10$ s^{-1},$k_2 = 0.05$ s^{-1},一级连串反应 A $\xrightarrow{k_1}$ B $\xrightarrow{k_2}$ D 而绘制的。由于原始反应物 A 的浓度 c_A 只与第一个反应有关,所以 c_A—t 关系符合一级反应的规律。随着反应的进行,c_A 逐渐变小,直至 $c_A = 0$ 时为止;最终产物 D 的浓度 c_D 随着反应的进行,由 $c_{D,0} = 0$ 开始逐渐变大。若第二个反应也是可以进行到底的一级反应,反应经过足够的时间后,最终可达到 $c_D = c_{A,0}$。中间产物 B 的浓度 c_B,由于反应开始时 $c_{B,0} = 0$,c_A 很大,第一个反应在一定的时间范围内起主导作用,使 c_B 逐渐变大。但是随着

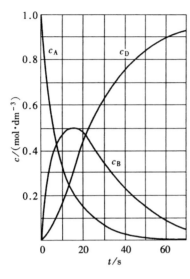

图 8-7-2　一级连串反应

反应的进行，c_A 渐小，c_B 渐大，第二个反应的速率将逐渐加快，因而反应经过一定时间使 c_B 达到极大值后，反应再继续进行，第二个反应则起主导作用，而使 c_B 逐渐减少。这是连串反应中间产物的一个特征。连串反应是典型的依时计量学反应。

若中间产物 B 为目的产物，则c_B 达到极大值的时间称为**中间产物的最佳时间**，这时就应立即终止反应，否则目的产物的浓度将会下降。将式(8-7-11)对 t 求导数，并令 $dc_B/dt = 0$，即可求得上述一级连串反应中间产物 B 的最佳时间，即

$$t_{max} = \frac{\ln(k_1/k_2)}{k_1 - k_2} \tag{8-7-13}$$

将上式代入式(8-7-11)即可求出 B 的最大浓度

$$c_{B,max} = c_{A,0}(k_1/k_2)^{k_2/(k_2 - k_1)} \tag{8-7-14}$$

§8-8　复杂反应速率的近似处理法

一般的复杂反应不外乎是上节讨论的三种典型反应之一，或是它们的组合。可以想像，随着反应步骤和反应组分的增加，求解动力学方程的困难程度将急剧增加，有的甚至无法求解。因此，研究速率方程的近似处理的方法是一个很现实的问题。常用的近似法有以下几种。

1.选取控制步骤法

对于连串反应，若其中某一步反应速率最慢，对总的反应起到控制作用的是这最慢一步，称为**反应速率的控制步骤**。连串反应的总速率

等于最慢一步的速率。选取这种方法来处理连串反应的速率方程,则称为**选取控制步骤法**。控制步骤的速率与其它各个串联步骤的速率相差的倍数越大,所得结果就越正确。例如连串反应:

$$A \xrightarrow{k_1} B \xrightarrow{k_2} D$$

若第一个反应的速率很慢,第二个反应的速率很快,即 $k_2 \gg k_1$,第一个反应所产生的 B 会被第二个反应立即消耗掉,中间产物 B 不可能出现积累,在反应的过程中,c_B 与 c_A 或 c_D 相比较完全可以忽略不计,即

$$c_{A,0} = c_A + c_B + c_D \approx c_A + c_D$$

上式对 t 微分可得

$$dc_D/dt = -dc_A/dt = k_1 c_A$$

由上式可得 $k_1 t = \ln(c_{A,0}/c_A)$,再将此式改写成 $c_A = c_{A,0} e^{-k_1 t}$,故

$$c_D \approx c_{A,0} - c_A = c_{A,0}(1 - e^{-k_1 t})$$

若按照连串反应严格的推导方法,先导出式(8-7-12),根据 $k_2 \gg k_1$,也可将式(8-7-12)化简成上式。由此可见,选取控制步骤法可大大简化连串反应动力学方程的求解过程。

2. 稳态近似法

在上述连串反应中,若中间产物 B (如自由原子或自由基等)非常活泼,反应能力很强,则 B 一旦产生,就立即进行下一反应,所以 B 基本上无积累,c_B 很小。如图 8-8-1 所示,c_B—t 线为一条紧靠横轴的扁平的曲线,在较长的反应阶段内,均可近似认为该曲线的斜率

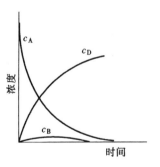

图 8-8-1　$k_1 \ll k_2$ 的连串反应示意图

$$dc_B/dt = 0$$

活泼的中间物 B 达到生成与消耗速率相等,以致其浓度不随时间而变化的状态,称为 B **的浓度处于稳态或定态**。

在由反应的机理推导速率方程时,方程式中常会出现活泼中间物的浓度,而活泼中间物的浓度一般不易测定,因此希望用反应物或产物

的浓度代替。最简便的办法就是用稳态法推求出中间物的浓度与反应物或产物浓度间的关系。

3.平衡态近似法

若反应机理中存在快速平衡,例如反应

$$A + B \underset{k_{-1}}{\overset{k_1}{\rightleftharpoons}} C \qquad (快速平衡)$$

$$C \xrightarrow{k_2} D \qquad (慢)$$

所谓快速平衡,就是在反应阶段内对行反应能随时维持反应平衡,即

$$K_c = k_1 / k_{-1} = c_C / (c_A c_B)$$

或

$$c_C = K_c c_A c_B$$

因最慢的一步为控制步骤,故反应的总速率为

$$dc_D / dt = k_2 c_C = k_2 K_c c_A c_B = k c_A c_B$$

式中 $k = k_2 k_1 / k_{-1}$。这种由反应机理,根据快速平衡而导出反应速率方程的方法称为**平衡近似法**。

例 8.8.1 实验测得下列反应为三级反应

$$2NO + O_2 \longrightarrow 2NO_2$$

速率方程为

$$d[NO_2] / dt = k[NO]^2[O_2]$$

以前曾有人解释为三分子反应,但很不合理。一方面因为三个分子同时相碰撞的几率甚小,另一方面它不能说明此反应的速率系数 k 为什么随着 T 的升高而下降,即表观活化能为负值。后来有人提出如下机理:

$$NO + NO \underset{k_{-1}}{\overset{k_1}{\rightleftharpoons}} N_2O_2 (快速平衡)$$

$$N_2O_2 + O_2 \xrightarrow{k_2} 2NO_2 (慢)$$

在 T、V 恒定的条件下,上述对行反应是一个较大的放热反应。试按上述机理证明题给反应为三级反应,并解释活化能为什么是负值。

解: 按平衡态近似法

$$K_c = k_1 / k_{-1} = [N_2O_2] / [NO]^2$$

或

$$[N_2O_2] = (k_1 / k_{-1})[NO]^2 = K_c[NO]^2$$

NO_2 生成的速率:

$$d[NO_2]/dt = k_2[N_2O_2][O_2] = k_2K_c[O_2][NO]^2$$
$$= k[O_2][NO]^2$$

故题给反应为三级反应。在上式中

$$k = k_2k_1/k_{-1} = k_2K_c$$

将上式取对数,再对 T 求导数,得

$$d\ln k/dT = d\ln k_1/dT + d\ln k_2/dT - d\ln k_{-1}/dT$$
$$= d\ln k_2/dT + d\ln K_c/dT$$

将阿伦尼乌斯方程 $d\ln k_i/dt = E_{a,i}/RT^2$ 及化学平衡的等容方程 $d\ln K_c/dT = \Delta_r U_m/RT^2$ 代入上式,可得

$$E_a = E_{a,1} + E_{a,2} - E_{a,-1} = E_{a,2} + \Delta_r U_m$$

E_a 称为**复合反应的表观活化能**。上述生成 N_2O_2 的对行反应为较大的放热反应,即 $Q_V = \Delta_r U_m \ll 0$,当 $|\Delta_r U_m| > E_{a,2}$ 时,表观活化能则为负值。

根据题给反应的机理,也可用稳态近似法推导出上述反应的速率方程。N_2O_2 为活泼的中间物,N_2O_2 的反应速率为其所参加的各个基元反应速率的代数和,即

$$d[N_2O_2]/dt = k_1[NO]^2 - k_{-1}[N_2O_2] - k_2[N_2O_2][O_2] = 0$$

由上式可得

$$[N_2O_2] = k_1[NO]^2/(k_{-1} + k_2[O_2])$$

故

$$\frac{d[NO_2]}{dt} = k_2[O_2][N_2O_2] = k_2k_1\frac{[O_2][NO]^2}{k_{-1} + k_2[O_2]}$$

由题给条件可知 $k_{-1} \gg k_2$,当 O_2 的浓度不大时,上式可简化为

$$d[NO_2]/dt = (k_1k_2/k_{-1})[O_2][NO]^2$$

由上述推导可知,若复合反应的机理中存在快速平衡,用平衡近似法来推导速率方程往往比稳态近似法更为简便。同一个复合反应,用各种近似法所得的结论应当是相同的。

§8-9 链 反 应

链反应又称为**连锁反应**,在其反应机理中,每个基元反应都有自由原子或自由基参加。它主要是由大量的、反复循环的连串反应所构成的复合反应。例如高聚物的合成、石油的裂解、碳氢化合物的氧化和卤化及爆炸反应等都与链反应有关。链反应可分为单链反应和支链反

应。

1.单链反应的特征

链反应的机理一般由三个步骤组成。例如气相反应

$$H_2 + Cl_2 \longrightarrow 2HCl$$

实验证明,其反应机理可分为如下三个步骤:

①链的开始(或链的引发)

$$Cl_2 + M \xrightarrow{k_1} M + 2Cl\cdot$$

②链的传递(或链的增长)

$$Cl\cdot + H_2 \xrightarrow{k_2} HCl + H\cdot$$

$$H\cdot + Cl_2 \xrightarrow{k_3} HCl + Cl\cdot$$

······················

③链的终止

$$2Cl\cdot + M \xrightarrow{k_4} Cl_2 + M$$

反应式中 Cl·和 H·旁边的一点,代表自由原子 Cl 和 H 有一个未配对的自由电子,为了简化也可将此"点"略去。

链的引发一般可借助光照、加热、加入引发剂或通过与高能量的分子 M 相撞而解离成反应能力很强的自由原子 Cl·。在链的传递过程中,每反应掉一个自由原子或自由基只能产生一个自由原子或自由基的链反应,称为**单链(或直链)反应**。在上述链传递过程中,每反应掉一个 Cl·,在产生一个 HCl 的同时,必产生一个比 Cl·更活泼的 H·。H·与 Cl_2 相碰撞,在产生一个 HCl 分子的同时,必产生一个 Cl·,……如此循环往复,一直进行到链的终止。据统计,一个 Cl·经上述单链反应可生成 $10^4 \sim 10^6$ 个 HCl 分子,这个数字是大得惊人的。当 2 个 Cl·与不活泼的粒子或容器的器壁 M 相撞而变为 Cl_2,则为链的终止。

自由原子、自由基(如 $CH_3\cdot$、$C_2H_5\cdot$、$OH\cdot$ 等)都带有未配对电子,它们都具有很高的能量,都非常活泼,所以当它们与器壁或者是能量低的另一种粒子相撞,将高的能量传出,就会自相结合而变成稳定分子。因此,如果增加反应器的内表面与容积之比或加入粉尘,使反应速率明显

地变慢或反应终止,则可推测该反应可能是链反应。

2.链反应的速率方程

有了上述 $H_2 + Cl_2 \longrightarrow 2HCl$ 反应的机理,应用质量作用定律,再结合稳态近似法就可推导出其速率方程。

在有 M 存在的各基元反应中,由于它在反应式的前后仅能量的大小不同,而浓度不变,所以在写速率方程时可不必考虑。

Cl 与四个基元反应皆有关,故按稳态法

$$d[Cl]/dt = k_1[Cl_2] - k_2[Cl][H_2] + k_3[H][Cl_2] - k_4[Cl]^2 = 0$$

H 只与两个基元反应有关,故按稳态法

$$d[H]/dt = k_2[Cl][H_2] - k_3[H][Cl_2] = 0$$

将上述两方程相加,可得

$$[Cl] = (k_1[Cl_2]/k_4)^{1/2}$$

因 $k_2[Cl][H_2] = k_3[H][Cl_2]$,故 HCl 生成的速率

$$\begin{aligned} d[HCl]/dt &= k_2[Cl][H_2] + k_3[H][Cl_2] = 2k_2[Cl][H_2] \\ &= 2k_2(k_1/k_4)^{1/2}[H_2][Cl_2]^{1/2} = k[H_2][Cl_2]^{1/2} \end{aligned}$$

上式中 $k = 2k_2(k_1/k_4)^{1/2}$。HCl 的生成反应为 1.5 级反应。

步骤①链的引发的活化能较大,$E_1 = 243 \ kJ \cdot mol^{-1}$;步骤②和③的活化能较小,$E_2 = 25 \ kJ \cdot mol^{-1}$,$E_3 = 12.6 \ kJ \cdot mol^{-1}$;链的终止反应一般不需要活化能,故 $E_4 = 0$。由 $k = 2k_2(k_1/k_4)^{1/2}$ 可知,此反应的表观活化能

$$E_a = E_2 + (E_1 - E_4)/2 = 146.5 \ kJ \cdot mol^{-1}$$

3.支链反应与爆炸界限

在链传递过程的基元反应中,若存在每消耗一个自由原子或自由基,同时可产生两个或多个自由原子或自由基的链反应则称为**支链反应**。在链反应中自由原子或自由基又称为**链的传递物**。若支链反应是在一个体积恒定的小容器内发生,传递物 1 个变 2 个,2 个变 4 个,4 个变 8 个……如同树的枝杈那样,发展速率异常迅猛,一瞬间就达到爆炸的程度。

爆炸的原因可分为两类。一类为**热爆炸**。若放热反应在一个小空

间内进行,反应所释放出的能量不能及时地以热的形式传给环境,则温度升高;温度升高又促使反应速率加快,反应速率加快所释放的能量就增多,温度升高得更快。如此恶性循环,结果使反应速率在瞬间变大到无法控制而引起爆炸。另一类则是上述**支链反应所引起的爆炸**。

现以分子比为1:2的氧、氢混合气体(在直径为 7.4 cm 的球形容器中,而且在反应器内表面上涂有一层 KCl)为例,来说明温度和压力对支链爆炸反应的影响。如图 8-9-1 所示,此图的纵坐标是对数坐标,这样就可以在较小的尺寸内标出更大的压力范围。它是在对数的位置上标出对应的压力。当混合气体在 500℃,只要压力 $p < 1.5 \times 133.3$ Pa $= 0.20$ kPa,就不会爆炸。$p = 0.20$ kPa ~ 6.67 kPa 时系统遇明火必发生爆炸,但若 $p > 6.67$ kPa 又进入无爆炸区。由图可知,当压力上升至 $p = 400$ kPa 以上时又进入爆炸区。所以 500℃ 的爆炸下限为 0.2 kPa,上限为 6.67 kPa。压力在 400 kPa 以上的爆炸称为第三爆炸限。上述系统若是在无爆炸区内,遇明火燃而不爆;若是在爆炸区内,系统遇明火(如电火花)会立即爆炸。

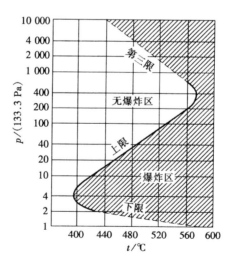

图 8-9-1　氢、氧(2:1)混合气体的爆炸界限

为了解释上述三个爆炸界限,可参看下述机理:

①链的引发　　$H_2 + O_2 \xrightarrow{k_1} 2(\cdot OH)$

②链的增长　　$\cdot OH + H_2 \xrightarrow{k_2} H_2O + H\cdot$（快）

③链的分支　　$H\cdot + O_2 \xrightarrow{k_3} \cdot OH + \overset{\cdot\cdot}{O}$　（慢）

④链的分支　　$\overset{\cdot\cdot}{O} + H_2 \xrightarrow{k_4} \cdot OH + H\cdot$　（快）

⑤链的终止　　$H\cdot \xrightarrow{k_5}$ 器壁（低压）

⑥　　　　　　$H\cdot + O_2 + M \xrightarrow{k_6} HO_2\cdot + M$（高压）

H_2 与 O_2 经引发步骤①每生成一个 $\cdot OH$ 就很快地经反应②变成 $H\cdot$，此过程传递物的个数不变，但在步骤③中传递物则由一个（$H\cdot$）变为 2 个（即 $\cdot OH$ 和 $\overset{\cdot\cdot}{O}$），故称为链的分支。反应③的活化能较高，为慢步骤，而分支步骤④却很快，即一旦生成 $\overset{\cdot\cdot}{O}$，则立即经反应④使传递物由 1 个（$\overset{\cdot\cdot}{O}$）变为 2 个（即 $H\cdot$ 和 $\cdot OH$）。所产生的 $\cdot OH$ 及 $H\cdot$ 又可分别发生反应②和③，这是迅速加快反应的主要原因。

在低压下，反应是否发生爆炸，关键是看反应③与⑤在争夺 $H\cdot$ 的反应中哪个占优势。当压力很低时，氧的浓度很小，$H\cdot$ 与其它分子相碰撞的机会很小，不利于反应③而有利于 $H\cdot$ 向器壁上扩散，因而被销毁，故不发生爆炸。但是增加压力时有利于反应③，当压力增加到反应③占优势时则发生爆炸，这就是爆炸的下限。下限与传递物的器壁表面销毁有关，故下限受容器的大小及其内表面性质的影响。

基元反应⑥中的 M 为任一能量较低气体分子，故 M 能带走反应中过剩的能量以利于生成不活泼的 $HO_2\cdot$，它能扩散到器壁上，经反应而变为 H_2O_2 和 O_2，故反应⑥也能销毁 $H\cdot$。因此，当压力再继续增高时，不利于反应⑤，虽对反应③和⑥都有利，但反应⑥为三级，反应③为二级。在同样条件下，级数越大的反应速率越大，所以在争夺 $H\cdot$ 中，压力增高更有利于反应⑥，故当压力增加到反应⑥占优势时又不能爆炸，这就是**爆炸的上限**。反应⑤和⑥皆不需活化能,而反应③的活化能又较大,故升高温度对反应③有利,因此,升高温度有利爆炸。

当压力再增加时,$HO_2 \cdot$ 在未扩散到器壁上之前与 H_2 相碰撞,可发生下列反应:

$$HO_2 \cdot + H_2 \longrightarrow H_2O + \cdot OH$$

于是又能发生爆炸,这就是爆炸的第三限。但是也有人认为,产生第三限的原因是热爆炸。

上述爆炸反应在爆炸界限内不能认为传递物处于稳态。例如在 700 K、11.0 kPa 下,在上述链的传递过程中,1 个 $H\cdot$ 在 0.3 s 的时间间隔内可变为 10^{15} 个 $H\cdot$,这时若对 $H\cdot$ 进行稳态近似法处理必然导致极大的错误。

表 8-9-1 某些可燃气体在空气中的爆炸界限

可燃气体	在空气中的爆炸界限(体积百分数)	
	低 限	高 限
H_2	4.1	74
NH_3	16	27
CS_2	1.25	44
CO	12.5	74
CH_4	5.3	14
C_3H_8	2.4	9.5
C_5H_{12}	1.6	7.8
C_2H_4	3.0	29
C_2H_2	2.5	80
C_6H_6	1.4	6.7
C_2H_5OH	4.3	19
$(C_2H_5)_2O$	1.9	48

以上讨论了温度和压力对爆炸反应的影响,下面再介绍气体组成的影响。例如氢与空气混合,含 H_2 在 4.1% ~ 74%(体积百分数)的范围内,点火都可能发生爆炸。若空气中 H_2 的含量小于 4.1% 或大于74%,点火就不会爆炸,所以 4.1% 为 H_2 在空气中发生爆炸的低限,

74%为高限。其他一些可燃气体在空气中发生爆炸的低限和高限,如表8-9-1所示。我们了解到这些有关爆炸反应的基本常识,在科研及化工生产过程中应避免爆炸这一灾难事故的发生。

§8-10 反应速率理论简介

前面已介绍基元反应按不同方式组合可构成各类复合反应的机理,因而得到各种不同特征的动力学方程。那么在基元反应中,参加反应的分子、原子是如何发生反应的呢? 根据质量作用定律,可写出任一基元反应的速率方程,如何从理论上导出基元反应的速率方程和速率系数? 这些问题是反应速率理论要研究的内容,本节主要介绍碰撞理论和过渡状态理论。

1.气体反应的碰撞理论

1918 年,路易斯(Lewis)在阿伦尼乌斯关于活化状态和活化能的基础上,应用气体分子的运动论,建立了气体双分子反应的有效碰撞理论。

1)理论要点

以气相双分子基元反应:$A + B \longrightarrow$ 产物为例。该理论的要点(或称为基本假设)可概括为:

(1)把 A、B 分子视为刚性圆球形粒子,A、B 分子要发生反应,首先必须经过碰撞。我们把即将相碰撞的一对分子,称为**相撞分子对**,可简称其为**分子对**。

(2)不是所有 A、B 分子间的碰撞均能发生化学反应,只有碰撞动能 ε 大于或等于某临界值 ε_c 的碰撞才可能发生反应。ε_c 为相撞分子对翻越能峰所需的最低能量。$\varepsilon \geqslant \varepsilon_c$ 的相撞分子对越多,反应速率越快。能够发生反应的碰撞称为**有效碰撞**。由气体分子运动论可以导出有效碰撞的分数,即

$$q = \frac{\varepsilon \geqslant \varepsilon_c \text{ 的碰撞数}}{\text{总碰撞数}} = \frac{\text{有效碰撞数}}{\text{总碰撞数}} = e^{-\varepsilon_c/kT} = e^{-E_c/RT}$$

上式中 $E_c = L\varepsilon_c$,k 为玻尔兹曼常数,L 为阿伏加德罗常数,气体常数 R

$= L k$。

(3)在恒容条件下,若以 A 的分子数浓度 $C_A = N_A / V$(单位为 m^{-3})对时间 t 的微分定义为反应速率,则

$$-dC_A/dt = Z_{AB} q = Z_{AB} e^{-E_c/RT} \qquad (8\text{-}10\text{-}1)$$

式中 Z_{AB} 为单位时间、单位体积内 A、B 分子**总的碰撞数**。严格地推导较为复杂,本书仅简要介绍基本概念。

2)碰撞数 Z_{AB}

在一定温度 T 下,单位时间、单位体积内 A、B 分子总的碰撞数,简称为碰撞数,以 Z_{AB} 表示。由气体分子运动论可以证明

$$Z_{AB} = (r_A + r_B)^2 \left(\frac{8\pi k T}{\mu} \right)^{1/2} C_A C_B \qquad (8\text{-}10\text{-}2)$$

式中:r_A 和 r_B 分别为 A、B 分子的碰撞半径;C_A 和 C_B 分别为 A、B 的分子的数浓度;k 为玻尔兹曼常数;μ 为 A、B 分子的折合质量,即

$$\mu = m_A m_B / (m_A + m_B)$$

m_A 及 m_B 分别为每个 A、B 分子的质量。

3)碰撞动能

可将相撞分子对的运动分解为两项:一项为"分子对"整体的运动;一项为两个分子相对其共同质心的迎面运动。

"分子对"作为一个整体,即质心 μ 的运动与反应毫不相干,只有两分子相对质心运动的平动能,即沿着两个分子质心之间的连线迎面相碰的平动能,才是翻越反应能峰所需的能量。这好比在匀速前进的火车上,有一对即将相碰的玻璃球,这两个球能否撞碎与火车的速度毫不相干,只取决于两球相对其共同质心相互接近运动的平动能。

4)反应速率

异类双分子反应:$A + B \longrightarrow$ 产物的反应速率可以表示为

$$
\begin{aligned}
-dC_A/dt &= Z_{AB} e^{-E_c/RT} \\
&= (r_A + r_B)^2 (8\pi k T/\mu)^{1/2} e^{-E_c/RT} C_A C_B \\
&= k' C_A C_B \qquad (8\text{-}10\text{-}3)
\end{aligned}
$$

式中:速率系数 $k' = (r_A + r_B)^2 (8\pi k T/\mu)^{1/2} e^{-E_c/RT}$;$C_A$ 和 C_B 分别为 A

和 B 的分子数浓度。将式(8-10-3)两端同除以阿伏加德罗常数的平方 L^2，即可得到用体积摩尔浓度表示的速率方程，即

$$- dc_A/dt = Lk'c_A c_B = kc_A c_B$$

故

$$k = Lk' = L(r_A + r_B)^2 (8\pi kT/\mu)^{1/2} e^{-E_c/RT}$$
$$= k_0 e^{-E_c/RT} \qquad (8-10-4)$$

上式中的 $k_0 = L(r_A + r_B)^2 (8\pi kT/\mu)^{1/2}$，称为碰撞频率因子。

式(8-10-4)与阿伦尼乌斯方程 $k = Ae^{-E_a/RT}$ 的形成完全相似。

5)E_c 与 E_a 的关系

式(8-10-4)可写成 $k = k_0' T^{1/2} e^{-E_c/RT}$，将此式两边取对数后再对 T 取导数，可得

$$\frac{d\ln k}{dT} = \frac{1}{2T} + \frac{E_c}{RT^2} = \frac{E_c + RT/2}{RT^2}$$

上式与阿伦尼乌斯活化能 E_a 的定义式 $d\ln k = E_a/RT^2$ 相比较，可得

$$E_a = E_c + RT/2 \qquad (8-10-5)$$

式中 E_c 为碰撞理论的活化能，又称为临界能，它与 T 无关，而 E_a 与 T 有关。但是对大多数反应，当温度不太高时，$E_c \gg RT$，$RT/2$ 项可以略去，上式则化为

$$E_a = E_c \qquad (8-10-6)$$

所以一般可认为 E_a 与 T 无关。多数反应在温度变化范围不大的情况下，$\ln (k/[k])$ 与 $1/T$ 也确实存在直线关系。

6)对碰撞理论简要评价

气体双分子反应的有效碰撞理论简明而清晰地揭示出基元反应的物理图像，从本质上说明了基元反应服从质量作用定律的含义，从微观上解释了基元反应的速率方程和阿伦尼乌斯方程中各项的意义。对一些分子结构简单的反应，从理论上算得的 k 与实验值能较好地符合，但对于分子结构复杂的反应，从理论上算得的 k 值要比实验值大 10^8 倍。主要是因为该理论的基本假设过于简单，把反应分子视为刚球，而没有考虑分子的内部结构、碰撞的位置及碰撞中能量传递等因素对反应速率的影响。例如，复杂分子发生反应的部位附近存在较大的基团

时,另一分子不能直接碰撞在此反应部位上,在能量未传递到反应部位之前两个反应分子就已经离开,这势必导致速率系数 k 的理论计算值大于实验值。为了使理论计算符合实际,有人建议在碰撞理论导出的速率系数 k 的公式中乘以"方位因子 P",即

$$k = Pk_0 e^{-E_c/RT} \tag{8-10-7}$$

对不同的反应,P 为 $1 \sim 10^{-8}$ 范围内的数值。但是碰撞理论不能解决 P 值的计算,也不能解决活化能 E_c 的理论计算问题。考虑到碰撞理论的上述不足,艾林(Eyring)等人提出了过渡状态理论。

2.过渡状态理论

1)理论的要点

(1)该理论认为,化学反应在由反应物转化为产物的过程中,需要经过一个**过渡状态**,即生成一个很不稳定的活化络合物,然后再由它分解成产物;

(2)活化络合物与反应物之间存在快速动态平衡;

(3)活化络合物分解为产物的过程是整个反应的控制步骤。

现以基元反应

$$A + B\!-\!C \Longleftrightarrow [A\cdots B\cdots C]^{\neq} \longrightarrow A\!-\!B + C$$

为例,来说明过渡状态理论的反应途径及反应过程系统能量的变化。A、B 及 C 皆为原子,当 A 与 B—C 在一条直线上迎面移动而逐渐靠近时,两者之间将产生斥力,故它们靠得越近,系统的动能越小而势能越大,相互碰撞时 B—C 键将拉长而键能变弱;当 A 与 B—C 靠得足够近时,A、B 之间将成键而尚未成键,B—C 键变得更长,将断裂而尚未断开。这种化学键新旧交替的状态称为化学反应的过渡状态。在过渡状态下 A、B、C 的组合体具有类似络合物的构型,而且非常活泼,故将其称为**活化络合物**,常以 $[A\cdots B\cdots C]^{\neq}$,或 $X^{\neq}$ 表示。达到过渡状态时系统的动能最低,势能达到最大值;A 与 B 之间的距离继续缩短而成键,B—C 键变得更长而断裂,A—B 与 C 完全脱离而达到反应的末态。在由活化络合物变为产物的过程中,由于系统逐渐趋于稳定而势能将逐步变小,减小的势能将转化为产物粒子的动能,使整个产物系统处于杂乱无章的热运动状态。上述全过程也可视为基元反应本身的"详细机

理",从能量的变化来看,则是动能变为势能、多余的势能又转变为动能的过程。

整个反应途径是沿着势能最低的路线进行的,如同从两个高山之间的山谷,翻越一个最低的山峰而到达另一山谷。两个山谷之间的最高点,类似马鞍横截面上的最高点,如图 8-10-1 所示。图中 c 点称为马鞍点,对应的状态为活化络合物 $[A\cdots B\cdots C]^{\neq}$。只有具备足够大的碰撞动能(即 A 与 BC 迎面相对运动的平动能)的反应物,才有可能转化成足够高的势能,登上马鞍点、翻越能峰而变为产物。当反应的始态与马鞍点皆处于基态(0 K)时,它们之间势能的差值即为反应的活化能。

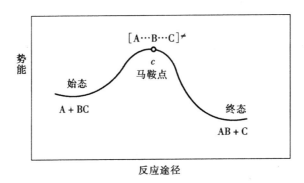

图 8-10-1　反应能峰示意图

2)速率系数的计算

原子 A 和 B 的反应可表示为

$$A + B \xrightarrow[\text{快速平衡}]{K_c^{\neq}} [A\cdots B]^{\neq} \xrightarrow[\text{慢}]{k} A\text{—}B$$

若以 $c^{\neq}$ 表示活化络合物的浓度,以 $c^{\ominus} = 1\ \text{mol}\cdot\text{dm}^{-3}$ 为标准,生成 $[A\cdots B]^{\neq}$ 的标准平衡常数为

$$K_c^{\neq\ominus} = K_c^{\neq} c^{\ominus}$$

其中

$$K_c^{\neq} = c^{\neq} / c_A c_B$$

由统计力学理论导出上述反应的速率方程为

$$\frac{\mathrm{d}c_{A\text{—}B}}{\mathrm{d}t} = k c^{\neq} = \frac{kT}{h} K_c^{\neq} c_A c_B \qquad (8\text{-}10\text{-}8)$$

反应的速率系数

$$k = \pmb{k}TK_c^{\neq}/h \tag{8-10-9}$$

式中 $\pmb{k}$ 为波尔兹曼常数，h 为普朗克常数。

由式(8-10-9)可知，求算 $K_c^{\neq}$ 是过渡状态理论计算速率系数的关键。一般说来，只要知道反应物及活化络合物的结构，就可用统计力学原理或热力学的方法求算 $K_c^{\neq}$ 而得到速率系数 k，因此，过渡状态理论指出了完全从理论上计算反应速率系数的可能性。由于活化络合物很不稳定(寿命 $\leqslant 10^{-14}$ s)，故目前尚无准确确定其结构的有效方法。真正实现化学反应的活化能及速率系数的理论计算，还有待于物质结构及反应动力学理论的发展。

3)艾林方程的热力学表示式

$k = (\pmb{k}T/h)K_c^{\neq}$，称为**艾林方程的简化式**。可将式 $\Delta_r G_m^{\ominus} = -RT\ln K^{\ominus}$ 以及 $\Delta_r G_m^{\ominus} = \Delta_r H_m^{\ominus} - T\Delta_r S_m^{\ominus}$ 用于上式中 $K_c^{\neq}$ 的计算。若规定 $c^{\ominus} = 1$ mol·dm^{-3} 纯理想气体为标准态，可以导出

$$\Delta_r G_c^{\neq\ominus} = -RT\ln K_c^{\neq\ominus} \tag{8-10-10}$$

式中 $\Delta_r G_c^{\neq\ominus}$ 为温度 T 时，以 $c = c^{\ominus}$ 为标准态时的摩尔反应吉布斯函数变。将 $K_c^{\neq} = K_c^{\neq\ominus} c^{\ominus}$ 代入式(8-10-9)，可得

$$k = (\pmb{k}T/hc^{\ominus})K_c^{\neq\ominus} = (\pmb{k}T/hc^{\ominus})\mathrm{e}^{-\Delta G_c^{\neq\ominus}/RT}$$

$$= (\pmb{k}T/hc^{\ominus})\mathrm{e}^{\Delta S_c^{\neq\ominus}/R}\mathrm{e}^{-\Delta H_c^{\neq\ominus}/RT} \tag{8-10-11}$$

上式为**艾林方程的热力学表示式**。式中 $\Delta G_c^{\neq\ominus}$、$\Delta S_c^{\neq\ominus}$ 及 $\Delta H_c^{\neq\ominus}$ 分别称为以 $c^{\ominus} = 1$ mol·dm^{-3} 为标准状态的标准活化摩尔吉布斯函数、标准活化摩尔熵及标准活化摩尔焓，可分别简称其为活化吉氏函数、活化熵及活化焓。艾林方程也可用于单分子或三分子反应以及液相反应，但方程的形式稍有差别。

对于双分子气相反应，可以证明

$$E_a = \Delta H^{\neq\ominus} + 2RT$$

将上式代入式(8-10-11)，得

$$k = (\pmb{k}T/hc^{\ominus})\mathrm{e}^2\mathrm{e}^{\Delta S_c^{\neq\ominus}/R}\mathrm{e}^{-E_a/RT}$$

将上式与阿伦尼乌斯方程及式(8-10-7)对比,可知阿氏方程中的指前因子 A、碰撞理论的指前因子 k_0、**方位因子 P** 及活化熵之间有如下关系:

$$A = Pk_0 = (\boldsymbol{k}T/hc^{\ominus})\,\mathrm{e}^2\,\mathrm{e}^{\Delta S_c^{\neq\ominus}/R}$$

当 $T = 300\ \mathrm{K}$、$c^{\ominus} = 1\ \mathrm{mol \cdot dm^{-3}}$ 时,上式中的 $(\boldsymbol{k}T/hc^{\ominus})\,\mathrm{e}^2 = 4.62 \times 10^{13}\ \mathrm{mol^{-1} \cdot dm^3 \cdot s^{-1}}$,此值与 k_0 的数量级大体相当。因此,$\mathrm{e}^{\Delta S_c^{\neq\ominus}/R}$ 相当于方位因子 P,若 $\Delta S_c^{\neq\ominus} = 0$,则 $P = 1$。但是,实际上反应物生成活化络合物是混乱程度减少的过程,$\Delta S_c^{\neq\ominus} < 0$。由于 P 与 $\Delta S_c^{\neq\ominus}$ 呈指数关系,故 $\Delta S_c^{\neq\ominus}$ 越负,P 越小。当 $\Delta S_c^{\neq\ominus} = -120\ \mathrm{J \cdot K^{-1} \cdot mol^{-1}}$ 时,$P = 5.39 \times 10^{-7}$,可见 $\Delta S_c^{\neq\ominus}$ 对方位因子 P 的影响是很大的。当活化熵远小于零时,若不考虑其对 k 的影响,只考虑由活化能的大小来判断反应的快慢,就可能得出错误的结论。

过渡状态理论原则上解决了碰撞理论不能解决的问题。但是分子结构的计算,目前仍停留在简单分子的水平上,对较复杂分子的结构则存在相当大的猜测成分,故反应速率理论的进一步完善,特别有待于结构理论的发展。

§8-11　溶液中的反应和多相反应

在溶液中,反应物分子 A 和 B 要在溶剂中互相扩散、接近才能发生反应;多相反应的反应物 A 和 B 不在同一个相中,它们之间要发生反应就要向相界面扩散、接近,所以,扩散是这两类反应的共同特征。当然这两类反应也有各自不同的规律。

1.液相反应中的笼罩效应

液相中每个反应物的分子都处于周围溶剂分子的包围之中,如同关在周围溶剂分子所构成的笼子中,笼中的分子不能像气体分子那样自由地进行平动,只能在笼中不停地振动,不断地与周围分子相碰撞。当分子不断地振动而积累了足够大的能量,或正在向某一方向振动时,恰好这一方向上的其它分子自动地闪开,于是该分子就可冲破原来的笼子而扩散到另一笼子之中。若反应物分子 A 和 B 扩散到同一笼中而互相接触,则反应物分子在一个笼子中的被笼罩时间约为 $10^{-12} \sim 10^{-10}$ s,这期间可发生 $10 \sim 10^5$ 次的碰撞。反应分子由于这种笼中运动所产生的效应,称为**笼罩效应**。两个反应分子扩散到同一个笼中互相接触,则称为**遭遇**。反应分子 A 和 B 只有发生遭遇才能发生反应。液相中的反应一般可表示为扩散和反应两个串联的步骤,即

$$A + B \xrightarrow{\text{扩散}} \{A \cdots B\} \xrightarrow{\text{反应}} \text{产物}$$

式中 $\{A \cdots B\}$ 表示反应物 A 和 B 扩散到同一个笼中所形成的遭遇分子对。若反应的活化能很大,使反应速率远小于扩散速率,则称为**反应控制**;若反应的活化能很小,反应速率很快,扩散速率跟不上,则为**扩散控制**。扩散速率与温度的关系也符合阿伦尼乌斯方程,但扩散过程的活化能很小,一般要比反应的活化能小很多,因此,扩散控制的反应就没有活化控制的反应对温度那么敏感。

2.扩散控制的反应

一些快速反应,如自由基复合反应或酸、碱中和反应,多为扩散控制的反应。扩散控制反应的总速率应等于扩散速率。扩散速率可由扩散定律计算。

菲克(Fick)扩散第一定律:在一定温度下,单位时间扩散过截面积 $\mathscr{A}$ 的 B 的物质的量 dn_B/dt,比例于截面积 $\mathscr{A}$ 和浓度梯度 dc_B/dx 的乘积。即

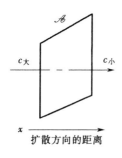

图 8-11-1　扩散定律

$$dn_B/dt = -D\mathscr{A}dc_B/dx \quad (8\text{-}11\text{-}1)$$

因为扩散总是由高浓度向低浓度扩散,如图 8-11-1 所示。图中 x 的指向为扩散的方向,随着扩散距离 x 的增加而浓度变小,所以浓度梯度 dc_B/dx 为负值,为使扩散速率为正值,故在上式右边加一负号。式中比例常数 D 称为**扩散系数**,它代表单位浓度梯度时扩散过单位截面积的扩散速率。D 的单位为 $m^2 \cdot s^{-1}$。对于半径为 r 的球形粒子,D 可由下式

计算：

$$D = RT/(6L\pi\eta r) \tag{8-11-2}$$

上式称为**爱因斯坦**(Einstein)**-斯托克斯**(Stokes)**方程**。式中 L 为阿伏加德罗常数，η 为粘度。

3.多相反应

若反应物处于不同的相中，则称为**多相反应**或**非均相反应**。大多数的多相反应是在相界面上进行的，所以反应物必须不断地向界面扩散，反应的产物也必须通过扩散不断地离开界面，反应才能继续进行，这是多相反应的一个重要特征。相界面的大小和性质也是影响多相反应速率的重要因素。多相反应往往由若干个具体步骤串联而成，其中最慢的一步对整个反应起控制作用，过程的总速率取决于最慢一步的速率。

例 8.11.1 固体 MgO 溶解于 HCl 溶液中为液-固相反应，即

$$\text{MgO(s)} + 2\text{HCl(水溶液)} \longrightarrow \text{MgCl}_2 + \text{H}_2\text{O}$$

(a)试导出 HCl 向 MgO(s)表面扩散的速率方程；

(b)假设在 MgO(s)的表面上反应进行得很快，HCl 在 MgO(s)表面的浓度可认为近似为零，求此溶解过程的速率方程。

解：(a)求扩散速率

设 HCl 在溶液体相及 MgO(s)表面的浓度分别为 c_b 和 c，由于搅拌，可使溶液体相的浓度均匀一致。但是固体表面有一层搅拌达不到的静止液膜，当搅拌的速度一定时，静止液膜的厚度 δ 为定值。静止层中 HCl 的**浓度梯度**

$$\mathrm{d}c(\text{HCl})/\mathrm{d}x = (c - c_b)/\delta$$

故 HCl 通过静止液层扩散的速率方程为

$$\frac{\mathrm{d}n(\text{HCl})}{\mathrm{d}t} = -D\mathscr{A}\frac{\mathrm{d}c(\text{HCl})}{\mathrm{d}x}$$

$$= \frac{D\mathscr{A}}{\delta}(c_b - c)$$

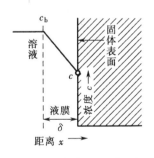

图 8-11-2 离表面不同距离处的浓度变化曲线

式中 D 为扩散系数，$\mathscr{A}$ 为 MgO(s)总的表面积。由于 $c_b > c$，故扩散速率为正值。

(b)求溶解过程的速率方程

由于反应很快，MgO(s)表面上 HCl 的浓度 $c \approx 0$，扩散为控制步骤，故总的速率为

$$\left\{ -\frac{dn(HCl)}{dt} \right\}_{反应} = \left\{ \frac{dn(HCl)}{dt} \right\}_{扩散} = \frac{D \mathscr{A}}{\delta} c_b$$

式中：$\{dn(HCl)/dt\}_{扩散}$ 表示单位时间通过面积 $\mathscr{A}$ 扩散的 HCl 的物质的量，所以它为正值；而 $\{dn(HCl)/dt\}_{反应}$ 表示单位时间反应物减少的物质的量，所以它为负值，在其前面加上负号才为正值；c_b 为 HCl 溶液的浓度。若将上式两边同除以溶液的体积 V，则可改写为

$$-dc(HCl)/dt = (D \mathscr{A}/V\delta) c(HCl) = kc(HCl)$$

这就是本题溶解过程的速率方程。若搅拌速度加快，静止层(又称滞流层)的厚度 δ 变小，或固体粒子的分散度增加使 $\mathscr{A}$ 变大，皆可使反应速率加快。当搅拌速度恒定、固体表面积变化可以被忽略的条件下，此溶解速率符合一级反应的规律。$CaCO_3$ 以及许多金属与稀酸的反应也具有一级反应的规律。

§8-12　光化学的基本概念与定律

在光作用下进行的化学反应称为**光化反应**。例如，植物在日光的照射下吸收 CO_2 和水，在绿色细胞叶绿体内合成碳水化合物的光合作用，染色织物的褪色及感光胶片上卤化银的分解，都是光化反应。

有些自发反应可以发光，在常温下化学能转化为光能，称为**化学发光**。例如，荧光虫发的光便是一种称为荧光素的蛋白质物质氧化时发出的。又如，在低压及 $-10 \sim 40℃$ 时，黄磷在空气中氧化为 P_2O_5，可以发出微绿白色的光。这种在常温下的化学发光又称为**冷光**。

在 T、p 恒定及光的照射下，能使 $\Delta_r G_m > 0$ 的不能自动进行的反应能够进行。这是因为光是一种有序的辐射能，它能使反应物的分子活化而变为产物，即光能变为化学能。有些能自动进行的反应在光的照射下能加速进行。由于光活化分子的数目比例于光的强度，所以在足够强的光源作用下，常温下就能达到热反应在高温下才能达到的反应速率。反应温度的降低，往往能有效地抑制副反应的发生。若再选用适当波长的光，则可进一步提高反应的选择性。

1. 光化学第一定律

用光照射反应系统,可以发生光的反射、折射、散射、透射及吸收等过程。**格罗图斯-德雷珀(Grotthus-Draper)认为"只有被反应系统吸收的光,对于发生光化学变化才是有效的。"**因此,光化反应总是从反应物吸收光能开始的。反应系统吸收光能的过程称为**光化学的初级过程**。系统吸收光能后又继续进行的一系列过程,则属于**次级过程**。

光子学说认为,分子(或原子)吸收或发射光的过程,就是吸收或发射一个个光子(又叫光量子)的过程。反应系统每吸收一个光子,就有一个分子(或原子)由低能级激发到高能级;反之,每当有一个分子(或原子)由高能级跃迁到低能级,则要放出一个光子。一个光子的能量恰好为跃迁前后两能级能量的差值。光子的能量 ε 与光的频率 ν 成正比,即

$$\varepsilon = h\nu = hc/\lambda \tag{8-12-1}$$

式中:h 为普朗克常数;c 为在真空中的光速;λ 为光的波长。

2. 光化学第二定律

爱因斯坦光化当量定律,或光化学第二定律指出:在光化学的初级过程中,系统每吸收一个光子则活化一个分子(或原子)。因此,吸收 1 mol 的光子则活化 1 mol 的分子(或原子)。1 mol 光子的能量 E_m,称为 1 爱因斯坦,即

$$E_m = Lhc/\lambda \tag{8-12-2}$$

$$E_m = 6.022\ 05 \times 10^{23}\ \text{mol}^{-1} \times 6.626\ 18 \times 10^{-34}\ \text{J·s} \times 2.997\ 92$$
$$\times 10^8\ \text{m·s}^{-1}/\lambda$$
$$= (0.119\ 6\ \text{m}/\lambda)\ \text{J·mol}^{-1}$$

系统吸收一个光子使一个分子活化之后,在次级过程中可能使许多个反应物的分子发生反应,如光引发的链反应。吸收一个光子后达到电子激发状态的活化分子,可以放出光子而失活,这个被吸收的光子就没有导致化学反应的发生,故光化学第二定律只能适用于光化反应的初级过程。

3. 量子效率

系统每吸收一个光子能使某反应物发生反应的分子数,称为**光子**

的量子效率。用 φ 表示量子效率,则

$$\varphi = \frac{发生反应的分子数}{被吸收的光子数} = \frac{发生反应的物质的量}{被吸收光子的物质的量} \qquad (8\text{-}12\text{-}3)$$

例 8.12.1 用波长为 253.7×10^{-9} m 的光,光分解气体 HI,可表示为

$$2HI(g) \xrightarrow{h\nu} H_2(g) + I_2(g)$$

实验表明,吸收 307 J 的光能可分解 1.30×10^{-3} mol 的 $HI(g)$。试求量子效率为若干?

解: 被吸收光子的物质的量:

$$n(光) = \frac{E}{E_m} = \frac{307 \text{ J}}{(0.119\ 6\ \text{m}/\lambda)\ \text{J·mol}^{-1}}$$

将 $\lambda = 253.7 \times 10^{-9}$ m 代入上式,可得 $n(光) = 6.51 \times 10^{-4}$ mol,所以量子效率

$$\varphi = 1.30 \times 10^{-3} / 6.51 \times 10^{-4} = 1.996$$

量子效率近似等于 2,表明一个 HI 分子吸收一个光子后,可使两个 HI 分子发生反应。

某些气相光化学反应的量子效率列于表 8-12-1。

表 8-12-1 某些气相光化学反应的量子效率

反　应	λ/nm	量子效率	备　注
$2NH_3 = N_2 + 3H_2$	210	0.25	随压力而变
$SO_2 + Cl_2 = SO_2Cl_2$	420	1	
$H_2 + Br_2 = 2HBr$	600 以下	2	近 200℃(25℃时极小)
$3O_2 = 2O_3$	170～253	1～3	近于室温
$CO + Cl_2 = COCl_2$	400～436	约 10^3	随温度升高而降低,且与反应的压力有关
$H_2 + Cl_2 = 2HCl$	400～436	高达 10^6	随 $p(H_2)$ 及杂质而变

4.光化学反应的机理与速率方程

假设光化反应 $A_2 \xrightarrow{h\nu} 2A$,其机理如下:

①$A_2 + h\nu \xrightarrow{k_1} A_2^*$(活化)初级过程

②$A_2^* \xrightarrow{k_2} 2A$(解离) $\left.\vphantom{\begin{array}{c}1\\1\end{array}}\right\}$次级过程

③$A_2^* + A_2 \xrightarrow{k_3} 2A_2$(失活)

式中的 $h\nu$ 代表一个光子的能量。初级过程的速率仅取决于吸收光子的速率,即正比于所吸收光的强度 I_a,而与反应物 A_2 的浓度 $[A_2]$ 的大小无关。

根据稳态法可知:

$$\frac{\mathrm{d}[A_2^*]}{\mathrm{d}t} = k_1 I_a - k_2[A_2^*] - k_3[A_2^*][A_2] = 0$$

由上式可得:

$$[A_2^*] = k_1 I_a / \{k_2 + k_3[A_2]\}$$

最终产物 A 只有解离反应生成,因 k_2 是以 A_2^* 表示的速率系数,故对 A 而言

$$\mathrm{d}[A]/\mathrm{d}t = 2k_2[A_2^*] = 2k_1 k_2 I_a / \{k_2 + k_3[A_2]\}$$

吸收光的强度 I_a,表示单位时间、单位体积内吸收光子的物质的量,一个 A_2 分子吸收一个光子可生成 2 个产物分子 A,故此反应的量子效率:

$$\varphi = \frac{\mathrm{d}[A]/\mathrm{d}t}{2I_a} = \frac{k_1 k_2}{k_2 + k_3[A_2]}$$

§8-13 催化作用

在一个反应系统中加入某物质,通过参加化学反应能明显地加快反应速率而它在反应前后的数量和化学性质不变,这种物质称为**催化剂**。催化剂的这种作用称为**催化作用**。有些物质能明显地延缓或抑制某一反应的速率,这些物质称为**阻化剂**。阻化剂往往在反应中消耗掉而不能反复使用。例如为防止塑料制品老化而加入的防老剂、减缓金属腐蚀的缓蚀剂等通称为阻化剂。在某些反应中,产物本身就具有催化作用。例如在有 H_2SO_4 存在的情况下用 $KMnO_4$ 滴定 H_2O_2 溶液,开始时反应很慢,一旦有 Mn^{2+} 产生,反应会迅速地加快,最后由于 H_2O_2 的浓度太小,反应才逐渐变慢,这种作用常称为**自动催化作用**。有时一些偶然的杂质、尘埃、容器表面的性质等也可能产生催化作用,习惯上将这种催化剂称为**隐催化剂**。如果催化剂与反应系统处于同一相态,

称为**均相催化**,而把不处于同一相态的催化反应称为**多相催化反应**。本节介绍催化作用一些基本概念。

1.催化剂的基本特征

(1)催化剂参与催化反应,但反应终了时催化剂的化学性质及数量皆不变。所以在化工生产过程中催化剂可以反复循环使用。

(2)催化剂只能缩短达到化学平衡的时间,而不能改变热力学平衡,对于在一定 T、p 下进行的指定反应,既然催化剂在反应前后没有变化,所以从热力学上看,催化剂的存在与否不会改变反应的始末状态,当然反应 $\Delta_r G_m$、$\Delta_r G_m^{\ominus}$、$\Delta_r H_m$ 等所有状态函数的增量均为定值。这表明:①催化剂不能使在热力学上不能进行的反应发生任何变化。在平衡系统中加入催化剂,反应的平衡常数及平衡转化率皆不发生变化。②对于对行反应,因为平衡常数 $K = k_1/k_{-1}$,所以催化剂能同时加快正、逆反应的速率,而且 k_1 及 k_{-1} 增加的倍数必然相等。也就是说,能加速正反应的催化剂,也必然是能加速逆反应的良好催化剂。这一规律对寻找催化剂实验提供了很多方便。例如由 CO 和 H_2 合成 CH_3OH (g)需要在高压下进行,实验操作极为不便,我们可以在常压下研究 CH_3OH 的分解实验,寻找合成 CH_3OH 的催化剂。

(3)催化剂具有明显的选择性。当相同的反应物可能有多个平行反应发生时,采用不同的催化剂可加速不同反应,这就是催化剂的选择性。例如,250℃时乙烯与空气中的氧可进行下列三个平行反应:

$$C_2H_4 + \frac{1}{2}O_2 \xrightarrow{①} \underset{\displaystyle O}{CH_2{-}CH_2} \qquad K_1^{\ominus} = 1.6 \times 10^6$$

$$C_2H_4 + \frac{1}{2}O_2 \xrightarrow{②} CH_3CHO \qquad K_2^{\ominus} = 6.3 \times 10^{18}$$

$$C_2H_4 + 3O_2 \xrightarrow{③} 2CO_2 + 2H_2O \qquad K_3^{\ominus} = 4.0 \times 10^{130}$$

这三个反应都能自动进行,反应③的热力学推动力最大。若用 Ag 催化剂,则只选择性地加速反应①而主要得到环氧乙烷;若用钯作催化剂,只选择性地加速反应②而主要得到乙醛。

在科研及工业上常采用下式来定义催化剂的选择性,即

$$\text{选择性} = \frac{\text{转化为目的产品的原料量}}{\text{原料总的转化量}} \times 100\%$$

2.催化剂的稳定性与中毒

从理论上讲,"催化剂在反应前后的化学性质和数量皆不变"似乎催化剂可以无限期地使用,但这只是理想化的情况。实际上,催化剂使用一定时间后,由于机械磨损、温度和外来化学物质等各种因素的影响,其化学结构、结晶状态及表面性质等将逐渐地发生变化,它的催化活性将随之衰减,以致最后完全不能使用,这种现象称为**催化剂的老化**。

有时少量的杂质可使催化剂完全失去催化作用,这种现象称为**催化剂的中毒**。例如,白金粉末可催化 H_2、O_2 生成 H_2O,但气体中若含有极少量的 CO,就会使白金催化剂中毒而失去活性。所谓催化剂的活性,就是指催化剂加快反应速率的快慢。催化剂抵抗衰老和中毒的能力称为催化剂的稳定性。稳定性越好,连续使用的时间就越长。催化剂的活性、稳定性及选择性是衡量催化剂性能的三个重要指标。

3.催化反应的一般机理

为什么催化剂能加快反应速率呢? 主要是因为催化剂与反应物生成不稳定的中间化合物,改变了反应的途径,降低了反应的活化能,或者增大了指前因子。由阿伦尼乌斯方程 $k = A e^{-E_a/RT}$ 可知,由于活化能在指数项,所以活化能的降低对反应的加速尤为显著。

假设催化剂 K 能加速反应:$A + B \longrightarrow AB$,其机理为

$$A + K \underset{k_{-1}}{\overset{k_1}{\rightleftharpoons}} AK \qquad \text{(快速平衡)}$$

$$AK + B \overset{k_2}{\longrightarrow} AB + K$$

平衡常数
$$K_c = k_1/k_{-1} = c_{AK}/(c_A c_K)$$

故
$$c_{AK} = (k_1/k_{-1}) c_A c_K$$

总的反应速率为

$$dc_{AB}/dt = k_2 c_{AK} c_B = k_2 (k_1/k_{-1}) c_K c_A c_B = k c_A c_B$$

所以
$$k = (k_1 k_2/k_{-1}) c_K$$

上式中各基元反应的速率系数 $k_i = A_i e^{-E_i/RT}$，则

$$k = \frac{A_1 A_2 c_K}{A_{-1}} e^{-(E_1 - E_{-1} + E_2)/RT} = A c_K e^{-E/RT}$$

式中 $A = A_1 A_2 / A_{-1}$ 为表观指前因子。总反应的表观活化能 E 与各基元反应活化能 E_i 的关系为

$$E = E_1 - E_{-1} + E_2$$

上述关系可用图 8-13-1 表示，图中非催化反应要克服一个高的能峰，对应的活化能为 E_0。在催化剂 K 的作用下反应途径改变，只需翻越两个低的能峰，其总的表观活化能 E 远小于 E_0，因此，在指前因子变化不大的情况下，反应的速率必然会加快。

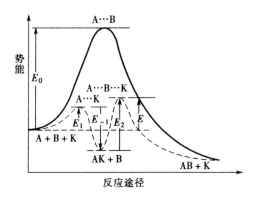

图 8-13-1　活化能与反应途径示意图

有些催化反应在活化能相差不大的情况下，反应速率却有很大的差别。例如表 8-13-1 所示的甲酸分解反应：

$$HCOOH \longrightarrow H_2 + CO_2$$

表 **8-13-1**　甲酸在不同表面上的分解反应的相对速率

表　　面	活化能/$(kJ \cdot mol^{-1})$	相对速率
玻璃	102	1
金	98	40
银	130	40

表　　面	活化能/$(kJ \cdot mol^{-1})$	相对速率
铂	92	2 000
铑	104	10 000

在玻璃或铑上反应的活化能几乎相等,而反应的速率却相差 10^4 倍。这可能由于铑的单位表面上的活性中心远远超过玻璃,因而使两者的表观指前因子相差悬殊。

4.多相催化反应

多相催化反应,主要是用固体催化剂催化气相或液相反应。在化工生产中,气-固相催化反应得到广泛的应用,所以这里主要讨论气-固相催化反应。

1)分子在催化剂表面上的吸附状态

化学吸附在固体表面上的分子,可以发生分子的变形、化学键的断裂、原子的重排等微观过程,因而能改变反应的途径,降低反应的活化能,从而产生催化作用,所以,化学吸附是多相催化的基础。为了充分发挥 Ag、Pt、Pd 等贵重金属催化剂的作用,常将它们分散成几个原子那样大小的微粒,铺盖在具有很大的比表面积、多孔性催化剂的载体上。

以 M 代表催化剂表面上具有吸附能力的晶格位置,H_2 在 M 上发生化学吸附作用的同时发生解离,可表示为

$$H_2 + 2M \longrightarrow 2HM$$

饱和烃在金属表面上的化学吸附也属于此类。例如,CH_4 在金属表面上的吸附可表示为

$$CH_4 + 2M \longrightarrow CH_3M + HM$$

这类化学吸附,称为**解离化学吸附**。但是对于具有 π 电子或孤对电子的分子,化学吸附并不解离。例如乙烯化学吸附时,可认为其分子轨道重新杂化,即碳原子由 sp^2 变为 sp^3,所产生的两个自由价再与金属表面上的自由价相结合,可表示为

$$CH_2 = CH_2 + 2M \longrightarrow \begin{array}{cc} H_2C & —CH_2 \\ | & | \\ M & M \end{array}$$

又如 CO 的化学吸附,可表示为

$$CO + 2M \longrightarrow \begin{matrix} O \\ \parallel \\ C \\ \diagup \ \diagdown \\ M \qquad M \end{matrix}$$

这类吸附称为缔合化学吸附。

2)多相催化反应的几个步骤

多孔性催化剂的外表面积与内表面积相比是微不足道的,气-固相催化反应主要是在内表面上进行,必经下述七个步骤:

①反应物分子由气流主体(即体相)向催化剂外表面的扩散过程(外扩散);

②反应物分子由外表面向内表面扩散的过程(内扩散);

③反应物分子吸附在催化剂的表面上;

④反应物进行表面化学反应,生成产物;

⑤产物从内表面上解吸(脱附);

⑥产物从内表面向外表面扩散(内扩散);

⑦产物从外表面向气流主体扩散(外扩散)。

当过程达到稳定状态时,上述七个串联步骤的速率必然相等。速率的大小受其中阻力最大的慢步骤所控制,若能设法减少最慢步骤的阻力,就能加快整个过程的速率。吸附、反应和解吸这三个过程称为**表面过程**。若为表面控制过程,则认为扩散能随时保持平衡,即催化剂表面附近气体的浓度与气流主体中的相同。一般气-固相催化反应的气流速率大,催化剂的颗粒小而孔径大,反应温度低,催化剂的活性较小,扩散速率远大于表面过程的速率,因而表现为表面过程控制。表面过程控制又称为动力学控制。例如,以磷酸为催化剂的乙烯水合制乙醇的反应,以氧化锌为催化剂的乙苯脱氢制苯乙烯的反应,均为表面过程控制的反应。若反应在高温、高压下进行,因催化剂的颗粒小、孔径大,活性很高,但气流速度较低,内扩散及表面过程都较快,而外扩散较慢,因此反应为**外扩散控制**。例如,在 $750 \sim 900\,^{\circ}\!C$ 时,由氨氧化制硝酸的催化反应为外扩散控制。加大气流速度可消除外扩散控制。

3)气-固相催化反应的动力学

这里只讨论表面反应控制的气-固相催化反应。在上述七个步骤中,除表面反应一步最慢外,其它六步皆能随时保持平衡,可以认为催化剂内表面上反应组分的分压与主体气流中反应组分的分压力相等,而且随着反应的进行能随时维持吸附平衡,因此,可按朗缪尔吸附平衡来计算反应速率。

假设只有一种反应物,反应 A ⟶ B 的机理可以表示为

吸附　　　$A + M \rightleftharpoons A \cdot M$　　　（快）

表面反应　$A \cdot M \rightleftharpoons B \cdot M$　　　（慢）

解吸　　　$B \cdot M \rightleftharpoons B + M$　　　（快）

式中:M 表示催化剂表面上的活性中心;A·M 及 B·M 分别表示吸附在活性中心上的 A、B 分子。因为是表面反应控制,所以,过程总的速率等于最慢的表面反应速率。**按表面质量作用定律**,表面单分子反应的速率应正比于该分子 A 对表面的覆盖率 θ_A,即

$$- dp_A / dt = k\theta_A$$

将朗缪尔方程 $\theta_A = b_A p_A / (1 + b_A p_A)$ 代入上式,则

$$- dp_A / dt = k\theta_A = kb_A p_A / (1 + b_A p_A) \tag{8-13-1}$$

下面分几种情况讨论。

(1)若反应物 A 吸附很弱,即 b_A 很小,在常压下 $b_A p_A \ll 1$,上式可简化为

$$- dp_A / dt = kb_A p_A = k' p_A$$

为一级反应,上式积分,得

$$\ln (p_{A,0} / p_A) = k't \tag{8-13-2}$$

例如,甲酸气体或 HI 气体在铂上的分解反应为一级反应。

(2)若反应物 A 吸附很强,即 b_A 很大,$b_A p_A \gg 1$,式(8-13-1)可简化为

$$- dp_A / dt = k\theta_A = k' \tag{8-13-3}$$

对于强吸附,$\theta_A \approx 1$。改变压力对表面浓度几乎没有影响,反应速率与压力无关,则为零级反应。

(3)若反应物 A 的吸附介于强弱之间,式(8-13-1)可近似改写为

$$- \mathrm{d}p_A / \mathrm{d}t = k' p_A^n \qquad (0 < n < 1) \qquad (8\text{-}13\text{-}4)$$

为分数级反应。例如,SbH_3 在 $Sb(s)$ 表面上的解离反应为 0.6 级。

本章基本要求

1.明确反应速率、反应速率系数、反应级数和反应分子数的概念以及反应级数与反应分子数的区别。

2.掌握零、一、二级反应的特征,并能进行具体计算。

3.会运用微分法、半衰期法及尝试法由实验数据确定速率方程。

4.掌握阿伦尼乌斯方程的三种形式及其应用,明确活化能的概念及其对反应速率系数的影响。

5.掌握典型复合反应速率方程的建立及复杂反应速率方程的近似处理法。

6.了解碰撞理论及过渡状态理论的基本观点。

7.了解链反应、爆炸反应、溶液中的反应及光化学反应的特征。

8.掌握催化作用的特征及多相催化反应的步骤。

概 念 题

填空题

1.在一定 T、V 下,反应

$$A(g) \longrightarrow B(g) + D(g)$$

若 $A(g)$ 完全反应掉所需时间是其反应掉一半所需时间的 2 倍,则此反应的级数 n = _____。

2.某反应,其反应物 A 反应掉 3/4 所需时间是其反应一半所需时间的 2 倍,则此反应必为_____级反应。

3.在一定 T、V 下,反应

$$2A(g) \longrightarrow A_2(g)$$

的速率系数 $k_A = 2.5 \times 10^{-3} \ \mathrm{mol}^{-1} \cdot \mathrm{dm}^3 \cdot \mathrm{s}^{-1}$,$A(g)$ 的初始浓度 $c_{A,0} = 0.02 \ \mathrm{mol} \cdot \mathrm{dm}^{-3}$,则此反应的反应级数 n = _____,反应物 $A(g)$ 的半衰期 $t_{1/2}(A)$ = _____。

4.在 T、V 恒定下,反应

$$A(g) + B(s) \longrightarrow D(g)$$

$t = 0$ 时，$p_{A,0} = 800$ Pa；$t_1 = 30$ s，$p_{A,1} = 400$ Pa；$t_2 = 60$ s，$p_{A,2} = 200$ Pa；$t_3 = 90$ s，$p_{A,3}$ = 100 Pa。此反应 A 的半衰期 $t_{1/2}(A) = $ _____；A 的反应分级数 $n_A = $ _____；反应速率系数 $k = $ _____。

5. 基元反应：$A(g) \xrightarrow{T、V 一定} B(g)$

$A(g)$ 的起始浓度为 $c_{A,0}$，当其反应掉 $1/3$ 所需时间为 2 s，A 所余下的 $2c_{A,0}/3$ 再反应掉 $1/3$ 所需时间 $t = $ _____ s，$k = $ _____。

6. 在 400 K、0.2 dm³ 的反应器中，某二级反应的速率系数 $k_p = 10^{-3}$ kPa$^{-1}\cdot$s^{-1}。若将 k_p 改为用浓度 c（c 的单位为 mol$\cdot$dm^{-3}）表示，则速率系数 $k_c = $ _____。

7. 在一定 $T、V$ 下，反应

$$A(g) \longrightarrow B(g) + D(g)$$

反应前系统中只有 $A(g)$，起始浓度为 $c_{A,0}$；反应进行 1 min 时，$c_A = 3c_{A,0}/4$；反应进行到 3 min 时，$c_A = c_{A,0}/4$。此反应为 _____ 级反应。

8. 某一级反应在 300 K 时的半衰期为 50 min，在 310 K 时半衰期为 10 min，则此反应的活化能 $E_a = $ _____ kJ$\cdot$mol^{-1}。

9. 在一定 $T、V$ 下，基元反应

$$A + B \longrightarrow 2D$$

若起始浓度 $c_{A,0} = a$，$c_{B,0} = 2a$，$c_{D,0} = 0$，则该反应各物质的浓度随时间 t 变化的示意曲线可表示为 _____；各物质的浓度随时间的变化率 dc_i/dt 与时间 t 的关系示意曲线为 _____。请画出两图的形状。

10. 恒温、恒容下，某反应的机理为

$$A + B \underset{k_{-1}}{\overset{k_1}{\rightleftharpoons}} C \overset{k_3}{\longrightarrow} D$$

则 $dc_C/dt = $ _____；$-dc_A/dt = $ _____。

11. 恒温、恒容理想气体反应的机理如下：

$$A(g) + B(g) \overset{k_B}{\nearrow} 2D(g) \overset{k_C}{\longrightarrow} C(g)$$
$$\underset{k_E}{\searrow} E(g)$$

则 $-dc_B/dt = $ _____；$-dc_D/dt = $ _____。

12. 在光化学反应的初级过程中，系统每吸收 1 mol 的光子，可活化 _____ 的反应物的分子或原子。

选择填空题（从每题所附答案中择一正确的填入横线上）

1. 在 $T、V$ 一定，基元反应

$$A + B \longrightarrow D$$

在反应之前 $c_{A,0} \gg c_{B,0}$,即反应过程中反应物 A 大量过剩,其反应掉的量浓度与 $c_{A,0}$ 相比较可忽略不计,则此反应的级数 $n =$ _____。

选择填入:(a)0 (b)1 (c)2 (d)无法确定

2. 在指定条件,任一基元反应的分子数与反应级数之间的关系为_____。

选择填入:(a)二者必然是相等的 (b)反应级数一定是小于反应的分子数 (c)反应级数一定是大于反应的分子数 (d)反应级数可以等于或少于其反应的分子数,但绝不会出现反应级数大于反应的分子数的情况

3. 基元反应的分子数是个微观的概念,其值_____。

选择填入:(a)只能是 0,1,2,3 (b)可正、可负、可为零 (c)只能是 1,2,3 这三个正整数 (d)无法确定

4. 在化学动力学中,质量作用定律只适用于_____。

选择填入:(a)反应级数为正整数的反应 (b)恒温恒容反应 (c)基本反应 (d)理想气体反应

5. 化学动力学中反应级数是个宏观的概念,实验的结果,其值_____。

选择填入:(a)只能是正整数 (b)只能是 0,1,2,3,…… (c)可正,可负,可为零,可以是整数,也可以是分数 (d)无法测定

6. T、V 恒定下气相反应为

$$A(g) \longrightarrow B(g) + D(g)$$

反应前 A(g)的初始浓度为 $c_{A,0}$,速率系数为 k_A,A(g)完全反应掉所需的时间是一有限值,用符号 t_∞ 示之,而且 $t_\infty = c_{A,0}/k_A$,则此反应必为_____。

选择填入:(a)一级反应 (b)二级反应 (c)0.5 级反应 (d)零级反应

7. 在 25℃的水溶液中,分别发生下列反应:

(1)$A \longrightarrow C + D$ 为一级反应,半衰期为 $t_{1/2}(A)$

(2)$2B \longrightarrow L + M$ 为二级反应,半衰期为 $t_{1/2}(B)$

若 A 和 B 初始浓度之比 $c_{A,0}/c_{B,0} = 2$,当反应(1)进行到 $t_1 = 2t_{1/2}(A)$,反应(2)进行到 $t_2 = 2t_{1/2}(B)$,此时 c_A 与 c_B 之间的关系为_____。

选择填入:(a)$c_A = c_B$ (b)$c_A = 2c_B$ (c)$4c_A = 3c_B$ (d)$c_A = 1.5c_B$

8. 在 300 K,$V = 0.2\ dm^3$,反应 $2A(g) \longrightarrow B(g)$,反应前 $c_{A,0} = 0.12\ mol \cdot dm^{-3}$,$c_{B,0} = 0$。

若反应的速率系数 $k_A = 0.25\ mol^{-1} \cdot dm^3 \cdot s^{-1}$,则该反应为_____级反应;

若 $k_A = 0.25\ mol \cdot dm^{-3} \cdot s^{-1}$,则该反应为_____级反应;

若 $k_B = 0.125 \text{ s}^{-1}$,则此反应为_____级反应。

选择填入:(a)零 (b)1 (c)2 (d)0.5

9. 在 T、V 恒定下,反应 $2A(g) \longrightarrow B(g)$

若 A 的转化率 $x = 0.8$ 时所需的时间为 A 的半衰期的 4 倍,则此反应必为_____级反应。

选择填入:(a)零 (b)1 (c)2 (d)无法确定

10. 在一定 T、V 下,反应 $A(g) \longrightarrow 2A(g)$

当 $A_2(g)$ 的起始压力 $p_0 = 880 \text{ Pa}$ 时,$A_2(g)$ 的半衰期 $t'_{1/2} = 30.36 \text{ s}$;当 $p_0(A_2) = 352 \text{ Pa}$ 时,$t_{1/2}(A_2) = 48 \text{ s}$,则此反应的级数 $n = $_____。

选择填入:(a)0.5 (b)1.5 (c)2.5 (d)无法确定

11. 在 T、V 恒定下,某反应中反应物 A 反应掉 7/8 所需的时间是它反应 3/4 所需时间的 1.5 倍,则其反应级数为_____。

选择填入:(a)零级 (b)1 级 (c)2 级 (d)1.5 级

12. 在一定 T、V 下,反应 $Cl_2(g) + CO(g) \longrightarrow COCl_2(g)$ 的速率方程为 $dc_{COCl_2}/dt = kc_{Cl_2}^n c_{CO}$。当 c_{CO} 不变而 Cl_2 的浓度增至 3 倍时,可使反应速率加快至原来的 5.2 倍,则 $Cl_2(g)$ 的分级数 $n = $_____。

选择填入:(a)零级 (b)1 级 (c)2 级 (d)1.5 级

13. 放射性 ^{201}Pb 的半衰期为 8 h,1 g 放射性 ^{201}Pb 在 24 h 后还剩下_____g。

选择填入:(a)1/2 (b)1/3 (c)1/4 (d)1/8

14. 在一定 T、p 下,HI 气体的摩尔生成焓 $\Delta_f H_m < 0$,而 HI 气体分解反应

$$HI(g) \longrightarrow 0.5H_2(g) + 0.5I_2(g)$$

过程的 $\Delta_r H_m > 0$。此反应过程的活化能 E_a_____。

选择填入:(a)$< \Delta_f H_m$ (b)$= \Delta_f H_m$ (c)$< \Delta_r H_m$ (d)$> \Delta_r H_m$

习 题

8-1(A) 恒容气相反应 $SO_2Cl_2 \longrightarrow SO_2 + Cl_2$ 为一级反应,320℃时反应的速率系数 $k = 2.2 \times 10^{-5} \text{ s}^{-1}$。初浓度 $c_0 = 20 \text{ mol·dm}^{-3}$ 的 SO_2Cl_2 气体在 320℃时恒温 2 h 后,其浓度为若干?

答:$c = 17.07 \text{ mol·dm}^{-3}$

8-2(A) 某一级反应,在一定温度下反应进行 10 min 后,反应物反应掉 30%。

求反应物反应掉 50% 所需的时间。

答：$t = 19.43$ min

8-3(A) 偶氮甲烷的热分解反应

$$CH_3NNCH_3(g) \longrightarrow C_2H_6(g) + N_2(g)$$

为一级反应。在恒温 278℃、于真空密封的容器中放入偶氮甲烷,测得其初始压力为 21 332 Pa,经 1 000 s 后总压力为 22 732 Pa,求 k 及 $t_{1/2}$。

答：$k = 6.788 \times 10^{-5}$ s^{-1},$t_{1/2} = 10\ 211$ s

8-4(B) 对于一级反应,试证明转化率达到 0.999 所需的时间约为反应半衰期的 10 倍。对于二级反应又应为若干倍?

答：999 倍

8-5(A) 硝基乙酸 $(NO_2)CH_2COOH$ 在酸性溶液中的分解反应

$$(NO_2)CH_2COOH \longrightarrow CH_3NO_2 + CO_2(g)$$

为一级反应。25℃、101.3 kPa 下,于不同时间测定放出 CO_2 的体积如下:

t/min	2.28	3.92	5.92	8.42	11.92	17.47	∞
V/cm^3	4.09	8.05	12.02	16.01	20.02	24.02	28.94

反应不是从 $t = 0$ 开始的。试以 $\ln\{(V_\infty - V_t)/\mathrm{cm}^3\}$ 对 t/min 作图,求反应的速率系数 k。

答：$k = 0.107$ min^{-1}

8-6(B) 现在的天然铀矿中 ^{238}U:^{235}U = 139.0:1。已知 ^{238}U 蜕变反应的速率系数为 1.520×10^{-10}/a。^{235}U 的蜕变反应的速率常数为 9.720×10^{-10}/a,问在 20 亿(即 2×10^9)年前,铀矿石中 ^{238}U:^{235}U = ?(a 为年的符号)

答：27:1

8-7(A) 在水溶液中,分解反应 $C_6H_5N_2Cl(l) \longrightarrow C_6H_5Cl(l) + N_2(g)$ 为一级反应。在一定 T、p 下,随着反应的进行,用量气管测量出在不同时刻所释出 $N_2(g)$ 的体积。假设 N_2 的体积为 V_0 时开始计时,即 $t = 0$ 时体积为 V_0,t 时刻 N_2 的体积为 V_t,$t = \infty$ 时 N_2 的体积为 V_∞。试导出此反应的速率系数为

$$k = \frac{1}{t} \ln \frac{V_\infty - V_0}{V_\infty - V_t}$$

8-8(A) 在 450 K 的真空容器中放入初始压力为 213 kPa 的 A(g),进行下列一级热分解反应:

$$A(g) \longrightarrow B(g) + D(g)$$

反应进行 100 s 时,测得系统的总压力为 233 kPa。求反应的速率系数及 A(g)的半衰期。

答:$k = 9.86 \times 10^{-4}$ s^{-1}, $t_{1/2} = 703$ s

8-9(A) 在 25℃、101.325 kPa 下的水溶液发生下列一级反应:

$$A(l) \longrightarrow B(l) + D(g)$$

随着反应的进行,用量气管测出不同时间 t 所释放出的理想气体 D(g)的体积,列表如下:

t/min	0	3.0	∞
V/cm^3	1.20	13.20	47.20

求 k 及 $t_{1/2}$(A)。

答:$k = 0.100\ 8$ min^{-1}, $t_{1/2}$(A) = 6.876 min

8-10(A) 在 $T = 300$ K、$V = 2.0$ dm^3 的容器中,理想气体反应

$$2B(g) \longrightarrow B_2(g)$$

为二级反应。当反应物的初速度 $c_{B,0} = 0.10$ mol·dm^{-3},B(g)的半衰期 $t_{1/2} = 40$ min。问:反应进行 60 min 时,B_2(g)的物质的量浓度 c_{B_2} 为若干?若反应速率表示为 $-dp_B/dt = k_{p,B} p_B^2$,$k_{p,B}$ 为若干?

答:$k_{p,B} = 1.002 \times 10^{-7}$ (Pa·min)$^{-1}$, $c(B_2) = 0.03$ mol·dm^{-3}

8-11(A) 在 T、V 恒定条件下,反应

$$A(g) + B(g) \longrightarrow D(g)$$

为二级反应。当 A、B 的初始浓度皆为 1 mol·dm^{-3}时,经 10 min 后 A 反应掉 25%,求反应的速率系数 k 为若干?

答:$k = 0.033\ 3$ mol^{-1}·dm^3·min^{-1}

8-12(A) 某二级反应

$$A(g) + B(g) \longrightarrow 2D(g)$$

当反应物的初始浓度 $c_{A,0} = c_{B,0} = 2.0$ mol·dm^{-3}时,反应的初速率 $-(dc_A/dt)_{t=0} = 50.0$ mol·dm^{-3}·s^{-1},求 k_A 及 k_D 各为若干?

答:$k_A = 12.5$ mol^{-1}·dm^3·s^{-1}, $k_D = 25.0$ mol^{-1}·dm^3·s^{-1}

8-13(A) 在 781 K,初压力分别为 10 132.5 Pa 和 101 325 Pa 时,HI(g)分解成 H_2 和 I_2(g)的半衰期分别为 135 min 和 13.5 min。试求此反应的级数及速率系数。

8-14(B) 双光气分解反应 $\text{ClCOOCCl}_3 \longrightarrow 2\text{COCl}_2$ 可以进行完全。将双光气置于密闭容器中，于恒温 280℃、不同时间测得总压列表如下：

t/s	0	500	800	1 300	1 800	∞
$p(总)/\text{Pa}$	2 000	2 520	2 760	3 066	3 306	4 000

求反应级数和双光气(以 A 代表)的消耗速率系数。

答：一级，$k_A = 5.9 \times 10^{-4} \text{ s}^{-1}$

8-15(B) 反应 $A + 2B \longrightarrow D$ 的速率方程为 $-\dfrac{dc_A}{dt} = kc_A c_B$，25℃时 $k = 2 \times 10^{-4}$ $\text{dm}^3 \cdot \text{mol}^{-1} \cdot \text{s}^{-1}$。

(a)若初始浓度 $c_{A,0} = 0.02 \text{ mol} \cdot \text{dm}^{-3}$，$c_{B,0} = 0.04 \text{ mol} \cdot \text{dm}^{-3}$，求 $t_{1/2}$；

(b)若将反应物 A 和 B 的挥发性固体装入 5 dm^3 的密闭容器中，已知25℃时 A 和 B 的饱和蒸气压分别为 10.133 kPa 和 2.027 kPa，问25℃时 0.5 mol A 转化为产物需多长时间。

答：$(a) t_{1/2} = 1.25 \times 10^5 \text{ s}; (b) t = 1.5 \times 10^5 \text{ s}$

8-16(B) 试证明速率方程可以表示为：$-dc_A/dt = k_A c_A^n$ 的反应物 A 的半衰期 $t_{1/2}$ 与 A 的初始浓度 c_0、A 的反应级数 n、速率系数 k_A 之间的关系为

$$t_{1/2} = (2^{n-1} - 1)/\{k_A(n-1)c_0^{n-1}\}$$

8-17(B) 在溶液中，反应

$$\text{S}_2\text{O}_8^{2-} + 2\text{Mo(CN)}_8^{4-} \longrightarrow 2\text{SO}_4^{2-} + 2\text{Mo(CN)}_8^{3-}$$

的速率方程为

$$-\frac{d[\text{Mo(CN)}_8^{4-}]}{dt} = k[\text{S}_2\text{O}_8^{2-}][\text{Mo(CN)}_8^{4-}]$$

20℃时，反应开始时只有二反应物，其初始浓度依次为 0.01、0.02 $\text{mol} \cdot \text{dm}^{-3}$。反应 26 h 后，测定剩余的八氰基钼酸根离子的浓度 $[\text{Mo(CN)}_8^{4-}] = 0.015\,62 \text{ mol} \cdot \text{dm}^{-3}$，求 k。

答：$k = 1.078 \text{ mol}^{-1} \cdot \text{dm}^3 \cdot \text{h}^{-1}$

8-18(A) 在 T、V 一定的容器中，某气体的初压力为 100 kPa 时，发生分解反应的半衰期为 20 s。若初压力为 10 kPa 时，该气体分解反应的半衰期则为 200 s。求此反应的级数与速率系数。

答：$n = 2, k = 5 \times 10^{-4} \text{ kPa}^{-1} \cdot \text{s}^{-1}$

8-19(B) 在一定 T、V 下，反应：$H_2(g) + Br_2(g) \longrightarrow 2HBr(g)$ 的速率方程可表示为

$$dc(HBr)/dt = kc(H_2)^\alpha \cdot c(Br_2)^\beta \cdot c(HBr)^\gamma$$

当 $c(H_2) = c(Br_2) = 0.1 \text{ mol} \cdot \text{dm}^{-3}$，$c(HBr) = 2 \text{ mol} \cdot \text{dm}^{-3}$ 时，反应的速率为 v，其它不同物质的 c 的反应速率列表如下，求此反应的分级数 α、β 及 γ 各为若干？

$c(H_2)/\text{mol} \cdot \text{dm}^{-3}$	$c(Br_2)/\text{mol} \cdot \text{dm}^{-3}$	$c(HBr)/\text{mol} \cdot \text{dm}^{-3}$	$dc(HBr)/dt$
0.1	0.1	2	v
0.1	0.4	2	$8v$
0.2	0.4	2	$16v$
0.1	0.2	3	$1.88v$

答：$\alpha = 1$，$\beta = 1.5$，$\gamma = -1$

8-20(B) 气相反应 $2NO(g) + 2H_2(g) \longrightarrow N_2(g) + 2H_2O(g)$ 的速率方程为

$$-dp(NO)/dt = kp^\alpha(NO)p^\beta(H_2)$$

700℃时测得 NO 及 H_2 的起始分压力及对应的初速率列表如下：

$p_0(NO)/\text{kPa}$	$p_0(H_2)/\text{kPa}$	$\{-dp(NO)/dt\}_{t=0}/(\text{Pa} \cdot \text{min}^{-1})$
50.6	20.2	486
50.6	10.1	243
25.3	20.2	121.5

求 NO 及 H_2 的分级数 α、β 和反应速率系数 $k(NO)$。

答：$\alpha = 2$，$\beta = 1$，$k = 9.4 \times 10^{-12} \text{ Pa}^{-2} \cdot \text{min}^{-1}$

8-21(B) 在一定 T、V 下，对于 0.5 级反应 $A \longrightarrow B + D$，反应前系统内只有 A，求 A 的半衰期 $t_{1/2}$ 与 $c_{A,0}$ 之间的定量关系式。

8-22(A) 在 T、V 恒定下，气相反应 $2NO + O_2 \longrightarrow 2NO_2$ 的机理如下：

$$2NO \underset{k_2}{\overset{k_1}{\rightleftharpoons}} N_2O_2 \text{（快速平衡）}$$

$$N_2O_2 + O_3 \longrightarrow 2NO_2 \text{（慢）}$$

上述三个基元反应的活化能分别为 80 kJ·mol⁻¹，200 kJ·mol⁻¹ 和 80 kJ·mol⁻¹。试导出 $-dc(O_2)/dt = ?$ 求反应的级数、反应的表观活化能 E_a；系统的温度升高时，反应速率将如何变化？

答：$n = 3$，$E_a = -40 \text{ kJ} \cdot \text{mol}^{-1}$

8-23(B) 恒温、恒容下，某 n 级气相反应的速率方程为

$$-dc_A/dt = k_C c_A^n \quad 或 \quad -dp_A/dt = k_p p_A^n$$

由阿伦尼乌斯方程可知 $E_a = RT^2 d\ln(k/[k])/dT$，若用 k_C 计算的活化能为 $E_{a,V}$，用 k_p 计算的活化能为 $E_{a,p}$，试证明对理想气体反应

$$E_{a,p} - E_{a,V} = (1-n)RT$$

8-24(A) 在 651.7 K 时，$(CH_3)_2O$ 的热分解反应为一级反应，其半衰期为 363 min，活化能 $E_a = 217\,570\ \text{J·mol}^{-1}$。试计算此分解反应在 723.2 K 时的速率系数 k 及使 $(CH_3)_2O$ 分解掉 75% 所需的时间。

答：$k(723.2\ \text{K}) = 0.101\,1\ \text{min}^{-1}$，$t = 13.71\ \text{min}$

8-25(A) 某一级反应，在 298 K 及 308 K 时的速率系数分别为 $3.19 \times 10^{-4}\ \text{s}^{-1}$ 和 $9.86 \times 10^{-4}\ \text{s}^{-1}$。试根据阿伦尼乌斯方程计算反应的活化能及表观频率因子。

答：$E_a = 86.112\ \text{kJ·mol}^{-1}$，$A = 3.966 \times 10^{11}\ \text{s}^{-1}$

8-26(A) 乙醇溶液中进行如下反应：

$$C_2H_5I + OH^- \longrightarrow C_2H_5OH + I^-$$

实验测得不同温度下的 k 如下：

$t/℃$	15.83	32.02	59.75	90.61
$10^3 k/(\text{dm}^3·\text{mol}^{-1}·\text{s}^{-1})$	0.050 3	0.368	6.71	119

试用作图法求该反应的活化能。

答：$E_a = 90.85\ \text{kJ·mol}^{-1}$

8-27(B) 反应 $A \underset{k_2}{\overset{k_1}{\rightleftharpoons}} B$ 为对行一级反应，A 的初始浓度为 a，时间为 t 时，A 和 B 的浓度分别为 $a-x$ 和 x。试证明此反应的动力学方程可表示为

$$(k_1 + k_2)t = \ln \frac{k_1 a}{k_1 a - (k_1 + k_2)x}$$

8-28(A) 若反应 $A_2 + B_2 \longrightarrow 2AB$ 有如下机理：

(1) $A_2 \overset{k_1}{\longrightarrow} 2A$（很慢）

(2) $B_2 \overset{K}{\rightleftharpoons} 2B$（快速平衡，平衡常数 K 很小）

(3) $A + B \overset{k_2}{\longrightarrow} AB$（快）

k_1 是以 c_A 的变化表示反应速率的速率系数。试用稳态法导出以 $dc(AB)/dt$ 表示

的速率方程。

$$答:dc(AB)/dt = k_1 c_A$$

8-29(B) 反应 $H_2(g) + Cl_2(g) \xrightarrow{k} 2HCl(g)$ 的机理如下：

$$Cl_2 + M \xrightarrow{k_1} 2Cl + M$$

$$Cl + H_2 \xrightarrow{k_2} HCl + H$$

$$H + Cl_2 \xrightarrow{k_3} HCl + Cl$$

$$2Cl + M \xrightarrow{k_4} Cl_2 + M$$

试证明：$d(HCl)/dt = 2k_2(k_1/k_4)^{1/2}c(H_2)c(Cl_2)^{1/2}$

8-30(B) 已知下列两平行一级反应的速率系数 k 与温度 T 的函数关系

$$A \overset{k_1 \to B \quad \lg(k_1/s^{-1}) = -2\,000/(T/K) + 4}{\underset{k_2 \to D \quad \lg(k_2/s^{-1}) = -4\,000/(T/K) + 8}{\Big|}}$$

(a)试证明该反应总的活化能 E 与反应1和反应2的活化能 E_1 和 E_2 的关系为：$E = (k_1 E_1 + k_2 E_2)/(k_1 + k_2)$，并计算 400 K 时的 E 为若干？

(b)求在 400 K 的密闭容器中，$c_{A,0} = 0.1 \text{ mol·dm}^{-3}$，反应经过 10 s 后 A 剩余的百分数为若干？

$$答:(a)E = 41.77 \text{ kJ·mol}^{-1};(b)33.3\%$$

8-31(A) 反应 $2O_3 \longrightarrow 3O_2$ 的机理若为

$$O_3 \overset{K}{\rightleftharpoons} O_2 + O \quad (快速平衡)$$

$$O + O_3 \xrightarrow{k_1} 2O_2 \quad (慢)$$

试证明：$-dc(O_3)/dt = k_1 K c^2(O_3)/c(O_2)$

8-32(B) 曾测得氯仿的光氯化反应 $CHCl_3 + Cl_2 \xrightarrow{h\nu} CCl_4 + HCl$ 的速率方程为

$$d[CCl_4]/dt = kI_a^{1/2} \cdot [Cl_2]^{1/2}$$

试由下列机理导出上述速率方程：

初级过程 ①$Cl_2 + h\nu \xrightarrow{k_1} 2Cl\cdot$

次级过程 ②$Cl\cdot + CHCl_3 \xrightarrow{k_2} Cl_3C\cdot + HCl$

③$Cl_3C\cdot + Cl_2 \xrightarrow{k_3} CCl_4 + Cl\cdot$

④$2Cl_3C\cdot + Cl_2 \xrightarrow{k_4} 2CCl_4$

提示:初级过程的速率只取决于吸收光的强度 I_a,而与 Cl_2 的浓度的大小无关。$h\nu$ 代表一个光子的能量,I_a 的单位为单位时间、单位体积内吸收光子的物质的量,而 1 mol 光子的能量称为 1 爱因斯坦,故 $[I_a]$ = 爱因斯坦·$mol\cdot dm^{-3}\cdot s^{-1}$ = $J\cdot dm^{-3}\cdot s^{-1}$。$k_1$ 的单位为 $J^{-1}\cdot mol$,并假设 k_1 很小。

8-33(A) 试计算每摩尔波长为 85 nm 的光子所具有的能量。

答:1.41×10^6 J·mol^{-1}

8-34(A) 在波长为 214 nm 的光照射下发生下列反应:

$$HN_3 + H_2O + h\nu \longrightarrow N_2 + NH_2OH$$

当吸收光的强度 $I_a = 1.00\times 10^{-7}$ mol·$dm^{-3}\cdot s^{-1}$(光子),照射 39.38 min 后,测得 $c(N_2) = c(NH_2OH) = 24.1\times 10^{-5}$ mol·dm^{-3},试求量子效率 φ 为若干?

答:$\varphi = 1.02$

第九章　胶体化学

胶体化学是物理化学的一个重要分支。它研究的领域是化学、物理学、材料科学、生物化学等诸多学科的交叉与重叠,已成为这些学科的基础理论。胶体化学研究的主要对象是高度分散的多相系统。

§9-1　分散系统的分类及其主要特征

把一种或几种物质分散在另一种物质中所构成的系统称为**分散系统**。根据被分散物质粒子的大小,分散系统一般分为溶液、胶体及粗分散系统。

若被分散的物质粒子的线度小于 10^{-9} m,呈分子、原子或离子的分散系统,称为溶液。被分散的物质称为**分散质**或溶质;连续分布的物质称为**分散介质**或溶剂。溶液为均相系统,液态溶液一般都表现为透明、不能发生光的散射、扩散速度快、溶质与溶剂皆可通过半透膜等特征;在一定条件下,溶质与溶剂不能自动地分离成两相,是热力学稳定系统。

分散在分散介质中的物质粒子,其某个方向上的线度在 10^{-9} m 至 10^{-7} m(即 $1 \sim 100$ nm)之间,这种分散系统称为**胶体分散系统**,简称为**胶体**。在胶体范围内,被分散的粒子是大量的分子、原子或离子的聚集体,它们与分散介质之间存在着明显的相界面,这种情况下的分散质才可称为**分散相**。用上述界限来定义胶体,完全是人为的大致划分,不同的书中往往采用不同的界限。

若分散相粒子的线度大于 10^{-7} m,则称为**粗分散系统**。例如悬浮液、乳浊液、泡沫等皆为粗分散系统。由于它们与胶体有许多共同的特性,故常将其作为胶体化学的研究对象。

表 9-1-1 分散系统按线度大小的分类

分散系统	粒子的线度	实 例
分子分散	$< 10^{-9}$ m	乙醇的水溶液、空气
胶体分散	$10^{-9} \sim 10^{-7}$ m	AgI 或 Al(OH)$_3$ 水溶液
粗 分 散	$> 10^{-7}$ m	牛奶、豆浆

在胶体系统中,分散相的物质粒子是构成胶团的核心,常简称其为**胶核**,它具有很大的比表面积 $\mathscr{A}_s$。设分散相与分散介质之间的界面张力为 σ,在 T、p 恒定条件下,指定胶体系统的**表面吉布斯函数变**可表示为

$$dG_s = \mathscr{A}_s d\sigma + \sigma d\mathscr{A}_s \qquad (9\text{-}1\text{-}1)$$

此式表明,分散相的表面积增加得愈多,系统的表面吉布斯函数就愈大,该系统就愈不稳定,在一定条件下,微小粒子自动聚集成大颗粒、缩小表面积的趋势就愈大,故高度分散的多相系统必然是热力学不稳定系统。上式还表明,在 T、p 及 $\mathscr{A}$ 恒定的条件下,界面张力降低也是可自动进行的过程。大量实验事实表明,胶核可从溶液中有选择地吸附某种离子而带电,这样可使胶核表面的不饱和力场得到一定程度的补偿,从而达到相对稳定的状态。胶体粒子的大小要比一般小分子大千百倍。与溶液中的溶质相比较,胶体粒子具有扩散速度慢、渗透压低、不能透过半透膜等特征。

总之,高度分散的多相性和热力学不稳定性既是胶体系统的主要特征,又是产生其它现象的依据。在我们研究胶体系统的性质、形成、稳定与破坏时,就应从这些特点出发。

胶体系统可以按分散相与分散介质聚集状态的不同来分类,并常以分散介质的相态命名。

若分散介质为液态,分散相可以是气态、固态或另一种与分散介质互不相溶(或相互溶解度都很小)的液态物质,此类溶胶称为**液溶胶**,常简称其为溶胶。它是胶体系统的典型代表,是本章研究的重点。与液溶胶相对应的粗分散系统则称为泡沫、悬浮液、乳状液,它们的分散相

分别为气态、固态和液态。

若分散介质为固态,分散相可以是气体、液体或另一种互不相溶的固态物质,此类胶体系统称为**固溶胶**,与其对应的粗分散系统,诸如浮石、珍珠及某些合金皆属此类。

若分散介质为气态,分散相只能是液体和固体,此类胶体系统,称为**气溶胶**,与其相对应的粗分散系统,诸如烟、尘、云、雾皆属此类。

综上所述,气、液、固三种物质只能构成八种胶体系统。表 9-1-1 和 9-1-2 分别列出分散系统按线度大小及聚集状态的分类。

表 9-1-2 分散系统按聚集状态分类

分散介质	分散相	名　　称	实　　例
液	气	泡　沫	肥皂泡沫
	液	乳 状 液	含水原油、牛奶
	固	液溶胶悬浮体	金溶胶、泥浆、油墨
固	气	固溶液	浮石、泡沫玻璃
	液		珍珠
	固		某些合金、染色的塑料
气	液	气溶液	雾、油烟
	固		粉尘、烟

还有一类物质,如蛋白质、淀粉、动物胶等天然高分子及众多的合成高分子化合物,它们至少在某个方向上的线度达到胶体分散的范围,它们与水或其它溶剂具有很强的亲合力,故曾称其为**亲液溶胶**。相对而言,其它溶胶的分散相都具有明显的憎水性,故称其为**憎液溶胶**。许多高分子(又称大分子)化合物,都可自动地呈分子或离子状态溶在水或其它介质中而形成均相的真溶液,故高分子溶液是热力学的稳定系统,它与溶胶具有本质的差别。由于高分子化工的迅速发展,高分子已从胶体化学中分离出来,形成一门独立的学科。亲液溶胶一词已被高分子溶液所取代,由于习惯,憎液溶胶一词在许多书中仍被沿用。

§9·2 胶体系统的制备

从分散度的大小来看,胶体介于真溶液与粗分散系统之间。因此,胶体系统的制备,不外乎是将粗分散系统进一步分散,或者是将分散介质中的溶质凝聚,达到胶体系统的分散程度。胶体的制备过程可简单地表示为

$$粗分系统 \xrightarrow[\text{大变小}]{\text{分散法}} 胶体系统 \xleftarrow[\text{小变大}]{\text{凝聚法}} 分子分散系统$$

1.分散法

利用机械设备或电能将粗分散的物料分散成胶体系统的方法称为**分散法**。分散法常采用下列设备。

1)胶体磨

它的主要部件是一高速转动的圆盘,一般每分钟可以转动 5 000~10 000转。圆盘的周边与外壳之间的距离可调节到 5×10^{-6} m 左右的微小距离,物料在其间受到强烈地冲击与研磨。研磨又有湿法与干法之分,一般说来,湿法操作的粉碎程度更高。由于微小粒子易于重新聚结成大颗粒,故常在研磨时加入少量的表面活性剂作为溶胶的稳定剂,或加入溶剂冲淡。湿法的磨细粒度约为 10^{-7} m。

2)气流粉碎机(喷射磨)

它的主要部件是在粉碎室的边缘上装有与周边成一定角度的两个高压喷嘴。此喷嘴分别将高压空气及物料以接近或超过音速的速度喷入粉碎室,这两股方向相反、高速旋转的流体在粉碎室相遇,形成涡流。固体粒子由于相互间的碰撞、摩擦及剪切作用而被粉碎。由于旋转的离心作用,较大的粒子被抛向周边而继续被粉碎;细小微粒则随气流走向中心,受到挡板拦截而落入布袋。

气流粉碎机可进行连续操作,粉碎程度可达 10^{-6} m 以下,这是任何其它的干磨设备无法达到的。粉碎室用坚硬、耐磨的材料作衬里,主要是靠粒子的相互碰撞而粉碎,故混入的磨损杂质甚少,可得到纯度较高的细小微粒。

3)电弧法

将欲制金属溶胶的金属丝浸入水中作为电极,通入直流电,使两极产生电弧。在电弧的高温作用下,产生的金属蒸气遇冷却水立即冷凝成胶粒。若预先在水中加入少量碱作为稳定剂,便可形成稳定的溶胶。此法实际上是兼有分散和冷凝两个过程。用电弧法可制得金、银、铂等贵重金属的溶胶。

2.凝聚法

将分子、原子或离子的分散系统凝聚成溶胶的方法称为**凝聚法**。此法又分为下面几种方法。

1)蒸气凝聚法

例如,在真空条件下,将固态的钠和苯分别加热成气态,两者的混合气体经液态空气冷凝器骤然降温,凝固成微小的固态粒子。由于钠和苯在固态下完全不互溶,除去冷冻,再经加热使苯粒子熔化,即制得钠的苯溶胶。用此法也可制得其它碱金属有机化合物的溶胶。

2)过饱和法

改变溶剂或降低温度均可使溶质的溶解度降低。在过饱和条件下,溶质可自动凝聚成溶胶。例如,取少量的硫溶于乙醇中,再将此溶液在搅拌的情况下倾入水中,由于溶剂改变,硫难溶于水而生成白色浑浊的硫溶胶。用此法可制得难溶于水的树脂、脂肪等水溶胶,也可制备难溶于有机溶剂的物质的有机溶胶。

用液态空气急骤冷却苯的饱和水溶液,可制得苯的水溶液。

3)化学凝聚法

利用生成不溶性物质的化学反应控制析晶过程,使其停留在胶体尺度的阶段而得到溶胶。一般采用较大的过饱和浓度、较低的操作温度,以利于晶核的大量形成而减缓晶体长大的速率,防止发生聚沉,即可得到溶胶。下面举例说明。

(1)利用 $FeCl_3$ 的水解反应制备 $Fe(OH)_3$ 溶胶。反应为

$$FeCl_3 + 3H_2O \longrightarrow Fe(OH)_3 + 3HCl$$

在不断搅拌下,将 $FeCl_3$ 稀溶液滴入沸腾的水中即可生成棕红色、透明的 $Fe(OH)_3$ 溶胶。过量的 $FeCl_3$ 起到稳定剂的作用。$Fe(OH)_3$ 微粒选

择性地吸附 Fe^{3+} 而形成带正电荷的胶体粒子。

(2)用甲醛还原 $KAuO_2$,可制得红褐色的金溶胶。反应为

$$2KAuO_2 + 3HCHO + K_2CO_3 \longrightarrow 2Au + 3HOCOK + H_2O + KHCO_3$$

过量的 $KAuO_2$ 为稳定剂,金微粒吸附 AuO_2^- 形成带负电荷的胶体粒子。

(3)利用 As_2O_3 的复分解反应可制备硫化砷溶液。反应为

$$As_2O_3 + 3H_2O \longrightarrow 2H_3AsO_3$$

$$2H_3AsO_3 + 3H_2S \longrightarrow As_2S_3 + 6H_2O$$

在 As_2O_3 的过饱和水溶液中,缓慢通入 H_2S 气体,即生成淡黄色的 As_2S_3 溶胶。HS^- 为稳定剂,胶体粒子带负电荷。

3.溶胶的净化

在溶胶制备过程中,常引入或产生过量的电解质或其它杂质,除去过量的电解质及其它杂质以提高溶胶的纯度和稳定性,即是溶胶的净化。溶胶净化最常用的方法是**渗析法**。此法一般采用羊皮纸、动物的膀胱膜、硝酸(或醋酸)纤维素等作为半透膜,将溶胶置于膜内,再放入流动的水中,胶体粒子不能透过半透膜,多余的电解质或其它杂质的分子或离子能自动地向水中扩散,经过一定时间的渗透,即达到净化的目的。为加快渗透作用,可加大渗透面积,适当地提高操作温度或加外电场。在外电场的作用下,正、负离子定向扩散的速度可加快。这种在外电场作用下的渗析方法称为**电渗析**。

应当指出,适量的电解质是形成胶体系统必不可少的条件,但过量电解质的存在又是破坏溶胶的有效方法,因此,只能除去多余的电解质,以保持溶胶的稳定性。

§9-3 胶体系统的光学性质

胶体系统所具有的特殊光学性质,是其高度的分散性和多相不均匀性特征的反映。

1.丁铎尔效应

在暗室里,将一束经聚集的光线投射到装有溶胶的玻璃容器上,在

与入射光垂直的方向上,可看到一个发亮的光锥,如图 9-3-1 所示。此现象是英国物理学家丁铎尔(Tyndall)于 1869 年首先发现的,故称为**丁铎尔效应**。

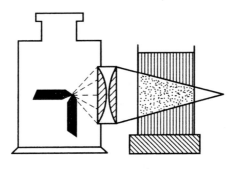

图 9-3-1　丁铎尔效应

可见光的波长在 400 ~ 760 nm 的范围内,大于一般胶体粒子的线度(1 ~ 100 nm),因此,当可见光束投射于胶体系统时,**出现光的散射现象**。光的振动频率高达 10^{15} Hz 的数量级,光的照射相当于外加电磁场作用于胶体粒子,使围绕分子或原子运动的电子产生被迫振动(如此之大的频率,质量又远大于电子的原子核无法跟上振动)。这样,被光照射的微小晶体上的分子,以一个次级光源的形式,向四面八方辐射出与入射光有相同频率的次级光波。由此可见,产生丁铎尔现象的实质是光的散射。丁铎尔效应又称为**乳光效应**,其散射光的强度可用瑞利公式计算。

2. 瑞利公式

1871 年,瑞利(Rayleigh)假设:粒子的尺度远小于入射光的波长,可把粒子视为点光源;粒子间的距离较远,可不考虑各个粒子散射之间的相互干涉;粒子本身不导电,不吸收光。基于这些假设,应用经典电磁波理论,首先导出了稀薄气溶胶散射光强度的计算式,后经其他学者推广应用于稀溶胶系统。当入射光为非偏振光时,**每单位体积内液溶胶散射光的强度 I**,可近似地由下式计算:

$$I = \frac{9\pi^2 V^2 C}{2\lambda^4 l^2} \left(\frac{n^2 - n_0^2}{n^2 + 2n_0^2} \right)^2 (1 + \cos^2 \alpha) I_0 \tag{9-3-1}$$

式中：I_0 及 λ 分别为入射光的强度及波长；V 为每个分散粒子的体积；n 和 n_0 分别为分散相及介质的折射率（又称折射指数）；α 为散射角，即观测方向与入射光方向间的夹角；l 为观测者与散射中心的距离；C 为粒子的数浓度。由上式可知：

(1)单位体积散射光的强度 I 与每个分散粒子体积的平方成正比。一般真溶液分子的体积甚小，仅可产生很微弱的散射光；粗分散的悬浮液，由于其粒子的尺寸大于可见光的波长，发生光的反射而不能产生乳光效应；只有溶胶才具有非常明显的丁铎尔效应。因此可由丁铎尔效应来鉴别分散系统的种类。

(2)I 与 λ^4 成反比，即波长愈短散射光愈强。白光中的蓝、紫光波长最短，其散射光最强；红光的波长最长，其散射光的强度最弱。因此，当用白光照射溶胶时，在与入射光垂直的方向上可观察到溶胶呈淡蓝色；在与入射光相反方向上则看到主要是透过光，呈橙红色。

(3)憎液溶胶分散相与分散介质间有明显的界面存在，折射率相差较大，乳光效应很强；高分子溶液是均相系统，其乳光效应很弱。因此可依此来区别高分子溶液与憎液溶胶。

(4)I 与粒子的数浓度 C 成正比。对于物质种类相同的溶胶，在测量条件相同时，两溶胶的乳光强度之比应等于其粒子的数浓度之比，即 $I_1/I_2 = C_1/C_2$，因此，若已知其中一个溶胶粒子的数浓度，即可求出另一溶胶粒子的数浓度。

高度分散的憎液溶胶从外观上看是完全透明的，一般显微镜也看不到胶体粒子的存在。超显微镜，特别是电子显微镜的应用，给研究溶胶带来极大的方便。电子显微镜可将物像放大 10 万 ~ 50 万倍，能直接观察到粒子形状及测定某些胶核的大小。

§9-4　溶胶的动力学性质

在超显微镜下可以观察到胶体粒子也处于不停的、无规则的运动状态。因此，我们仍可以运用分子运动论的观点来研究胶体粒子的无规则运动以及由此产生的扩散、渗透等现象；也可用分子运动论的观点,来研究分散相粒子在重力场的作用下粒子的大小及浓度随高度变化的规律。

溶胶与稀溶液在某些方面也有相似之处。溶胶也具有依数性现象,但由于胶体粒子要比一般小分子大得多,而浓度要比一般稀溶液小得多,因此,沸点升高、凝固点降低等依数性效应很弱,难以测定,而溶胶的渗透效应却比较明显。胶体粒子所以能扩散、渗透以及能长时间稳定地悬浮在分散介质中而不下沉,一个重要原因就是粒子的布朗运动。

1. 布朗运动

1827 年,英国植物学家布朗(Brown)在显微镜下看到,悬浮于水中的花粉粒子处于不停息的、无规则的热运动状态;此后又发现,凡是线度小于 4×10^{-6} m 的粒子在分散介质中皆呈现这种运动。由于这种现象是布朗首先发现的,故称为**布朗运动**。

在分散系统中,每个分散介质的分子皆处于无规则的热运动状态,它们从四面八方连续不断地撞击分散相的粒子。对于粗分散的粒子来说,在某一瞬间可能受到数以千万次的撞击。从统计的观点来看,各个方向上所受撞击的几率应相等,合力为零,所以不能发生位移;即使是在某一方向上遭到较多次数的撞击,因其质量太大而难以发生位移,故无布朗运动现象。胶体粒子在任一瞬间所受到介质分子撞击的次数,虽然要比粗分散粒子少得多,但在各个方向上所遭受的撞击,完全互相抵消的几率甚小。在某一瞬间,粒子从某一方向得到一合力作用而发生位移,即布朗运动,如图 9-4-1(a)所示。图 9-4-1(b)是每隔相同的时间,在超显微镜下观察每个粒子运动的情况,它是粒子的空间运动在平面上的投影,可近似地描绘胶体粒子的无序运动。由此可见,布朗运动是分子热运动的必然结果,实质上是胶体粒子的热运动。

实验表明,胶体粒子愈小,温度愈高,介质的粘度愈小,布朗运动愈强烈。1905 年,爱因斯坦(Einstein)运用几率的概念和分子运动论的观点,推导出爱因斯坦-布朗平均位移公式:

$$\bar{x} = \{ RTt/(3L\pi r\eta) \}^{1/2} \tag{9-4-1}$$

式中:$\bar{x}$ 为 t 时间间隔内粒子沿 x 方向的平均位移,r 为粒子的半径,η

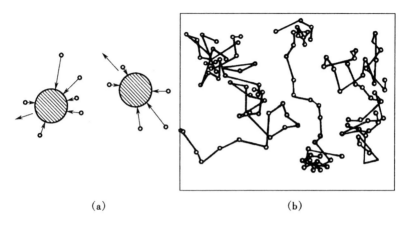

（a）　　　　　　　　　　（b）

图 9-4-1　布朗运动

(a)胶粒受介质分子冲击示意图;(b)超显微镜下胶粒的布朗运动

为介质的粘度,T 为温度,R 和 L 分别为气体常数和阿伏加德罗常数。

2.扩散

在有浓度梯度存在时,物质粒子因热运动而发生宏观上定向迁移的现象,称为扩散。也就是说,发生扩散的主要原因是粒子的热运动,扩散过程的推动力是浓度梯度。根据分子热运动原理可知,系统中任一粒子的平动能 $\varepsilon(\text{平})$ 与粒子的质量 m、均方根速率 $\bar{u}$ 存在下列关系:

$$\varepsilon(\text{平}) = m(\bar{u})^2/2$$

对于非均相系统,不论是大小粒子,其平动能应为定值。但是分散相粒子的质量要比分散介质的大千百倍,因此,分散相粒子的平均速率要远远小于一般分子的平动速率。一般说来,粒子的扩散系数愈大,其扩散速率越快。对于球形粒子的稀溶胶且溶胶为**单级分散**(即粒子大小相同)的情况,将式(9-4-1)与球形粒子扩散系数 D 的定义式:$D = RT/(6L\pi r\eta)$ 相结合,可得

$$\bar{x}^2 = \frac{RTt}{3L\pi r\eta} = \frac{RT}{6L\pi r\eta}2t = 2Dt \tag{9-4-2}$$

所以　　　　　　　　　　　　$D = \bar{x}^2/2t$

上式给出测定扩散系统 D 的一种方法,即在一定时间间隔 t 内,观测

出粒子平均位移 $\bar{x}$,就可求得 D 值。

测出扩散系数 D、介质的粘度 η、分散相的密度 ρ,可用下式计算球形粒子稀溶胶的摩尔质量,即

$$M = \frac{4}{3}\pi r^3 \rho L = \frac{\rho}{162(L\pi)^2}\left(\frac{RT}{D\eta}\right)^3 \tag{9-4-3}$$

3.沉降与沉降平衡

多相分散系统中的物质粒子因受重力的作用而下沉的过程称为沉降。沉降与扩散是两个相反的作用,前者力图把分散相粒子拉向容器的底部,后者则力图使分散相粒子趋于均匀分布。对于一般溶液,由于扩散占绝对优势,因而无沉降现象。对于粗分散系统,例如浑浊的泥水,静置多时便可澄清,这主要是沉降起主导作用的结果。粒子因受重力作用下沉而出现浓度差时,必然导致反方向的扩散作用。扩散速率与沉降速率在数值上相等时对应的状态称为**沉降平衡**。

贝林(Perrin)推导出在重力场下达到沉降平衡时,粒子的数浓度随高度而变化的高度分布定律。对于胶体系统,则为

$$\ln \frac{C_2}{C_1} = -\frac{Mg}{RT}\left(1 - \frac{\rho_0}{\rho}\right)(h_2 - h_1) \tag{9-4-4}$$

式中: C_1 及 C_2 分别为高度 h_1 及 h_2 截面上的粒子的数浓度; ρ 及 ρ_0 分别为胶粒及分散介质的密度; M 为胶粒的摩尔质量; R 和 g 分别为摩尔气体常数及重力加速度常数。应用式(9-4-4)时,不受粒子形状的限制,但要求粒子大小相等。对于**多级分散**(即粒子大小不等),可用此式分别算出大小不等的粒子的分布。一般分散系统常为多级分散,粒子越大,平衡时的浓度梯度也越大。也就是说,随着平衡系统高度的增加,大颗粒分散相的粒子浓度(单位为个/m^3)急剧下降;小颗粒分散相的粒子浓度则下降得较为缓慢。

例9.4.1 已知298.15 K时,分散介质及金的密度分别为 1.0×10^3 kg·m^{-3} 及 19.32×10^3 kg·m^{-3}。试求半径为 1.0×10^{-8} m 的金溶胶的摩尔质量及高度差为 1.0×10^{-3} m 时的粒子数浓度之比?

解:由式(9-4-3)可知金溶胶粒子的摩尔质量:

$M = (4/3)\pi r^3 \rho L$

$\quad = (4/3)\pi \times (1.0 \times 10^{-8}\ \text{m})^3 \times 19.32 \times 10^3\ \text{kg·m}^{-3} \times 6.022\ 05 \times 10^{23}\ \text{mol}^{-1}$

$$= 48\ 735\ \text{kg·mol}^{-1}$$

由式(9-4-4)可知,当 $\Delta h = h_2 - h_1 = 1.0 \times 10^{-3}$ m 时,粒子的数浓度之比 C_2/C_1 可由下式求算:

$$\ln \frac{C_2}{C_1} = -\frac{Mg}{RT}\left(1 - \frac{\rho_0}{\rho}\right)\Delta h$$

$$= \frac{-48\ 735 \times 9.81}{8.314 \times 298.15}\left(1 - \frac{1}{19.32}\right) \times 1.0 \times 10^{-3} = -0.182\ 9$$

所以 $\qquad C_2/C_1 = 0.833$

§9-5 溶胶的电学性质

实验发现,溶胶的分散相与分散介质在外电场的作用下可以发生相对移动;另一方面,在外力的作用下,迫使分散相与分散介质发生相对移动时,又可产生电势差。这两类相反的过程与电势差的大小及两相的相对移动有关,故均称为电动现象。

1.电动现象

1)电泳

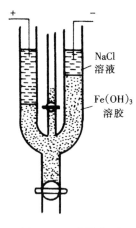

图 9-5-1 电泳装置

在外电场的作用下,胶体粒子在分散介质中定向移动的现象称为**电泳**。中性粒子在外电场中不可能发生定向移动,所以电泳现象说明胶体粒子是带电的。图 9-5-1 是一种测定电泳速度的实验设备。实验时先在 U 型管中装入适量的 NaCl 溶液(或 Fe(OH)$_3$ 溶胶的超离心滤液),再通过支管从 NaCl 溶液的下面缓慢地压下棕红色的 Fe(OH)$_3$ 溶胶,使其与 NaCl 溶液之间有清楚的界面存在。通入直流电后可以观察到电泳管中阳极一端界面下降,阴极一端界面上升,即 Fe(OH)$_3$ 溶胶向阴极方向移动。这证明 Fe(OH)$_3$ 的胶体粒子带正电荷。

实验测出在一定时间间隔内界面移动的距离,即可求得粒子的电泳速度。可想而知,电势梯度愈大,粒子带电愈多,粒子的体积愈小,则电泳速度愈大;介质的粘度愈大,电泳速度则愈小。实验结果表明,在电势梯度、温度、分散介质相同的条件下,胶体粒子的电泳速率与一般离子的电迁移速率的数量级几乎相同,而胶体粒子的质量要比一般离子大很多倍,这说明胶体粒子带有大量的电荷。

2)电渗

在多孔塞(或毛细管)的两端施加一定的电压,液体通过多孔塞而定向流动,这种现象称为**电渗**。电渗流动的方向及流速的大小与多孔塞的材料及流体的性质有关。例如用玻璃毛细管时,水向阴极流动,表明流体带正电荷;若用氧化铝或碳酸钡做成的多孔隔膜时,水向阳极流动,表明这时流体带负电荷。产生电渗现象的原因是多孔塞的表面上与水溶液带有不同性质的电荷。有关固体表面带电的原因,稍后再详细叙述。电渗现象表明分散介质也是带电的。在分散相固定不动时,分散介质受外加电场的作用而作定向流动。外加电解质对电渗流速有明显的影响,甚至能改变电渗流动的方向。

3)流动电势

在外压的作用下,迫使液体通过多孔隔膜(或毛细管)定向流动,在多孔隔膜两端产生的电势差称为**流动电势**。显然,此过程可视为电渗的逆过程。实验装置如图 9-5-2 所示。图中:V_1 和 V_2 为液槽;N_2 为外加气体;E_1 及 E_2 为紧靠多孔隔膜 M 上下两端的电极;P 为电势差计。

4)沉降电势

分散相粒子在重力场或离心力场的作用下迅速移动时,在移动方向的两端所产生的电势差称为**沉降电势**。它是与电泳现象相反的过程,不再详述。实验方法如图 9-5-3 所示。

任何一个分散系统都是电中性的,分散相与分散介质为什么会带有性质不同的电荷?当固液两相发生相对移动时所产生的电势与热力学电势有何异同?有关这类问题,直至双电层理论建立之后,才得到令人满意的解释。

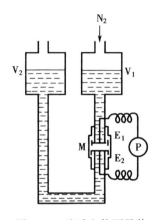

图 9-5-2 流动电势测量装
置示意图

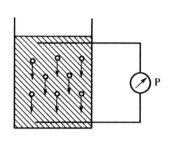

图 9-5-3 沉降电势测量装
置示意图

2.扩散双电层理论

在分散相与分散介质之间的界面层两侧,往往带有不同性质的电荷,其原因主要是,固体表面可以从分散介质中有选择地吸附某种离子而带电。分散相若为离子晶体,它服从法杨斯-帕尼思(Fazans-Pancth)规则,即分散介质中某离子若能与晶格上电荷符号相反的离子生成难溶的或溶解度很小的化合物,则离子晶体的表面对这种离子具有强烈的吸附作用。若吸附正离子,晶体表面带正电荷;反之,则带负电荷。分散相固体表面上的物质发生电离或者是与分散介质发生化学反应,其中一种离子仍固定在固体表面上,也可使固体表面带电。

应当指出,固体表面上的带电离子,不论它是如何产生的,皆应视其为固体粒子的组成部分。带电的固体粒子表面,主要是由于静电吸引力的存在必然要吸引等电量的、与固体表面带有相反电荷的离子(简称为**反离子**或**异电离子**)环绕在固体粒子的周围,这样便在固-液两相之间形成双电层结构。

1879年,亥姆霍兹(Helmholtz)首先提出双电层的概念。他认为正、负离子整齐地排列在固-液界面层的两侧,如图 9-5-4 所示。正、负电荷的分布情况就如同平行板电容器那样,故称之为**双电层电容器模型**。

此理论虽然可以解释电泳、电渗等电动现象,但对许多现象仍无法解释,而且此理论忽略了溶液中离子热运动的影响。

　　1909年,古依(Gouy)提出了扩散双电层理论。他认为靠近固体表面的反离子不是整齐地排列在一个平面上,而是呈扩散状态分布在溶液中。这是因为反离子同时受到两个方向相反的作用:静电吸引力使其趋于靠近固体表面;热运动产生的扩散作用又使反离子趋向于均匀分布。这两种作用达到平衡时,反离子则呈扩散状态分布于溶液中,其模型如图9-5-5所示。

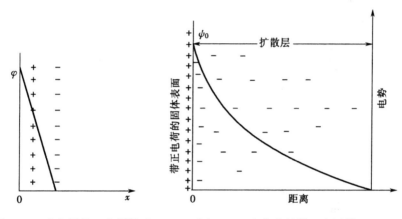

图 9-5-4　亥姆霍兹双电层模型　　图 9-5-5　古依的扩散双电层模型

　　当固体表面带正电荷时,它吸引负离子而排斥正离子,因此愈靠近固体表面负离子的浓度愈高,正离子的浓度愈低。也就是说,离开固体表面愈远,过剩的反离子浓度愈小,直至为零;紧靠固体表面过剩的反离子浓度最大。相应的固体表面与溶液本体(过剩的反离子浓度等于零)之间的电势差 φ_0,即为热力学电势。随着过剩的反离子浓度的降低,电势也逐渐变小,当离开固体表面足够远时,过剩的反离子浓度为零,此处对应的电势也为零。扩散双电层理论正确地反映了反离子在扩散层的分布及相应电势的变化,这一观点今天看来仍是正确的。但是该理论把离子视为点电荷,没有考虑离子的溶剂化;另外,未能反映出分散相固体粒子表面上静电吸引力和范德华引力对离子有一定吸附作用,使被吸附离子紧贴在固体表面,形成一个固定的吸附层。

1924 年,斯特恩(Stern)对古依等人的扩散双电层理论进行了修正,提出一种更加符合实际的双电层模型。他认为带电的固体表面对溶液中的反离子存在着静电吸引力、范德华力或其它形式的吸引力,因而使带电固体表面对反离子产生特殊的吸附作用,这种吸附作用也存在着吸附平衡及饱和吸附量的限制。若介质为水溶液,被吸附的离子也应当是水化的。这种特殊吸附相当牢固,即使在外电场的作用下,吸附层也随同固体粒子一起运动。基于上述原因,应当把吸附层视为带电固体粒子表面层的一部分,称为**固定层或紧密层**。此外,不应把固定层中的反离子视为点电荷,应当考虑离子水化后总体积的大小。离子中心距固体表面的距离约为水化离子的半径,这些水化离子中心连线所形成的假想面,称为**斯特恩面**。斯特恩面与固体表面之间的空间,称为**斯特恩层**。当固-液两相发生相对移动时,滑动面是在斯特恩层之外,它与固体表面之间的距离约为一般分子直径大小的数量级。斯特恩层之外至溶液本体(即电势为零处)的空间,称为**扩散层**。斯特恩双电层的模型如图 9-5-6 所示。图(a)表示离子的分布情况,滑动面可视为高低不平的曲面。由于吸附平衡是动平衡,被吸附的反离子因脱附作用的存在,也可向溶液中扩散,也就是滑动面内的反离子从微观上来讲并非固定不动,而是存在着进出的平衡,所以斯特恩层之外为扩散层。图(b)表示电势 ψ 随距离固体表面变化的情况。ψ_0 为固体表面与溶液本体之间的电

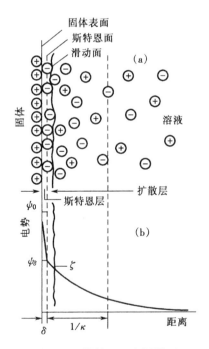

图 9-5-6　斯特恩双电层模型

势差,即热力学电势;ψ_δ为斯特恩层与溶液本体之间的电势差,称为斯特恩电势;滑动面与溶液本体之间的电势差,称为ζ电势;$1/\kappa$为双电层的厚度,它也是一个假想面,即若把斯特恩面之外的反离子都集中在一个平面上而且起到与原来同样作用的话,该假想面与斯特恩面相距为$1/\kappa$。

　　严格说来,只有在固-液两相发生相对移动时,才能呈现出ζ电势,对于球形固体粒子,它是滑动面所包围的带电体与溶液本体之间的电势差。由于滑动面内过剩的反离子所带电荷部分地抵消了固体表面上电荷离子所带的电量,使电势在滑动面之内随距离的增加而急剧下降,故出现ζ电势在数值上小于热力学电势的现象。

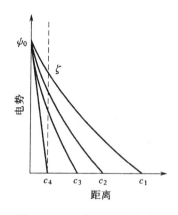

图 9-5-7　电解质的浓度对 ζ
电势的影响

　　当电解质的浓度增加时,介质中反离子的浓度也随之变大,压迫扩散层使其变薄,更多的反离子挤入滑动面以内,使ζ电势在数值上变小,如图9-5-7所示。当电解质的浓度足够大时(如图中c_4),可使ζ电势为零,此时对应的状态称为**等电态**。处于等电态的胶体粒子是不带电的,电泳速度必然为零,这时溶胶非常易于聚沉。

§9-6　憎液溶胶的胶团结构

　　根据扩散双电层理论,可以写出胶团结构。由分子、原子或离子所形成的固态微粒常具有晶体结构,它从分散介质中选择性地吸附某种离子;或者由于离子晶体表面电离,其中一种离子溶解于周围的介质中等原因,使固态微粒成为带电体,它是构成胶团结构的核心,故习惯上称其为**胶核**。胶体粒子带电的正、负号,取决于胶核上离子的正、负号,故将这种离子称为**电势离子**。实验证明,固态微粒最易吸附那些与构成该固态微粒相同元素的离子,这样有利于胶核进一步长大。例如 AgI 粒子表面容易吸附 Ag$^+$ 或 I$^-$。带电的胶核与分散介质中的反离子存在着静电力、范德华力等形式的吸引力,使部分过剩的反离子分布在滑动面以内;由于热运动的影响,另一部分反离子则呈扩散状态分布于分散介质之中。若分散介质为水,所有的反离子都应当是水化的。<u>滑动面所包围的带电固体粒子</u>,称为**胶体粒子**。整个扩散层及其所包围的胶体粒子,则构成电中性的胶团。

例如在稀的 AgNO$_3$ 溶液中,缓慢地滴加少量的 KI 稀溶液,可得到 AgI 溶胶,过剩的 AgNO$_3$ 则起到稳定剂的作用。由 m 个 AgI 分子形成的固体微粒的表面上吸附 n 个 Ag$^+$,可制得带正电荷的 AgI 胶体粒子。其胶团结构式可以表示为

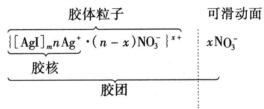

若在稀的 KI 溶液中滴加少量的 AgNO$_3$ 稀溶液,过量的 KI 则起到稳定剂的作用。AgI 微粒表面吸附 I$^-$,胶核表面则带负电荷,K$^+$ 为反离子,这时胶团结构表示为

$$\{[AgI]_m n I^- \cdot (n-x)K^+\}^{x-}, xK^+$$

在同一溶胶中,每个固体微粒所含的分子个数 m 可以是多少不等,其表面上所吸附的离子的个数 n 也不尽相等。在滑动面两侧,过剩的反离子所带的电量应与固体微粒表面所带的电量大小相等而符号相反,即 $(n-x)+x=n$。以 KI 为稳定剂的 AgI 溶胶的胶团剖面图见图 9-6-1。图中的小圆圈表示 AgI 微粒;AgI 微粒连同其表面上的 I$^-$ 则为胶核;第二个圆圈表示滑动面;最外边的圆圈则表示扩散层的范围,即整个胶团的大小。

再如 SiO$_2$ 溶胶,当 SiO$_2$ 与水接触时,可生成弱酸 H$_2$SiO$_3$,其电离产

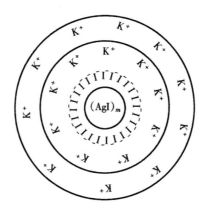

图 9-6-1　AgI 胶团剖面图

物 SiO_3^{2-} 不是全扩散到溶液中去,而是有一部分仍然固定在 SiO_2 微粒的表面上,形成带负电荷的胶核,H^+ 则为反离子。反应过程可表示为

$$SiO_2 + H_2O \longrightarrow H_2SiO_3 \Longrightarrow 2H^+ + SiO_3^{2-}$$

SiO_2 溶胶的胶团结构可表示为

$$\{[SiO_2]_m n SiO_3^{2-} \cdot 2(n-x)H^+\}^{2x-} \cdot 2xH^+$$

在书写上述胶团结构时,应注意电量平衡,即整个胶团中反离子 (H^+)所带的正电荷数($2n$)应等于胶核表面上的电荷数,也就是说整个胶团是电中性的。

根据扩散双电层理论所写出的胶团结构,目前尚存在不同的写法,应把它视为胶团结构的近似表述。

§9-7　憎液溶胶的经典稳定理论——DLVO 理论

憎液溶胶拥有巨大的比表面积,是热力学不稳定系统。但是有些憎液溶胶在相当长的时间内,却能相对稳定地存在。例如,法拉第所配制的红色金溶胶,静置数十年后才聚沉于管壁上。憎液溶胶为什么能相对稳定地存在? 我们定性地介绍 DLVO 理论,来说明溶胶稳定的主要原因。1941 年由杰里亚金(Darjaguin)和朗道(Landau),1948 年由维韦(Verwey)和奥比克(Overbeek)分别提出了带电胶体粒子稳定的理论，简称为 DLVO 理论。下面介绍该理论要点。

(1)分散在介质中的胶团之间既存在着排斥力，也存在着吸引力。胶团可视为由表面带电的胶核及环绕其周围带有相反电荷的离子氛所组成，如图 9-7-1 所示。距胶核表面愈远，过剩的反离子出现的几率愈小。图中虚线圈为胶核所带正电荷作用的范围，即胶团的大小。在胶团之外任一点 A 处，则不受正电荷的影响；在扩散层内任一点 B 处，因正电荷的作用未被完全抵消，仍表现出一定的正电性。因此，当两个胶团的扩散层未重叠时〔图 9-7-1(a)〕，两者之间不产生任何斥力；两个胶团的扩散层发生重叠时〔图 9-7-1(b)〕，在重叠区内反离子的浓度增加，使两个胶团扩散层的对称性同时遭到破坏。这样既破坏了扩散层中反离子的平衡分布，也破坏了双电层结构的静电平衡。前一平衡的破坏使重叠区内过剩的反离子向未重叠区扩散，因而导致**渗透性斥力**的产生；后一平衡的破坏则导致两胶团之间产生静电斥力。随着重叠区的加大，这两种斥力都随之增加。

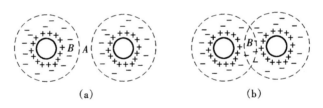

(a)　　　　　　　　　　(b)

图 9-7-1　胶团相互作用示意图

溶胶中分散相微粒间的吸引力，从本质上看仍具有范德华吸引力的性质，但这种范德华力作用的范围，要比一般分子的大千百倍之多，故称其为**远程范德华力**。远程范德华力所产生的吸引力势能与粒子距离的一次方或二次方成反比，也可能是其它更为复杂的关系。

(2)胶体系统的相对稳定或聚沉，取决于斥力势能或吸引力势能的相对大小。当粒子间的斥力势能在数值上大于吸引力势能，而且足以阻止由于布朗运动使粒子互相碰撞而粘结时，胶体处于相对稳定的状态；当粒子间的吸引力势能在数值上大于斥力势能时，粒子将互相靠拢而发生聚沉。调整斥力势能与吸引力势能的相对大小,可以改变胶体的稳定性。

(3)斥力势能、吸引力势能以及总势能都随粒子间距离的变化而变化,但由于斥力势能及吸引力势能与距离关系的不同,必然会出现在某一距离范围内吸引力势能占优势,而在另一范围内斥力势能占优势的现象。

(4)理论推导表明,加入电解质时,对吸引力势能影响不大,但对斥力势能的影响却十分明显。所以电解质的加入会导致系统的总势能发生很大的变化。适当调整电解质的浓度,可以得到相对稳定的胶体。

以上是 DLVO 理论的要点。为了进一步分析吸引力势能及斥力势能对溶胶稳定性的影响,可参看图 9-7-2 所示的势能曲线。

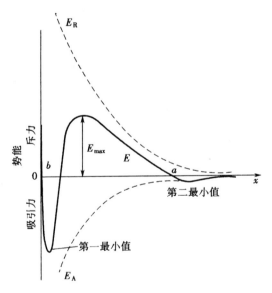

图 9-7-2 斥力势能、吸引力势能及总势能曲线图

一对分散相微粒之间的相互作用的总势能 E,可以用其斥力势能 E_R 及吸引力势能 E_A 之和来表示,即

$$E = E_R + E_A$$

若以粒子间斥力势能、吸引力势能及总势能对粒子间的距离 x 作图，可得到图 9-7-2 所示的势能曲线。虚线 E_A 和 E_R 分别为吸引力和斥力的势能曲线。当粒子间的距离较远时，E_A 和 E_R 皆趋于零；当粒子间的距离趋于零时，E_R 和 E_A 分别趋于正无穷大和负无穷大。当两个粒子从远处逐渐接近时，首先起作用的是吸引力势能，即在 a 点以前 E_A 起主导作用；在 a 和 b 之间 E_R 起主导作用，而且使总势能曲线（图中实线）出现极大值 E_{max}；此后，吸引力势能 E_A 在数值上迅速增加，在总的势能曲线上形成第一最小值。若两粒子再进一步靠近，由于两带电胶核之间产生强大的静电斥力，从而使总的势能急剧加大。

图中 E_{max} 为胶体粒子间净的斥力势能的数值，它表示溶液发生聚沉时必须克服的"势垒"。当迎面相碰的一对胶体粒子具有的平动能足以克服这一势垒时，它们才能进一步靠拢而发生聚沉。如果势垒足够高，超过 $15kT$（k 为玻尔兹曼常数）时，一般胶体粒子的热运动无法克服它，溶胶则处于相对稳定的状态；若这一势垒不存在或者是峰值很小，则溶胶就易于发生聚沉。

在总的势能曲线上可能出现两个最小值。距离较近而又较深的称为**第一最小值**，它如同一个陷阱，落入此陷阱的粒子形成结构紧密而又稳定的聚沉物，故称其为不可逆聚沉或永久性聚沉；距离较远而又很浅的最小值称为**第二最小值**。并非所有溶胶皆可出现第二最小值，若粒子的线度小于 10^{-8} m，即使出现第二最小值也一定是很浅的。对于较大的粒子，特别是那些形状不对称的胶体粒子，第二最小值会明显地出现，其值一般仅为几个 kT 的数量级。胶体粒子落入此处则形成较疏松的沉积物，但不稳定，外界条件稍有变化，沉积物就重新分离成胶体。

除胶体粒子带电是溶胶相对稳定的主要因素之外，溶剂化作用也是使溶胶稳定的重要原因。若水为分散介质，构成胶团双电层结构的全部离子都应是水化的，在分散相粒子的周围，形成一个具有一定弹性的水化外壳。布朗运动使一对胶团互相靠近，水化外壳因受到挤压而变形，但每个胶团都力图恢复其原来的形状而又自动地弹开。由此可见，水化外壳的存在势必增加溶胶聚合的机械阻力，有利于增强溶胶的稳定性。最后,当布朗运动足够强时,能使胶体粒子克服重力场的影响而不下沉,溶胶的这种稳定性质称为**动力稳定性**。一般说来,分散相与分散介质的密度相差愈小,分散相的颗粒愈小,布朗运动愈强烈,溶胶的动力稳定性就愈强。

综上所述,分散相粒子的带电、溶剂化作用及布朗运动是憎液溶胶能相对稳定存在的三个重要原因。可想而知,中和分散相粒子所带的电荷、降低溶剂化作用,均能使溶液聚沉。

§9-8　憎液溶胶的聚沉

憎液溶胶中的分散相微粒互相聚合、颗粒变大而发生沉淀的现象称为**聚沉**。任何憎液溶胶都是热力学不稳定系统,在一定温度、压力下都有自动地降低表面吉布斯函数而发生聚沉的趋势。例如,通过加热、加入电解质或适量的高分子化合物,均能导致憎液溶胶的聚沉。

1. 电解质的聚沉作用

加入过量的电解质,特别是含有高价反离子的电解质的加入,往往会使溶胶发生聚沉。这主要是因为当电解质的浓度或价数增加时,会压缩扩散层,使扩散层变薄,斥力势能降低,当电解质的浓度足够大时就会使溶胶发生聚沉。若加入的反离子发生特性吸附作用,斯特恩层内的反离子数量增加,使胶体粒子的带电量降低,而导致碰撞聚沉。一般说来,电解质的浓度或价数增加,使溶胶发生聚沉时所必须克服的势垒的高度和位置均发生变化。如图 9-8-1 所示,由 c_1 至 c_3 电解质的浓度依次增加,所对应势垒的高度则相应降低。这表明随着外加电解质浓度的增加,溶胶聚沉时所必须克服的势垒的高度变得更低,当电解质的浓度加大到 c_3 之后,吸引力势能占绝对优势,分散相粒子一旦相碰即发生聚沉。在指定条件下,使溶胶发生明显聚沉所需电解质的最小浓度,称为该电解质的**聚沉值**。某电解质的聚沉值愈小,表明其聚沉能力愈强,因此,将聚沉值的倒数定义为**聚沉能力**。

舒尔策-哈迪(Schulze-Hardy)价数规则:电解质中能使溶胶发生聚沉的离子,是与胶体粒子带电符号相反的离子,即反离子。反离子的价

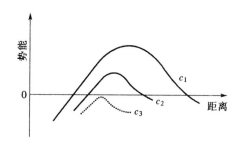

图 9-8-1　电解质的浓度对胶体粒子势能的影响

数愈高,其聚沉能力愈强,这种关系称为**价数规则**。例如,As_2S_3 溶胶的胶体粒子带负电荷,起聚沉作用的是电解质的阳离子。KCl、$MgCl_2$、$AlCl_3$ 的聚沉值分别为 49.5、0.7、0.093 $mol \cdot m^{-3}$。若以 K^+ 为比较标准,聚沉能力有如下关系:

$$Me^+ : Me^{2+} : Me^{3+} = 1 : 70.7 : 532$$

一般可近似地表示为反离子价数的 6 次方之比,即

$$Me^+ : Me^{2+} : Me^{3+} = 1^6 : 2^6 : 3^6 = 1 : 64 : 729$$

上述关系是在其它因素完全相同的条件下导出的,它表明**同号离子的价数愈高,聚沉能力愈强**。但是也有反常现象,如 H^+ 虽为一价,却有很强的聚沉能力。应当指出,上述比例关系仅作为一种粗略的估计。

　　对于同价正离子,由于正离子的水化能力很强,而且正离子的半径愈小,其水化能力愈强,水化层就愈厚,被吸附的能力就愈小,因而使聚沉值增大;对于同价的负离子,由于负离子的水化能力很弱,而且负离子的半径愈小,其水化能力愈弱,被吸附的能力就愈强,聚沉能力就愈大。根据上述原则,某些一价的正、负离子对带相反电荷胶体粒子的聚沉能力大小顺序,可排列为

$$H^+ > Cs^+ > Rb^+ > NH_4^+ > K^+ > Na^+ > Li^+$$

$$F^- > Cl^- > Br^- > NO_3^- > I^- > SCN^- > OH^-$$

这种将带有相同电荷的离子按聚沉能力大小排列的顺序,称为**感胶离子序**。但是在上述排列中,H^+ 和 OH^- 皆具有反常行为。

2.高分子化合物的聚沉作用

在溶胶中加入高分子化合物溶液,既可使溶胶稳定,也可能使溶胶聚沉。良好的聚沉剂应当是相对分子质量很大的线型聚合物,例如聚丙烯酰胺及其衍生物就是一种良好的聚沉剂。聚沉剂可以是离子型的,也可以是非离子型的。我们仅从以下三个方面来说明高分子化合物对憎液溶胶的聚沉作用。

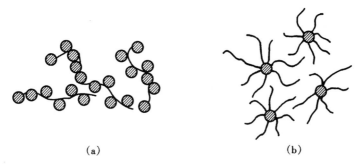

图 9-8-2　高分子化合物对溶胶聚沉和保护作用示意图
(a)聚沉作用;(b)保护作用

1)搭桥效应

一个长碳链的高分子化合物,在低浓度时可以同时吸附在许多个分散相的微粒上,如图 9-8-2(a)所示。高分子化合物通过搭桥作用,把许多胶体粒子联结起来,变成较大的聚集体而发生聚沉。

2)脱水效应

高分子化合物对水有更强的亲合力,由于高分子化合物的水化作用,使胶体粒子脱水,水化外壳遭到破坏而聚沉。

3)电中和效应

离子型的高分子化合物吸附在带电的胶体粒子上,可以中和分散相粒子的表面电荷,使粒子间的斥力势能降低,从而使溶胶聚沉。

若在憎液溶胶中加入过多的高分子化合物,许多个高分子化合物的一端都吸附在同一个分散相粒子的表面上,如图 9-8-2(b)所示;或者是许多个高分子的线团环绕在胶体粒子的周围,形成水化外壳,将分散相粒子完全包围起来,对溶胶起到保护作用。

§9-9 乳 状 液

由两种不互溶或部分互溶的液体混合而成的粗分散系统称为**乳状液**。例如牛奶、含水的石油、乳化农药等均为乳状液。乳状液中分散相的微小液滴的半径一般在 10^{-7} m 以上,用一般显微镜或肉眼就可观察到分散相粒子的存在。乳状液虽属粗分散系统,但与溶胶有许多相似之处,故常把乳状液纳入胶体的研究内容。本节仅定性地介绍乳状液的稳定与破坏。

在乳状液中,若有一相为水,用"W"表示;另一相为有机物质,如苯、苯胺、煤油等,习惯上称它们为"油",用"O"表示。乳状液一般分为两类:一类为油分散在水中,称为**水包油型乳状液**,用符号 O/W 表示;另一类为水分散在油中,称为**油包水型乳状液**,用符号 W/O 表示。油、水互不相溶,要得到相对稳定的乳状液,必须加入**乳化剂**。常用的乳化剂多为表面活性物质,其结构特征与作用已在表面现象一章中简单介绍过;此外,某些固体粉末也能起到乳化剂的作用。乳化剂能使乳状液比较稳定存在的作用称为**乳化作用**。在实际应用中,有时需要制得稳定的乳状液,有时则需将其破坏。现将有关理论简介如下。

1.乳状液稳定的原因

从以下几方面说明乳化剂能使乳状液比较稳定存在的原因。

1)降低界面张力

在一定温度、压力下,将一种液体分散在另一种与其互不相溶的液体之中形成乳状液,势必导致系统表面吉布斯函数增大,这是乳状液不能稳定存在的根源。加入少量的表面活性剂,在两液相之间的界面层中能产生正吸附,明显地降低界面张力,使系统的界面吉布斯函数变小,稳定性增加。另外,长碳链的乳化剂吸附在两相之间的界面层中,可形成具有一定机械强度的界面膜,这是使乳状液稳定性增加的另一重要原因。

班克罗夫特(W D Bancroft)等人认为,在乳状液的界面层中,由于吸附作用所形成的乳化剂膜具有一定厚度,将其称为界面相并用字母F表示;具有一定厚度的界面与其两边的油和水之间的界面张力,分别以 $\sigma_{F\text{-}O}$ 及 $\sigma_{F\text{-}W}$ 表示。若 $\sigma_{F\text{-}O} > \sigma_{F\text{-}W}$,则形成 O/W 型乳状液;当 $\sigma_{F\text{-}W} > \sigma_{F\text{-}O}$,则形成 W/O 型乳状液。即界面总是向界面张力大的一方弯曲,使界面张力大的相成为分散相,只有采取这样的组合,才可使系统的表面吉布斯函数最低,形成比较稳定的乳状液。例如一价的碱金属皂类易溶于水而难溶于油类,当它吸附在界面层时,使 $\sigma_{F\text{-}O} > \sigma_{F\text{-}W}$,形成 O/W 型乳状液;而高价金属的皂类易溶于油类,难溶于水,有利于形成 W/O 型的乳状液。

2)形成定向楔的界面

乳化剂分子具有一端亲水、另一端亲油的特性,其两端的横截面常大小不等。当它吸附在乳状液的界面时,常呈出"大头"朝外、"小头"向里的几何构形,就如同一个个的楔子密集地钉在圆球上,极性的基团(大头)指向水,非极性一端(小头)指向油类。这样的几何构形可使分散相液滴的表面积最小,界面吉布斯函数最低,而且可以使界面膜更牢固。例如 K、Na 等碱金属的皂类,含金属离子的一端是亲水的"大头",作为乳化剂时应形成 O/W 型的乳状液,如图 9-9-1 所示;Ca、Mg、Zn 等两价金属的皂类,含金属离子极性基团的一端为"小头",作为乳化剂时则形成 W/O 型的乳状液,如图 9-9-2 所示。但是也有例外,如一价的银肥皂作为乳化剂时,却形成 W/O 型的乳状液。

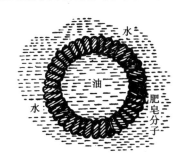

图 9-9-1　O/W 型乳状液

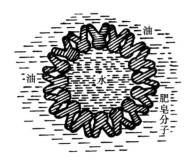

图 9-9-2　W/O 型乳状液

3)形成扩散双电层

离子型表面活性剂在水中发生电离,一般说来正离子在水中的溶解度大于负离子的,因此水相带正电荷、油相带负电荷。在 W/O 型乳状液中,分散相的水滴带正电荷,分散介质的油则带负电荷;而在 O/W 型的乳状液中,分散相的油滴带负电荷,分散介质水则带正电荷。乳化剂负离子定向吸附在油-水界面层中,带电的一端指向水,反离子则呈扩散状态分布,即形成扩散双电层。这一双电层具有较大的热力学电势和较厚的双电层结构,从而使乳状液处于相对稳定的状态。

4)界面膜的稳定作用

乳化过程也可理解为分散相液滴表面的成膜过程。界面膜的厚度,特别是其韧性和强度对乳状液的稳定性起着举足轻重的作用。例如十六烷基磺酸钠与等量的油溶性乳化剂异辛甾烯醇所组成的混合乳化剂,可形成分散相带负电的 O/W 型乳状液。这是由于十六烷基磺酸钠在界面层中电离,而 Na^+ 又向水中扩散的结果。两种乳化剂皆定向地排列于油-水界面层中,形成比较牢固的界面膜,而且分散相的油滴均带负电荷,当两油滴互相靠近时,产生静电斥力,因而更有利于乳状液的稳定。

5)固体粉末的稳定作用

分布在乳状液界面层中的固体粉末也能起到稳定剂的作用。光滑的球形固体粉末在油-水界面上分布的情况,如图 9-9-3 所示。图中 $\sigma_{O.W}$、$\sigma_{S.W}$、$\sigma_{S.O}$ 分别为油-水、固-水及固-油界面之间的界面张力。沿着固

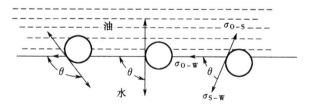

图 9-9-3　在油-水界面上固体粒子分布的情况

体粒子的表面与油-水界面的交界线上的液体,同时受到三个界面张力

的作用,若不考虑重力场的影响,平衡时杨氏方程可表示为

$$\cos \theta = (\sigma_{S\text{-}0} - \sigma_{S\text{-}w})/\sigma_{0\text{-}w} \qquad (9\text{-}9\text{-}1)$$

式中 θ 为 $\sigma_{S\text{-}w}$ 及 $\sigma_{0\text{-}w}$ 方向之间的夹角,称为水对固体表面的润湿角。由式(9-9-1)可知:当 $\cos\theta > 0$ 时,$\theta < 90°$,$\sigma_{S\text{-}0} > \sigma_{S\text{-}w}$,则油-水界面将向油层弯曲,使更多的固体表面浸入水中,形成 O/W 型乳状液;若 $\cos\theta < 0$,则 $\theta > 90°$,$\sigma_{S\text{-}w} > \sigma_{S\text{-}0}$,油-水界面将向水层弯曲,使更多的固体表面浸入油层之中,形成 W/O 型乳状液;当 $\cos\theta = 0$ 时,则 $\theta = 90°$,$\sigma_{S\text{-}0} = \sigma_{S\text{-}w}$,固体粒子的中心恰好在油-水界面层的正中,这种情况不常遇见。

根据空间效应可知,为了能使固体微粒在分散相的周围排列成紧密的固体膜,固体粒子的大部分应当处在分散介质之中,如图 9-9-4 所示。易被水润湿的粘土、Al_2O_3 等固体微粒,可形成 O/W 乳状液;而易被油类润湿的炭黑、石墨粉等可作为 W/O 型乳状液的稳定剂。吸附在乳状液界面层中的固体微粒的尺寸应当远小于分散相的尺寸。固体微粒的表面愈粗糙、形状愈不对称,愈有利于形成牢固的固体膜,使乳状液更加稳定。

此外,乳状液的粘度,分散相与分散介质密度差的大小都能影响乳状液的稳定性。

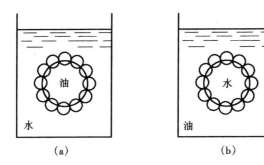

图 9-9-4　固体粉末乳化作用的示意图

2.乳状液的去乳化

使乳状液破坏的过程,称为**破乳**或**去乳化**作用。此过程一般分为两步:分散相的微小液滴首先絮凝成团,但这时仍未完全失去原来各自

独立的属性;第二步为凝聚过程,分散相结合成更大的液滴,在重力场的作用下自动地分层。乳状液稳定的主要原因是由于乳化剂的存在,所以凡能消除或削弱乳化剂保护能力的因素,均能达到破乳的目的。常用的方法有下面几种。

(1)用不能形成牢固膜的表面活性物质代替原来的乳化剂。例如异戊醇,它的表面活性很强,但因碳氢链太短而无法形成牢固的界面膜。

(2)加入某些能与乳化剂发生化学反应的物质,消除乳化剂的保护作用。例如在以油酸钠为稳定剂的乳状液中加入无机酸,使油酸钠变成不具有乳化作用的油酸,达到破乳的目的。

(3)加入类型相反的乳化剂也可达到破乳的目的。此外,通过加热,加入高价的电解质,加强搅拌,离心分离以及电泳法等皆可加速分散相的聚结达到破乳的目的。

泡沫、悬浮液等粗分散系统也是胶体化学研究的内容,由于本书篇幅所限,未编入本章,需要时请查阅胶体化学的专著。

本章基本要求

1.掌握胶体系统的定义和种类。

2.了解胶体制备的方法。

3.了解胶体系统的丁铎尔效应、布朗运动、电泳、电渗、沉降平衡等重要性质。

4.明了扩散双电层理论,能写出胶团结构的表示式。

5.了解憎液溶胶的 DLVO 理论。理解电解质和高分子溶液对溶胶的稳定作用。

6.了解乳状液的类型、稳定和破坏的方法。

概 念 题

填空题

1.胶体系统的主要特征是_____。

2.胶体系统产生丁铎尔现象的原因是_____。

3. 布朗运动实质上是_____。

4. ζ 电势的定义是_____。

5. 溶胶的动力学性质表现为_____三种运动。

6. 溶胶的四种电动现象为_____。

7. 憎液溶胶在热力学上是不稳定的,它能够相对稳定存在的三个重要原因是_____。

8. 亲水的圆球形固态微粒处于油(O)-水(W)界面层时,是其大部分体积浸于水中,这种固体微粒的存在有利于形成_____型的乳状液。

9. 若乳化剂分子体积大的一端亲水,小的一端亲油,此种乳化剂有利于形成_____型乳状液;反之,则有利于形成_____型乳状液。

10. 在一定温度下,破坏憎液溶胶最有效的方法是_____。

11. 溶胶的流动电势(即 ζ 电势)等于零的状态,称为_____态,此时胶体粒子的电泳速度_____。

12. 在一定温度下,在含有 NO_3^-、K^+、Ag^+ 的水溶液中,微小的 AgI 晶体粒子,最易于吸附_____离子,而使胶体粒子带_____电荷。

选择填空题(从每题所附答案中选一正确的填入横线上)

1. 当入射光的波长_____胶体粒子的线度时,可出现丁铎尔现象。

选择填入:(a)大于　(b)等于　(c)小于　(d)远小于

2. 胶体系统的电泳现象表明_____。

选择填入:(a)分散介质不带电　(b)胶体粒子带有大量的电荷　(c)胶团带电　(d)胶体粒子处于等电状态

3. 电渗现象表明_____。

选择填入:(a)胶体粒子是电中性的　(b)分散介质是电中性的　(c)胶体系统的分散介质也是带电的　(d)胶体粒子处于等电状态

4. 胶体粒子的 ζ 电势_____。ζ 电势_____的状态,称为等电状态。

选择填入:(a)大于零　(b)等于零　(c)小于零　(d)可正、可负、可为零

5. 若分散相固体微小粒子的表面上吸附负离子,则胶体粒子的 ζ 电势_____。

选择填入:(a)大于零　(b)等于零　(c)小于零　(d)正、负号无法确定

6. 对于以 $AgNO_3$ 为稳定剂的 $AgCl$ 溶胶的胶团结构,可以表示为

$$\{[AgCl]_m nAg^+ \cdot (n-x)NO_3^-\}^{x+} \cdot xNO_3^-$$

其中_____称为胶体粒子。

选择填入:(a)$[AgCl]_m \cdot nAg^+$　(b)$[AgCl]_m$

(c)$\{[AgCl]_m \cdot nAg^+ \cdot (n-x)NO_3^-\}^{x+}$　(d)$(n-x)NO_3^-$

7. 大分子(天然的或人工合成的)化合物的水溶液与憎水溶胶在性质上最根本的区别是_____。

选择填入：(a)前者是均相系统，后者是多相系统　(b)前者是热力学系统，后者是热力学不稳定系统　(c)前者粘度大，后者粘度小　(d)前者对电解质的稳定性较大，后者加入少量的电解质就能引起聚沉

8. 在一定温度下，在4个装有相同体积的 As_2S_3 溶胶的试管中，分别加入 c 和 V 相同的下列不同的电解质溶液，能够使 As_2S_3 溶胶最快发生聚沉的是_____。

选择填入：(a)KCl　(b)NaCl　(c)$ZnCl_2$　(d)$AlCl_3$

9. 在一定温度下，在4个装有相同体积的 As_2S_3 溶胶的试管中，分别加入 c 和 V 相同的下列不同的电解质，能使 As_2S_3 溶胶最快发生聚沉的是_____。

选择填入：(a)NaCl　(b)$NaNO_3$　(c)$Na_3[Fe(CN)_6]$　(d)Na_2CO_3

10. 以 KI 为稳定剂的一定量的 AgI 溶胶中，分别加入下列物质的量浓度 c 相同的不同电解质溶液，在一定时间范围内，能使溶胶完全聚沉所需电解质的浓度最小者为_____。

选择填入：(a)KNO_3　(b)$NaNO_3$　(c)$Mg(NO_3)_2$　(d)$La(NO_3)_3$

简答题

1. 如何定义胶体系统？

2. 哪些方法能使溶胶发生聚沉？

3. 在两个装有 $AgNO_3$ 水溶液的容器之间，用 AgCl(s)制成的多孔塞将二者联通，在多孔塞的两端装有两个电极并通以直流电，容器中的溶液将如何流动？请说明原因。

4. 欲制备带负电荷的 AgI 溶胶，在 25×10^{-3} dm^3，$c = 0.020$ $mol \cdot dm^{-3}$ 的 KI 水溶液中，应加入 $c = 0.006\ 4$ $mol \cdot dm^{-3}$ 的 $AgNO_3$ 溶液多少(dm^3)？

5. 在溶液中胶核为什么会带电？

6. 质量远比一般离子大得多的胶体粒子，为什么会出现两者电迁移率数量级近似相等的情况？

习　题

9-1(A)　利用丁铎尔效应，实验测得两份硫溶胶的散射光强度之比 $I_1/I_2 = 10$。已知两溶胶的分散相和分散介质的折射率、入射光的强度及波长、分散相粒子的大小以及观测的方向和位置皆相同。若第一份硫溶胶粒子的浓度 $c_1 = 0.10$ $mol \cdot dm^{-3}$，试求第二份硫溶胶粒子的浓度 c_2 为若干？

答：$c_2 = 0.01 \ \text{mol} \cdot \text{dm}^{-3}$

9-2(A) 290.2 K 时，某憎液溶胶粒子的半径 $r = 2.12 \times 10^{-7}$ m，分散介质的粘度 $\eta = 1.10 \times 10^{-3}$ Pa·s。在电子显微镜下观测粒子的布朗运动，实验测出在 60 s 的间隔内，粒子的平均位移 $\bar{x} = 1.046 \times 10^{-5}$ m。求阿伏加德罗常数 L 及该溶胶的扩散系数 D 各为若干？

答：$L = 6.02 \times 10^{23} \ \text{mol}^{-1}$，$D = 9.12 \times 10^{-13} \ \text{m}^2 \cdot \text{s}^{-1}$

9-3(B) 在超显微镜下观测汞溶胶的沉降平衡，在高度为 5×10^{-2} m 处，1 dm³ 中有 4×10^5 个胶粒；在高度 5.02×10^{-2} m 处，1 dm³ 中含有 2×10^3 个胶粒。实验温度为 293.2 K，汞和分散介质的密度分别为 13.6×10^3 和 1.0×10^3 kg·m⁻³，设粒子为球形。试求汞粒子的摩尔质量 M 和粒子的平均半径 r 各为若干？

答：$M = 710.5 \times 10^4 \ \text{kg} \cdot \text{mol}^{-1}$，$r = 5.92 \times 10^{-8}$ m

9-4(B) 带电粒子的电泳或电渗速率 u 与电势梯度 $E(\text{V} \cdot \text{m}^{-1})$ 及溶胶的 ζ (V)电势之间的定量关系可以表示为

$$u = \varepsilon E \zeta / \eta$$

式中：η 为介质的粘度；ε 为分散介质的介电常数，它与真空介电常数 ε_0 之比称为相对介电常数，并用 ε_r 表示，即 $\varepsilon_r = \varepsilon / \varepsilon_0$；$\varepsilon_0 = 8.854 \times 10^{-12}$ F·m⁻¹，1 F = 1 C·V⁻¹。

今由电泳实验测得 Sb_2S_3 溶胶(设其为球形粒子)，在两电极相距 38.5 cm、外加电压为 210 V 的条件下，通电 2 172 s，引起溶界界面向正极移动 3.20 cm。已知该溶胶分散介质的相对介电常数 $\varepsilon_r = 81.1$，粘度 $\eta = 1.03 \times 10^{-3}$ Pa·s，试求该溶胶的 ζ 电势。

答：$\zeta = 38.7 \times 10^{-3}$ V

9-5(B) 在 NaOH 溶液中，用 HCHO 还原 $HAuCl_4$ 可制得金溶胶：

$$HAuCl_4 + 5NaOH \longrightarrow NaAuO_2 + 4NaCl + 3H_2O$$

$$2NaAuO_2 + 3HCHO + NaOH \longrightarrow 2Au(s) + 3HCOONa + 2H_2O$$

由上述反应所产生的 $NaAuO_2$ 是金溶胶的稳定剂。试写出该金溶胶的胶团结构表示式。

9-6(A) 试写出由 $FeCl_3$ 水解制备 $Fe(OH)_3$ 溶胶的胶团结构。已知稳定剂为 $FeCl_3$。

9-7(A) 欲制备胶体粒子带正电荷的 AgI(s)溶胶，在 0.025 dm³ 浓度为 0.016 mol·dm⁻³ 的 $AgNO_3$ 溶液中，最多只能加入 0.005 mol·dm⁻³ 的 KI 溶液多少立方分米？试写出该溶胶的胶团结构表示式。若用相同体积摩尔浓度的两种溶液 $MgSO_4$ 及 $K_3Fe(CN)_6$，哪一种溶液更容易使上述溶胶发生聚沉？

答：0.08 dm³，$K_3Fe(CN)_6$

9-8(A) 在 H_3AsO_3 的稀溶液中通入 H_2S 气体,可制得 As_2S_3 溶胶。已知溶于溶液中的 H_2S 可电离成 H^+ 和 HS^{-1}。试写出此 As_2S_3 溶胶的胶团结构表示式。

9-9(A) 试写出以亚铁氰化钾 $K_4\{(CN)_6Fe\}$ 为稳定剂的 $Cu_2\{(CN)_6Fe\}$ 溶胶的胶团结构,其胶体粒子在外电场的作用下将如何移动?

9-10(A) 在 Na_2SO_4 的稀溶液中滴入少量的 $Ba(NO_3)_2$ 稀溶液,可以制备 $BaSO_4$ 溶胶,过剩的 Na_2SO_4 作为稳定剂。试写出 $BaSO_4$ 溶胶的胶团结构。

9-11(B) 试写出 $Al(OH)_3$ 溶胶在酸性介质中的胶团结构及在碱性介质中的胶团结构。

9-12(A) 将 $0.010\ dm^3$ 浓度为 $0.02\ mol \cdot dm^{-3}$ 的 $AgNO_3$ 溶液缓慢地滴加在 $0.100\ dm^3$、$0.005\ mol \cdot dm^{-3}$ 的 KCl 溶液中,可制得 $AgCl(s)$ 溶胶。试写出胶团结构的表达式并指出上述胶体粒子电泳的方向。

9-13(A) 在三个烧瓶中皆盛有 $0.020\ dm^3$ 的 $Fe(OH)_3$ 溶胶,现分别加入 $NaCl$、Na_2SO_4 及 Na_3PO_4 溶液使溶胶发生聚沉,最少需要加入 $1.00\ mol \cdot dm^{-3}$ 的 $NaCl$ $0.021\ dm^3$,$5.0 \times 10^{-3}\ mol \cdot dm^{-3}$ 的 Na_2SO_4 $0.125\ dm^3$ 及 $3.333 \times 10^{-3}\ mol \cdot dm^{-3}$ 的 Na_3PO_4 $0.007\ 4\ dm^3$。试计算各电解质的聚沉值、聚沉能力之比,并指出胶体粒子带电的符号。

答:$NaCl$、Na_2SO_4、Na_3PO_4 的聚沉值分别为 512×10^{-3}、4.31×10^{-3}、0.90×10^{-3} $mol \cdot dm^{-3}$,其聚沉能力之比为 $1 : 119 : 569$

9-14(B) 用一根玻璃毛细管做水的电渗实验。已知在常温下水-玻璃界面的 ζ 电势为 $0.050\ V$,水的粘度 $\eta = 1.005 \times 10^{-3}\ Pa \cdot s$,水的相对介电常数 $\varepsilon_r = 80$。已知毛细管内半径为 $2.0 \times 10^{-5}\ m$,长度为 $0.05\ m$,在毛细管两端的外加电压为 100 V。试求水在上述条件下通过毛细管的电渗流量为若干 $(m^3 \cdot s^{-1})$。(参看 9-4 题,电渗与电泳速率公式相同)

答:电渗流量为 $8.859 \times 10^{-14}\ m^3 \cdot s^{-1}$

9-15(B) 若把等体积的浓度分别为 $0.040\ mol \cdot dm^{-3}$ 的 KI 溶液与 $0.010\ mol \cdot dm^{-3}$ 的 $AgNO_3$ 溶液相混合制成 AgI 溶胶。试问:

(a)此 AgI 溶胶的胶体粒子在外加电场的作用下,应向哪一个电极移动?并说明原因。

(b)题给条件下的 AgI 溶胶,若分别加入 $CaCl_2$、Na_2SO_4 或 $Mg(NO_3)_2$,哪一电解质的聚沉能力最强?何者最弱?为什么?

参考书目

1. 天津大学物理化学教研室编.物理化学(上、下册).北京:高等教育出版社,1992

2. 天津大学物理化学教研室编.物理化学(第四版).北京:高等教育出版社,2001

3. 傅献彩等.物理化学(第4版).北京:高等教育出版社,1990

4. 胡英等.物理化学(第4版).北京:高等教育出版社,1999

5. 朱传征,许海涵.物理化学.北京:科学出版社,2000

6. 高月英,戴乐喜等.物理化学.北京:北京大学出版社,2000

7. 邓学发,范康年.物理化学.北京:高等教育出版社,1993

8. 侯新朴.物理化学(第4版).北京:人民卫生出版社,2000

9. 蒔田董,原纳淑郎,铃木启三.应用物理化学Ⅱ.日本:培風館.1985

10. 高职高专化学教材编写组.物理化学(第2版).北京:高等教育出版社,2000

11. 李文斌编.物理化学例题与习题.天津:天津大学出版社,1998

12. 李文斌编.物理化学解题指南.天津:天津大学出版社,1993

13. 朱传征.物理化学习题精研.北京:科学出版社,2001

14. 霍瑞贞.物理化学学习与解题指导.广州:华南理工大学出版社,2000

附　录

附录一　国际单位制

国际单位制是我国法定计量单位的基础,一切属于国际单位制的单位都是我国的法定计量单位。

国际单位制的构成为:

国际单位制(SI)

$$
\text{国际单位制(SI)}\begin{cases}\text{SI 单位}\begin{cases}\text{SI 基本单位(见表 1)}\\[1mm]\text{SI 导出单位}\begin{cases}\text{包括 SI 辅助单位在内的具有专门名称}\\\quad\text{的 SI 导出单位(见表 2、表 3)}\\\text{组合形式的 SI 导出单位}\end{cases}\end{cases}\\[2mm]\text{SI 单位的倍数单位}\end{cases}
$$

表 1　SI 基本单位

量 的 名 称	单 位 名 称	单 位 符 号
长度	米	m
质量	千克(公斤)	kg
时间	秒	s
电流	安[培]	A
热力学温度	开[尔文]	K
物质的量	摩[尔]	mol
发光强度	坎[德拉]	cd

注:
1　圆括号中的名称,是它前面的名称的同义词,下同。
2　无方括号的量的名称与单位名称均为全称,方括号中的字,在不致引起的混淆、误解的情况下,可以省略。去掉方括号中的字即为其名称的简称,下同。
3　本标准所称的符号,除特殊指明外,均指我国法定计量单位中所规定的符号以及国际符号,下同。
4　人民生活和贸易中,质量习惯称为重量。

表2 包括SI辅助单位在内的具有专门名称的SI导出单位

量 的 名 称	SI 导 出 单 位		
	名 称	符号	用SI基本单位和 SI导出单位表示
[平面]角	弧度	rad	1 rad = 1 m/m = 1
立体角	球面度	sr	1 sr = 1 m^2/m^2 = 1
频率	赫[兹]	Hz	1 Hz = 1 s^{-1}
力	牛[顿]	N	1 N = 1 kg·m/s^2
压力,压强,应力	帕[斯卡]	Pa	1 Pa = 1 N/m^2
能[量],功,热量	焦[耳]	J	1 J = 1 N·m
功率,辐[射能]通量	瓦[特]	W	1 W = 1 J/s
电荷[量]	库[仑]	C	1 C = 1 A·s
电压,电动势,电位(电势)	伏[特]	V	1 V = 1 W/A
电容	法[拉]	F	1 F = 1 C/V
电阻	欧[姆]	Ω	1 Ω = 1 V/A
电导	西[门子]	S	1 S = 1 $Ω^{-1}$
磁通[量]	韦[伯]	Wb	1 Wb = 1 V·s
磁通[量]密度,磁感应强度	特[斯拉]	T	1 T = 1 Wb/m^2
电感	亨[利]	H	1 H = 1 Wb/A
摄氏温度	摄氏度	℃	1℃ = 1 K
光通量	流[明]	lm	1 lm = 1 cd·sr
[光]照度	勒[克斯]	lx	1 lx = 1 lm/m^2

表 3 SI 词头

因　　数	词　头　名　称		符　　号
	英　　文	中　　文	
10^{24}	yotta	尧［它］	Y
10^{21}	zetta	泽［它］	Z
10^{18}	exa	艾［可萨］	E
10^{15}	peta	拍［它］	P
10^{12}	tera	太［拉］	T
10^{9}	giga	吉［咖］	G
10^{6}	mega	兆	M
10^{3}	kilo	千	k
10^{2}	hecto	百	h
10^{1}	deca	十	da
10^{-1}	deci	分	d
10^{-2}	centi	厘	c
10^{-3}	milli	毫	m
10^{-6}	micro	微	μ
10^{-9}	nano	纳［诺］	n
10^{-12}	pico	皮［可］	p
10^{-15}	femto	飞［母托］	f
10^{-18}	atto	阿［托］	a
10^{-21}	zepto	仄［普托］	z
10^{-24}	yocto	幺［科托］	y

表4 可与国际单位制单位并用的我国法定计量单位

量的名称	单位名称	单位符号	与 SI 单位的关系
时间	分	min	$1\ \text{min} = 60\ \text{s}$
	[小]时	h	$1\ \text{h} = 60\ \text{min} = 3\ 600\ \text{s}$
	日,(天)	d	$1\ \text{d} = 24\ \text{h} = 86\ 400\ \text{s}$
[平面]角	度	°	$1° = (\pi/180)\ \text{rad}$
	[角]分	′	$1′ = (1/60)° = (\pi/10\ 800)\ \text{rad}$
	[角]秒	″	$1″ = (1/60)′ = (\pi/648\ 000)\ \text{rad}$
体积	升	l, L	$1\ \text{L} = 1\ \text{dm}^3 = 10^{-3}\ \text{m}^3$
质量	吨	t	$1\ \text{t} = 10^3\ \text{kg}$
	原子质量单位	u	$1\ \text{u} \approx 1.660\ 540 \times 10^{-27}\ \text{kg}$
旋转速度	转每分	r/min	$1\ \text{r/min} = (1/60)\text{s}^{-1}$
长度	海里	n mile	$1\ \text{n mile} = 1\ 852\ \text{m}$ (只用于航行)
速度	节	kn	$1\ \text{kn} = 1\ \text{n mile/h}$ $= (1\ 852/3\ 600)\text{m/s}$ (只用于航行)
能	电子伏	eV	$1\ \text{eV} \approx 1.602\ 177 \times 10^{-19}\ \text{J}$
级差	分贝	dB	
线密度	特[克斯]	tex	$1\ \text{tex} = 10^{-6}\ \text{kg/m}$
面积	公顷	hm^2	$1\ \text{hm}^2 = 10^4\ \text{m}^2$

注:
1 平面角度单位度、分、秒的符号,在组合单位中应采用(°)、(′)、(″)的形式。
  例如,不用°/s 而用(°)/s。
2 升的两个符号属同等地位,可任意选用。
3 公顷的国际通用符号为 ha。

以上各表摘自国家技术监督局发布,中华人民共和国国家标准 GB3100—93。

附录二　元素的相对原子质量表(1985)

$A_r(^{12}C) = 12$

元素符号	元素名称	相对原子质量	元素符号	元素名称	相对原子质量
Ac	锕		Au	金	196.966 54(3)
Ag	银	107.868 2(2)	B	硼	10.811(5)
Al	铝	26.981 539 (5)	Ba	钡	137.327(7)
Am	镅		Be	铍	9.012 182(3)
Ar	氩	39.948(1)	Bi	铋	208.980 37(3)
As	砷	74.921 59(2)	Bk	锫	
At	砹		Br	溴	79.994(1)
C	碳	12.011(1)	Lr	铹	
Ca	钙	40.078(4)	Lu	镥	174.967(1)
Cd	镉	112.411(8)	Md	钔	
Ce	铈	140.15(4)	Mg	镁	24.305 0(6)
Cf	锎		Mn	锰	54.938 05(1)
Cl	氯	35.452 7(9)	Mo	钼	95.94(1)
Cm	锔		N	氮	14.006 74(7)
Co	钴	58.933 20(1)	Na	钠	22.989 768(6)
Cr	铬	51.996 1(6)	Nb	铌	92.906 38(2)
Cs	铯	132.905 43(5)	Nd	钕	144.24(3)
Cu	铜	63.546(3)	Ne	氖	20.179 7(6)
Dy	镝	162.50(3)	Ni	镍	58.69(1)
Er	铒	167.26(3)	No	锘	
Es	锿		Np	镎	
Eu	铕	151.965(9)	O	氧	15.999 4(3)
F	氟	18.998 403 2(9)	Os	锇	190.2(1)
Fe	铁	55.847(3)	P	磷	30.973 762(4)
Fm	镄		Pa	镤	231.035 88(2)
Fr	钫		Pb	铅	207.2(1)

元素符号	元素名称	相对原子质量	元素符号	元素名称	相对原子质量
Ga	镓	69.723(4)	Pd	钯	106.42(1)
Gd	钆	157.25(3)	Pm	钷	
Ge	锗	72.61(2)	Po	钋	
H	氢	1.007 94(7)	Pr	镨	140.907 65(3)
He	氦	4.002 602(2)	Pt	铂	195.08(3)
Hf	铪	178.49(2)	Pu	钚	
Hg	汞	200.59(3)	Ra	镭	
Ho	钬	164.930 32(3)	Rb	铷	85.467 8(3)
I	碘	126.904 47(3)	Re	铼	186.207(1)
In	铟	114.82(1)	Rh	铑	102.905 50(3)
Ir	铱	192.22(3)	Rn	氡	
K	钾	39.098 3(1)	Ru	钌	101.07(2)
Kr	氪	83.80(1)	S	硫	32.066(6)
La	镧	138.905 5(2)	Sb	锑	121.75(3)
Li	锂	6.941(2)	Sc	钪	44.955 910(9)
Se	硒	78.96(3)	Tl	铊	204.383 3(2)
Si	硅	28.085 5(3)	Tm	铥	168.934 21(3)
Sm	钐	150.36(3)	U	铀	238.028 9(1)
Sn	锡	118.710(7)	V	钒	50.941 5(1)
Sr	锶	87.62(1)	W	钨	183.85(3)
Ta	钽	180.947 9(1)	Xe	氙	131.29(2)
Tb	铽	158.925 34(3)	Y	钇	88.905 85(2)
Tc	锝		Yb	镱	173.04(3)
Te	碲	127.60(3)	Zn	锌	65.39(2)
Th	钍	232.038 1(1)	Zr	锆	91.224(2)
Ti	钛	47.88(3)			

所列相对原子质量的值适用于地球上存在的自然元素,后面的括号中表示末位数的误差范围。

本表数据取自张青莲.化学通报,1986,(10):57~60

附录三 基本常数

常　　数	符　　号	数　　值
原子质量单位	amu	$1.660\ 57 \times 10^{-27}$ kg
真空中的光速	c	$2.997\ 92 \times 10^{8}$ m·s^{-1}
元电荷	e	$1.602\ 19 \times 10^{-19}$ C
法拉第常数	F	$9.648\ 46 \times 10^{4}$ C·mol^{-1}
普朗克常数	h	$6.626\ 18 \times 10^{-34}$ J·s
玻尔兹曼常数	k	$1.380\ 66 \times 10^{-23}$ J·K^{-1}
阿伏加德罗常数	L	$6.022\ 05 \times 10^{23}$ mol^{-1}
气体常数	R	$8.314\ 41$ J·mol^{-1}·K^{-1}

附录四 换算系数

1.压力

	帕斯卡 Pa	巴 bar	标准大气压 atm	毫米汞柱(托) mmHg(Torr)
帕斯卡 Pa	1	1×10^{-5}	$9.869\ 23 \times 10^{-6}$	$7.500\ 62 \times 10^{-3}$
巴 bar	10^{5}	1	0.986 923	750.062
标准大气压 atm	101 325	1.013 25	1	760
毫米汞柱(托) mmHg(Torr)	133.322	$1.333\ 22 \times 10^{-3}$	$1.315\ 70 \times 10^{-3}$	1

2.能量

	焦耳 J	大气压·升 atm·l	热化学卡 cal$_{th}$	国际蒸气表卡 cal$_{IT}$
焦耳 J	1	$9.869\ 23 \times 10^{-3}$	0.239 006	0.238 846
大气压·升 atm·l	101.325	1	24.217 3	24.201 1
热化学卡 cal$_{th}$	4.184	$4.129\ 29 \times 10^{-2}$	1	0.999 331
国际蒸气表卡 cal$_{IT}$	4.186 8	$4.132\ 05 \times 10^{-2}$	1.000 67	1

附录五 某些物质的临界参数

物 质		临界温度 $t_c/℃$	临界压力 p_c/MPa	临界密度 $\rho/(kg \cdot m^{-3})$	临界压缩因子 Z_c
He	氦	-267.96	0.227	69.8	0.301
Ne	氖	-228.70	2.76	483	0.312
Ar	氩	-122.4	4.87	533	0.291
H_2	氢	-239.9	1.297	31.0	0.305
F_2	氟	-128.84	5.215	574	0.288
Cl_2	氯	144	7.7	573	0.275
Br_2	溴	311	10.3	1 260	0.270
O_2	氧	-118.57	5.043	436	0.288
N_2	氮	-147.0	3.39	313	0.290
HCl	氯化氢	51.5	8.31	450	0.25
H_2O	水	373.91	22.05	320	0.23
H_2S	硫化氢	100.0	8.94	346	0.284
NH_3	氨	132.33	11.313	236	0.242
SO_2	二氧化硫	157.5	7.884	525	0.268
CO	一氧化碳	-140.23	3.499	301	0.295
CO_2	二氧化碳	30.98	7.375	468	0.275
CS_2	二硫化碳	279	7.62	368	0.344
CCl_4	四氯化碳	283.15	4.558	557	0.272
CH_4	甲烷	-82.62	4.596	163	0.286
C_2H_6	乙烷	32.18	4.872	204	0.283

物 质		临界温度 $t_c/℃$	临界压力 p_c/MPa	临界密度 $\rho/(kg \cdot m^{-3})$	临界压缩因子 Z_c
C_3H_6	丙烷	96.59	4.254	214	0.285
C_4H_{10}	正丁烷	151.90	3.793	225	0.277
C_5H_{12}	正戊烷	196.46	3.376	232	0.269
C_2H_4	乙烯	9.19	5.039	215	0.281
C_3H_6	丙烯	91.8	4.62	233	0.275
C_4H_8	1-丁烯	146.4	4.02	234	0.277
C_4H_8	顺-2-丁烯	162.40	4.20	240	0.271
C_4H_8	反-2-丁烯	155.46	4.10	236	0.274
C_2H_2	乙炔	35.18	6.139	231	0.271
C_3H_4	丙炔	129.23	5.628	245	0.276
C_6H_6	苯	288.95	4.898	306	0.268
$C_6H_5CH_3$	甲苯	318.57	4.109	290	0.266
CH_3OH	甲醇	239.43	8.10	272	0.224
C_2H_5OH	乙醇	240.77	6.148	276	0.240
C_3H_7OH	正丙醇	263.56	5.170	275	0.253
C_4H_9OH	正丁醇	289.78	4.413	270	0.259
$(C_2H_5)_2O$	二乙醚	193.55	3.638	265	0.262
$(CH_3)_2CO$	丙酮	234.95	4.700	269	0.240
CH_3COOH	乙酸	321.30	5.79	351	0.200
$CHCl_3$	氯仿	262.9	5.329	491	0.201

本表数据摘自马沛生,高铭书编《石油化工》1975,(4):417~444

临界压力系按文献的换算值。

附录六　某些气体的摩尔定压热容与温度的关系

$$C_p = a + bT + cT^2 + dT^3$$

物　　质		$\dfrac{a}{\text{J·mol}^{-1}\text{·K}^{-1}}$	$\dfrac{b \times 10^3}{\text{J·mol}^{-1}\text{·K}^{-2}}$	$\dfrac{c \times 10^6}{\text{J·mol}^{-1}\text{·K}^{-3}}$	$\dfrac{d \times 10^9}{\text{J·mol}^{-1}\text{·K}^{-4}}$	温度范围/K
H_2	氢	26.88	4.347	-0.326 5		273 ~ 3 800
F_2	氟	24.433	29.701	-23.759	6.655 9	273 ~ 1 500
Cl_2	氯	31.696	10.144	-4.038		300 ~ 1 500
Br_2	溴	35.241	4.075	-1.487		300 ~ 1 500
O_2	氧	28.17	6.297	-0.749 4		273 ~ 3 800
N_2	氮	27.32	6.226	-0.950 2		273 ~ 3 800
HCl	氯化氢	28.17	1.810	1.547		300 ~ 1 500
H_2O	水	29.16	14.49	-2.022		273 ~ 3 800
H_2S	硫化氢	26.71	23.87	-5.063		298 ~ 1 500
NH_3	氨	27.550	25.627	9.900 6	-6.686 5	273 ~ 1 500
SO_2	二氧化硫	25.76	57.91	-38.09	8.606	273 ~ 1 800
CO	一氧化碳	26.537	7.683 1	-1.172		300 ~ 1 500
CO_2	二氧化碳	26.75	42.258	-14.25		300 ~ 1 500
CS_2	二硫化碳	30.92	62.30	-45.86	11.55	273 ~ 1 800
CCl_4	四氯化碳	38.86	213.3	-239.7	94.43	273 ~ 1 100
CH_4	甲烷	14.15	75.496	-17.99		298 ~ 1 500
C_2H_6	乙烷	9.401	159.83	-46.229		298 ~ 1 500
C_3H_8	丙烷	10.08	239.30	-73.358		298 ~ 1 500
C_4H_{10}	正丁烷	18.63	302.38	-92.943		298 ~ 1 500
C_5H_{12}	正戊烷	24.72	370.07	-114.59		298 ~ 1 500
C_2H_4	乙烯	11.84	119.67	-36.51		29 ~ 1 500
C_3H_6	丙烯	9.427	188.7	-57.488		298 ~ 1 500

物　　质	$\dfrac{a}{\text{J·mol}^{-1}\text{·K}^{-1}}$	$\dfrac{b \times 10^3}{\text{J·mol}^{-1}\text{·K}^{-2}}$	$\dfrac{c \times 10^6}{\text{J·mol}^{-1}\text{·K}^{-3}}$	$\dfrac{d \times 10^9}{\text{J·mol}^{-1}\text{·K}^{-4}}$	温度范围/K
C_4H_8　1-丁烯	21.47	258.40	-80.843		298～1 500
C_4H_8　顺-2-丁烯	6.799	271.27	-83.877		298～1 500
C_4H_8　反-2-丁烯	20.78	250.88	-75.927		298～1 500
C_2H_2　乙炔	30.67	52.810	-16.27		298～1 500
C_3H_4　丙炔	26.50	120.66	-39.57		298～1 500
C_4H_6　1-丁炔	12.541	274.170	-154.394	34.478 6	298～1 500
C_4H_6　2-丁炔	23.85	201.70	-60.580		298～1 500
C_6H_6　苯	-1.71	324.77	-110.58		298～1 500
$C_6H_5CH_3$　甲苯	2.41	391.17	-130.65		298～1 500
CH_3OH　甲醇	18.40	101.56	-28.68		273～1 000
C_2H_5OH　乙醇	29.25	166.28	-48.898		298～1 500
C_3H_7OH　正丙醇	16.714	270.52	$-87.384\ 1$	$-5.932\ 32$	273～1 000
C_4H_9OH　正丁醇	14.673 9	360.174	-132.970	1.476 81	273～1 000
$(C_2H_5)_2O$ 二乙醚	-103.9	1417	-248		300～400
$HCHO$　甲醛	18.82	58.379	-15.61		291～1 500
CH_3CHO　乙醛	31.05	121.46	-36.58		298～1 500
$(CH_3)_2CO$ 丙酮	22.47	205.97	-63.521		298～1 500
$HCOOH$　甲酸	30.7	89.20	-34.54		300～700
CH_3COOH 乙酸	8.540 4	234.573	-142.624	33.557	300～1 500
$CHCl_3$　氯仿	29.51	148.94	-90.734		273～773

　　数据摘自天津大学基本有机化工教研室编《基本有机化学工程》(上册)(1976)
附录三,并按 1 cal = 4.184 J 加以换算。

附录七　某些物质的标准摩尔生成焓、标准摩尔生成吉布斯函数、标准熵及热容(25℃)

（标准态压力 $p^{\ominus} = 100$ kPa）

物　　质	$\dfrac{\Delta_f H_m^{\ominus}}{\text{kJ}\cdot\text{mol}^{-1}}$	$\dfrac{\Delta_f G_m^{\ominus}}{\text{kJ}\cdot\text{mol}^{-1}}$	$\dfrac{S_m^{\ominus}}{\text{J}\cdot\text{mol}^{-1}\cdot\text{K}^{-1}}$	$\dfrac{C_{p,m}^{\ominus}}{\text{J}\cdot\text{mol}^{-1}\cdot\text{K}^{-1}}$
Ag(s)	0	0	42.55	25.35
AgCl(s)	− 127.07	− 109.78	96.2	50.79
Ag$_2$O(s)	− 31.0	− 11.2	121	65.86
Al(s)	0	0	28.3	24.4
Al$_2$O$_3$(α,刚玉)	− 1 676	− 1 582	50.92	79.04
Br$_2$(l)	0	0	152.23	75.689
Br$_2$(g)	30.91	3.11	245.46	36.0
HBr(g)	− 36.4	− 53.45	198.70	29.14
Ca(s)	0	0	41.6	26.4
CaC$_2$(s)	− 62.8	− 67.8	70.3	
CaCO$_3$(方解石)	− 1 206.8	− 1 128.8	92.9	
CaO(s)	− 635.09	− 604.2	40	
Ca(OH)$_2$(s)	− 986.59	− 896.69	76.1	
C(石墨)	0	0	5.740	8.527
C(金刚石)	1.897	2.900	2.38	6.115 8
CO(g)	− 110.52	− 137.17	197.67	29.12
CO$_2$(g)	− 393.51	− 394.36	213.7	37.1
CS$_2$(l)	89.70	65.27	151.3	75.7
CS$_2$(g)	117.4	67.12	237.4	83.05
CCl$_4$(l)	− 135.4	− 65.20	216.4	131.8
CCl$_4$(g)	− 103	− 60.60	309.8	83.30
HCN(l)	108.9	124.9	112.8	70.63
HCN(g)	135	125	201.8	35.9
Cl$_2$(g)	0	0	223.07	33.91

物　　质	$\dfrac{\Delta_f H_m^{\ominus}}{\text{kJ·mol}^{-1}}$	$\dfrac{\Delta_f G_m^{\ominus}}{\text{kJ·mol}^{-1}}$	$\dfrac{S_m^{\ominus}}{\text{J·mol}^{-1}\cdot\text{K}^{-1}}$	$\dfrac{C_{p,m}^{\ominus}}{\text{J·mol}^{-1}\cdot\text{K}^{-1}}$
$Cl(g)$	121.67	105.68	165.20	21.84
$HCl(g)$	- 92.307	- 95.299	186.91	29.1
$Cu(s)$	0	0	33.15	24.43
$CuO(s)$	- 157	- 130	42.63	42.30
$Cu_2O(s)$	- 169	- 146	93.14	63.64
$F_2(g)$	0	0	202.3	31.3
$HF(g)$	- 271	- 273	173.78	29.13
$Fe(\alpha)$	0	0	27.3	25.1
$FeCl_2(s)$	- 341.8	- 302.3	117.9	76.65
$FeCl_3(s)$	- 399.5	- 334.1	142	96.65
$FeO(s)$	- 272			
$Fe_2O_3(赤铁矿)$	- 824.2	- 742.2	87.40	103.8
$Fe_3O_4(磁铁矿)$	- 1 118	- 1 015	146	143.4
$FeSO_4(s)$	- 928.4	- 820.8	108	100.6
$H_2(g)$	0	0	130.68	28.82
$H(g)$	217.97	203.24	114.71	20.786
$H_2O(l)$	- 285.83	- 237.13	69.91	75.291
$H_2O(g)$	- 241.82	- 228.57	188.83	33.58
$I_2(s)$	0	0	116.14	54.438
$I_2(g)$	62.438	19.33	260.7	36.9
$I(g)$	106.84	70.267	180.79	20.79
$HI(g)$	26.5	1.7	206.59	29.16
$Mg(s)$	0	0	32.5	
$MgCl_2(s)$	- 641.83	- 592.3	89.5	
$MgO(s)$	- 601.83	- 569.55	27	
$Mg(OH)_2(s)$	- 924.66	- 833.68	63.14	
$Na(s)$	0	0	51.0	

物 质	$\dfrac{\Delta_f H_m^{\ominus}}{kJ \cdot mol^{-1}}$	$\dfrac{\Delta_f G_m^{\ominus}}{kJ \cdot mol^{-1}}$	$\dfrac{S_m^{\ominus}}{J \cdot mol^{-1} \cdot K^{-1}}$	$\dfrac{C_{p,m}^{\ominus}}{J \cdot mol^{-1} \cdot K^{-1}}$
$Na_2CO_3(s)$	$-1\ 131$	$-1\ 048$	136	
$NaHCO_3(s)$	-947.7	-851.8	102	
$NaCl(s)$	-411.0	-384.0	72.38	
$NaNO_3(s)$	-466.68	-365.8	116	
$Na_2O(s)$	-416	-377	72.8	
$NaOH(s)$	-426.73	-379.1		
$Na_2SO_4(s)$	$-1\ 384.5$	$-1\ 266.7$	149.5	
$N_2(g)$	0	0	191.6	29.12
$NH_3(g)$	-46.11	-16.5	192.4	35.1
$N_2H_4(l)$	50.63	149.3	121.2	98.87
$NO(g)$	90.25	86.57	210.76	29.84
$NO_2(g)$	33.2	51.32	240.1	37.2
$N_2O(g)$	82.05	104.2	219.8	38.5
$N_2O_3(g)$	83.72	139.4	312.3	65.61
$N_2O_4(g)$	9.16	97.89	304.3	77.28
$N_2O_5(g)$	11	115	356	84.5
$HNO_3(g)$	-135.1	-74.72	266.4	53.35
$HNO_3(l)$	-173.2	-79.83	155.6	
$NH_4HCO_3(s)$	-849.4	-666.0	121	
$O_2(g)$	0	0	205.14	29.35
$O(g)$	249.17	231.73	161.06	21.91
$O_3(g)$	143	163	238.9	39.2
$P(\alpha,白磷)$	0	0	41.1	23.84
$P(红磷,三斜)$	-18	-12	22.8	21.2
$P_4(g)$	58.91	24.5	280.0	67.15
$PCl_3(g)$	-287	-268	311.8	71.84
$PCl_5(g)$	-375	-305	364.6	112.8

物　质	$\dfrac{\Delta_f H_m^{\ominus}}{kJ \cdot mol^{-1}}$	$\dfrac{\Delta_f G_m^{\ominus}}{kJ \cdot mol^{-1}}$	$\dfrac{S_m^{\ominus}}{J \cdot mol^{-1} \cdot K^{-1}}$	$\dfrac{C_{p,m}^{\ominus}}{J \cdot mol^{-1} \cdot K^{-1}}$
$POCl_3(g)$	-558.48	-512.93	325.4	84.94
$H_3PO_4(s)$	$-1\,279$	$-1\,119$	110.5	106.1
$S(正交)$	0	0	31.8	22.6
$S(g)$	278.81	238.25	167.82	23.67
$S_8(g)$	102.3	49.63	430.98	156.4
$H_2S(g)$	-20.6	-33.6	205.8	34.2
$SO_2(g)$	-296.83	-300.19	248.2	39.9
$SO_3(g)$	-395.7	-371.1	256.7	50.67
$H_2SO_4(l)$	-813.989	-690.003	156.90	138.9
$Si(s)$	0	0	18.8	20.0
$SiCl_4(l)$	-687.0	-619.83	240	145.3
$SiCl_4(g)$	-657.01	-616.98	330.7	90.25
$SiH_4(g)$	34	56.9	204.6	42.84
$SiO_2(石英)$	-910.94	-856.64	41.84	44.43
$SiO_2(s,无定形)$	-903.49	-850.70	46.9	44.4
$Zn(s)$	0	0	41.6	25.4
$ZnCO_3(s)$	-394.4	-731.52	82.4	79.71
$ZnCl_2(s)$	-415.1	-369.40	111.5	71.34
$ZnO(s)$	-348.3	-318.3	43.64	40.3
$CH_4(g)$　　甲烷	-74.81	-50.72	188.0	35.31
$C_2H_6(g)$　　乙烷	-84.68	-32.8	229.6	52.63
$C_3H_8(g)$　　丙烷	-103.8	-23.4	270.0	
$C_4H_{10}(g)$　　正丁烷	-124.7	-15.6	310.1	
$C_2H_4(g)$　　乙烯	52.26	68.15	219.6	43.56
$C_3H_6(g)$　　丙烯	20.4	62.79	267.0	
$C_4H_8(g)$　　1-丁烯	1.17	72.15	307.5	
$C_2H_2(g)$　　乙炔	226.7	209.2	200.9	43.93
$C_6H_6(l)$　　苯	48.66	123.1		

物　　质	$\dfrac{\Delta_f H_m^\ominus}{kJ \cdot mol^{-1}}$	$\dfrac{\Delta_f G_m^\ominus}{kJ \cdot mol^{-1}}$	$\dfrac{S_m^\ominus}{J \cdot mol^{-1} \cdot K^{-1}}$	$\dfrac{C_{p,m}^\ominus}{J \cdot mol^{-1} \cdot K^{-1}}$
$C_6 H_6 (g)$　苯	82.93	129.8	269.3	
$C_6 H_5 CH_3 (g)$　甲苯	50.00	122.4	319.8	
$CH_3 OH(l)$　甲醇	− 238.7	− 166.3	127	81.6
$CH_3 OH(g)$　甲醇	− 200.7	− 162.0	239.8	43.89
$C_2 H_5 OH(l)$　乙醇	− 277.7	− 174.8	161	111.5
$C_2 H_5 OH(g)$　乙醇	− 235.1	− 168.5	282.7	65.44
$C_4 H_9 OH(l)$　正丁醇	− 327.1	− 163.0	228	177
$C_4 H_9 OH(g)$　正丁醇	− 274.7	− 151.0	363.7	110.0
$(CH_3)_2 O(g)$　二甲醚	− 184.1	− 112.6	266.4	64.39
$HCHO(g)$　甲醛	− 117	− 113	218.8	35.4
$CH_3 CHO(l)$　乙醛	− 192.3	− 128.1	160	
$CH_3 CHO(g)$　乙醛	− 166.2	− 128.9	250	57.3
$(CH_3)_2 CO(l)$　丙酮	− 248.2	− 155.6		
$(CH_3)_2 CO(g)$　丙酮	− 216.7	− 152.6		
$HCOOH(l)$　甲酸	− 424.72	− 361.3	129.0	99.04
$CH_3 COOH(l)$　乙酸	− 484.5	− 390	160	124
$CH_3 COOH(g)$　乙酸	− 432.2	− 374	282	66.5
$(CH_2)_2 O(l)$　环氧乙烷	− 77.82	− 11.7	153.8	87.95
$(CH_2)_2 O(g)$　环氧乙烷	− 52.63	− 13.1	242.5	47.91
$CHCl_2 CH_3 (l)$　1,1-二氯乙烷	− 160	− 75.6	211.8	126.3
$CHCl_2 CH_3 (g)$　1,1-二氯乙烷	− 129.4	− 72.52	305.1	76.23
$CH_2 ClCH_2 Cl(l)$　1,2-二氯乙烷	− 165.2	− 79.52	208.5	129
$CH_2 ClCH_2 Cl(g)$　1,2-二氯乙烷	− 129.8	− 73.86	308.4	78.7
$CCl_2 = CH_2 (l)$　1,1-二氯乙烯	− 24	24.5	201.5	111.3
$CCl_2 = CH_2 (g)$　1,1-二氯乙烯	2.4	25.1	289.0	67.07
$CH_3 NH_2 (l)$　甲胺	− 47.3	36	150.2	
$CH_3 NH_2 (g)$　甲胺	− 23.0	32.2	243.4	53.1
$(NH_2)_2 CO(s)$　尿素	− 332.9	− 196.7	104.6	93.14

此表数据摘自 John A Dean. *Lange's Handbook of Chemistry*, 1973, 11th ed; 9-3 ~ 71, 并按 1 cal = 4.184 J 换算。标准态压力 $p^\ominus$ 由 101.325 kPa 换为 100 kPa。

附录八 某些有机化合物的标准摩尔燃烧焓(25℃)

物　质		$-\Delta_c H_m^{\ominus}$ kJ·mol^{-1}	物　质		$-\Delta_c H_m^{\ominus}$ kJ·mol^{-1}
$CH_4(g)$	甲烷	890.31	$C_5H_{10}(l)$	环戊烷	3 290.9
$C_2H_6(g)$	乙烷	1 559.8	$C_6H_{12}(l)$	环己烷	3 919.9
$C_3H_8(g)$	丙烷	2 219.9	$C_6H_6(l)$	苯	3 267.5
$C_5H_{12}(g)$	正戊烷	3 536.11	$C_{10}H_8(s)$	萘	5 153.9
$C_6H_{14}(l)$	正己烷	4 163.1	$CH_3OH(l)$	甲醇	726.51
$C_2H_4(g)$	乙烯	1 411.0	$C_2H_5OH(l)$	乙醇	1 366.8
$C_2H_2(g)$	乙炔	1 299.6	$C_3H_7OH(l)$	正丙醇	2 019.8
$C_3H_6(g)$	环丙烷	2 091.5	$C_4H_9OH(l)$	正丁醇	2 675.8
$C_4H_8(l)$	环丁烷	2 720.5	$(C_2H_5)_2O(l)$	二乙醚	2 751.1
$HCHO(g)$	甲醛	570.78	$C_6H_5OH(s)$	苯酚	3 053.5
$CH_3CHO(l)$	乙醛	1 166.4	$C_6H_5CHO(l)$	苯甲醛	3 528
$C_2H_5CHO(l)$	丙醛	1 816	$C_6H_5COCH_3(l)$	苯乙酮	4 148.9
$(CH_3)_2CO(l)$	丙酮	1 790.4	$C_6H_5COOH(s)$	苯甲酸	3 226.9
$HCOOH(l)$	甲酸	254.6	$C_6H_4(COOH)_2(s)$	磷苯二甲酸	3 223.5
$CH_3COOH(l)$	乙酸	874.54	$C_6H_5COOCH_3(l)$	苯甲酸甲酯	3 958
$C_2H_5COOH(l)$	丙酸	1 527.3	$C_{12}H_{22}O_{11}(s)$	蔗糖	5 640.9
$CH_2CHCOOH(l)$	丙烯酸	1 368	$CH_3NH_2(l)$	甲胺	1 061
$C_3H_7COOH(l)$	正丁酸	2 183.5	$C_2H_5NH_2(l)$	乙胺	1 713
$(CH_3CO)_2O(l)$	乙酸酐	1 806.2	$(NH_2)_2CO(s)$	尿素	631.66
$HCOOCH_3(l)$	甲酸甲酯	979.5	$C_6H_5N(l)$	吡啶	2 782

此表数据摘自 Weast R G. Handbook of Chemistry and physics, 1986, 66th ed: D—272~278, 并按 1 cal = 4.184 J 换算。